高等学校土木工程专业指导委员会推荐
高等学校土木工程本科指导性专业规范配套系列教材
总主编 何若全

混凝土结构设计（第2版）

HUNNINGTU
JIEGOU SHEJI

主　编　梁兴文
副主编　李　艳
　　　　李　波
　　　　邓明科
主　审　童岳生

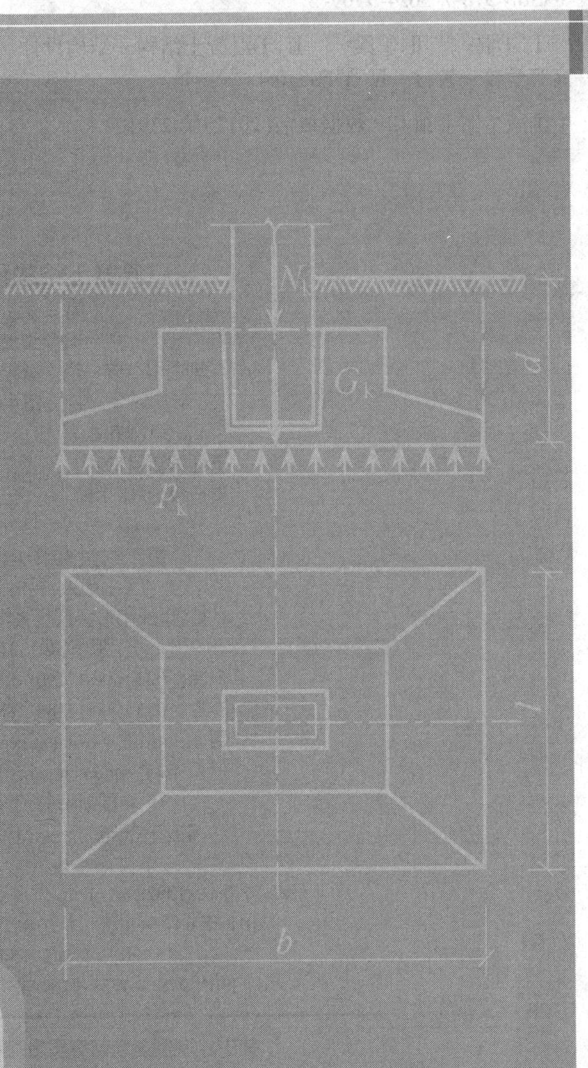

重庆大学出版社

内容提要

本书为高等院校土木工程专业的专业课教材，内容包括概论、混凝土梁板结构、单层工业厂房混凝土结构、混凝土框架结构设计等，是根据最新颁布的国家标准和规范而编写的。

本书着重阐明各种混凝土结构整体设计的基本概念和方法，对结构方案设计、结构分析方法和确定结构计算简图等内容有比较充分的论述，有利于培养读者的创新能力；对各主要结构给出了比较完整的设计实例，有利于初学者掌握基本概念和设计方法；每章附有小结、思考题和习题等。本书文字通俗易懂，论述由浅入深，循序渐进，便于自学理解。

本书可作为高等院校土木工程专业的教材，也可供相关专业的设计、施工和科研人员参考。

图书在版编目(CIP)数据

混凝土结构设计/梁兴文主编.--2版.--重庆：重庆大学出版社，2017.11
高等学校土木工程本科指导性专业规范配套系列教材
ISBN 978-7-5624-7769-3

Ⅰ.①混… Ⅱ.①梁… Ⅲ.①混凝土结构—结构设计—高等学校—教材 Ⅳ.①TU370.4

中国版本图书馆CIP数据核字(2017)第239102号

混凝土结构设计
（第2版）
主　编　梁兴文
副主编　李　艳　李　波　邓明科
主　审　童岳生
策划编辑：林青山　王　婷
责任编辑：林青山　版式设计：莫　西
责任校对：邬小梅　责任印制：张　策
*
重庆大学出版社出版发行
出版人：易树平
社址：重庆市沙坪坝区大学城西路21号
邮编：401331
电话：(023) 88617190　88617185(中小学)
传真：(023) 88617186　88617166
网址：http://www.cqup.com.cn
邮箱：fxk@cqup.com.cn (营销中心)
全国新华书店经销
重庆升光电力印务有限公司印刷
*
开本：787mm×1092mm　1/16　印张：21.75　字数：545千
2018年6月第2版　2018年6月第2次印刷
印数：3 001—5 000
ISBN 978-7-5624-7769-3　定价：49.00元

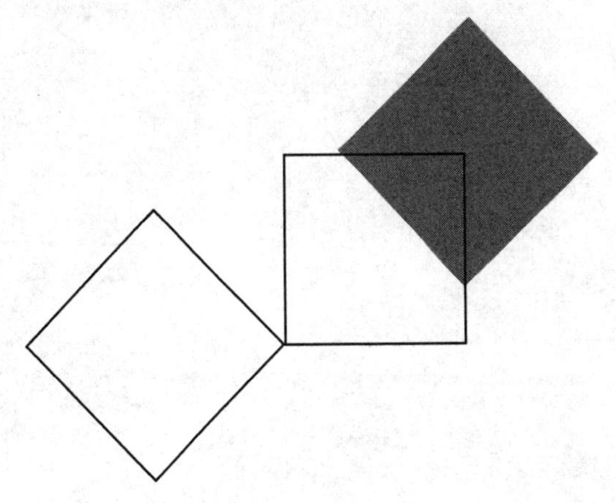

编委会名单

总　序

进入21世纪的第二个十年,土木工程专业教育的背景发生了很大的变化。《国家中长期教育改革和发展规划纲要(2010—2020年)》正式启动,中国工程院和国家教育部倡导的"卓越工程师教育培养计划"开始实施,这些都为高等工程教育的改革指明了方向。截至2010年底,我国已有300多所大学开设土木工程专业,在校生达30多万人,这无疑是世界上该专业在校大学生最多的国家。如何培养面向产业、面向世界、面向未来的合格工程师,是土木工程界一直在思考的问题。

由住房和城乡建设部土建学科教学指导委员会下达的重点课题"高等学校土木工程本科指导性专业规范"的研制,是落实国家工程教育改革战略的一次尝试。"专业规范"为土木工程本科教育提供了一个重要的指导性文件。

由"高等学校土木工程本科指导性专业规范"研制项目负责人何若全教授担任总主编,重庆大学出版社出版的《高等学校土木工程本科指导性专业规范配套系列教材》力求体现"专业规范"的原则和主要精神,按照土木工程专业本科期间有关知识、能力、素质的要求设计了各教材的内容,同时对大学生增强工程意识、提高实践能力和培养创新精神做了许多有意义的尝试。这套教材的主要特色体现在以下方面:

(1)系列教材的内容覆盖了"专业规范"要求的所有核心知识点,并且教材之间尽量避免了知识的重复;

(2)系列教材更加贴近工程实际,满足培养应用型人才对知识和动手能力的要求,符合工程教育改革的方向;

(3)教材主编们大多具有较为丰富的工程实践能力,他们力图通过教材这个重要手段实现"基于问题、基于项目、基于案例"的研究型学习方式。

据悉,本系列教材编委会的部分成员参加了"专业规范"的研究工作,而大部分成员曾为"专业规范"的研制提供了丰富的背景资料。我相信,这套教材的出版将为"专业规范"的推广实施,为土木工程教育事业的健康发展起到积极的作用!

中国工程院院士　哈尔滨工业大学教授

沈世钊

前　言

（第2版）

与本书内容相关的《混凝土结构设计规范》(GB 50010—2010)局部修订于2015年颁布。为此,需要对本书第1版进行修订。第2版除对第1版的不妥之处进行修改外,主要作了以下修订:根据《混凝土结构设计规范》(GB 50010—2010)局部修订的有关内容,主要包括“取消HRBF335、限制使用HRB335和HPB300钢筋”“HRB500钢筋抗压强度设计值由原来的410 N/mm^2改为435 N/mm^2”“对轴心受压构件,当钢筋的抗压强度设计值大于400 N/mm^2时应取400 N/mm^2”,以及对吊环钢筋的使用规定等,对本书的相关内容进行了修订。

参加本书修订工作的除了原作者梁兴文、李艳、李波、邓明科外,还有杨克家、寇佳亮、车佳玲、王英俊和韩春。

本书由资深教授童岳生先生主审,他提出了许多宝贵的意见。研究生邢朋涛、陆婷婷、胡翱翔、王照耀、王莹、刘利利、戚帧婷、翟天文、徐明雪等为本书做了部分计算及绘图工作,在此对他们表示衷心的感谢!

本书第2版可能会存在新的不足和谬误,欢迎读者批评指正。

编　者

2018年1月

前　言

（第 1 版）

本书是根据新颁布的房屋建筑工程国家标准以及《土木工程专业规范》的规定而编写的。书中介绍了房屋建筑工程中混凝土结构的设计方法，包括概论、混凝土梁板结构、单层工业厂房混凝土结构、混凝土框架结构等，内容侧重于混凝土结构的整体设计，与《混凝土结构基本原理》（重庆大学出版社，2011 年 10 月）一书配套使用。本书是高等学校土木工程专业本科生的主干课程教材，亦可作为本专业大专生的教学用书，并可供从事实际工作的建筑结构设计人员参考使用。

混凝土结构整体设计主要包括下列内容：选择结构方案和结构体系，进行结构布置；建立结构计算简图，选用合适的结构分析方法；计算作用（荷载）、作用（荷载）效应，并进行作用（荷载）效应组合；构件截面设计及构件间的连接构造等。其中结构方案设计是关键，其合理与否对结构的可靠性和经济性影响很大。为此，书中用较多的篇幅介绍了结构方案设计的主要内容。建立结构计算简图和选用结构分析方法是结构设计的一个重要内容，本书除在各章对不同结构分别论述其计算简图和分析方法外，还在第 1 章集中论述了这个问题，以引起读者对此问题的重视。鉴于读者已在《结构力学》课程中学习了结构分析的一般方法，所以本书仅介绍结构分析的简化分析方法。结构简化分析方法除可用于手算外，其解决问题的思路对培养学生分析问题和解决问题的能力以及创新能力均有帮助，因此本书对各种简化分析方法作了较详细的论述。第 3、4 章均有结构抗震设计内容，编写时将其中的共同部分放在第 1 章，教师授课时可将第 1 章有关的抗震内容与第 3 章一起讲述。

本书着重与理论与实践相结合，力求对基本概念论述清楚，使读者通过对有关内容的学习，熟练地掌握结构分析方法；书中有明确的计算方法和实用设计步骤，力求做到能具体应用；特别是对各主要结构附有完整的工程设计实例，有利于初学者对基本概念的理解和设计方法的掌握。为了便于学习，每章有小结、思考题和习题等内容，这对教学要求、自学理解、巩固深入、熟练掌握都是有益的，能提高教学效果。

本书由西安建筑科技大学梁兴文（第 1 章、3.8～3.10 节、4.8 节）和邓明科（第 4 章）、河南理工大学李艳（第 2 章）以及长安大学李波（第 3 章）编写。由资深教授童岳生先生主审，他提出了许多宝贵意见。研究生车佳玲、党争、尧智平、王英俊和徐洁，为本书绘制了插图。特在此对他们表示深切的感谢。

本书在编写过程中参考了大量国内外文献，引用了一些学者的资料，这在本书末的参考文献中已予列出。

希望本书能为读者的学习和工作提供帮助。鉴于作者水平有限，书中难免有错误及不妥之处，敬请读者批评指正。

编　者

2013 年 10 月

目　录

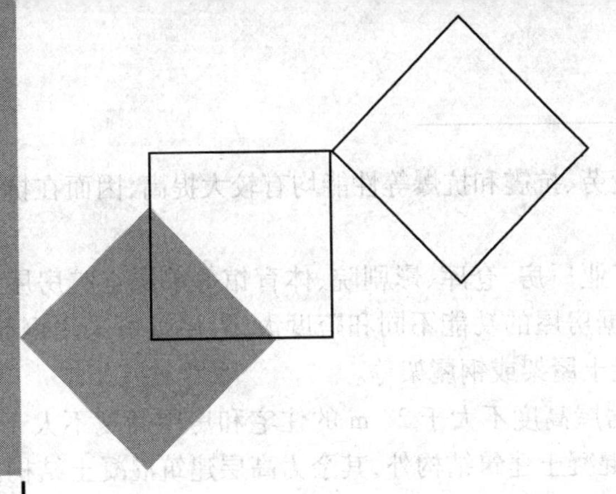

1 混凝土结构设计概论

本章导读：

- **基本要求** 了解混凝土结构设计的基本内容以及结构分析的基本原则和分析模型；掌握结构方案设计的内容和原则、5种结构分析方法的基本概念和适用范围、风荷载和地震作用计算方法以及结构设计要求。
- **重点** 结构方案设计的内容和原则；5种结构分析方法的基本概念和适用范围；风荷载和地震作用计算方法。
- **难点** 混凝土结构分析模型；地震作用计算方法。

1.1 一般说明

混凝土结构是以混凝土为主要材料制成的结构，包括素混凝土结构、钢筋混凝土结构、预应力混凝土结构、混合结构及配置各种纤维的混凝土结构等。

素混凝土一般用于基础、重力式挡土墙、支墩、地坪等主要承受压力的结构。钢筋混凝土可用于承受压力、拉力、弯矩、剪力和扭矩等各种受力形式的构件或结构。由于预应力混凝土具有抗裂性好、刚度大和强度高等特点，故一般用于制作跨度大、荷载重以及有抗裂、抗渗等要求的构件或结构。

钢-混凝土组合结构是由型钢和混凝土或钢筋混凝土相组合而共同工作的一种结构形式，兼有钢结构和钢筋混凝土结构的一些优点。钢管混凝土结构、型钢混凝土组合结构、钢-混凝土组合梁等是典型和应用广泛的组合结构形式。

混合结构是由钢框架（框筒）或型钢混凝土框架（框筒）或钢管混凝土框架（框筒）与混凝土核心筒组成的结构，是目前高层特别是超高层建筑结构的主要结构形式，如上海中心（高632 m）和深圳平安金融中心（高648 m）等均为混合结构。

纤维混凝土结构是指在普通混凝土中掺入适当的各种纤维材料而形成纤维增强混凝土，其抗拉、抗剪、抗折强度和抗裂、抗冲击、抗疲劳、抗震和抗爆等性能均有较大提高,因而在抗爆、抗冲击、抗震等结构中得到较大发展和应用。

单层混凝土建筑结构主要用于单层工业厂房、仓库、影剧院、体育馆等单层空旷房屋,这种结构一般由屋盖和钢筋混凝土柱组成,根据房屋的功能不同和跨度大小,屋盖可采用钢筋混凝土梁板结构、拱或薄壳、折板以及钢筋混凝土屋架或钢屋架等。

多层建筑混凝土结构是指2~9层或房屋高度不大于28 m的住宅和房屋高度不大于24 m的其他民用建筑结构。除上述单层、多层混凝土建筑结构外,其余为高层建筑混凝土结构。多、高层建筑的竖向承重混凝土结构可采用框架、板柱、剪力墙、框架-剪力墙、板柱-剪力墙和筒体等结构体系。

在多、高层建筑结构中,楼盖或屋盖基本上都是钢筋混凝土结构。混凝土结构的基础均采用钢筋混凝土基础。

1.2 混凝土结构设计内容

混凝土结构设计的基本内容包括结构方案设计、结构内力和变形分析、作用效应组合、构件及其连接构造设计以及绘制施工图等。

1.2.1 结构方案设计

结构方案设计是整幢建筑结构设计是否合理的关键,应满足结构受力合理、技术先进以及尽可能达到综合经济技术指标较优的原则要求;在与建筑方案协调时应考虑结构体型(高宽比、长宽比)适当,传力途径和构件布置能够保证结构的整体稳固性,避免因局部破坏引发结构连续倒塌。

结构方案设计主要包括结构体系选择、结构布置和主要构件截面尺寸估算等内容。

(1)结构体系选择

根据建筑的用途及功能、建筑高度、荷载情况、抗震要求和所具备的物质与施工技术条件等因素选用合理的结构体系。在初步设计阶段,一般须提出两种以上不同的结构方案,然后进行方案比较,综合考虑,选择较优的方案。

(2)结构布置

在结构体系选择的基础上,选用构件形式和布置,确定各结构构件之间的相互关系和传力路径,主要包括定位轴线、构件布置和结构缝的设置等。结构的平、立面布置宜规则,各部分的质量和刚度宜均匀、连续;结构的传力途径应简捷、明确,竖向构件宜连贯、对齐;宜采用超静定结构,重要构件和关键传力部位应增加冗余约束或有多条传力途径。结构设计时应通过设置结构缝将结构分割为若干相对独立的单元,应根据结构受力特点及建筑尺度、形状、使用功能等要求,合理确定结构缝的位置和构造形式;宜控制结构缝的数量,应采取有效措施减少设缝对建筑功能、结构传力、构造做法和施工可行性等造成的影响,遵循“一缝多能”的设计原则,采取有效的构造措施。

(3)构件截面尺寸的估算

梁、板等水平构件的截面尺寸一般根据刚度和构造等条件,凭经验确定;柱、墙等竖向构件的截面尺寸一般根据侧移(或侧移刚度)和轴压比的限值来估算。

1.2.2 结构内力与变形分析

结构分析是指根据已确定的结构方案和结构布置以及构件截面尺寸和材料性能等,确定合理的计算简图和分析方法,进行作用(荷载)计算,通过计算分析准确地求出结构内力和变形,以便根据计算结果进行构件设计。

计算结构上的作用(荷载)是进行结构分析的前提。作用(荷载)计算就是根据建筑结构的实际受力情况计算各种作用(荷载)的大小、方向、作用类型、作用时间等,作为结构分析的主要依据之一。

确定结构计算模型,包括确定结构力学模型、计算简图和采用的计算方法。计算简图是进行结构分析时用以代表实际结构的经过简化的模型,是结构受力分析的基础,计算简图的选择应分清主次,抓住本质和主流,略去不重要的细节,使得所选取的计算简图既能反映结构的实际工作性能,又便于计算。计算简图确定后,应采取适当的构造措施使实际结构尽量符合计算简图的特点。计算简图的选取受较多因素的影响,一般来说,结构越重要,选取的计算简图应越精确;施工图设计阶段的计算简图应比初步设计阶段精确;静力计算可选择较复杂的计算简图,动力和稳定计算可选用较简略的计算简图。

1.2.3 作用(荷载)效应组合

作用(荷载)效应组合是指按照结构可靠度理论把各种作用(荷载)效应按一定规律加以组合,以求得在各种可能同时出现的作用(荷载)作用下结构构件控制截面的最不利内力。通常,对结构在各种单项荷载作用下分别进行分析,得到结构构件控制截面的内力和变形后,根据在使用过程中结构上各种荷载同时出现的可能性,按承载能力极限状态和正常使用极限状态用分项系数与组合值系数加以组合,并选取各自的最不利组合值作为结构构件和基础设计的依据。

1.2.4 结构构件及其连接构造的设计

根据结构荷载效应组合结果,选取对配筋起控制作用的截面不利组合内力设计值,按承载能力极限状态和正常使用极限状态分别进行截面的配筋计算和裂缝宽度、变形验算,计算结果尚应满足相应的构造要求。构件之间的连接构造设计就是保证连接节点处被连接构件之间的传力性能符合设计要求,保证不同材料结构构件之间的良好结合,选择可靠的连接方式以及保证可靠传力所采取可靠的措施等。

1.2.5 结构施工图绘制

结构施工图是全部设计工作的最后成果,是进行施工的主要依据,是设计意图最准确、最完整的体现,是保证工程质量的重要环节。结构施工图绘制应遵守一般的制图规定和要求。

1.3 作用及作用效应

1.3.1 一般说明

结构上的作用分为永久作用、可变作用和偶然作用。建筑结构中的屋面、楼面、墙体、梁柱等构件自重以及找平层、保温层、防水层等质量都是永久作用(荷载)。永久荷载标准值可按结构构件的设计尺寸和材料单位体积的自重计算确定。可变作用包括楼、屋面活荷载、雪荷载、风荷载等,其标准值均可按《建筑结构荷载规范》(以下简称《荷载规范》)确定。偶然作用包括强烈地震、爆炸、撞击等引起的作用,其值可按相应的国家标准确定。

本节简要说明风荷载和地震作用的计算方法。

1.3.2 风荷载

1)作用于承重结构上的风荷载标准值

当计算主要承重结构时,垂直于建筑物表面上的风荷载标准值 w_k (kN/m^2)按下式计算:

$$w_k = \beta_z \mu_s \mu_z w_0 \tag{1.1}$$

式中 w_0——基本风压,kN/m^2,是指风荷载的基准压力,一般按当地空旷平坦地面上 10 m 高处 10 min 平均的风速观测数据,经概率统计得出 50 年一遇最大值确定的风速,再考虑相应的空气密度,按公式 $w_0 = \rho v_0^2/2$(ρ 为空气密度; v_0 为基本风速)确定的风压;

μ_z——风压高度变化系数;

μ_s——风荷载体型系数;

β_z——高度 z 处的风振系数。

风压高度变化系数是指某类地表上空某高度处的风压与基本风压的比值,该系数取决于地面粗糙度。地面粗糙度分为 A、B、C、D 四类:A 类指近海海面和海岛、海岸、湖岸及沙漠地区;B 类指田野、乡村、丛林、丘陵以及房屋比较稀疏的乡镇;C 类指有密集建筑群的城市市区;D 类指有密集建筑群且房屋较高的城市市区。风压高度变化系数可根据房屋计算点的高度和地面粗糙度,由附表 3.1 查得。

当风流动经过建筑物时,会对建筑物的不同部位产生压力或吸力,空气流动还会产生漩涡,会使建筑物局部的压力或吸力增大。实测表明,建筑物表面上的风压分布是很不均匀的,与房屋的体型和尺寸等有关。风荷载体型系数是指建筑物表面所受到的平均风压力或吸力与基本风压的比值,它表示建筑物表面在稳定风压作用下的静态压力分布规律。风荷载体型系数一般都是通过实测或风洞模拟试验的方法确定,《荷载规范》规定:

①房屋与附表 3.2 中的体型类同时,可按附表 3.2 的规定采用。

②房屋与附表 3.2 中的体型不同时,可参考有关资料采用;当无资料时,宜由风洞试验

确定。

③对于重要且体型复杂的房屋,应由风洞试验确定。

风对建筑物的作用是不规则的,风压随风速、风向的紊乱变化而不停地改变。通常把风作用的平均值看成稳定风压或平均风压,实际风压是在平均风压上下波动的。平均风压使建筑物产生一定的侧移,而波动风压使建筑物在该侧移附近左右振动。对于高度较大、刚度较小的建筑,波动风压会产生不可忽略的动力效应,在设计中必须考虑。目前采用增大风荷载的办法来考虑这个动力效应,将风压值乘以风振系数。风振系数是指结构总响应与平均风压引起的结构响应的比值。《荷载规范》规定,对于高度大于 30 m 且高宽比大于 1.5 的房屋,应考虑风压脉动对结构产生顺风向风振的影响。顺风向风振响应计算应按结构随机振动理论进行。对于可仅考虑第一振型影响的竖向悬臂型结构(例如,高层建筑、构架、塔架、烟囱等高耸结构),结构在 z 高度处的风振系数 β_z 按下式计算:

$$\beta_z = 1 + 2gI_{10}B_z\sqrt{1 + R^2} \tag{1.2}$$

式中 g ——峰值因子,可取 2.5;

I_{10} ——10 m 高度名义湍流强度,对应 A、B、C 和 D 类地面粗糙度,可分别取 0.12、0.14、0.23 和 0.39;

R ——脉动风荷载的共振分量因子;

B_z ——脉动风荷载的背景分量因子。

脉动风荷载的共振分量因子按下式计算:

$$R = \sqrt{\frac{\pi}{6\zeta_1}\frac{x_1^2}{(1 + x_1^2)^{4/3}}} \tag{1.3}$$

$$x_1 = \frac{30f_1}{\sqrt{k_w w_0}} \quad (x_1 > 5) \tag{1.4}$$

式中 f_1——结构第 1 阶自振频率,Hz;

k_w ——地面粗糙度修正系数,对 A、B、C 和 D 类地面粗糙度,分别取 1.28、1.0、0.54 和 0.26;

ζ_1——结构阻尼比,对钢筋混凝土及砌体结构可取 0.05。

对体型和质量沿高度均匀分布的高层建筑,脉动风荷载的背景分量因子按下式计算:

$$B_z = kH^{a_1}\rho_x\rho_z\frac{\phi_1(z)}{\mu_z(z)} \tag{1.5}$$

式中 $\phi_1(z)$ ——结构第 1 阶振型系数,可由结构动力计算确定;对于外形、质量和刚度沿高度分布比较均匀的弯剪型高层建筑,可按《荷载规范》表 G.0.3 取值,也可近似取 $\phi_1(z) = z/H$,其中 z 为计算点到室外地面的高度;

H ——结构总高度,m;

ρ_x ——脉动风荷载水平方向相关系数;

ρ_z ——脉动风荷载竖直方向相关系数;

k, a_1——系数,按表 1.1 取值。

表 1.1　系数 k 和 a_1

粗糙度类别		A	B	C	D
高层建筑	k	0.944	0.670	0.295	0.112
	a_1	0.155	0.187	0.261	0.346

脉动风荷载的空间相关系数 ρ_z 和 ρ_x 可按下列规定确定：

①竖直方向的相关系数 ρ_z：

$$\rho_z = \frac{10\sqrt{H + 60e^{-H/60} - 60}}{H} \tag{1.6}$$

式中，H 为建筑总高度(m)，对 A、B、C 和 D 类地面粗糙度，H 的取值分别不应大于 300 m、350 m、450 m 和 550 m。

②水平方向的相关系数 ρ_x：

$$\rho_x = \frac{10\sqrt{B + 50e^{-B/50} - 50}}{B} \tag{1.7}$$

式中，B 为结构迎风面宽度(m)，$B \leqslant 2H$。

2)作用于围护结构上的风荷载标准值

当计算围护结构时，垂直于围护结构表面上的风荷载标准值，应按下式计算：

$$w_k = \beta_{gz}\mu_{s1}\mu_z w_0 \tag{1.8}$$

式中，β_{gz} 为高度 z 处的阵风系数，按附表 3.3 确定。

风力作用在建筑物表面上，压力分布很不均匀，在角隅、檐口、边棱处和在附属结构的部位(如阳台、雨篷等外挑构件)，局部风压会超过平均风压。因此，计算围护构件及其连接的风荷载时，式(1.8)中的风载体型系数 μ_{s1} 可按下列规定采用：

①封闭式矩形平面房屋的墙面及屋面可按《荷载规范》表 8.3.3 的规定采用。

②檐口、雨篷、遮阳板、边棱处的装饰条等突出构件，取-2.0。

③其他房屋和构筑物可按附表 3.2 规定体型系数的 1.25 倍取值。

另外，计算围护构件风荷载时，除应考虑建筑物外部风压力外，还应考虑由于建筑物洞口等影响而产生的内部压力，其局部体型系数取值应按《荷载规范》的相关规定采用，不再赘述。

1.3.3　计算地震作用的基本原则

地震发生时，对结构既可能产生任意方向的水平作用，也可能产生竖向作用。一般来说，水平地震作用是主要的，但在某些情况下也不能忽略竖向地震作用。我国的《建筑抗震设计规范》(GB 50011—2010)(以下简称《抗震规范》)对此作出如下规定：

①一般情况下，应至少在建筑结构的两个主轴方向分别计算水平地震作用，各方向的水平地震作用应由该方向抗侧力构件承担(如该构件带有翼缘、翼墙等，尚应包括翼缘、翼墙的抗侧力作用)。

②有斜交抗侧力构件的结构，当相交角度大于 15°时，应分别计算各抗侧力构件方向的水平地震作用。这是考虑到地震作用可能来自任意方向，故要求对有斜交抗侧力构件的结构，应

考虑对各构件最不利方向的水平地震作用,最不利方向一般为与该构件平行的方向。

③质量和刚度分布明显不对称的结构,应计入双向水平地震作用下的扭转影响;其他情况,应允许采用调整地震作用效应的方法计入扭转影响。这是因为同一建筑单元同一平面内质量、刚度分布不对称,或虽在本层平面内对称,但沿房屋高度方向不对称的结构,地震作用下可能产生明显的扭转效应,使结构产生附加内力,故应考虑扭转影响。

④8 度和 9 度时的大跨度和长悬臂结构及 9 度时的高层建筑,应计算竖向地震作用。震害表明,地震烈度为 8 度时,跨度大于 24 m 的屋架、2 m 以上的悬挑阳台和走廊等震害严重;9 度或 9 度以上时,跨度大于 18 m 的屋架、1.5 m 以上的悬挑阳台和走廊等震害严重甚至倒塌;对于较高的高层建筑,其竖向地震作用产生的轴力在结构上部是不可忽略的。因此,对上述情况下的结构,应计算其竖向地震作用。

1.3.4 计算地震作用的反应谱法

根据大量的强震记录,求出结构在不同自振周期或频率时的地震最大反应,取这些反应的包线,称为反应谱。以反应谱为依据进行抗震设计,则结构在这些地震记录为基础的地震作用下是安全的,故称反应谱法。利用反应谱,可很快求出各种地震干扰下的反应最大值。

用反应谱法计算结构的地震反应,应解决两个主要问题:计算建筑的重力荷载代表值;根据结构的自振周期确定相应的地震影响系数。

1)重力荷载代表值

重力荷载代表值是指结构和构配件自重标准值和各可变荷载组合值之和,是表示地震发生时根据耦合概率确定的“有效重力”。各可变荷载的组合值系数,应按表 1.2 采用。

表 1.2 可变荷载的组合值系数

可变荷载种类		组合值系数
雪荷载		0.5
屋面积灰荷载		0.5
屋面活荷载		不计入
按实际情况计算的楼面活荷载		1.0
按等效均布荷载计算的楼面活荷载	藏书库、档案库	0.8
	其他民用建筑	0.5
吊车悬吊物重力	硬钩吊车	0.3
	软钩吊车	不计入

注:硬钩吊车的吊重较大时,组合值系数宜按实际情况采用。

2)地震影响系数

地震影响系数 α 是单质点弹性体系的绝对最大加速度与重力加速度的比值,它除与结构自振周期有关外,还与结构的阻尼比等有关。根据地震烈度、场地类别、设计地震分组和结构自振周期以及阻尼比的不同,地震影响系数 α 按图 1.1 采用。图 1.1 所示的曲线就是以结构自振周期为横坐标、地震影响系数 α 为纵坐标的反应谱曲线,或简称为 α 反应谱曲线。现对该曲线说明如下。

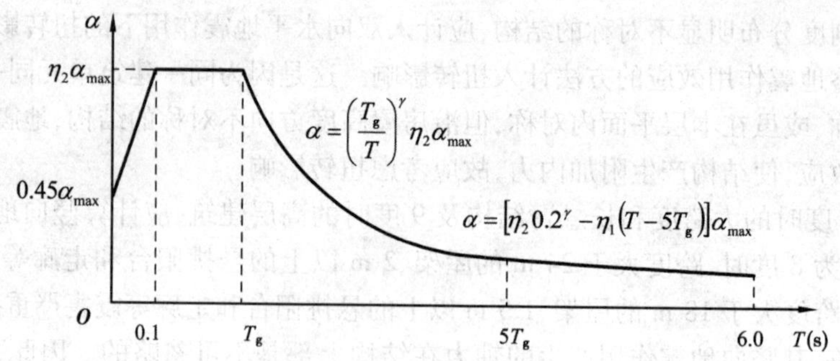

图 1.1　地震影响系数曲线

直线上升段,为周期小于 0.1 s 的区段,取

$$\alpha = [0.45 + 10(\eta_2 - 0.45)T]\alpha_{max} \tag{1.9}$$

水平段,自 0.1 s 至特征周期 T_g 区段,取

$$\alpha = \eta_2\alpha_{max} \tag{1.10}$$

曲线下降段,自特征周期至 5 倍特征周期区段,取

$$\alpha = (T_g/T)^\gamma \eta_2\alpha_{max} \tag{1.11}$$

直线下降段,自 5 倍特征周期至 6 s 区段,取

$$\alpha = [0.2^\gamma \eta_2 - \eta_1(T - 5T_g)]\alpha_{max} \tag{1.12}$$

式中,γ 为曲线下降段的衰减指数,按下式确定:

$$\gamma = 0.9 + \frac{0.05 - \zeta}{0.3 + 6\zeta} \tag{1.13}$$

ζ 为阻尼比,一般的建筑结构可取 0.05; η_1 为直线下降段的下降斜率调整系数,按下式确定:

$$\eta_1 = 0.02 + \frac{0.05 - \zeta}{4 + 32\zeta} \tag{1.14}$$

当 η_1 小于 0 时取 0; η_2 为阻尼调整系数,按下式确定:

$$\eta_2 = 1 + \frac{0.05 - \zeta}{0.08 + 1.6\zeta} \tag{1.15}$$

当 η_2 小于 0.55 时应取 0.55;T 为结构自振周期;T_g 为特征周期,根据场地类别和设计地震分组按表 1.3 采用,计算 8、9 度罕遇地震作用时,特征周期宜增加 0.05;α_{max} 为地震影响系数最大值,阻尼比为 0.05 的建筑结构,应按表 1.4 采用;阻尼比不等于 0.05 时,表中的数值应乘以阻尼调整系数 η_2。

表 1.3　特征周期(s)

设计地震分组	场地类别				
	I_0	I_1	Ⅱ	Ⅲ	Ⅳ
第一组	0.20	0.25	0.35	0.45	0.65
第二组	0.25	0.30	0.40	0.55	0.75
第三组	0.30	0.35	0.45	0.65	0.90

表 1.4 水平地震影响系数最大值

地震影响	烈 度			
	6	7	8	9
多遇地震	0.04	0.08(0.12)	0.16(0.24)	0.32
罕遇地震	0.28	0.50(0.72)	0.90(1.20)	1.40

注:括号内数值分别用于设计基本地震加速度为 0.15 *g* 和 0.30 *g* 的地区。

以反应谱为基础,有两种实用方法:振型分解反应谱法和底部剪力法。

1.3.5 振型分解反应谱法

此法是把结构作为多自由度体系,利用反应谱进行计算。对于任何工程结构,均可用此法进行地震反应分析。采用振型分解反应谱法时,对于不进行扭转耦联计算的结构,应按下列规定计算其地震作用和作用效应。

结构 j 振型 i 质点的水平地震作用标准值,应按下列公式确定:

$$F_{ji}=\alpha_j\gamma_jX_{ji}G_i \qquad (i=1,2,\cdots,n,\quad j=1,2,\cdots,m) \tag{1.16}$$

$$\gamma_j=\sum_{i=1}^{n}X_{ji}G_i\Big/\sum_{i=1}^{n}X_{ji}^2G_i \tag{1.17}$$

式中 F_{ji} ——j 振型 i 质点的水平地震作用标准值;

α_j ——相应于 j 振型自振周期的地震影响系数,由图 1.1 及式(1.9)至式(1.12)确定;

X_{ji} ——j 振型 i 质点的水平相对位移;

γ_j ——j 振型的参与系数。

水平地震作用效应(弯矩、剪力、轴向力和变形),当相邻振型的周期比小于 0.85 时,可按下式确定:

$$S_{Ek}=\sqrt{\sum S_j^2} \tag{1.18}$$

式中 S_{Ek} ——水平地震作用标准值的效应;

S_j ——j 振型水平地震作用标准值的效应,可只取前 2~3 个振型,当基本自振周期大于 1.5 s 或房屋高宽比大于 5 时,振型个数应适当增加。

用振型分解反应谱法计算地震作用时,需首先求出结构各阶振型的周期及各质点处的振型值。这可采用刚度法、柔度法或子空间迭代法等方法计算。用理论方法计算结构自振周期时,所采用的计算简图一般只考虑结构构件的作用,未考虑填充墙等非结构构件的作用,所得的结构周期偏长,由此所得的地震力偏小。因此,当非承重墙体为砌体墙时,按理论方法所得的结构自振周期值,应乘以周期折减系数,其值按下列规定采用:框架结构可取 0.6~0.7;框架-剪力墙结构可取 0.7~0.8;框架-核心筒结构可取 0.8~0.9; 剪力墙结构可取 0.8~1.0。对于其他结构体系或采用其他非承重墙体时,可根据工程情况确定周期折减系数。

1.3.6 底部剪力法

对于多自由度体系,若计算地震反应时主要考虑基本振型的影响,则计算可以大大简化,此法为底部剪力法,是一种近似方法。它适用于高度不超过 40 m,以剪切变形为主且质量和刚度沿高度分布比较均匀的结构,以及近似于单质点体系的结构。此法首先计算总水平地震作用标准值即底部剪力 F_{Ek}:

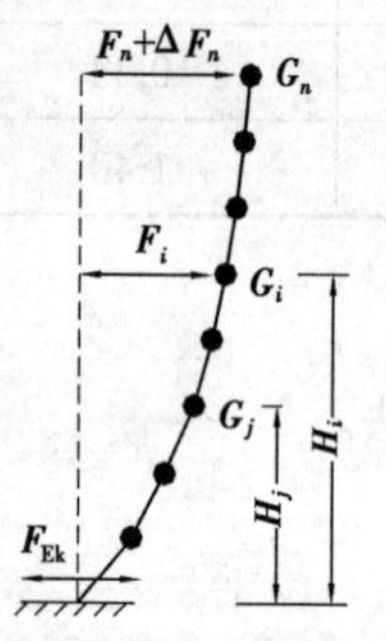

图 1.2 结构水平地震作用计算简图

$$F_{\mathrm{Ek}}=\alpha_1 G_{\mathrm{eq}} \tag{1.19}$$

式中 α_1——相应于结构基本自振周期的水平地震影响系数值;

G_{eq}——结构等效总重力荷载,单质点应取总重力荷载代表值,多质点应取总重力荷载代表值的 85%。

质点 i 的水平地震作用 F_i(图 1.2)按下式计算:

$$\left.\begin{aligned} F_i &= \frac{G_iH_i}{\sum\limits_{j=1}^{n} G_jH_j}F_{\mathrm{Ek}}(1-\delta_n) \\ \Delta F_n &= \delta_n F_{\mathrm{Ek}} \end{aligned}\right\} \tag{1.20}$$

式中 G_i,G_j——集中于质点 i、j 的重力荷载代表值;

H_i,H_j——质点 i、j 的计算高度;

ΔF_n——顶部附加水平地震作用;

δ_n——顶部附加地震作用系数,多层钢筋混凝土房屋和钢结构房屋可按表 1.5 采用,其他房屋可采用 0.0。

表 1.5 顶部附加地震作用系数

T_g (s)	$T_1>1.4T_1$	$T_1\leqslant 1.4T_g$
$T_g\leqslant 0.35$	$0.08T_1+0.07$	0.0
$0.35<T_g\leqslant 0.55$	$0.08T_1+0.01$	
$T_g>0.55$	$0.08T_1-0.02$	

注:T_1 为结构基本自振周期。

1.3.7 楼层地震剪力计算及剪重比验算

由图 1.1 可知,地震影响系数在长周期段下降较快,对于基本周期大于 3.5 s 的结构,由此计算所得的结构水平地震作用效应可能偏小;对于长周期结构,地震动态作用的地面运动速度和位移可能对结构的破坏具有更大的影响,但振型分解反应谱法还无法对此做出估计。出于对结构安全的考虑,应对结构总水平地震剪力和各楼层水平地震剪力最小值提出要求。

结构第 i 层的楼层地震剪力标准值按下式计算:

$$V_{\mathrm{Ek}i}=\sum_{j=i}^{n}F_j \tag{1.21}$$

式中 F_j——质点 j 的水平地震作用标准值。

按式(1.21)计算的楼层地震剪力标准值应符合下列要求(剪重比验算):

$$V_{\mathrm{Ek}i}>\lambda\sum_{j=i}^{n}G_j \tag{1.22}$$

式中 G_j——第 j 层的重力荷载代表值;

n——结构计算总层数；

λ——水平地震剪力系数，不应小于表 1.6 规定的值；对于竖向不规则结构的薄弱层，尚应乘以 1.15 的增大系数。

表 1.6 楼层最小地震剪力系数值

类 别	6 度	7 度	8 度	9 度
扭转效应明显或基本周期小于 3.5 s 的结构	0.008	0.016 （0.024）	0.032 （0.048）	0.064
基本周期大于 5.0 s 的结构	0.006	0.012 （0.018）	0.024 （0.032）	0.040

注：1.基本周期介于 3.5 s 和 5 s 之间的结构，可插入取值；

2.括号内数值分别用于设计基本地震加速度为 0.15 g 和 0.30 g 的地区。

1.3.8 考虑地震作用效应的组合

结构构件的地震作用效应和其他荷载效应的基本组合，应按下式计算：

$$S = \gamma_G S_{GE} + \gamma_{Eh} S_{Ehk} + \gamma_{Ev} S_{Evk} + \psi_w \gamma_w S_{wk} \tag{1.23}$$

式中 S——结构构件内力组合的设计值，包括组合的弯矩、轴向力和剪力设计值等；

γ_G——重力荷载分项系数，一般情况应采用 1.2，当重力荷载效应对构件承载能力有利时，不应大于 1.0；

γ_{Eh}，γ_{Ev}——水平、竖向地震作用分项系数，应按表 1.7 采用；

γ_w——风荷载分项系数，应采用 1.4；

S_{GE}——重力荷载代表值的效应，可按表 1.2 采用，但有吊车时，尚应包括悬吊物重力标准值的效应；

S_{Ehk}——水平地震作用标准值的效应，尚应乘以相应的增大系数或调整系数；

S_{Evk}——竖向地震作用标准值的效应，尚应乘以相应的增大系数或调整系数；

S_{wk}——风荷载标准值的效应；

ψ_w——风荷载组合值系数，一般结构取 0，风荷载起控制作用的高层建筑应采用 0.2。

表 1.7 地震作用分项系数

地震作用	γ_{Eh}	γ_{Ev}
仅计算水平地震作用	1.3	0.0
仅计算竖向地震作用	0.0	1.3
同时计算水平与竖向地震作用（水平地震为主）	1.3	0.5
同时计算水平与竖向地震作用（竖向地震为主）	0.5	1.3

1.4 混凝土结构分析

混凝土结构是由钢筋和混凝土两种性能差别很大的材料组成的结构。一般钢筋的拉、压屈服强度相等；而混凝土的拉、压强度相差悬殊，在应力较小时其应力-应变关系即出现非线性变化,且出现裂缝后为各向异性体。因此,钢筋混凝土结构在荷载作用下的受力性能十分复杂,是一个不断变化的非线性过程。对混凝土结构,合理地确定其力学模型和选择分析方法是提高计算精度、确保结构安全可靠的重要环节。为此,我国《混凝土结构设计规范》对混凝土结构分析的基本原则和各种分析方法的应用条件作出了明确规定,其内容反映了我国混凝土结构的设计现状、工程经验和试验研究等方面所取得的进展。

1.4.1 结构分析的基本原则

为了保证混凝土结构内力和变形计算结果的可靠性,对混凝土结构进行分析时,应遵守下列基本原则:

①混凝土结构按承载能力极限状态计算和按正常使用极限状态验算时,应进行整体作用(荷载)效应分析,必要时还应对结构中的重要部位、形状突变部位以及内力和变形有异常变化的部位(例如较大孔洞周围、节点及其附近、支座和集中荷载附近等)受力状况,进行更详细的分析,以便更准确地掌握其受力状况。

②混凝土结构在施工和使用期的不同阶段(如结构的施工期、检修期和使用期,预制构件的制作、运输和安装阶段等)有多种受力状况时,应分别进行结构分析,并确定其最不利的作用效应组合。当结构可能遭遇火灾、飓风、爆炸、撞击等偶然作用时,应按国家现行有关标准的要求进行相应的结构分析。

③结构分析时,所采用的计算简图、几何尺寸、计算参数、边界条件、结构材料性能指标、构造措施等应符合实际工作状况。结构上可能的作用(荷载)及其组合、初始应力和变形状况等也应符合结构的实际工作状况。所采用的各种近似假定和简化,应有理论、试验依据或经工程实践验证;计算结果的精度应符合工程设计的要求。计算结果应有相应的构造措施加以保证,如固定端和刚节点的承受弯矩能力和对变形的限制、塑性铰充分转动的能力、适筋截面的配筋率或受压区相对高度的限值等。

④结构分析方法的建立都是基于三类基本方程,即力学平衡方程、变形协调(几何)条件和本构(物理)关系。其中,结构整体或其中任何一部分的力学平衡条件都必须满足;结构的变形协调条件,包括节点和边界的约束条件等,若难以严格地满足,则应在不同的程度上予以满足;材料或构件单元的受力-变形关系,应合理地选取,尽可能符合或接近钢筋混凝土的实际性能。

⑤混凝土结构分析时,应根据结构类型、材料性能和受力特点等选择合理的分析方法。目前,按力学原理和受力阶段不同,混凝土结构常用的计算方法主要有弹性分析方法、塑性内力重分布分析方法、弹塑性分析方法、塑性极限分析方法以及试验分析方法。

上述分析方法中,又各有多种具体的计算方法,如解析法或数值解法、精确解法或近似解法。结构设计时,应根据结构的重要性和使用要求、结构体系的特点、作用(荷载)状况、要求的计算精度等加以选择;计算方法的选取还取决于已有的分析手段,如计算程序、手册、图表等。

⑥目前,结构设计一般采用计算软件进行结构分析和构件截面设计。为了确保计算结果的正确性,结构分析所采用的计算软件应经考核和验证,其技术条件应符合现行国家规范和有关标准的要求;计算分析结果应经判断和校核,在确认其合理、有效后,方可用于工程设计。

1.4.2　结构分析模型

混凝土结构宜按空间体系进行结构整体分析，并宜考虑结构构件的弯曲、轴向、剪切和扭转变形对结构内力的影响。当需要进行简化分析时，应结合工程实际情况和采用的力学模型，对承重结构进行适当简化，使其既能较正确反映结构的真实受力状态，又能够适应所选用分析软件的力学模型与运算能力，从根本上保证分析结果的可靠性。例如，对于体型规则的空间结构，可沿柱列或墙轴线分解为不同方向的平面结构，考虑平面结构的空间协同工作进行计算；当构件的轴向、剪切和扭转变形对结构内力分析影响不大时，可不予考虑。

结构计算简图应根据结构的实际形状、构件的受力和变形状况、构件间的连接和支承条件以及各种构造措施等，进行合理的简化后确定。梁、柱、杆等一维构件的轴线取为截面几何中心的连线，墙、板等二维构件的中轴面取为截面中心线组成的平面或曲面。现浇结构和装配整体式结构的梁柱节点、柱与基础连接处等，当有相应的构造和配筋作保证时，可作为刚接；非整体浇筑的次梁两端及板跨两端可近似作为铰接；有地下室的建筑底层柱，其固定端的位置取决于底板(梁)的刚度；节点连接构造的整体性程度决定连接处是按刚接还是按铰接考虑。梁、柱等杆件的计算跨度或计算高度可按其两端支承长度的中心距或净距确定，并根据支承节点的连接刚度或支承反力的位置加以修正。当钢筋混凝土梁柱构件截面尺寸相对较大时，梁柱等杆件间连接部分的刚度远大于杆件中间截面的刚度，梁柱交汇点会形成相对的刚性节点区域，在计算模型中可按刚域处理，刚域尺寸的合理确定，会在一定程度上影响结构整体分析的精度。

结构整体分析时，为减少结构分析的自由度，提高分析效率，对于现浇钢筋混凝土楼盖或有现浇面层的装配整体式楼盖，可近似假定楼板在其自身平面内为无限刚性。当楼盖开有较大洞口或其局部会产生明显的平面内变形时，结构分析应考虑楼盖面内变形的影响，根据楼盖的具体情况，楼盖面内弹性变形可按全部楼盖、部分楼盖或部分区域考虑。对于现浇钢筋混凝土楼盖和有现浇面层的装配整体式楼盖，可近似采用增加梁翼缘计算宽度的方式来考虑楼板作为翼缘对梁刚度和承载力的贡献。对带地下室的结构，应适当考虑回填土对结构水平位移的约束作用，当地下室结构的楼层侧向刚度不小于相邻上部结构楼层侧向刚度的 2 倍时，可将地下室顶板作为上部结构水平位移的嵌固部位。当地基与结构的相互作用对结构的内力和变形有显著影响时，结构分析中应考虑地基与结构相互作用的影响。

1.4.3　混凝土结构分析方法

1)弹性分析方法

弹性分析方法假定结构材料为理想的弹性体，是最基本和最成熟的结构分析方法，也是其他分析方法的基础和特例，可用于混凝土结构的承载能力极限状态及正常使用极限状态作用效应的计算。

混凝土结构弹性分析可采用结构力学或弹性力学等分析方法。杆系结构(指由长度大于 3 倍截面高度的构件所组成的连续梁、框架等结构)通常采用结构力学方法进行内力和变形计算。非杆系的二维或三维结构，通常假定结构为完全匀质材料，即不考虑钢筋的存在和混凝土开裂及塑性变形的影响，利用最简单的材料各向同性本构关系，即只需要弹性模量和泊松比两个物理常数,采用弹性力学方法进行作用效应计算。对体型规则的结构,可根据作用的种类和特性,采用适当的简化分析方法。结构内力的弹性分析和构件截面承载力的极限状态设计相结合,实用上简易可行,按此设计的结构,其承载力一般偏于安全。

结构构件的刚度计算时,混凝土的弹性模量按《混凝土结构设计规范》的规定采用,截面惯性矩按匀质的混凝土全截面计算,一般不计钢筋的换算面积,也不扣除预应力筋孔道等的面积。对端部加腋的构件,应考虑其截面变化对结构分析的影响。对不同受力状态下的构件,考虑混凝土开裂、徐变等因素的影响,其截面刚度可予以折减。

结构中二阶效应是指作用在结构上的重力或构件的轴压力在变形后的结构或构件中引起的附加内力和附加变形,包括侧移二阶效应(P-Δ 效应)和受压构件的挠曲二阶效应(P-δ 效应)两部分。当结构的二阶效应可能使作用效应显著增大时,在结构分析时应考虑二阶效应的不利影响。重力侧移二阶效应计算属于结构整体层面的问题,可考虑混凝土构件开裂对构件刚度的影响,采用结构力学等方法进行分析,也可采用《混凝土结构设计规范》给出的简化分析方法。受压构件的挠曲二阶效应计算属于构件层面的问题,一般在构件设计时考虑。

对钢筋混凝土双向板,当边界支承位移对其内力和变形有较大影响时,在分析中需要考虑边界支承竖向变形及扭转等的影响。

2)塑性内力重分布分析方法

超静定混凝土结构在出现塑性铰的情况下,使结构中的内力分布规律(弯矩图等)不同于按弹性分析方法计算所得的结果,在结构中引起内力重分布。可利用这一特点进行构件截面之间的内力调整,充分发挥混凝土结构的潜力,以达到简化设计、节约配筋和方便施工的目的。

塑性内力重分布分析方法主要有极限平衡法、塑性铰法、变刚度法、弯矩调幅法以及弹塑性分析方法等。其中,弯矩调幅法是指在弹性弯矩的基础上,根据需要适当调整某些截面(通常是弯矩绝对值最大的截面)的弯矩,其他截面的弯矩根据平衡条件确定,按调整后的内力进行截面设计。该方法计算简单,为多数国家的设计规范所采用。

钢筋混凝土连续梁、连续单向板和双向板等,可采用塑性内力重分布方法进行分析。重力荷载作用下的框架、框架-剪力墙结构中的现浇梁等,经弹性分析求得内力后,可对支座或节点弯矩进行适度调整,并确定相应的跨中弯矩。对于协调扭转问题,由于相交构件的弯曲转动受到支承梁的约束,在支承梁内引起扭转,其扭矩会由于支承梁的开裂产生内力重分布而减小,支承梁的扭矩宜考虑内力重分布的影响。

按考虑塑性内力重分布分析方法设计的结构和构件,由于塑性铰的出现,构件的变形和抗弯能力较小部位的裂缝宽度均较大,应进行构件变形和裂缝宽度验算,以满足正常使用极限状态的要求或采取有效的构造措施。同时,由于裂缝宽度较大等原因,对于直接承受动力荷载的结构,以及要求不出现裂缝或处于严重侵蚀环境等情况下的结构,不应采用考虑塑性内力重分布的分析方法。

3)弹塑性分析方法

弹塑性分析方法是指考虑混凝土结构的受力特点,通过建立结构构件的平衡条件、变形协调条件和弹塑性本构关系,借助于计算分析软件,可较准确计算或详尽地分析结构从开始受力直至破坏全过程的内力、变形和裂缝发展等,适用于任意形式和受力复杂结构的分析。

弹塑性分析方法主要用于重要或受力复杂结构的整体或局部分析,可根据结构类型和复杂性、要求的计算精度等选择相应的计算模型。结构弹塑性分析时，应预先设定结构的形状、尺寸、边界条件、材料性能和配筋等，应根据实际情况采用不同的离散尺度，确定相应的本构关系，如材料的应力-应变关系、构件截面的弯矩-曲率关系、构件或结构的内力-变形关系等。钢筋和混凝土的材料特征值及本构关系宜根据试验分析确定，也可采用规范规定的材料强度平均值、本构模型或多轴强度准则；必要时还应考虑结构几何非线性的不利影响；当分析结果用于承载力设计时，宜考虑抗力模型不定性系数对结构的抗力进行适当调整。对某些变形较大的构件或节点区域等，钢筋与混凝土界面的粘结滑移对其分析结果有较大的影响，在对其进行局部精细分析时，宜考虑钢筋与混凝土间的粘结-滑移本构关系。

混凝土结构的弹塑性分析，可根据实际情况采用静力或动力弹塑性分析方法。结构构件的计算模型以及离散尺度应根据实际情况以及计算精度的要求确定。梁、柱、杆等杆系构件，其一个方向的正应力明显大于另外两个正交方向的应力，则可简化为一维单元，且宜采用纤维束模型或塑性铰模型，采用杆系有限元方法求解。墙、板等构件，其两个方向的正应力均显著大于另一个方向的应力，则可简化为二维单元，且宜采用膜单元、板单元或壳元，采用平面问题有限元方法求解。复杂的混凝土结构、大体积混凝土结构、结构的节点或局部区域等，其 3 个方向的正应力无显著差异，当对其需作精细分析时，应按三维块体单元考虑，采用空间问题有限元方法求解。结构的弹塑性分析均须编制电算程序，利用计算机来完成大量繁琐的数值运算和求解。

4）塑性极限分析方法

对于超静定结构，结构中的某一个截面（或某几个截面）达到屈服，整个结构可能并没有达到其最大承载能力，外荷载还可以继续增加，先达到屈服截面的塑性变形会随之不断增大，并且不断有其他截面陆续达到屈服，直至有足够数量的截面达到屈服，使结构体系即将形成几何可变机构，结构才达到最大承载能力。结构的塑性极限分析又称为塑性分析或极限分析，是指结构在承载能力极限状态下，找出其内力分布规律和满足塑性变形的规律，得到其满足塑性变形规律和结构机动条件的破坏机构，进而求出结构的极限荷载。因此，利用超静定结构的这一受力特征，采用塑性极限分析方法来计算结构的最大承载力，并以达到最大承载力时的状态，作为整个结构的承载能力极限状态，由于不考虑弹塑性发展过程而使计算分析大为简化，既可以使超静定结构的内力分析更接近实际内力状态，也可以充分发挥超静定结构的承载潜力，使结构设计更经济合理。

由于整个结构达到承载能力极限状态时，结构中较早达到屈服的截面已处于塑性变形阶段，即已形成塑性铰，这些截面实际上已具有一定程度的损伤，这种损伤对于一次加载情况的最大承载力影响不大。因此，对于不承受多次重复荷载作用的混凝土结构，当有足够的塑性变形能力时，可采用塑性极限分析方法进行结构的承载力计算，但仍应满足正常使用极限状态的要求。

结构极限分析一般应同时满足内力的平衡条件、形成足够数目塑性铰的机构条件和截面弯矩等于或小于塑性弯矩的屈服条件。当上述 3 个条件同时满足时，可得到其精确解。通常，结构能满足平衡条件，其他两个条件可能不能同时满足，根据满足的条件不同，可得到不同的近似解。当结构满足平衡条件和机构条件时，一般是选取一种可能的破坏机构，根据虚功方程或平衡方程求解结构的极限荷载；由于可能的破坏机构有多种，理论上应分别计算，并选取其中最小者作为极限荷载，这种解法称为上限解。当结构满足平衡条件和屈服条件时，一般是选取一种可能的内力分布，使其既满足平衡条件和力的边界条件，同时又满足屈服条件，根据内外力的平衡可求解结构的极限荷载；由于结构可能的内力分布有多种，理论上应分别计算，并选其中最大者作为极限荷载,这种解法称为下限解。

对可预测结构破坏机制的情况,结构的极限承载力可根据预定的结构塑性屈服机制,采用塑性极限分析的上限解法(如机动法、极限平衡法等)进行分析。对难于预测结构破坏机制的情况,结构的极限承载力可采用静力或动力弹塑性分析方法确定。对直接承受偶然作用的结构构件或部位,应根据偶然作用的动力特征考虑其动力效应的影响。对承受均布荷载的周边支承的双向矩形板,可采用塑性铰线法(上限解法)或条带法(下限解法)等塑性极限分析方法进行设计(详见 2.3 节)。实践经验证明,按此类方法进行计算和构造设计,简便易行,可保证安全。

5)*试验分析方法*

当结构或其部位的体型不规则和受力状况复杂,如不规则开洞的剪力墙、框架和桁架的主要节点、受力状态复杂的水坝、不规则的空间壳体等,或采用了新型的材料及构造,又无恰当的简化分析方法或对现有结构分析方法的计算结果没有充分把握时,可采用试验分析方法对结构的正常使用极限状态和承载能力极限状态进行分析或复核。

1.4.4 间接作用下混凝土结构分析

对大体积混凝土结构、超长混凝土结构等,混凝土的收缩、徐变以及温度变化等间接作用在结构中产生的作用效应,特别是裂缝问题比较突出,可能危及结构的安全性或正常使用时,宜进行间接作用效应的分析,并采取相应的构造措施和施工措施。对于允许出现裂缝的钢筋混凝土结构构件,应考虑裂缝的开展使构件刚度降低的影响,以减少作用效应计算的失真。

一般可采用弹塑性分析方法对混凝土结构进行间接作用效应分析。如有充分的理论依据,也可考虑混凝土开裂和徐变对构件刚度的影响,按弹性方法进行近似分析。

1.5 结构设计要求

混凝土建筑结构应具有足够的承载力、合适的刚度和良好的延性,以满足预期的可靠性要求。

1.5.1 承载力要求

对于持久、短暂设计状况,结构构件截面承载力设计表达式为

$$\gamma_0 S \leqslant R/\gamma_{Rd} \tag{1.24}$$

式中 γ_0——结构重要性系数,对安全等级为一级、二级和三级的结构构件,其取值分别不小于 1.1、1.0 和 0.9;

R——结构构件抗力的设计值;

γ_{Rd}——结构构件的抗力模型不定性系数,静力设计取 1.0,对不确定性较大的结构构件根据具体情况取大于 1.0 的数值。

对于地震设计状况,其设计表达式为

$$S \leqslant R/\gamma_{RE} \tag{1.25}$$

式中,γ_{RE} 为承载力抗震调整系数,对钢筋混凝土构件,应按表 1.8 的规定采用,当仅考虑竖向地震作用组合时,各类结构构件的承载力抗震调整系数均应取为 1.0。

表 1.8 承载力抗震调整系数

<table>
<tr><td rowspan="3">结构构件类别</td><td colspan="5">正截面承载力计算</td><td>斜截面承载力计算</td><td rowspan="3">受冲切承载力计算</td><td rowspan="3">局部受压承载力计算</td></tr>
<tr><td rowspan="2">受弯构件</td><td colspan="2">偏心受压柱</td><td rowspan="2">偏心受拉构件</td><td rowspan="2">剪力墙</td><td rowspan="2">各类构件及框架节点</td></tr>
<tr><td>轴压比小于 0.15</td><td>轴压比不小于 0.15</td></tr>
<tr><td>γ_{RE}</td><td>0.75</td><td>0.75</td><td>0.8</td><td>0.85</td><td>0.85</td><td>0.85</td><td>0.85</td><td>1.0</td></tr>
</table>

1.5.2 刚度要求

为了保证多、高层建筑中的主体结构在多遇地震作用下基本处于弹性受力状态，以及填充墙、隔墙和幕墙等非结构构件基本完好，避免产生明显损伤，应限制结构的层间位移；考虑到层间位移控制是一个宏观的侧向刚度指标，为便于设计人员在工程设计中应用，可采用层间最大位移与层高之比 $\Delta u/h$，即层间位移角 θ 作为控制指标。在风荷载或多遇地震作用下，多、高层建筑按弹性方法计算的楼层层间最大位移应符合下式要求：

$$\Delta u_e \leqslant [\theta_e]h \tag{1.26}$$

式中 Δu_e——风荷载或多遇地震作用标准值产生的楼层内层间最大弹性位移；

h——计算楼层层高；

$[\theta_e]$——弹性层间位移角限值，宜按表 1.9 采用。

表 1.9 弹性层间位移角限值

结构类型	$[\theta_e]$
钢筋混凝土框架	1/550
钢筋混凝土框架-抗震墙，板柱-抗震墙，框架-核心筒	1/800
钢筋混凝土抗震墙，筒中筒	1/1000
钢筋混凝土框支层	1/1000
多、高层钢结构	1/250

因变形计算属正常使用极限状态，故在计算弹性位移时，各作用分项系数均取 1.0，钢筋混凝土构件的刚度可采用弹性刚度。楼层层间最大位移 Δu 以楼层最大的水平位移差计算，不扣除整体弯曲变形。抗震设计时，楼层位移计算不考虑偶然偏心的影响。当高度超过 150 m 时，弯曲变形产生的侧移有较快增长，所以超过 250 m 高度的高层建筑混凝土结构，层间位移角限值取 1/500。150~250 m 的高层建筑按线性插入考虑。

1.5.3 延性要求

在地震区，除了要求结构具有足够的承载力和合适的刚度外，还要求它具有良好的延性。

对于延性大的结构，在地震作用下结构进入弹塑性状态时，能吸收和耗散大量的地震能量，此时结构虽然变形较大，但不会出现超出抗震规范要求的建筑物严重破坏或倒塌。相反，若结构延性较差，在地震作用下容易发生脆性破坏，甚至倒塌。结构的延性要求主要是通过各种构造措施来实现的；对于某些建筑结构，还需要按下列公式进行预估的罕遇地震作用下的弹塑性变形计算和验算：

$$\Delta u_p = \eta_p \Delta u_e \tag{1.27}$$

$$\Delta u_p \leqslant [\theta_p] h \tag{1.28}$$

式中 Δu_p ——弹塑性层间位移；

Δu_e ——罕遇地震作用下按弹性分析的层间位移；

η_p ——弹塑性层间位移增大系数，当薄弱层（部位）的屈服强度系数不小于相邻层（部位）该系数平均值的 0.8 时，可按表 1.10 采用，当不大于该平均值的 0.5 时，可按表内相应数值的 1.5 倍采用；其他情况可采用内插法取值；

ξ_y ——楼层屈服强度系数，按钢筋混凝土构件实际配筋和材料强度标准值计算的楼层受剪承载力和按罕遇地震作用标准值计算的楼层弹性地震剪力的比值；对排架柱，指按实际配筋面积、材料强度标准值和轴向力计算的正截面受弯承载力与按罕遇地震作用标准值计算的弹性地震弯矩的比值；

h——薄弱层楼层高度或单层厂房上柱高度；

$[\theta_p]$ ——弹塑性层间位移角限值，可按表 1.11 采用；对钢筋混凝土框架结构，当轴压比小于 0.40 时，可提高 10%；当柱子全高的箍筋构造比式(4.59)规定的体积配箍率大 30%时，可提高 20%，但累计不超过 25%。

表 1.10 弹塑性层间位移增大系数

结构类型	总层数 n 或部位	ξ_y		
		0.5	0.4	0.3
多层均匀框架结构	2~4	1.30	1.40	1.60
	5~7	1.50	1.65	1.80
	8~12	1.80	2.00	2.20
单层厂房	上柱	1.30	1.60	2.00

表 1.11 弹塑性层间位移角限值

结构类型	$[\theta_p]$
单层钢筋混凝土柱排架	1/30
钢筋混凝土框架	1/50
底部框架砖房中的框架-抗震墙	1/100
钢筋混凝土框架-抗震墙、板柱-抗震墙、框架-核心筒	1/100
钢筋混凝土抗震墙、筒中筒	1/120
多、高层钢结构	1/50

1.6 地基承载力验算

1)地基承载力验算

基础底面的压力应符合下列要求：

$$p_k \leqslant f_a \tag{1.29a}$$

$$p_{kmax} \leqslant 1.2f_a \tag{1.29b}$$

式中 p_k——相应于荷载效应标准组合时,基础底面处的平均压力值；

p_{kmax}——相应于荷载效应标准组合时,基础底面边缘的最大压力值；

f_a——深宽修正后的地基承载力特征值,按《建筑地基基础设计规范》确定。

2)地基抗震承载力验算

(1)可不进行天然地基及基础的抗震承载力验算的建筑

震害资料表明,下述天然地基上的各类建筑很少产生地基破坏从而引起上部结构破坏,故可不进行地基承载力验算：

①砌体房屋。

②地基主要受力层范围内不存在软弱黏性土层的一般单层厂房、单层空旷房屋和低于8层且高度在25 m以下的一般民用框架房屋及与其基础荷载相当的多层框架厂房。软弱黏性土层指7度、8度、9度时,地基承载力标准值分别小于80、100和120 kPa的土层。

③可不进行上部结构抗震验算的建筑。

(2)地基抗震承载力及其验算

地基抗震承载力应按下式计算：

$$f_{aE} = \zeta_a f_a \tag{1.30}$$

式中 f_{aE}——调整后的地基抗震承载力；

ζ_a——地基抗震承载力调整系数,应按表1.12采用。

表1.12 地基抗震承载力调整系数

岩土名称及性状	ζ_a
岩石,密实的碎石土,密实的砾、粗、中砂,$f_{ak} \geqslant 300$ 的黏性土和粉土	1.5
中密、稠密的碎石土,中密和稍密的砾、粗、中砂,密实和中密的细、粉砂,$150 \leqslant f_{ak} < 300$ 的黏性土和粉土,坚硬黄土	1.3
稍密的细、粉砂,$100 \leqslant f_{ak} < 150$ 的黏性土和粉土,可塑黄土	1.1
淤泥,淤泥质土,松散的砂,杂填土,新近堆积的黄土及流塑黄土	1.0

验算天然地基地震作用下的竖向承载力时,按地震作用效应标准组合的基础底面平均压力和边缘最大压力应符合下列各式要求：

$$p \leqslant f_{aE} \tag{1.31}$$

$$p_{max} \leqslant 1.2f_{aE} \tag{1.32}$$

式中 p——地震作用效应标准组合的基础底面平均压力；

p_{max} ——地震作用效应标准组合的基础边缘的最大压力。

高宽比大于4的高层建筑,在地震作用下基础底面不宜出现拉力;其他建筑,基础底面与地基土之间零应力区面积不应超过基础底面积的15%。

本章小结

1.混凝土结构设计包括:选择结构方案和结构体系,进行结构布置;建立结构计算简图,选用合适的结构分析方法;计算作用(荷载)、作用(荷载)效应,并进行作用(荷载)效应组合;构件截面设计及构件间的连接构造等。其中结构方案设计是关键,其合理与否对结构的可靠性和经济性影响很大。

2.合理地确定混凝土结构的力学模型和选择结构分析方法是提高设计质量、确保结构安全可靠的重要环节。目前混凝土结构分析方法主要有线弹性分析方法、考虑塑性内力重分布的分析方法、塑性极限分析方法、非线性分析方法、试验分析方法等。结构设计时,应根据结构的重要性和使用要求、结构体系的特点、作用(荷载)状况、要求的计算精度等选择合理的结构分析方法。

思考题

1.1　简述混凝土结构设计的主要内容及要点。

1.2　混凝土结构分析时应遵循哪些基本原则?混凝土结构的分析方法主要有哪些?说明这些方法的适用范围。

1.3　如何计算风荷载标准值 w_k?w_0、μ_z、μ_s、β_z 各有何物理意义?如何确定?

1.4　何谓反应谱法?振型分解反应谱法和底部剪力法各适合计算哪些结构的地震反应?

1.5　混凝土结构设计应满足哪些要求?如何满足?

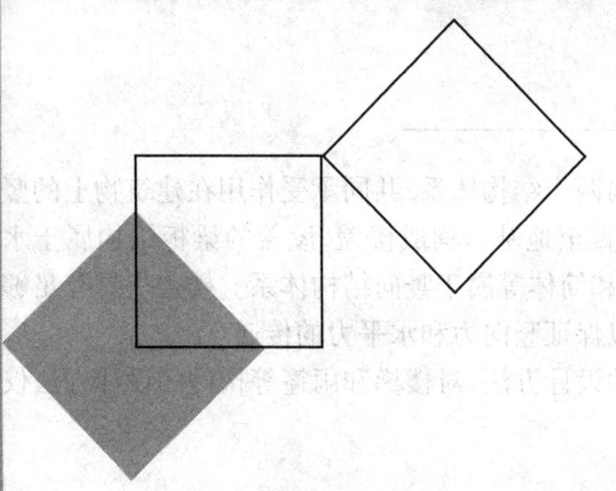

2 混凝土梁板结构

> **本章导读：**
> • **基本要求**　熟练掌握按弹性理论及塑性理论计算单(双)向板肋梁楼盖结构内力的原理和方法;理解折算荷载、塑性铰、超静定结构塑性内力重分布、弯矩调整等概念;熟悉梁、板截面设计特点及配筋构造要求;了解梁式楼梯和板式楼梯的受力特点、内力计算方法和构造要求,了解雨篷梁的设计方法。
> • **重点**　按弹性理论及塑性理论计算单向板肋梁楼盖结构内力的原理和方法。
> • **难点**　超静定结构塑性内力重分布;双向板肋梁楼盖的极限分析。

2.1　概述

混凝土梁板结构是实际工程中常用的一种结构形式,如房屋建筑结构中的楼盖(图 2.1)、屋盖、阳台、雨篷、楼梯等,此种结构形式还应用于筏板基础(图 2.2)、桥梁的桥面等。因此,研究混凝土梁板结构的设计原理及构造要求具有普遍意义。

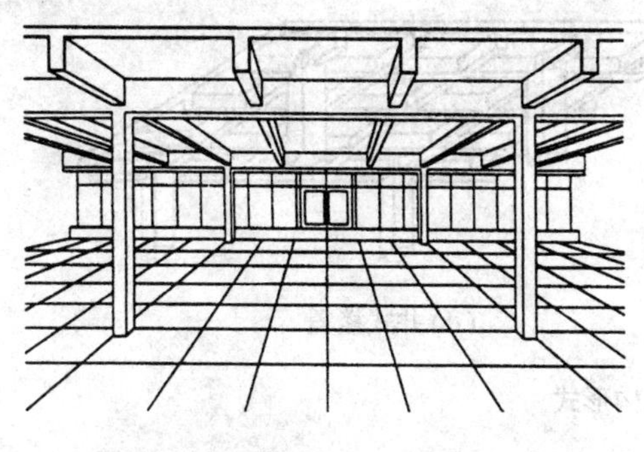

图 2.1　钢筋混凝土肋梁楼盖

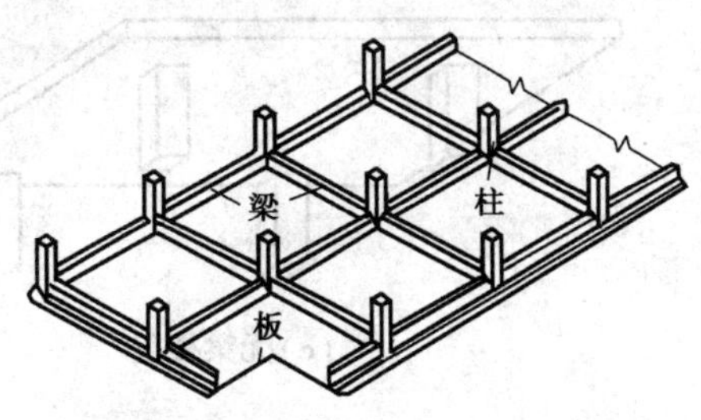

图 2.2　钢筋混凝土筏板基础

建筑结构的承重体系分为水平和竖向两个结构体系,共同承受作用在建筑物上的竖向力和水平力,并把这些力可靠地传给竖向构件直至地基。构成楼盖、屋盖的梁板结构属于水平结构体系,承重砌体墙和柱、混凝土柱、剪力墙和筒体等属于竖向结构体系。楼盖应具有足够的承载力、刚度以及与竖向构件有可靠的连接,以保证竖向力和水平力的传递。

本章主要论述房屋建筑中楼盖结构的设计方法,对楼梯和雨篷等构件的设计方法仅作简要介绍。

2.1.1 楼盖结构选型

在房屋建筑中,混凝土楼盖占土建总造价的20%~30%;在混凝土高层建筑中,混凝土楼盖自重占总自重的50%~60%。混凝土楼盖设计对于建筑隔声、隔热和美观等建筑效果有直接影响,对保证建筑物的整体承载力、刚度、耐久性以及提高抗风、抗震性能等也有重要的作用。因此,选择合理的楼盖结构形式,对于整个建筑物的使用功能和技术经济指标至关重要。

1)楼盖按结构形式分类

(1)肋梁楼盖

由彼此相交的主梁、次梁和板组成,应用最为广泛。根据板区格的长边与短边比值的不同,可分为单向板肋梁楼盖[图2.3(a)]和双向板肋梁楼盖[图2.3(b)]。

(2)无梁楼盖[图2.3(c)]

在楼盖中不设梁,将板直接支承在柱上(或柱帽上),这种楼盖结构顶棚平整,楼层净高大,有较好的采光、通风条件,通常用于商店、书库等。

(3)井式楼盖[图2.3(d)]

由双向板与交叉梁系组成的楼盖,梁格布置均匀,外形美观,适用于跨度较大且柱网规则的楼盖结构,常用于房屋建筑的门厅与大厅。

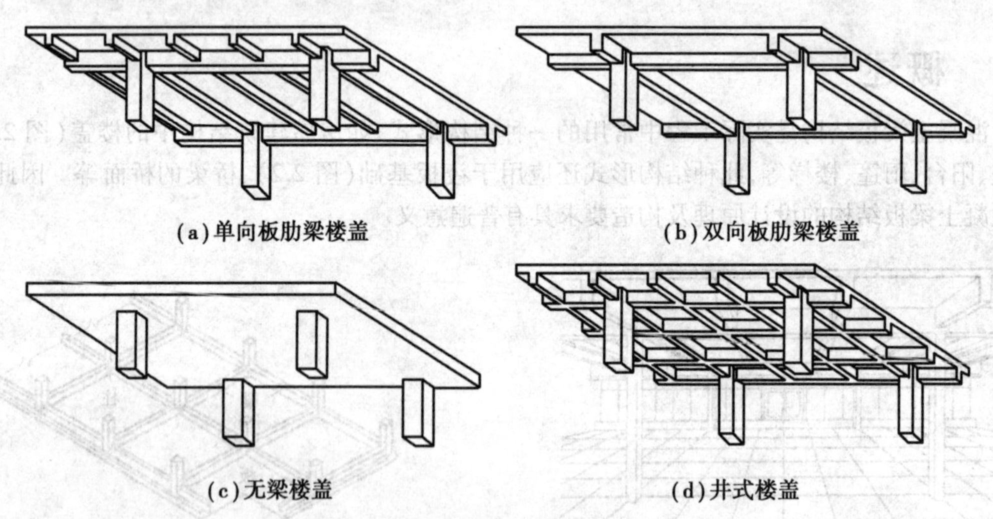

(a)单向板肋梁楼盖　(b)双向板肋梁楼盖

(c)无梁楼盖　(d)井式楼盖

图2.3　楼盖的结构形式

2）楼盖按施工方法分类

（1）现浇整体式楼盖

混凝土为现场浇筑，具有刚度大、整体性和抗震性能好、结构布置灵活等优点，适用于楼面荷载大、对楼盖平面内刚度要求较高、平面形状不规则的建筑物。但是，现浇式楼盖需要在现场支模、铺设钢筋和浇筑混凝土，因此具有现场劳动量大、模板消耗量大、工期长等缺点。随着施工技术的不断改进，上述缺点正逐渐被克服。

（2）装配式楼盖

将预制梁、板构件在现场装配而成，具有施工速度快和便于设计标准化、施工机械化等优点。但结构的整体性较差、刚度小、抗渗性差，不便于开设孔洞。

（3）装配整体式楼盖

部分构件为预制构件，安装完成后，通过连接措施和现浇混凝土形成整体。装配整体式楼盖的整体性较装配式楼盖好，又较整体式楼盖模板用量少，但由于用钢量及焊接量较大并二次浇筑混凝土，对施工进度和工程造价带来不利影响。

此外，楼盖按是否对其施加预应力又分为钢筋混凝土楼盖和预应力混凝土楼盖。钢筋混凝土楼盖施工简便，但刚度和抗裂性能均不如预应力混凝土楼盖。近 30 多年来，无粘结预应力混凝土楼盖在工程中有较多应用。

设计中一般根据房屋的性质、用途、平面尺寸、荷载大小、抗震设防烈度以及技术经济指标等因素综合考虑，选择合理的楼盖结构形式。

本章内容主要为现浇混凝土楼盖的结构设计。

2.1.2 梁、板截面尺寸

梁、板截面尺寸应根据其承载力、刚度及裂缝控制等要求确定。初步设计阶段可根据工程经验所确定的高跨比 h/l 拟定，梁、板一般不做刚度验算的高跨比为：

多跨连续次梁：$h/l=1/18\sim1/12$；

多跨连续主梁：$h/l=1/14\sim1/8$；

板：$h/l=1/40\sim1/30$。

其中，对钢筋混凝土单向板 h/l 不小于 1/30，双向板不小于 1/40，无梁支承的有柱帽板不小于 1/35，无梁支承的无柱帽板不小于 1/30。预应力混凝土板可适当减小；当板的荷载、跨度较大时宜适当增大。梁截面的宽高比 b/h 一般为 1/3～1/2。为了保证现浇梁板结构具有足够的刚度和便于施工，板的最小厚度应满足表 2.1 的规定。

对跨度较大的楼盖及业主有要求时，应根据使用功能要求进行竖向自振频率验算。其竖向自振频率，对住宅和公寓建筑不宜低于 5 Hz，对办公楼和旅馆建筑不宜低于 4 Hz，对大跨公共建筑不宜低于 3 Hz。竖向自振频率可根据结构动力学计算，也可采用有关设计手册所推荐的简化方法计算。

表 2.1　现浇钢筋混凝土板的最小厚度

板的类别		最小厚度(mm)
单向板	屋面板	60
	民用建筑楼板	60
	工业建筑楼板	70
	行车道下的楼板	80
双向板		80
密肋楼盖	面板	50
	肋高	250
悬臂板(根部)	悬臂长度不大于 500 mm	60
	悬臂长度 1200 mm	100
无梁楼板		150
现浇空心楼板		200

2.1.3　混凝土现浇整体式楼盖结构内力分析方法

1)单向板与双向板

肋梁楼盖一般由板、次梁和主梁等构件组成,板的四周支承于次梁、主梁或承重墙上。板被梁或承重墙划分为许多区格,每一区格即为四边支承板。图 2.4 为一四边简支板,设板面上作用均布荷载 q,两方向跨度分别为 l_1、l_2,在四边支承板两方向跨中截出两个互相垂直的宽度为 1 m 的板带。板上荷载分别由两个方向的板带传给各自的支座。由跨中挠度相等(不考虑相邻板带影响)的条件:

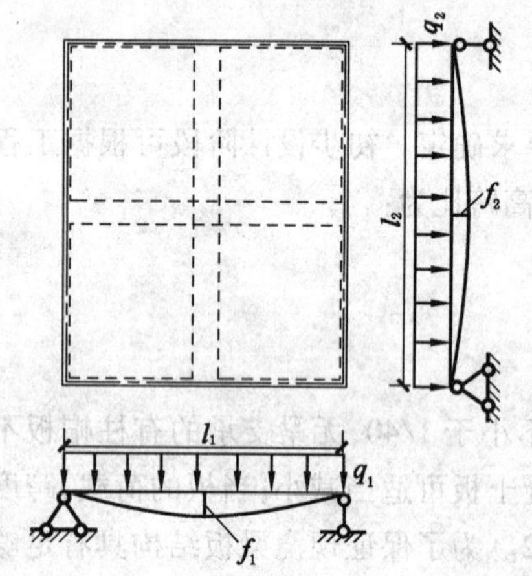

图 2.4　四边简支板计算简图

$$f=\frac{5q_1l_1^4}{384EI_1}=\frac{5q_2l_2^4}{384EI_2} \tag{2.1}$$

式中　q_1、q_2 分别为 q 在 l_1、l_2 两个方向的分配值且

$$q = q_1 + q_2 \tag{2.2}$$

如果忽略两个板带内钢筋位置高低和数量不同的影响,取 $I_1 = I_2$,则由式(2.1)得

$$\frac{q_1}{q_2} = \frac{l_2^4}{l_1^4} \tag{2.3}$$

由式(2.2)、式(2.3)可得

$$q_1 = \frac{l_2^4}{l_1^4 + l_2^4}q = \frac{(l_2/l_1)^4}{1 + (l_2/l_1)^4}q \tag{2.4}$$

$$q_2 = \frac{l_1^4}{l_1^4 + l_2^4}q = \frac{1}{1 + (l_2/l_1)^4}q \tag{2.5}$$

可见，随着 l_2/l_1 增大，短边 l_1 方向分担的荷载比例逐渐增大，而长边 l_2 方向分担的荷载比例逐渐减小。当 $l_2/l_1 = 2$ 时，$q_1 = 0.9412q$，$q_2 = 0.0588q$；当 $l_2/l_1 = 3$ 时，$q_1 = 0.9878q$，$q_2 = 0.0122q$。因而，当板的长、短边之比 $l_2/l_1 \geqslant 3$ 时，板上的荷载主要沿短向传递到支承构件上，而沿长向传递的荷载很小，可以忽略不计，这种板称为单向板。当板的长、短边之比 $l_2/l_1 \leqslant 2$ 时，板上的荷载将通过两个方向分别传递到相应的支承构件上，这种板称为双向板。当板的长、短边之比 $2 < l_2/l_1 < 3$ 时，宜按双向板设计，这时如果按沿短边方向受力的单向板计算，应沿长边方向布置足够数量的构造钢筋。

应当注意，如果板仅是两个对边支承，而另两个对边为自由边，则板无论平面两个方向的长度如何，板的荷载全部单向传递到两对边的支座上，因而，两对边支承板应按单向板计算。

单向板单向受力，单向弯曲（及剪切），受力钢筋沿短边单向配置，长边方向仅布置构造钢筋；双向板双向受力，双向弯曲（及剪切），受力钢筋双向配置。

2）边支承板与柱支承板

边支承板是指板边支座的刚度足够大，支座不产生变形或可忽略支座变形对板内力的影响，包括四边支承在结构墙（承重墙）或钢梁上的板，或者支承在刚度较大的整浇梁上的板。柱支承板是指双向板支承在截面高度相对较小、较柔性的柱间梁上的楼盖，或柱轴线上没有梁而直接支承在柱上的楼盖（如无柱帽平板、有柱帽平板）。

3）现浇整体式楼盖结构内力分析方法

现浇整体式楼盖通常为由梁、板所组成的超静定结构，其内力可按弹性理论及塑性理论进行分析。按塑性理论分析内力，使结构内力分析与构件截面承载力计算相协调，结果比较符合实际且比较经济，但一般情况下结构的裂缝较宽，变形较大。

楼盖结构按弹性理论及塑性理论进行分析时，可根据计算精度的要求，采用精细分析方法或简化分析方法。精细分析方法包括弹性理论、塑性理论方法以及线性和非线性有限元分析方法。简化分析方法是在一定假定基础上建立的近似方法，可分为以下两种：

①假定支承梁的竖向变形很小，可以忽略不计，将梁、板分开计算。此法根据作用于板上的荷载，按单向板或双向板计算板的内力；然后按照假定的荷载传递方式，将板上的荷载传到支承梁上，计算支承梁的内力。这类方法包括基于弹性理论的连续梁、板法（用于计算单向板肋梁楼盖）、查表法和多跨连续双向板法（用于计算双向板肋梁楼盖），以及基于弹性分析的弯矩调幅法和基于板破坏模式（假定支承梁未破坏）的塑性极限分析方法。

这种分析方法不考虑梁、板的相互作用，当支承梁的刚度比板的刚度大较多时，其计算结果满足工程设计的精度要求。本章第 2.2 节、第 2.3 节介绍这种设计方法，此法适用于边支承板楼盖结构的设计。

②考虑梁、板的相互作用，按楼盖结构进行分析。此法根据作用于楼盖上的荷载，将楼盖作为整体，计算梁和板的内力。这类方法包括基于弹性理论的直接设计法、等效框架法和拟梁法等，以及基于塑性理论和梁-板组合破坏模式（支承梁可能破坏）的塑性极限分析方法。

这种分析方法考虑了梁、板的相互作用，是一种合理的楼盖结构分析方法，适用于一般楼盖结构分析，通常用于计算柱支承无梁楼盖以及支承梁刚度相对较小的柱支承肋梁楼盖结构的内力。本章第 2.4 节介绍这种设计方法。

2.2 单向板肋梁楼盖设计

2.2.1 单向板肋梁楼盖结构布置

若肋梁楼盖的梁格布置使每个区格板为单向板则称为单向板肋梁楼盖。整体式单向板肋梁楼盖由板、次梁和主梁(有时无主梁)组成,三者整体相连,次梁的间距即为板的跨度,主梁的间距即为次梁的跨度,柱网尺寸决定主梁的跨度。合理地布置柱网和梁格,对楼盖结构的使用功能及经济效果均具有十分重要的意义。

进行楼盖结构的平面布置时,柱网和梁格尺寸应控制在合理范围之内,若柱网和梁格尺寸过大,则会由于梁、板截面尺寸过大而引起材料用量的大幅度增加;柱网、梁格尺寸过小又会由于梁、板截面尺寸及配筋等的构造要求使材料不能充分发挥作用,同时也影响使用功能。根据工程设计经验,单向板、次梁、主梁的常用跨度为:

单向板:1.7~2.7 m,荷载较大时取较小值,一般不大于 3 m;

次梁:4~6 m;

主梁:5~8 m。

单向板肋梁楼盖的结构平面布置方案通常有以下 3 种:

①主梁沿横向布置,次梁沿纵向布置,如图 2.5(a)所示。其优点是房屋横向刚度大,房屋的整体性较好,由于主梁与外纵墙垂直,可开设较大窗洞,有利于室内采光。

②主梁沿纵向布置,次梁沿横向布置,如图 2.5(b)所示。该布置方案便于沿纵向布置的通风等管道通过,但房屋横向刚度较差,适合于横向柱距大于纵向柱距较多的情况,此时为了减小主梁的截面高度,取主梁沿纵向布置。

③仅布置次梁,不布置主梁,如图 2.5(c)所示。该布置方案可利用中间纵墙承重,适用于中间有走廊、纵墙间距较小的房屋。

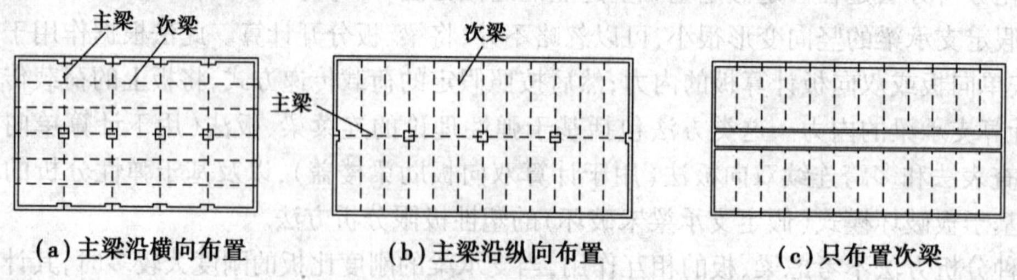

图 2.5 单向板肋梁楼盖结构布置

在进行楼盖结构的平面布置时,还应注意:确定次梁间距时应使板厚较小为宜;主梁跨度内以布置两根及以上次梁为宜,因其弯矩变化较平缓,有利于主梁受力;在遇有隔断墙、大型设备及其他较大集中荷载时应在其相应位置布置支承梁;若楼板上开设有较大的洞口,则应在洞口四周布置小梁;主梁、次梁应避免放在门窗洞口上,否则过梁另行设计。

2.2.2 单向板肋梁楼盖按弹性理论方法计算结构内力

弹性理论计算方法是将钢筋混凝土梁、板视为理想弹性体，并按结构力学中的一般方法进行内力计算。

1) 计算假定

①梁、板均为弹性体，截面抗弯刚度为 E_cI（E_c 为混凝土弹性模量；I 为截面惯性矩）。

②梁、板支承在砌体墙上时，由于其嵌固作用较小，可假定为铰支座（中间支座为滚轴支座），其嵌固影响在构造中考虑；当板的支座为次梁，次梁的支座为主梁，支座有一定的嵌固作用，但仍简化为铰支座（中间支座为滚轴支座），其误差将在内力计算时加以调整；主梁与柱整体浇注而形成刚性连接，如梁的线刚度比柱的大很多（线刚度之比大于 5 时），可将主梁视为铰支于柱上的连续梁计算，否则按框架梁计算。

③确定梁、板支座反力时，可忽略梁、板的连续性，每一跨按简支梁计算其支座反力。

2) 计算单元

整体式单向板梁板结构的荷载及荷载计算单元如图 2.6 所示。图 2.6（a）为单向板肋梁楼盖结构布置图，其荷载传递路线为：

荷载→板→次梁→主梁→柱或墙体→基础及地基

对于单向板，通常取 1 m 宽度的板带作为计算单元，此时板上单位面积荷载值即为计算板带上的线荷载值。单向板除承受其自重、抹灰荷载等外，还要承受作用于其上的使用活荷载。次梁除承受其自重、抹灰荷载外，还要承受板传来的荷载，通常取宽度为次梁间距 l_1 的荷载带作为连续次梁的计算单元。主梁除承受其自重、抹灰荷载外，还要承受次梁传来的集中荷载，为简化计算不考虑次梁的连续性，通常视连续次梁为简支梁，以两侧次梁的支座反力作为主梁荷载，次梁传给主梁的荷载面积为 $l_1 \times l_2$（l_2 为主梁间距）。主梁自重及抹灰荷载与次梁传递的集中荷载相比小很多，通常将其折算成等效的集中荷载。主梁通常取宽度为主梁间距 l_2 的荷载带作为连续主梁的计算单元。主梁、次梁的截面形状均是两侧带翼缘（板）的 T 形截面，楼盖周边处主梁、次梁则为一侧带翼缘，每侧翼缘计算宽度按《混凝土结构基本原理》中表 4.6 取值。

3) 计算简图

(1) 结构支承条件与折算荷载

在计算假定中，将梁与板整体连接的支承简化为铰支座，即忽略次梁对板及主梁对次梁的约束作用。实际上，当板承受隔跨布置的活荷载作用而转动时，作为支座的次梁，由于其两端固结在主梁上，将产生扭转抵抗而约束板在支座处的自由转动，其转角 θ'［图 2.7（c）］将小于计算简图中简化为铰支座时的转角 θ［图 2.7（d）］，其效果相当于降低板跨中的弯矩值，同样的约束作用也发生在次梁与主梁间。为减小这一误差，使理论计算时的变形与实际情况较为一致，采用减小活荷载而加大恒荷载的近似方法，即以折算荷载代替计算荷载。又由于次梁对板的约束作用较主梁对次梁的约束作用大，故对板和次梁采用不同的调整幅度。调整后的折算荷载取为：

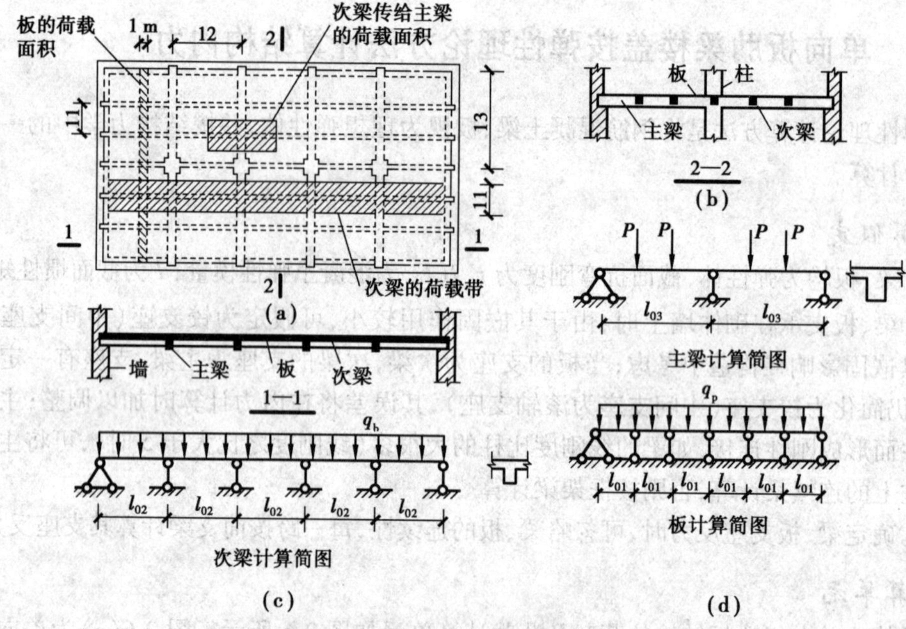

图 2.6　单向板肋梁楼盖平面、剖面及计算简图

连续板：

$$g' = g + \frac{q}{2}, q' = \frac{q}{2} \tag{2.6}$$

次梁：

$$g' = g + \frac{q}{4}, q' = \frac{3}{4}q \tag{2.7}$$

式中　g, q ——实际作用于结构上的恒荷载和活荷载设计值；

g', q' ——结构分析时采用的折算荷载设计值。

当板或梁搁置在砌体墙或柱上时，上述影响较小，不需要对荷载进行调整；对于主梁计算，因梁、柱线刚度比的关系，也不进行荷载折算。

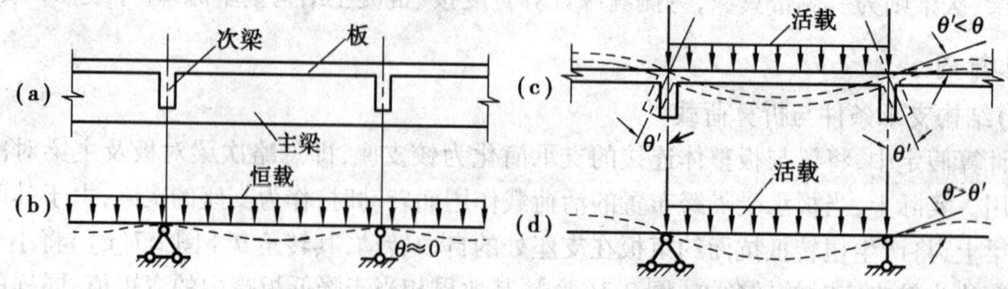

图 2.7　整体式梁板结构的折算荷载

(2)计算跨数

内力分析表明，连续梁任一截面的内力值与其跨数、各跨跨度、截面刚度、荷载值等因素有关。但对某一跨来讲，相隔两跨以上时，上述因素对该跨内力影响很小，故等跨连续梁随跨数增加，除两边跨外，各中间跨的内力差异越来越小。为简化计算，对于跨数超过 5 跨的连续梁、板，当其各跨荷载相同，且跨度相差 ≤ 10% 时，按 5 跨连续梁、板计算(图 2.8)，对于跨数少于 5 跨

的连续梁、板,按其实际跨数计算。

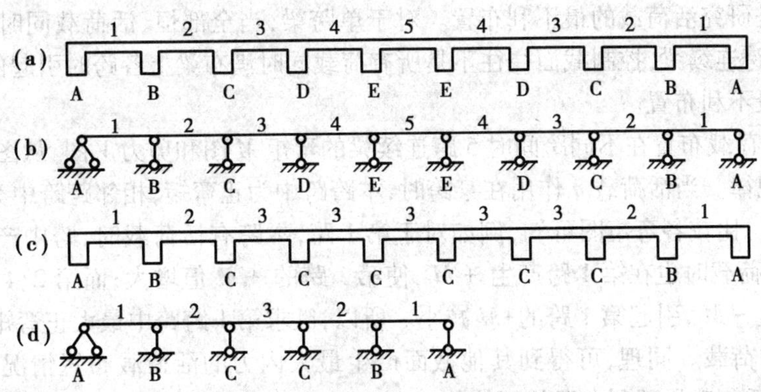

图 2.8 多跨连续梁板结构的计算跨数

(3)计算跨度

梁、板的计算跨度是指在计算内力(弯矩)时所应取用的跨间长度,其值与支座反力分布有关,即与构件本身刚度、支承长度及支承结构材料等有关。精确地计算支座反力的合力作用线位置是非常困难的,因此梁、板的计算跨度只能取近似值。

按弹性理论计算时,梁、板的计算跨度见表 2.2。

表 2.2 按弹性理论计算时梁、板的计算跨度

单跨	两端搁置在砌体墙上	$l_0 = l_n + a$ 且 $l_0 \leqslant l_n + h$(板) $l_0 \leqslant 1.05l_n$(梁)
	一端搁置在砌体墙上、一端与支承构件整浇	$l_0 = l_n + a/2$ 且 $l_0 \leqslant l_n + h/2$(板) $l_0 \leqslant 1.025l_n$(梁)
	两端与支承构件整浇	$l_0 = l_n + b \leqslant 1.05l_n$
多跨	边跨	$l_0 = l_n + a/2 + b/2$ 且 $l_0 \leqslant l_n + h/2 + b/2$(板) $l_0 \leqslant 1.025l_n + b/2$(梁)
	中间跨	$l_0 = l_n + b$ 且 $l_0 \leqslant 1.1l_n$(板) $l_0 \leqslant 1.05l_n$(梁)

注:l_0 为梁、板的计算跨度;l_n 为梁、板的净跨;h 为板厚;b 为中间支座宽度;
a 为梁、板端支承长度,通常板为 120 mm,次梁为 240 mm,主梁为 370 mm。

在混凝土结构设计中,通常取支座中心线间的距离作为计算跨度,这样做比较简便,若结构支座宽度较小时,此种取值方法对结构分析产生的误差一般在允许范围内。

4)活荷载的最不利组合

连续梁上作用的荷载包括恒荷载和活荷载两部分,其中活荷载位置不确定,所以在计算内力时应考虑活荷载的最不利组合和截面内力包络图。活荷载的最不利组合指活荷载在连续梁上如何布置时可得到某一支座截面或跨内截面的最大内力(绝对值)。欲获得连续梁控制截面

的最大内力,必须研究连续梁的最不利荷载组合。恒荷载始终参加荷载组合,则连续梁荷载最不利组合主要是研究活荷载的最不利布置。对于单跨梁,当全部恒、活荷载同时作用时产生最大内力;对于多跨连续梁,控制截面往往不是所有荷载同时满布梁上各跨时引起的内力最大,须找出活荷载的最不利布置。

图 2.9 为活荷载布置在不同跨间时 5 跨连续梁的弯矩 M 图和剪力 V 图,从图中可以看出其内力图的变化规律。当活荷载 q 作用在某跨时,本跨跨中为正弯矩,相邻跨跨中为负弯矩,然后正、负弯矩相间。比较各弯矩图可知,例如对于第 1 跨,本跨有活荷载时,跨中产生 $+M$,当第 3、5 跨作用有活荷载时也在第 1 跨产生 $+M$,使第 1 跨的 $+M$ 值增大;而第 2、4 跨有活荷载时则使第 1 跨产生 $-M$,引起第 1 跨的$+M$ 减小。所以,欲求第 1 跨跨中最大正弯矩时,应在第 1、3、5 跨间布置活荷载。同理,可得到其他截面产生最大内力的活荷载布置情况。根据上述分析,可知连续梁活荷载最不利布置的规律如下:

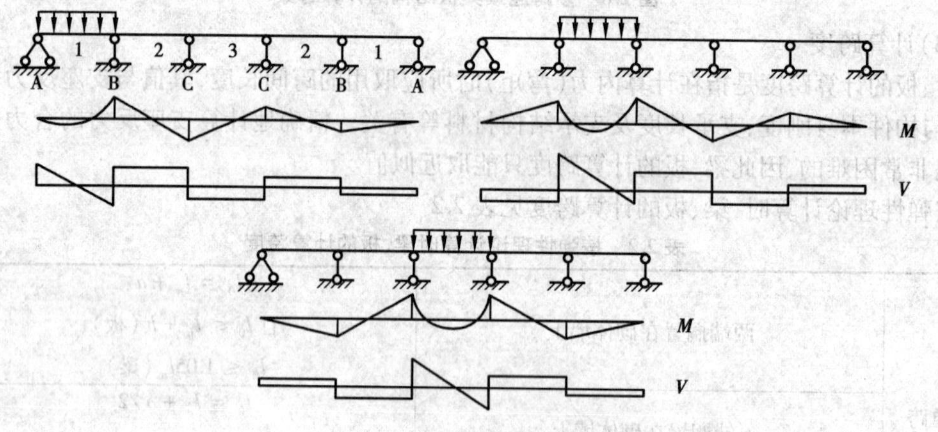

图 2.9　5 跨连续梁在不同跨间荷载作用下的内力

①求某跨跨内最大正弯矩时,应在该跨布置活荷载,然后向两侧隔跨布置。

②求某跨跨内最小正弯矩(或负弯矩)时,该跨不布置活荷载,而在其左、右邻跨布置活荷载,然后向两侧隔跨布置。

③求某支座截面最大负弯矩(绝对值)时,应在该支座相邻两跨布置活荷载,然后向两侧隔跨布置。

④求某支座截面最大剪力(绝对值)时,其活荷载布置与求该截面最大负弯矩(绝对值)时的布置相同。

5)内力计算

混凝土连续梁、板按弹性理论计算内力时,将混凝土视为弹性体,认为荷载与内力、荷载与变形、内力与变形均为线性关系。结构布置、构件截面尺寸、计算简图及最不利荷载组合确定之后,可采用结构力学方法计算结构内力。

对于跨度相对差值小于 10%的不等跨连续梁、板,其内力也可近似按等跨度连续梁、板进行分析。对于等跨度、等截面的连续梁、板,可由附表 1 查出相应的弯矩、剪力系数,利用下列公式计算跨内或支座截面的最大内力。但应注意,此时应按折算后的荷载值进行内力计算。计算支座截面弯矩时,采用相邻两跨计算跨度的平均值;计算跨内截面弯矩时,采用各自跨的计算跨度。

均布及三角形荷载作用下：

$$\left.\begin{aligned} M &= k_1 g l^2 + k_2 q l^2 \\ V &= k_3 g l + k_4 q l \end{aligned}\right\} \tag{2.8}$$

集中荷载作用下：

$$\left.\begin{aligned} M &= k_5 G l + k_6 Q l \\ V &= k_7 G + k_8 Q \end{aligned}\right\} \tag{2.9}$$

式中 g——单位长度上的均布恒荷载设计值，kN/m；

q——单位长度上的均布活荷载设计值，kN/m；

G——集中恒荷载设计值，kN；

Q——集中活荷载设计值，kN；

k_1,k_2,k_5,k_6——附表1中相应栏中的弯矩系数；

k_3,k_4,k_7,k_8——附表1中相应栏中的剪力系数。

6）内力包络图

根据各种最不利荷载布置，可求出各种荷载布置时的内力图（弯矩图和剪力图），把它们叠画在同一坐标图上，其外包线所形成的图形称内力包络图（图2.10），它表示连续梁在各种荷载最不利组合下各截面可能产生的最大、最小内力值（绝对值）。内力包络图是确定连续梁纵筋、弯筋和箍筋的布置和绘制配筋图的依据。

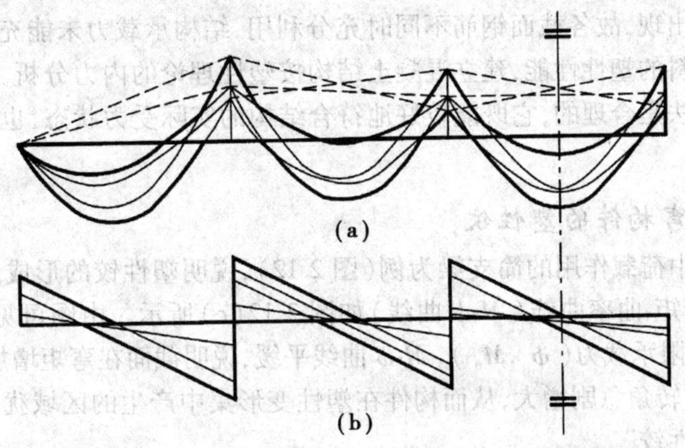

图2.10 均布荷载作用下5跨连续梁的内力包络图

7）支座弯矩及剪力的修正

按弹性理论计算连续梁内力时，其计算跨度取至支承中心，故按计算简图求得的支座截面内力为支座中心线处的最大内力。当连续梁、板与支座整体连接时，此处截面往往由于与其整体连接的支承梁（柱）的存在而明显增大，故虽其内力值最大但并非最危险截面，应取支座边缘截面作为计算控制截面，其弯矩和剪力计算值，近似地按下述各式求得（图2.11）。

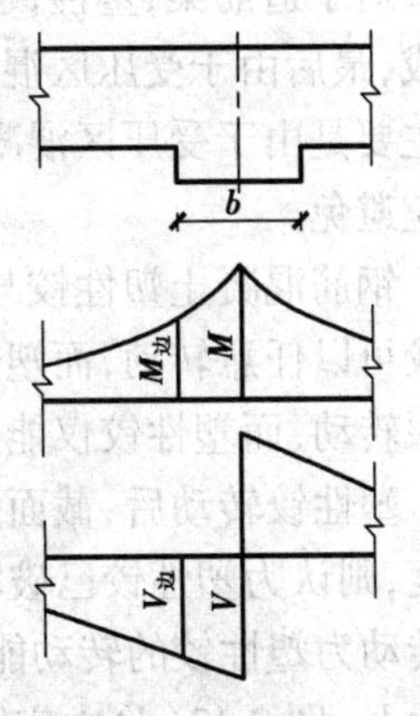

图2.11 支座边缘的内力值

弯矩设计值：

$$M_{边} = M - V_0 \cdot \frac{b}{2} \tag{2.10}$$

剪力设计值:

对于均布荷载

$$V_{边} = V - (g + q)\frac{b}{2} \tag{2.11}$$

对于集中荷载

$$V_{边} = V \tag{2.12}$$

式中 M,V——支座中心线处截面的弯矩和剪力;

V_0——按简支梁计算的支座中心处剪力设计值,取绝对值;

b——支座宽度。

2.2.3 受弯构件塑性铰和结构内力重分布

按弹性理论分析连续梁、板的内力时,认为结构是理想弹性体,假定从开始加荷到结构破坏,结构的刚度保持不变,因此,梁、板的内力与荷载成正比。而实际上,混凝土为一种弹塑性材料,钢筋达到屈服强度后也出现塑性,即钢筋和混凝土两种材料均具有明显的弹塑性性质。由于混凝土并不是均质弹性体,在受荷过程中混凝土开裂与钢筋屈服会使结构各截面的刚度比值发生变化,结构的内力与荷载之间已不再呈现出线性关系,如按弹性理论计算内力则不能反映结构实际工作状况。此外,按弹性理论计算时是按弹性内力包络图进行配筋,由于各种最不利荷载组合并不同时出现,故各截面钢筋不同时充分利用,结构承载力未能充分发挥。为充分考虑钢筋和混凝土材料的塑性性能,建立混凝土结构按塑性理论的内力分析方法,即考虑塑性内力重分布的计算方法是合理的,它既能较好地符合结构的实际受力状态,也能取得一定的经济效益。

1)钢筋混凝土受弯构件的塑性铰

以跨中作用集中荷载作用的简支梁为例(图 2.12),说明塑性铰的形成。在集中荷载 P 作用下,跨中截面的弯矩-曲率曲线(M-ϕ 曲线)如图 2.12(c)所示。由图可见,从构件截面屈服(ϕ_y,M_y)到达到极限承载力(ϕ_u,M_u),M-ϕ 曲线平缓,说明截面在弯矩增加很小的情况下,曲率激增,即截面相对转角急剧增大,从而构件在塑性变形集中产生的区域犹如形成一个能够转动的铰,称之为“塑性铰”。

对于适筋梁,塑性铰是由于受拉钢筋首先屈服后产生较大塑性变形使截面发生塑性转动所形成,最后由于受压区混凝土被压碎而使构件破坏;对于超筋梁,破坏时受拉钢筋未屈服,塑性铰主要是由于受压区混凝土的塑性变形引起截面转动而形成,转动量较小且破坏很突然,设计中应避免。

钢筋混凝土塑性铰与理想铰不同:理想铰不能传递弯矩,而塑性铰则能承受一定的弯矩;理想铰可以任意转动,而塑性铰仅能发生定向转动(沿弯矩作用方向发生定向转动);理想铰可以无限转动,而塑性铰仅能发生有限转动;理想铰集中于一点,而塑性铰则有一定的长度。

塑性铰转动后,截面受压区混凝土压应变不断增大,最后使混凝土受压而破坏。到达这种程度,则认为塑性铰已破坏。从受拉钢筋屈服开始,直到受压区混凝土压坏为止,这一过程的塑性转动为塑性铰的转动能力,也称极限转角。图 2.12(b)中,$M \geqslant M_y$ 的部分为塑性铰区,其长度为 l_p,图 2.12(d)中实线为曲率的实际分布线,虚线为计算时假定的折算曲率分布线(用等效

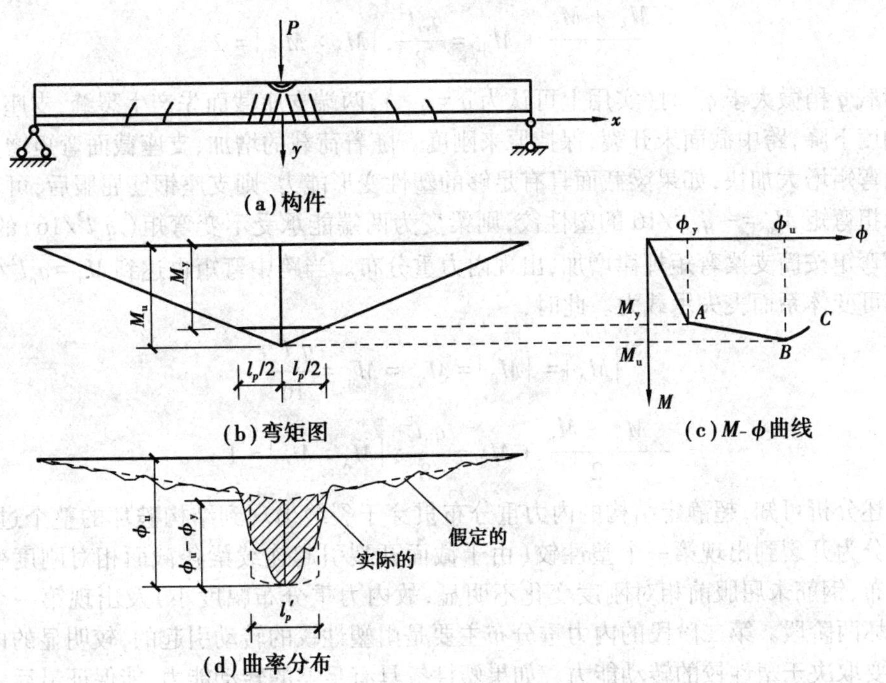

图 2.12　钢筋混凝土简支梁的塑性铰

矩形来替代)，其高度为塑性曲率(ϕ_u-ϕ_y)，宽度为等效区域长度 $l_p'=\alpha l_p$，$\alpha<1.0$，则塑性铰的极限转角 θ_{pmax} 为

$$\theta_{pmax}=(\phi_u-\phi_y)l_p' \tag{2.13}$$

影响塑性铰转动能力的因素主要有：钢筋种类、受拉纵筋配筋率、混凝土的极限压缩变形量等。当受拉钢筋为热轧钢筋时，塑性铰转动能力大；受拉钢筋配筋率较低时，塑性铰转动能力大；混凝土的极限压缩变形量越大，塑性铰转动能力越大。

对于静定结构，只要某一截面出现塑性铰即成为几何可变体系，结构丧失承载力。而对于超静定结构而言，由于存在多余联系，构件某一截面出现塑性铰并不使其立即成为可变体系，仍可继续承载，直至其他截面也出现塑性铰，结构变为几何可变体系后丧失承载力。

2)超静定结构的塑性内力重分布

混凝土超静定结构在出现塑性铰之前，其内力分布规律与按弹性理论获得的结构内力分布规律基本相同；在塑性铰出现之后，结构内力分布与按弹性理论获得的结构内力分布有显著的不同。在钢筋混凝土超静定结构中，由于某些截面出现塑性铰引起结构计算简图变化，从而引起结构内力不再服从弹性理论内力规律的现象称为塑性内力重分布。

以两端固定单跨等截面梁为例说明结构塑性内力重分布。设 q_u 为其破坏均布荷载，如支座和跨中截面均按弹性理论计算的支座和跨中截面弯矩的平均值 $\frac{1}{2}\left(\frac{q_u l^2}{12}+\frac{q_u l^2}{24}\right)=\frac{q_u l^2}{16}$ 来配置纵向受力钢筋，则在荷载小于及等于开裂荷载 q_{cr} 时，结构内力可按弹性理论计算，当 $q=q_{cr}$ 时，支座及跨中截面弯矩分别为

$$M_A=M_B=-\frac{q_{cr}l^2}{12},\quad M_{中}=\frac{q_{cr}l^2}{24} \tag{2.14}$$

$$-\frac{M_A+M_B}{2}+M_{中}=\frac{q_{cr}l^2}{8},|M_A:M_{中}|=2 \tag{2.15}$$

当荷载 q 稍微大于 q_{cr} 时(实用上可认为 $q=q_{cr}$),两端支座截面先产生裂缝,支座截面附近区段内刚度下降,跨中截面未开裂,保持原来刚度。随着荷载的增加,支座截面弯矩增大减缓而跨中截面弯矩增大加快,如果梁截面具有足够的塑性变形能力,则支座钢筋屈服后,可看成能转动且可承担弯矩 $M_u=-q_ul^2/16$ 的塑性铰,则梁变为两端能承受不变弯矩($q_ul^2/16$)的静定梁,跨中截面弯矩按简支梁弯矩规律增加,出现内力重分布。当跨中弯矩也达到 $M_u=q_ul^2/16$ 时,梁变为几何可变体系而丧失承载力。此时,

$$|M_A|=|M_B|=M_{中}=M_u=\frac{q_ul^2}{16} \tag{2.16}$$

$$-\frac{M_A+M_B}{2}+M_C=\frac{q_ul^2}{8},|M_A:M_C|=1 \tag{2.17}$$

从上述分析可知,超静定结构的内力重分布贯穿于裂缝出现到结构破坏的整个过程,此过程又可以分为开裂到出现第一个塑性铰(由于截面开裂引起连续梁各截面相对刚度变化导致内力重分布,钢筋未屈服前相对刚度变化不明显,故内力重分布幅度小)及出现第一个塑性铰到结构破坏两阶段。第二阶段的内力重分布主要是由塑性铰的转动引起的,较明显的内力重分布程度主要取决于塑性铰的转动能力。如果塑性铰具有足够的转动能力,能保证最后一个使混凝土结构成为几何可变体系的塑性铰形成,则称为完全的内力重分布;如果塑性铰在转动过程中出现混凝土被压碎,此时结构尚未形成可变体系,则称为不完全的内力重分布,塑性铰的转动能力主要与配筋率的大小有关。

此外,还应注意内力重分布与应力重分布的不同,内力重分布是结构上各个截面间内力变化规律不同于弹性理论,仅超静定结构才有内力重分布;而应力重分布是构件截面上各纤维层间应力变化规律不同于弹性理论,超静定、静定结构的构件均有应力重分布。

再举一个例子说明内力重分布及塑性铰的意义。

假设一钢筋混凝土两跨连续梁,在每跨跨中作用有集中荷载 P,如图 2.13 所示。

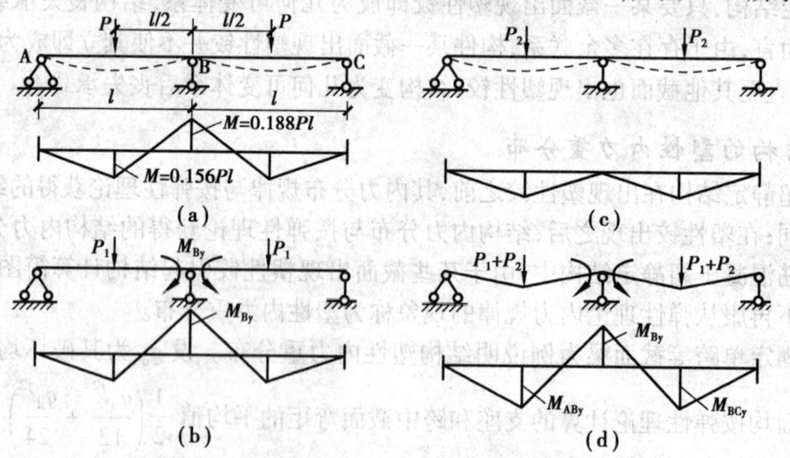

图 2.13　两跨连续梁在集中荷载作用下的塑性内力重分布

按弹性理论计算,在荷载 P 作用下,中间支座截面弯矩 $M_B=-0.188Pl$,跨中截面最大正弯矩 $M_1=0.156Pl$。若设计时支座、跨中截面均按弯矩 M_B 确定受拉钢筋用量 A_s,且设荷载值为 P_1,则两个截面所能承担的极限弯矩均为 $M_u=0.188P_1l$。

由弹性理论分析，P_1 即为该梁承受的最大集中荷载，但实际上，梁在 P_1 作用下结构并未丧失承载力，仅在中间支座B截面屈服并形成塑性铰，跨中截面承载力仍有 $0.188P_1l - 0.156P_1l = 0.032P_1l$ 的余量，因而可继续承载。在进一步加载的过程中，塑性铰截面B在屈服状态下工作，发生塑性转动，其承受的弯矩 $M_u = 0.188P_1l$ 而不再增长，可将B支座看作一个铰，即由两跨连续梁变为两个单跨的简支梁继续工作。当荷载再增加 $0.128P_1$ 时，M_1 增量为

$$\Delta M = \frac{1}{4} \times 0.128P_1 \times l = 0.032P_1l$$

此时跨中截面的总弯矩为

$$M_1 = 0.156P_1l + 0.032P_1l = 0.188P_1l$$

即达到 M_u，则跨中截面处也形成了塑性铰，结构变为几何可变体系，达到其极限承载力。该连续梁能承受的集中荷载值为 $P_1 + 0.128P_1 = 1.128P_1$，比按弹性理论计算的承载力 P_1 提高。

通过上述例子，可以得出以下几点结论：

①弹性理论认为结构任一截面内力达到 M_u 时，整个结构即达到极限承载力，这对于脆性材料或静定结构是符合的；对于弹塑性材料的超静定结构，达到承载力极限状态的标志并不是某一截面的内力达到其极限承载力，而是先在一个或几个截面出现塑性铰，随着荷载的增加，在其他截面陆续出现塑性铰，直至结构的整体或局部形成几何可变体系之后结构破坏。

②梁处于弹性阶段工作时，支座截面弯矩绝对值（$0.188Pl$）与跨中截面弯矩（$0.156Pl$）之比约为1.2∶1；当支座截面出现塑性铰后，继续增加荷载，支座截面弯矩几乎不增加，而跨中截面弯矩继续增加，最后二者绝对值之比为1∶1，即产生了塑性内力重分布。

③从上例可知，弹性理论计算的极限荷载为 P_1；按考虑塑性内力重分布方法计算的极限荷载为 $1.128P_1$，这表明弹塑性材料的超静定结构，从出现塑性铰到结构破坏之间，其承载力还有储备，充分利用可节省材料。

④塑性铰出现位置、次序与塑性内力重分布程度可以进行人为控制。上例中，如果支座截面配筋减少使该截面的极限承载力变为 $M_u = 0.156P_1l$，则当荷载为 $1.128P_1$ 时，经过塑性内力重分布后，跨中截面1处总弯矩为

$$M_1 = 0.156 \times 0.830P_1l + 0.298P_1 \times \frac{l}{4} = 0.204P_1l$$

如果跨中钢筋能够满足 M_1 的要求，则该梁同样可以承受 $1.128P_1$ 的集中荷载，但内力重分布程度较大。当为 $0.830P_1$（0.156/0.188=0.830）时，支座截面弯矩达到 $M_u = -0.156P_1l$，经内力重分布 $\Delta P = 1.128P_1 - 0.830P_1 = 0.298P_1$，即支座截面极限弯矩低于按弹性理论计算弯矩越多，塑性内力重分布程度越大。

⑤欲要实现所期望的内力重分布，就要保证塑性铰具有足够的转动能力，才能使结构的各截面陆续出现足够数目的塑性铰，结构形成可变体系，实现完全的内力重分布。塑性铰转动能力主要取决于配筋率 ρ（合理配筋范围内，ρ 越小，塑性铰转动能力越大），或以截面相对受压区高度 ξ 表示，其次为钢筋种类和混凝土极限压应变。随 ξ 上升，塑性铰转动能力急剧降低，ξ 较低时取决于钢筋流幅，ξ 较高时取决于混凝土的极限压应变。

⑥塑性内力重分布符合平衡条件但不符合变形协调条件。在塑性铰截面处，梁的变形曲线不连续，在塑性铰附近裂缝开展较大，故要控制内力重分布程度，应保证变形和裂缝宽度满足正常使用要求。

3）结构塑性内力重分布的限制条件

塑性铰是弹塑性材料超静定结构实现塑性内力重分布的关键。为保证塑性内力重分布的

实现，一方面要求塑性铰具有足够的转动能力，另一方面要求塑性铰的转动幅度不宜过大。

为保证塑性铰具有足够的转动能力，则要求结构构件具有合适的配筋率、钢筋具有良好的塑性性能、混凝土应有较大的极限压应变值。因此工程结构中钢筋宜采用 HPB300、HRB335、HRB400、HRBF400、HRB500 及 HRBF500 级热轧钢筋；混凝土强度等级宜在 C20～C45 选用，同时塑性铰处截面的相对受压区高度应满足 $0.1 \leqslant \xi \leqslant 0.35$。

塑性铰转动幅度与塑性铰处弯矩调整幅度有关，通常梁截面的弯矩调整幅度 $\beta \leqslant 0.25$，对于板 $\beta \leqslant 0.20$，这样可以保证结构在正常使用荷载作用下不出现塑性铰，并可以保证塑性铰处混凝土裂缝宽度及结构变形值在允许限值范围之内。

塑性铰截面尚应有足够的受剪承载力，不致因为斜截面提前受剪破坏而使结构不能实现完全的内力重分布。因此，应采用按弹性和塑性理论计算剪力中的较大值，进行受剪承载力计算，并在塑性铰区段内适当加密箍筋，这样不但能提高构件斜截面受剪承载力，而且还能较为显著地改善混凝土的变形性能，增加塑性铰的转动能力。

结构按考虑塑性内力重分布方法进行设计时，结构承载力的可靠度低于按弹性理论设计的结构；结构的变形及塑性铰处的混凝土裂缝宽度随弯矩调整幅度增加而增大，因此对于直接承受动力荷载的结构，承载力、刚度和裂缝控制有较高要求的结构，不应采用塑性内力重分布的分析方法。如梁板结构中的板、次梁多按塑性理论进行设计，而主梁多按弹性理论进行设计。

2.2.4 单向板肋梁楼盖按塑性理论方法计算结构内力

1）弯矩调幅法

混凝土梁板结构按塑性理论的设计方法中，目前应用较多的是弯矩调幅法，其优点是计算简便，弯矩调整幅度明确，平衡条件得到满足。所谓弯矩调幅法，即在弹性理论计算弯矩值的基础上，选定弯矩绝对值较大的截面弯矩进行适当的调整（降低），以考虑内力重分布影响。对于连续梁、板，首先出现塑性铰的位置宜设计在支座截面，塑性弯矩值按弯矩调整幅度 β 确定，β 称为弯矩调幅系数。

用弯矩调幅系数 β 来计算塑性弯矩值，将各支座截面的弹性弯矩值乘以 $(1-\beta)$ 予以降低，即

$$\beta = \frac{M_e - M_a}{M_e} \tag{2.18}$$

式中　M_a ——调整后的弯矩设计值；

　　　M_e ——调整前即按弹性理论计算的弯矩设计值。

调幅法具体步骤如下：

①按弹性理论计算连续梁、板在各种最不利荷载组合时的结构内力值，其中主要是支座和跨内截面的最大弯矩和剪力值（绝对值）。

②确定结构支座截面塑性弯矩值，$M_a = (1-\beta)M_e$，其中 β 取值对梁应满足 $\beta \leqslant 0.25$，对于板应满足 $\beta \leqslant 0.20$。

③结构支座截面塑性铰的塑性弯矩值确定之后，超静定连续梁、板结构的内力计算就可转化为多跨简支梁、板结构的内力计算。各跨简支梁、板分别在荷载与支座截面调幅后塑性弯矩共同作用下，按静力平衡条件计算支座截面最大剪力和跨内截面最大正、负弯矩值（绝对值），即可得出各跨梁、板在上述荷载作用下，塑性内力重分布的弯矩图和剪力图。梁、板的跨中弯矩

设计值可取考虑荷载最不利布置并按弹性方法算得的弯矩设计值和按简支梁计算[式(2.19)]的弯矩设计值的较大者。

$$M_{中} \geqslant 1.02M_0 - \frac{M_{左支} + M_{右支}}{2} \tag{2.19}$$

式中 $M_{中}$——调整后的跨中截面弯矩设计值；

M_0——按简支梁计算的跨中截面弯矩设计值；

$M_{左支}, M_{右支}$——调整后左、右支座截面的弯矩设计值。

此外，连续梁、板各控制截面的弯矩值不宜小于简支梁最大弯矩的 1/3，如对承受均布荷载的梁，可以表示为 $M \geqslant (g+q)l_0^2/24$，其中 l_0 为按塑性理论计算时的计算跨度。

④绘制连续梁、板的弯矩和剪力包络图。

2)调幅法计算等跨连续梁、板的内力

根据上述调幅法的概念和调幅原则，在相同均布荷载作用下的等跨连续梁、板考虑塑性内力重分布后的弯矩与剪力值，可按下列公式计算：

弯矩
$$M = \alpha_{mb}(g+q)l_0^2 \tag{2.20}$$

剪力
$$V = \alpha_{vb}(g+q)l_n \tag{2.21}$$

式中 α_{mb}——考虑塑性内力重分布的弯矩计算系数，按表 2.3 采用；

α_{vb}——考虑塑性内力重分布的剪力计算系数，按表 2.4 采用；

g, q——均布恒荷载、活荷载设计值；

l_0——按塑性理论计算时的计算跨度，按表 2.5 采用；

l_n——净跨度。

表 2.3 连续梁和连续单向板考虑塑性内力重分布的弯矩计算系数 α_{mb}

<table>
<tr><th colspan="2" rowspan="3">支承情况</th><th colspan="6">截面位置</th></tr>
<tr><th>端支座</th><th>边跨跨中</th><th>距端第二支座</th><th>距端第二跨跨中</th><th>中间支座</th><th>中间跨跨中</th></tr>
<tr><th>A</th><th>Ⅰ</th><th>B</th><th>Ⅱ</th><th>C</th><th>Ⅲ</th></tr>
<tr><td colspan="2">梁、板搁置在墙体上</td><td>0</td><td>1/11</td><td rowspan="4">2 跨连续：
−1/10
3 跨以上连续：−1/11</td><td rowspan="4">1/16</td><td rowspan="4">−1/14</td><td rowspan="4">1/16</td></tr>
<tr><td>板</td><td rowspan="2">与梁整体连接</td><td>−1/16</td><td rowspan="2">1/14</td></tr>
<tr><td>梁</td><td>−1/24</td></tr>
<tr><td colspan="2">梁与柱整体连接</td><td>−1/16</td><td>1/14</td></tr>
</table>

表 2.4 连续梁和连续单向板考虑塑性内力重分布的剪力计算系数 α_{vb}

<table>
<tr><th rowspan="3">荷载情况</th><th rowspan="3">支承情况</th><th colspan="5">截面位置</th></tr>
<tr><th>端支座</th><th colspan="2">距端第二支座</th><th colspan="2">中间支座</th></tr>
<tr><th>内侧 A_{in}</th><th>外侧 B_{ex}</th><th>内侧 B_{in}</th><th>外侧 C_{ex}</th><th>内侧 C_{in}</th></tr>
<tr><td rowspan="2">均布荷载</td><td>搁置在墙体上</td><td>0.45</td><td>0.60</td><td rowspan="2">0.55</td><td rowspan="2">0.55</td><td rowspan="2">0.55</td></tr>
<tr><td>与梁(柱)整体连接</td><td>0.50</td><td>0.55</td></tr>
<tr><td rowspan="2">集中荷载</td><td>搁置在墙体上</td><td>0.42</td><td>0.65</td><td rowspan="2">0.60</td><td rowspan="2">0.55</td><td rowspan="2">0.55</td></tr>
<tr><td>与梁(柱)整体连接</td><td>0.50</td><td>0.60</td></tr>
</table>

注：表中 $A_{in}, B_{ex}, B_{in}, C_{ex}, C_{in}$ 分别为支座内、外侧截面的代号。

表 2.5 按塑性理论计算时梁、板的计算跨度

支承情况	计算跨度	
	梁	板
两端与梁(柱)整体连接	l_n	l_n
两端搁置在墙体上	$1.05\,l_n \leqslant l_n + a$	$l_n + h \leqslant l_n + a$
一端与梁(柱)整体连接,一端搁置在墙体上	$1.025\,l_n \leqslant l_n + a/2$	$l_n + h/2 \leqslant l_n + a/2$

注:l_n 为板、梁的净跨;h 为板厚;a 为板、梁支承在墙上的支承长度。

式(2.20)和式(2.21)适用于 $\frac{q}{g} > 0.3$ 的等跨连续梁与连续板。对于相邻两跨跨度相差小于10%的不等跨连续梁与连续板,仍可采用式(2.20)和式(2.21)计算,但支座弯矩应按相邻两跨的较大计算跨度计算,计算跨中弯矩和支座剪力仍取本跨的计算跨度计算。

承受等间距等大小集中荷载作用下的等跨连续梁考虑塑性内力重分布后的弯矩与剪力值,可按下列公式计算:

$$M = \eta\alpha_{\mathrm{mb}}(G + Q)l_0 \tag{2.22}$$

$$V = \alpha_{\mathrm{vb}}n(G + Q) \tag{2.23}$$

式中 α_{mb} ——考虑塑性内力重分布的弯矩计算系数,按表 2.3 采用;

α_{vb} ——考虑塑性内力重分布的剪力计算系数,按表 2.4 采用;

η ——集中荷载修正系数,根据一个跨度内集中荷载的不同情况按表 2.6 采用;

G,Q ——一个集中恒荷载、活荷载设计值;

l_0——按塑性理论计算时的计算跨度,按表 2.5 采用;

n ——跨内集中荷载的个数。

表 2.6 集中荷载修正系数 η

荷载情况	截面位置					
	边支座	边跨跨中	距端第二支座	距端第二跨跨中	中间支座	中间跨跨中
	A	Ⅰ	B	Ⅱ	C	Ⅲ
在跨中两分点处作用有一个集中荷载	1.5	2.2	1.5	2.7	1.6	2.7
在跨中三分点处作用有两个集中荷载	2.7	3.0	2.7	3.0	2.9	3.0
在跨中四分点处作用有三个集中荷载	3.8	4.1	3.8	4.5	4.0	4.8

3)按塑性内力重分布方法计算的适用范围

塑性理论计算是以形成塑性铰为前提的,因而将不可避免地导致构件在使用阶段变形较大

及塑性铰截面处的裂缝宽度较大,故《混凝土结构设计规范》规定:对直接承受动力荷载的结构,以及要求不出现裂缝或处于三 a、三 b 类环境下的结构,不应采用考虑塑性内力重分布的分析方法。

2.2.5 单向板肋梁楼盖配筋计算及构造要求

1)单向板的配筋计算及构造要求

(1)计算要点

单向板可按塑性理论计算内力,也可按弹性理论计算内力,计算宽度通常取 1 m,求得内力后便可计算截面配筋。正截面受弯承载力可按单筋矩形截面计算;由于板一般能满足斜截面受剪承载力要求,故可以不进行受剪承载力计算,但对于跨高比较小、作用荷载很大的板,如人防顶板、筏板基础的底板等,还应进行板的受剪承载力计算。

钢筋混凝土连续板跨中截面在正弯矩作用下,截面下部受拉,上部混凝土受压;支座截面在负弯矩作用下,截面上部受拉,下部混凝土受压。在板中受拉区混凝土开裂后,其跨中和支座之间受压区混凝土的实际轴线形成一个拱形(图 2.14),如果板的四周有限制水平位移的梁,即板的支座不能自由移动时,则作用在板上的一部分荷载影响将通过拱的作用直接传给边梁,从而使板各计算截面的弯矩降低。为考虑板的内拱作用这一有利影响,对四周与梁整体连接的单向板,其中间跨的跨中截面及中间支座截面,计算弯矩可减少 20%;但对于边跨跨中截面及离板端第二支座截面,由于边梁侧向刚度不大(或无边梁),难以提供足够的水平推力,故计算弯矩不予降低。

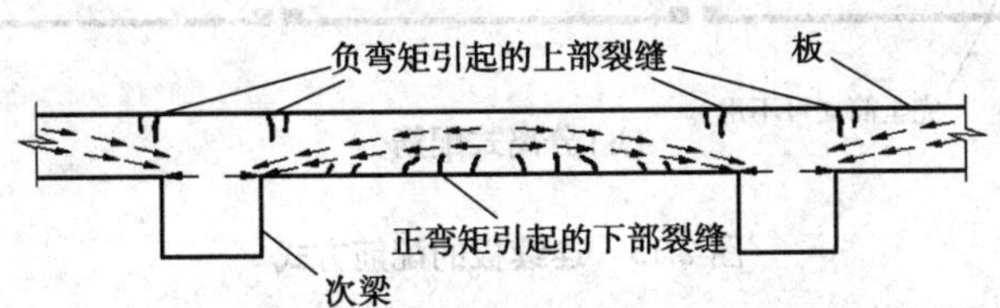

图 2.14 连续板的内力拱卸荷作用

(2)构造要求

现浇钢筋混凝土单向板的跨厚比不大于 30,且应满足板的最小厚度要求(表 2.1)。板的支承长度应满足其受力钢筋在支座内锚固的要求,且不小于板厚,同时在砌体墙上的支承长度不应小于 120 mm,在混凝土构件上的支承长度不应小于 100 mm。

板中的受力钢筋有承受负弯矩作用的板面负筋和承受正弯矩作用的板底钢筋两类,一般采用 HPB300、HRB335、HRB400 和 HRBF400 级钢筋。直径通常采用 6 mm、8 mm、10 mm、12 mm,对于支座负钢筋,为便于施工架立,宜采用直径较大的钢筋;当板厚较大时,钢筋直径可用 12~18 mm。为了便于浇筑混凝土,保证钢筋周围混凝土的密实性,板内钢筋间距不宜过密;为了使板内钢筋能够正常分担内力,钢筋间距也不宜过稀。板内受力钢筋间距一般为 70~200 mm;当板厚 $h \leqslant 150$ mm 时,钢筋间距不宜大于 200 mm;当板厚 $h>150$ mm 时,钢筋间距不宜大于 $1.5h$,且不宜大于 250 mm。

连续板受力钢筋的配筋方式有弯起式与分离式两种,如图 2.15 所示。采用弯起式配筋方式时,跨中正弯矩钢筋在支座附近弯起以承受负弯矩,可节省钢筋,钢筋锚固性能好,但施工较复杂。分离式配筋方式是分别设置正、负弯矩钢筋，这种配筋方式钢筋锚固性能较差，用钢量较高，但设计与施工方便，实际工程中较常采用。当板中承受较大的动载作用时不宜采用分离式配筋。

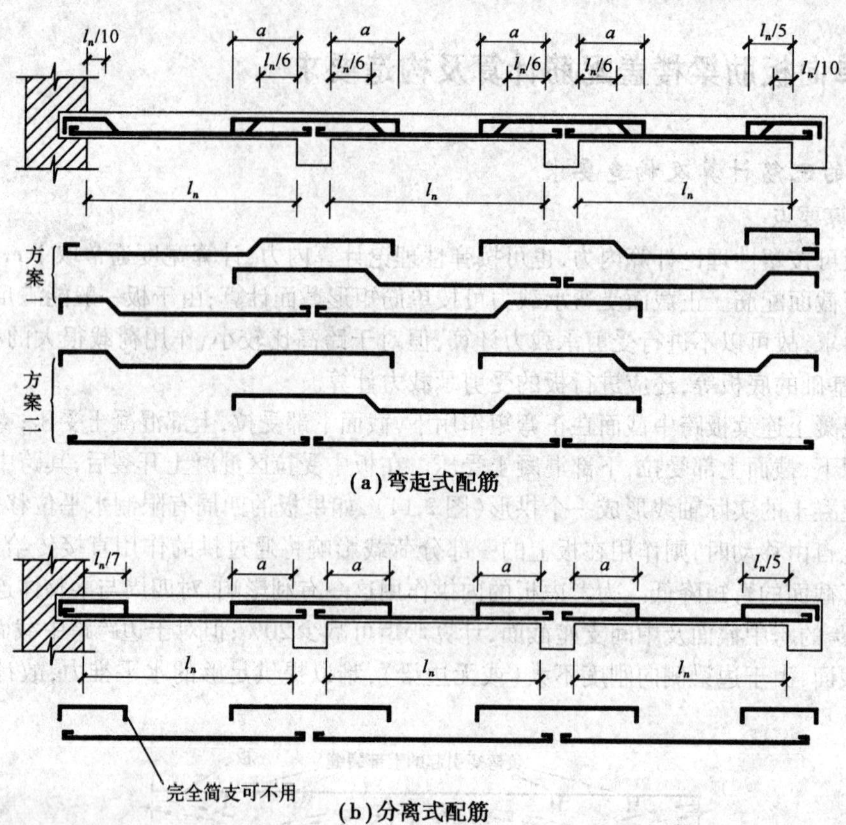

图 2.15　连续板的配筋方式

多跨连续板的各跨跨度相差 ≤ 20%时，可不画弯矩包络图，由图 2.15 确定钢筋的弯起和截断位置，图中 a 的取值如下：

当 $\frac{q}{g} \leqslant 3$ 时，

$$a = \frac{1}{4} l_n \tag{2.24}$$

当 $\frac{q}{g} > 3$ 时，

$$a = \frac{1}{3} l_n \tag{2.25}$$

式中　g, q ——作用在板上的恒荷载、活荷载设计值；

l_n ——板的净跨度。

若多跨连续板的各跨跨度相差 > 20%时，或各跨荷载相差很大时，应按弯矩包络图确定钢筋弯起和截断的位置。

连续单向板除了按计算配置受力钢筋外，还应按构造要求布置以下 4 种钢筋：

①分布钢筋：平行于单向板的长跨，与受力钢筋垂直，置于受力钢筋内侧。其主要作用为：固定受力钢筋的位置；抵抗混凝土收缩和温度变化所产生的内力；将板上的荷载较均匀地传递到板的各受力钢筋上；承受在计算中未考虑的长跨方向实际存在的弯矩。

分布钢筋的截面面积不应少于受力钢筋截面面积的15%，且不应小于该方向板截面面积的0.15%；分布钢筋直径不宜小于6 mm，间距不宜大于250 mm；当集中荷载较大时，分布钢筋的配筋面积尚应增加，且间距不宜大于200 mm。

②垂直于主梁的板面构造钢筋：在单向板中，板上的荷载主要沿短边方向传给次梁，但由于板与主梁整体连接，靠近主梁两侧一定宽度范围内的板中仍将产生一定大小与主梁方向垂直的负弯矩，为承受这一负弯矩并防止产生过宽的裂缝，应在跨越主梁的板上部配置与主梁垂直的板面构造钢筋（图2.16），其直径不宜小于8 mm，间距不宜大于200 mm，且数量不宜少于板中受力钢筋的$\frac{1}{3}$，伸出主梁边缘的长度不宜小于$\frac{l_0}{4}$，其中l_0为单向板的计算跨度。

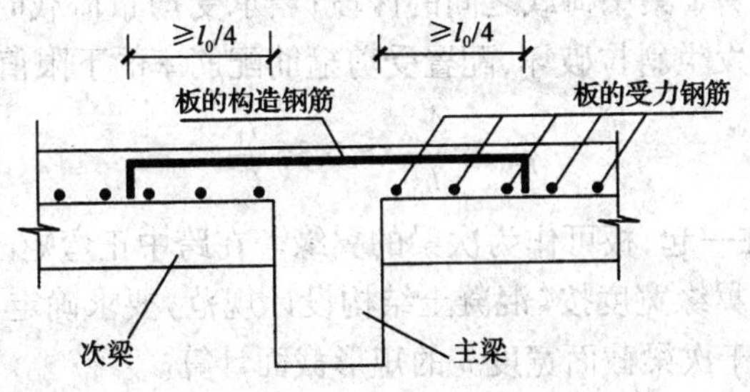

图2.16　垂直于主梁的板面构造钢筋

③垂直于承重墙的板面构造钢筋：板支承于墙体时，考虑墙体的局部受压、楼盖与墙体的拉结及板中钢筋在支座处的锚固，板在墙体上的支承长度应不小于120 mm。板在靠近墙体处由于墙体的嵌固作用而产生负弯矩，因此应在板内沿墙体设置承受负弯矩作用的构造钢筋（图2.17）。其直径不宜小于8 mm，间距不宜大于200 mm，且单位宽度内的配筋面积不宜小于跨中相应方向板底钢筋截面面积的$\frac{1}{3}$，伸出墙体边缘的长度不宜小于$\frac{l_1}{7}$，其中l_1为单向板的计算跨度或双向板的短跨跨度。

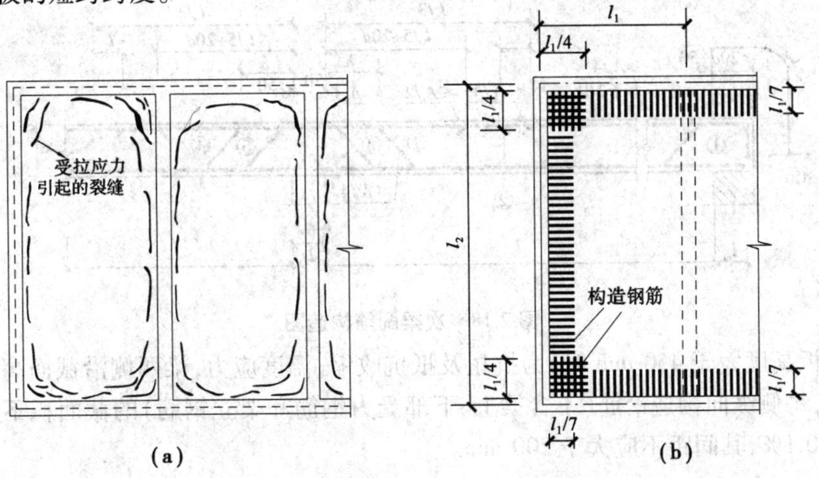

图2.17　垂直于承重墙的板面构造钢筋

④板角区域的附加负筋:对于两边均支承于墙体的板角部分,板在荷载作用下板角部分有向上翘起的趋势,当此种上翘趋势受到上部墙体嵌固约束时,板角部位将产生负弯矩作用,并有可能出现圆弧形裂缝,因此在板角部位两个方向均应配置承受负弯矩的构造钢筋(图 2.17)。构造钢筋直径不宜小于 8 mm,且单位宽度内的配筋面积不宜小于跨中相应方向板底钢筋截面面积的 $\frac{1}{3}$,伸出墙体边缘的长度不宜小于 $\frac{l_1}{4}$。

2)次梁的配筋计算及构造要求

(1)计算要点

次梁为承受均布荷载的连续梁,可采用塑性理论方法计算,此时弯矩调整截面的相对受压区高度应满足 $0.1 \leqslant \xi \leqslant 0.35$ 的限制。此外在斜截面受剪承载力计算中,为避免梁因出现剪切破坏而影响其内力重分布,应将计算所需的箍筋面积增大 20%,增大范围如下:当承受集中荷载作用时,取支座边至最近一个集中荷载之间的区段;当承受均布荷载时,取 $1.05h_0$(h_0 为梁截面有效高度)。为避免构件发生斜拉破坏,配置受剪箍筋配筋率的下限值应满足下列要求:

$$\rho_{sv} = \frac{A_{sv}}{bs} \geqslant 0.36\frac{f_t}{f_{yv}} \tag{2.26}$$

由于次梁与板整浇在一起,板可作为次梁的翼缘。在跨中正弯矩区段,板位于梁的受压区,次梁可按 T 形截面计算(翼缘宽度按《混凝土结构设计规范》要求确定);在支座负弯矩区段,板位于受拉区,应按宽度等于次梁截面宽度 b 的矩形截面计算。

(2)构造要求

次梁的跨度一般为 4~6 m,梁截面高度为跨度的 1/18~1/12,梁截面宽度为高度的 1/3~1/2,此时一般不必进行使用阶段的挠度和裂缝宽度验算。

次梁的配筋方式也有弯起式和分离式两种,常采用分离式配筋。沿梁长纵向钢筋的弯起和截断原则上应按内力包络图确定,但对于相邻跨跨度相差 ≤ 20%、$q/g \leqslant 3$ 的连续梁,可按图 2.18的构造规定布置钢筋。图中 l_n 为净跨;l_l 为纵筋的搭接长度,当与架立筋搭接时,取 150~200 mm,当与受力筋搭接时,取 $1.2l_a$(l_a 为受拉钢筋锚固长度);l_{as} 为纵筋在支座内的锚固长度;d 为纵筋直径;h 为梁截面高度。

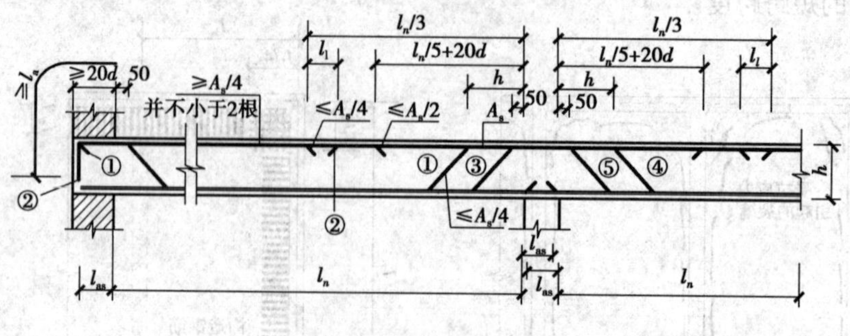

图 2.18　次梁配筋构造图

梁的腹板高度大于 450 mm 时,为抗扭及抵抗收缩、温度应力,梁两侧沿截面高度应配置纵向构造钢筋,每侧纵向构造钢筋(不含梁上、下部受力钢筋和架立钢筋)的截面积不应小于腹板截面面积的 0.1%,其间距不应大于 200 mm。

3) 主梁的配筋计算及构造要求

(1)计算要点

主梁主要承受其自重及次梁传来的集中荷载。主梁自重较次梁传来的集中荷载小很多,为简化计算,可将主梁自重折算为等效的集中荷载,其作用点与次梁位置相同。主梁应采用弹性理论方法计算内力,然后按所求得的内力进行正截面、斜截面承载力计算,从而确定钢筋数量。计算主梁受力钢筋时,用跨中截面正弯矩按 T 形截面计算其受力钢筋面积;用支座截面负弯矩按矩形截面计算相应的受力钢筋面积。当跨中出现负弯矩时,抵抗跨中负弯矩的钢筋面积也应按矩形截面计算。

在主梁支座处,板、次梁以及主梁的负弯矩钢筋相互交叉,板和次梁的负筋在上,主梁的负筋在下(图 2.19),致使主梁在支座处附近的截面有效高度 h_0 有所降低,应按主梁负弯矩钢筋的实际位置确定其有效高度 h_0。所以,当主梁的负弯矩钢筋为单排时,取 $h_0 = h - (60 \sim 65)$ mm;当为双排时,取 $h_0 = h - (80 \sim 85)$ mm。

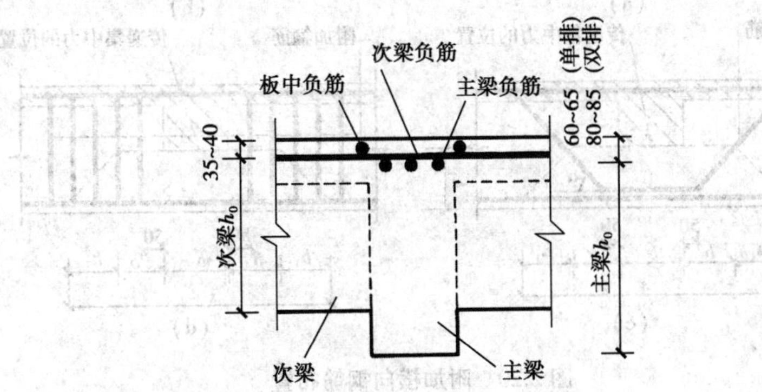

图 2.19　主梁支座处的上部钢筋

(2)构造要求

主梁的跨度一般为 5~8 m,梁截面高度为跨度的 1/14~1/8,梁截面宽度为高度的 1/3~1/2。

主梁的配筋方式也有弯起式和分离式两种。主梁内受力纵筋的弯起和截断应根据弯矩包络图进行布置,并通过绘制抵抗弯矩图来检查受力钢筋布置是否合适。当梁的腹板高度大于 450 mm 时,为承受梁侧面的温度变化及混凝土收缩引起的应力,并抑制混凝土裂缝的开展,应在梁的两个侧面沿高度配置纵向构造钢筋,其数量及布置同次梁的相关构造要求。

主梁主要承受集中荷载,剪力图呈矩形。如在斜截面受剪承载力计算中,拟利用弯起钢筋抵抗部分剪力,则应使跨中有足够的纵筋可供弯起,若跨中可供弯起的纵筋根数不够,则应在支座处设置专门抗剪的鸭筋。

在主梁与次梁相交处,次梁顶部在支座负弯矩作用下将产生裂缝[图 2.20(a)],致使次梁传来的荷载主要通过其支座截面的剪压区传到主梁梁腹,使主梁中、下部混凝土可能产生斜裂缝而发生局部破坏[图 2.20(b)]。为防止这种局部破坏的发生,应在主、次梁相交处的主梁内设置附加横向钢筋,可采用附加吊筋[图 2.20(c)]或附加箍筋[图 2.20(d)],从而使次梁传来的集中荷载传至主梁上部的受压区。附加钢筋应设置在 $s(s = 2h_1 + 3b)$ 的范围内,可优先采用附加箍筋。所需的附加横向钢筋(附加箍筋或吊筋)总截面面积应按下列公式计算:

$$A_{sv} \geqslant \frac{F}{f_{yv}\sin\alpha} \tag{2.27}$$

式中 A_{sv}——附加横向钢筋总截面面积，当采用附加吊筋时，A_{sv} 为左、右弯起段截面面积之和；

F——次梁传给主梁的集中荷载设计值；

α——附加横向钢筋与梁轴线的夹角。

如集中力作用在主梁顶面，不必设附加钢筋。

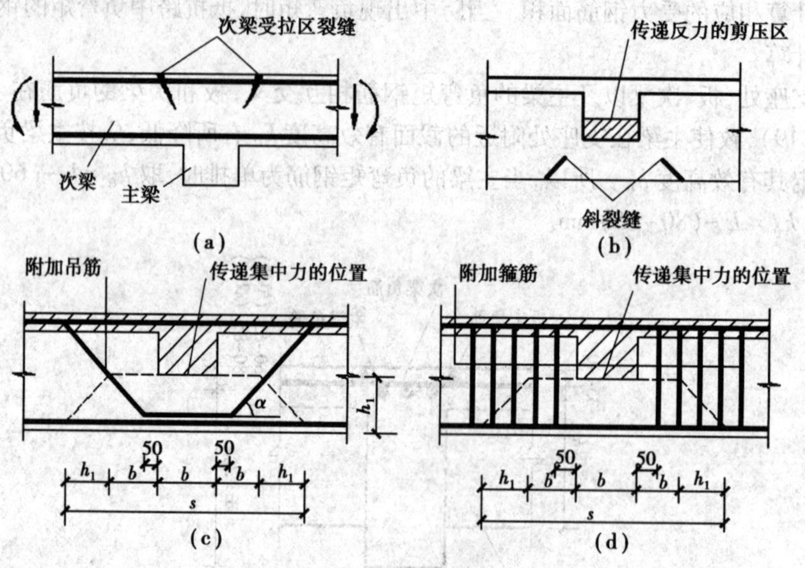

图 2.20 附加横向钢筋布置

2.2.6 单向板肋梁楼盖设计实例

某多层工业建筑楼盖平面如图 2.21 所示，采用整体式钢筋混凝土现浇楼盖。四边支承在砖砌体墙上。楼面活荷载标准值为 9.1 kN/m²，组合值系数为 0.7。楼面构造层做法：20 mm 厚水泥砂浆面层，15 mm 厚混合砂浆天棚抹灰。环境类别为一类，结构的安全等级为二级。要求设计此楼盖。

楼盖结构平面布置如图 2.21 所示，主梁沿房屋的横向布置，次梁沿房屋的纵向布置。材料选用：混凝土 C25（$f_c = 11.9$ N/mm²，$f_t = 1.27$ N/mm²）；梁中纵向受力钢筋采用 HRB400 级钢筋（$f_y = f'_y = 360$ N/mm²），其余钢筋均采用 HPB300 级钢筋（$f_y = f'_y = 270$ N/mm²）。

1）板的设计

由图 2.21 可见，板区格长边与短边之比 5.0/2.2 = 2.27>2.0 但<3.0，按《混凝土结构设计规范》(GB 50010—2010) 规定，当板的长、短边之比 $2 < l_2/l_1 < 3$ 时，宜按双向板设计，这时如果按沿短边方向受力的单向板计算，应沿长边方向布置足够数量的构造钢筋。本例题按单向板计算，并采取必要的构造措施。

根据构造要求，板厚取 $h \geqslant \frac{l}{30} = \frac{2200\text{ mm}}{30} = 73.3$ mm<80 mm，故取 80 mm。取 1 m 宽板带为

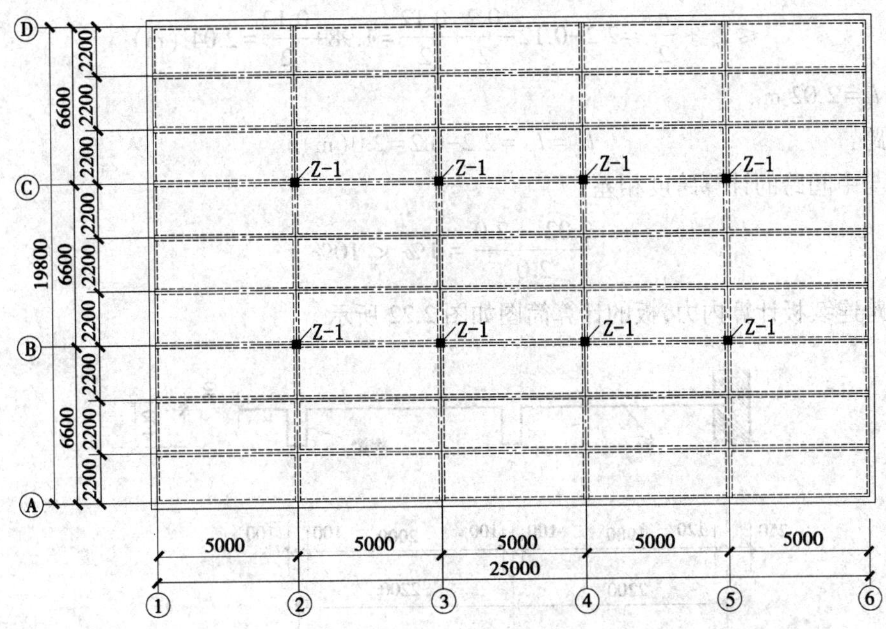

图 2.21 楼盖结构平面布置图

计算单元,按考虑塑性内力重分布方法进行设计。

(1)荷载计算

①恒荷载

20 mm 厚水泥砂浆面层 $0.02\times20=0.40\ (\text{kN/m}^2)$

80 mm 厚钢筋混凝土板 $0.08\times25=2.00\ (\text{kN/m}^2)$

15 mm 厚板底混合砂浆 $0.015\times17=0.26\ (\text{kN/m}^2)$

恒荷载标准值 $g_k = 2.66\ \text{kN/m}^2$

②使用活荷载标准值 $q_k = 9.1\ \text{kN/m}^2$

③总荷载设计值

由于楼面活荷载标准值为 9.1 kN/m^2>4.0 kN/m^2,根据《荷载规范》的规定,对于标准值大于 4.0 kN/m^2 的工业房屋楼面结构的活荷载分项系数应取 $\gamma_Q = 1.3$。

由可变荷载效应控制的组合:

$$g + q = 1.2g_k + 1.3q_k = 1.2\times2.66+1.3\times9.1 = 15.02\ (\text{kN/m}^2)$$

由永久荷载效应控制的组合:

$$g + q = 1.35g_k + 1.3\times0.7q_k = 1.35\times2.66+1.3\times0.7\times9.1 = 11.87\ (\text{kN/m}^2)$$

取 $g + q = 15.02(\text{kN/m}^2)$。

(2)计算简图

次梁截面高度 $h = (1/18\sim1/12)\ l = (278\sim417)$ mm,可取 $h = 400$ mm, $b = (1/3\sim1/2)\ h = (133\sim200)$ mm,可取 $b = 200$ mm。板在墙上的支承长度为 120 mm,则板的计算跨度为

边跨: $$l_0 = l_n + \frac{h}{2} = 2.2-0.12-\frac{0.2}{2}+\frac{0.08}{2} = 2.02\ (\text{m})$$

$$\leqslant l_n + \frac{a}{2} = 2.2-0.12-\frac{0.2}{2}+\frac{0.12}{2} = 1.98+\frac{0.12}{2} = 2.04\ (\mathrm{m})$$

故边跨取 $l_0 = 2.02$ m。

中间跨：$$l_0 = l_n = 2.2-0.2 = 2.0(\mathrm{m})$$

边跨与中间跨的计算跨度相差：

$$\frac{2.02-2.0}{2.0} = 1\% < 10\%$$

故可按等跨连续板计算内力，板的计算简图如图 2.22 所示。

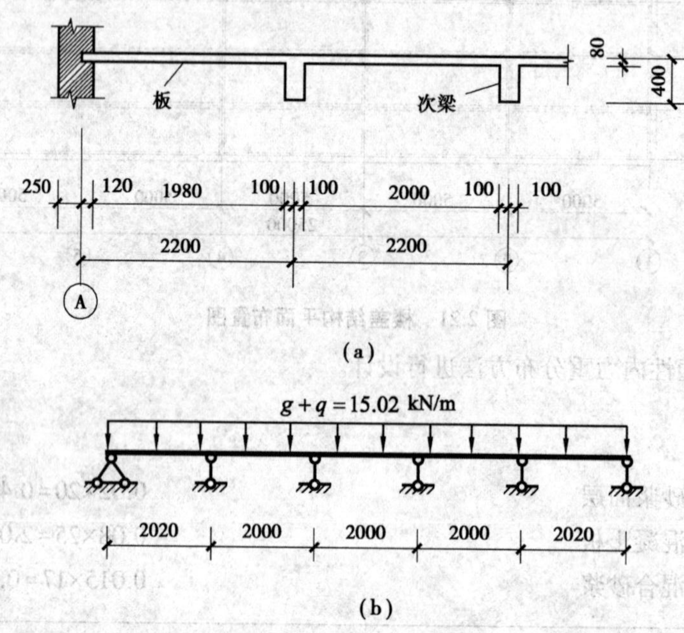

图 2.22　板的计算简图

(3)内力计算

各截面的弯矩计算见表 2.7。

表 2.7　板的弯矩设计值

截　面	边跨跨中(1)	离端第二支座(B)	离端第二跨跨中(2) 中间跨跨中(3)	中间支座(C)
弯矩系数 α_{mb}	$\frac{1}{11}$	$-\frac{1}{11}$	$\frac{1}{16}$	$-\frac{1}{14}$
$M = \alpha_{mb}(g+q)l_0^2$ (kN·m)	$\frac{1}{11}\times15.02\times2.02^2$ $=5.57$	-5.57	$\frac{1}{16}\times15.02\times2.0^2$ $=3.76$	$-\frac{1}{14}\times15.02\times2.0^2$ $=-4.29$

(4)正截面承载力计算

板截面有效高度 $h_0 = 80\ \mathrm{mm}-25\ \mathrm{mm} = 55\ \mathrm{mm}$，各截面的配筋计算见表 2.8(中间板带的内区格

板考虑内力拱卸荷的有利影响)。板的受力钢筋采用 HPB300 级钢筋($f_y = f'_y = 270\ \text{N/mm}^2$)。

表 2.8 板截面的配筋计算

截 面	1	B	2(3)		C	
在平面中的位置	①~⑥轴间	①~⑥轴间	①~② ⑤~⑥轴间	②~⑤轴间	①~② ⑤~⑥轴间	②~⑤轴间
M(kN·m)	5.57	−5.57	3.76	3.01	−4.29	−3.43
$\alpha_s = \dfrac{M}{\alpha_1 f_c b h_0^2}$	0.155	0.155	0.104	0.084	0.119	0.095
$\xi = 1 - \sqrt{1 - 2\alpha_s}$	0.169	0.169	0.111	0.087	0.127	0.100
$A_s = \dfrac{\alpha_1 f_c b h_0 \xi}{f_y}$(mm²)	410	410	268	212	309	243
选配钢筋	ϕ8@120	ϕ8@120	ϕ8@180	ϕ8@200	ϕ8@160	ϕ8@200
实配钢筋面积(mm²)	419	419	279	251	314	251

注:弯矩调幅后截面的相对受压区高度应满足 $0.1 \leqslant \xi \leqslant 0.35$。

板的配筋图如图 2.23 所示。

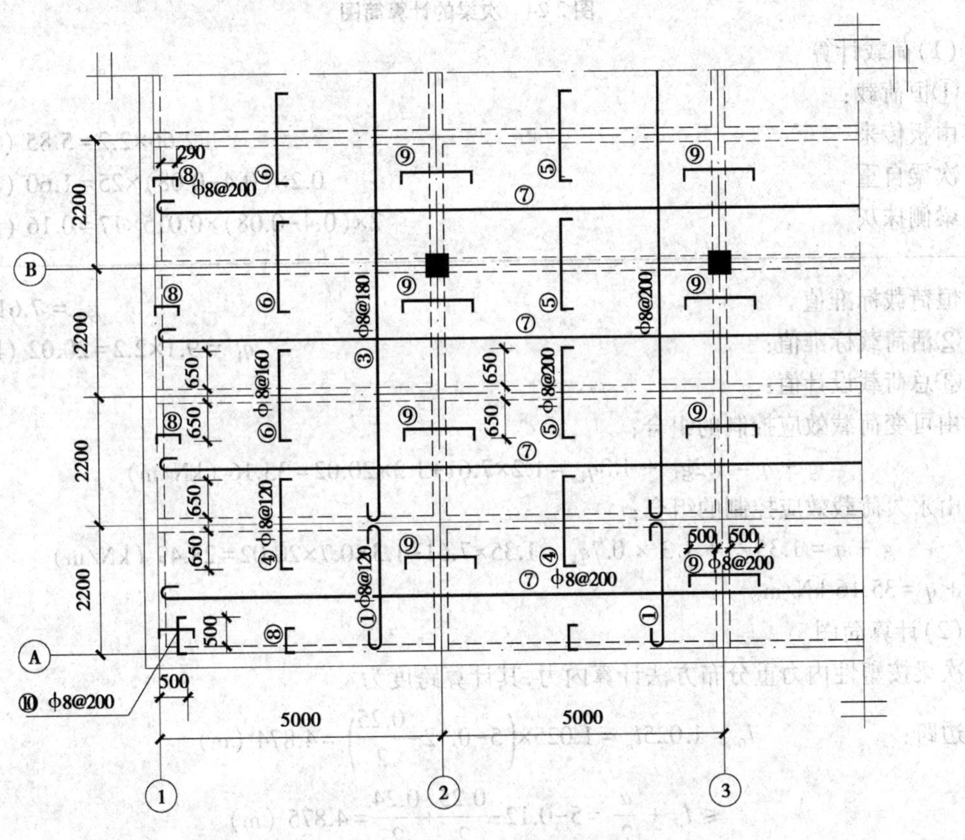

图 2.23 板的配筋图

2)次梁设计

主梁截面高度 $h=(1/14\sim1/8)l=(471\sim825)$ mm,可取 $h=650$ mm,主梁宽度取 $b=250$ mm。次梁在墙上的支承长度为 240 mm,次梁的截面几何尺寸与支承情况如图 2.24(a)所示。

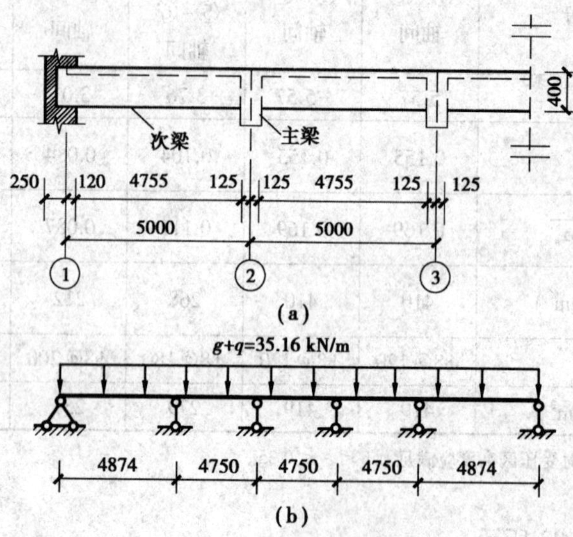

图 2.24 次梁的计算简图

(1)荷载计算

①恒荷载:

由板传来 $2.66\times2.2=5.85$ (kN/m)

次梁自重 $0.2\times(0.4-0.08)\times25=1.60$ (kN/m)

梁侧抹灰 $2\times(0.4-0.08)\times0.015\times17=0.16$ (kN/m)

恒荷载标准值 $g_k=7.61$ kN/m

②活荷载标准值: $q_k=9.1\times2.2=20.02$ (kN/m)

③总荷载设计值:

由可变荷载效应控制的组合:

$$g+q=1.2g_k+1.3q_k=1.2\times7.61+1.3\times20.02=35.16\ (\text{kN/m})$$

由永久荷载效应控制的组合:

$$g+q=1.35g_k+1.3\times0.7q_k=1.35\times7.61+1.3\times0.7\times20.02=28.49\ (\text{kN/m})$$

取 $g+q=35.16$ kN/m。

(2)计算简图

次梁按塑性内力重分布方法计算内力,其计算跨度为

边跨: $$l_0=1.025l_n=1.025\times\left(5-0.12-\frac{0.25}{2}\right)=4.874\ (\text{m})$$

$$\leqslant l_n+\frac{a}{2}=5-0.12-\frac{0.25}{2}+\frac{0.24}{2}=4.875\ (\text{m})$$

故边跨取 $l_0=4.874$ m。

中间跨：$l_0 = l_n = 5-0.25 = 4.75$ （m）

边跨与中间跨的计算跨度相差：

$$\frac{4.874-4.75}{4.75} = 2.6\% < 10\%$$

故可按等跨连续梁计算内力，次梁的计算简图如图 2.24(b)所示。

(3)内力计算

次梁各截面的弯矩计算见表 2.9，各截面的剪力计算见表 2.10。

表 2.9 次梁的弯矩设计值

截　面	边跨跨中(1)	离端第二支座(B)	离端第二跨跨中(2) 中间跨跨中(3)	中间支座(C)
弯矩系数 a_{mb}	$\frac{1}{11}$	$-\frac{1}{11}$	$\frac{1}{16}$	$-\frac{1}{14}$
$M = \alpha_{mb}(g+q)l_0^2$ (kN·m)	$\frac{1}{11}\times35.16\times4.874^2$ $=75.93$	-75.93	$\frac{1}{16}\times35.16\times4.75^2$ $=49.58$	$-\frac{1}{14}\times35.16\times4.75^2$ $=-56.66$

表 2.10 次梁的剪力设计值

截　面	端支座(A)内侧	离端第二支座(B) 外侧	离端第二支座(B) 内侧	中间支座(C)
剪力系数 a_{vb}	0.45	0.60	0.55	0.55
$V = \alpha_{vb}(g+q)\cdot l_n$ (kN)	$0.45\times35.16\times4.755$ $=75.23$	$0.60\times35.16\times4.755$ $=100.31$	$0.55\times35.16\times4.75$ $=91.86$	91.86

(4)截面承载力计算

次梁跨中截面按 T 形截面进行正截面受弯承载力计算，其翼缘计算宽度按下面的较小值采用。

$$b_f' = \frac{l_0}{3} = \frac{4.75}{3} = 1.58(\text{m})$$

$$b_f' = b + s_n = 0.2+2 = 2.2(\text{m})$$

故取 $b_f' = 1.58$ m。

判断 T 形截面类型，取 $h_0 = 400-40 = 360$ （mm），则

$\alpha_1 f_c b_f' h_f'\left(h_0 - \frac{h_f'}{2}\right) = 1.0\times11.9\times1580\times80\times\left(360-\frac{80}{2}\right)$ kN·m $= 481.33$ kN·m $> M =$ 75.93 kN·m，故各跨跨中截面均属于第一类 T 形截面。支座截面按矩形截面计算。次梁正截面受弯承载力计算结果见表 2.11。

表 2.11　次梁正截面受弯承载力计算

截　面	1	B	2(3)	C
M (kN·m)	75.93	−75.93	49.58	−56.66
$\alpha_s=\dfrac{M}{\alpha_1 f_c b h_0^2}$	0.031	0.246	0.020	0.184
$\xi=1-\sqrt{1-2\alpha_s}$	0.031	0.287	0.020	0.205
$A_s=\dfrac{\alpha_1 f_c b h_0 \xi}{f_y}$ (mm²)	583	683	376	488
选配钢筋	3⏀16	2⏀18+1⏀14	2⏀12+1⏀14	2⏀12+2⏀14
实配钢筋面积(mm²)	603	663	380	534

次梁斜截面受剪承载力计算见表 2.12，考虑塑性内力重分布时，箍筋数量应增大 20%，故计算时将 A_{sv}/s 乘以 1.2；配箍率应大于 $0.36f_t/f_{yv}=0.00169$，各截面均满足要求。

表 2.12　次梁斜截面受剪承载力计算

截　面	端支座(A)内侧	离端第二支座(B)外侧	离端第二支座(B)内侧	中间支座(C)
V (kN)	75.23	100.31	91.86	91.86
$0.25\beta_c f_c b h_0$ (kN)	214.20>V	214.20>V	214.20>V	214.20>V
$0.7f_t b h_0$ (kN)	64.01<V	64.01<V	64.01<V	64.01<V
$\dfrac{A_{sv}}{s}=1.2\left(\dfrac{V-0.7f_t b h_0}{f_{yv}h_0}\right)$	0.139	0.448	0.344	0.344
选配箍筋(双肢)	ϕ8@200	ϕ8@200	ϕ8@200	ϕ8@200
实配箍筋 $\dfrac{A_{sv}}{s}$	0.505	0.505	0.505	0.505
配箍率	0.0025	0.0025	0.0025	0.0025

由于次梁的跨度相差小于 20%，且 $\dfrac{q}{g}\leqslant 3$，可按图 2.18 所示的构造要求确定。纵筋的弯起和截断，次梁配筋图如图 2.25 所示。

3) 主梁设计

主梁按弹性理论计算内力。设柱子截面尺寸为 400 mm×400 mm，主梁在墙上的支承长度为 370 mm，主梁的截面几何尺寸与支承情况如图 2.26(a) 所示。

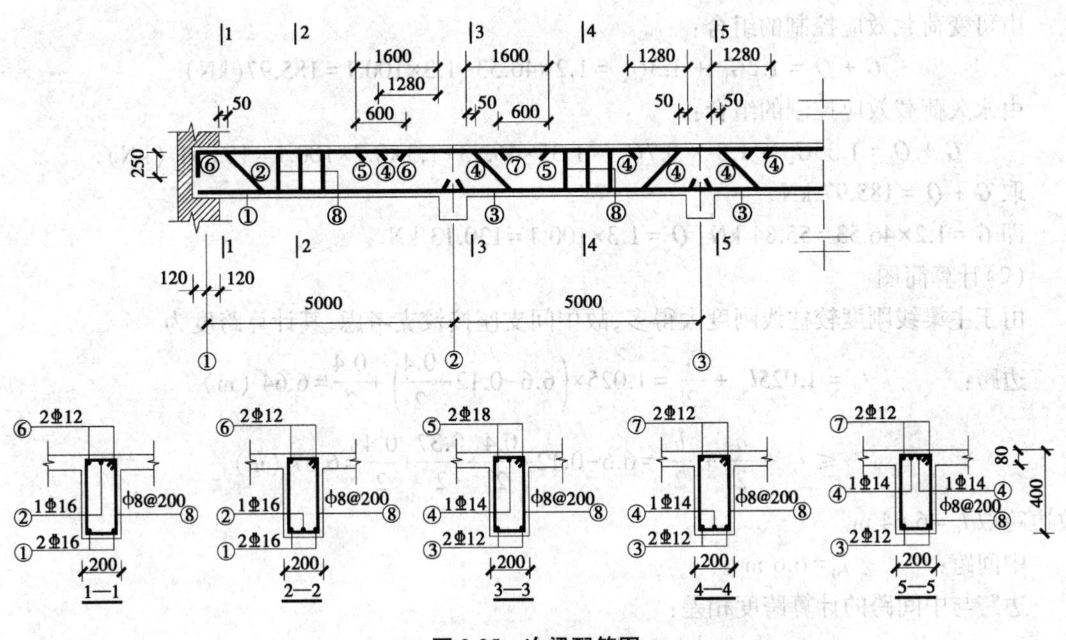

图 2.25 次梁配筋图

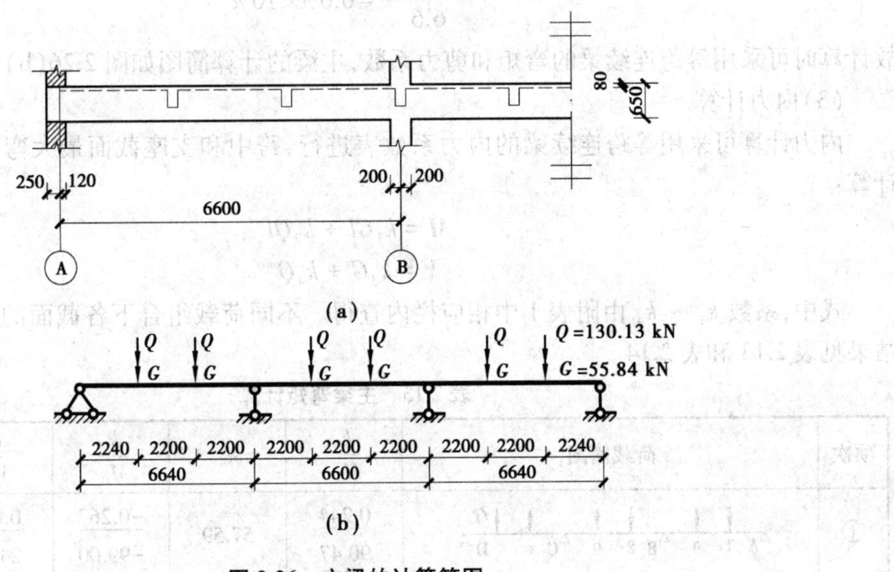

图 2.26 主梁的计算简图

(1)荷载计算

①恒荷载:

由次梁传来 $7.61\times5.0=38.05(\text{kN})$

主梁自重(集中荷载) $0.25\times(0.65-0.08)\times2.2\times25=7.84(\text{kN})$

梁侧抹灰(集中荷载) $2\times(0.65-0.08)\times0.015\times2.2\times17=0.64(\text{kN})$

恒荷载标准值 $G_k=46.53\ \text{kN}$

②活荷载标准值: $Q_k=9.1\times2.2\times5.0=100.1(\text{kN})$

③总荷载设计值:

由可变荷载效应控制的组合：

$$G+Q=1.2G_k+1.3Q_k=1.2\times46.53+1.3\times100.1=185.97\,(\text{kN})$$

由永久荷载效应控制的组合：

$$G+Q=1.35G_k+1.3\times0.7Q_k=1.35\times46.53+1.3\times0.7\times100.1=153.91\,(\text{kN})$$

取 $G+Q=185.97$ kN

即 $G=1.2\times46.53=55.84$ kN，$Q=1.3\times100.1=130.13$ kN。

(2)计算简图

由于主梁线刚度较柱线刚度大得多，故中间支座按铰支考虑，其计算跨度为

边跨：
$$l_0=1.025l_n+\frac{b}{2}=1.025\times\left(6.6-0.12-\frac{0.4}{2}\right)+\frac{0.4}{2}=6.64\ (\text{m})$$

$$\leqslant l_n+\frac{a}{2}+\frac{b}{2}=6.6-0.12-\frac{0.4}{2}+\frac{0.37}{2}+\frac{0.4}{2}=6.67\ (\text{m})$$

故边跨取 $l_0=6.64$ m。

中间跨：　$l_0=6.6$ m

边跨与中间跨的计算跨度相差：

$$\frac{6.64-6.6}{6.6}=0.6\%<10\%$$

故计算时可采用等跨连续梁的弯矩和剪力系数，主梁的计算简图如图 2.26(b)所示。

(3)内力计算

内力计算可采用等跨连续梁的内力系数表进行，跨中和支座截面最大弯矩及剪力按下式计算：

$$M=k_1Gl+k_2Ql$$
$$V=k_3G+k_4Q$$

式中，系数 $k_1\sim k_4$ 由附表 1 中相应栏内查得。不同荷载组合下各截面的弯矩及剪力计算结果见表 2.13 和表 2.14。

表 2.13　主梁弯矩计算　　单位：kN · m

项次	荷载简图	$\frac{k}{M_1}$	M_a	$\frac{k}{M_B}$	$\frac{k}{M_2}$	M_b
①	G；A 1 a B 2 b C D	0.244 90.47	57.59	−0.267 −99.00	0.067 24.69	0.067 24.69
②	Q	0.289 249.71	211.41	−0.133 −114.92	−114.92	−114.92
③	Q	−0.044 −38.02	−76.61	−0.133 −114.92	0.200 171.77	0.200 171.77
④	Q	0.229 197.87	108.87	−0.311 −268.72	81.51	0.170 146.01
组合项次	①+②	340.18	269.00	−213.92	−90.23	−90.23
	①+③	52.45	−19.02	−213.92	196.46	196.46
	①+④	288.34	166.46	−367.72	106.20	170.70

对于跨内弯矩,附表1中只提供了最大弯矩截面的弯矩系数。实际上,只要已知某跨两端支座截面弯矩,即可根据该跨的静力平衡条件求得跨内各截面的弯矩。如在恒荷载作用下(项次①),$M_A=0$,$M_B=-99.00$ kN·m,以这两个支座弯矩值的连线为基线,叠加边跨在恒荷载$G=55.84$ kN作用下的简支梁弯矩图,则第二个集中荷载作用点的弯矩值为 $\frac{1}{3}Gl_{01}-\frac{2}{3}M_B=\frac{1}{3}\times 55.84\times 6.64-\frac{2}{3}\times 99.00=57.59$ kN·m。表2.13中,在附表中未提供弯矩系数的截面弯矩均按此方法计算。

表2.14　主梁剪力计算　　单位:kN

项次	荷载简图	$\frac{k}{V_A^r}$	$\frac{k}{V_B^l}$	$\frac{k}{V_B^r}$
①	G, A B C D	0.733 40.93	−1.267 −70.75	1.000 55.84
②	Q	0.866 112.69	−1.134 −147.44	0
④	Q	0.689 89.66	−1.311 −170.60	1.222 159.02
组合项次	①+②	153.62	−218.19	55.84
组合项次	①+④	130.59	−241.35	214.86

将以上最不利内力组合下的弯矩图和剪力图分别叠画在同一坐标图上,其外包线即为内力包络图,如图2.27所示。

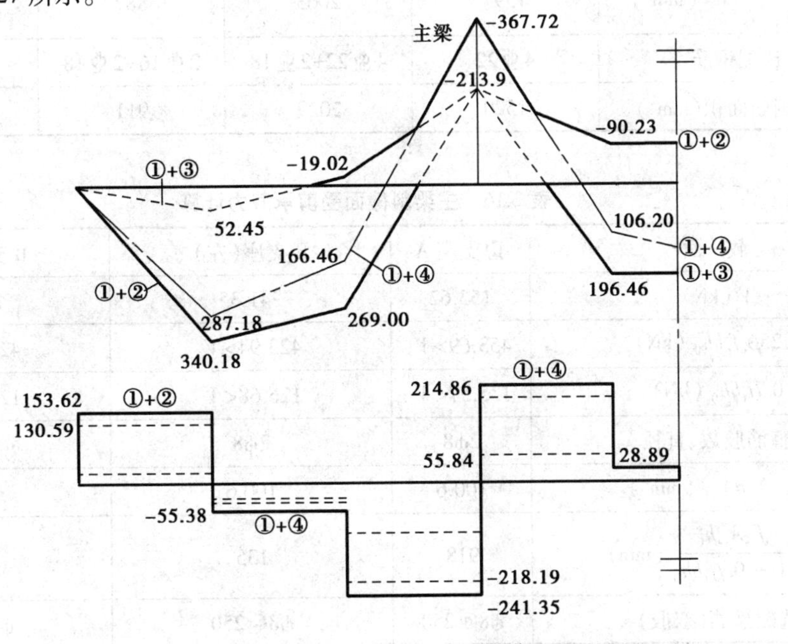

图2.27　主梁弯矩包络图和剪力包络图

(4)截面承载力计算

在正弯矩作用下主梁跨中截面按 T 形截面计算配筋,其翼缘计算宽度按下面的较小值采用。

$$b'_f = \frac{l_0}{3} = \frac{6.6}{3} = 2.2(\text{m})$$

$$b'_f = b + s_n = 0.25+4.75=5(\text{m})$$

故取 $b'_f = 2.2$ m。

判断 T 形截面类型,取 $h_0=650-40=610(\text{mm})$,则

$$\alpha_1 f_c b'_f h'_f\left(h_0 - \frac{h'_f}{2}\right) = 1.0\times11.9\times2200\times80\times\left(610-\frac{80}{2}\right)\text{ kN}\cdot\text{m}$$

$$= 1193.80\text{ kN}\cdot\text{m} > M = 340.18\text{ kN}\cdot\text{m}$$

故各跨跨中截面均属于第一类 T 形截面。支座截面及负弯矩作用下的跨中截面按矩形截面计算,取 $h_0=650-80=570$(双排钢筋)。支座 B 边缘截面弯矩 M_B 按下式计算:

$$M_B = 367.72-(55.84+130.13)\times\frac{0.4}{2}=330.53(\text{kN}\cdot\text{m})$$

主梁正截面受弯承载力计算结果见表 2.15,主梁斜截面受剪承载力计算见表 2.16。

表 2.15 主梁正截面受弯承载力计算

截　面	边跨跨中	B 支座	中间跨跨中	
M(kN·m)	340.18	−330.53	196.46	−90.23
$\alpha_s = \dfrac{M}{\alpha_1 f_c b h_0^2}$	0.035	0.342	0.020	0.009
$\xi = 1 - \sqrt{1-2\alpha_s}$	0.036	0.438	0.020	0.010
$A_s = \dfrac{\alpha_1 f_c b h_0 \xi}{f_y}$ (mm²)	1597	2063	887	421
选配钢筋	4Φ22	4Φ22+2Φ18	2Φ16+2Φ18	2Φ22
实配钢筋面积(mm²)	1520	2029	911	760

表 2.16 主梁斜截面受剪承载力计算

截　面	边支座 A	B 支座(左)	B 支座(右)
V(kN)	153.62	241.35	214.86
$0.25\beta_c f_c b h_0$ (kN)	453.69> V	423.94> V	423.94> V
$0.7 f_t b h_0$ (kN)	135.57< V	126.68< V	126.68< V
箍筋肢数、直径	2ϕ8	2ϕ8	2ϕ8
$A_{sv} = nA_{sv1}$ (mm²)	100.6	100.6	100.6
$s = \dfrac{f_{yv} A_{sv} h_0}{V - 0.7 f_t b h_0}$ (mm)	918	135	175
选配箍筋(双肢)	ϕ8@250	ϕ8@250	ϕ8@250

续表

截　面	边支座 A	B 支座(左)	B 支座(右)
$V_{cs}=0.7f_tbh_0+f_{yv}\dfrac{A_{sv}}{s}h_0$ (kN)	201.85	188.61	188.61
$A_{sb}=\dfrac{V-V_{cs}}{0.8f_y\sin\alpha}$	—	259	129
实配弯起钢筋	—	鸭筋 2Φ14 (A_s = 308 mm²) 双排弯筋各为 1Φ22 (A_s = 380 mm²)	鸭筋 2Φ14 (A_s = 308 mm²) 双排弯筋各为 1Φ18 (A_s = 254 mm²)

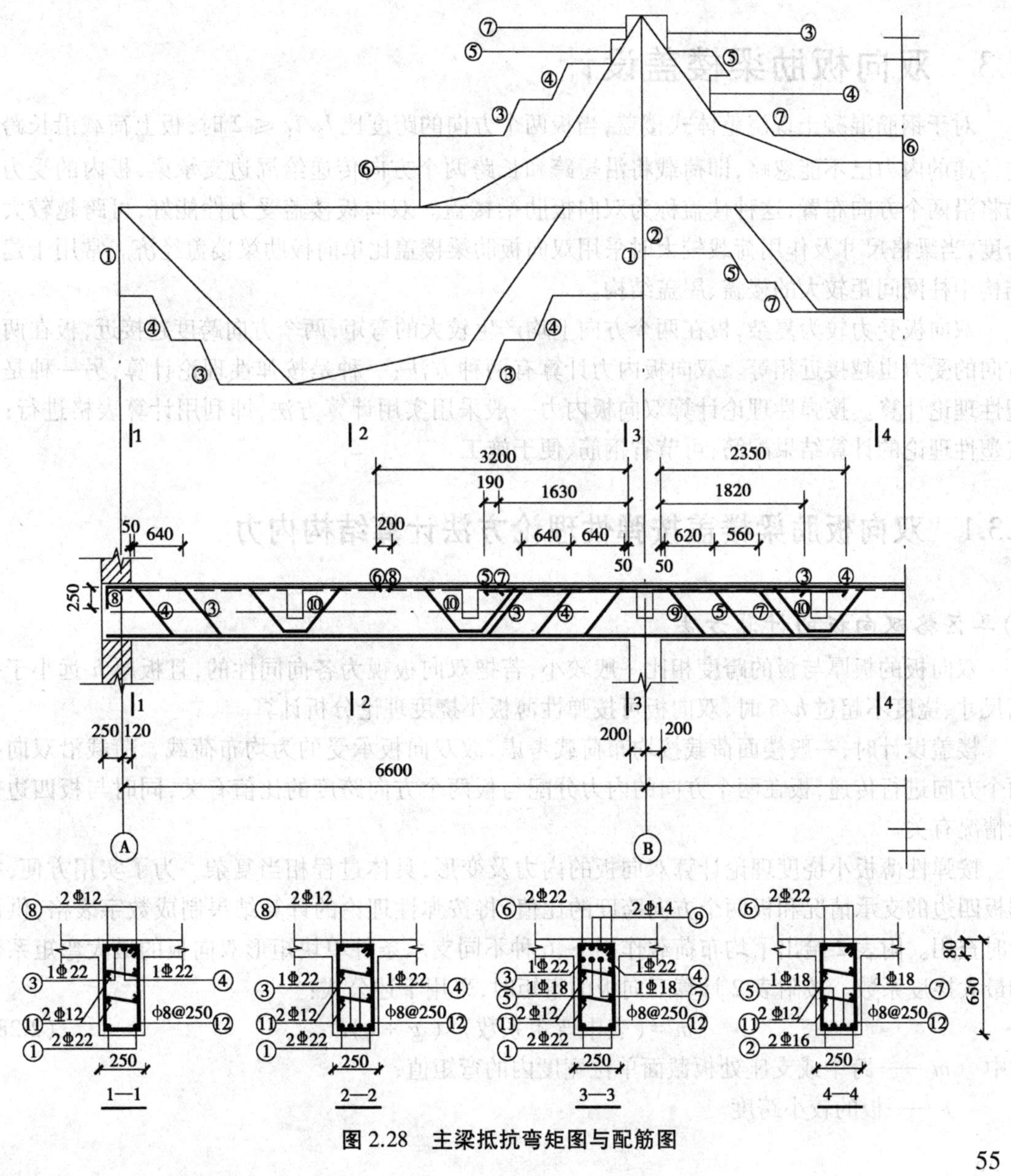

图 2.28　主梁抵抗弯矩图与配筋图

(5)主梁附加横向钢筋计算

由次梁传至主梁的全部集中荷载为：

$$G+Q=1.2\times38.05+1.3\times100.1=175.79\ (\text{kN})$$

$$A_s=\frac{G+Q}{2f_y\sin\alpha}=\frac{175790}{2\times360\times0.707}=345\ (\text{mm}^2)$$ 取 2Φ16($A_s=402\ \text{mm}^2$)。

(6)主梁纵筋的弯起和截断

按相同比例在同一坐标图上绘出弯矩包络图和抵抗弯矩图(图 2.28)。绘制抵抗弯矩图时,应注意:纵筋弯起点距该筋充分利用点的距离不小于 $h_0/2$;相邻弯起钢筋上、下弯点之间的距离不超过箍筋的最大间距 s_{max}。为满足受剪承载力和上述构造要求,边跨跨中仅能弯起的 2Φ22钢筋分两排弯起,在 B 支座处设置专门抗剪的鸭筋;中间跨跨中仅能弯起的 2Φ18 钢筋也分两排弯起。

2.3 双向板肋梁楼盖设计

对于钢筋混凝土现浇整体式楼盖,当板两个方向的跨度比 $l_2/l_1\leqslant2$ 时,板上荷载沿长跨方向传递的内力已不能忽略,即荷载将沿短跨和长跨两个方向传递给周边支承梁,板内的受力钢筋将沿两个方向布置,这种楼盖称为双向板肋梁楼盖。双向板楼盖受力性能好,可跨越较大的跨度,当梁格尺寸及作用荷载较大时采用双向板肋梁楼盖比单向板肋梁楼盖经济。常用于建筑结构中柱网间距较大的楼盖、屋盖结构。

双向板受力较为复杂,板在两个方向上均产生较大的弯矩,两个方向跨度越接近,板在两个方向的受力也越接近相等。双向板内力计算有两种方法:一种是按弹性理论计算;另一种是按塑性理论计算。按弹性理论计算双向板内力一般采用实用计算方法,即利用计算表格进行;而按塑性理论的计算结果配筋,可节省钢筋、便于施工。

2.3.1 双向板肋梁楼盖按弹性理论方法计算结构内力

1)单区格双向板的计算方法

双向板的板厚与板的跨度相比一般较小,若把双向板视为各向同性的,且板厚 h 远小于平面尺寸、挠度不超过 $h/5$ 时,双向板可按弹性薄板小挠度理论分析计算。

楼盖设计时,一般楼面荷载按均布荷载考虑,故双向板承受的为均布荷载。荷载沿双向板两个方向进行传递,板在两个方向的内力分配与板两个方向跨度的比值有关,同时与板四边支承情况有关。

按弹性薄板小挠度理论计算双向板的内力及变形,具体过程相当复杂。为了实用方便,根据板四边的支承情况和板两个方向跨度的比值,将按弹性理论的计算结果制成数字表格,供设计时查用。附表 2 给出了均布荷载作用下,6 种不同支承条件单块矩形双向板的最大弯矩系数和最大挠度系数。按附表 2 计算双向板的弯矩时,采用下述公式:

$$m=(\text{表中弯矩系数})\times(g+q)l^2 \tag{2.28}$$

式中 m——跨中或支座处板截面单位宽度内的弯矩值;

l——板的较小跨度。

附表 2 中的系数是按横向变形系数(泊松比) $\nu_c=0$ 得来的,若 $\nu_c\neq 0$,挠度系数不变,支座处负弯矩仍按式(2.28)计算,而板的跨中弯矩可按下式计算:

$$\left.\begin{aligned} m_x^{(\nu_c)} &= m_x + \nu_c m_y \\ m_y^{(\nu_c)} &= m_y + \nu_c m_x \end{aligned}\right\} \qquad (2.29)$$

式中:m_x、m_y 为 $\nu_c=0$ 时的跨内弯矩值;对于混凝土材料,可取 $\nu_c=0.2$。

2) 多跨连续双向板的计算方法

多跨连续双向板的内力及变形计算更为复杂,为了简化计算,常将多跨连续板中的每个区格板等效为单区格板,从而可利用上述表格,按单区格板求出跨中最大弯矩及支座处负弯矩。该方法假定支承梁抗弯刚度很大,支承梁竖向变形忽略不计且不产生扭转,如果多跨连续双向板中同一方向相邻跨度的比值不小于 0.75,均可采用该实用计算方法。该方法计算简便,且较为符合实际受力情况。

(1)板跨中最大正弯矩计算

当求连续板某跨跨中最大弯矩时,可在该区格布置活荷载,然后在其左右、前后每隔一区格布置活荷载,即形成所谓的棋盘式活荷载最不利布置,如图 2.29 所示。有活荷载作用的区格内,均分别产生跨中最大弯矩。此时任一区格板边界条件既非完全固定又非理想简支,为利用单区格双向板内力计算表,可用下列近似方法,把棋盘式布置的荷载分解为各跨满布的对称荷载和各跨向上、向下相间作用的反对称荷载。

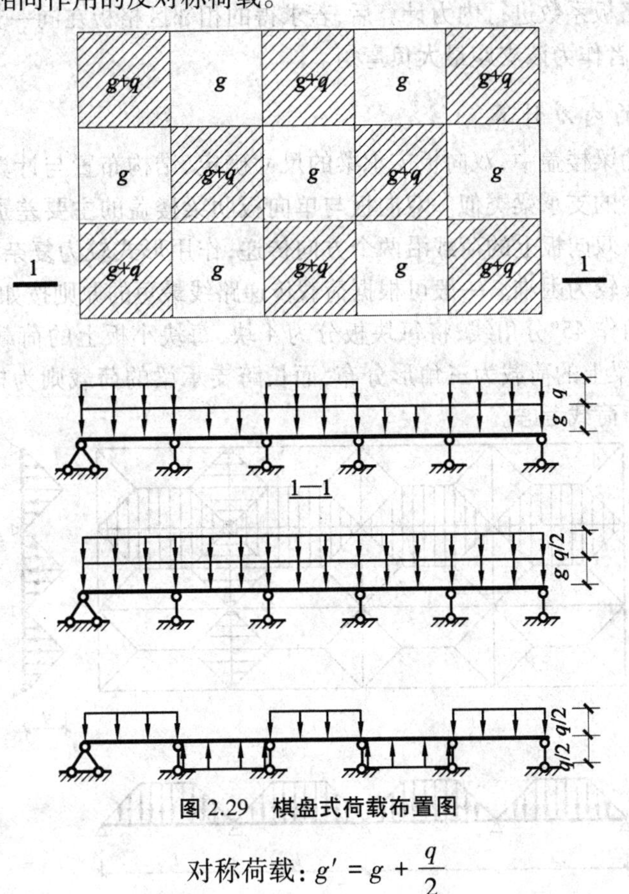

图 2.29 棋盘式荷载布置图

对称荷载:$g'=g+\dfrac{q}{2}$

$$反对称荷载:q' = \pm \frac{q}{2}$$

在满跨布置对称荷载 $g' = g + q/2$ 时,所有中间支座两侧荷载一样,如忽略远跨荷载的影响,可近似认为支座处转角为0,即所有中间支座可看作固定支座,所有中间区格板可看成四边固定的双向板,按四边固定的单区格板查表计算;对边区格及角区格板,其内部支承为固定,外部支承根据具体情况视为简支(板支承在砌体墙上)或固定(板支承在梁上),按相应支承的单区格板查表。

在间隔布置反对称荷载 $q' = \pm q/2$ 时,支座处相邻区格板转角方向一致,即无约束影响。若忽略扭转作用,可近似认为支座截面弯矩为0,即所有中间支座简化为简支支座,则所有中间部位区格板可按四边简支的单区格板查表;对于边区格板和角区格板,其内部支承按简支,外部支承根据具体情况而定。

上述两部分荷载下板的跨中弯矩相叠加,即为该区格板跨中的最大弯矩。

(2)板支座处最大负弯矩计算

当求支座处最大负弯矩时,也应考虑活荷载的不利布置,计算较为复杂。计算结果表明:按活荷载不利布置与按各区格板满布活荷载求得的支座弯矩值相差不大,为了简化计算,可近似地按满布活荷载考虑。这时,各区格板中间支座,可假定为固定支座,所有中间部位区格板可按四边固定的单区格板查表;对于边区格板和角区格板,其内部支承按固定,外部支承根据具体情况而定。利用单区格板系数进行内力计算后,若求得的相邻区格板在同一支座的负弯矩不相同时,可取绝对值较大者作为该支座最大负弯矩。

3)双向板支承梁的内力计算

整体式双向板肋梁楼盖中,双向板支承梁的尺寸确定、结构布置与计算简图及截面设计均与单向板肋梁楼盖中的支承梁类似。双向板与单向板肋梁楼盖的主要差别在于板传递给支承梁的荷载形式不同。双向板上的荷载沿两个方向传递,作用形式较为复杂,要精确确定双向板传递给支承梁的荷载较为困难。一般可根据荷载传递路线最短的原则按如下近似方法确定:即从每一板区格的四角作45°分角线,将每块板分为4块,每块小板上的荷载就近传至其支承梁上。这样,短跨支承梁上的荷载为三角形分布,而长跨支承梁的荷载则为梯形分布(图2.30)。支承梁的自重按均布荷载考虑。

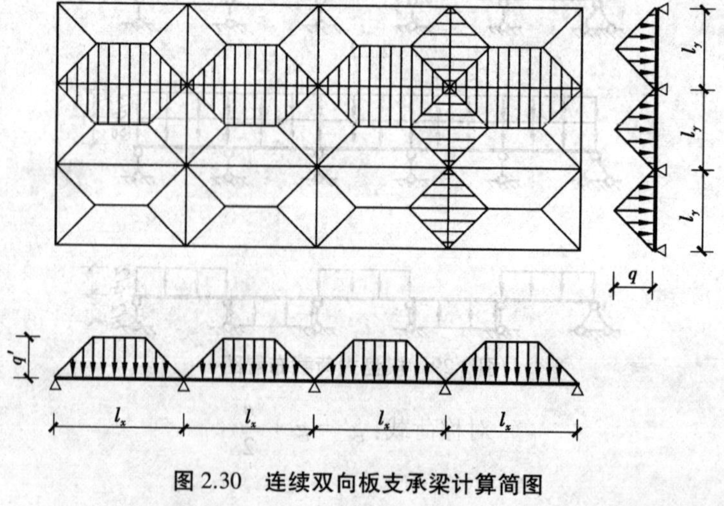

图2.30 连续双向板支承梁计算简图

对于等跨或跨度相差不超过10%的连续支承梁，可先将支承梁上的三角形或梯形分布荷载转化为等效的均布荷载，再按照均布荷载下等跨连续梁来计算内力。荷载的等效转换可根据支座弯矩相等的条件求出，如图2.31所示，等效均布荷载为：

三角形荷载：
$$q = \frac{5}{8}q' \tag{2.30}$$

梯形荷载：
$$q = (1 - 2\alpha^2 + \alpha^3)q' \tag{2.31}$$

式中，$\alpha = a/l_0$（三角形荷载 $\alpha = 1/2$）。

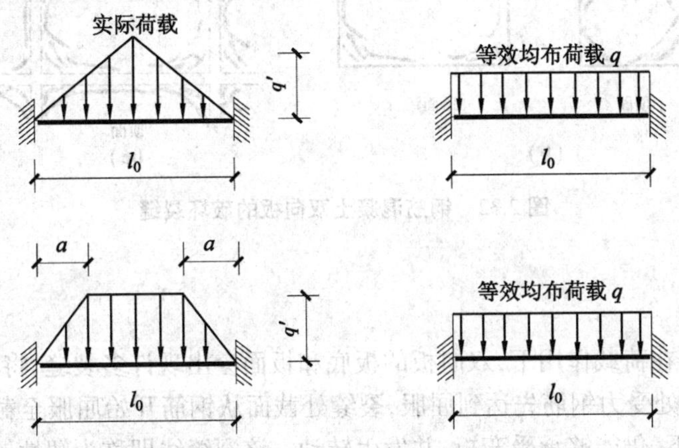

图2.31　三角形及梯形荷载换算为等效均布荷载

等效均布荷载下支承梁支座处的截面弯矩可按弹性理论计算，即利用系数表计算梁的内力，或通过结构力学的方法求解。按塑性理论计算支承梁时，可在弹性理论求得的支座弯矩的基础上进行调幅，确定支座弯矩后，利用静力平衡条件求出跨中弯矩。

无论采用何种方法，按等效均布荷载求得连续梁的支座弯矩后，各跨的跨内弯矩及支座剪力应按梁上实际的荷载形式，由平衡条件进行计算。

2.3.2　钢筋混凝土双向板极限承载力分析

1）试验研究的主要结果

四边简支双向板在均布荷载作用下，裂缝出现前，双向板基本处于弹性工作阶段。矩形双向板沿长跨的最大正弯矩并不发生在跨中截面，因为沿长跨的挠度曲线弯曲最大处不在跨中而在离板边约1/2短跨跨长处。四边简支的正方形或者矩形双向板，当荷载作用时，板的四周有翘起的趋势。因此，板传给四边支座的压力沿边长不是均匀分布的，而是中部大、两端小。

当荷载逐渐增大时，首先在板底出现裂缝[图2.32(a)]，裂缝走向平行于长边，随着荷载的增大，裂缝逐渐延伸，并沿对角线方向向四角扩展。当短跨跨中截面受力钢筋屈服后，形成塑性铰，裂缝宽度明显加大。在板即将破坏时，板的顶面靠近四角处，出现垂直于对角线方向的圆弧状裂缝[图2.32(b)]，这种裂缝的出现促使板底裂缝进一步开展，最后由于对角线裂缝处受力钢筋屈服，混凝土达到抗压强度导致双向板破坏。

对于周边与支承梁整浇的双向板，由于支承处负弯矩的作用，在板顶将出现沿支承边走向的裂缝[图2.32(c)]，有时这种裂缝出现早于跨中。随着荷载的不断增加，沿支承边的板截面

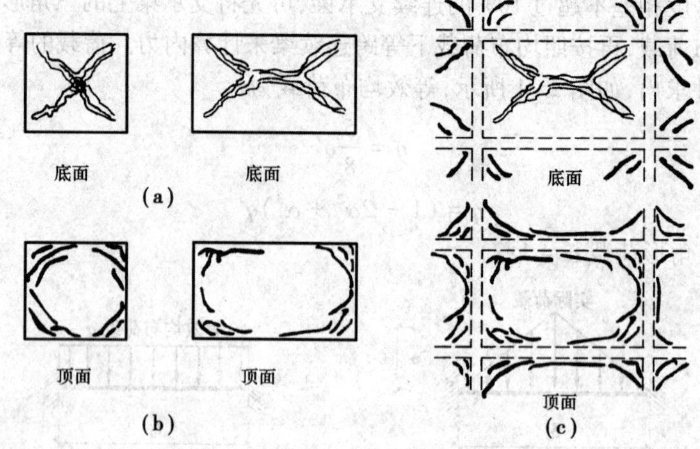

图 2.32　钢筋混凝土双向板的破坏裂缝

也陆续出现塑性铰。

2）塑性铰线

根据试验可知，在荷载作用下，双向板的板底和板面会出现许多裂缝，将板分割成若干板块[图 2.32(a)]，裂缝处受力钢筋先达到屈服，裂缝处截面从钢筋开始屈服至截面即将破坏，在荷载基本不变的情况下，仍能够承受弯矩，并发生转动。该裂缝线即称为塑性铰线，塑性铰线与塑性铰的概念是相似的，塑性铰出现在梁式结构中，而塑性铰线发生在板式结构中。在塑性铰线上，板具有足够的转动能力。塑性铰线也称为屈服线，由正弯矩引起的塑性铰线称为正屈服线，而由负弯矩引起的塑性铰线称为负屈服线。

双向板在均布荷载作用下的塑性铰线为直线。板中塑性铰线的分布形式与板的平面形状、四周支承条件、配筋数量及荷载类型等因素有关。通常板的负塑性铰线发生在板上部固定边界处，板的正塑性铰线发生在板下部最大正弯矩处。均布荷载作用下，板区格成为几何可变体系时的塑性铰线的分布形式如图 2.33 所示。塑性铰线的出现，将结构分割为若干板块而成为几何可变体系，此时，双向板达到极限承载力状态，板所承受的荷载即为极限荷载。

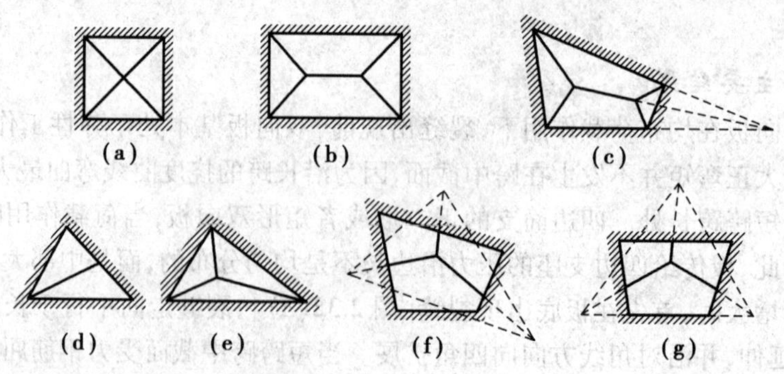

图 2.33　板块的塑性铰线

3）极限承载力分析

在荷载作用下，逐渐加载直至整个结构变成几何可变体系，变形无限制地增长，从而丧失承载能力而达到破坏，这种状态称为结构承载能力极限状态。结构极限分析所取的阶段就是这种极限状态。所谓结构极限分析,即根据已定的结构构件截面尺寸、材料强度等,经过分析求出结构所能承担的极限荷载值。当结构上所作用的荷载值已知,根据荷载作用下的结构内力值去确定结构构件的截面尺寸与材料强度等,则称为极限设计。

结构极限分析需满足3个条件:

①极限条件,即当结构达到极限状态时,结构任一截面的内力都不能超过该截面的承载能力。对于理想弹塑性材料,极限条件即为屈服条件。

②机动条件,即在极限荷载作用下结构丧失承载能力时的运动形式,此时整个结构应是几何可变体系。

③平衡条件,即外力和内力处于平衡状态。平衡条件可用力的平衡方程表达,也可假设虚位移用虚功方程(其在形式上是能量方程,实质上也是平衡方程)表示。

结构极限分析时,如果上述3个条件同时满足,则得到的解答就是结构的真实极限荷载。对于复杂结构,同时满足3个条件的真实解答一般难以直接求得,故工程中常采用近似方法求解,即上限解法或下限解法。双向板肋梁楼盖的塑性理论计算方法就是采用这种近似方法。

2.3.3 双向板肋梁楼盖按塑性理论方法计算

由于双向板为高次超静定结构,在受力过程中将允许产生塑性内力重分布,因而考虑钢筋混凝土材料自身的塑性性能进行求解,更符合双向板的实际受力状态,并能获得良好的经济效益。

双向板的塑性理论分析方法很多,常用的有极限平衡法、机动法及板带法。由于双向板属于高次超静定结构,无论采用何种分析方法,求解极限荷载的精确值都是比较困难的。一般只能按塑性理论计算其上限值或下限值。本节将重点介绍目前应用较广的极限平衡法(上限解法)。

(1)四边支承矩形双向板的基本计算公式

极限平衡法又称为塑性铰线法,其在求解双向板问题时,有如下基本假定:

①双向板在即将破坏时,在最大弯矩处形成塑性铰线,塑性铰线将板分割成若干以铰线相连接的板块,使结构成为几何可变体系。

②板块的变形远小于塑性铰线处的变形,故可把板块看成刚体,所有的变形集中在塑性铰线上,各板块均可绕塑性铰线转动。

③塑性铰线是由钢筋屈服产生的,沿塑性铰线上的弯矩为常数,等于相应配筋板的极限弯矩值,塑性铰线上扭矩和剪力很小,可忽略不计。

④板在荷载作用下达到极限状态时,理论上存在多个破坏机构形式,在所有可能的破坏机构形式中,最危险的是相应于极限荷载为最小的塑性铰线破坏机构。

下面以均布荷载作用下的四边固定双向板为例,采用极限平衡法分析双向板的内力。为简化计算,实用上可取 $\theta=45°$,如图2.34(a)所示。

设板跨内承受弯矩的钢筋沿 l_x、l_y 方向塑性铰线上单位板宽内的极限弯矩分别为 m_x、m_y,板支座上承受负弯矩的钢筋沿 l_x、l_y 方向塑性铰线上单位板宽内的极限弯矩分别为 m'_x、m''_x、m'_y、m''_y,则沿板跨内塑性铰线 l_x、l_y 方向上总极限弯矩为 $M_x=l_y m_x$、$M_y=l_x m_y$;沿板支座塑性铰线上

l_x、l_y 方向的总极限弯矩各为 $M'_x = l_y m'_x$，$M''_x = l_y m''_x$，$M'_y = l_x m'_y$，$M''_y = l_x m''_y$。取 ABFE 板块为脱离体，其受力状态如图 2.34(b)所示。

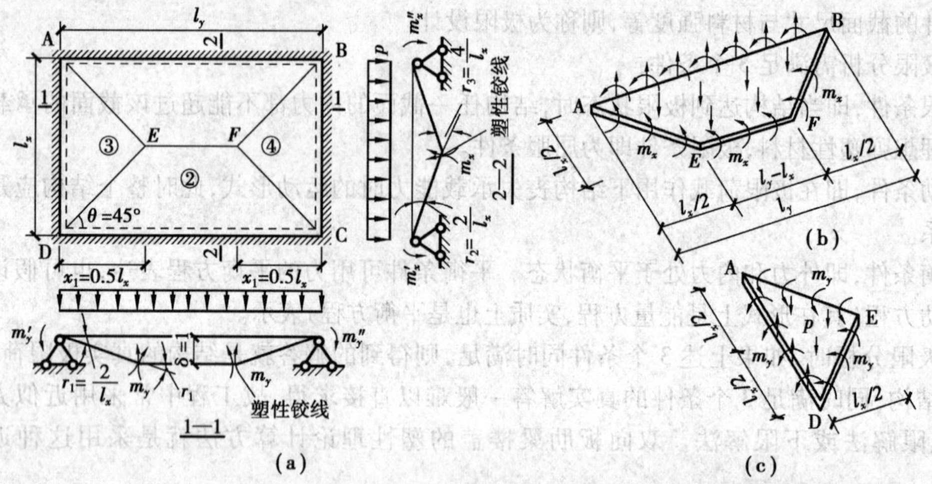

图 2.34　四边固定双向板极限平衡法的计算模式

对支座塑性铰线 AB 取矩，则有

$$l_y m_x + l_y m''_x = p(l_y - l_x) \times \frac{l_x}{2} \times \frac{l_x}{4} + p \times 2 \times \frac{1}{2} \times \left(\frac{l_x}{2}\right)^2 \times \frac{1}{3} \times \frac{l_x}{2} = p l_x^2\left(\frac{l_y}{8} - \frac{l_x}{12}\right)$$

即

$$M_x + M''_x = p l_x^2\left(\frac{l_y}{8} - \frac{l_x}{12}\right) \tag{2.32}$$

同理，对于 CDEF 板块，可得

$$M_x + M'_x = p l_x^2\left(\frac{l_y}{8} - \frac{l_x}{12}\right) \tag{2.33}$$

对于 ADE 板块[图 2.34(c)]，则有

$$l_x m_y + l_x m'_y = p \times \frac{1}{2} \times \frac{l_x}{2} \times l_x \times \frac{1}{3} \times \frac{l_x}{2} = \frac{l_x^3}{24} p$$

即

$$M_y + M'_y = \frac{l_x^3}{24} p \tag{2.34}$$

同理，对于 BCF 板块可得

$$M_y + M''_y = \frac{l_x^3}{24} p \tag{2.35}$$

由此，在均布荷载 p 作用下四边固定的双向板的总弯矩为

$$2M_x + 2M_y + M'_x + M''_x + M'_y + M''_y = \frac{p l_x^2}{12}(3l_y - l_x) \tag{2.36}$$

式(2.36)即为均布荷载作用下四边固定双向板的极限平衡方程。

若为四边简支的双向板，则 $M'_x = M''_x = M'_y = M''_y = 0$，由式(2.36)可得其极限平衡方程为

$$M_x + M_y = \frac{p l_x^2}{24}(3l_y - l_x) \tag{2.37}$$

极限平衡方程表明双向板塑性铰线上截面总极限弯矩与极限荷载 p 之间的关系。双向板计算时塑性铰线的位置与结构达到承载力极限状态时的塑性铰线位置越接近，极限荷载 p 值的计算精度越高。因此，正确确定结构塑性铰线的计算模式是结构计算的关键。根据极限平衡方程即可进行双向板的内力计算。

(2)双向板的极限设计

设计双向板时，通常已知板的荷载设计值 p 和计算跨度 l_x、l_y，要求确定板的内力，进而计算其配筋。由于存在多个未知量，而一个方程无法同时确定多个变量，需要补充附加条件。工程设计中可按如下方法计算：

①先假定双向板两个方向跨中弯矩的比值以及各支座弯矩与相应跨中弯矩的比值。两个方向跨中弯矩的比值 α 可取为

$$\alpha = \frac{m_y}{m_x} = \left(\frac{l_x}{l_y}\right)^2 = \frac{1}{n^2} \tag{2.38}$$

考虑到应尽量使按塑性铰线法得到的两个方向跨中正弯矩的比值与弹性理论得到的比值相接近，以期在使用阶段两个方向的截面应力较接近，宜取 $\alpha = (l_x/l_y)^2 = 1/n^2$。同时考虑到节约钢材及配筋方便，支座与跨中弯矩的比值 β 可取 1.5~2.5，通常取为 2.0，于是可得

$$m_y = \alpha m_x\ ,\ m'_x = \beta'_x m_x\ ,\ m''_x = \beta''_x m_x\ ,$$

$$m'_y = \beta'_y \alpha \cdot m_x\ ,\ m''_y = \beta''_y \alpha \cdot m_x$$

式中 $\beta'_x, \beta''_x, \beta'_y, \beta''_y$ —— m'_x, m''_x, m'_y, m''_y 与相应跨中弯矩的比值。

②将上述各式代入式(2.36)，则可求得 m_x。当跨中钢筋全部伸入支座，且取 $\beta'_x = \beta''_x = \beta'_y = \beta''_y = \beta$ 时，则可得

$$m_x = \frac{3n-1}{(n+\alpha)(1+\beta)} \cdot \frac{pl_x^2}{24} \tag{2.39}$$

若采用弯起式配筋，为了充分利用钢筋，通常将两个方向的跨中正弯矩钢筋在距离支座 $l_x/4$ 处弯起一半作为支座负弯矩钢筋，不足部分另外设置直钢筋，这样在距支座 $l_x/4$ 以内的跨中塑性铰线上单位板宽的极限弯矩分别为 $m_x/2$ 与 $m_y/2$，故此时两个方向的跨内总弯矩分别为

$$M_x = \left(l_y - \frac{l_x}{2}\right) m_x + 2 \times \frac{l_x}{4} \times \frac{m_x}{2} = \left(l_y - \frac{l_x}{4}\right) m_x \tag{2.40}$$

$$M_y = \frac{l_x}{2} \times m_y + 2 \times \frac{l_x}{4} \times \frac{m_y}{2} = \frac{3l_x m_y}{4} = \frac{3}{4}\alpha l_x m_x \tag{2.41}$$

③由设定的 α、β'_x、β''_x、β'_y、β''_y 可依次求出 m_y、m'_x、m''_x、m'_y、m''_y，之后根据所求得的弯矩计算跨中和支座截面的配筋。

对于板中某些支座为简支的各种不同边界条件的双向板，只要将各简支支座的弯矩值取为零，按同样方法可求出相应板的内力和配筋。在计算多区格双向板时，内区格板可按四边固定的单区格板进行计算；边区格板则可按外边界的实际支承情况的单区格板进行计算。若边梁刚度不大，也可近似认为该边缘支座为简支。计算时首先从中间区格板开始，将中间区格板计算得出的各支座弯矩值作为计算相邻区格板支座的已知弯矩值，依次由内向外一一求解。

2.3.4 双向板肋梁楼盖的配筋计算及构造要求

1)双向板配筋的计算要点

(1)双向板的内拱卸荷作用

对于周边与梁整体连接的双向板,与单向板相似,由于四边支承梁的约束作用,随着裂缝的出现与开展,对板产生较大的水平推力,形成内拱现象,从而使板中的弯矩减小。截面设计时,为考虑这种有利影响,四边与梁整体连接的双向板,其弯矩计算值均按下列规定予以折减:

①对于连续板的中间区格板,其跨中截面及支座截面的弯矩折减系数为 0.8。

②对于边区格板跨中截面及第一内支座截面,当 $l_b/l < 1.5$ 时,折减系数为 0.8;当 $1.5 \leqslant l_b/l \leqslant 2$ 时,折减系数为 0.9;其中,l_b 为区格沿板边缘方向的计算跨度,l 为区格垂直于板边缘方向的跨度。

③对于角区格板不予折减。

(2)板截面有效高度

双向板中的钢筋都是纵横叠置,由于短跨方向上的弯矩比长跨方向大,故沿短跨方向的钢筋应放在长跨方向钢筋的外侧。在截面设计时,应考虑具体情况,取各自截面的有效高度,通常 h_{0x}、h_{0y} 的取值如下:

短跨方向:$h_{0x} = h - (20 \sim 25)$ mm

长跨方向:$h_{0y} = h - (30 \sim 35)$ mm

(3)配筋计算

已知板单位宽度的截面弯矩设计值 m,可按下式计算受拉钢筋面积:

$$A_s = \frac{m}{\gamma_s h_0 f_y} \tag{2.42}$$

为简化计算,内力臂系数 γ_s 可近似取 0.9~0.95。

2)板的配筋构造

双向板的受力钢筋一般沿平行于短边和长边两个方向布置,配筋方式类似单向板,有弯起式和分离式两种布筋方案。为施工方便,目前多采用分离式布筋。

按弹性理论计算时,板的跨中弯矩不仅沿板长变化,且沿板宽向两边逐渐减小,而板底跨中截面钢筋数量是按照中间板带的最大弯矩值进行计算,故配置钢筋应向两边逐渐减少。考虑到施工方便,可按如下方法进行配置:将板在短跨、长跨方向各分为 3 个板带,两个边板带的宽度为短跨计算跨度的 1/4,其余的为中间板带,如图 2.35 所示。在中间板带上,按跨内最大正弯矩求得的单位长度内的板底钢筋数量配置,边板带则减少一半,且每米宽度内不得少于 4 根。对于支座边界的板面负弯矩钢筋,为了承受四周扭矩,按最大支座负弯矩求得的钢筋沿全支座均匀分布,不予减少。

当双向板按塑性理论计算时,其配筋应符合内力计算的假定,跨内正弯矩钢筋可沿全板均匀布置。支座上的负弯矩钢筋按计算值沿支座均匀配置。

受力钢筋的直径、间距和弯起点、切断点的位置,以及沿墙边、墙角处的构造钢筋均与单向板肋梁楼盖的有关规定相同。

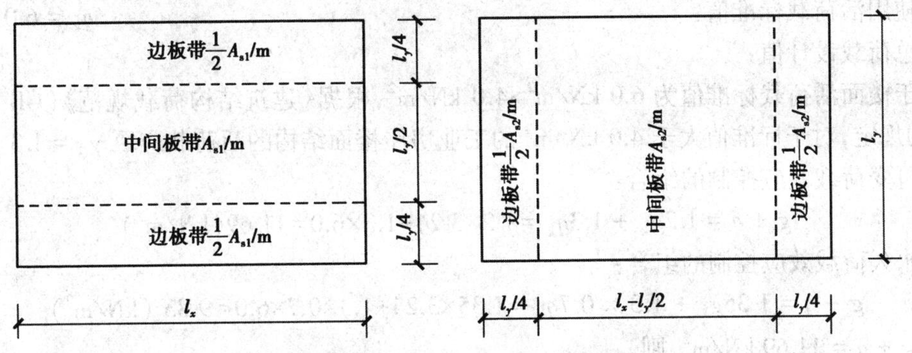

图 2.35　双向板中间板带与边板带的正弯矩钢筋配置

2.3.5　双向板肋梁楼盖设计实例

某厂房双向板肋梁楼盖的结构布置，如图 2.36 所示，支承梁截面为 200 mm×450 mm。楼面活载标准值 $q_k = 6.0\ \text{kN/m}^2$，板厚选用 100 mm，板面用 20 mm 水泥砂浆找平，板底用 20 mm 厚混合砂浆粉刷。混凝土强度等级采用 C25，板中钢筋采用 HPB300 级钢筋。试计算板的内力，并进行截面设计。

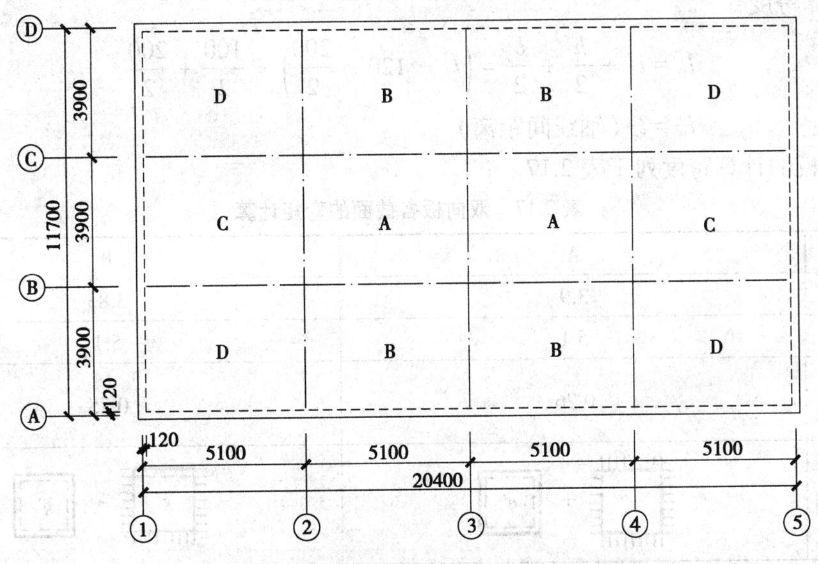

图 2.36　双向板肋梁楼盖结构平面布置图

1) 荷载设计值

①恒荷载标准值：

20 mm 厚水泥砂浆面层	$0.02\times20=0.4(\text{kN/m}^2)$
100 mm 厚钢筋混凝土板	$0.10\times25=2.5(\text{kN/m}^2)$
20 mm 厚板底混合砂浆	$0.02\times17=0.34(\text{kN/m}^2)$
恒荷载标准值	$g_k = 3.24\ \text{kN/m}^2$

②使用活荷载标准值：$q_k = 6.0\ \text{kN/m}^2$

③总荷载设计值：

由于楼面活荷载标准值为 6.0 kN/m²>4.0 kN/m²，根据《建筑结构荷载规范》(GB 50009—2012)的规定，对于标准值大于 4.0 kN/m² 的工业房屋楼面结构的活荷载应取 $\gamma_Q = 1.3$。

由可变荷载效应控制的组合：

$$g + q = 1.2g_k + 1.3q_k = 1.2\times3.24+1.3\times6.0=11.69(\text{kN/m}^2)$$

由永久荷载效应控制的组合：

$$g + q = 1.35g_k + 1.3 \times 0.7q_k = 1.35\times3.24+1.3\times0.7\times6.0=9.83\ (\text{kN/m}^2)$$

取 $g + q = 11.69\ \text{kN/m}^2$，则

$$g = 1.2 \times 3.24 = 3.89\ (\text{kN/m}^2),\ q = 1.3 \times 6.0 = 7.8\ (\text{kN/m}^2)$$

2)按弹性理论计算

(1)荷载分组

计算每一区格板的跨中最大正弯矩时，恒荷载采用满布，而活荷载采用棋盘式布置。此时，荷载取 $g + \dfrac{q}{2} = 3.89 + \dfrac{7.8}{2} = 7.79(\text{kN/m}^2)$，$\dfrac{q}{2} = 3.9\ \text{kN/m}^2$。

计算各中间支座最大负弯矩，恒荷载及活荷载均满布在各区格板，即荷载取 $g+q=11.69\ \text{kN/m}^2$。

(2)计算跨度

边跨：$$l_0 = l_n + \frac{h}{2} + \frac{b}{2} = \left(l_c - 120 - \frac{200}{2}\right) + \frac{100}{2} + \frac{200}{2}$$

中间跨：$l_0 = l_c$（轴线间距离）

各区格板的计算跨度列于表 2.17。

表 2.17 双向板各截面的弯矩计算

区 格			A	B
l_x			3.9	3.83
l_y			5.1	5.1
$\dfrac{l_x}{l_y}$			0.76	0.75
跨内	计算简图		g′ + q′	g′ + q′
	$\nu=0$	m_x	$(0.0291\times7.79+0.0608\times3.9)\times3.9^2$ $=7.05\ \text{kN}\cdot\text{m/m}$	$(0.0329\times7.79+0.062\times3.9)\times3.83^2$ $=7.31\ \text{kN}\cdot\text{m/m}$
		m_y	$(0.0133\times7.79+0.032\times3.9)\times3.9^2$ $=3.47\ \text{kN}\cdot\text{m/m}$	$(0.0208\times7.79+0.0317\times3.9)\times3.83^2$ $=4.19\ \text{kN}\cdot\text{m/m}$
	$\nu=0.2$	m_x^ν	$(7.05+0.2\times3.47)=7.74\ \text{kN}\cdot\text{m/m}$	$(7.31+0.2\times4.19)=8.15\ \text{kN}\cdot\text{m/m}$
		m_y^ν	$(3.47+0.2\times7.05)=4.88\ \text{kN}\cdot\text{m/m}$	$(4.19+0.2\times7.31)=5.65\ \text{kN}\cdot\text{m/m}$

续表

支座	计算简图		g+q	g+q
	m'_x		$-0.0694\times11.69\times3.9^2=-12.34$ kN · m/m	$-0.0837\times11.69\times3.83^2=-14.35$ kN · m/m
	m'_y		$-0.0564\times11.69\times3.9^2=-10.03$ kN · m/m	$-0.0729\times11.69\times3.83^2=-12.50$ kN · m/m
区　格			C	D
l_x			3.9	3.83
l_y			5.03	5.03
$\dfrac{l_x}{l_y}$			0.78	0.76
跨内	计算简图		g' + q'	g' + q'
	$\nu=0$	m_x	$(0.0318\times7.79+0.0585\times3.9)\times3.9^2$ $=7.24$ kN · m/m	$(0.0383\times7.79+0.0608\times3.9)\times3.83^2$ $=7.85$ kN · m/m
		m_y	$(0.0118\times7.79+0.0327\times3.9)\times3.9^2$ $=3.34$ kN · m/m	$(0.0192\times7.79+0.032\times3.9)\times3.83^2$ $=4.02$ kN · m/m
	$\nu=0.2$	m_x^ν	$(7.24+0.2\times3.34)=7.91$ kN · m/m	$(7.85+0.2\times4.02)=8.65$ kN · m/m
		m_y^ν	$(3.34+0.2\times7.24)=4.79$ kN · m/m	$(4.02+0.2\times7.85)=5.95$ kN · m/m
支座	计算简图		g+q	g+q
	m'_x		$-0.0733\times11.69\times3.9^2=-13.03$ kN · m/m	$-0.0927\times11.65\times3.83^2=-15.90$ kN · m/m
	m'_y		$-0.0571\times11.69\times3.9^2=-10.15$ kN · m/m	$-0.0758\times11.69\times3.83^2=-13.00$ kN · m/m

(3)弯矩计算

在 $q/2$ 作用下,各区格板四边均视为简支,故跨内最大的正弯矩发生在板的中心点处;但在 $g+q/2$ 作用下,各内支座均视为固定,而边支座为简支,因此边区格板跨内最大正弯矩不在板的中心点处,为了简单起见,可近似取二者之和作为跨内最大正弯矩。

根据不同的支承情况,整体楼盖可以分为 A,B,C,D 4 种区格板(图 2.36)。各弯矩系数可根据板四边支承情况由附表 2 中的计算表格查得。计算中 m_x、m'_x 表示板短跨方向的跨内正弯矩及支座负弯矩;m_y、m'_y 表示板长跨方向的跨内正弯矩及支座负弯矩。

以 B 区格板为例,将计算过程叙述如下:

$l_x/l_y=3.83/5.1=0.75$,在 $g+q/2$ 作用下为三边固定,一边简支板,而在 $q/2$ 作用下为四边简支板,查附表 2:

$$m_x=0.0329\left(g+\frac{q}{2}\right)\times l_x^2+0.062\times\frac{q}{2}\times l_x^2$$
$$=0.0329\times7.79\times3.83^2+0.062\times3.9\times3.83^2=7.31(\text{kN}\cdot\text{m/m})$$

$$m_y = 0.0208\left(g + \frac{q}{2}\right) \cdot l_x^2 + 0.0317 \times \frac{q}{2} \times l_x^2$$

$$=0.0208×7.79×3.83^2+0.0317×3.9×3.83^2=4.19(\text{kN} \cdot \text{m/m})$$

$$m_x^\nu = m_x + \nu m_y = 7.31 + 0.2 \times 4.19 = 8.15\ (\text{kN} \cdot \text{m/m})$$

$$m_y^\nu = m_y + \nu m_x = 4.19 + 0.2 \times 7.31 = 5.65\ (\text{kN} \cdot \text{m/m})$$

$$m_x' = -\ 0.0837 \times (g + q) \times l_x^2$$

$$=-0.0837×11.69×3.83^2=-14.35(\text{kN} \cdot \text{m/m})$$

$$m_y' = -\ 0.0729 \times (g + q) \times l_x^2$$

$$=-0.0729×11.69×3.83^2=-12.50(\text{kN} \cdot \text{m/m})$$

各区格板分别计算所得的弯矩值,列于表 2.17。

(4)配筋计算

截面有效高度:支座截面的有效高度取 $h_0=75$ mm,跨中截面短跨方向取 $h_{0x}=75$ mm,在长跨方向取 $h_{0y}=65$ mm。考虑到连续板的内拱作用,对 A 区格板的跨内弯矩及 A—A 支座弯矩减少 20%,其余均不予折减。为便于计算,近似取 $\gamma_s=0.9$,则 $A_s=\dfrac{m}{0.9f_y h_0}$。截面配筋计算结果及实际配筋列于表 2.18 中。

表 2.18 按弹性理论计算的截面配筋

截面			m (kN·m/m)	h_0 (mm)	A_s (mm^2)	选配钢筋	实配面积(mm^2)
跨中	A 区格	l_x 方向	7.74×0.8=6.19	75	339	ϕ8@150	335
		l_y 方向	4.88×0.8=3.90	65	247	ϕ8@200	251
	B 区格	l_x 方向	8.15	75	447	ϕ8@110	457
		l_y 方向	5.65	65	358	ϕ8@140	359
	C 区格	l_x 方向	7.91	75	434	ϕ8@110	457
		l_y 方向	4.79	65	303	ϕ8@160	314
	D 区格	l_x 方向	8.65	75	475	ϕ8@100	503
		l_x 方向	5.59	65	354	ϕ8@140	359
支座	A—A		−10.03×0.8=−8.02	75	440	ϕ8@110	457
	A—B		−14.35	75	787	ϕ10@100	785
	A—C		−10.15	75	557	ϕ10@140	561
	B—B		−12.50	75	686	ϕ10@110	714
	B—D		−13.00	75	713	ϕ10@110	714
	C—D		−15.90	75	872	ϕ10@90	872

3）按塑性理论计算

（1）弯矩计算

考虑到施工方便，采用分离式配筋，即所有板底钢筋均伸入支座，支座负弯矩全部为直筋。假定边缘板带配筋率与跨中板带相同，对所有区格均取 $\alpha=0.6,\beta=2$。

①内区格板 A：

计算跨度：$l_x=3.9-0.2=3.7(\text{m})$；$l_y=5.1-0.2=4.9(\text{m})$；$n=\dfrac{l_y}{l_x}=\dfrac{4.9}{3.7}=1.324$

$$m_x l_y = n m_x l_x = 1.324 m_x l_x$$
$$m_y l_x = \alpha m_x l_x = 0.6 m_x l_x$$
$$m'_x l_y = m''_x l_y = n\beta m_x l_x = 1.324 \times 2 m_x l_x = 2.648 m_x l_x$$
$$m'_y l_x = m''_y l_x = \alpha\beta m_x l_x = 0.6 \times 2 m_x l_x = 1.2 m_x l_x$$

代入式（2.36），由于区格板 A 为四边连续板，内力折减系数为 0.8，有

$$2m_x l_y + 2m_y l_x + (m'_x + m''_x) l_y + (m'_y + m''_y) l_x = \frac{p}{12} l_x^2 (3l_y - l_x)$$

$$2 \times 1.324 m_x l_x + 2 \times 0.6 m_x l_x + 2 \times 2.648 m_x l_x + 2 \times 1.2 m_x l_x$$
$$= \frac{0.8 \times 11.69}{12} \times 3.7 \times (3 \times 4.9 - 3.7) l_x$$

解得

$$m_x = 2.75\ \text{kN}\cdot\text{m/m},\ m_y = \alpha m_x = 0.6\times2.75 = 1.65\ (\text{kN}\cdot\text{m/m})$$
$$m'_x = m''_x = \beta m_x = 2\times2.75 = 5.50\ (\text{kN}\cdot\text{m/m})$$
$$m'_y = m''_y = \beta m_y = 2\times1.65 = 3.30\ (\text{kN}\cdot\text{m/m})$$

②边区格板 B：

计算跨度：$l_x = l_{nx} + \dfrac{h}{2} = \left(3.9 - \dfrac{0.2}{2} - 0.12\right) + \dfrac{0.1}{2} = 3.73(\text{m})$；$l_y = 5.1-0.2=4.9(\text{m})$；

$$n = \frac{l_y}{l_x} = \frac{4.9}{3.73} = 1.314$$

由于 B 区格为三边连续一边简支板，无边梁，内力不作折减。由 A 区格板的计算结果，可知 B 区格板的长边支座弯矩为 5.50 kN · m/m，则

$$m_x l_y = n m_x l_x = 1.314 m_x l_x$$
$$m_y l_x = \alpha m_x l_x = 0.6 m_x l_x$$
$$m'_x l_y = m''_x l_y = 5.50\times4.9 = 26.95(\text{kN}\cdot\text{m})$$
$$m'_y l_x = m''_y l_x = \alpha\beta m_x l_x = 0.6 \times 2 m_x l_x = 1.2 m_x l_x$$

代入式（2.36），可得

$$2 \times 1.314 m_x l_x + 2 \times 0.6 m_x l_x + 26.95 + 0 + 2 \times 1.2 m_x l_x$$
$$= \frac{11.69}{12} \times 3.73^2 \times (3\times4.9-3.73)$$

解得

$$m_x = 5.24\ \text{kN}\cdot\text{m/m},\ m_y = \alpha m_x = 0.6\times 5.24 = 3.14\ (\text{kN}\cdot\text{m/m})$$

$$m'_y = m''_y = \beta m_y = 2\times 3.14 = 6.28\ (\text{kN}\cdot\text{m/m})$$

③边区格板 C：

计算跨度：$l_x = 3.9 - 0.2 = 3.7(\text{m})$；$l_y = l_{ny} + \dfrac{h}{2} = \left(5.1 - \dfrac{0.2}{2} - 0.12\right) + \dfrac{0.1}{2} = 4.93\ (\text{m})$；

$n = \dfrac{l_y}{l_x} = \dfrac{4.93}{3.7} = 1.332$

$$m_x l_y = n m_x l_x = 1.332 m_x l_x$$

$$m_y l_x = \alpha m_x l_x = 0.6 m_x l_x$$

$$m'_x l_y = m''_x l_y = n\beta m_x l_x = 1.332 \times 2 m_x l_x = 2.664 m_x l_x$$

$$m'_y l_x = m''_y l_x = 3.30 \times 3.7 = 12.21\ (\text{kN}\cdot\text{m})$$

代入式(2.36)，可得

$$2 \times 1.332 m_x l_x + 2 \times 0.6 m_x l_x + 2 \times 2.664 m_x l_x + 12.21 + 0$$

$$= \frac{11.69}{12}\times 3.7^2\times(3\times 4.93 - 3.7)$$

$$m_x = 3.99\ \text{kN}\cdot\text{m/m},\ m_y = \alpha m_x = 0.6\times 3.99 = 2.39\ (\text{kN}\cdot\text{m/m})$$

$$m'_x = m''_x = \beta m_x = 2\times 3.99 = 7.98\ (\text{kN}\cdot\text{m/m})$$

④角区格板 D：

计算跨度：$l_x = 3.73\ \text{m}$；$l_y = 4.93\ \text{m}$；$n = \dfrac{l_y}{l_x} = \dfrac{4.93}{3.7} = 1.332$

$$m_x l_y = n m_x l_x = 1.332 m_x l_x$$

$$m_y l_x = \alpha m_x l_x = 0.6 m_x l_x$$

$$m'_x l_y = m''_x l_y = 7.98\times 4.93 = 39.34(\text{kN}\cdot\text{m})$$

$$m'_y l_x = m''_y l_x = 6.58\times 3.73 = 24.54\ (\text{kN}\cdot\text{m})$$

代入式(2.36)，得

$$2 \times 1.332 m_x l_x + 2 \times 0.6 m_x l_x + 39.34 + 24.54$$

$$= \frac{11.69}{12}\times 3.73^2\times(3\times 4.93 - 3.73)$$

$$m_x = 5.97\ \text{kN}\cdot\text{m/m},\ m_y = \alpha m_x = 0.6\times 5.97 = 3.58\ (\text{kN}\cdot\text{m/m})$$

(2)配筋计算

截面有效高度：跨中截面短跨方向取 $h_{0x} = 75$ mm，长跨方向取 $h_{0y} = 65$ mm，各支座截面取 $h_0 = 75$ mm。为便于计算，近似取 $\gamma_s = 0.9$，则 $A_s = \dfrac{m}{0.9 f_y h_0}$。截面配筋计算结果及实际配筋列于表 2.19 中，板的配筋图如图 2.37 所示。

表 2.19 按塑性理论计算的配筋

截面			m（kN·m/m）	h_0（mm）	A_s（mm^2）	选配钢筋	实配面积（mm^2）
跨中	A 区格	l_x 方向	2.75	75	151	ϕ8@200	251
		l_y 方向	1.65	65	104	ϕ8@200	251
	B 区格	l_x 方向	5.24	75	288	ϕ8@150	335
		l_y 方向	3.14	65	199	ϕ8@200	251
	C 区格	l_x 方向	3.99	75	219	ϕ8@200	251
		l_y 方向	2.39	65	151	ϕ8@200	251
	D 区格	l_x 方向	5.97	75	328	ϕ8@150	335
		l_y 方向	3.58	65	227	ϕ8@200	251
支座	A—A		3.30	75	181	ϕ8@200	251
	A—B		5.50	75	302	ϕ8@160	314
	A—C		3.30	75	181	ϕ8@200	251
	B—B		6.28	75	345	ϕ8@140	359
	B—D		6.28	75	345	ϕ8@140	359
	C—D		7.98	75	438	ϕ8@110	457

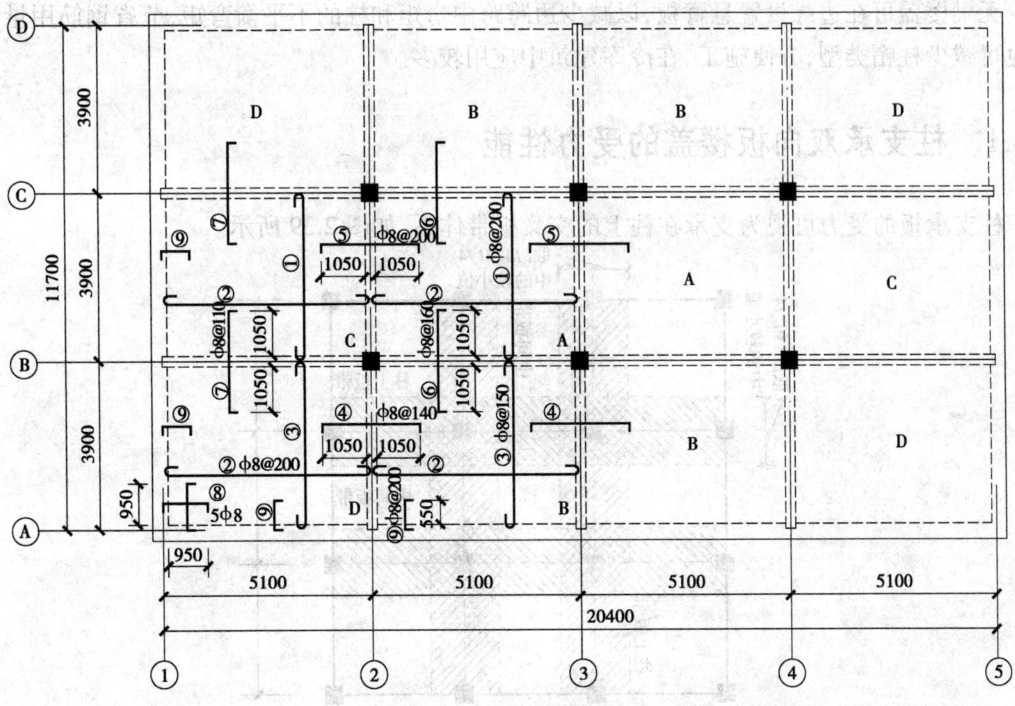

图 2.37 双向板配筋图

2.4 柱支承双向板楼盖

柱支承双向板楼盖是将板支承在截面高度相对较小、较柔的柱间梁上，或柱轴线上无梁，钢筋混凝土板直接支承于柱上（因楼盖中不设梁，故也称为无梁楼盖，即楼面荷载由板直接传给柱及柱下基础）。

无梁楼盖的优点是结构体系简单，传力路径短捷，楼层净空较大；天棚平整美观，对房间的采光、通风及卫生条件也有较大改善，并可节省模板，简化施工。根据经验，当楼面可变荷载标准值在 5 kN/m^2 以上、跨度在 6 m 以内时，无梁楼盖较为经济，因而这种楼盖适用于各种多层建筑结构，如商场、仓库、冷库和书库等。无梁楼盖的缺点主要是混凝土和钢材用量均较大。由于取消了肋梁，钢筋混凝土平板直接支承在柱上，故板的厚度较大。为使板与柱整体连接，增强楼面刚度，并减小板的计算跨度和冲切力，通常在柱的上端加大尺寸，形成柱帽。通过在柱的上端设置柱帽、托板（图 2.38）可以减小板的挠度，提高板柱连接处的受冲切承载力；当不设置柱帽、托板时，一般需在板柱连接处配置剪切钢筋来满足受冲切承载力的要求。通过施加预应力或采用密肋板也能有效地增加刚度、减小板的挠度，而不增加自重。

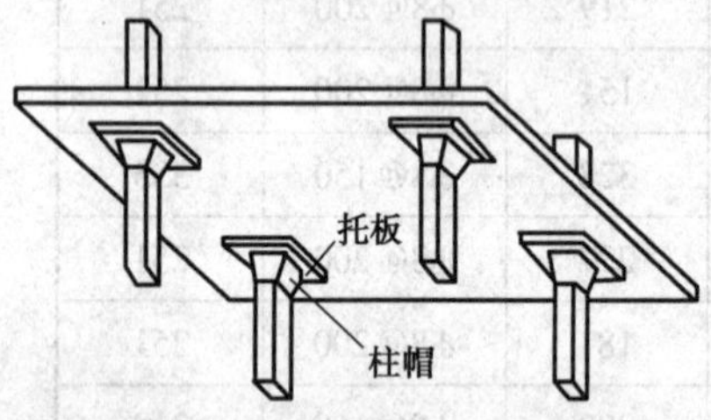

图 2.38 设置柱帽、柱托的无梁楼盖

无梁楼盖按楼面结构形式分为平板型和双向密肋型。按有无柱帽分为无柱帽轻型无梁楼盖和有柱帽无梁楼盖。按施工程序分为现浇式无梁楼盖和装配整体式无梁楼盖。

无梁楼盖可在边缘设置悬臂板，以减少边跨跨中弯矩和柱的不平衡弯矩，节省钢筋用量，同时也可减少柱帽类型，方便施工，在冷库建筑中应用较多。

2.4.1 柱支承双向板楼盖的受力性能

柱支承板的受力可视为支承在柱上的交叉板带体系，如图 2.39 所示。

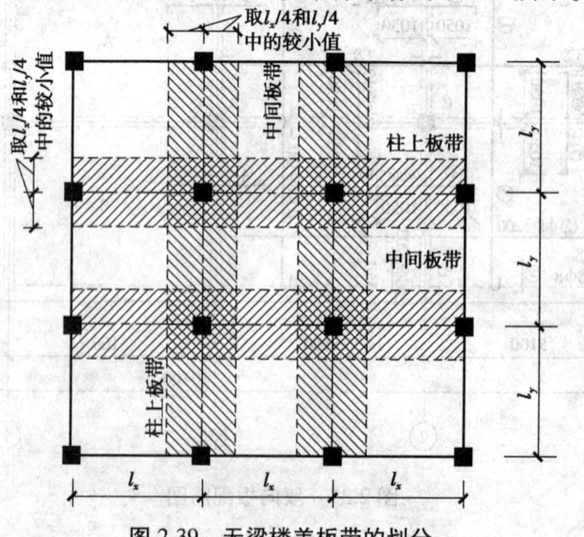

图 2.39 无梁楼盖板带的划分

一般可将整个楼板沿纵、横两个方向假想为两条板带，板的受力可视为支承在柱上的交叉板带体系。柱距中间宽度为 $l_x/2$（或 $l_y/2$）的板带称为中间板带，柱中线两侧各 $l_x/4$（或 $l_y/4$）宽的板带称为柱上板带。柱上板带相当于以柱为支承点的连续板（当柱的线刚度相对较小可忽略时）或与柱形成连续框架，而中间板带则可视为弹性支承于另一方向柱上板带的连续板。

图 2.40 是四角柱支承板的变形图及柱上板带与中间板带的弯矩横向分布示意图。可见，由于柱的支承作用，柱上板带的刚度比跨中板带刚度大很多，故柱上板带的变形相对较小，弯矩较大，而跨中板带的变形较大、弯矩较小。

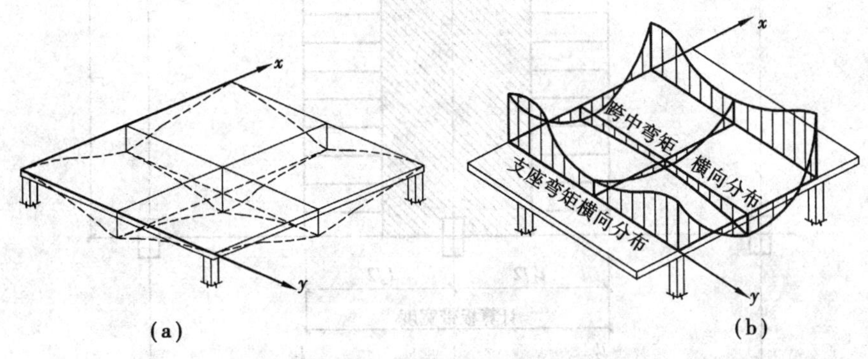

图 2.40 无梁楼盖的变形及受力示意图

试验表明，柱支承双向板楼盖在均布荷载作用下，第一批裂缝首先出现于柱帽顶面上。继续加载，柱帽顶面边缘的板面上出现沿柱列轴线的裂缝。随着荷载的增加，板顶裂缝不断发展[见图 2.41(a)]，同时，板底跨中约 1/3 跨度内相继出现成批互相垂直且平行于柱列轴线的裂缝[见图 2.41(b)]。当即将破坏时，在柱帽顶上和沿柱列轴线的板面裂缝以及跨中的板底裂缝出现一些特别宽的主裂缝，在这些裂缝处，受拉钢筋达到屈服强度，受压混凝土被压碎，楼板即破坏。

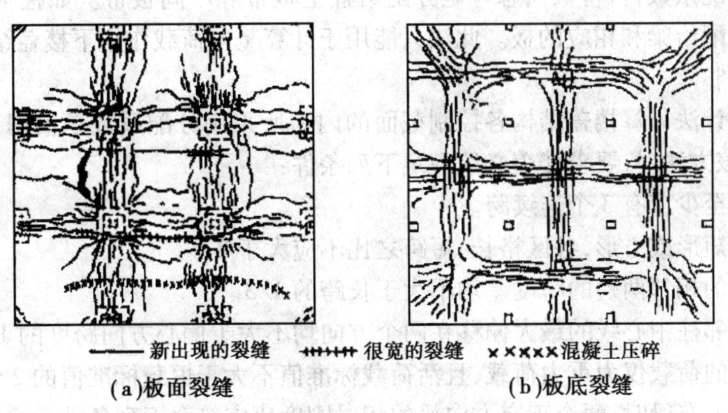

图 2.41 柱支承双向板楼盖裂缝图

2.4.2 柱支承双向板楼盖按弹性理论计算内力

柱支承双向板楼盖按弹性理论计算内力时，一般采用两种近似方法，即直接设计法和等代框架法。这两种方法在设计时均需要确定计算板带，计算板带为柱中心线两侧以区格板中心线为界的板带,它由两个 1/2 柱上板带和两个 1/2 中间板带组成(图 2.42)。其中 1/2 柱上板带的宽度取区格板短边跨度的 1/4,如果柱轴线上有梁,梁应包括在柱上板带内。

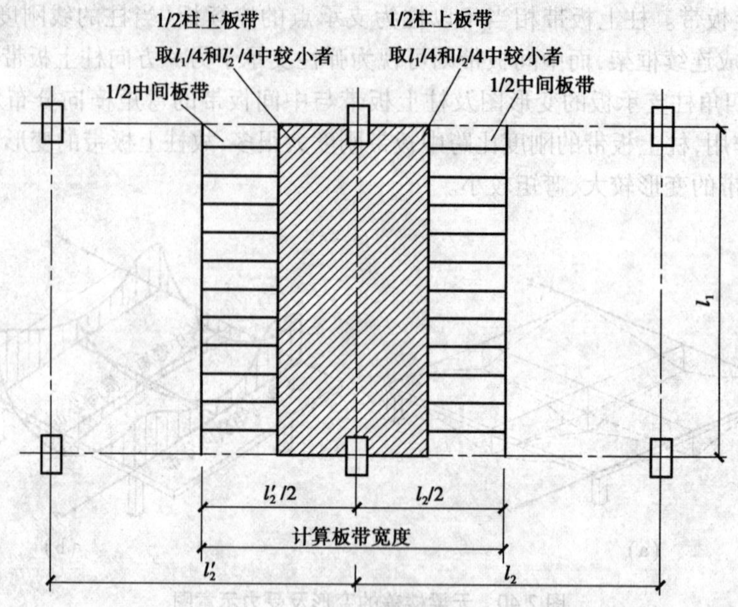

图 2.42 计算板带、柱上板带和中间板带

1)直接设计法

直接设计法是一种经验方法,用于计算平面规则楼盖在均布荷载作用下各控制截面的弯矩。对于楼盖结构的每一方向(计算方向),该法首先计算每一跨的截面总静力弯矩(即跨中正弯矩与两个支座负弯矩平均值的绝对值之和);然后根据试验研究和工程经验,给出两个方向截面总弯矩的分配系数,再将截面总弯矩分配给柱上板带和中间板带。如柱轴线上有梁,柱上板带的弯矩再分配给梁和相应的板。此法只能用于计算竖向荷载作用下楼盖结构的内力。

(1)适用条件

应用直接设计法计算楼盖结构各控制截面的内力所采用分配系数是根据一定的条件确定的,因而在应用该方法时,要求楼盖必须满足下列条件:

①每个方向至少应有 3 个连续跨。

②区格须为矩形或方形,各区格长、短跨之比不应大于 2。

③两个方向的相邻两跨的跨度差均不大于长跨的 1/3。

④柱子离相邻柱中心线的最大偏移在两个方向均不大于偏心方向跨度的 10%。

⑤楼盖承受的荷载仅为重力荷载,且活荷载标准值不大于恒载标准值的 2 倍。

⑥当柱轴线上有梁时,两个正交方向梁的相对刚度比应符合下列条件:

$$0.2 \leqslant \frac{\alpha_1 l_2^2}{\alpha_2 l_1^2} \leqslant 5 \tag{2.43}$$

$$\alpha_1 = \frac{E_{cb} I_{b1}}{E_{cs} I_{s1}},\alpha_2 = \frac{E_{cb} I_{b2}}{E_{cs} I_{s2}} \tag{2.44}$$

式中 l_1, l_2——区格板计算方向、垂直于计算方向轴线到轴线的跨度;

α_1, α_2——区格板计算方向、垂直于计算方向梁与板截面抗弯刚度的比值;

E_{cb},E_{cs} ——梁和板的混凝土弹性模量；

I_{b1},I_{s1} ——区格板计算方向有效梁和板的截面惯性矩；

I_{b2},I_{s2} ——区格板垂直于计算方向有效梁和板的截面惯性矩。

尚应注意，计算 I_b 时应考虑有效翼缘宽度（自梁两侧向外各延伸一个梁腹板高度，并不大于4倍板厚）；$I_s = bh^3/12$，此处 b 为梁两侧区格板中心线之间的宽度，h 为板的厚度。

(2)设计荷载下的总静力弯矩

按板区格的纵、横两个方向分别计算，且均应考虑全部竖向均布荷载的作用。计算板带在计算方向一跨内的总静力弯矩设计值，即

$$M_0 = \frac{1}{8}(qb)l_n^2 \tag{2.45}$$

式中 q ——板面竖向均布荷载设计值；

b ——计算板带宽度：当支座中心线两侧区格板的横向跨度不等时，应取相邻两跨横向跨度的平均值；对于计算板带的一边为楼盖边时，应取区格板中心线到楼盖边缘的距离；

l_n ——计算方向区格板净跨，取相邻柱（柱帽或墙）侧面之间的距离，且不小于0.65倍的计算方向的跨度。

(3)总静力弯矩在支座及跨中截面的分配

将按式(2.45)计算的总静力弯矩设计值 M_0 分配给相应的支座及跨中截面。对于中间区格，在各跨同时承受均匀荷载的情况下，可假设支座转角为零，相当于两对边固定梁，于是总弯矩 M_0（M_{01} 或 M_{02}）分配给跨中截面的弯矩为 $M_0/3$，分配给支座截面的弯矩为 $2M_0/3$。通常跨中正弯矩设计值可取 $0.35M_0$，两端支座负弯矩设计值的绝对值可取 $0.65M_0$。

对于端跨，其总静力弯矩设计值 M_0 在外支座、内支座和跨中截面的分配值取决于外柱或外墙对板的弯曲约束作用以及柱轴线上是否有梁。根据有限元弹性分析结果并参照试验结果和工程经验，表2.20给出了各控制截面的弯矩分配系数。计算时可根据外边缘支座的约束条件从表中确定各控制截面的弯矩分配系数。从表2.20中可以看出各种约束情况的两个支座负弯矩平均值的绝对值与跨中正弯矩之和均等于总静力弯矩设计值 M_0。

表2.20 计算板带端跨弯矩的分配系数

支座约束条件	外支座处简支	各支座处均有梁	内支座处无梁		外支座处固定
			无边梁	有边梁	
内支座负弯矩	0.75	0.70	0.70	0.70	0.65
外支座负弯矩	0	0.16	0.26	0.30	0.65
正弯矩	0.63	0.57	0.52	0.50	0.35

(4)支座及跨中截面弯矩沿板宽度方向的分配

将总静力弯矩 M_0 在支座及跨中截面分配后，还应沿垂直于计算方向分配给柱上板带和中间板带，计算时假定弯矩在各板带宽度范围内为均匀分布。当柱轴线上有梁时，因梁的弯曲刚度较大，所以梁应比相邻的板承受更多的柱上板带弯矩。支座与跨中截面弯矩值在柱上板带、中间板带和梁之间的分配，取决于区格板在两个方向的跨度之比 l_2/l_1、梁与板的相对刚度比 α

(式 2.44)以及边梁对板扭转的约束作用。

边梁抗扭所提供的相对约束作用可以用参数 β_t 表示,其定义为

$$\beta_t = \frac{E_{cb}C}{2E_{cs}I_s} \tag{2.46}$$

$$C = \sum\left(1 - 0.63\,\frac{x}{y}\right)\frac{x^3 y}{3} \tag{2.47}$$

式中 C——与边柱两侧横向构件(梁或板)抗扭刚度有关的常数,当横向构件为板时,其截面宽度为柱宽度或柱帽宽度;当有边梁时,将 T 形或倒 L 形边梁截面(自梁两侧向外各延伸一个梁腹板高度,并不大于 4 倍板厚)分成翼缘及肋部等几个矩形;

x,y——矩形的短边、长边的边长。

参数 β_t 可根据边支承情况按如下规定取值:当边支承为砌体墙时,取 $\beta_t=0$;当边支承为与板整浇的混凝土结构墙时,取 $\beta_t=2.5$;边支承为梁时,β_t 按式(2.46)计算。

根据 α、β_t 和 l_2/l_1 值,可按表 2.21 确定由柱上板带承担的支座负弯矩和跨间正弯矩的百分率。当 $0<\alpha_1\dfrac{l_2}{l_1}<1.0$ 或 $0<\beta_t<2.5$ 时,可按线性内插法确定柱上板带承受弯矩的分配系数。对带梁的柱上板带,当 $\alpha_1\dfrac{l_2}{l_1}\geqslant 1.0$ 时,梁应承受柱上板带弯矩设计值的 85%;$0<\alpha_1\dfrac{l_2}{l_1}<1.0$ 时,可在 0 与 85%之间按线性内插法确定梁承受的弯矩设计值。梁还应承受直接作用于梁上的荷载产生的弯矩设计值。

表 2.21 柱上板带承受弯矩的分配系数

类别			l_2/l_1 0.5	1.0	2.0
内支座负弯矩	$\alpha_1\dfrac{l_2}{l_1}=0$		0.75	0.75	0.75
	$\alpha_1\dfrac{l_2}{l_1}\geqslant 1.0$		0.90	0.75	0.45
端支座负弯矩	$\alpha_1\dfrac{l_2}{l_1}=0$	$\beta_t=0$	1.00	1.00	1.00
		$\beta_t\geqslant 2.5$	0.75	0.75	0.75
	$\alpha_1\dfrac{l_2}{l_1}\geqslant 1.0$	$\beta_t=0$	1.00	1.00	1.00
		$\beta_t\geqslant 2.5$	0.90	0.75	0.45
正弯矩	$\alpha_1\dfrac{l_2}{l_1}=0$		0.60	0.60	0.60
	$\alpha_1\dfrac{l_2}{l_1}\geqslant 1.0$		0.90	0.75	0.45

计算板带中不由柱上板带承受的弯矩设计值应该按比例分配给两侧的 1/2 中间板带;每个中间板带应承受两个 1/2 中间板带分配的弯矩设计值之和。与墙体相邻且平行的中间板带的弯矩为分配给相应于第一排内支座 1/2 中间板带的弯矩的 2 倍。

当柱轴线上有梁时,梁还应考虑所承担剪力的影响。梁的剪力应按直接作用于梁上的荷载

和相邻板传来的荷载计算。当 $\alpha_1 \dfrac{l_2}{l_1} \geqslant 1.0$ 时，相邻板传来的荷载可按从板角引 45° 线和与板区格长边平行的相邻板的中心线所构成的从属面积计算（分别为梯形或三角形分布）；当 $0 < \alpha_1 \dfrac{l_2}{l_1} < 1.0$ 时，可在 0 与上述要求所得的荷载之间线性内插确定。

2）等代框架法

当柱支承双向板楼盖结构不满足直接设计法的适用条件时，应按等代框架法进行计算。该方法是将整个结构沿纵、横柱列方向分别划分为具有“框架柱”和“框架梁”的纵向和横向等代框架。每个等代框架由一列柱和以柱轴线两侧区格板中心线为界的板-梁组成，各板带可分为柱上板带和中间板带。用弯矩分配法或矩阵位移法计算等代框架各控制截面的弯矩，并将其分配给柱上板带和中间板带。等代框架法可用于计算竖向及水平荷载作用下楼盖结构的内力。在水平荷载作用下，等代框架应取结构底层到顶层的所有楼盖和柱。在竖向荷载作用下，等代框架的内力计算还可进一步简化：所计算楼层的上、下楼板均可视为上层柱与下层柱的固定远端。如此可将一个等代的多层框架计算简化为两层或一层（对顶层）框架的计算。

等代框架与普通框架有所不同，在普通框架中，梁和柱可直接传递内力（弯矩、剪力和轴力）；而在等代框架中，等代框架梁的宽度大大超过柱宽，故仅有一部分竖向荷载（大体相当于柱或柱帽宽度的那部分荷载）产生的弯矩可以通过板直接传递给柱，其余都要通过扭矩进行传递。这时可假设两侧与柱（或柱帽）等宽的板为扭臂，如图 2.43 所示，柱（或柱帽）宽以外的那部分荷载使扭臂受扭，并将扭矩传递给柱，使柱受弯。因此，等代框架柱应该是包括柱（柱帽）和两侧扭臂在内的等代柱，其刚度应为考虑柱的受弯刚度和扭臂受扭刚度后的等代刚度。横向抗扭构件应取至柱两侧区格板的中心线。柱截面的抗弯惯性矩应考虑沿柱轴线惯性矩的变化。

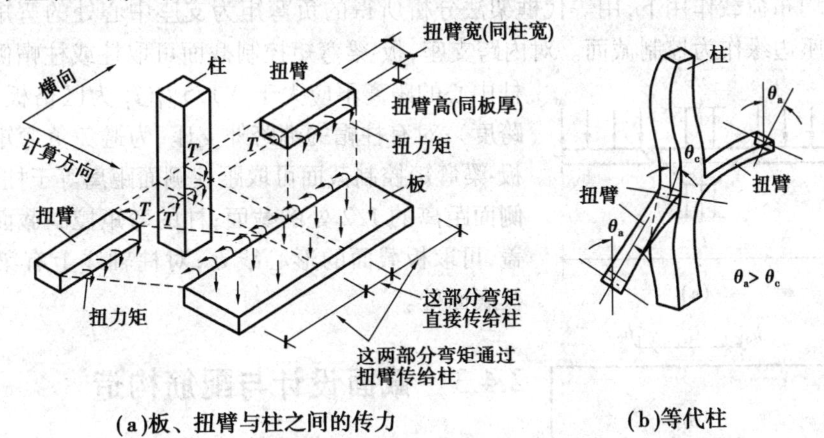

（a）板、扭臂与柱之间的传力　　（b）等代柱

图 2.43　等代柱的受力分析

等代柱的总柔度定义为实际柱和柱两侧横向构件的柔度之和，即

$$\frac{1}{K_{ec}} = \frac{1}{\sum K_c} + \frac{1}{K_t} \tag{2.48}$$

式中　K_{ec}——等代柱的转动刚度；

K_c——柱的转动刚度：对无柱帽且无梁的柱支承板楼盖结构，$K_c = 4E_c I_c / H_c$，其中 E_c 为柱混凝土的弹性模量，I_c 为柱在计算方向的截面抗弯惯性矩，H_c 为柱的计算长度

（对于底层柱，取基础顶面至一层楼板顶面的距离，对其余层柱为上、下两层柱的高度）；对于有柱帽或带梁的柱支承板楼盖结构，应考虑柱轴线方向截面变化对 K_c 的影响。

K_t——柱两侧横向构件的抗扭刚度，可按下式计算：

$$K_t = \gamma_b \sum \frac{9E_{cs}C}{l_2\left(1 - \frac{c_2}{l_2}\right)^3} \tag{2.49}$$

式中，γ_b 为柱两侧横向构件抗扭刚度的增大系数：对无梁的柱支承板，$\gamma_b = 1$；对带梁的柱支承板，$\gamma_b = I_{be}/I_s$，其中 I_{be} 为横向等代梁在跨中的截面抗弯惯性矩，I_s 为等代框架梁宽度范围内楼板的截面抗弯惯性矩；c_2 和 l_2 分别为柱或柱帽的尺寸和区格板的跨度，均取正交于计算方向的横向尺寸。

等代柱求出转动刚度后即可转换成柱的等效惯性矩。等代梁的截面惯性矩计算时应考虑截面沿构件轴线的变化，对于有柱顶板，等代板-梁跨中惯性矩的第一次变化在柱顶板的边缘，第二次变化在柱边或柱帽边。从柱中心至柱侧面或柱帽侧面范围内板的截面惯性矩等于柱侧面或柱帽侧面处板的截面惯性矩除以$(1 - c_2/l_2)^2$。

按等代框架法计算时，应考虑可变荷载的不利组合。但当可变荷载标准值不超过永久荷载标准值的75%时，可按满布荷载作用在所有板上计算各控制截面的最大弯矩值。当可变荷载标准值超过永久荷载标准值的75%时，可变荷载产生的最大正弯矩由3/4的可变荷载仅作用在该区格板上和相间隔的区格板上计算；而支座处的最大负弯矩由3/4的可变荷载仅作用在相邻的两个区格板上计算，但不应小于全部可变荷载作用在所有区格板上时的相应弯矩值。

在竖向均布荷载作用下，用等代框架法分析所得的负弯矩为支座中心处的弯矩值，截面设计时应取支座边缘作为控制截面。对内跨支座，板-梁弯矩控制截面可取柱或柱帽侧面处，但与柱中心的距离不应大于 $0.175\,l_1$（l_1 为区格板计算方向的跨度）；对有柱帽的端跨外支座，为避免负弯矩降低过多，板-梁弯矩控制截面可取距柱侧面距离等于柱帽侧面与柱侧面距离的1/2处的截面；柱的弯矩控制截面，对无梁楼盖，可取板截面的形心线处；对柱轴线上有梁楼盖，可取板底面处。

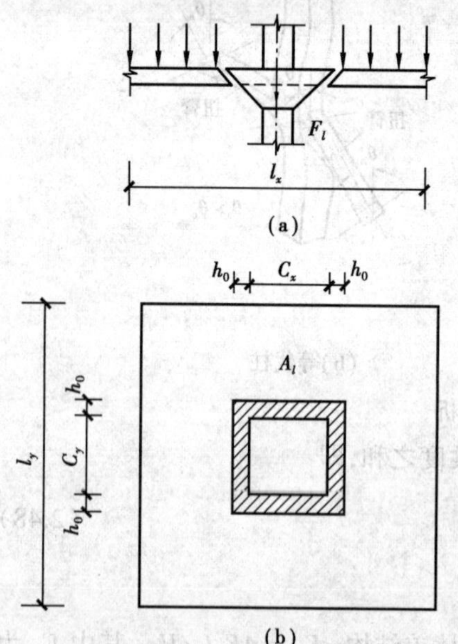

图2.44　无梁楼盖的冲切破坏

2.4.3　截面设计与配筋构造

1）柱帽设计

在无梁楼盖中，全部楼面荷载是通过板柱连接面上的剪力传递给柱子的。由于板柱连结面的面积不大，而楼面荷载往往很大，无梁楼盖可能因板柱连接面抗剪能力不足而发生破坏，破坏是沿柱周边产生45°方向的斜裂缝，板、柱之间发生错位，这种破坏称为冲切破坏，如图2.44(a)所示。

为了增大板柱连接面的面积，提高其抗冲切承载力，避免冲切破坏，板柱节点可采用带柱帽或托板的结构形式（图 2.45）。板柱节点的形状、尺寸应包容 45°的冲切破坏锥体，并应满足受冲切承载力的要求。

柱帽的高度不应小于板的厚度 h；托板的厚度不应小于 $h/4$。柱帽或托板在平面两个方向上的尺寸均不宜小于同方向上柱截面宽度 b 与 $4h$ 之和（图 2.45）。

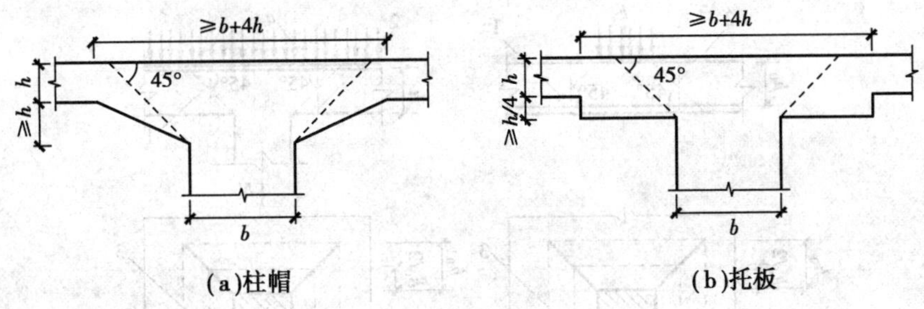

图 2.45　无梁楼盖的柱帽及托板

柱帽型式及尺寸确定之后，应对楼板进行抗冲切承载力验算，在局部荷载或集中反力作用下，不配置箍筋或弯起钢筋的板的受冲切承载力应符合下列规定（图 2.46）：

$$F_l \leqslant 0.7\beta_h f_t \eta u_m h_0 \tag{2.50}$$

式（2.50）中的系数 η，应按下列两个公式计算，并取其中较小值：

$$\eta_1 = 0.4 + \frac{1.2}{\beta_s} \tag{2.51}$$

$$\eta_2 = 0.5 + \frac{\alpha_s h_0}{4u_m} \tag{2.52}$$

式中　F_l——局部荷载设计值或集中反力设计值；板柱节点，取柱所承受的轴向压力设计值的层间差值减去柱顶冲切破坏锥体范围内板所承受的荷载设计值；

β_h——截面高度影响系数：当 $h \leqslant 800$ mm 时，取 $\beta_h = 1.0$；当 $h \geqslant 2000$ mm 时，取 $\beta_h = 0.9$，其间按线性内插法取用；

u_m——计算截面的周长，取距离局部荷载或集中反力作用面积周边 $h_0/2$ 处板垂直截面的最不利周长；

h_0——截面有效高度，取两个方向配筋的截面有效高度平均值；

η_1——局部荷载或集中反力作用面积形状的影响系数；

η_2——计算截面周长与板截面有效高度之比的影响系数；

β_s——局部荷载或集中反力作用面积为矩形时的长边与短边尺寸的比值，β_s 不宜大于4；当 β_s 小于 2 时取 2；对圆形冲切面，β_s 取 2；

α_s——柱位置影响系数：中柱时取 40；边柱时取 30；角柱时取 20。

在局部荷载或集中反力作用下，当受冲切承载力不能满足式（2.50）的要求且不能增加板厚时，可配置箍筋或弯起钢筋。此时，受冲切截面应符合下列条件

$$F_l \leqslant 1.2 f_t \eta u_m h_0 \tag{2.53}$$

当配置箍筋时，受冲切承载力按下式验算

$$F_l \leqslant 0.5 f_t \eta u_m h_0 + 0.8 f_{yv} A_{svu} + 0.8 f_y A_{sbu} \sin\alpha \tag{2.54}$$

式中　f_{yv}——箍筋的抗拉强度设计值；

A_{svu} ——与呈 45°冲切破坏锥体斜截面相交的全部箍筋截面面积；

A_{sbu} ——与呈 45°冲切破坏锥体斜截面相交的全部弯起钢筋截面面积；

α ——弯起钢筋与板底面的夹角。

对于配置抗冲切钢筋的冲切破坏锥体以外的截面，尚应按式(2.50)进行受冲切承载力计算，此时，u_m 应取配置抗冲切钢筋的冲切破坏锥体以外 $0.5h_0$ 处的最不利周长。

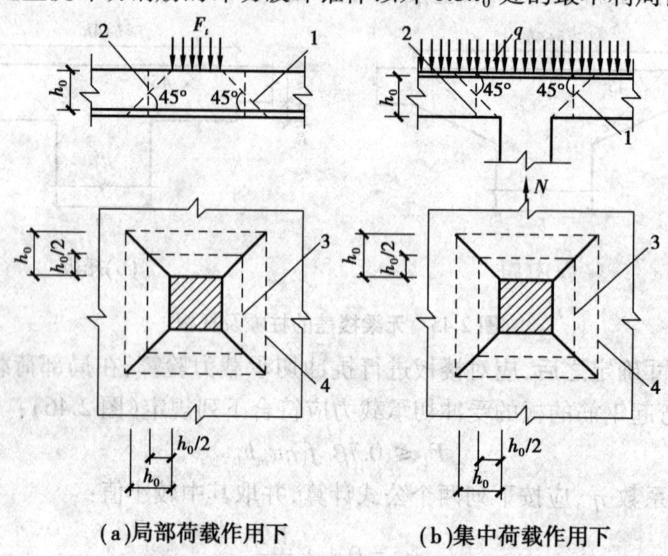

图 2.46　无梁楼盖的冲切计算简图

抗冲切钢筋必须与冲切破坏斜截面相交才能发挥作用，为此《混凝土结构设计规范》(GB 50010—2010)规定，按计算所需的箍筋及相应的架立钢筋应配置在与 45°冲切破坏锥面相交的范围内，且从集中荷载作用面或柱截面边缘向外的分布的长度不应小于 $1.5h_0$［图 2.47(a)］；箍筋应做成封闭式，直径不应小于 6 mm，间距不应大于 $h_0/3$，且不应大于 100 mm。

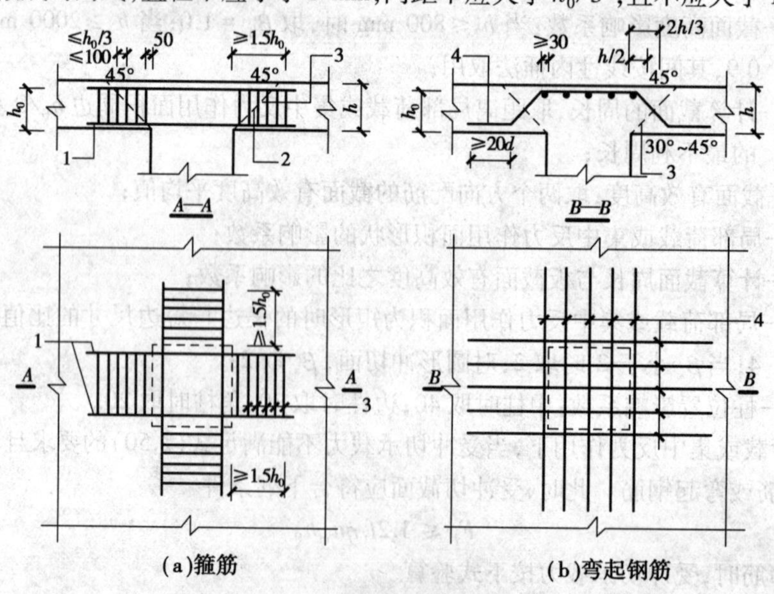

图 2.47　楼盖抗冲切钢筋布置

1—架立钢筋；2—冲切破坏锥面；3—箍筋；4—弯起钢筋

按计算所需弯起钢筋的弯起角度可根据板的厚度在 30°～45°选取；弯起钢筋的倾斜段应与冲切破坏锥面相交［图 2.47(b)］，其交点应在集中荷载作用面或柱截面边缘以外(1/2～2/3) h 的范围内。弯起钢筋的直径不宜小于 12 mm，且每一方向不宜少于 3 根。

此外，配置抗冲切钢筋的板的厚度不应小于 150 mm。

2)板的截面设计与配筋构造

(1)板的截面的弯矩设计值

截面设计时，对竖向荷载作用下有柱帽的板，考虑到板的穹顶作用，除边跨和边支座外，所有截面的计算弯矩值均可降低 20%。

板的截面有效高度取值与双向板类似。同一区格在两个方向同号弯矩作用下，由于两个方向的钢筋叠置在一起，故应分别采用不同的截面有效高度。当为正方形区格时，为简化计算，可取两个方向有效高度的平均值。

(2)板的厚度

无梁楼盖一般做成等厚度板，板的厚度应满足承载力与刚度的要求。当板的厚度满足 2.1.2小节所规定的要求时，可不验算板的挠度。

(3)板的配筋

在整个无梁楼盖中，板的配筋可以划分为 3 种区域。第 1 种是纵、横方向的柱上板带交叉区，此区域两个方向均为负弯矩，故两个方向的受力钢筋都应布置在板的顶部。第 2 种是纵、横方向的中间板带交叉区，该区域两个方向均为正弯矩，所以两个方向的受力钢筋都应布置在板的底部。第 3 种是纵、横方向的柱上板带与中间板带交叉区，此时柱上板带方向产生正弯矩，其受力钢筋都应布置在板的底部；而中间板带方向则产生负弯矩，其受力钢筋应布置在板的顶部。

钢筋的直径与间距与一般双向板中的要求相同，但对于支座上承受弯矩的钢筋，为保证其在施工阶段具有一定的刚性，宜采用直径不小于 12 mm 的钢筋。配筋方式可选用弯起式或分离式。

2.5　装配式混凝土楼盖

装配式梁板结构是钢筋混凝土结构最基本的形式之一，装配式楼盖主要有铺板式、密肋式和无梁式。其中铺板式是目前建筑结构最常用的形式，铺板式楼盖是将密铺的预制板两端支承在砌体墙上或楼面梁上构成的，它的预制构件主要是预制板和预制梁。本节简要介绍铺板式楼盖的主要内容。

2.5.1　预制混凝土铺板

常用的预制混凝土板有实心板、空心板、槽形板和 T 形板等(图 2.48)，根据配筋情况又分为钢筋混凝土板和预应力混凝土板两种。其中空心板被广泛地应用于民用建筑中，而槽形板和 T 形板一般应用于工业建筑中。选用时首先要满足建筑使用(其中包括防火)的功能要求，同时还要满足施工和使用阶段的承载力、刚度及裂缝控制的要求，另外还要考虑制作、运输和安装等施工因素。

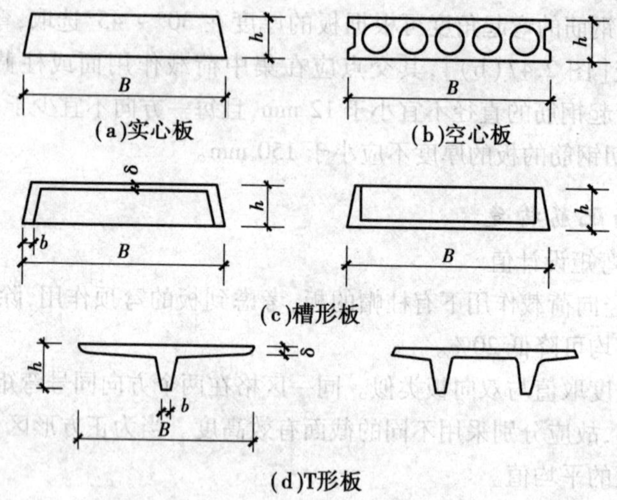

图 2.48　预制板的截面形式

(1)实心板

实心板[图 2.48 (a)]上、下表面平整,制作简单,自重较大,刚度小且材料耗量较多,适用于荷载及跨度均较小的走廊板、楼梯平台板、管沟盖板等。

实心板常用的跨度 $l=1.8\sim2.4$ m,板截面高度 $h\geqslant l/30$,一般取 50~100 mm,板截面宽度 $b=500\sim1000$ mm。

(2)空心板

空心板[图 2.48 (b)]具有刚度大、自重轻、受力性能好等优点,又因其板底平整、施工简便、隔音效果和隔热效果较好,因此在民用建筑中得到广泛应用,但板面不能任意开洞。

空心板分为钢筋混凝土空心板和预应力混凝土空心板两种,钢筋混凝土空心板的跨长一般在 4.8 m 以内,通常 $l=2.4\sim4.8$ m;预应力混凝土空心板的跨长:民用建筑在 6.0 m 以内,工业建筑可达 7.5 m,通常 $l=3.0\sim7.5$ m。常用的板截面宽度 $b=600$ mm、900 mm 和 1200 mm;板截面高度 $h\geqslant l/35\sim l/30$,一般取 110 mm、120 mm、180 mm、240 mm。

(3)槽形板

槽形板有正槽板(肋向下)和反槽板(肋向上)两种[图 2.48(c)]。正槽板受力合理,能充分利用板面混凝土抗压,但不能形成平整的天棚;反槽板受力性能差,但能提供平整天棚,反槽板槽内还可以铺设保温材料。与空心板相比,槽形板具有自重较轻,结构材料耗量较少,便于开洞和设置与支承结构相连接的预埋件等优点,在工业建筑得到广泛的应用。如工业厂房使用的大型屋面板(正槽板),板长 6.0 m,板宽 1.5 m、3.0m,板厚 240 mm,一般均为预应力混凝土槽形板。

槽形板是由纵、横肋和面板组成的主次梁板结构,纵肋高度一般为 120 mm、180 mm 和240 mm;肋的截面宽度为 50~80 mm;面板厚度为 25~30 mm。槽形板的跨长通常为 $l=3.0\sim6.0$ m;常用板宽度 $b=600$ mm、900 mm 和 1500 mm。

(4)T 形板

T 形板有单 T 形板和双 T 形板两种[图 2.48(d)]。T 形板是板梁合一的构件,它形式简单,便于施工,具有良好的受力性能,能跨越较大的空间,但整体刚度不如其他预制板。双 T 形板与单 T 形板相比有较好的整体刚度,但自重较大,对吊装能力要求较高。可用于建筑结构作为屋面板,也可以作为墙板。

T 形板常用的跨度 $l=6.0\sim12.0$ m;肋截面高度一般为 300~500 mm;常用板宽度 $b=1500\sim2100$ mm。

2.5.2 楼盖梁

在装配式混凝土梁板结构中,楼盖梁可为预制和现浇,视梁的截面尺寸和吊装能力而定。预制梁的截面形式有矩形、T 形、花篮形、十字形及十字形叠合梁等(图 2.49)。当梁截面高度较大时,为提高房屋净空高度往往选用十字形截面梁或花篮形梁,梁的高跨比一般为 1/14~1/8。

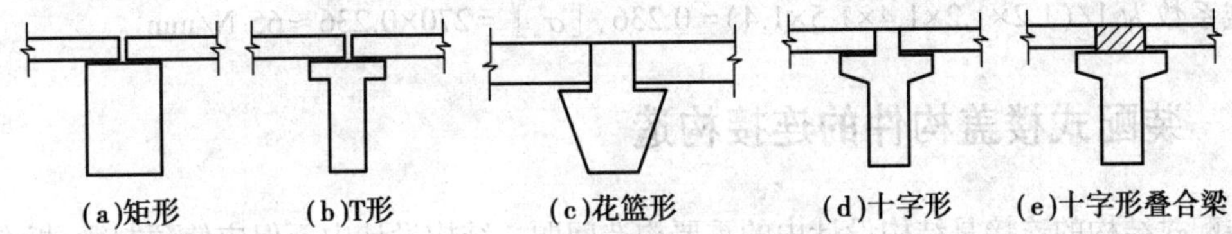

图 2.49 预制梁的截面形式

2.5.3 装配式构件的计算要点

装配式楼盖的构件(板或梁)使用阶段的承载力计算、变形和裂缝宽度验算等与现浇整体式结构构件相仿。但这种构件在制作、运输和吊装阶段的受力状态与使用阶段不同,因此还需进行施工阶段的验算。

(1)施工阶段的验算

①计算简图:应按构件制作、运输和吊装阶段的支点位置及吊点位置分别确定计算简图,并取最不利情况计算内力,验算承载力以及裂缝宽度。

②重要性系数:承载力验算时,结构的重要性系数可较使用阶段承载力计算降低一级使用,但不得低于三级。

③动力系数:在构件的运输、吊装阶段,荷载为构件自重,其自重除了应乘以永久荷载分项系数外,考虑到该阶段的动力作用,尚应乘以动力系数:对脱模、翻转、吊装、运输时可取 1.5,临时固定时可取 1.2。

④施工集中荷载:对于预制楼板、预制小梁、预制挑檐板和雨篷板等构件,应考虑在最不利位置处作用 1.0 kN 的施工集中荷载(人和施工小工具的自重)。当验算挑檐、雨篷的承载力时,应沿板宽每隔 1.0 m 取一个集中荷载;在验算挑檐、雨篷的倾覆时,应沿板宽每隔 2.5~3.0 m 取一个集中荷载。

(2)吊环设计

为了施工方便,较大的预制构件一般都设置吊环。当吊钩直径小于等于 14 mm 时,吊环宜采用 HPB300 钢筋制作;当吊钩直径大于 14 mm 时,吊环应采用 Q235 钢棒制作。严禁使用冷加工钢筋,以防脆断。吊环埋入混凝土的深度不应小于 $30d$(d 为吊环钢筋的直径),并应焊接或绑扎在钢筋骨架上。

在构件的自重标准值 G_k(不考虑动力系数)作用下,假定每个构件设置 n 个吊环,每个吊环可按2个截面计算，吊环钢筋的允许拉应力值为$[\sigma_s]$，则吊环钢筋的截面面积A_s可按下式计算：

$$A_s=\frac{G_k}{2n[\sigma_s]} \tag{2.55}$$

当在一个构件上设有4个吊环时，设计时仅考虑3个吊环同时发挥作用，即$n=3$。吊环钢筋的允许拉应力值，当采用HPB300钢筋时，不应大于65 N/mm^2；当采用Q235钢棒时，不应大于50 N/mm^2。其中65 N/mm^{2}是将HPB300级钢筋的抗拉强度设计值乘以折减系数而得到的。折减系数中考虑的因素有：构件自重荷载分项系数1.2，吸附作用引起的超载系数1.2，钢筋弯折后的应力集中对强度的折减系数1.4，动力系数1.5，钢丝绳角度对吊环承载力的影响系数1.4。则折减系数为$1/(1.2\times1.2\times1.4\times1.5\times1.4)=0.236$，$[\sigma_s]=270\times0.236\approx65$ N/mm^2。

2.5.4 装配式楼盖构件的连接构造

装配式结构的连接是结构设计中的重要构造问题。结构设计中不但应使预制梁、板有足够的承载力和刚度，并将混凝土裂缝宽度控制在限值内；同时还应使预制构件之间、预制构件和竖向承重结构之间有可靠的连接，用以保证楼盖本身的整体性，保证楼盖与其竖向结构的共同工作，使整体房屋结构具有良好的静力工作性能和空间刚度。结构各构件之间具有可靠的连接，对于有较大水平荷载作用的结构具有更加重要的意义。

1)板与板的连接构造

为使预制板间的灌缝混凝土起到传递竖向及水平方向剪力的作用，板与板的连接应采用不低于C30的细石混凝土灌缝[图2.50(a)]；当楼面有振动荷载或房屋有抗震设防要求时，可在预制板缝内配置钢筋，并宜设置钢筋混凝土现浇层。现浇层厚度不应小于50 mm，并应双向配置钢筋网[图2.50(b)]。

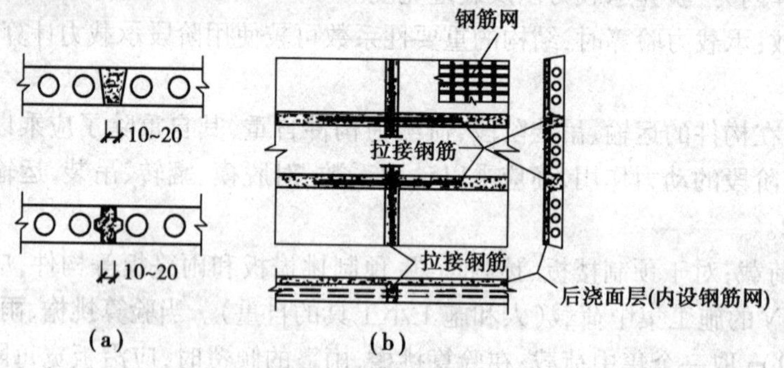

图2.50 板与板的连接构造

2)板与墙、梁的连接构造

预制板直接搁置在墙、梁上时，其支承处应铺设10~20 mm厚的水泥砂浆找平层，并应有足够的支承长度，以增强与墙体间的连接：板支承在梁上时，支承长度应≥80 mm；板支承在墙体上时，支承长度应≥100 mm。

板与非承重墙或梁的连接，一般可采用细石混凝土灌缝[图2.51(a)]。当板跨≥4.8 m时，应配置拉筋加强与墙体的连接[图2.51(c)]，或将钢筋混凝土圈梁设置于楼盖平面处以增强其整体性[图 2.51(b)]。

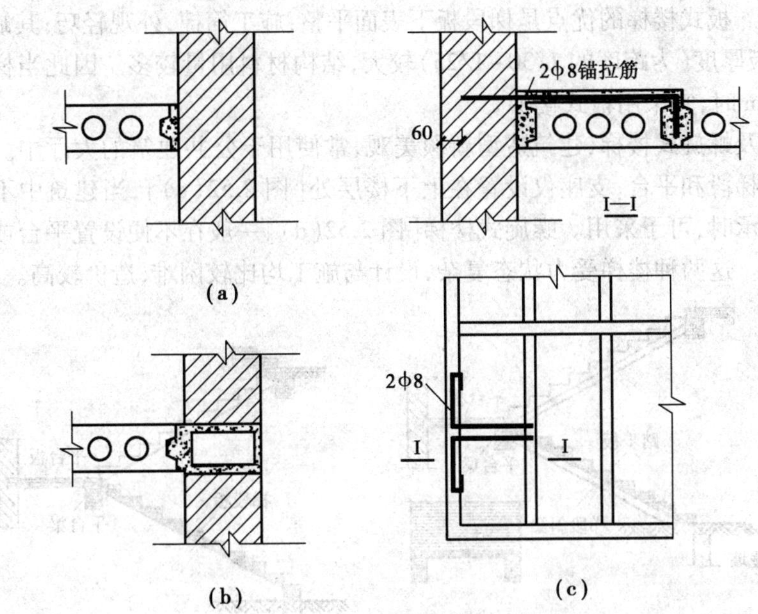

图 2.51　板与墙的连接构造

3)梁与墙的连接构造

预制梁在墙上的支承长度应≥180 mm,当预制梁下砌体局部受压承载力不足时,应按砌体结构设计规范的规定设置梁下垫块。梁与墙体、梁与垫块、垫块与墙体的支承面均应铺设 10~20 mm 厚的水泥砂浆找平层。预制梁跨度较大时,梁与垫块、垫块与墙体之间应设置拉结钢筋加强连接。

2.6　楼梯

楼梯是多层及高层房屋的竖向通道,是房屋建筑的重要组成部分。本节主要介绍楼梯的计算与构造特点。

2.6.1　楼梯的结构类型

楼梯按梯段结构形式的不同,主要分为梁式楼梯、板式楼梯、折板悬挑式及螺旋式楼梯,如图 2.52 所示。前两种属于平面结构体系,后两种则属于空间结构体系。

梁式楼梯由踏步板、梯段斜梁、平台板和平台梁组成[图 2.52(a)]。踏步板支承在两侧斜梁上,梯段斜梁再支承于平台梁上。平台板也支承于平台梁或墙体上。当楼梯间两侧为承重墙体时,平台梁可直接支承于承重墙上;而非承重墙体时,应采取适当的措施为平台梁提供支承点。作用于楼梯上的荷载先由踏步板传给斜梁,再由斜梁传给平台梁。当梯段较长时,采用梁式楼梯较为经济,因而广泛用于办公楼、教学楼等建筑中。但这种楼梯施工较为复杂,外观也显得比较笨重。

板式楼梯由梯段板、平台板和平台梁组成[图 2.52(b)]。梯段板是一块带踏步的斜板,斜板支承于平台梁上,最下部的梯段板可支承在地梁或基础上。作用于踏步板(梯段)上的荷载直接传给平台梁。板式楼梯的优点是梯段板下表面平整,施工简捷,外观轻巧;其缺点是梯段板跨度较大时,斜板厚度(为跨度的 1/30~1/25)较大,结构材料用量较多。因此当梯段板水平方向跨度小于 3.0 m 时,宜采用板式楼梯。

折板悬挑式及螺旋式楼梯,建筑造型新颖美观,常使用于公共建筑的大厅中。折板悬挑式楼梯具有悬挑的梯段和平台,支座仅设置在上下楼层处[图 2.52(c)],当建筑中不宜设置平台梁和平台板的支承时,可予采用。螺旋式楼梯[图 2.52(d)]一般在不便设置平台或有特殊建筑造型需要时采用。这两种楼梯受力状态复杂,设计与施工均比较困难,造价较高。

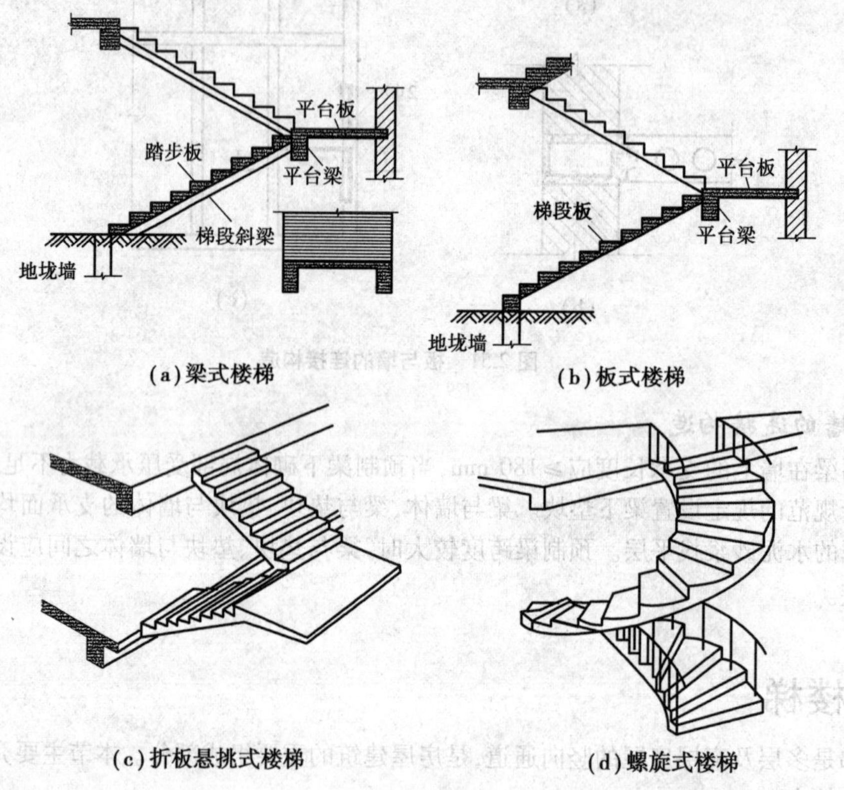

图 2.52　楼梯类型

2.6.2　梁式楼梯的计算

梁式楼梯的计算包括踏步板、斜梁、平台板和平台梁的计算。

(1)踏步板的计算

梁式楼梯的踏步板为两端斜支在梯段斜梁上的单向板。取一个踏步板作为计算单元,其截面为梯形,可按截面面积相等的原则简化为同宽度的矩形截面,计算时截面高度近似取其平均值 $h=\dfrac{c}{2}+\dfrac{t}{\cos\alpha}$,其中 c 为踏步高度,t 为板厚,如图 2.53 所示。应该指出,按换算后的矩形截面进行内力及配筋计算,其配筋计算结果偏于安全。

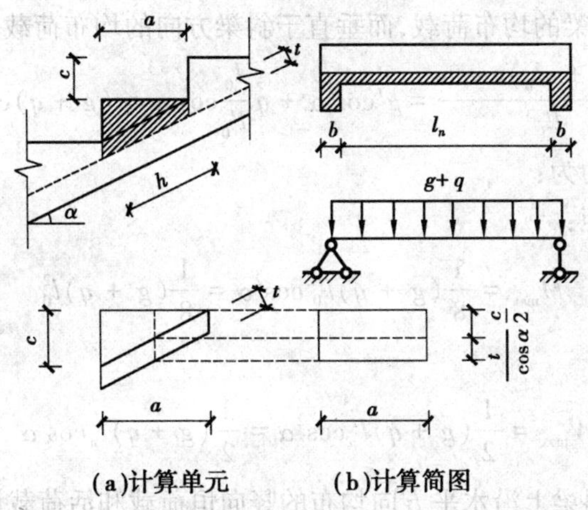

图 2.53　梁式楼梯踏步板计算单元及计算简图

(2)斜梁的计算

梯段斜梁两端支承在平台梁上，一般按简支梁计算。作用在斜梁上的荷载为踏步板传来的荷载及斜梁自重，其中恒荷载(包括踏步板、斜梁等自重)按斜长方向计算，而活荷载则按水平方向计算。为统一计算，通常将恒荷载换算成水平投影长度上的均布荷载，即斜梁内力简化为水平方向简支梁进行计算，其计算跨度按斜梁斜向跨度的水平投影长度取值(图 2.54)。计算时将沿斜向均匀分布的恒荷载 g' 简化为沿水平方向均匀分布的恒荷载 g，$g=\dfrac{g'l'_0}{l_0}=\dfrac{g'}{\cos\alpha}$，计算简图，如图 2.54(b)所示。

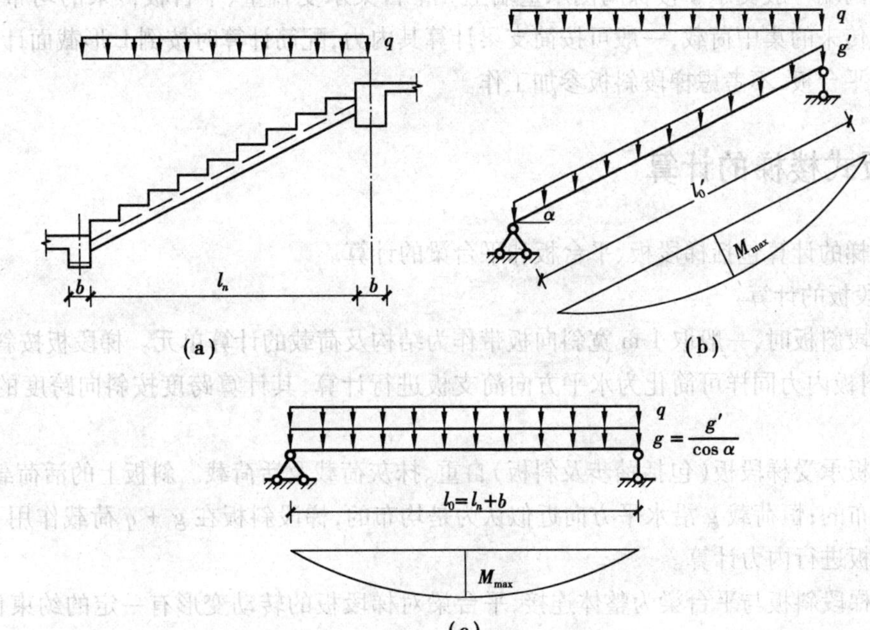

图 2.54　楼梯斜梁计算简图

由结构力学可知，计算斜梁在均布竖向荷载作用下的正截面内力时，应将沿水平方向的均布竖向荷载 q 和沿斜向的均布竖向荷载 g'，均简化为垂直于斜梁与平行于斜梁方向的均布荷载，一般可忽略平行于斜梁的均布荷载，而垂直于斜梁方向的均布荷载为：

$$\frac{(g'l'_0+ql_0)\cos\alpha}{l'_0}=g'\cos\alpha+q\frac{l_0}{l'_0}\cos\alpha=(g+q)\cos^2\alpha$$

则简支斜梁的正截面内力为：

跨中截面最大正弯矩：

$$M_{\max}=\frac{1}{8}(g+q)l_0'^2\cos^2\alpha=\frac{1}{8}(g+q)l_0^2 \tag{2.56}$$

支座截面最大剪力：

$$V_{\max}=\frac{1}{2}(g+q)l'_n\cos^2\alpha=\frac{1}{2}(g+q)l_n\cos\alpha \tag{2.57}$$

式中　g,q ——作用于斜梁上沿水平方向均布的竖向恒荷载和活荷载设计值；

l_0,l_n ——梯段斜梁沿水平方向的计算跨度和净跨度；

α ——梯段斜梁与水平方向的夹角。

斜梁的截面计算高度 h 应按垂直斜梁轴线的梁高度取用，并按倒 L 形截面计算其受弯承载力，截面翼缘仅考虑踏步下的斜板部分，即厚度 t（图 2.53）。

(3)平台板和平台梁的计算

平台板一般为承受均布荷载的单向板，支承于平台梁及外墙上，计算弯矩一般可取 $\frac{(g+q)l_0^2}{8}$ 或 $\frac{(g+q)l_0^2}{10}$，其中 l_0 为板的计算跨度。

平台梁两端一般支承于楼梯间侧承重墙上。平台梁承受自重、平台板传来的均布荷载，以及梯段斜梁传来的集中荷载，一般可按简支梁计算其内力，配筋计算时按倒 L 形截面计算，截面翼缘仅考虑平台板，不考虑梯段斜板参加工作。

2.6.3　板式楼梯的计算

板式楼梯的计算包括梯段板、平台板和平台梁的计算。

(1)梯段板的计算

计算梯段斜板时，一般取 1 m 宽斜向板带作为结构及荷载的计算单元。梯段板按斜放的简支板计算，斜板内力同样可简化为水平方向简支板进行计算，其计算跨度按斜向跨度的水平投影长度取值。

梯段斜板承受梯段板（包括踏步及斜板）自重、抹灰荷载及活荷载。斜板上的活荷载 q 沿水平方向是均布的；恒荷载 g 沿水平方向近似认为是均布的，梯段斜板在 $g+q$ 荷载作用下，按水平方向简支板进行内力计算。

考虑到梯段斜板与平台梁为整体连接，平台梁对梯段板的转动变形有一定的约束作用，故可以减小梯段板的跨中弯矩，计算时最大正弯矩近似取为

$$M_{\max}=\frac{1}{10}(g+q)l_0^2 \tag{2.58}$$

式中　g,q ——作用于斜板上沿水平方向均布的竖向恒荷载和活荷载设计值；

l_0——梯段板沿水平方向的计算跨度。

梯段斜板按矩形截面计算,其截面计算高度 h 应取垂直于斜板轴线的最小高度,不考虑三角形踏步部分的作用,按所求出的跨中弯矩计算所需受力钢筋的截面面积。

(2)平台板和平台梁的计算

板式楼梯平台板内力计算与配筋基本上同梁式楼梯。平台梁承受自重、梯段板与平台板传来的均布荷载,故可按承受均布荷载的简支梁计算其内力及配筋。

2.6.4 楼梯栏杆设计

楼梯栏杆的恒荷载标准值,应根据其设计尺寸及材料自重标准值计算,活荷载标准值不应小于下列规定:

①住宅、宿舍、办公楼、旅馆、医院、托儿所、幼儿园,栏杆顶部的水平荷载应取 1.0 kN/m。

②学校、食堂、剧场、电影院、车站、礼堂、展览馆或体育场,栏杆顶部的水平荷载应取 1.0 kN/m,竖向荷载应取 1.2 kN/m,水平荷载与竖向荷载应分别考虑。

楼梯栏杆应进行竖向荷载作用下平面内的承载力计算以及水平荷载作用下平面外的承载力计算。

2.6.5 整体式楼梯的构造要求

梁式楼梯踏步板厚度一般取 $t=30\sim40$ mm。踏步板的受力钢筋除按计算确定外,要求每一级踏步不少于 2φ6 钢筋;沿梯段斜向布置 φ6@250 的分布钢筋,如图 2.55 所示。

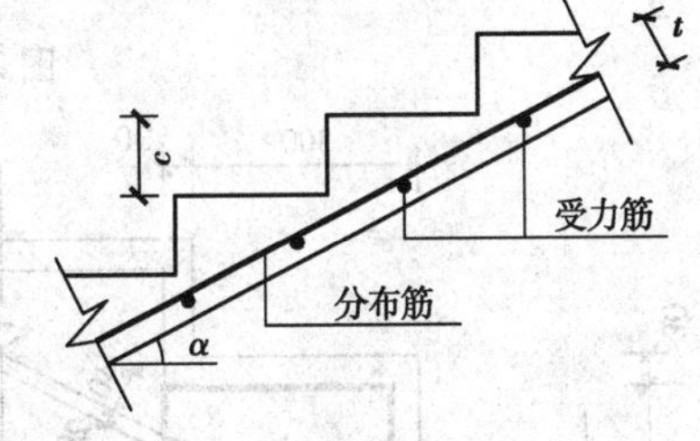

图 2.55 梁式楼梯踏步板配筋图

板式楼梯的踏步板厚度一般取(1/30~1/25)板跨,通常取 100~120 mm。每个踏步需配置一根 φ8 钢筋作为分布钢筋;斜板的受力钢筋沿斜向布置,考虑支座连接处的整体性,为防止板面出现裂缝,应在斜板上部设置一定数量的构造负筋,一般取 φ8@200,其伸出支座长度为 $l_n/4$, 如图 2.56 所示。

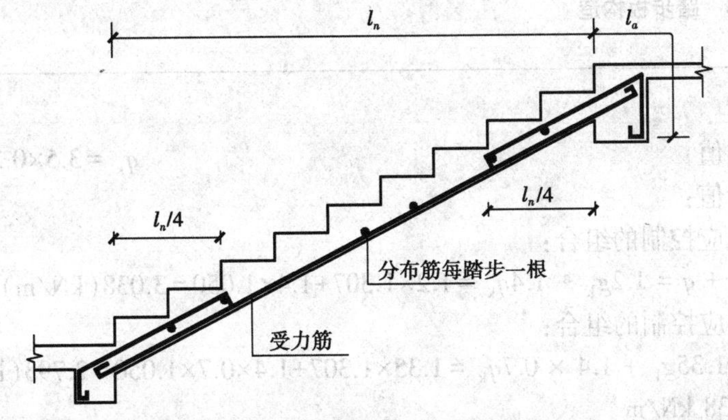

图 2.56 板式楼梯梯段板配筋图

2.6.6 整体式楼梯设计实例

某教学楼梁式楼梯的结构布置图及剖面图如图 2.57 所示。踏步面层采用 30 mm 水磨石（0.65 kN/m^2），底面为 20 mm 厚混合砂浆抹灰（17 kN/m^3）。作用于楼梯上的活荷载标准值为 3.5 kN/m^2。混凝土强度等级为 C30，楼梯斜梁及平台梁中的受力钢筋采用 HRB400 级，其余钢筋均采用 HPB300 级，环境类别为一类。要求设计此楼梯。

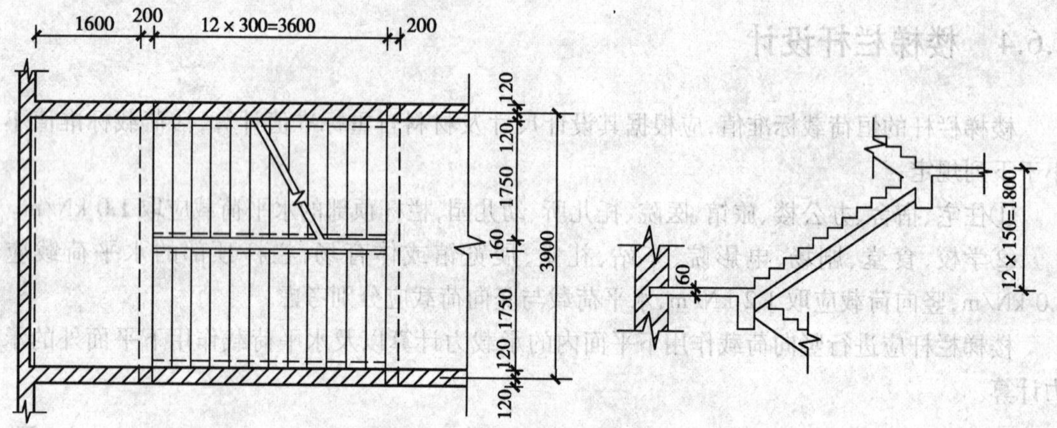

图 2.57 楼梯结构布置及剖面图

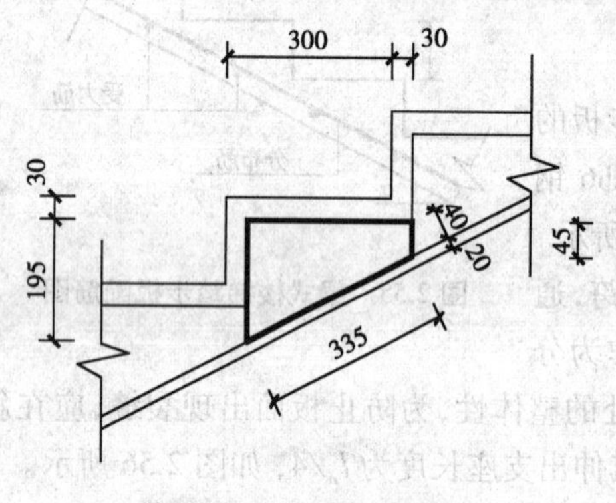

图 2.58 踏步板构造

1）踏步板计算

（1）荷载计算

踏步板的构造如图 2.58 所示，每个踏步板单位长度的自重重力荷载计算如下：

①恒荷载：

踏步板自重

$$(0.195+0.045)/2\times0.3\times25=0.900\ (\text{kN/m})$$

踏步抹灰重 $(0.3+0.15)\times0.65=0.293\ (\text{kN/m})$

底面抹灰重 $0.335\times0.02\times17=0.114\ (\text{kN/m})$

恒荷载标准值 $g_k=1.307\ \text{kN/m}$

②活荷载标准值： $q_k=3.5\times0.3=1.050\ (\text{kN/m})$

③总荷载设计值：

由可变荷载效应控制的组合：

$$g+q=1.2g_k+1.4q_k=1.2\times1.307+1.4\times1.050=3.038(\text{kN/m})$$

由永久荷载效应控制的组合：

$$g+q=1.35g_k+1.4\times0.7q_k=1.35\times1.307+1.4\times0.7\times1.050=2.793(\text{kN/m})$$

取 $g+q=3.038\ \text{kN/m}$

（2）内力计算

楼梯斜梁截面尺寸 150 mm×300 mm，则踏步板的计算跨度和跨中截面弯矩分别为

$$l_0 = l_n + b = (1.75-2\times0.15)+0.15 = 1.6(\text{m})$$

$$M = \frac{1}{8}\times3.038\times1.6^2 = 0.972(\text{kN}\cdot\text{m})$$

(3)配筋计算

踏步板截面的折算高度 $h=(195+45)/2=120(\text{mm})$，$h_0=120-20=100(\text{mm})$，$b=300$ mm；$f_c=14.3\ \text{N/mm}^2$；$f_y=270\ \text{N/mm}^2$，则

$$\alpha_s = \frac{M}{\alpha_1 f_c b h_0^2} = \frac{0.972\times10^6}{1.0\times14.3\times300\times100^2} = 0.023,$$

$$\xi = 1-\sqrt{1-2\alpha_s} = 0.023$$

$$A_s = \frac{\alpha_1 f_c b h_0 \xi}{f_y} = \frac{1.0\times14.3\times300\times100\times0.023}{270} = 37\ (\text{mm}^2)$$

选 2ϕ8($A_s=101\ \text{mm}^2$)。

2)楼梯斜梁计算

(1)荷载计算

踏步板传来荷载	$(3.038\times1.75)/(2\times0.3)=8.861$ (kN/m)
斜梁自重	$1.2\times(0.3-0.04)\times0.15\times25\times335/300=1.307$ (kN/m)
斜梁抹灰重	$1.2\times(0.3-0.04)\times2\times0.02\times17\times335/300=0.237$ (kN/m)
楼梯栏杆重	$1.2\times0.1=0.120$ (kN/m)
总荷载设计值	$g+q=10.525$ kN/m

(2)内力计算

平台梁截面尺寸 200 mm×400 mm，则斜梁的水平投影计算跨度为

$$l = l_n + b = 3.6+0.2 = 3.8(\text{m})$$

梁跨中截面最大弯矩及支座截面最大剪力分别为

$$M_{\max} = \frac{1}{8}(g+q)l_0^2 = \frac{1}{8}\times10.525\times3.8^2 = 18.998(\text{kN}\cdot\text{m})$$

$$V_{\max} = \frac{1}{2}(g+q)l_n\cos\alpha = \frac{1}{2}\times10.525\times3.6\times\frac{300}{335} = 16.966(\text{kN})$$

(3)配筋计算

$h_0=300-40=260(\text{mm})$，$h'_f=40$ mm；$b'_f=\dfrac{l}{6}=\dfrac{3800}{6}=633(\text{mm})$，$b'_f=150+\dfrac{1450}{2}=875(\text{mm})$，

$\dfrac{h'_f}{h}=\dfrac{40}{300}=0.133>0.1$，可以不考虑，故 $b'_f=633$ mm。$f_c=14.3\ \text{N/mm}^2$，$f_t=1.43\ \text{N/mm}^2$，$f_y=360\ \text{N/mm}^2$，则

$$\alpha_1 f_c b'_f h'_f(h_0-0.5h'_f) = 1.0\times14.3\times633\times40\times(260-0.5\times40)\ \text{N}\cdot\text{mm}$$
$$= 86.898\times10^6\ \text{N}\cdot\text{mm} > M$$

属于第一类 T 形截面。

$$\alpha_s = \frac{M}{\alpha_1 f_c b'_f h_0^2} = \frac{18.998\times10^6}{1.0\times14.3\times633\times260^2} = 0.031,\ \xi = 1-\sqrt{1-2\alpha_s} = 0.031$$

$$A_s=\frac{\alpha_1 f_c b'_f h_0 \xi}{f_y}=\frac{1.0\times14.3\times633\times260\times0.031}{360}=203(\text{mm}^2)$$

选 2 ⏀12($A_s=226\ \text{mm}^2$)。

$0.7f_t bh_0=0.7\times1.43\times150\times260\ \text{kN}=39.039\ \text{kN}>V=16.966\ \text{kN}$,故仅需按构造要求配置箍筋,选用箍筋 ϕ8@ 200。

3)平台梁计算

平台板厚度取 60 mm,面层采用 30 mm 厚水磨石,底面为 20 mm 厚混合砂浆抹灰。

(1)荷载计算

平台板传来的均布恒载 $1.2\times(0.65+0.06\times25+0.02\times17)\times(1.6/2+0.2)=2.988$ (kN/m)

平台板传来的均布活载 $1.4\times3.5\times(1.6/2+0.2)=4.900$ (kN/m)

平台梁自重 $1.2\times0.2\times(0.4-0.06)\times25=2.040$ (kN/m)

平台梁抹灰重 $1.2\times2\times(0.4-0.06)\times0.02\times17=0.277$ (kN/m)

均布荷载设计值 $g+q=10.205$ kN/m

由斜梁传来的集中荷载设计值 $G+Q=10.525\times3.6/2=18.945$ (kN)

(2)内力计算

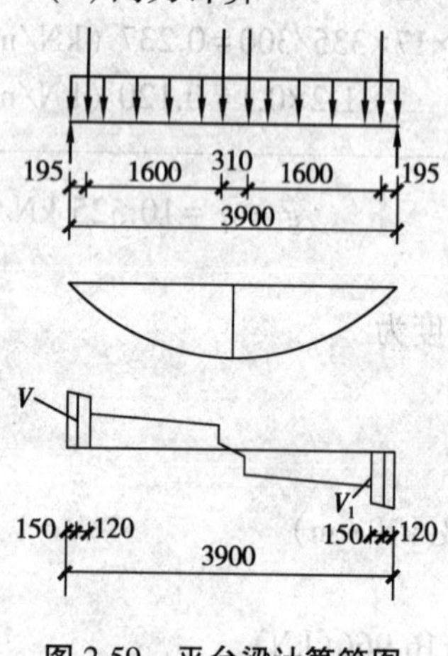

图 2.59 平台梁计算简图

平台梁计算简图如图 2.59 所示,其计算跨度为

$$l=l_n+a=(1.75\times2+0.16)+0.24=3.9(\text{m})$$

支座反力 R 为

$$R=\frac{1}{2}\times10.205\times3.9+2\times18.945=57.790(\text{kN})$$

跨中截面弯矩 M 为

$$M=57.790\times\frac{3.9}{2}-\frac{1}{8}\times10.205\times3.9^2-18.945\times(1.755+0.31/2)$$
$$=57.103\ (\text{kN}\cdot\text{m})$$

梁端截面剪力 V 为

$$V=\frac{1}{2}\times10.205\times3.66+18.945\times2=56.565(\text{kN})$$

由于靠近楼梯间墙的梯段斜梁距支座太近,剪跨过小,故其荷载直接传至支座,所以计算斜截面宜取在斜梁内侧,此处剪力 V_1 为

$$V_1=\frac{1}{2}\times10.205\times3.36+18.945=36.089(\text{kN})$$

(3)配筋计算

$h_0=400\ \text{mm}-40\ \text{mm}=360\ \text{mm}$, $b=200\ \text{mm}$, $h'_f=60\ \text{mm}$; $b'_f=\frac{l}{6}=\frac{3900}{6}\text{mm}=650\ \text{mm}$, $b'_f=\left(200+\frac{1600}{2}\right)\text{mm}=1000\ \text{mm}$,故 $b'_f=650\ \text{mm}$。

$\alpha_1 f_c b'_f h'_f(h_0-0.5h'_f)=1.0\times14.3\times650\times60\times(360-0.5\times60)=184.041\times10^6(\text{N}\cdot\text{mm})>M$,属于第一类 T 形截面。

$$\alpha_s = \frac{M}{\alpha_1 f_c b_f' h_0^2} = \frac{57.103\times10^6}{1.0\times14.3\times650\times360^2} = 0.047,\ \xi = 1 - \sqrt{1 - 2\alpha_s} = 0.048$$

$$A_s = \frac{\alpha_1 f_c b_f' h_0 \xi}{f_y} = \frac{1.0\times14.3\times650\times360\times0.048}{360} = 446(\text{mm}^2)$$

选 2⌀18（$A_s = 509\ \text{mm}^2$）。

$0.7f_t bh_0 = 0.7\times1.43\times200\times360\ \text{kN} = 72.072\ \text{kN} > V_1 = 36.089\ \text{kN}$，故仅需按构造要求配置箍筋，选用箍筋Φ8@200。

梯段斜梁与平台梁相交处应设置附加横向箍筋来承受梯段斜梁传来的集中力，此处采用附加箍筋双肢Φ8，则所需箍筋总数为

$$m = \frac{G + Q}{nA_{sv1} f_y} = \frac{18.945\times10^3}{2\times50.3\times270} = 0.697$$

平台梁内在梯段斜梁两侧处各配置两个双肢Φ8 箍筋。

楼梯配筋图如图 2.60 所示。

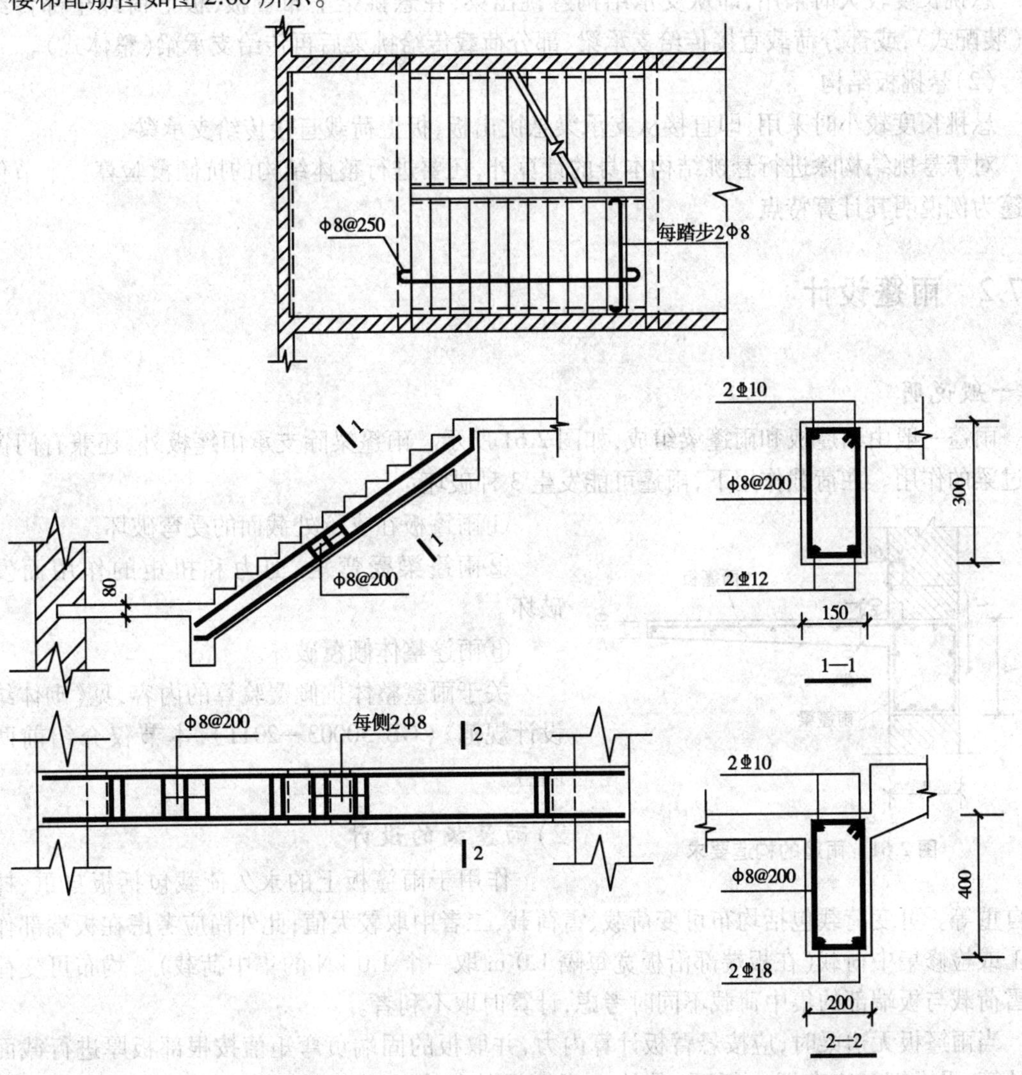

图 2.60 楼梯配筋图

4) 平台板计算

平台板的内力计算和配筋构造与一般平板的设计相仿,不再赘述。

2.7 悬挑结构

2.7.1 概述

雨篷、阳台及挑檐是房屋结构中最常见的悬挑构件。悬挑构件有整体式和装配式两种结构形式,工程中多采用整体式悬挑结构。悬挑结构一般由支承构件和悬挑构件组成。根据其悬挑长度,其结构布置有两种方案:

(1)悬挑梁板结构

悬挑长度较大时采用,即从支承结构悬挑出梁,在悬挑梁上布置板,板上荷载全部传给挑梁(装配式),或部分荷载直接传给支承梁、部分荷载传给挑梁后再传给支承梁(整体式)。

(2)悬挑板结构

悬挑长度较小时采用,即直接从支承梁悬挑出板,板上荷载直接传给支承梁。

对于悬挑结构除进行悬挑结构本身的计算外,还要进行整体结构的抗倾覆验算。本节仅以雨篷为例说明其计算特点。

2.7.2 雨篷设计

1) 一般说明

雨篷一般由雨篷板和雨篷梁组成,如图 2.61 所示。雨篷梁除支承雨篷板外,还兼有门窗洞口过梁的作用。在荷载作用下,雨篷可能发生 3 种破坏:

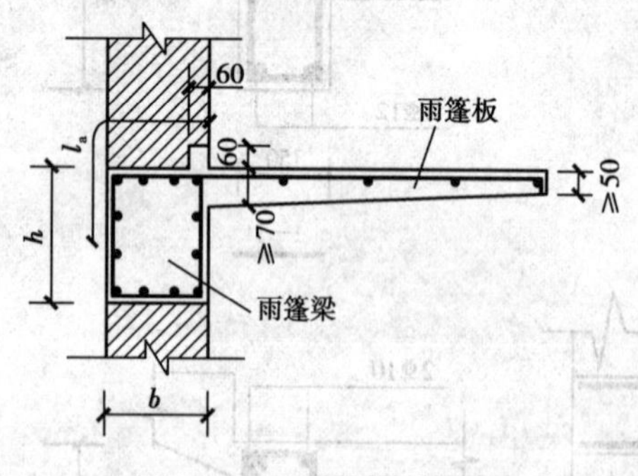

图 2.61 雨篷的构造要求

①雨篷板在支承处截面的受弯破坏。

②雨篷梁受弯矩、剪力和扭矩的作用而发生破坏。

③雨篷整体倾覆破坏。

关于雨篷整体抗倾覆验算的内容,见《砌体结构设计规范》(GB 50003—2011),本节仅介绍前两个内容。

2) 雨篷板的设计

作用于雨篷板上的永久荷载包括板自重、抹灰层自重等。可变荷载包括均布可变荷载、雪荷载,二者中取较大值;此外尚应考虑在板端部作用施工或检修集中荷载(在板端部沿板宽每隔 1.0 m 取一个 1.0 kN 的集中荷载)。均布可变荷载或雪荷载与板端部的集中荷载不同时考虑,计算时取不利者。

当雨篷板无边梁时,应按悬臂板计算内力,并取板的固端负弯矩值按根部板厚进行截面配筋计算,受力钢筋应布置在板顶,其伸入雨篷梁的长度应满足受拉钢筋锚固长度的要求(图

2.61)。有边梁时,按一般梁板结构设计。

一般雨篷板的悬挑长度为 0.5~1.2 m。现浇雨篷板多数采用变厚度形式,板根部厚度:当悬挑长度不大于 500 mm 时,不小于 60 mm;当悬挑长度为 1200 mm 时,不小于 100 mm。端部不小于 50 mm,如图 2.61 所示。

3)雨篷梁的设计

雨篷梁除承受自重及雨篷板传来的均布荷载和集中荷载外,还承受雨篷梁上的墙体自重及上部楼层梁板可能传来的荷载,后者的取值按《砌体结构设计规范》(GB 50003—2011)中过梁的规定取用。由于悬臂雨篷板上作用的均布荷载和集中荷载的作用点不在雨篷梁的竖向对称平面上[图 2.62(a)],因此这些荷载还将使雨篷梁产生扭矩[图 2.62(b)]。

雨篷梁在平面内竖向荷载作用下,按简支梁计算弯矩和剪力。计算弯矩时,对于施工荷载,应沿板宽每隔 1.0 m 取一个集中荷载,并假定雨篷板板端传来的 1.0 kN 集中荷载 F 与梁跨中位置对应,再另外考虑均布活荷载出现的可能性。雨篷梁跨中截面最大弯矩取下列两式中的较大值:

$$M=\frac{1}{8}(g+q)l_b^2 \qquad 或 \qquad M=\frac{1}{8}gl_b^2+\frac{1}{4}Fl_b$$

式中,g、q 为作用在雨篷梁上的线均布恒载、活载值(分别包括梁自重、墙重等以及雨篷板传来的荷载);l_b 为雨篷梁的计算跨度。

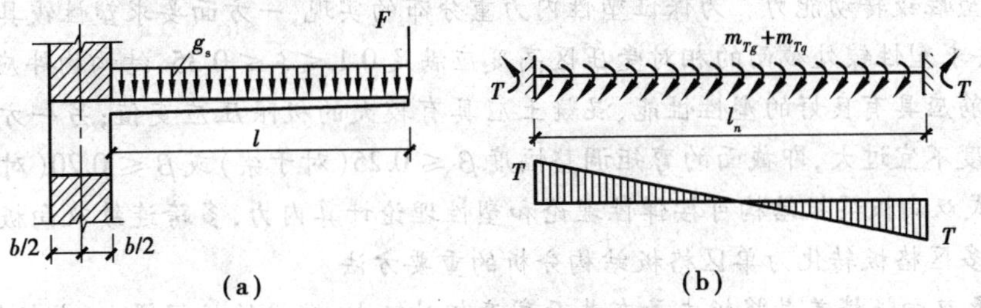

图 2.62 雨篷梁的扭矩计算

计算剪力时,假定雨篷板板端传来的 1.0 kN 集中荷载 F 与雨篷梁支座边缘位置对应,同样也考虑均布活荷载出现的可能性,则雨篷梁支座边缘截面剪力取下列两式中的较大值:

$$V=\frac{1}{2}(g+q)l_{bn} \qquad 或 \qquad V=\frac{1}{2}gl_{bn}+F$$

式中,l_{bn} 为雨篷梁的净跨度。

雨棚梁在线扭矩荷载作用下,按两端固定梁计算扭矩。雨棚板上的均布恒载 g_s (kN/m^2)及均布活荷载 q_s(kN/m^2)在雨篷梁上引起的线扭矩荷载分别为 $m_{Tg}=g_s l(l+b)/2$,$m_{Tq}=q_s l(l+b)/2$,则雨篷梁支座边缘截面的扭矩取下列两式中的较大值,即

$$T=\frac{1}{2}(m_{Tg}+m_{Tq})l_{bn} \qquad 或 \qquad T=\frac{1}{2}m_{Tg}l_{bn}+F\left(l+\frac{b}{2}\right)$$

式中,l 为雨篷板的悬臂长度;b 为雨篷梁的截面宽度,如图 2.62 所示。

雨篷梁在竖向荷载和线扭矩荷载作用下,将产生弯矩、剪力和扭矩,因此雨篷梁的纵筋和箍筋数量应分别按弯、剪、扭承载力计算确定,并应满足相应的构造要求。

本章小结

1.钢筋混凝土楼盖是由梁和板(或无梁)组成的梁板结构体系,其主要设计步骤为:结构选型和结构平面布置,确定板厚和梁截面尺寸;确定板和梁的计算简图;荷载及内力计算、内力组合;截面承载力计算,配筋及构造设计;绘制施工图。其中结构选型和结构平面布置属结构方案设计,其合理与否对整个结构的可靠性与经济性有重要影响,应根据建筑使用要求、结构受力特点等慎重考虑。

2.确定结构计算简图(包括计算模型和荷载图式)是进行结构分析的关键。确定计算简图时应抓住影响结构内力和变形的主要因素,忽略次要因素,保证结构分析的精度并简化结构分析。

3.单向板单向受力,单向弯曲(及剪切);双向板双向受力,双向弯曲(及剪切)。设计时可根据板的四边支承情况和板的长、短跨之比来进行区分。

4.梁板结构的内力可按弹性理论及塑性理论进行分析,考虑塑性内力重分布的计算方法能较好地符合混凝土结构的实际受力状态且符合经济性原则。整体式单向板肋梁楼盖中,主梁一般按弹性理论计算内力,板和次梁可按考虑塑性内力重分布的方法计算内力。

5.塑性铰是弹塑性材料超静定结构实现塑性内力重分布的关键,较明显的内力重分布程度主要取决于塑性铰转动能力。为保证塑性内力重分布的实现,一方面要求塑性铰具有足够的转动能力,即要求塑性铰处截面的相对受压区高度应满足 $0.1 \leqslant \xi \leqslant 0.35$,结构构件应具有合适的配筋率且钢筋应具有良好的塑性性能、混凝土应具有较大的极限压应变值;另一方面要求塑性铰的转动幅度不宜过大,即截面的弯矩调整幅度 $\beta \leqslant 0.25$(对于梁)或 $\beta \leqslant 0.20$(对于板)。

6.整体式双向板梁板结构可按弹性理论和塑性理论计算内力,多跨连续双向板荷载的分解是双向板由多区格板转化为单区格板结构分析的重要方法。

7.柱支承双向板楼盖是将板支承在截面高度相对较小、较柔的柱间梁上,或柱轴线上无梁,钢筋混凝土板直接支承于柱上。柱间梁对板起到加强作用。分析这种楼盖结构时,应采用考虑梁、板共同工作的分析方法,直接设计法只能用以计算竖向荷载作用下楼盖结构的内力;等代框架法可用于计算竖向及水平荷载作用下楼盖结构的内力。

8.装配式梁板结构应特别注意板与板、板与墙(或梁)、梁与墙的灌缝与连接,以保证楼盖的整体性。预制结构构件除应进行使用阶段的计算外,还需进行施工阶段的验算。

9.整体式梁、板式楼梯是斜向结构,内力计算可转化为水平结构进行分析。雨篷是悬挑结构,悬挑结构不但要进行结构自身的承载力计算,还需进行整体结构的抗倾覆验算。

思考题

2.1　楼盖按结构形式和施工方法分别可分为哪几种类型？各有什么特点？

2.2　什么是单向板与双向板？设计时如何判别？二者受力特点有何不同？

2.3　在钢筋混凝土单向连续板和连续次梁的内力计算中,为什么要采用折算荷载？有何实际意义？

2.4　为什么连续梁内力计算时要考虑活荷载的最不利布置？连续梁活荷载最不利布置的

原则是什么？

2.5 什么是钢筋混凝土受弯构件的塑性铰？塑性铰与理想铰相比有什么不同？影响塑性铰转动能力的因素主要有哪些？

2.6 什么是钢筋混凝土超静定结构的塑性内力重分布？如何划分塑性内力重分布的两个阶段？塑性铰的转动能力对塑性内力重分布有什么影响？

2.7 在哪些情况下不能按考虑塑性内力重分布方法计算结构内力？

2.8 什么是弯矩调幅法？调幅法的具体步骤是什么？

2.9 单向板中应布置哪些钢筋？它们的作用分别是什么？

2.10 多跨连续双向板的内力计算中，如何将多跨连续板等效为多个单区格板，并利用单区格板的弹性弯矩系数求出其跨中及支座处的最大弯矩？

2.11 简要说明按极限平衡法计算双向板极限荷载的步骤。

2.12 什么是柱支承双向板楼盖？其内力计算有哪几种常用的计算方法？

2.13 楼梯的常用类型有哪些？各有什么特点和适用范围？

2.14 如何进行梁式楼梯中各构件的内力计算？

2.15 作用于雨篷板上的荷载有哪些？无边梁或有边梁雨篷板各应如何进行内力计算？

习 题

2.1 两跨连续梁如习题2.1图所示，按弹性理论计算，在荷载 P 作用下（三分点加载），中间支座 $M_B=-0.33Pl$，跨中的最大正弯矩 $M_1=0.22Pl$，若设计时支座、跨中均按 M_B 弯矩确定受拉筋用量为 A_s，忽略梁的自重，试求：(1)分别按弹性理论和塑性理论求出该连续梁所能承受的最大集中荷载值；(2)如果支座截面配筋减少为 $\frac{2}{3}A_s$，要求该连续梁所承受的最大集中荷载值不变，按塑性理论求出梁跨中截面应能抵抗的弯矩值。

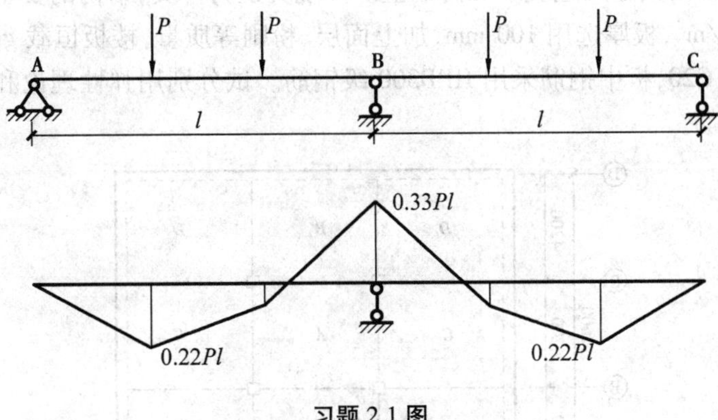

习题 2.1 图

2.2 某五跨钢筋混凝土连续板如习题2.2图所示，板跨度为2.4 m，恒荷载标准值 $g_k=3.8\ \mathrm{kN/m^2}$，活荷载标准值 $q_k=3.5\ \mathrm{kN/m^2}$。要求：(1)确定按弹性理论计算时板的计算简图；(2)按弹性理论计算第一跨跨中弯矩设计值、B 支座最大弯矩和剪力设计值，并说明活荷载的最不利布置的方式；(3)确定按考虑塑性内力重分布计算时板的计算简图；(4)按考虑塑性内力重分布计算时，第一跨跨中弯矩设计值、B 支座最大弯矩和剪力设计值。

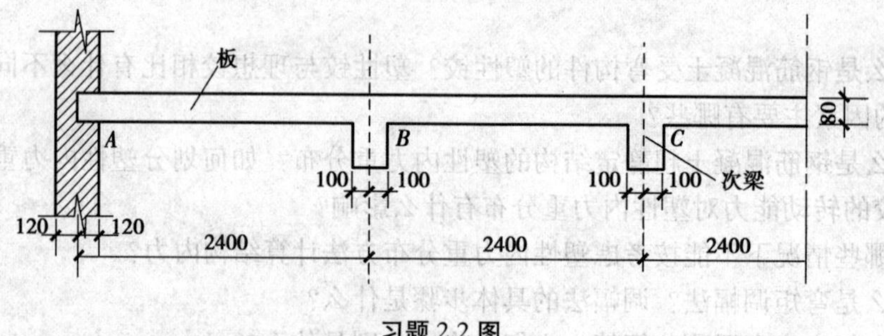

习题 2.2 图

2.3 一根左端固定,右端带悬臂的钢筋混凝土梁,环境类别为一类,结构的安全等级为二级,其荷载和按弹性理论计算的弯矩图如习题 2.3 图所示。若设计时支座 A 与 B 截面、跨中 C 截面的受拉筋量均为3⌀25(A_s =1473 mm^2,HRB400 级钢筋),混凝土强度等级为 C25;截面尺寸为 250 mm×650 mm,忽略梁的自重。试求:(1)按弹性理论计算时 P 的最大值;(2)当考虑塑性内力重分布时所计算 P 的最大值;(3)支座 A 截面和跨中 C 截面的弯矩调幅系数 β。

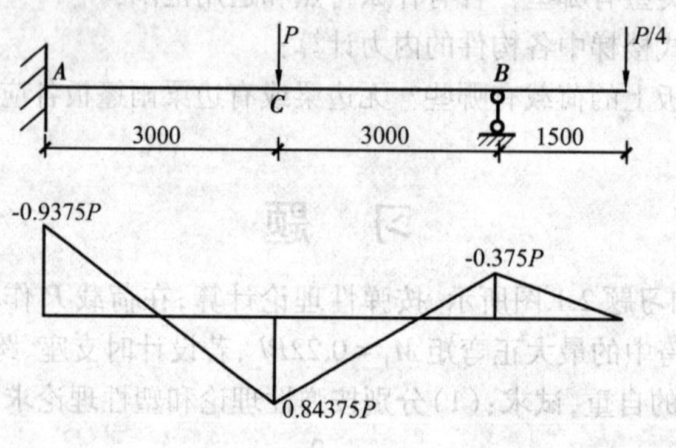

习题 2.3 图

2.4 某厂房双向板肋梁楼盖的结构布置,如习题 2.4 图所示,板区格边与梁整浇,支承梁截面为 200 mm×500 mm;楼盖周边支承在砖墙上。环境类别为一类,结构的安全等级为二级。楼面活载 q_k =5.0 kN/m^2,板厚选用 100 mm,加上面层、粉刷等质量,楼板恒载 g_k =3.8 kN/m^2,混凝土强度等级采用 C20,板中钢筋采用 HPB300 级钢筋。试分别用弹性理论和塑性理论计算板的内力和相应的配筋。

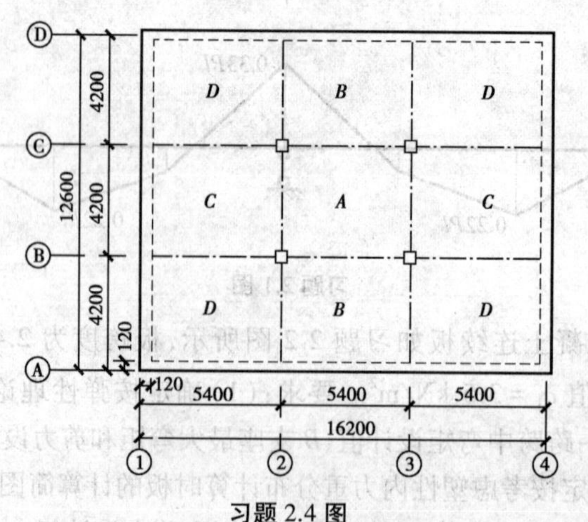

习题 2.4 图

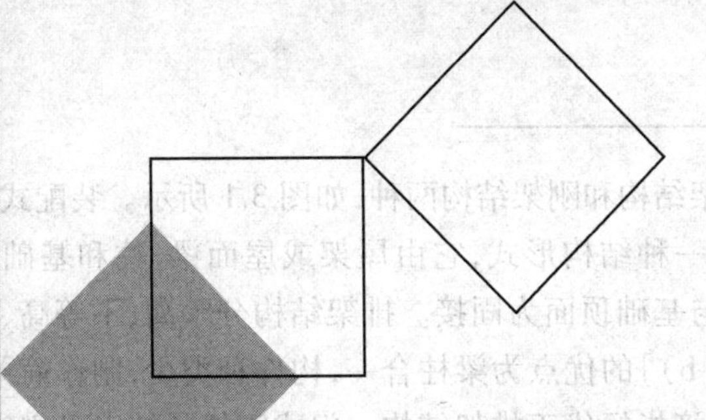

3 单层厂房结构

本章导读：

● **基本要求** 熟悉单层工业厂房结构选型与结构布置原则；掌握钢筋混凝土排架结构的荷载与内力计算方法、内力组合原则以及钢筋混凝土排架柱的截面设计方法、柱下独立基础的设计方法；熟悉排架柱和柱下独立基础的构造要求；掌握单层工业厂房纵、横向抗震概念设计和抗震设计计算方法；熟悉抗震构造要求。

● **重点** 单层工业厂房结构选型与结构布置原则；排架结构的荷载与内力计算方法；单层工业厂房抗震计算方法。

● **难点** 排架柱内力组合方法；单层工业厂房抗震计算方法。

3.1 结构类型和结构体系

单层厂房是目前工业建筑中应用范围比较广泛的一种建筑类型，主要用于机械设备和产品较重且轮廓尺寸较大的生产车间，以便大型设备直接安装在地面上，使生产工艺流程和车间内部运输比较容易组织。冶金、机械制造等厂房的炼钢、轧钢、铸造、金工、装配、铆焊、机修等车间通常设计成单层厂房。纺织厂也常采用单层厂房。

单层工业厂房根据其跨度、高度和吊车起重量等不同可采用混合结构、混凝土结构或钢结构。无吊车或吊车吨位不超过 5 t，跨度在 15 m 以内，柱顶标高不超过 8 m 且无特殊工艺要求的小型厂房，可采用由砖柱、钢筋混凝土屋架或轻钢屋架组成的混合结构。厂房内有重型吊车（如吊车起重量大于 150 t）、跨度大于 36 m 或有特殊工艺要求的大型厂房，可采用全钢结构或由钢筋混凝土柱与钢屋架组成的结构。除上述情况以外的单层工业厂房，一般采用钢筋混凝土结构。而且除特殊情况外，一般均采用装配式钢筋混凝土结构。

单层厂房常用的结构体系主要有排架结构和刚架结构两种，如图 3.1 所示。装配式钢筋混凝土排架结构是单层工业厂房最广泛的一种结构形式，它由屋架或屋面梁、柱和基础所组成[图 3.1(a)]。柱顶与屋架为铰接，柱底与基础顶面为固接。排架结构分等高、不等高、单跨或多跨等多种形式。门式刚架结构[图 3.1(b)]的优点为梁柱合一，构件种类少，制作简单，结构轻巧，当厂房的跨度和高度均较小时其经济指标优于排架结构。门式刚架的缺点是刚度较差，承载后会产生跨变，梁柱的转角处易产生早期裂缝；翻身、吊装和对中就位均比较麻烦，其应用受到一定限制。

本章仅介绍装配式钢筋混凝土单层厂房排架结构设计中的一些问题。

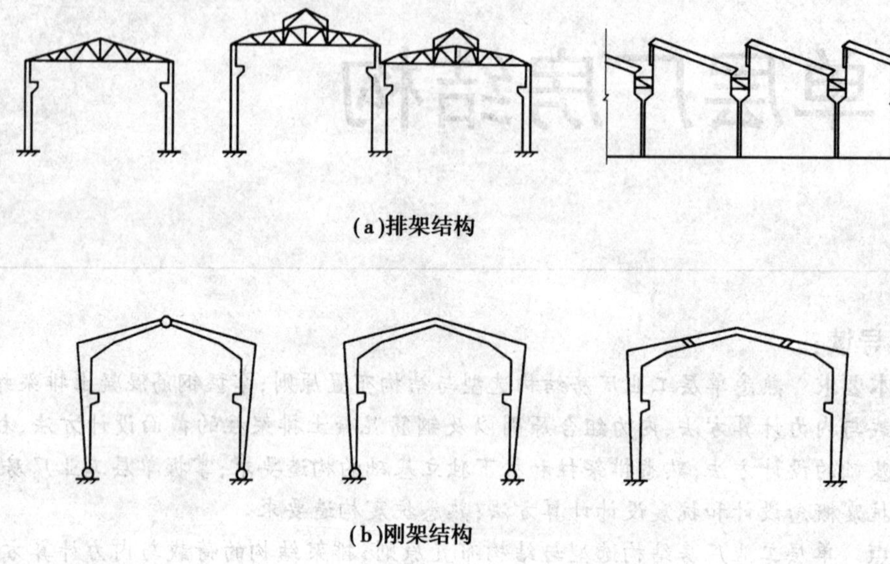

图 3.1　单层厂房结构类型

3.2　结构组成及荷载传递

3.2.1　结构组成

单层厂房排架结构是由各种构件组成的空间受力体系(图 3.2)。根据各构件的作用及受力特点，可将其分为承重结构构件、围护结构构件和支撑体系三大部分。其中，承重结构构件为直接承受荷载并将荷载传递给其他构件的构件；围护结构构件则为承受自重和作用其上的风荷载为主的纵墙、山墙、连系梁、抗风柱等构件；支撑体系是连系屋架、天窗架、柱等以增强结构整体性的重要组成构件，分为屋盖支撑和柱间支撑。单层厂房各构件及其作用，可见表 3.1。

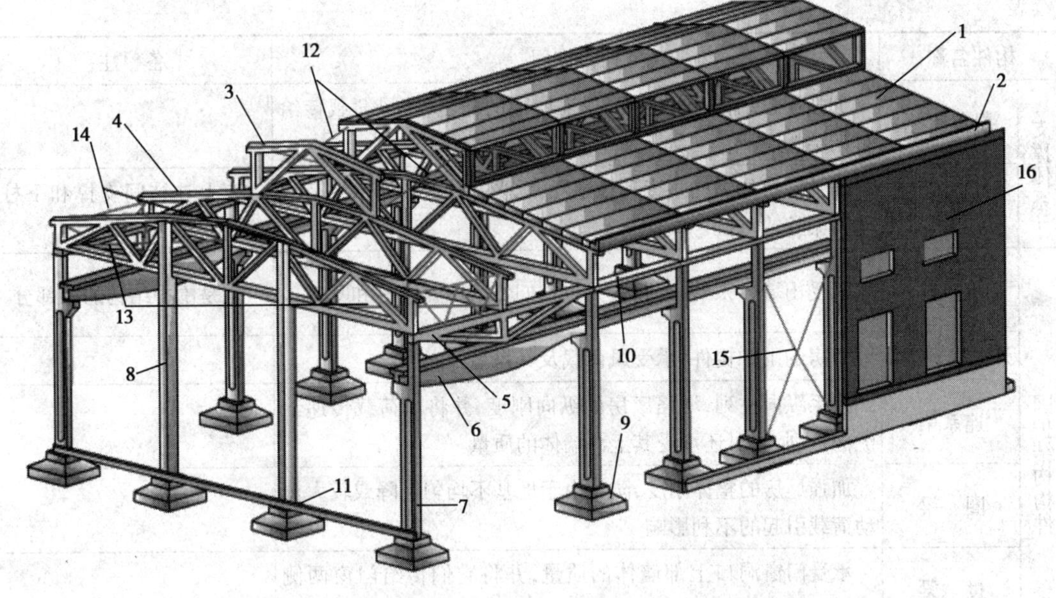

图 3.2　单层厂房排架结构

1—屋面板；2—天沟板；3—天窗架；4—屋架；5—托架；6—吊车梁；7—排架柱
8—抗风柱；9—基础；10—连系梁；11—基础梁；12—天窗架垂直支撑；
13—屋架下弦横向水平支撑；14—屋架端部垂直支撑；15—柱间支撑；16—墙体

表 3.1　单层厂房排架结构构件及其作用

<table>
<tr><th colspan="3">构件名称</th><th>构件作用</th><th>备　注</th></tr>
<tr><td rowspan="9">承重结构构件</td><td rowspan="6">屋盖结构</td><td>屋面板</td><td>承受屋面构造层自重、屋面活荷载、雪荷载、积灰荷载以及施工荷载等，并将它们传给屋架（屋面梁），具有覆盖、围护和传递荷载的作用</td><td>支撑在屋架（屋面梁）或檩条上</td></tr>
<tr><td>天沟板</td><td>屋面排水并承受屋面积水及天沟板上的构造层自重、施工荷载等，并将它们传给屋架</td><td></td></tr>
<tr><td>天窗架</td><td>形成天窗以便于采光和通风，承受其上屋面板传来的荷载及天窗上的风荷载等，并将它们传给屋架</td><td></td></tr>
<tr><td>托　架</td><td>当柱距比屋架间距大时，用以支撑屋架，并将荷载传给柱</td><td>屋架间距与屋面板长度相同</td></tr>
<tr><td>屋架（屋面梁）</td><td>与柱形成横向排架结构，承受屋盖上的全部竖向荷载，并将它们传给柱</td><td></td></tr>
<tr><td>檩　条</td><td>支撑小型屋面板（或瓦材），承受屋面板传来的荷载，并将它们传给屋架</td><td>有檩体系屋盖中采用</td></tr>
<tr><td colspan="2">排架柱</td><td>承受屋盖结构、吊车梁、外墙、柱间支撑等传来的竖向和水平荷载，并将它们传给基础</td><td>同时为横向排架和纵向排架中的构件</td></tr>
<tr><td colspan="2">吊车梁</td><td>承受吊车竖向和横向或纵向水平荷载，并将它们分别传给横向或纵向排架</td><td>简支在柱牛腿上</td></tr>
<tr><td colspan="2">基　础</td><td>承受柱、基础梁传来的全部荷载，并将它们传给地基</td><td></td></tr>
</table>

续表

构件名称		构件作用	备　注
支撑体系	屋盖支撑	加强屋盖结构空间刚度,保证屋架的稳定,将风荷载传给排架结构	
	柱间支撑	加强厂房的纵向刚度和稳定性,承受并传递纵向水平荷载至排架柱或基础	有上柱柱间支撑和下柱柱间支撑
围护结构构件	抗风柱	承受山墙传来的风荷载,并将它们传给屋盖结构和基础	也是围护结构的一部分
	外纵墙、山墙	厂房的围护构件,承受风荷载及其自重	
	连系梁	连系纵向柱列,增强厂房的纵向刚度,并将风荷载传递给纵向柱列,同时还承受其上部墙体的质量	
	圈　梁	加强厂房的整体刚度,防止由于地基不均匀沉降或较大振动荷载引起的不利影响	
	过　梁	承受门窗洞口上部墙体的质量,并将它们传给门窗两侧墙体	
	基础梁	承受围护墙体的重量,并将它们传给基础	

根据单层厂房结构的受力特点,可将结构整体分为以下几个子结构体系。

(1)屋盖结构

由排架柱顶以上部分各构件(包括屋面板、天沟板、天窗架、屋架、檩条、屋盖支撑、托架等)组成,其作用主要是围护和承重(承受屋盖结构的自重、屋面活荷载、雪荷载和其他荷载,并将这些荷载传给排架柱),以及采光和通风,并与厂房柱组成排架结构。

屋盖结构分有檩体系和无檩体系两种。有檩体系由小型屋面板、檩条、屋架和屋盖支撑组成[图 3.3(a)]。这种屋盖的构件小而轻,便于吊装和运输,但其构造和荷载传递都比较复杂,整体性和刚度比较差,仅适用于一般中、小型厂房。无檩体系由大型屋面板、屋架或屋面梁及屋盖支撑组成[3.3(b)]。这种屋盖的屋面刚度大、整体性好、构件数量和种类较少,施工速度快,适用于具有较大吨位吊车或有较大振动的大、中型或重型工业厂房,是单层厂房中应用较广的一种屋盖结构形式。

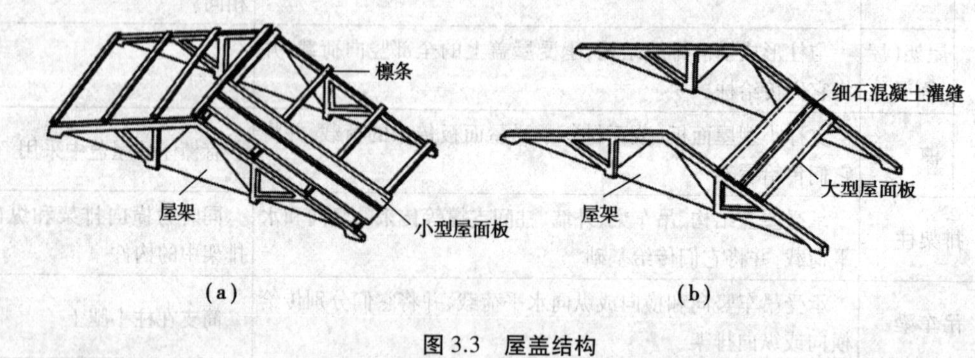

图 3.3　屋盖结构

(2)横向平面排架

由屋架(或屋面梁)、横向柱列及其基础组成,是单层厂房的基本承重结构,如图 3.4 所示。厂房承受的竖向荷载(包括结构自重、屋面活荷载、雪荷载和吊车竖向荷载等)及横向水平荷载(包括风载、吊车横向制动力、横向水平地震作用等)主要通过横向平面排架传至基础及地基。

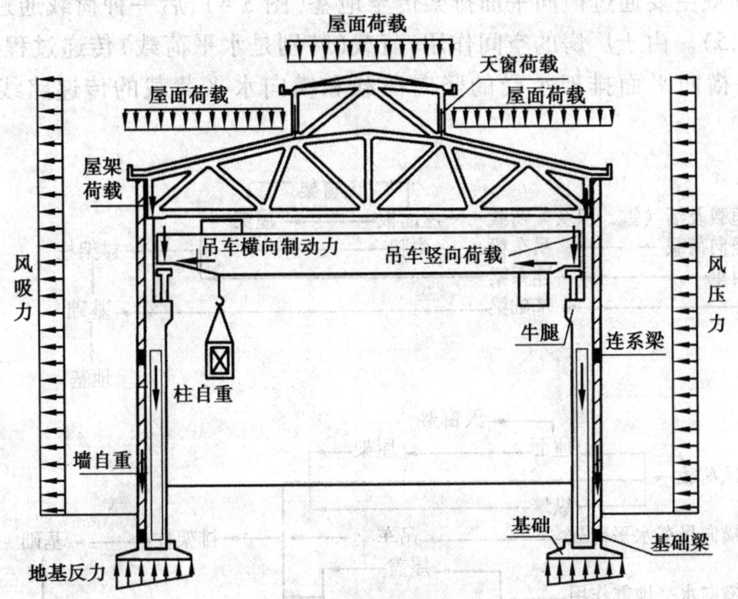

图 3.4 横向平面排架组成及荷载图

(3)纵向平面排架

由连系梁、吊车梁、纵向柱列、柱间支撑和基础等构件组成,如图 3.5 所示。其作用是保证厂房结构的纵向稳定性和刚度,承受作用在厂房结构上的纵向水平荷载,并将其传给地基,同时还承受因温度变化及收缩变形而产生的内力。

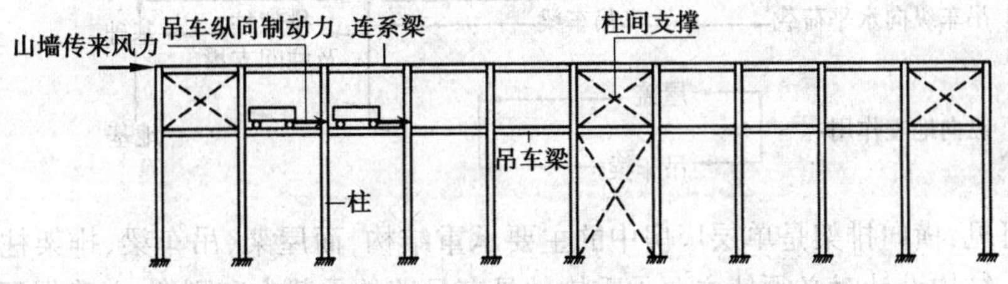

图 3.5 纵向平面排架组成及荷载图

(4)围护结构

由纵墙、山墙(横墙)、抗风柱(有时还设有抗风梁或桁架)、连系梁、基础梁等构件组成,兼有围护和承重的作用。这些构件所承受的荷载主要是墙体和构件的自重以及作用在墙面上的风荷载。

3.2.2 主要荷载及其传递路线

单层厂房承受的荷载可分为永久荷载和可变荷载两类。永久荷载包括各种结构构件、围护结构及固定设备的自重。可变荷载包括屋面活荷载、雪荷载、风荷载、吊车荷载和地震作用等，对大量排灰的厂房(如炼钢厂的转炉车间、机械厂的铸造车间以及水泥厂等)及其临近建筑物还应考虑屋面积灰荷载。

作用于单层厂房上的荷载按其作用方向可分为竖向荷载、横向水平荷载和纵向水平荷载3种。前两种荷载主要通过横向平面排架传至地基(图3.4)，后一种荷载通过纵向平面排架传至地基(图3.5)。由于厂房的空间作用，荷载(特别是水平荷载)传递过程比较复杂，为了便于理解，可将横向平面排架承受的竖向荷载和横向水平荷载的传递路线近似简化表达如下：

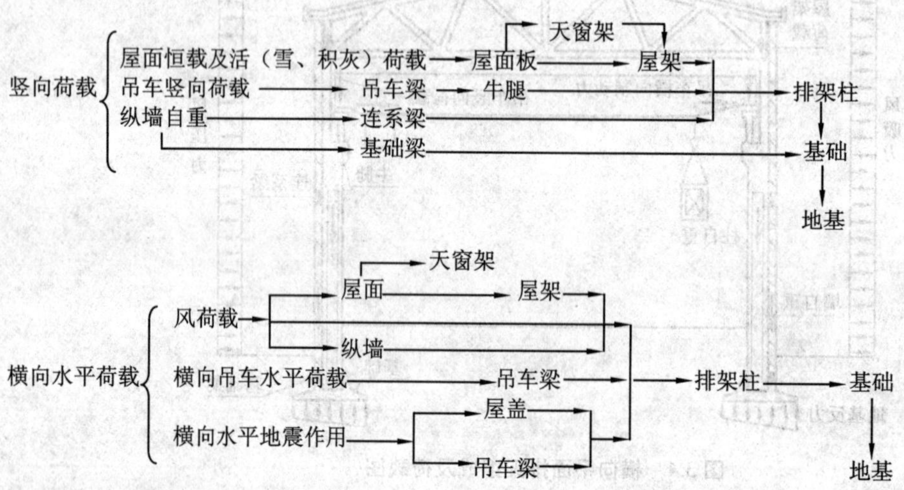

纵向平面排架承受的纵向水平荷载的传递路线近似简化表达如下：

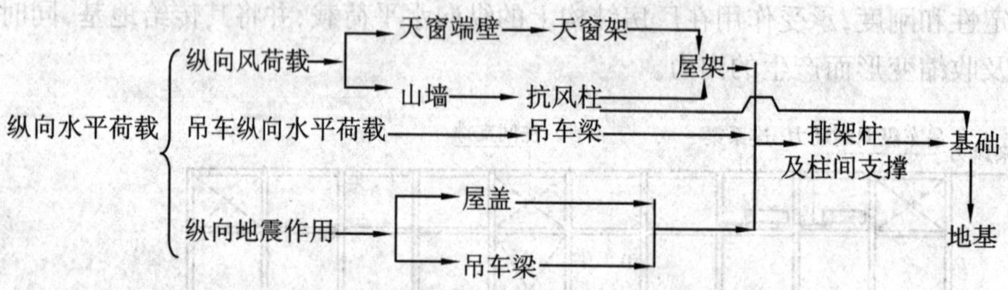

由上述可见，横向排架是单层厂房中的主要承重结构，而屋架、吊车梁、排架柱和基础是主要承重构件。结构设计时必须使主要承重构件具有足够的承载力和刚度，以确保厂房结构的可靠性。

3.3 结构布置

在单层厂房的结构类型和结构体系确定后，可根据厂房生产工艺等各项要求，进行厂房结构布置，包括结构平面布置、支撑布置和围护结构布置等。

3.3.1 结构平面布置

1) 柱网布置

由厂房承重柱的纵向和横向定位轴线所形成的网格，称为柱网。柱网布置就是确定纵向定位轴线之间(跨度)和横向定位轴线之间(柱距)的尺寸。柱网尺寸确定后，承重柱的位置以及屋面板、屋架、吊车梁和基础梁等构件的跨度也随之确定。因此，柱网布置是否合理，将直接影响厂房结构的经济性和技术先进性，对生产使用也有密切关系。

柱网布置的原则，首先应满足生产工艺及使用要求，在此前提下力求建筑平面和结构方案合理；另外，为了保证结构构件标准化和系列化，还应符合《厂房建筑模数协调标准》(GB/T 50006—2010)规定的建筑模数，以100 mm为基本模数，用“1M”表示。当厂房的跨度小于或等于18 m时，应采用扩大模数30M数列，即9 m、12 m、15 m和18 m；当厂房的跨度大于18 m时，宜采用扩大模数60M数列，即18 m、24 m、30 m、36 m等。厂房的柱距应采用扩大模数60M数列，当工艺有特殊要求时，可局部抽柱；厂房山墙处抗风柱的柱距，宜采用扩大模数15M数列。厂房柱网布置和建筑模数如图3.6所示。

2) 定位轴线

厂房定位轴线是确定厂房主要承重构件位置及其标志尺寸的基准线，同时也是施工放线和设备定位的依据。通常将沿厂房柱距方向的轴线称为纵向定位轴线，一般采用Ⓐ,Ⓑ,Ⓒ,…表示；沿厂房跨度方向的轴线称为横向定位轴线，一般用编号①,②,③,…表示，如图3.6所示。

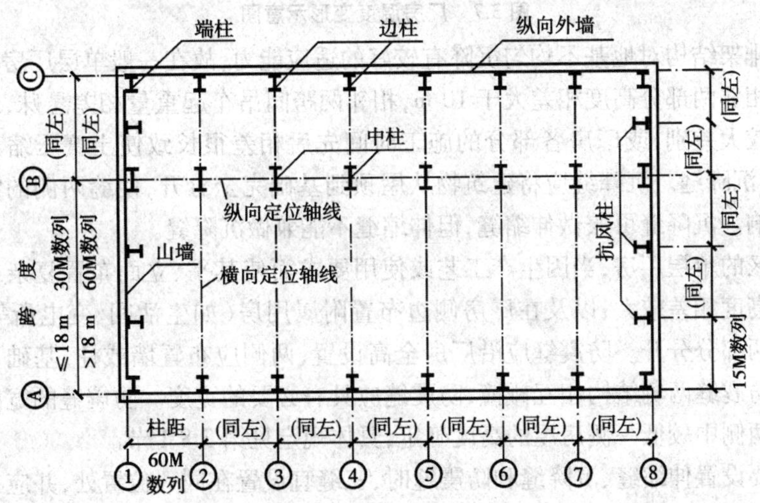

图 3.6 柱网布置和定位轴线

3) 变形缝设置

变形缝包括伸缩缝、沉降缝和防震缝3种。

由于气温变化时，厂房上部结构构件热胀冷缩，而厂房埋入地下的部分受温度影响很小，使上部结构构件的伸缩受到约束，产生温度应力。如果厂房的长度和宽度过大，当温度变化时，将使结构的内部产生很大的温度应力，严重时可将墙面、屋面等构件拉裂(图3.7)，影响厂房的正常使用,并使构件的承载力降低。由于厂房结构中的温度应力很难精确计算,所以目前采取沿厂房纵(横)向在一定长度内设置伸缩缝的办法,将厂房结构分成几个温度区段来减小温度应力,保证厂房的正常使用。温度区段的长度取决于结构类型、施工方法和结构所处的环境等因素,附表 5 为钢筋混凝土结构伸缩缝最大间距,对装配式排架结构,伸缩缝最大间距,室内或土中时为 100 m,露天时为 70 m。

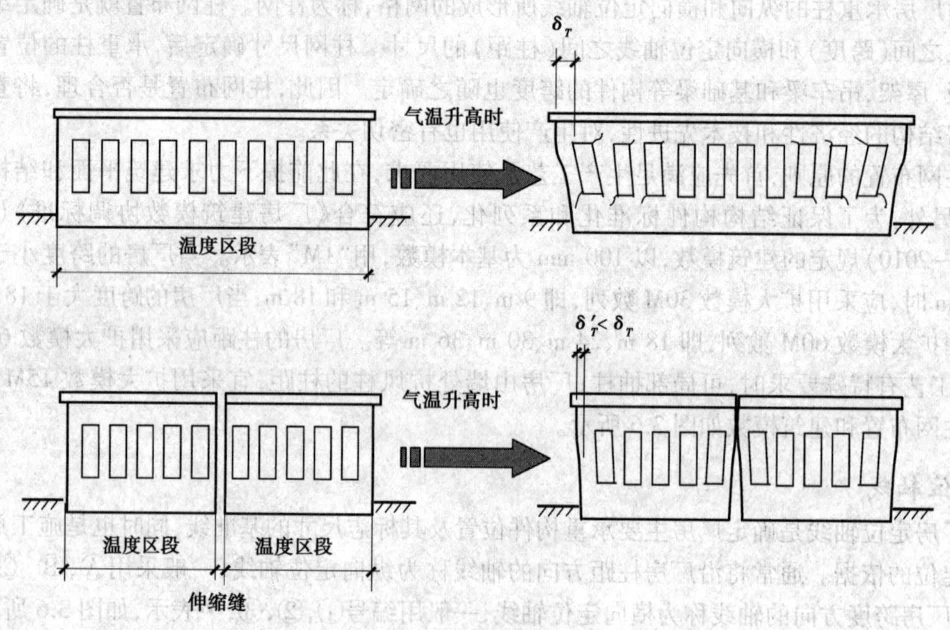

图 3.7　厂房温度变形示意图

单层厂房排架结构对地基不均匀沉降有较好的适应能力,故在一般单层厂房中可不设沉降缝。但当厂房相邻两部分高度相差大于 10 m,相邻两跨间吊车起重量相差悬殊,地基承载力或下卧层土质有较大差别,或厂房各部分的施工时间先后相差很长致使土壤压缩程度不同等情况,应考虑设置沉降缝。沉降缝应将建筑物从屋顶到基础完全分开,使缝两侧的结构可以自由沉降而互不影响。沉降缝可兼做伸缩缝,但伸缩缝不能兼做沉降缝。

位于地震区的单层厂房,当因生产工艺或使用要求而使其平、立面布置复杂或结构相邻两部分的刚度和高度相差较大,以及在厂房侧边布置附属用房(如生活间、变电所等)时,应设置防震缝将相邻两部分分开。防震缝应沿厂房全高设置,两侧应布置墙或柱,基础可不设缝。为了避免地震时防震缝两侧结构相互碰撞,防震缝应具有必要的宽度。防震缝的宽度应根据抗震设防烈度和缝两侧中较低一侧房屋的高度确定,具体规定见第 3.8.1 节。

当厂房需要设置伸缩缝、沉降缝和防震缝时,三缝宜设置在同一位置处,并应符合防震缝的宽度要求。

3.3.2　支撑布置

在装配式钢筋混凝土单层厂房中,除排架柱下端与基础采用刚接外,其他构件之间均采用铰接。这种方案的优点是施工方便,而且对地基不均匀沉降有较强的适用性。但厂房的整体刚度和稳定性较差,不能有效地传递水平荷载。为了保证厂房在施工和使用过程中的可靠性,必须设置各种支撑。

单层厂房中的支撑分为屋盖支撑和柱间支撑两大类。本小节主要讲述各类支撑的作用和布置原则，关于支撑的具体布置方法及其连接构造可参阅有关标准图集。

1）屋盖支撑

屋盖支撑包括上、下弦横向水平支撑、纵向水平支撑、垂直支撑及纵向水平系杆、天窗架支撑等。

（1）上弦横向水平支撑

上弦横向水平支撑是沿厂房跨度方向用交叉角钢、直腹杆和屋顶上弦杆共同构成的水平桁架。其作用是保证屋架上弦杆在平面外的稳定性和屋盖纵向水平刚度，同时还作为山墙抗风柱顶端的水平支座，承受由山墙传来的风荷载和其他纵向水平荷载，并将其传至厂房的纵向柱列。

当屋盖为有檩体系，或虽为无檩体系但屋面板与屋架的连接质量不能保证，且山墙抗风柱将部分风荷载传至屋架上弦时，应在每一伸缩缝区段端部第一或第二柱间布置上弦横向水平支撑[图 3.8(a)]。当厂房设有天窗，且天窗通过厂房端部的第二柱间或通过伸缩缝时，应在第一或第二柱间的天窗范围内设置上弦横向水平支撑，并在天窗范围内沿纵向设置一至三道通长的受压系杆，如图 3.8(b)所示，将天窗范围内各榀屋架与上弦横向水平支撑连系起来。

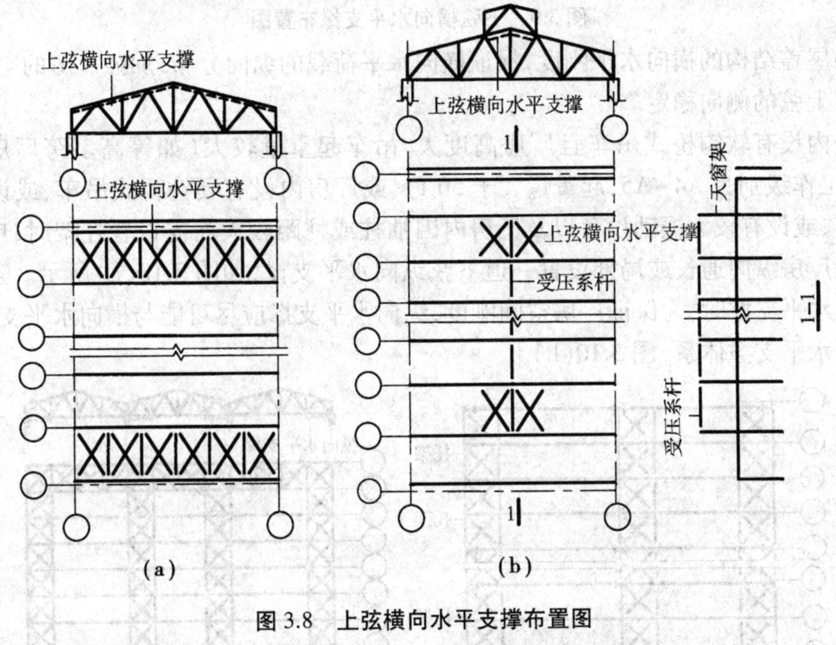

图 3.8　上弦横向水平支撑布置图

（2）下弦横向水平支撑

在屋架下弦平面内，由交叉角钢、直腹杆和屋架下弦杆组成的水平桁架，称为下弦横向水平支撑。其作用是将山墙风荷载及纵向水平荷载传至纵向柱列，同时防止屋架下弦的侧向振动。当屋架下弦设有悬挂吊车或厂房内有较大的振动以及山墙风荷载通过抗风柱传至屋架下弦时，应在每一伸缩缝区段两端的第一或第二柱间设置下弦横向水平支撑，如图 3.9 所示，并且宜与上弦横向水平支撑设置在同一柱间，以形成空间桁架体系。

（3）纵向水平支撑

由交叉角钢、直腹杆和屋架下弦第一节间组成的纵向水平桁架，称为下弦纵向水平支撑，其

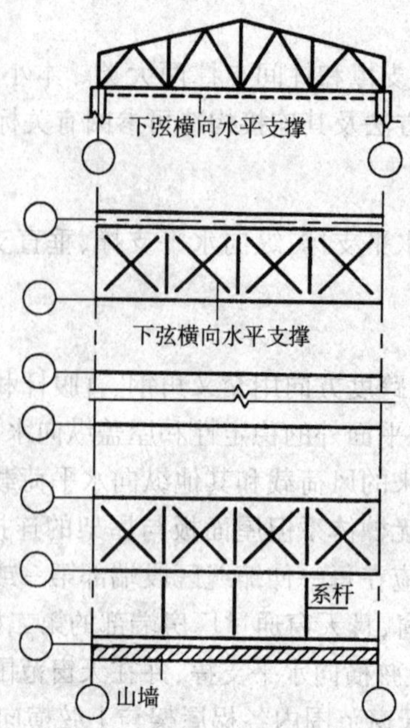

图 3.9　下弦横向水平支撑布置图

作用是加强屋盖结构的横向水平刚度，保证横向水平荷载的纵向分布，加强厂房的空间工作，同时保证托架上弦的侧向稳定。

当厂房内设有软钩桥式吊车且厂房高度大、吊车起重量较大（如等高多跨厂房柱高大于15 m，吊车工作级别为 A4～A5，起重量大于 50 t）、或厂房内设有硬钩桥式吊车、或设有大于5 t的悬挂吊车、或设有较大振动设备以及厂房内因抽柱或柱距较大而需设置托架时，应在屋架下弦端节间沿厂房纵向通长或局部设置一道下弦纵向水平支撑，如图 3.10(a) 所示。当厂房已设有下弦横向水平支撑时，为保证厂房空间刚度，纵向水平支撑应尽可能与横向水平支撑连接，以形成封闭的水平支撑体系[图 3.10(b)]。

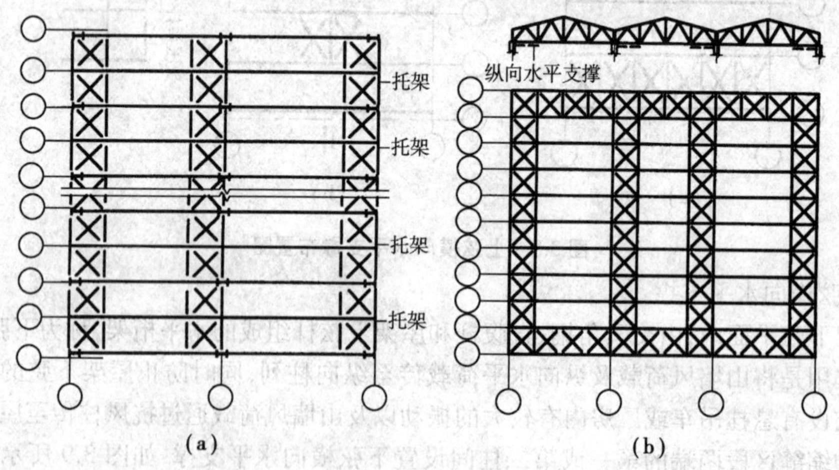

图 3.10　纵向水平支撑布置图

(4)垂直支撑和水平系杆

由角钢杆件与屋架直腹杆组成的垂直桁架，称为屋盖垂直支撑。垂直支撑可做成十字交叉形或 W 形，其作用是保证屋架承受荷载后在平面外稳定并传递纵向水平力，因而应与下弦横向水平支撑布置在同一柱间内。水平系杆分为上、下水平系杆。上弦水平系杆可保证屋架上弦或屋面梁受压翼缘的侧向稳定，下弦水平系杆可防止在吊车或有其他水平振动时屋架下弦发生侧向颤动。

当厂房跨度小于 18 m 且无天窗时，一般可不设垂直支撑和水平系杆。当厂房跨度为 18~30 m、屋架间距为 6 m、采用大型屋面板时，应在每一伸缩缝区段端部的第一或第二柱间设置一道垂直支撑；跨度大于 30 m 时，应在屋架跨度 1/3 左右节点处设置两道垂直支撑；当屋架端部高度大于 1.2 m 时，还应在屋架两端各布置一道垂直支撑，如图 3.11 所示。当厂房伸缩区段大于 90 m 时，还应在柱间支撑柱距内增设一道屋架垂直支撑。

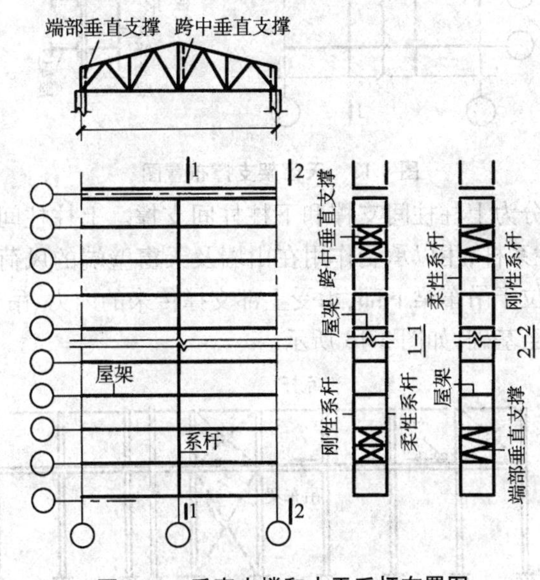

图 3.11 垂直支撑和水平系杆布置图

当屋盖设置垂直支撑时，应在未设置垂直支撑的屋架间，在相应于垂直支撑平面内的屋架上弦和下弦节点处，设置通长的水平系杆。凡设在屋架端部主要支撑节点处和屋架上弦屋脊节点处的通长水平系杆，均应采用刚性系杆（压杆），其余均可采用柔性系杆（拉杆）。当屋架横向水平支撑设在伸缩缝区段两端的第二柱间内时，第一柱间内的水平系杆均应采用刚性系杆。

(5) 天窗架支撑

包括天窗架上弦横向水平支撑、天窗架间的垂直支撑和水平系杆，其作用是保证天窗架上弦的侧向稳定和将天窗端壁上的风荷载传给屋架。

天窗架上弦横向水平支撑和垂直支撑一般均设置在天窗端部第一柱间内。当天窗区段较长时，还应在区段中部设有柱间支撑的柱间内设置垂直支撑。垂直支撑一般设置在天窗的两侧，当天窗架跨度≥12 m 时，还应在天窗中间竖杆平面内设置一道垂直支撑，天窗有挡风板时，在挡风板立柱平面内也应设置垂直支撑。在未设置上弦横向水平支撑的天窗架内，应在上弦节点处设置柔性系杆。图 3.12 为天窗架支撑布置图。对有檩屋盖体系，檩条可以代替柔性系杆。

2) 柱间支撑

柱间支撑是纵向平面排架中主要的抗侧力构件，其作用是提高厂房的纵向刚度和稳定性，并将吊车纵向水平制动力、山墙及天窗端壁的风荷载、纵向水平地震作用等传至基础。对于有

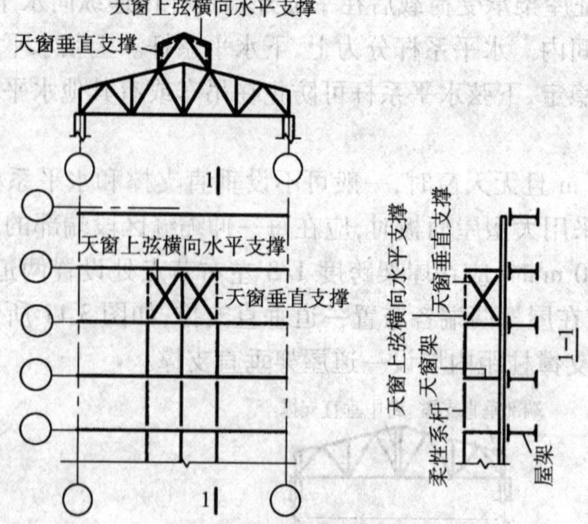

图 3.12 天窗架支撑布置图

吊车的厂房，按其位置可分为上柱柱间支撑和下柱柱间支撑。上柱柱间支撑位于吊车梁上部，并在柱顶设置通长的刚性系杆，用以承受作用在山墙及天窗壁端的风荷载，并保证厂房上部的纵向刚度；下柱柱间支撑位于吊车梁下部，承受上部支撑传来的内力、吊车纵向制动力和纵向水平地震作用等，并将其传至基础，如图 3.13 所示。

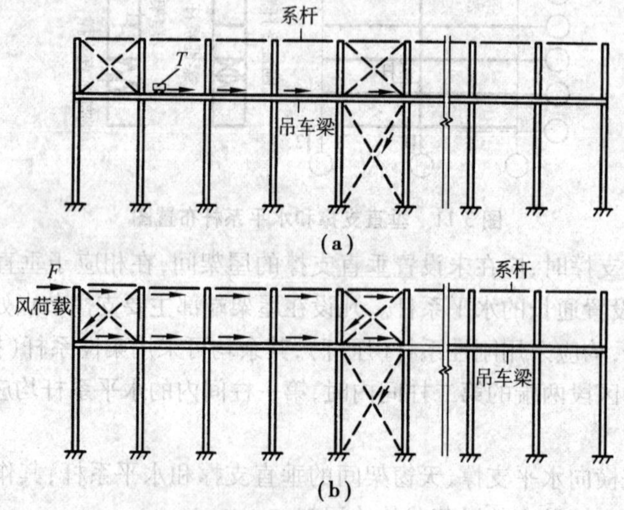

图 3.13 柱间支撑作用示意图

当单层厂房有下列情况之一时，应设置柱间支撑：

①吊车工作级别为 A6～A8，或吊车工作级别为 A1～A5 且起重量≥10 t。

②厂房跨度≥18 m，或柱高≥8 m。

③厂房纵向柱的总数每列在 7 根以下。

④设有 3 t 以上的悬挂吊车。

⑤露天吊车栈桥的柱列。

上柱柱间支撑一般设置在伸缩缝区段两端与屋盖横向水平支撑相对应的柱间，以及伸缩缝区段中央或临近中央的柱间；下柱柱间支撑设置在伸缩缝区段中部与上柱柱间支撑相应的柱间。这种布置方法,在纵向水平荷载作用下传力路线较短;当温度变化时,厂房两端的伸缩变形较小,同时厂房纵向构件的伸缩变形受柱间支撑的约束较小,因而所引起的结构温度应力也较小。

柱间支撑通常由交叉钢杆件(型钢或钢管)组成,交叉倾角一般为 35°~55°;支撑钢构件的截面尺寸需经承载力和稳定计算确定。当柱间需要设置通道或放置设备,或柱距较大而不宜采用交叉支撑时,可采用门架式支撑,如图 3.14 所示。

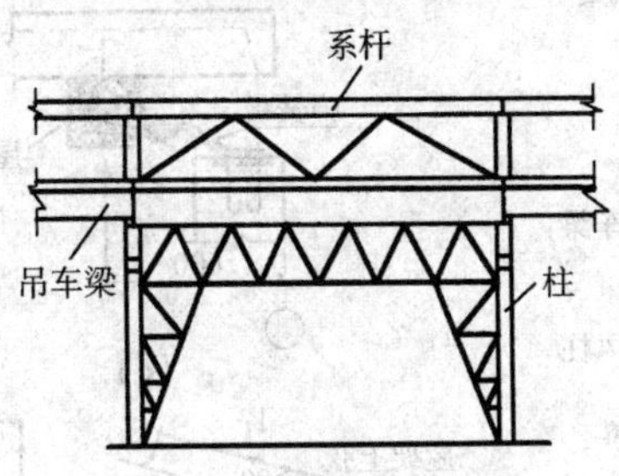

图 3.14 门架式柱间支撑

3.3.3 围护结构布置

单层厂房的围护结构,包括屋面板、墙体、抗风柱、圈梁、连系梁、过梁、基础梁等构件。下面主要说明抗风柱、圈梁、连系梁、过梁及基础梁的作用及布置原则。

1) 抗风柱

厂房山墙的受风面积较大,一般需设抗风柱将山墙分成几个区段,使墙面受到的风荷载,一部分传给纵向柱列,另一部分则经抗风柱下端传至基础和经抗风柱上端通过屋盖系统传至纵向柱列。

当厂房高度及跨度不大(如柱顶高度在 8 m 以下,跨度不大于 12 m)时,可在山墙设置砖壁柱作为抗风柱;当厂房高度和跨度较大时,一般均采用钢筋混凝土抗风柱;当厂房高度很大时,山墙所受风荷载很大,为减小抗风柱截面尺寸,可在山墙内侧设置水平抗风梁或钢抗风桁架[图 3.15(a)、(b)]作为抗风柱的中间支座。抗风梁一般设于吊车梁的水平面上,可兼做吊车修理平台,梁的两端与吊车梁上翼缘连接,使一部分风荷载通过吊车梁传递给纵向柱列。

抗风柱一般与基础刚接,与屋架上弦铰接;当屋架设有下弦横向水平支撑时,也可与下弦铰接或同时与上、下弦铰接。抗风柱与屋架的连接方式应满足两个要求:一是在水平方向必须与屋架有可靠的连接以保证有效地传递风荷载;二是在竖直方向应允许两者之间产生一定的相对位移,以防止抗风柱与屋架沉降不均匀时产生不利影响。因此,两者之间一般采用竖向可以移动、水平方向又有较大刚度的弹簧板连接[图 3.15(c)];如厂房沉降量较大时,宜采用槽形孔螺栓连接[图 3.15(d)]。

2) 圈梁、连系梁、过梁和基础梁

当采用砌体墙作为厂房的围护墙时,一般需设置圈梁、连系梁、过梁或基础梁。

圈梁是设置于墙体内并与柱连接的现浇混凝土构件,其作用是将墙体与排架柱、抗风柱等箍在一起,以增强厂房的整体刚度,防止由于地基不均匀沉降或较大震动荷载对厂房产生的不

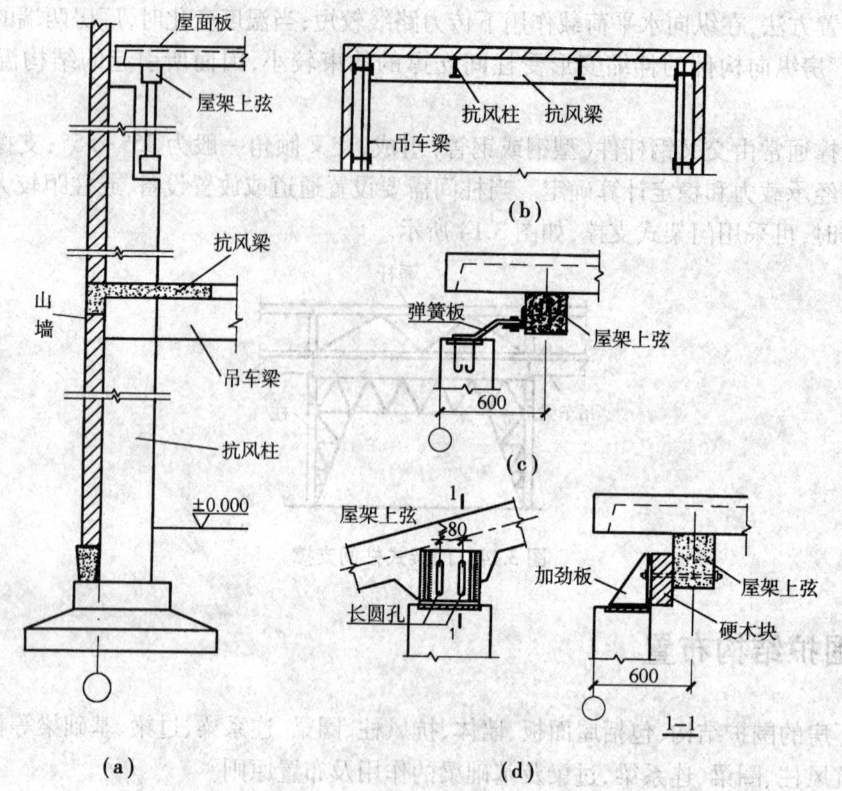

图 3.15　抗风柱及其连接构造

利影响。圈梁与柱连接仅起拉结作用，不承受墙体自重，故柱上不必设置支撑圈梁的牛腿。

圈梁的布置与墙体高度、对厂房刚度的要求以及地基情况有关。对无吊车厂房，当檐口标高小于 8 m 时，应在檐口附近设置一道圈梁；当檐口标高大于 8 m 时，宜在墙体适当部位增设一道圈梁。对于桥式吊车的厂房，尚应在吊车梁标高处或墙体适当部位增设一道圈梁；外墙高度大于 15 m 时，还应适当增设。对于有振动设备的厂房，沿墙高的圈梁间距不应超过 4 m。圈梁应连续设置在墙体内的同一水平面上，除伸缩缝处断开外，其余部分应沿整个厂房形成封闭状。当圈梁被门窗洞口切断时，应在洞口上部设置附加圈梁，其截面尺寸不应小于被切断的圈梁，如图 3.16(a) 所示。围护墙体每隔 8 ~ 10 皮砖（500 ~ 600 mm）通过构造钢筋与柱拉结，如图 3.16(b) 所示。

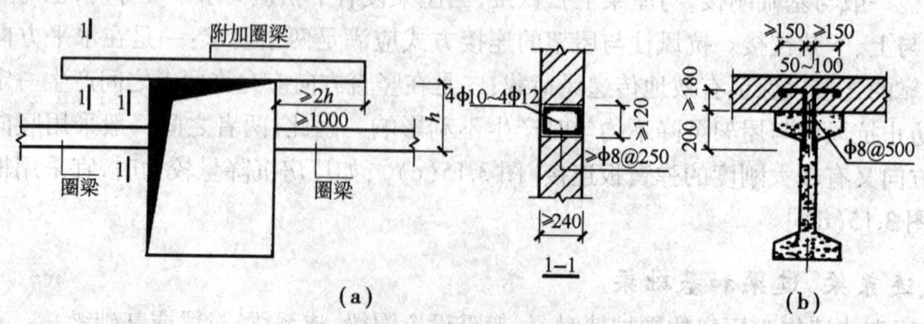

图 3.16　圈梁搭接及围护墙与柱的拉结

当厂房高度较大（如 15 m 以上）、墙体的砌体强度不足以承受本身自重，或设置有高侧跨的悬墙时,需在墙下布置连系梁。连系梁两端支撑在柱外侧的牛腿上,通过牛腿将墙体的荷载传给柱。连系梁除承受墙体荷载外,还具有连系纵向柱列、增强厂房纵向刚度、传递纵向水平荷载的作用。

当墙体开有门窗洞口时,需设置钢筋混凝土过梁,以支承洞口上部墙体的质量。单独设置的过梁宜采用预制构件,两端搁置在墙体上的支承长度不宜小于 240 mm。在围护结构布置时应尽可能将圈梁、连系梁和过梁结合起来,使一种梁能兼做两种或三种梁的作用,以简化构造,节约材料,方便施工。

基础梁用于承受围护墙体的质量,并将其传至柱基础顶面,而不另做墙基础,以使墙体和柱的沉降变形一致。基础梁也为预制构件,常用截面形式有矩形、梯形和倒 L 形,可直接由标准图集选用。基础梁一般设置在边柱的外侧,两端直接放置在柱基础的顶面,不要求与柱连接;当基础埋置较深时,可将基础梁放置在混凝土垫块上,如图 3.17 所示。基础梁顶面至少低于室内地面 50 mm,底面距土层的表面应预留约 100 mm 空隙,使梁可随柱基础一起沉降。

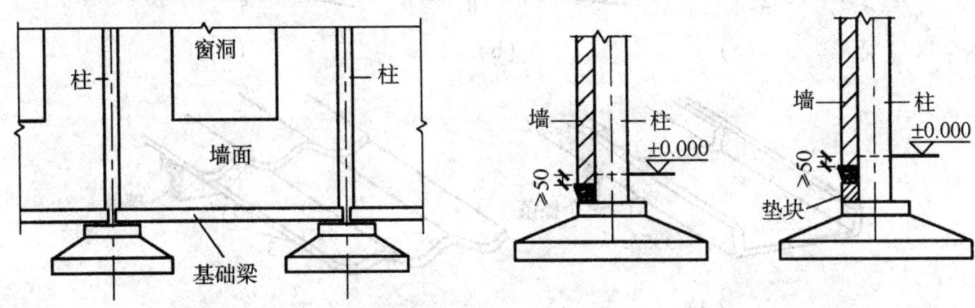

图 3.17　基础梁布置图

3.4　构件选型与截面尺寸确定

单层厂房结构的主要构件有屋面板、天窗架、屋架、支撑、吊车梁、墙体、连系梁、基础梁、柱和基础等。除柱和基础外,其他构件都可以根据工程的具体情况,从工业厂房结构构件标准图集中选用合适的标准构件,不必另行设计。柱和基础一般应进行具体设计,故应先进行选型并确定其截面尺寸,然后进行设计计算等。

3.4.1　屋盖结构构件

1) 屋面板

无檩体系屋盖常采用预应力混凝土大型屋面板,它适用于保温或不保温卷材防水屋面,屋面坡度不应大于 1/5。目前国内常用的大型屋面板由面板、横肋和纵肋组成,其尺寸为 1.5 m(宽)×6 m(长)×0.24 m(高),如图 3.18(a)所示。在纵肋两端底部预埋钢板与屋架上弦预埋钢板焊接[图 3.18(b)],形成水平刚度较大的屋盖结构。

无檩体系屋盖可采用预应力 F 形屋面板,用于自防水非卷材屋面[图 3.19(a)],以及预应力自防水保温屋面板[图 3.19(b)]、钢筋加气混凝土板[图 3.19(c)]等。有檩体系屋盖常采用预应力混凝土槽瓦[图 3.19(d)]、波形大瓦[图 3.19(e)]等小型屋面板。

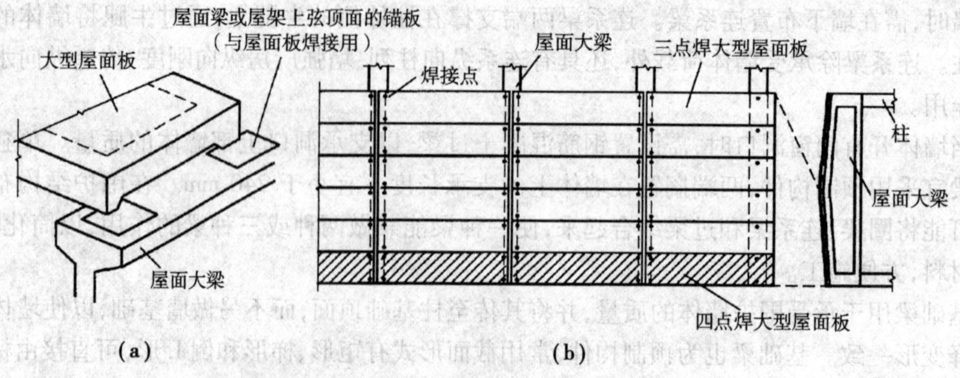

图 3.18　大型屋面板与屋架的连接

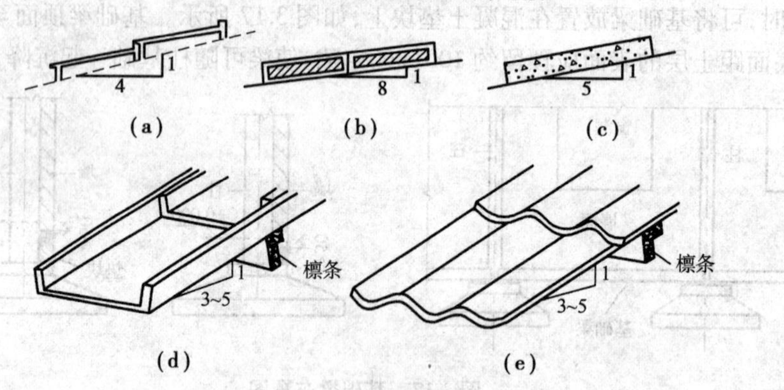

图 3.19　各种形式的屋面板

2）檩条

檩条搁在屋架或屋面梁上，起着支承小型屋面板并将屋面荷载传给屋架的作用。它与屋架间用预埋钢板焊接，并与屋盖支撑一起保证屋盖结构的刚度和稳定性。目前应用较多的是钢筋混凝土或预应力混凝土 Γ 形截面檩条，跨度一般为 4 m 或 6 m。檩条在屋架上弦斜放和正放两种。斜放时，檩条为双向受弯构件[图 3.20(a)]；正放时，屋架上弦要做水平支托[图 3.20(b)]，檩条为单向受弯构件。

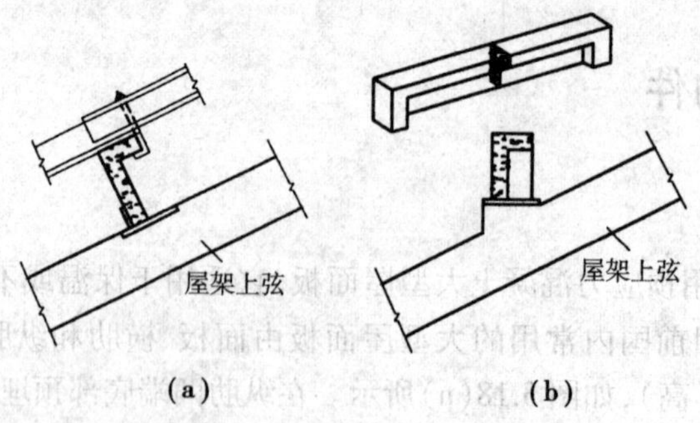

图 3.20　Γ 形檩条与屋架的连接

3）屋面梁与屋架

屋面梁和屋架是屋盖结构的主要承重构件，除直接承受屋面荷载外，还作为横向排架结构的水平横梁传递水平力，有时还承受悬挂吊车、管道等吊重，并与屋盖支撑、屋面板、檩条等一起形成整体空间结构，保证屋盖水平和竖直方向的刚度和稳定。屋面梁和屋架的种类较多，按其形式可分为屋面梁、两铰(或三铰)拱屋架和桁架式屋架三大类。

(1)屋面梁

屋面梁的外形有单坡和双坡两种，双坡梁一般为I形变截面预应力混凝土薄腹梁，具有高度小、重心低、侧向刚度好、便于制作和安装等优点，但其自重较大，适用于跨度不大于18 m、有较大振动或有腐蚀性介质的中、小型厂房。目前常用的有12 m、15 m、18 m跨度的I形变截面双坡预应力混凝土薄腹梁。

(2)两铰(三铰)拱屋架

两铰拱的支座节点为铰接，顶节点为刚接，如图3.21(a)所示；三铰拱的支座节点和顶节点均为铰接，如图3.21(b)所示。两铰(三铰)拱的上弦为钢筋混凝土或预应力混凝土构件，下弦用钢材制作。两铰(或三铰)拱屋架构造简单，适用于跨度为9~15 m的中、小型厂房，不宜用于重型和振动较大的厂房。

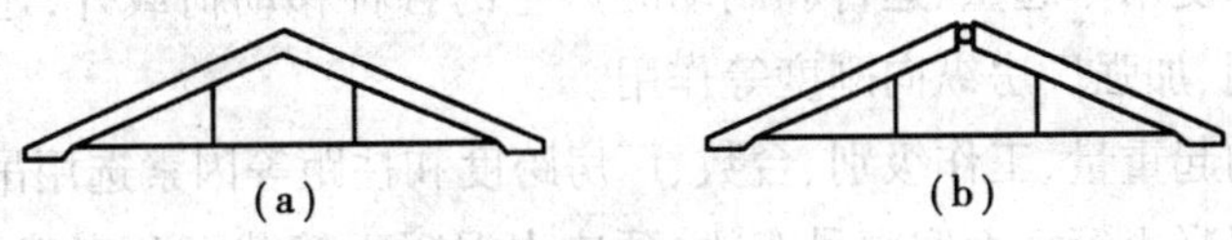

图3.21 两铰(三铰)拱屋架

(3)桁架式屋架

当厂房跨度较大时，采用桁架式屋架较经济，应用较为普遍。桁架式屋架的矢高和外形对屋架受力均有较大影响，一般取高跨比为1/8~1/6较为合理，其外形有三角形、梯形、折线形等几种。三角形屋架的屋面坡度大(1/3~1/2)，构造简单，适用于较小跨度的有檩体系中、小型厂房。梯形屋架的屋面坡度小，对高温车间和炎热地区的厂房，可避免出现屋面沥青、油膏流淌现象；屋面施工、检修、清扫和排水处理较方便，这种屋架刚度好，构造简单，适用于跨度为24~36 m的大、中型厂房。折线形屋架的上弦由几段折线杆件组成，外形较合理，屋面坡度合适，自重较轻，制作方便，适用于跨度为18~36 m的大、中型厂房。

4)天窗架和托架

天窗架与屋架上弦连接处用钢板焊接，其作用是便于采光和通风，同时承受屋面板传来的竖向荷载和作用在天窗上的水平荷载，并将它们传给屋架。目前常用的钢筋混凝土天窗架形式如图3.22所示，跨度一般为6 m或9 m等。

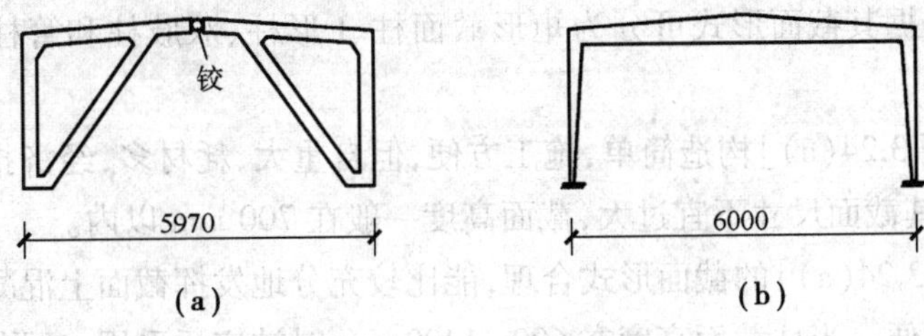

图3.22 天窗架的形式

屋面设置天窗后，不仅扩大了屋盖的受风面积，而且削弱了屋盖结构的整体刚度，尤其在地震作用下，天窗架高耸于屋面之上，地震反应较大，因此应尽量避免设置天窗或根据厂房特点设置下沉式天窗。

当厂房局部柱距为 12 m 而屋架间距仍用 6 m 时，需在柱顶设置托架，以支承中间屋架。托架一般为 12 m 跨度的预应力混凝土三角形或折线形结构，如图 3.23 所示。

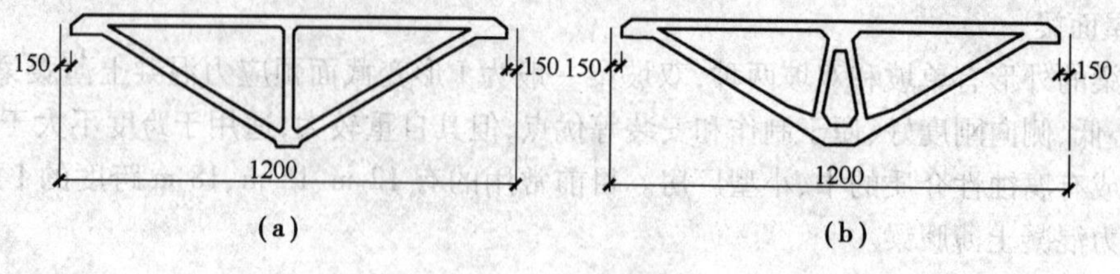

图 3.23 托架的形式

3.4.2 吊车梁

吊车梁除直接承受吊车起重、运行和制动时产生的各种移动荷载外，还具有将厂房的纵向荷载传递至纵向柱列、加强厂房纵向刚度等作用。

一般根据吊车的起重量、工作级别、台数、厂房跨度和柱距等因素选用吊车梁。目前常用的吊车梁类型有钢筋混凝土等截面实腹吊车梁、预应力混凝土等截面和变截面吊车梁、钢筋混凝土和钢组合式吊车梁等。钢筋混凝土 T 形等截面吊车梁，施工制作简单，但自重较大，比较费材料，适用于吊车起重量不大的情况。预应力混凝土 I 形截面吊车梁，其受力性能和技术经济指标均优于钢筋混凝土吊车梁，且施工、运输、堆放都比较方便，宜优先采用。预应力混凝土变截面吊车梁，其外形比较接近于弯矩包络图，故材料分布较理想，适用于吊车起重量和纵向柱列柱距均较大的情况；组合式吊车梁的上弦为钢筋混凝土矩形或 T 形截面连续梁，下弦和腹杆采用型钢(受压腹杆也可采用钢筋混凝土制作)，其特点是自重轻，但刚度小，用钢量大，节点构造复杂，一般适用于吊车起重量较小、工作级别为 A1～A5 的吊车。

3.4.3 柱

1) 柱的形式

钢筋混凝土排架柱一般由上柱、下柱和牛腿组成。上柱一般为矩形截面或环形截面；下柱的截面形式较多，根据其截面形式可分为矩形截面柱、I 形柱、双肢柱和管柱等几类，如图 3.24 所示。

矩形截面柱[图 3.24(a)]构造简单，施工方便，但自重大，耗材多，经济指标差，在小型厂房中有时仍被采用。其截面尺寸不宜过大，截面高度一般在 700 mm 以内。

I 形截面柱[图 3.24(a)]的截面形式合理，能比较充分地发挥截面上混凝土的承载作用，而且整体性好，施工方便。当柱截面高度在 600～1400 mm 时被广泛采用。I 形截面柱在上柱和牛腿截面附近的高度内，由于受力较大以及构造需要仍应做成矩形截面，柱底插入基础杯口高度内的一段宜做成矩形截面。

双肢柱的下柱由肢杆、肩梁和腹杆组成，包括平腹杆双肢柱和斜腹杆双肢柱等[图 3.24(b)]。

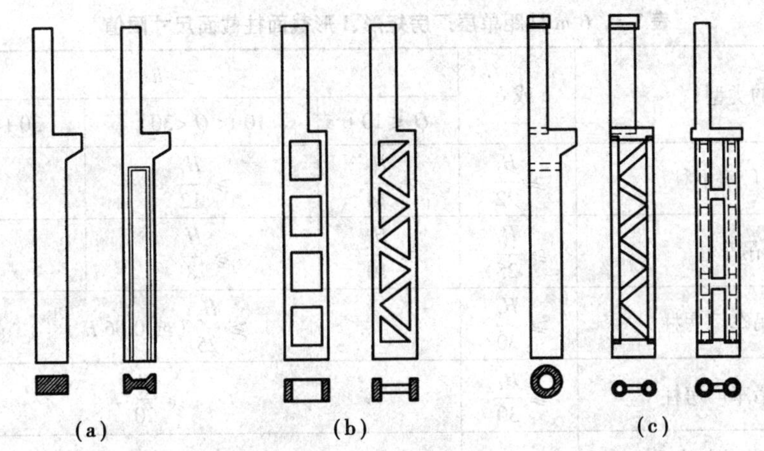

图 3.24 柱的形式

平腹杆双肢柱由两个柱肢和若干横向腹杆组成，构造简单，制作方便，受力合理，且腹部的矩形孔洞便于布置工艺管道，故应用较为广泛。斜腹杆双肢柱呈桁架式，其节点多，构造复杂，施工麻烦。当吊车起重量较大时，可将吊车梁支承在柱肢的轴线上，改善肩梁的受力情况。当柱的截面高度大于 1400 mm 时，宜采用双肢柱。

管柱有圆管柱和方管柱两种，可做成单肢柱和双肢柱［图 3.25(c)］，应用较多的是双肢管柱。管柱的管子采用高速离心法生产，机械化程度高，混凝土质量好，自重轻，可减少施工现场工作量，节约模板等；但其节点构造复杂，且受到制管设备的限制，应用较少。

抗风柱一般由上柱和下柱组成，无牛腿，上柱为矩形截面，下柱一般为 I 形截面。

各种截面柱的材料用量比较及应用范围见表 3.2。

表 3.2 各种截面柱的材料用量及应用范围

截面形式		矩 形	I 形	双肢柱	管 柱	
材料用量比较	混凝土	100%	60% ~ 70%	55% ~ 65%	40% ~ 60%	
	钢材	100%	60% ~ 70%	70% ~ 80%	70% ~ 80%	
一般应用范围(mm)		$h \leqslant 700$ 或现浇柱	$h = 600 \sim 1400$	小型 $h = 500 \sim 800$ 大型 $h \geqslant 1400$	$h = 400$ 左右(单肢管柱)	$h = 700 \sim 1500$(双肢管柱)

注：表中 h 为柱的截面高度，其单位为“mm”。

2) 柱的截面尺寸

排架柱的截面尺寸是根据截面承载力和刚度要求确定的，其中适宜的截面刚度是保证吊车正常运行、避免吊车轮和轨道过早磨损的重要条件。由于影响厂房刚度的因素较多，目前主要是根据工程经验和实测资料来控制柱的截面尺寸。表 3.3 给出了柱距为 6 m 的单跨和多跨厂房最小截面尺寸限值。对于一般单层厂房，如柱截面尺寸满足表 3.3 的限值，则厂房的横向刚度可得到保证，其变形能满足要求。

表 3.3　6 m 柱距单层厂房矩形、I 形截面柱截面尺寸限值

柱的类型	b 或 b_f	h		
		$Q \leqslant 10$ t	10 t< Q <30 t	30 t≤ $Q \leqslant 50$ t
有吊车厂房下柱	$\geqslant \dfrac{H_l}{22}$	$\geqslant \dfrac{H_l}{14}$	$\geqslant \dfrac{H_l}{12}$	$\geqslant \dfrac{H_l}{10}$
露天吊车柱	$\geqslant \dfrac{H_l}{25}$	$\geqslant \dfrac{H_l}{10}$	$\geqslant \dfrac{H_l}{8}$	$\geqslant \dfrac{H_l}{7}$
单跨无吊车厂房柱	$\geqslant \dfrac{H_l}{30}$	$\geqslant \dfrac{H_l}{25}$（或 $0.06H$）		
多跨无吊车厂房柱	$\geqslant \dfrac{H_l}{30}$	$\geqslant \dfrac{H}{20}$		
仅承受风荷载与自重的山墙抗风柱	$\geqslant \dfrac{H_b}{40}$	$\geqslant \dfrac{H_l}{25}$		
同时承受由连系梁传来的山墙重的山墙抗风柱	$\geqslant \dfrac{H_b}{30}$	$\geqslant \dfrac{H_l}{25}$		

注：H_l 为下柱高度（算至基础顶面）；H 为柱全高（算至基础顶面）；H_b 为山墙抗风柱从基础顶面至主平面外（宽度）方向支撑点的高度；Q 为吊车起重量。

对于 I 形截面柱，其截面高度和宽度确定后，可参考表 3.4 确定腹板和翼缘尺寸。

根据工程设计经验，当厂房柱距为 6 m，一般桥式软钩吊车起重量为 5~100 t 时，柱的形式和截面尺寸可参考表 3.5 和表 3.6 确定。对 I 形截面柱，其截面的力学特性见附表 6。

表 3.4　I 形截面柱腹板、翼缘尺寸参考表

截面宽度	b_f /mm	300~400	400	500	600	图　注
截面高度	h /mm	500~700	700~1000	1000~2500	1500~2500	b, b_f, 15~25mm, h_f, h', h_f, h
腹板厚度 b /mm $b/h \geqslant 1/14 \sim 1/10$		60	80~100	100~120	120~150	
翼板厚度 h_f /mm		80~100	100~150	150~200	200~250	

表 3.5　吊车工作级别为 A4、A5 时柱截面形式和尺寸参考表

吊车起重量 /t	轨顶高度 /m	6 m 柱距（边柱）		6 m 柱距（中柱）	
		上柱/mm	下柱/mm	上柱/mm	下柱/mm
≤5	6~8	□400×400	I 400×600×100	□400×400	I 400×600×100
10	8	□400×400	I 400×700×100	□400×600	I 400×800×150
	10	□400×400	I 400×800×150	□400×600	I 400×800×150
15~20	8	□400×400	I 400×800×150	□400×600	I 400×800×150
	10	□400×400	I 400×900×150	□400×600	I 400×1000×150
	12	□500×400	I 500×1000×200	□500×600	I 500×1200×200

续表

吊车起重量/t	轨顶高度/m	6 m柱距(边柱)		6 m柱距(中柱)	
		上柱/mm	下柱/mm	上柱/mm	下柱/mm
30	8	□400×400	I 400×1000×150	□400×600	I 400×1000×150
	10	□400×500	I 400×1000×150	□500×600	I 500×1200×150
	12	□500×500	I 500×1000×200	□500×600	I 500×1200×200
	14	□600×500	I 600×1200×200	□600×600	I 600×1200×200
50	10	□500×500	I 500×1200×200	□500×700	双 500×1600×300
	12	□500×600	I 500×1400×200	□500×700	双 500×1600×300
	14	□600×600	I 600×1400×200	□600×700	双 600×1800×300

表 3.6 吊车工作级别为 A6、A7 时柱截面形式和尺寸参考表

吊车起重量/t	轨顶高度/m	6 m柱距(边柱)		6 m柱距(中柱)	
		上柱/mm	下柱/mm	上柱/mm	下柱/mm
≤5	6~8	□400×400	I 400×600×100	□400×500	I 400×800×150
10	8	□400×400	I 400×800×150	□400×600	I 400×800×150
	10	□400×400	I 400×800×150	□400×600	I 400×800×150
15~20	8	□400×400	I 400×800×150	□400×600	I 400×1000×150
	10	□500×500	I 400×1000×200	□500×600	I 500×1000×200
	12	□500×500	I 500×1000×200	□500×600	I 500×1000×220
30	10	□500×500	I 500×1000×200	□500×600	I 500×1200×200
	12	□500×600	I 500×1200×200	□500×600	I 500×1400×200
	14	□600×600	I 600×1400×200	□600×600	I 600×1400×200
50	10	□500×500	I 500×1200×200	□500×700	双 500×1600×350
	12	□500×600	I 500×1400×200	□500×700	双 500×1600×300
	14	□600×600	双 600×1400×200	□600×700	双 600×1800×300
75	12	双 600×1000×250	双 600×1800×300	双 600×1000×300	双 600×2200×350
	14	双 600×1000×250	双 600×1800×300	双 600×1000×300	双 600×2200×350
	16	双 700×1000×250	双 700×2000×350	双 700×1000×300	双 700×2200×350
100	12	双 600×1000×250	双 600×1800×300	双 600×1000×300	双 600×2400×350
	14	双 600×1000×250	双 600×2000×350	双 600×1000×300	双 600×2400×350
	16	双 700×1000×300	双 700×2200×400	双 700×1000×300	双 700×2400×400

注:截面形式采用下述符号:□为矩形截面 $b \times h$(宽度×高度);I 为工形截面 $b_f \times h \times h_f$(h_f 为翼缘厚度);双为双肢柱 $b \times h \times h_f$(h_f 为肢杆厚度)。

3.4.4 基础

单层厂房一般采用柱下独立基础。对装配式钢筋混凝土单层厂房排架结构,常用的独立基础形式主要有杯形基础、高杯基础和桩基础等,如图 3.25 所示。

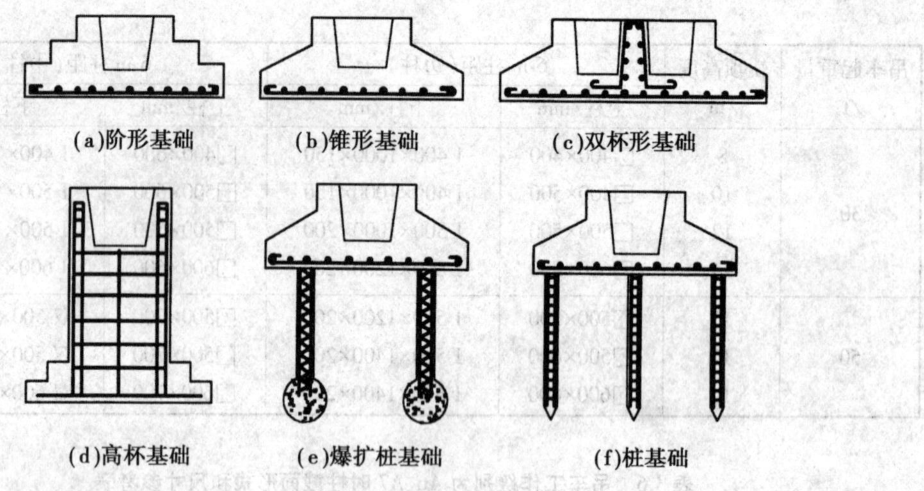

图 3.25 基础的类型

杯形基础有阶形和锥形两种[图 3.25(a)、(b)],因与排架柱连接的部分做成杯口,故习称杯型基础。这种基础适用于地基土质较均匀、地基承载力较大而上部结构荷载不很大的厂房,是目前应用较广泛的基础形式。对厂房伸缩缝处设置的双柱,其柱下基础需做成双杯形基础(也称联合基础),如图 3.25(c)所示。

当柱基础由于地质条件限制,或是附近有较深的设备基础或有地坑而需深埋时,为了避免预制排架柱过长,可做成带短柱的扩展基础。这种基础由杯口、短柱和底板组成,因杯口位置较高,故称为高杯基础[图 3.25(d)]。当上部结构荷载较大,地基表层土软弱而坚硬土层较深,或厂房对地基变形限制较严时,可采用爆扩桩基础[图 3.25(e)]或桩基础[图 3.25(f)]。

除上述基础外,实际工程中也有采用壳体基础等柱下独立基础,有时也采用钢筋混凝土条形基础等。

3.5 排架结构内力分析

如前所述,单层厂房结构实际上是一个复杂的空间结构体系,目前除对纵向抗震计算采用空间结构计算模型外,一般将其简化为纵、横向平面排架分别计算。在永久、短暂设计状况下,纵向平面排架主要承受风荷载和吊车纵向水平荷载作用,通常不进行纵向平面排架结构的内力计算,而是通过设置一定数量的柱间支撑予以保证。横向平面排架主要承受竖向荷载和横向水平荷载作用,是厂房的主要承重结构,必须对其进行内力分析。

横向平面排架结构分析包括确定计算简图、荷载计算、内力分析和内力组合,其目的是计算各种荷载作用下横向平面排架的内力,并通过内力组合求得排架柱各控制截面的最不利内力,以此作为排架柱和基础设计的依据。

3.5.1 排架结构计算简图

(1)计算单元

单层厂房的计算单元一般是根据排架的受力状况选取的。由于作用在排架上的永久荷载

(恒载)、屋面活荷载及风荷载等一般是沿厂房纵向均匀分布的,且厂房的柱距一般沿纵向也相等,则可由相邻柱距的中线截出一个典型的区段,作为排架的计算单元,如图 3.26(a)中的阴影部分所示。除吊车等移动荷载外,阴影部分就是一个排架的负荷范围。对于厂房端部和伸缩缝处的排架,其负荷范围只有中间排架的一半,但为了设计和施工方便,一般不再另外单独分析,而按中间排架设计。

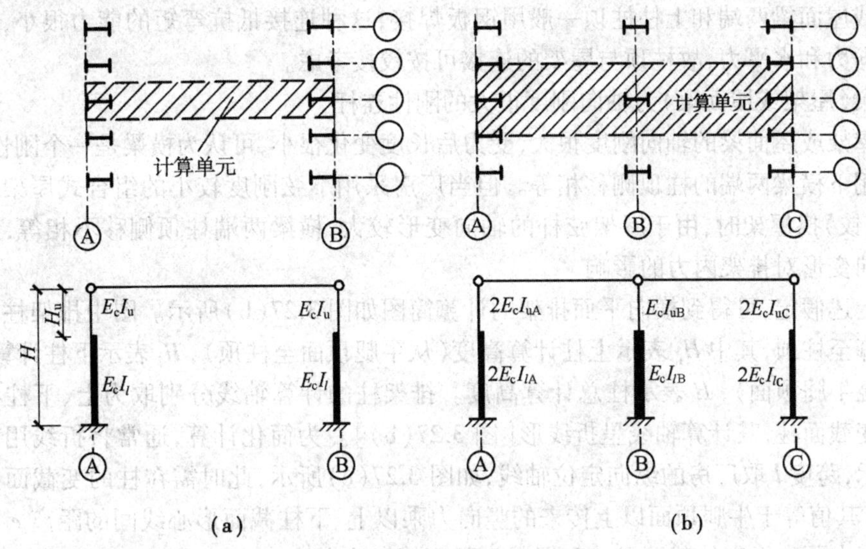

图 3.26 计算单元和计算模型

对于有局部抽柱的厂房,则应该根据具体情况选取计算单元。当屋盖刚度较大或设有可靠的下弦纵向水平支撑时,由于相邻排架能协同工作,故可以选取较宽的计算单元,如图 3.26(b)中的阴影部分。此时可假定计算单元中同一柱列的柱顶水平位移相等,则计算单元内的几榀排架可以合并成一榀排架来进行内力分析,合并后排架柱的惯性矩应按合并考虑。当同一纵向轴线上的柱截面尺寸相同时,Ⓐ、Ⓒ轴线的柱可认为是由一根和两个半根柱合并而成,计算简图如图 3.26(b)所示。需要注意,按上述简图求得内力后,应将内力向单根柱上再进行分配。

(2)基本假定和计算简图

为了便于分析,应根据厂房的连接构造和实践经验确定排架结构计算简图。对钢筋混凝土横向平面排架结构[图 3.27(a)],在确定其计算简图[图 3.27(c)]时,可作如下假定:

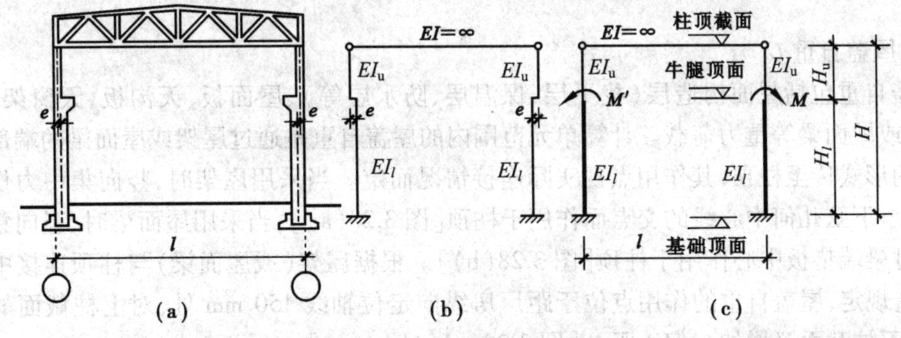

图 3.27 横向平面排架计算简图

①柱下端与基础顶面为刚接,柱顶与排架横梁(屋架或屋面梁)为铰接。

由于钢筋混凝土柱插入基础杯口有一定的深度，并用细石混凝土灌实缝隙而与基础连接成整体，基础刚度一般比柱刚度大很多，柱下端与基础之间不会产生相对转角；如基础下地基土的变形受到控制，基础本身的转角一般很小，柱下端可以作为固定端考虑，固定端的位置在基础顶面。但当厂房地基土质较差，变形较大或有大面积地面荷载时，应考虑基础转动和位移对排架内力的影响。

屋架或屋面梁两端和上柱柱顶一般用钢板焊接，这种连接抵抗弯矩的能力很小，但可有效地传递竖向力和水平力，故柱顶与屋架的连接可按铰接考虑。

②横梁（屋架或屋面梁）为轴向刚度很大的刚性连杆。

一般屋架或屋面梁的轴向刚度很大，受力后长度变化很小，可认为横梁是一个刚性连杆，则在荷载作用下横梁两端的柱顶侧移相等。但当厂房采用下弦刚度较小的组合式屋架或带拉杆的两铰（三铰）拱屋架时，由于屋架弦杆的轴向变形较大，横梁两端柱顶侧移不相等，此时应考虑横梁轴向变形对排架内力的影响。

根据上述假定，可得到横向平面排架的计算简图如图 3.27(b)所示。图中排架柱的高度由基础顶面算至柱顶，其中 H_u 表示上柱计算高度（从牛腿顶面至柱顶），H_l 表示下柱计算高度（从基础顶面至牛腿顶面），H 表示柱总计算高度。排架柱的计算轴线分别取为上、下柱截面的形心线。对变截面柱，其计算轴线呈折线形[图 3.27(b)]。为简化计算，通常将折线用变截面的形式来表示，跨度 l 取厂房的纵向定位轴线，如图 3.27(c)所示，此时需在柱的变截面处增加一个力矩 M，其值等于牛腿顶面以上传来的竖向力乘以上、下柱截面形心线间的距离 e。柱的截面抗弯刚度由预先拟定的截面尺寸和混凝土强度等级确定。

3.5.2 荷载计算

作用在横向排架结构上的荷载有永久荷载和可变荷载两大类。可变荷载包括屋面活荷载、屋面雪荷载、屋面积灰荷载、吊车荷载和风荷载等，除吊车荷载外，其他荷载均取自计算单元范围内。

1)永久荷载

永久荷载包括屋盖、柱、吊车梁、轨道及其连接件、围护结构等自重重力荷载，其标准值可根据结构构件尺寸和单位体积的容重计算确定。若采用标准构件，其值也可直接由标准图集查得。

(1)屋盖自重 G_1

屋盖自重包括屋面构造层（找平层、保温层、防水层等）、屋面板、天沟板、天窗架、屋盖支撑、屋架或屋面梁等重力荷载。计算单元范围内的屋盖自重是通过屋架或屋面梁的端部以竖向集中力的形式传至柱顶，其作用点视实际连接情况而定。当采用屋架时，竖向集中力作用点通过屋架上、下弦几何中心线的交点而作用于柱顶[图 3.28(a)]；当采用屋面梁时，竖向集中力作用点通过梁端垫板中心作用于柱顶[图 3.28(b)]。根据屋架（或屋面梁）与柱顶连接中的定型设计构造规定，屋盖自重的作用点位于距厂房纵向定位轴线 150 mm 处，对上柱截面的偏心距为 e_1，对下柱截面又增加一偏心距 e_0[图 3.28(a)，(b)，(c)]。

(2)悬墙自重 G_2

当设有连系梁支承围护墙体时，计算单元范围内连系梁、其上墙体和窗等重力荷载以竖向

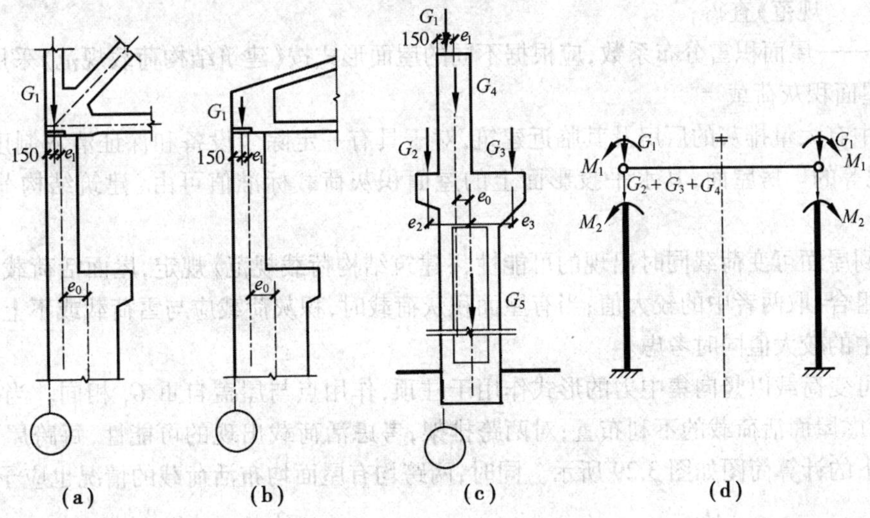

图 3.28 永久荷载作用位置及相应的横向排架计算简图

集中力的形式作用在支承连系梁的柱牛腿顶面,其作用点通过连系梁或墙体截面的形心轴,距下柱截面几何中心的距离为 e_2,如图 3.28(c)所示。

(3)吊车梁和轨道及连接件自重 G_3

吊车梁和轨道及连接件重力荷载以竖向集中力 G_3 的形式沿吊车梁截面中心线作用在牛腿顶面,其值可从有关标准图集中查得,其作用点一般距纵向定位轴线 750 mm,对下柱截面几何中心线的偏心距为 e_3,如图 3.28(c)所示。

(4)柱自重 $G_4(G_5)$

上、下柱自重重力荷载 G_4 和 G_5 分别作用于各自截面的几何中心线上,且上柱自重 G_4 对下柱截面几何中心线有一偏心距 e_0,如图 3.28(c)所示。

永久荷载作用下单跨横向平面排架结构的计算简图如图 3.28(d)所示。

应当指出,柱、吊车梁及轨道等构件吊装到位后,屋架尚未安装,此时还形不成排架结构,故柱在其自重、吊车梁及轨道等自重重力荷载作用下,应按竖向悬臂柱进行内力分析。但考虑到此种受力状态比较短暂,且不会对柱控制截面内力产生较大影响,为简化计算,通常仍按排架结构进行内力分析。

2)屋面可变荷载

屋面可变荷载包括屋面活荷载、屋面雪荷载和屋面积灰荷载等。

(1)屋面活荷载

《建筑结构荷载规范》规定,屋面水平投影上的屋面均布活荷载标准值,不上人屋面取为 0.5 kN/m²,上人屋面取为 2.0 kN/m²。对不上人屋面,当维修或施工荷载较大时,应按实际情况采用。

(2)屋面雪荷载

《建筑结构荷载规范》规定,屋面水平投影上的雪荷载标准值 s_k (kN/m²)应按下式计算:

$$s_k = \mu_r s_0 \tag{3.1}$$

式中 s_0——基本雪压(kN/m²),指雪荷载的基准压力,一般按当地空旷平坦地面上积雪自重的观测数据,经概率统计得出 50 年一遇最大值确定;设计时可由《建筑结构荷载规范》查得；

μ_r ——屋面积雪分布系数，应根据不同的屋面形式按《建筑结构荷载规范》采用。

(3)屋面积灰荷载

生产中有大量排灰的厂房及其临近建筑，对于具有一定除尘设备和保证清灰制度的机械、冶金、水泥等的厂房屋面，其水平投影面上的屋面积灰荷载标准值可由《建筑结构荷载规范》查取。

考虑到屋面可变荷载同时出现的可能性，《建筑结构荷载规范》规定，屋面活荷载不应与雪荷载同时组合，取两者中的较大值；当有屋面积灰荷载时，积灰荷载应与雪荷载或不上人屋面活荷载两者中的较大值同时考虑。

屋面可变荷载以竖向集中力的形式作用于柱顶，作用点与屋盖自重 G_1 相同。当为多跨厂房时，应考虑屋面活荷载的不利布置；对两跨排架，考虑活荷载出现的可能性，每跨屋面均布活荷载作用下的计算简图如图 3.29 所示。同时，两跨均有屋面均布活荷载的情况也应予以考虑。

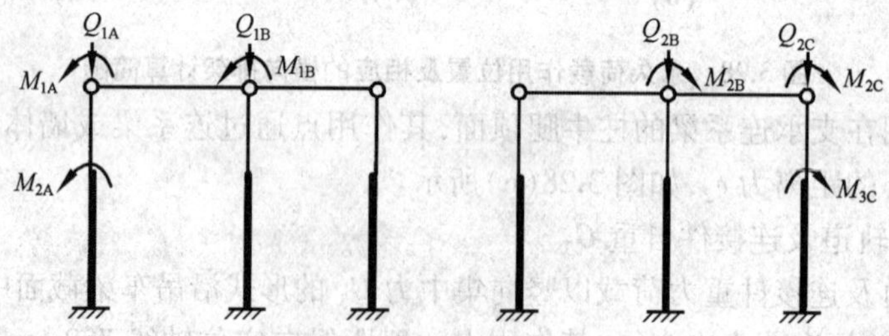

图 3.29　屋面活荷载作用下的排架计算简图

3)风荷载

作用在排架上的风荷载，是由计算单元上的墙面及屋面传来的，其作用方向垂直于建筑物表面，有压力和吸力两种情况，其值与建筑体型、尺寸及地面粗糙度情况等因素有关。

《建筑结构荷载规范》规定，当计算主要承重结构时，垂直于建筑物表面上的风荷载标准值 w_k (kN/m^2)应按式(1.1)计算，即

$$w_k = \beta_z \mu_s \mu_z w_0 \tag{3.2}$$

式中符号意义同式(1.1)。

图 3.30(a)示有双坡屋面厂房的风荷载体形系数。由式(3.2)可知，沿厂房高度的风荷载随高度 z 变化。在排架计算时，为简化计算，通常将作用在厂房上的风荷载作如下简化：

①排架柱顶以下墙面上的水平风荷载近似按均布荷载计算，其风压高度变化系数可根据柱顶标高确定，即排架结构柱顶以下的均布风荷载可按下列公式计算[图 3.30(b)]：

$$q_1 = w_{k1}B = \mu_{s1}\mu_z w_0 B$$

$$q_2 = w_{k2}B = \mu_{s2}\mu_z w_0 B$$

式中，B 为计算单元宽度。

②屋盖(或天窗架)端部的风荷载也近似按均布荷载计算，其风压高度变化系数可根据厂房(或天窗架)檐口标高确定；屋面的风荷载为垂直于屋面的均布荷载[图 3.30(b)]，其风压高度变化系数可根据屋顶(或天窗架)标高确定，且仅考虑其水平分力对排架的作用。排架柱顶以上水平风荷载由屋盖端部的风荷载和屋面风荷载的水平分量两部分叠加，以水平集中力 F_w 的形式作用在排架柱顶[图 3.30(c)]，即

$$F_{w} = \sum_{i=1}^{n} w_{ki} B l \sin\theta = [(\mu_{s1} + \mu_{s2}) h_1 + (\mp \mu_{s3} \pm \mu_{s4}) h_2] \mu_z w_0 B \tag{3.3}$$

式中，l 为屋面斜长，其余符号意义见图 3.30。式中 μ_s 取绝对值；μ_s 前的正负号，上面符号用于左吹风时，下面符号用于右吹风时（见图 3.30）。

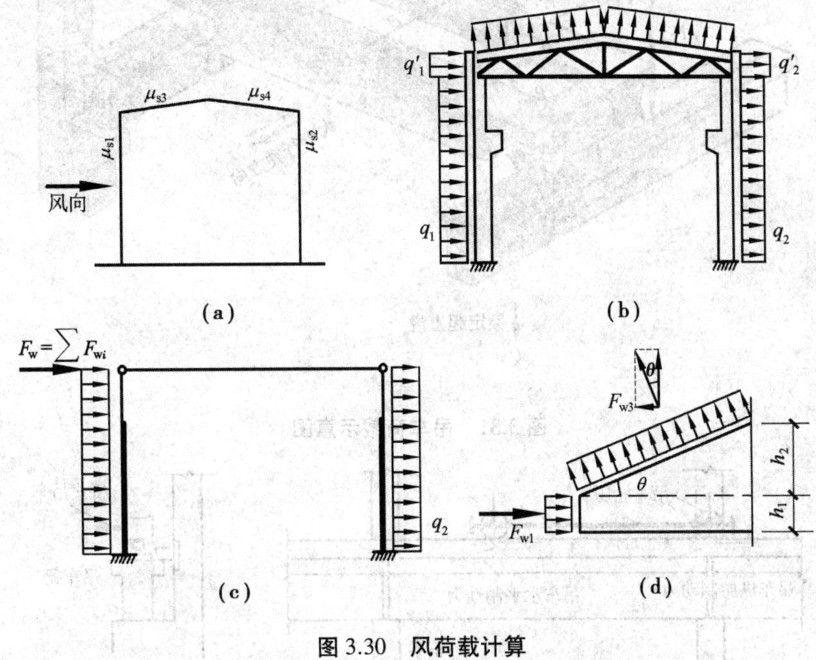

图 3.30　风荷载计算

由于风的方向是变化的，故排架结构内力分析时，应考虑左吹风和右吹风两种情况。

4）吊车荷载

单层厂房中常用的吊车是桥式吊车，它由大车（即桥架）和小车组成，大车在吊车梁轨道上沿厂房纵向运行，小车在大车的轨道上沿横向运行，在小车上安装带有吊钩的起重卷扬机，用以起吊重物，如图 3.31 所示。

吊车按其吊钩种类可分为软钩吊车和硬钩吊车两种。软钩吊车是指用钢索通过滑轮组带动吊钩起吊重物；硬钩吊车是指用刚臂起吊重物或进行操作。按其动力来源分为电动和手动两种，电动吊车起重量大，行驶速度快，启动、起吊、运行、制动时均有较大的振动；手动吊车起重量小（≤50 kN），运行时震动轻微。一般厂房中使用的多为软钩、电动桥式吊车。

按吊车在使用期内要求的总工作循环次数和起升载荷状态，吊车分为 A1～A8 共 8 个工作级别，作为吊车设计的依据。吊车工作级别越高，表示其工作繁重程度越高，利用次数越多。

桥式吊车与吊车梁及柱的关系如图 3.32 所示，作用在厂房横向排架上的吊车荷载有吊车竖向荷载和横向水平荷载；作用在厂房纵向排架结构上的为吊车纵向水平荷载。

（1）吊车竖向荷载

当吊有额定最大起重量的小车运行至大车一端的极限位置时，小车所在一端的每个大车轮压将出现最大值 P_{max}，称为最大轮压；同时，另一端每个轮压将出现最小值 P_{min}，称为最小轮压。P_{max} 和 P_{min} 同时作用在厂房两侧的吊车梁上，如图 3.31 所示。P_{max} 和 P_{min} 可从吊车制造厂家提供的吊车产品说明书中查得。专业标准《起重机基本参数尺寸系列》（EQ1-62～8-62）对吊车有关的各项参数有详尽的规定，参见附表 4，可供结构设计时参考。显然，P_{max} 和 P_{min} 与吊车桥

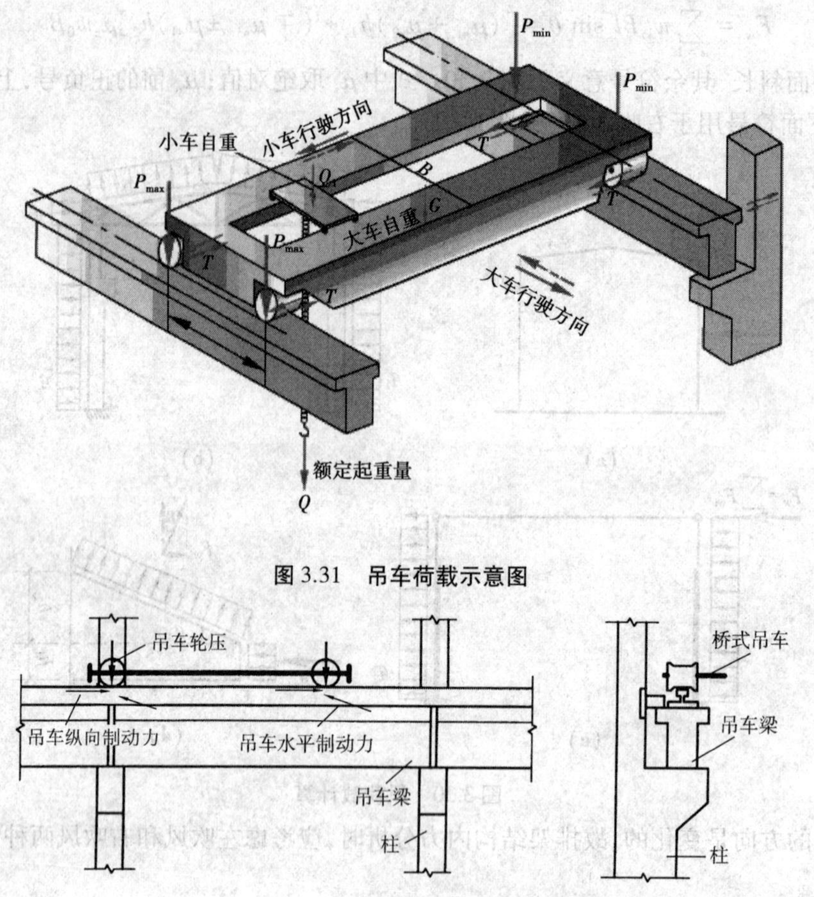

图 3.31　吊车荷载示意图

图 3.32　吊车与吊车梁及柱的关系

架重量 G、吊车的额定起重量 Q 以及小车质量 Q_1 三者的重力荷载满足下列平衡关系：

$$n(P_{max} + P_{min}) = G + Q + Q_1 \tag{3.4}$$

式中，n 表示吊车每一端的轮子数。

吊车轮压 P_{max} 和 P_{min} 是作用在吊车梁上的，而欲求的吊车竖向荷载是指吊车在运行时吊车轮压 P_{max} 和 P_{min} 在横向排架柱上产生的竖向最大压力 D_{max} 或最小压力 D_{min}，即排架柱相邻两个柱距范围内吊车梁的最大或最小支座反力之和，D_{max}、D_{min} 分别由 P_{max}、P_{min} 所引起。显然，D_{max} 或 D_{min} 值不仅与小车的位置有关，还与厂房内的吊车台数和大车沿厂房纵向运行的位置有关。由于吊车荷载是移动荷载，所以最大或最小支座反力 D_{max}、D_{min} 需要用吊车梁的支座反力影响线进行计算。

当厂房内有多台吊车时，根据厂房纵向柱距大小和横向跨数以及各吊车同时集聚在同一柱距范围内的可能性，《建筑结构荷载规范》规定：计算排架考虑多台吊车竖向荷载时，对单跨厂房的每个排架，参与组合的吊车台数不宜多于两台；对多跨厂房的每个排架，不宜多于 4 台。

由影响线原理可知，两台并行吊车，当其中一台的最大轮压 P_{max}（$P_{1max} \geqslant P_{2max}$）正好运行至计算排架柱轴线处，而另一台吊车与它紧靠并行时，即为两台吊车的最不利轮压位置，如图 3.33 所示。由最大轮压 P_{max} 产生的竖向压力为 D_{max}，由最小轮压 P_{min} 产生的竖向压力为 D_{min}，且 D_{max} 和 D_{min} 同时作用在吊车两端的排架柱上。D_{max} 和 D_{min} 的标准值按下式计算：

$$D_{max} = \sum P_{imax} y_j \tag{3.5}$$

$$D_{min} = \sum P_{imin} y_j \tag{3.6}$$

式中 P_{imax},P_{imin}——表示第 i 台吊车的最大轮压和最小轮压;

y_j——与吊车轮压相对应的支座反力影响线的竖向坐标值,其中 $y_1=1$。

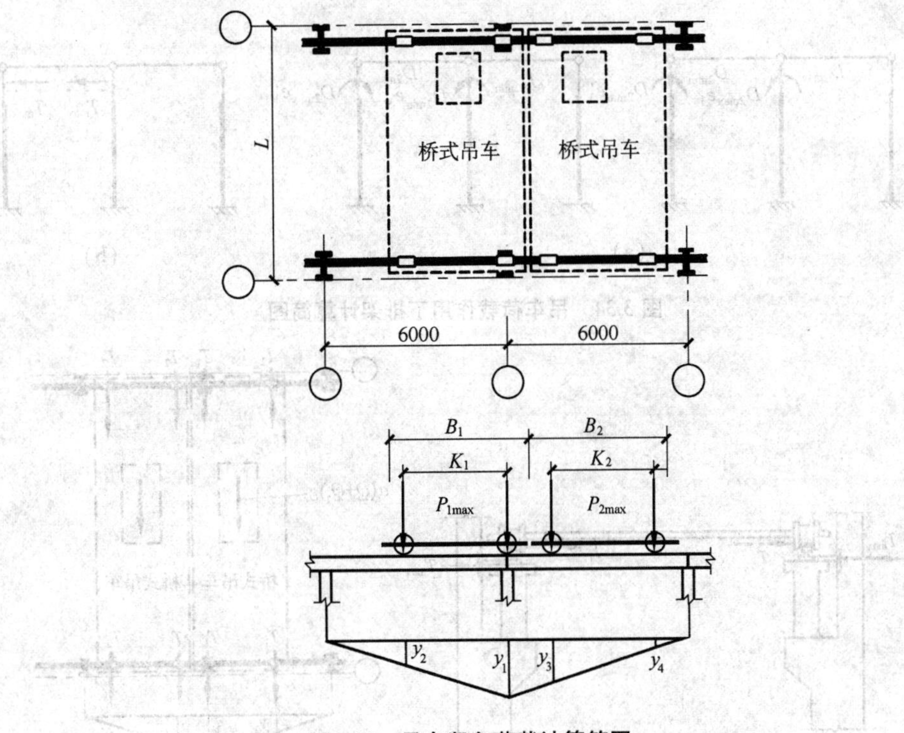

图 3.33 吊车竖向荷载计算简图

吊车竖向荷载 D_{max} 和 D_{min} 分别作用在同一跨两侧排架柱的牛腿顶面,作用点位置与吊车梁和轨道自重 G_3 相同,距下柱截面形心的偏心距为 e_3 或 e'_3[图 3.28(c)],在牛腿顶面产生的偏心力矩分别为 $D_{max}e_3$ 和 $D_{min}e'_3$。同一跨的 D_{max} 和 D_{min} 有分别作用在同一跨两侧排架柱上两种可能,对两跨等高排架,如每跨分别有吊车,则吊车竖向荷载作用下的计算简图如图 3.34(a)所示。

(2)吊车横向水平荷载

吊车横向水平荷载是指吊有重物的小车,在启动或制动时,小车和重物自重的水平惯性力。它通过小车制动轮与桥架(大车)轨道之间的摩擦力传至大车,再由大车车轮经吊车轨道传递给吊车梁,而后经过吊车梁与柱之间的连接钢板传给排架柱,如图 3.35(a)所示。

吊车总横向水平荷载标准值可按下式确定:

$$T_i = \alpha(Q + Q_1) \tag{3.7}$$

式中 Q——吊车的额定起重量,kN;

Q_1——小车重量,kN;

α——横向水平荷载系数(或称小车制动力系数),可按下述规定取值。

软钩吊车:当额定起重量不大于 100 kN 时,应取 0.12;当额定起重量为 160~500 kN 时,应取 0.10;当额定起重量不小于 750 kN 时,应取 0.08;

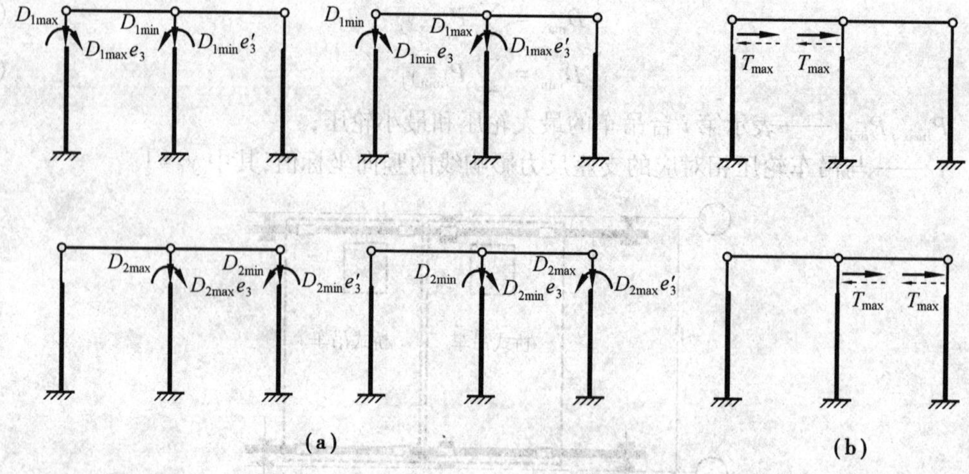

图 3.34　吊车荷载作用下排架计算简图

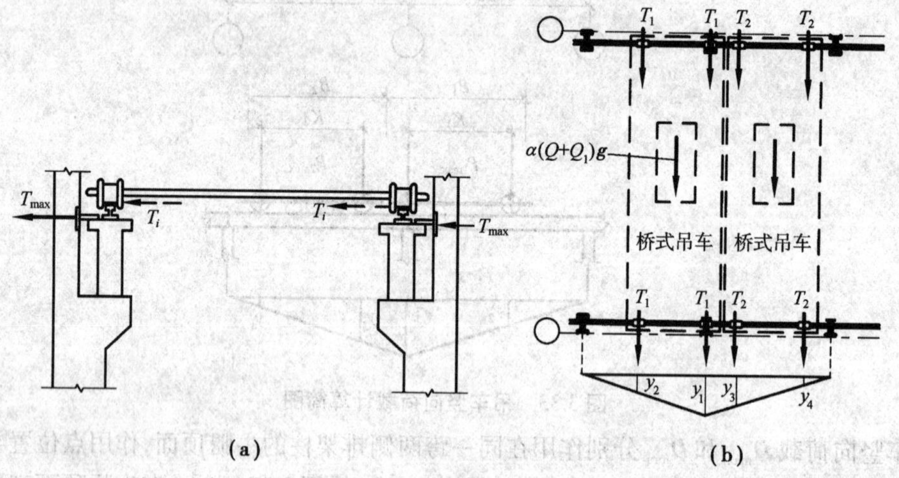

图 3.35　作用在排架柱上的最大横向反力计算

硬钩吊车：取 0.20。

考虑到吊车轮作用在轨道上的竖向压力很大，所产生的摩擦力足以传递小车制动时产生的制动力，故吊车横向水平荷载应该按两侧柱的侧移刚度大小分配。为了简化计算，《建筑结构荷载规范》规定：吊车横向水平荷载应等分于桥架的两端，分别由轨道上的车轮平均传至轨道，其方向与轨道垂直。对于一般四轮桥式吊车，大车每一轮子传递给吊车梁的横向水平制动力 T 为

$$T = \frac{1}{4}\alpha(Q + Q_1) \tag{3.8}$$

作用在排架柱上的 $T_{\max}$ 是每个大车轮子的横向水平荷载 T_i 通过吊车梁传给柱的可能的最大横向反力，与 $D_{\max}$（或 $D_{\min}$）类似，$T_{\max}$ 值的大小也与吊车台数和吊车运行位置有关，如图 3.35(b) 所示。按照计算吊车竖向荷载相同的方法，可求得作用在排架柱上的最大横向反力 $T_{\max}$。对两台并行吊车，最大横向反力 $T_{\max}$ 标准值按下式计算：

$$T_{\max} = \sum T_i y_j \tag{3.9}$$

式中，T_i 为同一侧第 i 个大车轮子的横向水平制动力，kN；其余符号意义同前。

《建筑结构荷载规范》规定:考虑多台吊车水平荷载时,对单跨或多跨厂房的每个排架,参与组合的吊车台数不应多于 2 台。

吊车横向水平荷载以集中力的形式作用在吊车梁顶面标高处,考虑到正、反两个方向的刹车情况,其作用方向既可向左,也可向右。对于两跨排架结构,其计算简图如图 3.34(b)所示。

(3)吊车纵向水平荷载

吊车纵向水平荷载是桥式吊车在沿厂房纵向启动或制动时,由吊车自重和吊重的惯性力在纵向排架上所产生的水平制动力,它通过吊车两端的制动轮与吊车轨道的摩擦力,由吊车梁传给纵向柱列或柱间支撑。

吊车纵向水平荷载标准值 T_0,按作用在一边轨道上所有刹车轮的最大轮压之和的 10%采用,一台吊车在一边轨道上的刹车力 T_0 为

$$T_0 = n\frac{P_{\max}}{10} \tag{3.10}$$

式中, n 为一台吊车在一边轨道上所有刹车轮数之和,对于一般的四轮吊车, $n=1$。

当厂房纵向有柱间支撑时,吊车纵向水平荷载全部由柱间支撑承受;当厂房没有柱间支撑时,吊车纵向水平荷载全部由同一伸缩缝区段内的所有柱承担,并按各柱的纵向抗侧刚度分配。在计算吊车纵向水平荷载时,无论单跨或多跨厂房,一侧的整个纵向排架上最多只能考虑 2 台吊车。

3.5.3 等高排架结构内力分析

排架结构内力分析就是求其在各种荷载作用下柱各截面的弯矩和剪力,而只要求得排架各柱顶剪力,问题就变为静定悬臂柱的内力计算。求柱顶剪力有两种基本方法:一种是力法,先求横梁内力,再求柱顶剪力,此法可计算各种排架结构的内力;另一种是剪力分配法,直接求柱顶剪力,此法只适用于计算等高排架结构的内力。

等高排架是指在荷载作用下各柱柱顶侧移均相等排架。用剪力分配法分析任意荷载作用下等高排架结构内力时,需要一次超静定柱在各种荷载作用下的柱顶反力。对于有吊车的厂房,通常为单阶变截面柱。为此,下面先讨论单阶超静定柱的计算问题,所得计算公式也适用于等截面柱。

1)单阶一次超静定柱在任意荷载作用下的柱顶反力

以图 3.36(a)所示的变截面处作用一集中力偶 M 的单阶一次超静定柱为例,说明计算方法,其他荷载作用下的柱顶反力见表 3.7。

设柱顶反力为 R,取基本体系如图 3.36(b)所示,由柱顶处的变形条件可得

$$R\delta - \Delta_p = 0 \tag{3.11}$$

由上式可得

$$R = \Delta_p/\delta \tag{3.12}$$

式中, δ 为悬臂柱在柱顶单位水平力作用下柱顶处的侧移值,因其主要与柱的形状有关,故称为形常数; Δ_p 为悬臂柱在荷载作用下柱顶处的侧移值,因与荷载有关,故称为载常数。

令 $\lambda = H_u/H, n = I_u/I_l$,由图 3.36(c)、(d)、(e),用图乘法可得

$$\delta = \frac{H^3}{C_0 EI_l} \tag{3.13}$$

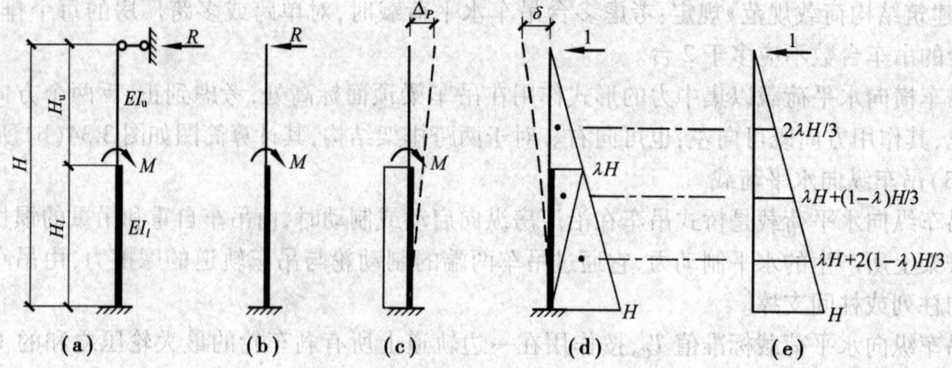

图 3.36　单阶一次超静定柱分析

$$\Delta_p = (1-\lambda^2)\frac{H^2}{2EI_l}M \tag{3.14}$$

将式(3.13)和式(3.14)代入式(3.12)，得

$$R = C_3\frac{M}{H} \tag{3.15}$$

式中，C_0 为单阶变截面柱的柱顶位移系数，按式(3.16)计算；C_3 为单阶变截面柱在变阶处集中力矩作用下的柱顶反力系数，按式(3.17)计算。

$$C_0 = \frac{3}{1+\lambda^3\left(\frac{1}{n}-1\right)} \tag{3.16}$$

$$C_3 = \frac{3}{2}\cdot\frac{1-\lambda^2}{1+\lambda^3\left(\frac{1}{n}-1\right)} \tag{3.17}$$

按照上述方法可得到单阶变截面柱在各种荷载作用下的柱顶反力系数。表 3.7 列出了单阶变截面柱的柱顶位移系数 C_0 及在各种荷载作用下的柱顶反力系数 $C_1 \sim C_{11}$，供设计计算时查用。

表 3.7　单阶变截面柱的柱顶位移系数 C_0 和反力系数 $C_1 \sim C_{11}$

序号	简图	R	$C_0 \sim C_5$	序号	简图	R	$C_6 \sim C_{11}$
0	1, δ, I_u, H_u, H, I_l, H_l		$\delta = \frac{H^3}{C_0 EI_l}$ $C_0 = \frac{3}{1+\lambda^3\left(\frac{1}{n}-1\right)}$	6	R, T	TC_6	$C_6 = \frac{1-0.5\lambda(3-\lambda^2)}{1+\lambda^3\left(\frac{1}{n}-1\right)}$
1	M, R	$\frac{M}{H}C_1$	$C_1 = \frac{3}{2}\cdot\frac{1-\lambda^2\left(1-\frac{1}{n}\right)}{1+\lambda^3\left(\frac{1}{n}-1\right)}$	7	R, T, bH_l	TC_7	$C_7 = \frac{b^2(1-\lambda)^2[3-b(1-\lambda)]}{2\left[1+\lambda^3\left(\frac{1}{n}-1\right)\right]}$

续表

序号	简图	R	$C_0 \sim C_5$	序号	简图	R	$C_6 \sim C_{11}$
2		$\frac{M}{H}C_2$	$C_2=\frac{3}{2}\frac{1+\lambda^2\left(\frac{1-a^2}{n}-1\right)}{1+\lambda^3\left(\frac{1}{n}-1\right)}$	8		qHC_8	$C_8=\left\{\frac{a^4}{n}\lambda^4-\left(\frac{1}{n}-1\right)(6a-8)a\lambda^4-a\lambda(6a\lambda-8)\right\}\div 8\left[1+\lambda^3\left(\frac{1}{n}-1\right)\right]$
3		$\frac{M}{H}C_3$	$C_3=\frac{3}{2}\frac{1-\lambda^2}{1+\lambda^3\left(\frac{1}{n}-1\right)}$	9		qHC_9	$C_9=\frac{8\lambda-6\lambda^2+\lambda^4\left(\frac{3}{n}-2\right)}{8\left[1+\lambda^3\left(\frac{1}{n}-1\right)\right]}$
4		$\frac{M}{H}C_4$	$C_4=\frac{3}{2}\frac{2b(1-\lambda)-b^2(1-\lambda)^2}{1+\lambda^3\left(\frac{1}{n}-1\right)}$	10		qHC_{10}	$C_{10}=\left\{3-b^2(1-\lambda)^3[4-b(1-\lambda)]+3\lambda^4\left(\frac{1}{n}-1\right)\right\}\div 8\left[1+\lambda^3\left(\frac{1}{n}-1\right)\right]$
5		TC_5	$C_5=\left\{2-3a\lambda+\lambda^3\left[\frac{(2+a)(1-a)^2}{n}-(2-3a)\right]\right\}\div 2\left[1+\lambda^3\left(\frac{1}{n}-1\right)\right]$	11		qHC_{11}	$C_{11}=\frac{3\left[1+\lambda^4\left(\frac{1}{n}-1\right)\right]}{8\left[1+\lambda^3\left(\frac{1}{n}-1\right)\right]}$

注：表中 $n=I_u/I_l$，$\lambda=H_u/H$，$1-\lambda=H_l/H$。

2) 柱顶水平集中力作用下等高排架内力分析

在柱顶水平集中力 F 作用下，等高排架各柱顶将产生位移 Δ_i 和剪力 V_i，如图 3.37(a)所示。如取出横梁为脱离体，则有下列平衡条件：

$$F=V_1+V_2+\cdots+V_i+\cdots+V_n=\sum_{i=1}^{n}V_i \tag{a}$$

由于假定横梁为无轴向变形的刚性杆件，故有下列变形条件：

$$\Delta_1=\Delta_2=\cdots=\Delta_i=\cdots=\Delta_n=\Delta \tag{b}$$

另外，根据形常数 δ_i 的物理意义，可得下列物理条件[图 3.37(b)]：

$$V_i\delta_i=\Delta_i \tag{c}$$

求解联立方程(a)和(c)，并利用式(b)的关系，可得

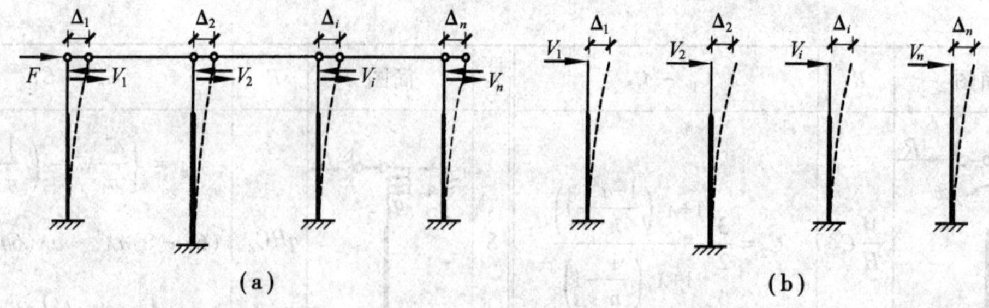

图 3.37　柱顶水平集中力作用下的等高排架

$$V_i = \frac{\frac{1}{\delta_i}}{\sum_{i=1}^{n} \frac{1}{\delta_i}} F = \eta_i F \tag{3.18}$$

式中　F ——作用在排架柱顶的水平集中力；

$\frac{1}{\delta_i}$ ——第 i 根排架柱的抗侧移刚度（或抗剪刚度），即悬臂柱柱顶产生单位侧移所需施加的水平力；

η_i ——第 i 根排架柱的剪力分配系数，按下式计算：

$$\eta_i = \frac{\frac{1}{\delta_i}}{\sum_{i=1}^{n} \frac{1}{\delta_i}} \tag{3.19}$$

按式(3.18)求得柱顶剪力 V_i 后，用平衡条件可得排架柱各截面的弯矩和剪力。由式(3.19)可见，当排架结构柱顶作用水平集中力 F 时，各柱的剪力按其抗剪刚度与各柱抗剪刚度总和的比例关系进行分配，故称为剪力分配法。各柱的剪力分配系数满足 $\sum \eta_i = 1$。需注意，所计算的柱顶剪力 V_i 仅与 F 的大小有关，而与其作用在排架左侧或右侧柱顶处的位置无关，但 F 的作用位置对横梁内力有影响。

3）任意荷载作用下等高排架内力分析

在任意荷载作用下，等高排架无法用上述的剪力分配法直接求解柱顶剪力。考虑到受荷柱将一部分荷载通过自身受力直接传至基础，另一部分则通过柱顶横梁传给其他柱，故可采用下述 3 个步骤进行这种情况下的排架内力分析。

①对承受任意荷载作用的排架结构[图 3.38(a)]，先在排架柱顶部附加一个不动铰支座以阻止其侧移[图 3.38(b)]，则各柱为单阶一次超静定柱。根据柱顶反力系数可求得各柱反力 R_i 及相应的柱端剪力，柱顶假想的不动铰支座总反力为 $R = \sum R_i$。在图 3.38(b)中，$R = R_1 + R_4$，因为 R_2 和 R_3 为零。

②撤除假想的附加不动铰支座，将支座总反力 R 反向作用于排架柱顶[图 3.38(c)]，用式(3.18)可求出柱顶水平力 R 作用下各柱的柱顶剪力 $\eta_i R$。

③将图 3.38(b)、(c)的计算结果叠加，可得在任意荷载作用下排架柱顶的剪力 $R_i + \eta_i R$，如图 3.38(d)所示，按此图可求出各柱任意截面的弯矩和剪力。

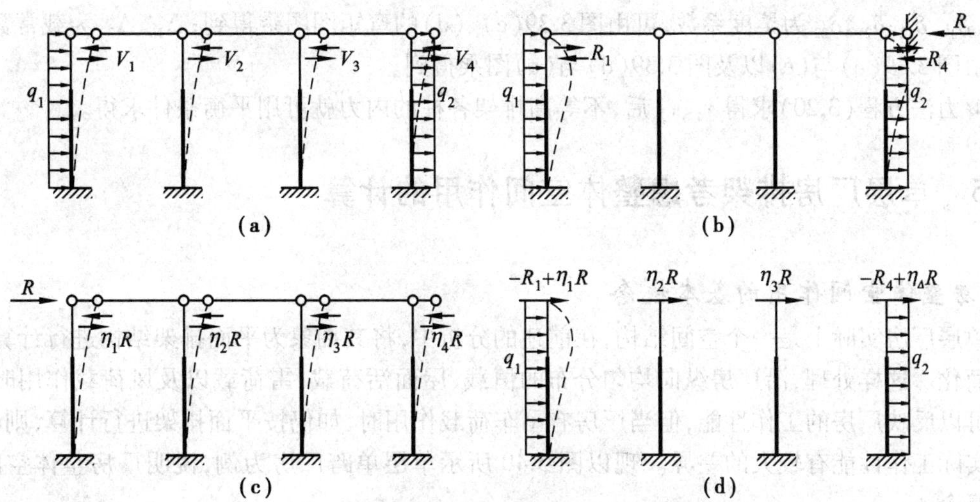

图 3.38　任意荷载作用下等高排架内力分析

3.5.4　不等高排架内力分析

不等高排架由于高、低跨的柱顶位移不相等，不能用剪力分配法求解，其内力一般用力法进行分析。下面以图 3.39(a)所示两跨不等高排架为例，说明其内力分析方法。

将低跨和高跨处的横梁切开，代之以相应的基本未知力 x_1 和 x_2，则排架结构变为独立的悬臂柱，这即为不等高排架的基本结构[图 3.39(b)]。基本结构在未知力 x_1、x_2 以及外荷载共同作用下，将产生内力和变形。由于假定横梁的轴向刚度为无限大，则每根横梁切断点相对位移为零，据此可得到下列力法方程：

$$\begin{aligned}\delta_{11}x_1 + \delta_{12}x_2 + \Delta_{1p} = 0\\ \delta_{21}x_1 + \delta_{22}x_2 + \Delta_{2p} = 0\end{aligned} \tag{3.20}$$

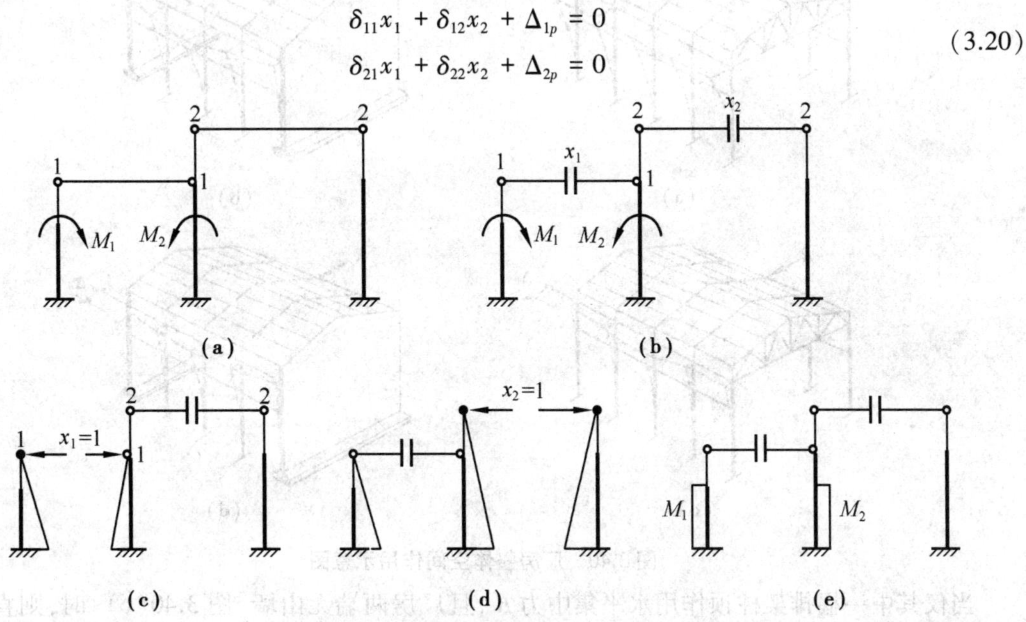

图 3.39　两跨不等高厂房内力分析

式中，δ_{11}、δ_{12}、δ_{21}、δ_{22} 为柔度系数，可由图 3.39(c)、(d)的弯矩图图乘得到；Δ_{1p}、Δ_{2p} 为载常数，可分别由图 3.39(c)与(e)以及图 3.39(d)与(e)图乘得到。

解力法方程(3.20)求得 x_1、x_2 后，不等高排架各柱的内力就可用平衡条件求得。

3.5.5 单层厂房排架考虑整体空间作用的计算

1) 厂房整体空间作用的基本概念

单层厂房实际上是一个空间结构，在前述的分析中，将其抽象为平面排架结构进行计算，使计算简化。这样处理，沿厂房纵向均匀分布的恒载、屋面活荷载、雪荷载以及风荷载作用时，基本上可以反映厂房的工作性能，但当厂房有吊车荷载作用时，如仍按平面排架进行计算，则与结构的实际工作性能有较大的差异。现以图 3.40 所示单层单跨厂房为例，说明厂房整体空间作用的概念。

当各榀排架柱顶均受有水平集中力 R，且厂房两端无山墙[图 3.40(a)]时，则各榀排架的受力情况相同，柱顶水平位移 Δ_a 亦相同，各榀排架之间互不制约，每一榀排架均相当于一个独立的平面排架。

当各榀排架柱顶均受有水平集中力 R，且厂房两端有山墙[图 3.40(b)]时，由于山墙平面内的刚度比平面排架的刚度大很多，山墙通过屋盖等纵向联系构件对其他各榀排架有不同程度的制约作用，使各榀排架柱顶水平位移呈曲线分布，靠近山墙处的排架柱顶水平位移很小，中间排架柱顶水平位移 Δ_b 最大，且 $\Delta_b < \Delta_a$。

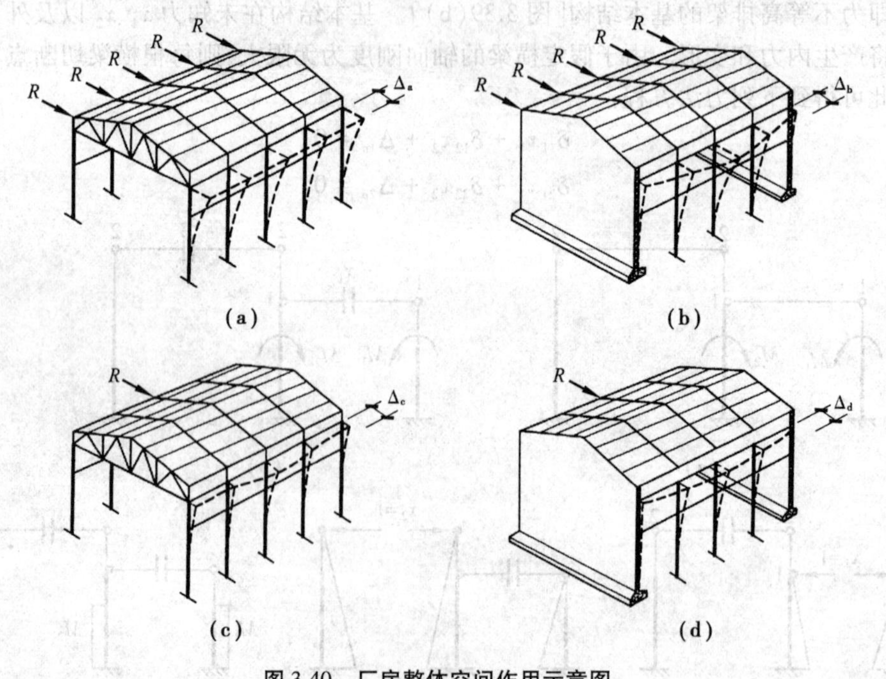

图 3.40　厂房整体空间作用示意图

当仅其中一榀排架柱顶作用水平集中力 R，且厂房两端无山墙[图 3.40(c)]时，则直接受荷排架通过屋盖等纵向联系构件受到其他排架的制约，使其柱顶的水平位移 Δ_c 减小，即 $\Delta_c < \Delta_a$；对其他排架，由于受到直接受荷排架的牵连，其柱顶也产生不同程度的水平位移。

当仅其中一榀排架柱顶作用水平集中力 R，且厂房两端有山墙[图 3.40(d)]时，由于直接受荷排架受到其他排架和山墙两种制约，则各榀排架的柱顶水平位移将更小，即 $\Delta_d<\Delta_c$。

在上述后 4 种情况下，由于屋盖等纵向联系构件将各榀排架或山墙联系在一起，故各榀排架或山墙的受力或变形都不是单独的，而是相互制约的。这种排架与排架、排架与山墙之间的相互制约作用，称为厂房的整体空间作用。

厂房整体空间作用的程度主要取决于屋盖的水平刚度、荷载类型、山墙刚度和间距等因素。通常，无檩屋盖比有檩屋盖、局部荷载比均布荷载、有山墙比无山墙，厂房的整体空间作用要大一些。由于吊车荷载仅作用在几榀排架上，属于局部荷载，因此吊车荷载作用下厂房结构的内力分析，宜考虑其整体空间作用。

2)厂房空间作用分配系数

如图 3.41(a)所示，当单层厂房某一榀排架柱顶作用水平集中力 R 时，若不考虑厂房的整体空间作用，则此集中力 R 全部由直接受荷排架承受，其柱顶水平位移为 Δ[图 3.41(c)]；当考虑厂房的整体空间作用时，由于其他排架的制约作用，水平集中力 R 通过屋盖等纵向联系构件由直接受荷排架和其他排架共同承受。如果把屋盖看作一根在水平面内受力的梁，各榀横向排架视为梁的弹性支座[3.41(b)]，则各支座反力 R_i 就是相应排架所分担的水平力。设直接受荷排架的支座反力为 R_0，则 $R_0 < R$。将单个集中力作用下厂房的空间作用分配系数定义为 R_0 与 R 之比，用 μ 表示。由于在弹性阶段，排架柱顶的水平位移与其所受荷载成正比，故空间作用分配系数又可表示为两种情况下柱顶水平位移之比，即

$$\mu = \frac{R_0}{R} = \frac{\Delta_0}{\Delta} < 1.0 \tag{3.21}$$

式中，Δ_0 为考虑空间作用时[图 3.41(a)]直接受荷排架的柱顶位移。

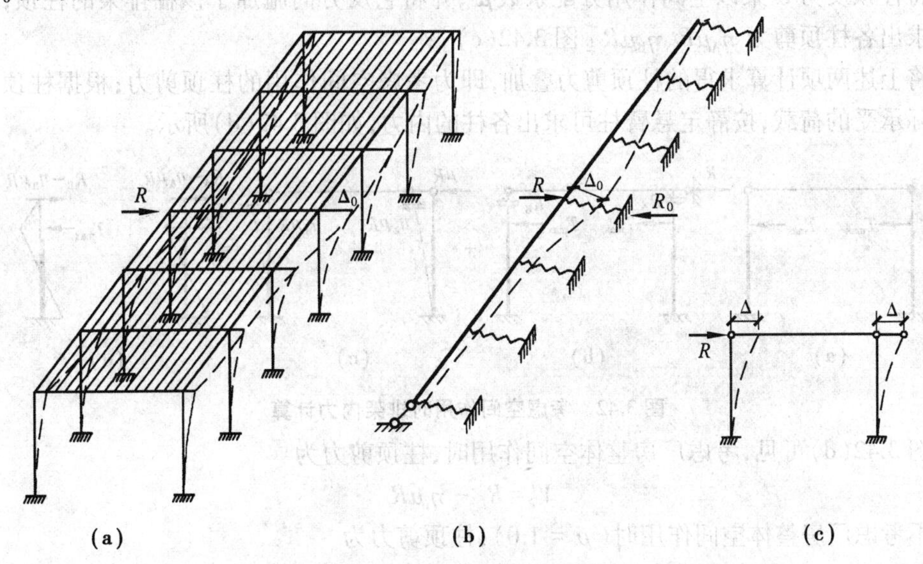

图 3.41　厂房整体空间工作分析

由上述可见，μ 表示考虑厂房结构的空间作用时直接受荷排架所分配到的水平荷载与不考虑空间作用按平面排架计算所分配的水平荷载的比值。μ 值越小，说明厂房的空间作用越大，反之则越小。根据理论及试验分析，表 3.8 给出了吊车荷载作用下单层单跨厂房的 μ 值，可供设

计时参考。由于吊车荷载并不是单个集中荷载，而是同时有多个集中荷载，故表中的数值考虑了这个问题并留有一定的安全储备。

表 3.8　单跨厂房空间作用分配系数 μ

<table>
<tr><td colspan="2" rowspan="2">厂房情况</td><td rowspan="2">吊车起重量
(t)</td><td colspan="4">厂房长度(m)</td></tr>
<tr><td colspan="2">≤60</td><td colspan="2">>60</td></tr>
<tr><td rowspan="2">有檩屋盖</td><td>两端无山墙或一端有山墙</td><td>≤30</td><td colspan="2">0.90</td><td colspan="2">0.85</td></tr>
<tr><td>两端有山墙</td><td>≤30</td><td colspan="4">0.85</td></tr>
<tr><td rowspan="4">无檩屋盖</td><td rowspan="3">两端无山墙或一端有山墙</td><td rowspan="3">≤75</td><td colspan="4">厂房跨度(m)</td></tr>
<tr><td>12~27</td><td>>27</td><td>12~27</td><td>>27</td></tr>
<tr><td>0.90</td><td>0.85</td><td>0.85</td><td>0.80</td></tr>
<tr><td>两端有山墙</td><td>≤75</td><td colspan="4">0.80</td></tr>
</table>

注：1.厂房山墙应为实心砖墙，如有开洞，洞口对山墙水平截面面积的削弱应不超过 50%，否则应视为无山墙情况；

2.当厂房设有伸缩缝时，厂房长度应按一个伸缩缝区段的长度计，且伸缩缝处应视为无山墙。

3) 考虑厂房整体空间作用时排架内力计算

对于图 3.42(a)所示排架，当考虑厂房整体空间作用时，可按下述步骤计算排架内力：

①先假定排架柱顶无侧移，求出在吊车水平荷载 T_{max} 作用下的柱顶反力 R 以及相应的柱顶剪力[图 3.42(b)]；

②将柱顶反力 R 乘以空间作用分配系数 μ，并将它反方向施加于该榀排架的柱顶，按剪力分配法求出各柱顶剪力 $\eta_A\mu R$、$\eta_B\mu R$ [图 3.42(c)]；

③将上述两项计算求得的柱顶剪力叠加，即为考虑空间作用的柱顶剪力；根据柱顶剪力及柱上实际承受的荷载，按静定悬臂柱可求出各柱的内力，如图 3.42(d)所示。

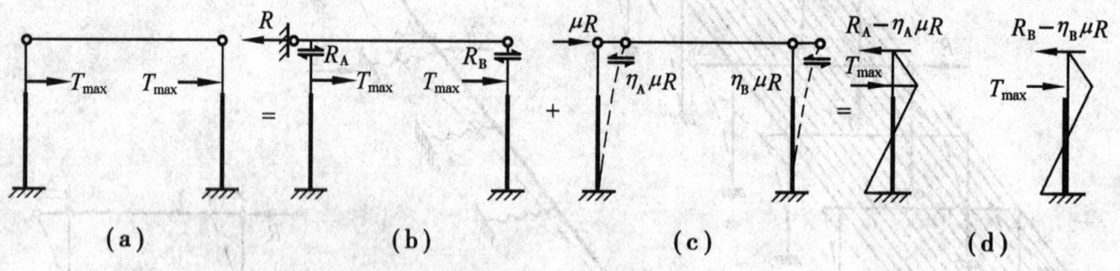

图 3.42　考虑空间作用时排架内力计算

由图 3.42(d)可见，考虑厂房整体空间作用时，柱顶剪力为

$$V_i' = R_i - \eta_i \mu R$$

而不考虑厂房整体空间作用时($\mu = 1.0$)，柱顶剪力为

$$V_i = R_i - \eta_i R$$

由于 $\mu < 1.0$，故 $V_i' > V_i$。因此，考虑厂房整体空间作用时，上柱内力将增大；又因为 V_i' 与 T_{max} 方向相反，所以下柱内力将减小。由于下柱的配筋量一般比较多，故考虑空间作用后，柱的钢筋总用量有所减少。

3.5.6 内力组合

所谓内力组合，就是根据各种荷载可能同时出现的情况，求出在某些荷载作用下，柱控制截面可能产生的最不利内力，作为柱和基础配筋计算的依据。因此，内力组合时需要确定柱的控制截面和相应的最不利内力，并进行荷载效应组合。

1）柱的控制截面

控制截面是指对截面配筋起控制作用的截面，一般指内力最大处的截面，对单阶柱，为方便施工，整个上柱截面配筋相同，整个下柱截面的配筋也相同。在荷载作用下，柱的内力是沿长度变化的，故设计时应根据内力图和截面的变化情况，分别找出上柱和下柱的控制截面作为配筋计算的依据。

对上柱而言，底部Ⅰ-Ⅰ截面（牛腿顶面以上）的弯矩和轴力均比其他截面大，故通常取Ⅰ-Ⅰ截面作为上柱的控制截面（图3.43）。对下柱而言，在吊车竖向荷载作用下，一般牛腿顶截面处的弯矩最大，而在风荷载和吊车横向水平荷载作用下，柱底截面的弯矩最大。因此，通常取牛腿顶截面（Ⅱ-Ⅱ截面）和柱底截面（Ⅲ-Ⅲ截面）这两个截面作为下柱的控制截面。同时，柱下基础设计也需要Ⅲ-Ⅲ截面的内力值。

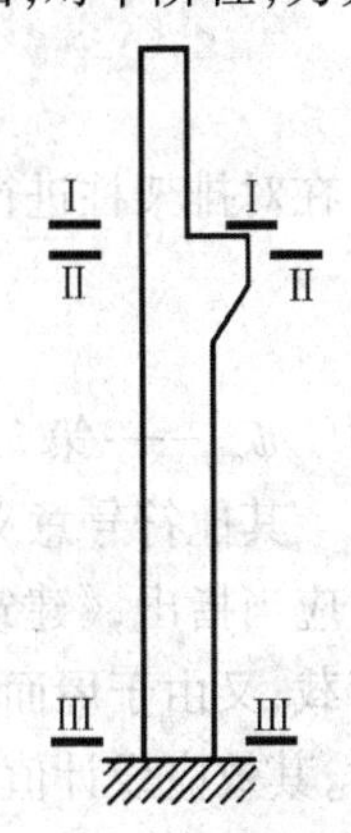

图3.43 柱的控制截面

当柱上作用有较大的集中荷载（如悬臂重量等）时，可根据其内力大小还需将集中荷载作用处的截面作为控制截面。

2）荷载效应组合

排架内力分析一般是分别求出各种荷载单独作用下的内力。为求得柱控制截面的最不利内力，首先须找出哪几种荷载同时作用时才产生最不利内力，即考虑各单项荷载同时出现的可能性；其次，由于几种可变荷载同时作用又同时达到其设计值的可能性较小，为此，需要对可变荷载进行折减，即考虑可变荷载组合值系数。

荷载基本组合的效应设计值 S_d，应从下列组合值中取最不利值确定：

对由可变荷载控制的效应设计值

$$S_d = \sum_{j\geqslant 1}^{m} \gamma_{G_j} S_{G_{jk}} + \gamma_{Q_1}\gamma_{L1} S_{Q_{1k}} + \sum_{i>1}^{n} \gamma_{Q_i}\gamma_{Li}\psi_{ci} S_{Q_{ik}} \tag{3.22}$$

对由永久荷载控制的效应设计值

$$S_d = \sum_{j\geqslant 1}^{m} \gamma_{G_j} S_{G_{jk}} + \sum_{i\geqslant 1}^{n} \gamma_{Q_i}\gamma_{Li}\psi_{ci} S_{Q_{ik}} \tag{3.23}$$

式中 $S_{G_{jk}}$——按永久荷载标准值 G_{jk} 计算的荷载效应值；

$S_{Q_{ik}}$——按可变荷载标准值 Q_{ik} 计算的荷载效应值，其中 S_{Q1k} 为诸可变荷载效应中起控制作用者；

γ_{G_j}——第 j 个永久荷载的分项系数，当其效应对结构不利时，对由可变荷载效应控制的组合，应取1.2；对由永久荷载效应控制的组合，应取1.35；当其效应对结构有利时的组合，应取1.0；

γ_{Q_i}——第 i 个可变荷载的分项系数，其中 γ_{Q_1} 为可变荷载 Q_1 的分项系数，一般情况下，

均应取 1.4;对标准值大于 4 kN/m^2 的工业房屋楼面结构的活荷载,应取 1.3;

γ_{Li} ——第 i 个可变荷载考虑设计使用年限的调整系数,其中 γ_{L1} 为可变荷载 Q_1 考虑设计使用年限的调整系数,应按《建筑结构荷载规范》中的规定采用;

ψ_{ci} ——可变荷载 Q_i 的组合值系数,应按《建筑结构荷载规范》中的规定采用;

m ——参与组合的永久荷载数;

n ——参与组合的可变荷载数。

对于正常使用极限状态,应根据不同的设计要求,采用荷载的标准组合、频遇组合或准永久组合。验算柱下独立基础地基承载力时,应采用荷载标准组合的效应设计值 S_d,即

$$S_d = \sum_{j\geqslant 1}^{m} S_{G_{jk}} + S_{Q_{1k}} + \sum_{i>1}^{n} \psi_{ci} S_{Q_{ik}} \tag{3.24}$$

在对排架柱进行裂缝宽度验算时,尚需进行准永久组合,其效应设计值 S_d 为

$$S_d = \sum_{j\geqslant 1}^{m} S_{G_{jk}} + \sum_{i\geqslant 1}^{n} \psi_{qi} S_{Q_{ik}} \tag{3.25}$$

式中 ψ_{qi} ——第 i 个可变作用的准永久值系数,应按《建筑结构荷载规范》中的规定采用;

其他符号意义同前。

应当指出,《建筑结构荷载规范》规定:厂房排架设计时,在荷载准永久组合中可不考虑吊车荷载;又由于屋面活荷载(不上人屋面)和风荷载的准永久值系数均为 0,所以按式(3.25)组合时,其效应设计值较小,一般不起控制作用。

3)不利内力组合

排架柱控制截面上同时作用有弯矩 M、轴力 N 和剪力 V。对矩形、I 形截面等偏心受压构件,其纵向受力钢筋数量取决于控制截面上的弯矩和轴力。由于弯矩 M 和轴力 N 有很多种组合,须找出截面配筋面积最大的弯矩和轴力组合。通常选择以下 4 种内力组合作为截面最不利内力组合:

① $+M_{max}$ 及相应的 N、V;

② $-M_{max}$ 及相应的 N、V;

③ N_{max} 及相应的 $+M_{max}$ 或 $-M_{max}$、V;

④ N_{min} 及相应的 $+M_{max}$ 或 $-M_{max}$、V。

按上述 4 种情况可以得到很多组不利内力组合,但难以判别哪一种组合是决定截面配筋的最不利内力。通常做法是对每一组不利内力组合进行分析和判断,求出几种可能的最不利内力的组合值,经过截面配筋计算,通过比较后加以确定。设计经验和分析表明,当截面为大偏心受压时,以 M 最大而相应的 N 较小时为最不利;而当截面为小偏心受压时,往往以 N 最大而相应的 M 也较大时为最不利。

当柱采用对称配筋及采用对称基础时,①、②两种内力组合可合并为一种,即 $|M|_{max}$ 及相应的 N 和 V。

对不考虑抗震设防的排架柱,箍筋一般由构造控制,故在柱的截面设计时,可不考虑最大剪力所对应的不利内力组合以及其他不利内力组合所对应的剪力值。

4)内力组合注意事项

①在任何情况下,都必须考虑恒荷载产生的内力。

②每次内力组合时，只能以一种内力（如 $|M|_{max}$ 或 N_{max} 或 N_{min}）为目标来决定可变荷载的取舍，并求得与其相应的其余两种内力。

③在吊车竖向荷载中，同一柱的同一侧牛腿上有 D_{max} 或 D_{min} 作用时，两者只能选择一种参加组合。

④吊车横向水平荷载 T_{max} 同时作用在同一跨内的两个柱子上，向左或向右，组合时只能选取其中一个方向。

⑤在同一跨内，D_{max} 和 D_{min} 与 T_{max} 不一定同时发生，故组合 D_{max} 或 D_{min} 产生的内力时，不一定组合 T_{max} 产生的内力。考虑到 T_{max} 既可向左又可向右作用的特性，所以若组合了 D_{max} 或 D_{min} 产生的内力，则同时组合相应的 T_{max} 产生的内力才能得到最不利的内力组合。如果组合时取用了 T_{max} 产生的内力，则必须取用相应的 D_{max} 或 D_{min} 产生的内力。

⑥当以 N_{max} 或 N_{min} 为目标进行内力组合时，因为在风荷载及吊车水平荷载作用下，轴力 N 为零，虽然将其组合并不改变组合目标，但可使弯矩 M 增大或减小，故要取相应可能产生的最大正弯矩或最大负弯矩的内力项。

⑦风荷载有向左、向右吹两种情况，只能选取一种风向参与组合。

⑧由于多台吊车同时满载的可能性较小，所以当多台吊车参与组合时，吊车竖向荷载和水平荷载作用下的内力应乘以表 3.9 规定的荷载折减系数。

表 3.9 多台吊车的荷载折减系数

参与组合的吊车台数	吊车工作级别	
	A1～A5	A6～A8
2	0.90	0.95
3	0.85	0.90
4	0.80	0.85

3.6 柱的设计

预制钢筋混凝土排架柱的设计内容，包括选择柱的形式、确定截面尺寸、内力分析、配筋计算、牛腿设计、吊装验算等。本节主要介绍排架柱的配筋计算、牛腿设计和吊装验算等内容，其余内容已在前述各节讲述。

3.6.1 截面设计

1）排架柱考虑二阶效应的弯矩设计值

排架柱考虑二阶效应的弯矩设计值可按下列公式计算：

$$M = \eta_s M_0 \tag{3.26}$$

$$\eta_s = 1 + \frac{1}{1500e_i/h_0}\left(\frac{l_0}{h}\right)^2 \zeta_c \tag{3.27}$$

$$\zeta_c = \frac{0.5f_c A}{N} \tag{3.28}$$

$$e_i = e_0 + e_a \tag{3.29}$$

式中 M ——一阶弹性分析柱端弯矩设计值；

ζ_c ——截面曲率修正系数；当 $\zeta_c > 1.0$ 时，取 $\zeta_c = 1.0$；

e_i ——初始偏心距；

e_0——轴向压力对截面重心的偏心距，$e_0 = M_0/N$；

e_a ——附加偏心距；

l_0——排架柱的计算长度；

h, h_0——分别为所考虑弯曲方向柱的截面高度和截面有效高度；

A ——柱的截面面积，对于 I 形截面取 $A = bh + 2(b_f - b)h_f$。

2）截面配筋计算

一般情况下，矩形、I 形截面实腹柱可按构造要求配置箍筋，不必进行受剪承载力计算。纵向受力钢筋按偏心受压构件正截面承载力计算确定，因弯矩有正、负两种情况，故纵筋一般采用对称配筋。此外，还应按轴心受压构件进行平面外受压承载力验算。

在进行柱受压承载力计算或验算时，柱的弯矩增大系数 η_s 或稳定系数 φ 与柱的计算长度 l_0 有关。由于单层厂房排架柱的支承条件比较复杂，因此柱的计算长度不能简单地按材料力学中各种理想支承情况来确定。表 3.10 为《混凝土结构设计规范》根据单层房屋的实际支承情况及受力特点，结合工程经验给出了计算长度 l_0，供设计时采用。

表 3.10 刚性屋盖单层房屋排架柱、露天吊车柱和栈桥住的计算长度 l_0

柱的类型		排架方向	垂直排架方向	
			有柱间支撑	无柱间支撑
无吊车房屋柱	单跨	1.5 H	1.0 H	1.2 H
	两跨及多跨	1.25 H	1.0 H	1.2 H
有吊车房屋柱	上柱	2.0 H_u	1.25 H_u	1.5 H_u
	下柱	1.0 H_l	0.8 H_l	1.0 H_l
露天吊车柱和栈桥柱		2.0 H_l	1.0 H_l	—

注：1.表中 H 为从基础顶面算起的柱子全高；H_l 为从基础顶面至装配式吊车梁底面或现浇式吊车梁顶面的柱子下部高度；H_u 为从装配式吊车梁底面或从现浇式吊车梁顶面算起的柱子上部高度；

2.表中有吊车房屋排架柱的计算长度，当计算中不考虑吊车荷载时，可按无吊车房屋柱的计算长度采用，但上柱的计算长度仍可按有吊车房屋采用；

3.表中有吊车房屋排架的上柱在排架方向的计算长度，仅适用于 H_u/H_l 不小于 0.3 的情况；当 H_u/H_l 小于 0.3 时，计算长度宜采用 $2.5H_u$。

3）构造要求

采用强度等级 400 MPa 及以上的钢筋时，混凝土强度等级不应低于 C25。

柱的纵向受力钢筋应采用 HRB400、HRBF400、HRB500 以及 HRBF500 级钢筋，直径 d 不宜小于 12 mm，全部纵向钢筋的配筋率不宜超过 5%。当偏心受压柱的截面高度 $h \geqslant 600$ mm 时，在侧面应设置直径不小 10 mm 的纵向构造钢筋,并相应地设置复合箍筋或拉筋。柱内纵向钢筋的净距不应小于 50 mm,且不宜大于 300 mm;对水平浇筑的预制柱,其上部纵向钢筋的最小净间距不应小于 30 mm 和 1.5d(d 为钢筋的最大直径),下部纵向钢筋的最小净间距不应小于 25 mm 和 1d 。偏心受压柱中,垂直于弯矩作用平面的侧面上的纵向受力钢筋以及轴心受压柱中各边的纵向受力钢筋,其中距不宜大于 300 mm。

柱中的箍筋应为封闭式。箍筋间距不应大于 400 mm 及构件截面的短边尺寸,且不应大于 15d(d 为纵向钢筋的最小直径)。箍筋直径不应小于 $d/4$(d 为纵向钢筋的最大直径),且不应小于 6 mm。当柱中全部纵向受力钢筋的配筋率超过 3%时,箍筋直径不应小于 8 mm,间距不应大于 10d(d 为纵向钢筋的最小直径),且不应大于 200 mm。当柱截面短边尺寸大于 400 mm 且各边纵向钢筋多于 3 根时,或当柱截面短边尺寸不大于 400 mm 但各边纵向钢筋多于 4 根时,应设置复合箍筋。

3.6.2　牛腿设计

单层厂房中的排架柱一般都设有牛腿,以支承屋架(屋面梁)、吊车梁、连系梁等构件,并将这些构件承受的荷载传给柱子。

牛腿按照其承受的竖向力作用点至牛腿根部的水平距离 a 与牛腿截面有效高度 h_0 之比,分为长牛腿和短牛腿(图 3.44)。当 a/h_0>1.0 时,称为长牛腿;而 $a/h_0 \leqslant 1.0$ 时,则称为短牛腿。长牛腿的受力性能与悬臂梁相近,故可按悬臂梁进行设计。下面介绍短牛腿(简称牛腿)的受力特点和设计方法。

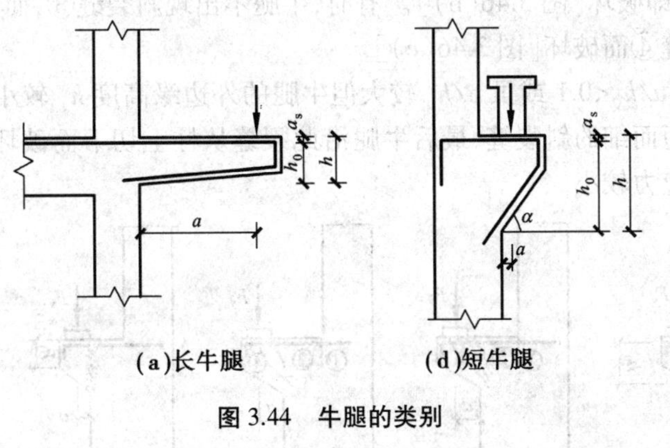

图 3.44　牛腿的类别

1)牛腿的受力特点及破坏形态

试验研究表明,从加载至破坏,牛腿大体经历弹性、裂缝出现与开展和破坏 3 个阶段。

(1)弹性阶段

通过 a/h_0 = 0.5 环氧树脂牛腿模型的光弹试验,得到的主应力迹线如图 3.45 所示。由图可见,在牛腿顶面竖向力作用下,其上部的主拉应力迹线沿其长度方向分布比较均匀,在加载点附近稍向下倾斜;在 ab 连线附近不太宽的带状区域内,主压应力迹线大体与 ab 连线平行,其分布也比较均匀;另外,上柱根部与牛腿交界处附近存在着应力集中现象。

(2)裂缝出现与开展阶段

试验表明,当荷载达到极限荷载的 20%~40%时,由于上柱根部与牛腿交界处的主拉应力集中，在该处首先出现自上而下的竖向裂缝①（图 3.46），裂缝细小且开展较慢，对牛腿的受力性能影响不大；当荷载达到极限荷载的 40%～60%时，在加载垫板内侧附近出现一条斜裂缝②，其方向大体与主压应力迹线平行。

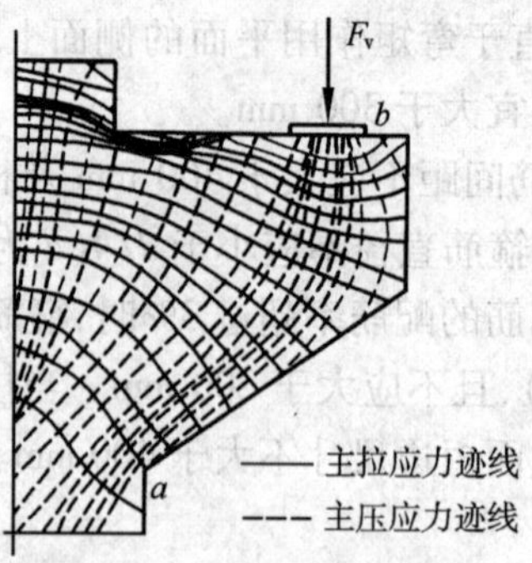

图 3.45　牛腿的应力状态

（3）破坏阶段

继续加载，随 a/h_0 值的不同，牛腿主要有以下几种破坏形态。

①弯压破坏：当 $1>a/h_0>0.75$ 且纵向受力钢筋配置较少时，随着荷载增加，斜裂缝②不断向受压区延伸，纵筋拉应力逐渐增加直至达到屈服强度，这时斜裂缝②外侧部分绕牛腿根部与柱交接点转动，致使受压区混凝土压碎而引起破坏[图 3.46(a)]。

②斜压破坏：当 $a/h_0=0.1\sim0.75$ 时，随着荷载增加，在斜裂缝②外侧出现细而短小的斜裂缝③，当这些斜裂缝逐渐贯通时，斜裂缝②、③间的斜向主压应力超过混凝土的抗压强度，直至混凝土剥落崩出，牛腿即破坏[图 3.46(b)]。有时，牛腿不出现斜裂缝③，而是在加载垫板下突然出现一条通长斜裂缝④而破坏[图 3.46(c)]。

③剪切破坏：当 $a/h_0<0.1$ 或虽 a/h_0 较大但牛腿的外边缘高度 h_1 较小时，在牛腿与柱边交接面上出现一系列短而细的斜裂缝，最后牛腿沿此裂缝从柱上切下而破坏[图 3.46(d)]，破坏时牛腿的纵向钢筋应力较小。

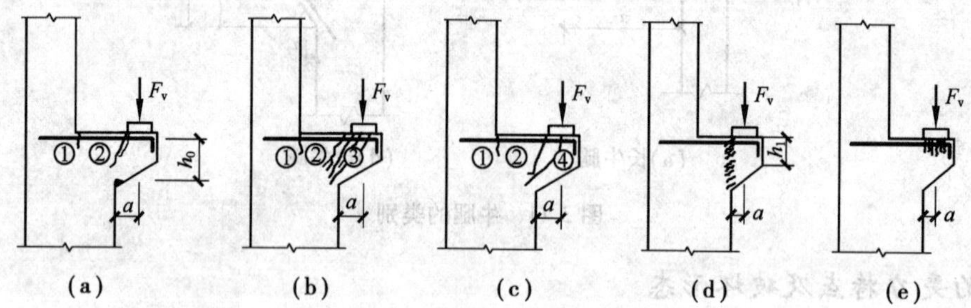

图 3.46　牛腿的破坏形态

此外，当加载板尺寸过小或牛腿宽度过窄时，可能导致加载板下混凝土发生局部受压破坏[图 3.46(e)]；当牛腿纵向受力钢筋锚固不足时，还会发生使钢筋被拔出等破坏现象。

2）牛腿截面尺寸的确定

牛腿的截面宽度与柱宽相同，故确定牛腿的截面尺寸（图 3.47）主要是确定其截面高度。牛腿在使用阶段一般要求不出现斜裂缝或仅出现少量的微细裂缝，所以一般以不出现斜裂缝为控制条件来确定牛腿的截面尺寸。

试验研究表明，牛腿斜截面的抗裂性能除与截面尺寸 bh_0 和混凝土轴心抗拉标准值 f_{tk} 有关外，还与 a/h_0 以及水平拉力 F_{hk} 值有关。设计时应以下式作为抗裂控制条件来确定牛腿的截面尺寸：

$$F_{vk} \leqslant \beta\left(1 - 0.5\frac{F_{hk}}{F_{vk}}\right)\frac{f_{tk}bh_0}{0.5 + \frac{a}{h_0}} \tag{3.30}$$

式中 F_{vk}，F_{hk} ——作用于牛腿顶面按荷载效应标准组合计算的竖向力和水平拉力值，其中 F_{hk} 一般用于水平地震作用或风荷载时的高低跨牛腿处或悬墙牛腿处等情况；

f_{tk} ——混凝土轴心抗拉强度标准值；

β ——裂缝控制系数：对支承吊车梁的牛腿，取 $\beta = 0.65$；对其他牛腿，取 $\beta = 0.80$；

a ——竖向力作用点至下柱边缘的水平距离，此时应考虑安装偏差 20 mm；当考虑 20 mm的安装偏差后的竖向力作用点仍位于下柱截面以内时，取 $a = 0$；

b ——牛腿宽度，通常与柱宽度相同；

h_0 ——牛腿与下柱交接处的垂直截面有效高度，取 $h_0 = h_1 - a_s + c \cdot \tan\alpha$，当 $\alpha > 45°$，取 $\alpha = 45°$；c 为下柱边缘到牛腿外边缘的水平长度。

此外，牛腿的外边缘高度 h_1 不应小于 $h/3$，且不应小于 200 mm；牛腿外边缘至吊车梁外边缘的距离不宜小于 70 mm；牛腿底边倾斜角应满足条件 $\alpha \leqslant 45°$，如图 3.47 所示。

为了防止牛腿顶面垫板下混凝土的局部受压破坏，垫板下的局部压应力应满足

$$\sigma_c = \frac{F_{vk}}{A} \leqslant 0.75f_c \tag{3.31}$$

式中 A ——局部受压面积；

f_c ——混凝土轴心抗压强度设计值。

当式(3.31)不满足时，应采取加大受压面积、提高混凝土强度等级或设置钢筋网片等有效的加强措施。

3) 牛腿的截面设计与构造要求

在竖向力和水平拉力作用下，牛腿的受力特征可用牛腿顶部水平纵向受力钢筋为拉杆、牛腿内的斜向受压混凝土为压杆组成的三角桁架模型来描述。作用于牛腿顶面的竖向力由桁架水平拉杆的拉力和斜压杆的压力来承担，作用在牛腿顶部向外的水平拉力则由水平拉杆承担，如图 3.48 所示。

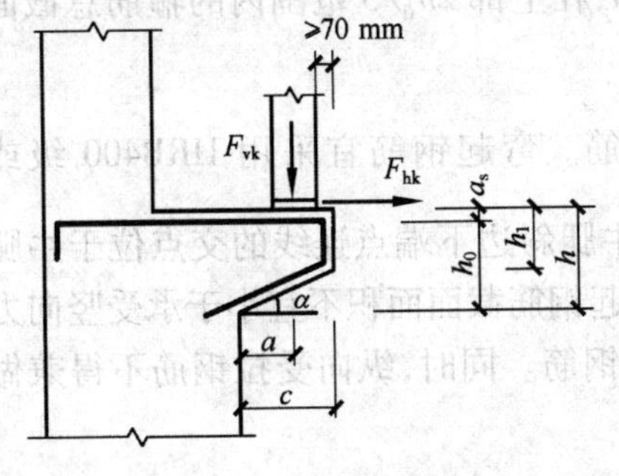

图 3.47 牛腿尺寸

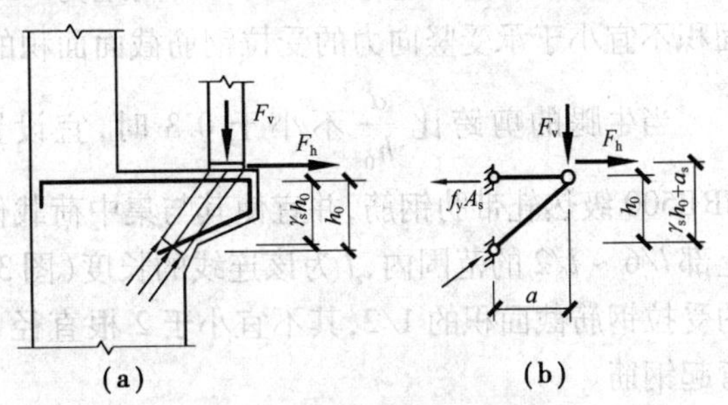

图 3.48 牛腿的计算简图

根据牛腿的计算简图，在竖向力设计值 F_v 和水平拉力设计值 F_h 共同作用下，通过力矩平衡可得

$$F_v a + F_h(\gamma_s h_0 + a_s) \leqslant f_y A_s \gamma_s h_0$$

近似取 $\gamma_s = 0.85$，$\dfrac{\gamma_s h_0 + a_s}{\gamma_s h_0} = 1.2$，则由上式可得纵向受力钢筋总截面面积 A_s 为

$$A_s \geqslant \frac{F_v a}{0.85 f_y h_0} + 1.2\frac{F_h}{f_y} \tag{3.32}$$

当 $a < 0.3h_0$ 时，可取 $a = 0.3h_0$。

式中 F_v, F_h——作用在牛腿顶部的竖向力设计值和水平拉力设计值；

f_y——纵向受力钢筋强度设计值。

沿牛腿顶部配置的纵向受力钢筋，宜采用 HRB400 级或 HRB500 级热轧带肋钢筋。承受竖向力所需的纵向受力钢筋的配筋率不应小于 0.20% 及 $\dfrac{0.45f_t}{f_y}$，也不宜大于 0.60%，钢筋数量不宜少于 4 根直径 12 mm 的钢筋。

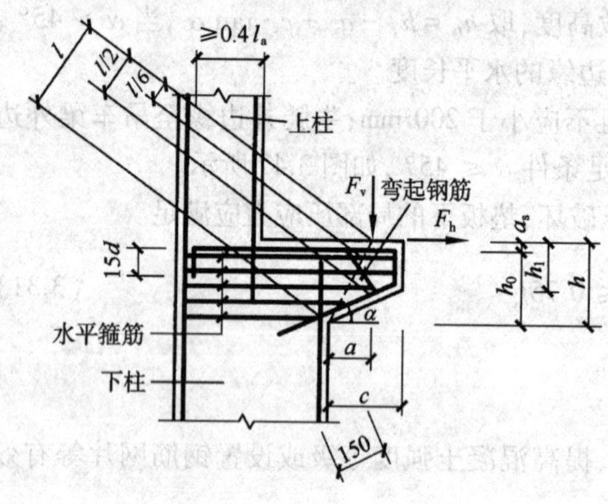

图 3.49 牛腿的配筋构造

全部纵向受力钢筋及弯起钢筋宜沿牛腿外边缘向下伸入柱内 150 mm 后截断。纵向受力钢筋及弯起钢筋伸入上柱的锚固长度，当采用直线锚固时不应小于受拉钢筋锚固长度 l_a；当上柱尺寸不足时，可采用 90° 弯折锚固的方式，此时钢筋应伸至柱外侧纵向钢筋内边并向下弯折，其包括弯弧在内的水平投影长度不应小于 $0.4l_a$（l_a 为受拉钢筋的锚固长度），弯折后垂直段长度不应小于 $15d$（图 3.49）。

当牛腿设于上柱柱顶时，宜将牛腿对边的柱外侧纵向受力钢筋沿柱顶水平弯入牛腿，作为牛腿纵向受拉钢筋使用；当牛腿顶面纵向受拉钢筋与牛腿对边的柱外侧纵向钢筋分开配置时，牛腿顶面纵向受拉钢筋应弯入柱外侧，并符合钢筋搭接的规定。

当牛腿的截面尺寸满足式(3.30)的抗裂条件后，可不进行斜截面受剪承载力计算，只需要按下述构造要求设置水平箍筋和弯起钢筋（图 3.49）。

水平箍筋的直径应取 6～12 mm，间距为 100～150 mm，在上部 $2h_0/3$ 范围内的箍筋总截面面积不宜小于承受竖向力的受拉钢筋截面面积的 1/2。

当牛腿的剪跨比 $\dfrac{a}{h_0}$ 不小于 0.3 时，宜设置弯起钢筋。弯起钢筋宜采用 HRB400 级或 HRB500 级热轧带肋钢筋，并宜使其与集中荷载作用点到牛腿斜边下端点连线的交点位于牛腿上部 $l/6$ ~ $l/2$ 的范围内，l 为该连线的长度（图 3.49）。弯起钢筋截面面积不宜小于承受竖向力的受拉钢筋截面积的 1/2，其不宜小于 2 根直径 12 mm 的钢筋。同时，纵向受拉钢筋不得兼做弯起钢筋。

3.6.3 柱的吊装验算

排架柱在施工吊装阶段的受力状态与使用阶段不同,且此时的混凝土强度可能未达到设计强度,因此应根据柱在吊装阶段的受力特点和实际强度,对其进行承载力和裂缝宽度验算。

柱在吊装阶段的计算简图应根据具体吊装方法确定。吊装方式有平吊和翻身吊两种。平吊较为方便,当采用平吊不满足承载力或裂缝宽度限值时,可采用翻身吊。当采用一点起吊时,吊点一般设置在牛腿根部变截面处[图 3.50(a)、(b)],在吊装过程中的最不利受力阶段为吊点刚离开地面时,此时柱的底端搁置在地面上,柱在其自重作用下为受弯构件,其计算简图和弯矩图如图 3.50(c)所示,一般取上柱柱底、牛腿根部和下柱跨中 3 个截面为控制截面。

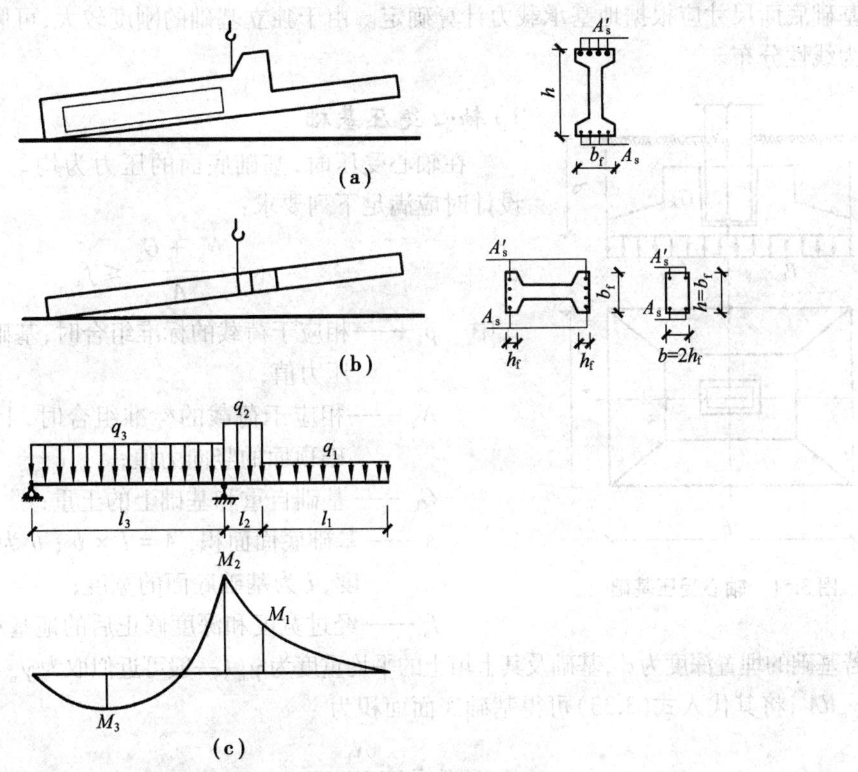

图 3.50　柱的吊装方式及计算简图

在进行吊装阶段受弯承载力验算时,柱自重重力荷载分项系数取 1.35,考虑到起吊时的动力作用,还应乘以动力系数 1.5。由于吊装阶段较短暂,故结构重要性系数 γ_0 可较其使用阶段降低一级采用。混凝土强度取吊装时的实际强度,一般要求大于 70%的设计强度。当采用平吊时,I 形截面可简化为宽度为 $2h_f$、高度为 b_f 的矩形截面,受力钢筋只考虑两翼缘最外边的一排钢筋参与工作。当采用翻身起吊时,截面的受力方式与使用阶段一致,可按矩形或 I 形截面进行受弯承载力计算。

柱在吊装阶段可按其在使用阶段允许出现裂缝的控制等级进行裂缝宽度验算。当吊装验算不满足要求时,应优先采用调整或增设吊点以减小弯矩的方法或采取临时加固措施来解决;当变截面处配筋不足时,可在该局部区段加配短钢筋。

3.7 柱下独立基础设计

单层厂房柱下独立基础的类型如3.4.4节所述,本节仅介绍杯形独立基础的设计方法。按照受力性能,杯形基础可分为轴心受压基础和偏心受压基础两类。在基础的形式和埋置深度确定后,这种基础设计的主要内容为:确定基础的底面尺寸和基础高度;计算基础底板的配筋并采取必要的构造措施等。

3.7.1 基础底面尺寸的确定

基础底面尺寸应根据地基承载力计算确定。由于独立基础的刚度较大,可假定基础底面的压力为线性分布。

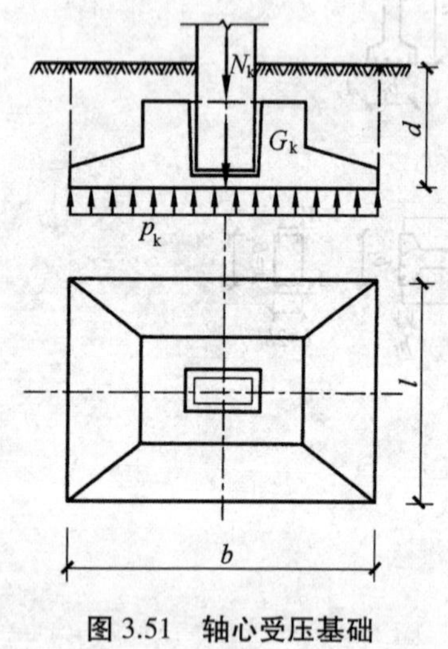

图3.51 轴心受压基础

1)轴心受压基础

在轴心受压时,基础底面的压力为均匀分布(图3.51)。设计时应满足下列要求:

$$p_k = \frac{N_k + G_k}{A} \leqslant f_a \tag{3.33}$$

式中 p_k——相应于荷载的标准组合时,基础底面处的平均压力值;

N_k——相应于荷载的标准组合时,上部结构传至基础顶面的竖向力值;

G_k——基础自重和基础上的土重;

A——基础底面面积,$A = l \times b$;b为基础底面的长度,l为基础底面的宽度;

f_a——经过宽度和深度修正后的地基承载力特征值。

若基础的埋置深度为d,基础及其上填土的平均重度为γ_m(一般可近似取为$\gamma_m = 20\ \text{kN/m}^3$),则$G_k = \gamma_m dA$,将其代入式(3.33)可得基础底面面积为

$$A = \frac{N_k}{f_a - \gamma_m d} \tag{3.34}$$

设计时首先对地基承载力特征值作深度修正求得其f_a值,再由上式计算基础底面面积A。由于基础底面一般为矩形或正方形,故根据A值可求得基础底面的长度b和宽度l。当求得的l值大于3 m时,还须对地基承载力作宽度修正重新求得f_a值及相应的l值。如此经过几次计算,直至新求得的l值与其前一次求得的l值接近时,则该l值为最后确定的基础底面宽度。

2)偏心受压基础

基础承受偏心荷载或同时有弯矩和轴力作用时,假定基础底面的压力为线性分布,如图3.52所示,则基础底面边缘的压力可按下列公式计算:

$$p_{k,\max}=\frac{N_{bk}}{A}+\frac{M_{bk}}{W}$$

$$p_{k,\min}=\frac{N_{bk}}{A}-\frac{M_{bk}}{W} \tag{3.35}$$

$$N_{bk}=N_k+G_k+N_{wk} \tag{3.36}$$

$$M_{bk}=M_k+V_kh\ \pm N_{wk}e_W \tag{3.37}$$

式中 $p_{k,\max}$, $p_{k,\min}$ ——相应于作用的标准组合时,基础底面边缘的最大和最小压力值;

W ——基础底面的抵抗矩,$W=lb^2/6$;

l ——垂直于力矩作用方向的基础底面边长;

N_{bk}, M_{bk} ——相应于作用的标准组合时,作用于基础底面的竖向压力值和力矩值;

N_k, M_k, V_k ——按作用的标准组合时,作用于基础顶面处的轴力、弯矩和剪力值;在选择排架柱Ⅲ—Ⅲ截面的内力组合值时,当轴力 N_k 值相近时,应取弯矩绝对值较大的一组;一般还须考虑 $N_{k,\max}$ 及相应的 M_k、V_k 这一组不利内力组合;

N_{wk} ——相应于作用的标准组合时,基础梁传来的竖向力值;

e_w ——基础梁中心线至基础底面中心线的距离;

h ——按经验初步拟定的基础高度。

取 $e_0=\frac{M_{bk}}{N_{bk}}$,并将 $W=\frac{lb^2}{6}$ 代入式(3.35),可将基础底面边缘的压力值写成如下形式:

$$P_{k,\max}=\frac{N_{bk}}{lb}\left(1+\frac{6e_0}{b}\right) \tag{3.38a}$$

$$P_{k,\min}=\frac{N_{bk}}{lb}\left(1-\frac{6e_0}{b}\right) \tag{3.38b}$$

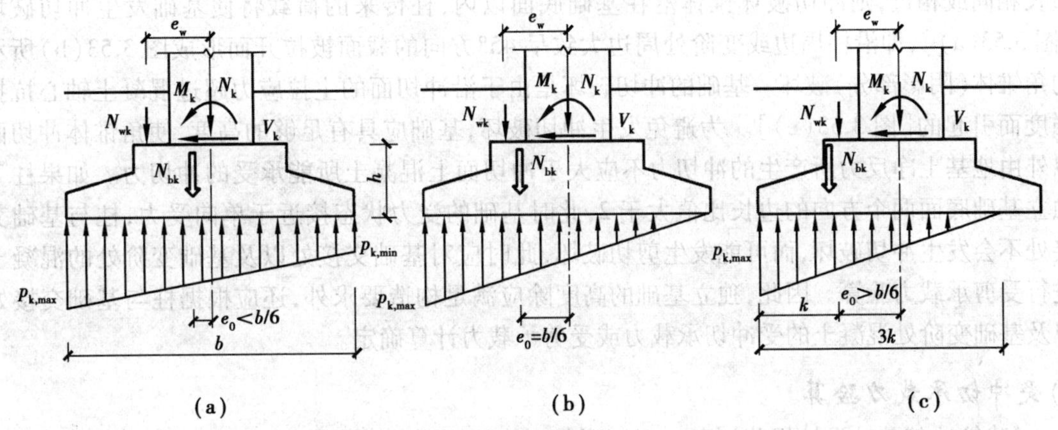

图 3.52 偏心受压基础压力分布

由上式可知,在 N_{bk} 和 M_{bk} 共同作用下,当 $e_0<\frac{b}{6}$ 时,$P_{k,\min}>0$,地基反力呈梯形分布,表示基底全部受压[图 3.52(a)];当 $e_0=\frac{h}{6}$ 时,$p_{k,\min}=0$,地基反力呈三角形分布,基底也为全部受压

[图 3.52(b)];当 $e_0 > \frac{h}{6}$ 时,$p_{k,min} < 0$,由于基础底面与地基土的接触面间不能承受拉力,故说明基础底面的一部分不与地基土接触,而基础底面与地基土接触的部分其反力仍呈三角形分布[图 3.52(c)],根据力的平衡条件,可求得基础底面边缘的最大压力值为

$$p_{k,max} = \frac{2N_{bk}}{3kl} \tag{3.39}$$

式中,k 为基础底面竖向压力 N_{bk} 作用点至基础底面最大压力边缘的距离,$k = \frac{1}{2}b - e_0$。

在偏心荷载作用下,基础底面的压力值应符合下式要求:

$$p = \frac{p_{k,max} + p_{k,min}}{2} \leqslant f_a \tag{3.40}$$

$$p_{k,max} \leqslant 1.2f_a \tag{3.41}$$

在确定偏心受压基础的底面尺寸时,一般采取试算法。首先按轴心受压基础的公式(3.34),初步估算基础的底面面积;再考虑基础底面弯矩的影响,将基础底面面积适当增加 20%~40%,初步选定基础底面的边长 b 和 l,按式(3.35)计算偏心荷载作用下基础底面的压力值,如 $p_{k,min}<0$,则重新按式(3.39)计算,然后验算是否满足式(3.40)和式(3.41)的要求;如不满足,应调整基础底面尺寸重新验算,直至满足为止。

3.7.2 基础高度验算

基础高度可凭工程经验或按构造要求(见 3.7.4 节)初步拟定。如此拟定的基础高度,尚应满足柱与基础交接处以及基础变阶处的混凝土受冲切承载力或受剪承载力要求。

试验研究表明,当柱与基础交接处或基础变阶处的高度不足时,如果基础底面两个方向的边长相同或相近,则冲切破坏锥体落在基础底面以内,柱传来的荷载将使基础发生冲切破坏[图 3.53(a)],即沿柱周边或变阶处周边大致呈 45°方向的截面被拉开而形成图 3.53(b)所示的角锥体(阴影部分)破坏。基础的冲切破坏是由于沿冲切面的主拉应力超过混凝土轴心抗拉强度而引起的[图 3.53(c)]。为避免发生冲切破坏,基础应具有足够的高度,使角锥体冲切面以外由地基土净反力所产生的冲切力不应大于冲切面上混凝土所能承受的冲切力。如果柱下独立基础底面两个方向的边长比值大于 2,此时基础的受力状态接近于单向受力,柱与基础交接处不会发生冲切破坏,而可能发生剪切破坏,此时应对基础交接处以及基础变阶处的混凝土进行受剪承载力验算。因此,独立基础的高度除应满足构造要求外,还应根据柱与基础交接处以及基础变阶处混凝土的受冲切承载力或受剪承载力计算确定。

1)受冲切承载力验算

《建筑地基基础设计规范》规定,对矩形截面柱的矩形基础,柱与基础交接处以及基础变阶处的受冲切承载力应按下列公式验算:

$$F_l \leqslant 0.7\beta_{hp} f_t a_m h_0 \tag{3.42}$$

$$a_m = \frac{a_t + a_b}{2} \tag{3.43}$$

$$F_l = p_j A_l \tag{3.44}$$

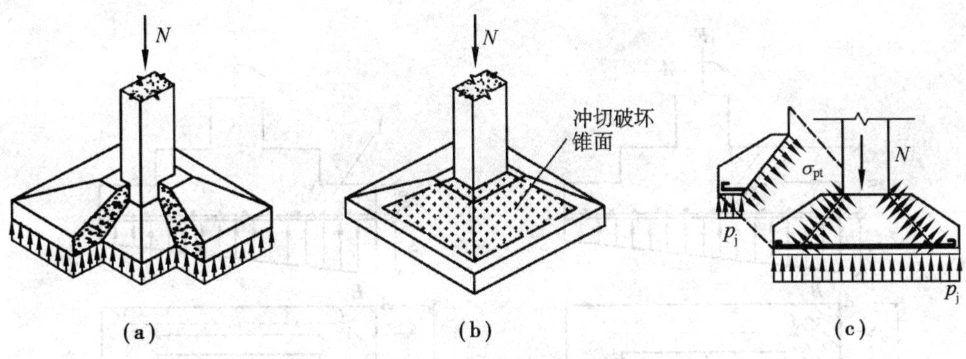

图 3.53 基础冲切破坏示意图

式中 β_{hp} ——受冲切承载力截面高度影响系数：当 h 不大于 800 mm 时，β_{hp} 取 1.0；当 h 大于或等于 2000 mm 时，β_{hp} 取 0.9，其间按线性内插法取用；当验算柱与基础交接处时 h 为基础高度，当验算基础变阶处时 h 为验算处的台阶高度；

f_t ——混凝土轴心抗拉强度设计值；

h_0——基础冲切破坏锥体的有效高度；

a_m ——冲切破坏锥体最不利一侧的计算长度；

a_t ——冲切破坏锥体最不利一侧斜截面的上边长，当计算柱与基础交接处的受冲切承载力时，取柱宽；当计算基础变阶处的受冲切承载力时，取上阶宽；

a_b ——冲切破坏锥体最不利一侧斜截面在基础底面积范围内的下边长，当冲切破坏锥体的底面落在基础底面以内[图 3.54(a)、(b)]，计算柱与基础交接处的受冲切承载力时，取柱宽加两倍基础有效高度；当计算基础变阶处的受冲切承载力时，取上阶宽加两倍该处的台阶有效高度；

p_j ——扣除基础自重及其上土重后相应于作用的基本组合时的地基土单位面积净反力，对偏心受压基础可取基础边缘处最大地基土单位面积净反力；

A_l ——冲切验算时取用的部分基底面积[图 3.54(a)、(b)中的阴影部分面积 $ABCDEF$]；

F_l ——相应于作用的基本组合时作用在 A_l 上的地基土净反力设计值。

2)受剪承载力验算

当基础底面短边尺寸小于或等于柱宽加两倍基础有效高度时，应按下列公式验算柱与基础交接处截面及变阶处截面的受剪承载力：

$$V_s \leqslant 0.7\beta_{hs} f_t A_0 \tag{3.45}$$

$$\beta_{hs} = \left(\frac{800}{h_0}\right)^{1/4}$$

式中 V_s ——柱与基础交接处的剪力设计值，图 3.55 中的阴影面积 $ABCD$ 乘以基底平均净反力；

β_{hs} ——受剪切承载力截面高度影响系数，当 $h_0<800$ mm 时，取 $h_0=800$ mm；当 $h_0>2000$ mm时，取 $h_0=2000$ mm；

A_0——验算截面处基础的有效截面面积。

基础设计时，首先根据经验或构造要求初步拟定基础高度，即取 $h \geqslant h_1+50+a_1$，其中 h_1 和 a_1 分别按表 3.11 和 3.12 查取；基础高度确定后可将其分成 2~3 个台阶或做成斜锥面，然后根

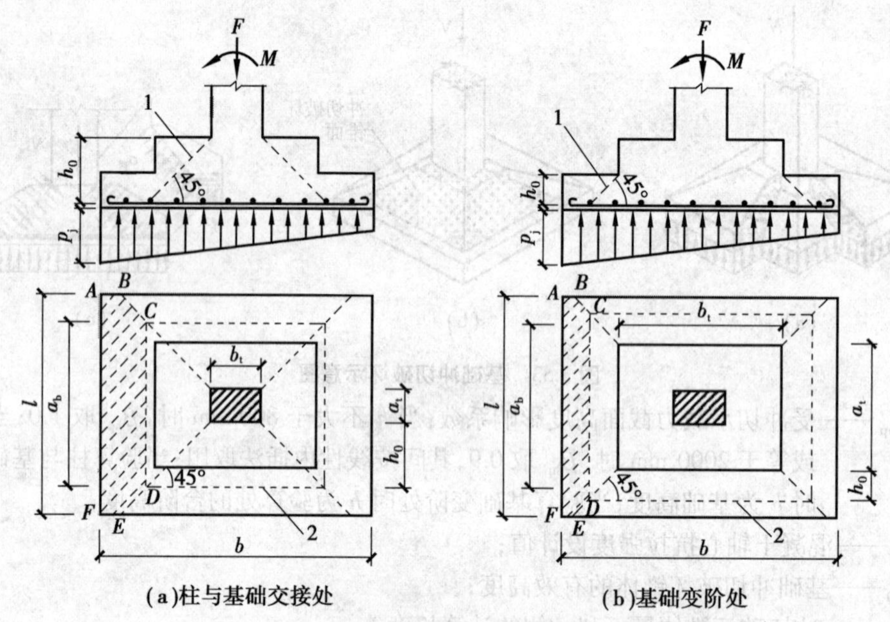

图 3.54 计算阶形基础的受冲切承载力截面位置

1—冲切破坏锥体最不利一侧的斜截面;2—冲切破坏锥体的底面线

据基础长边与短边的比值,按式(3.42)进行受冲切承载力验算或按式(3.45)进行受剪承载力验算,如若不满足要求,则应增大基础高度或调整台阶尺寸重新进行验算,直至满足要求为止。

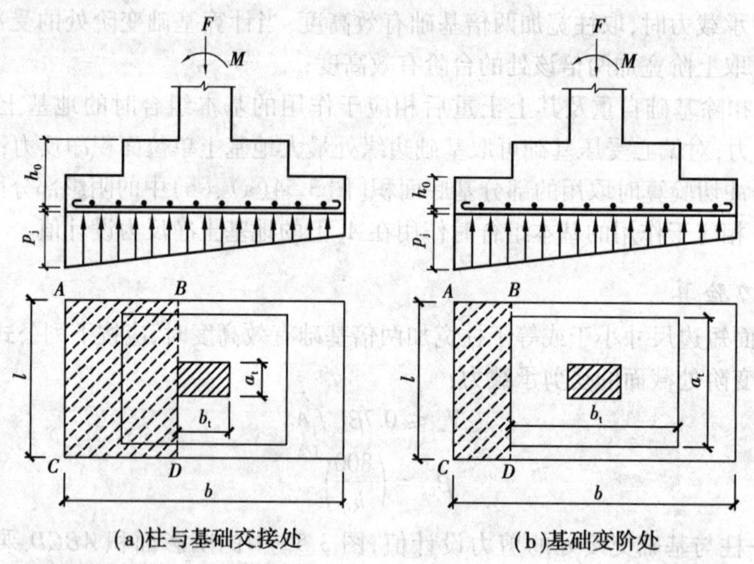

图 3.55 验算阶形基础受剪切承载力示意图

3.7.3 基础底板配筋计算

试验表明,基础底板在地基反力作用下,将在两个方向产生弯曲,其受力状态可看作在地基反力作用下支承于柱上倒置的变截面悬臂板。由于由基础自重及其上土重产生的地基反力不会使基础各截面产生弯矩和剪力，故基础底板配筋计算采用地基净反力 p_j 。《建筑地基基础设计规范》规定，对于矩形基础，当台阶的宽高比≤2.5 时，底板配筋可按下述方法进行。

1）轴心受压基础

为简化计算，将基础底板划分为 4 个区块，每个区块都可看作是固定于柱边的悬臂板，且假定各区块之间无联系，如图 3.56 所示。柱边处截面Ⅰ-Ⅰ和截面Ⅱ-Ⅱ的弯矩设计值，分别等于作用在梯形 *ABCD* 和 *BCFE* 上的总地基净反力乘以其面积形心至柱边截面的距离［图 3.56（a）］，即

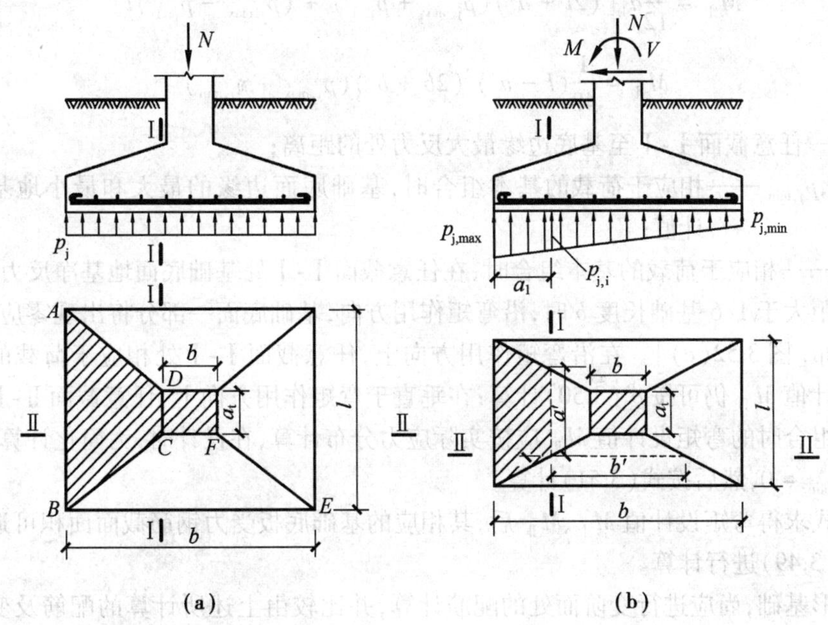

图 3.56　基础底板配筋计算图

$$M_{\text{I}} = \frac{p_j}{24}(b - b_t)^2(2l + a_t) \tag{3.46}$$

$$M_{\text{II}} = \frac{p_j}{24}(l - a_t)^2(2b + b_t) \tag{3.47}$$

式中，各符号意义同前。

由于长边方向的钢筋一般置于沿短边方向钢筋的下边，若假定 b 方向为长边，故沿长边 b 方向的受力钢筋截面面积可近似按下式计算：

$$A_{s1} = \frac{M_{\text{I}}}{0.9h_0 f_y} \tag{3.48}$$

式中　$0.9h_0$——由经验确定的内力偶臂；

h_0——截面Ⅰ-Ⅰ处底板的有效高度，$h_0 = h - a_s$，当基础下有混凝土垫层时，取 a_s = 40 mm；无混凝土垫层时，取 a_s = 70 mm；

f_y——基础底板钢筋抗拉强度设计值。

如果基础底板两个方向受力钢筋直径均为 d，则截面Ⅱ-Ⅱ的有效高度为 $h_0 - d$，故沿短边 l 方向的受力钢筋截面面积为

$$A_{s\text{Ⅱ}}=\frac{M_{\text{Ⅱ}}}{0.9(h_0-d)f_y} \tag{3.49}$$

2)偏心受压基础

当偏心距小于或等于 1/6 基础长度 b 时,沿弯矩作用方向在任意截面Ⅰ-Ⅰ处[图 3.56(b)],及垂直于弯矩作用方向在任意截面Ⅱ-Ⅱ处相应于荷载的基本组合时的弯矩设计值 $M_{\text{Ⅰ}}$、$M_{\text{Ⅱ}}$,可分别按下列公式计算:

$$M_{\text{Ⅰ}}=\frac{1}{12}a_1^2[(2l+a')(p_{j,\max}+p_{j,\text{Ⅰ}})+(p_{j,\max}-p_{j,\text{Ⅰ}})l] \tag{3.50}$$

$$M_{\text{Ⅱ}}=\frac{1}{48}(l-a')^2(2b+b')(p_{j,\max}+p_{j,\min}) \tag{3.51}$$

式中 a_1——任意截面Ⅰ-Ⅰ至基底边缘最大反力处的距离;

$p_{j,\max}$,$p_{j,\min}$——相应于荷载的基本组合时,基础底面边缘的最大和最小地基净压力设计值;

$p_{j,\text{Ⅰ}}$——相应于荷载的基本组合时,在任意截面Ⅰ-Ⅰ处基础底面地基净反力设计值。

当偏心距大于 1/6 基础长度 b 时,沿弯矩作用方向,基础底面一部分将出现零应力,其反力呈三角形分布[图 3.52(c)]。在沿弯矩作用方向上,任意截面Ⅰ-Ⅰ处相应于荷载的基本组合时的弯矩设计值 $M_{\text{Ⅰ}}$ 仍可按式(3.50)计算;在垂直于弯矩作用方向上,任意截面Ⅱ-Ⅱ处相应于荷载的基本组合时的弯矩设计值 $M_{\text{Ⅱ}}$ 应按实际应力分布计算,在设计时,为简化计算,也可偏于安全的取 $p_{j,\min}=0$,然后按式(3.51)计算。

当按上式求得弯矩设计值 $M_{\text{Ⅰ}}$、$M_{\text{Ⅱ}}$ 后,其相应的基础底板受力钢筋截面面积可近似地按式(3.48)和式(3.49)进行计算。

对于阶形基础,尚应进行变阶面处的配筋计算,并比较由上述所计算的配筋及变阶截面处的配筋,取其较大者作为基础底板的最后配筋。

3.7.4 构造要求

(1)基础形状

独立基础的底面一般为矩形,长宽比宜小于 2。基础的截面形状一般可采用对称的阶梯形或锥形,当荷载引起的偏心距较大时,也可做成不对称形式,但基础中心对柱截面中心的偏移应为 50 mm 的倍数,且同一柱列宜取相同的偏移值。

(2)底板配筋

基础底板受力钢筋的最小直径不宜小于 10 mm,间距不宜大于 200 mm,也不宜小于 100 mm。当基础底面边长大于或等于 2.5 m 时,底板受力钢筋的长度可取边长的 90%,并宜交错布置。当有垫层时,混凝土保护层厚度不应小于 40 mm,无垫层时,不宜小于 70 mm[图 3.57(a)]。

(3)混凝土强度等级

基础的混凝土强度等级不宜低于 C20。垫层的混凝土强度等级应为 C10,垫层厚度不宜小于 70 mm,周边伸出基础边缘宜为 100 mm[图 3.57(a)]。

(4)杯口深度

杯口的深度等于柱的插入深度 h_1+50 mm。为了保证预制柱能嵌固在基础中,柱伸入杯口应有足够的深度 h_1,一般可按表 3.11 取用;此外,h_1 还应满足柱内受力钢筋锚固长度的要求,并应考虑吊装安装时柱的稳定性。杯口底部留有 50 mm,作为吊装柱时铺设细石混凝土找平层[图 3.57(b)、(c)]。

表 3.11 柱的插入深度 h_1 单位:mm

矩形或I形截面柱				双肢柱
$h_c < 500$	$500 \leqslant h_c < 800$	$800 \leqslant h_c \leqslant 1000$	$h_c > 1000$	
$(1.0 \sim 1.2)h_c$	h_c	$0.9h_c$ 且 $\geqslant 800$	$0.8h_c$ 且 $\geqslant 1000$	$\left(\frac{1}{3} \sim \frac{2}{3}\right)h_a$ $(1.5 \sim 1.8)h_b$

注:1. h_c 为柱截面长边尺寸;h_a 为双肢柱整个截面长边尺寸;h_b 为双肢柱整个截面短边尺寸;

2.柱轴心受压或小偏心受压时,h_1 可适当减小;偏心距 $e_0 > 2h_c$ 时,h_1 应适当加大。

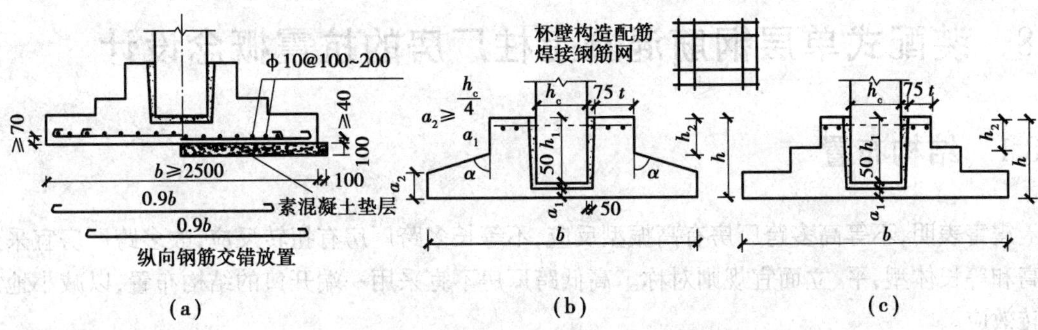

图 3.57 独立基础外形尺寸和配筋构造

(5)杯口尺寸

杯口应大于柱截面边长,其顶部每边留出 75 mm,底部每边留出 50 mm,以便预制柱安装时进行就位、校正,并两次浇筑细石混凝土,如图 3.57(b)、(c)所示。为了保证杯壁在安装和使用阶段的承载力,杯壁厚度 t 可按表 3.12 取值。当柱为轴心受压或小偏心受压且 $t/h_2 \geqslant 0.65$ 时,或大偏心受压且 $t/h_2 \geqslant 0.75$ 时,杯壁可不配筋;当柱为轴心受压或小偏心受压且 $0.5 \leqslant t/h_2 \leqslant 0.65$ 时,杯壁可按表 3.13 配置构造钢筋;其他情况,应按计算配筋。

表 3.12 基础杯底厚度和杯壁厚度 单位:mm

柱截面高度	杯底厚度 a_1	杯壁厚度 t	柱截面高度	杯底厚度 a_1	杯壁厚度 t
$h_c < 500$ $500 \leqslant h_c < 800$ $800 \leqslant h_c < 1000$	$\geqslant 150$ $\geqslant 200$ $\geqslant 200$	$150 \sim 200$ $\geqslant 200$ $\geqslant 300$	$1000 \leqslant h_c < 1500$ $1500 \leqslant h_c < 2000$	$\geqslant 250$ $\geqslant 300$	$\geqslant 350$ $\geqslant 400$

注:1.双肢柱的杯底厚度值,可适当加大;

2.当有基础梁时,基础梁下的杯壁厚度,应满足其支承宽度的要求;

3.柱子插入杯口部分的表面应凿毛,柱子与杯口之间的空隙,应用比基础混凝土强度等级高一级的细石混凝土充填密实,当达到材料设计强度的70%以上时,方能进行上部吊装。

表 3.13　杯壁构造配筋

柱截面长边尺寸(mm)	$h_c < 1000$	$1000 \leqslant h_c < 1500$	$1500 \leqslant h_c \leqslant 2000$
钢筋直径(mm)	8~10	10~12	12~16

注:表中钢筋布置于杯口顶部,每边两根[图 3.57(b)、(c)]。

(6)杯底厚度

杯底应具有足够的厚度 a_1,以防止柱在安装时发生杯底冲切破坏,杯底厚度 a_1 可按表 3.12 取值。

(7)锥形基础的边缘高度

一般取 $a_2 \geqslant 200$ mm,且 $a_2 \geqslant a_1$ 和 $a_2 \geqslant h_c/4$(h_c 为预制柱的截面高度);当锥形基础的斜坡处为非支模制作时,坡度角不宜大于 25°,最大不得大于 35°。阶梯形基础一般不超过三阶,每阶高度宜为 300~500 mm。当基础高度 $h \leqslant 500$ mm 时,可采用一阶;当 500 mm< $h \leqslant 900$ mm 时,宜采用二阶;当 h >900 mm 时,宜采用三阶。

3.8　装配式单层钢筋混凝土柱厂房的抗震概念设计

3.8.1　结构布置

震害表明,不等高多跨厂房有高振型反应,不等长多跨厂房有扭转反应,故多跨厂房宜采用等高和等长体型,平、立面宜规则对称。高低跨厂房不宜采用一端开口的结构布置,以减小地震扭转效应。

单层厂房的贴建房屋和构筑物任意布置,将会造成厂房平面不规则;防震缝处排架柱的地震位移量大,当有毗邻建筑时,相互碰撞或变形受约束的情况严重,可能产生严重破坏甚至倒塌。因此,厂房的贴建房屋和构筑物,不宜布置在厂房角部和紧邻防震缝处。

厂房体型复杂或有贴建的房屋和构筑物时,为减小扭转效应的不利影响,宜设防震缝。在地震作用下,厂房纵横跨交接处、大柱网厂房或不设柱间支撑的厂房,其侧移量较设置柱间支撑的厂房大,故防震缝宽度可采用 100~150 mm,其他情况可采用 50~90 mm。

在地震作用下,相邻两个独立的主厂房的振动变形可能不同步,与之相连的过渡跨的屋盖常发生倒塌,所以两个主厂房之间的过渡跨至少应有一侧采用防震缝与主厂房脱开。厂房内上起重机的铁梯附近,晚上停放吊车时,吊车桥架会增大该处排架侧移刚度,故铁梯不应靠近防震缝设置,多跨厂房各跨上起重机的铁梯不宜设置在同一横向轴线附近,以避免厂房的地震扭转反应。

厂房内工作平台的侧向刚度一般比厂房侧向刚度大很多,为避免厂房竖向刚度突变,厂房内的工作平台宜与厂房主体结构脱开。不同材料的结构,其材料强度和结构侧向刚度不同,地震反应比较复杂,容易产生震害,所以厂房的同一结构单元内,不应采用不同的结构型式;厂房端部应设屋架,不应采用山墙承重;厂房单元内不应采用横墙和排架混合承重。

厂房柱距宜相等,各柱列的侧移刚度宜均匀,当有抽柱时,应采取抗震加强措施。

3.8.2 主要结构构件选型

①屋面板是保证厂房屋盖整体性的重要构件,也是传递纵、横向水平地震作用的重要传力构件,其受到的地震作用较大。因此,宜选用刚度大的大型屋面板,且应与屋架可靠连接,防止地震时坠落。

②由于突出屋面的天窗架高振型地震反应明显,震害较重,所以天窗宜采用突出屋面较小的避风型天窗,有条件或9度时宜采用下沉式天窗。突出屋面的天窗宜采用钢天窗架,以减小地震反应;6~8度时,可采用矩形截面杆件的钢筋混凝土天窗架。厂房设置天窗架后,屋盖的纵向水平刚度降低,不利于纵向地震作用的传递,故天窗架不宜从厂房结构单元第一开间开始设置;8度和9度时,天窗架宜从厂房单元端部第三柱间开始设置。天窗屋盖、端壁板和侧板,宜采用轻型板材;不应采用端壁板代替端天窗架。

③厂房宜采用钢屋架或重心较低的预应力混凝土、钢筋混凝土屋架。跨度不大于15 m时,可采用钢筋混凝土屋面梁。跨度大于24 m,或8度Ⅲ、Ⅳ类场地和9度时,应优先采用钢屋架。柱距为12 m时,可采用预应力混凝土托架(梁);当采用钢屋架时,亦可采用钢托架(梁)。有突出屋面天窗架的屋盖不宜采用预应力混凝土或钢筋混凝土空腹屋架。

④8度和9度时,宜采用矩形、工字形截面柱或斜腹杆双肢柱,不宜采用薄壁工字形柱、腹板开孔工字形柱、预制腹板的工字形柱和管柱。柱底至室内地坪以上500 mm范围内和阶形柱的上柱宜采用矩形截面。

3.8.3 支撑系统

单层厂房的柱间支撑是抵抗纵向水平地震作用的主要构件,其设置和构造应符合下列要求:一般情况下,应在厂房单元中部设置上、下柱间支撑,且下柱支撑应与上柱支撑配套设置;有起重机或8度和9度时,宜在厂房单元两端增设上柱支撑;厂房单元较长或8度Ⅲ、Ⅳ类场地和9度时,可在厂房单元中部1/3区段内设置两道柱间支撑。柱间支撑应采用型钢,支撑形式宜采用交叉式,其斜杆与水平面的交角不宜大于55°。支撑杆件的长细比不宜超过抗震规范的有关的规定。

有抗震设防要求时,屋盖支撑主要是保证屋盖体系在地震时的整体性,使由屋盖质量引起的水平地震作用可靠地往下传递,因此屋盖支撑应与柱间支撑协调布置,使地震作用的传递路线简洁明确。抗震设计时,屋盖支撑的构造要求与非抗震设计时相同,但设置数量在一些情况下有所增加,具体可参见抗震规范。

3.8.4 围护墙

单层厂房结构中的外纵墙和山墙既起围护作用,在地震时也抵抗一定的水平地震作用,如布置不当或抗震构造措施不合适,则震害较重甚至倒塌。因此,单层钢筋混凝土柱厂房的围护墙和隔墙,尚应符合下述要求。

震害经验表明:嵌砌墙的墙体破坏较外贴墙轻得多,但对厂房的整体抗震性能极为不利,在多跨厂房和外纵墙不对称布置的厂房中,由于各柱列的纵向侧移刚度差别悬殊,导致厂房纵向破坏。即使两侧均为嵌砌墙的单跨厂房,也会由于纵向侧移刚度的增加而加大厂房的纵向地震作用效应。因此,厂房的围护墙宜采用轻质墙板或钢筋混凝土大型墙板,砌体围护墙应采用外贴式并与柱可靠拉结;外侧柱距为 12 m 时宜采用轻质墙板或钢筋混凝土大型墙板。刚性围护墙沿纵向宜均匀对称布置,不宜一侧为外贴式,另一侧为嵌砌式或开敞式;不宜一侧采用砌体墙另一侧采用轻质墙板。砌体隔墙与柱宜脱开或柔性连接,并应采取措施使墙体稳定,隔墙顶部应设现浇钢筋混凝土压顶梁。

高低跨封墙和纵横向厂房交接处的砖砌体悬墙,由于质量大、位置高,在水平地震作用特别是高振型影响下,外甩力大,容易发生外倾、倒塌,造成高跨砸低跨的震害,不仅会砸坏低跨屋盖,还可能破坏低跨设备或伤人,危害严重。因此,不等高厂房的高跨封墙和纵横向厂房交接处的悬墙宜采用轻质墙板,采用砌体墙时不应直接砌在低跨屋面上。砌体女儿墙的震害较普遍,故其高度不宜大于 1 m,且应采取措施防地震时倾倒。

砌体围护墙应按抗震规范规定设置现浇钢筋混凝土圈梁。墙梁宜采用现浇,当采用预制墙梁时,梁底应与砖墙顶面牢固拉结并应与柱锚拉;厂房转角处相邻的墙梁,应相互可靠连接。砖墙的基础,8 度Ⅲ、Ⅳ类场地和 9 度时,预制基础梁应采用现浇接头;当另设条形基础时,在柱基础顶面标高处应设置连续的现浇钢筋混凝土圈梁,其配筋不应少于 4 根直径 12 mm 的钢筋。

3.8.5 抗震构造措施

装配式单层钢筋混凝土柱厂房的抗震构造措施包括:a.有檩屋盖和无檩屋盖构件的连接;b.屋盖支撑的布置和连接;c.突出屋面的混凝土天窗架的连接;d.混凝土屋架的截面和配筋构造;e.厂房钢筋混凝土柱的箍筋配置及构造;f.山墙抗风柱的配筋构造;g.大柱网厂房柱的截面和配筋构造;h.厂房柱间支撑的设置和构造;i.厂房结构构件的连接节点。上述抗震构造措施的具体要求见抗震规范。

3.9 装配式单层钢筋混凝土柱厂房的横向抗震计算

工程实践和震害经验表明,7 度Ⅰ、Ⅱ类场地、柱高不超过 10 m 且结构单元两端均有山墙的单跨和等高多跨厂房(锯齿形厂房除外),以及 7 度时和 8 度(0.20*g*)Ⅰ、Ⅱ类场地的露天吊车栈桥,按抗震规范规定采取抗震构造措施后,其抗震性能满足要求,震害较轻,故可不进行横向和纵向抗震验算。

单层厂房的抗震计算,应对纵、横两个方向分别计算。关于混凝土无檩和有檩屋盖厂房的横向抗震计算,一般情况下宜计及屋盖的横向变形,按多质点空间结构分析;当符合一定条件时,也可按平面排架计算。前者的计算结果比较精细,适用于采用计算软件进行分析,工程设计中一般采用此法;后者的计算结果有时与实际情况有差异,尚需对计算结果进行调整。对轻型屋盖厂房,由于屋盖刚度小,厂房空间作用小,故柱距相等时,可按平面排架计算,且计算结果无需修正。

本节仅简要介绍按平面排架计算横向地震作用及其效应的方法。

3.9.1　计算单元和计算简图

按平面排架进行横向抗震计算时，一般截取一个柱距的单榀平面排架作为计算单元。由于屋盖和吊物的重力荷载占厂房总重力荷载的比例较大，故对一般厂房，其重力荷载分别集中到柱顶和吊车梁顶面两个标高处；当厂房高度较大时，宜适当增加质点数。

计算厂房的横向自振周期时，不考虑吊车桥架和吊重重力的影响，厂房的其余重力荷载按一定规定集中于屋盖标高处。计算厂房的横向地震作用时，除吊车桥架和吊重重力外，厂房的其余重力荷载也按一定规定集中于屋盖标高处；吊车桥架和吊重重力集中于吊车梁顶面标高处。这样，单跨和等高多跨厂房可简化为单质点体系，多跨不等高厂房可简化为多质点体系。图 3.58 分别为单跨和两跨不等高厂房的计算简图。

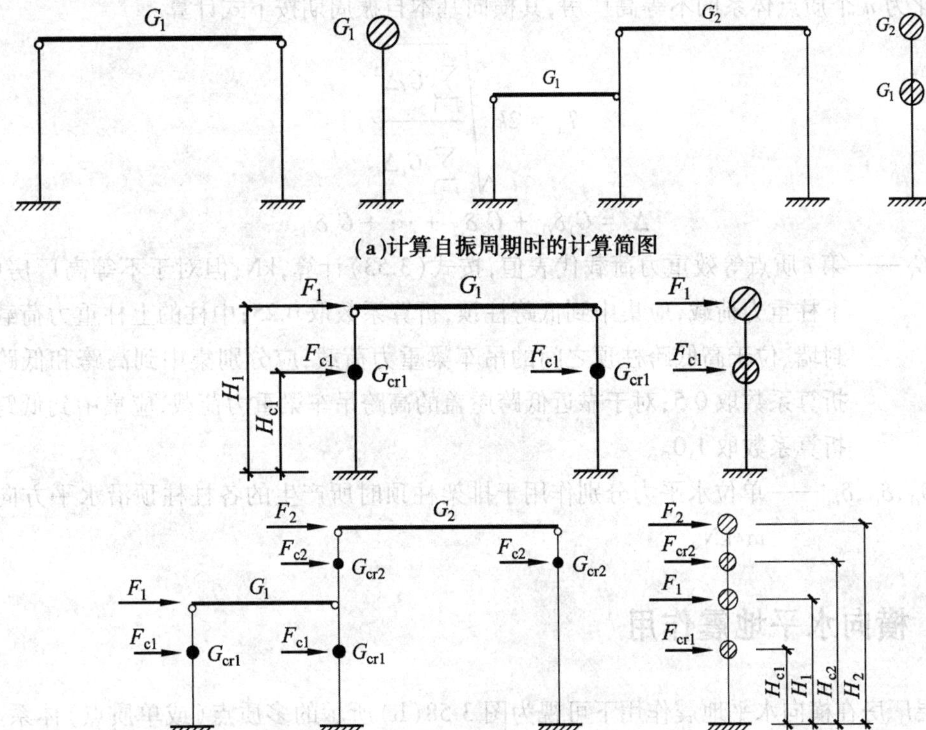

图 3.58　横向抗震计算简图

3.9.2　横向基本周期计算

(1)单跨和等高多跨厂房

单跨和等高多跨厂房为单质点体系，其横向基本自振周期按下式计算：

$$T_1 = 2k\sqrt{\delta_{11}G} \tag{3.52}$$

$$G = (1.0G_{屋盖} + 0.5G_{雪} + 0.5G_{积灰}) + 0.5G_{吊车梁} + 0.25(G_{柱} + G_{纵墙}) \tag{3.53}$$

式中 δ_{11} ——单位水平力作用于横向排架柱顶时，按结构力学方法所得的该处沿水平方向的侧移，m/kN；

k ——考虑实际排架结构中纵墙以及屋架与柱连接的固结作用而引入的调整系数，其中由钢筋混凝土屋架或钢屋架与钢筋混凝土柱组成的排架，有纵墙时取 0.8，无纵墙时取 0.9；

G —— 质点等效重力荷载代表值，kN。

式(3.53)等号右边前 3 项符号前的系数为组合值系数(见表 1.2)；后 3 项符号前的系数为各种构件的质量折算到柱顶时的质量折算系数，是按实际悬臂构件的周期与将其质量折算到柱顶的单自由度体系的周期相等所得；G 指各种荷载的标准值，均取自一个计算单元。

(2)不等高厂房

简化为 n 个质点体系的不等高厂房，其横向基本自振周期按下式计算：

$$T_1 = 2k\sqrt{\frac{\sum_{i=1}^{n} G_i\Delta_i^2}{\sum_{i=1}^{n} G_i\Delta_i}} \tag{3.54}$$

$$\Delta_i = G_1\delta_{i1} + G_2\delta_{i2} + \cdots + G_n\delta_{in} \tag{3.55}$$

式中 G_i ——第 i 质点等效重力荷载代表值，按式(3.53)计算，kN；但对于不等高厂房中柱的下柱重力荷载，应集中到低跨柱顶，折算系数取 0.25；中柱的上柱重力荷载、高跨封墙、位于高低跨柱顶之间的吊车梁重力荷载，应分别集中到高跨和低跨柱顶，折算系数取 0.5；对于靠近低跨屋盖的高跨吊车梁重力荷载，应集中到低跨柱顶，折算系数取 1.0。

$\delta_{i1},\delta_{i2},\delta_{in}$ ——单位水平力分别作用于排架柱顶时所产生的各柱柱顶沿水平方向侧移，m/kN。

3.9.3 横向水平地震作用

单层厂房在横向水平地震作用下可视为图 3.58(b)所示的多质点(或单质点)体系。当其质量和刚度沿高度分布比较均匀时，对于一般单层厂房，可采用 1.4.6 节所述的底部剪力法计算。

(1)无吊车厂房

对于无吊车厂房，总水平地震作用标准值按下式计算：

$$F_{\text{Ek}} = \alpha_1 G_{\text{eq}} \tag{3.56}$$

第 i 屋盖质点处的水平地震作用为

$$F_i = \frac{G_i H_i}{\sum_{j=1}^{n} G_j H_j} F_{\text{Ek}} \tag{3.57}$$

$$G_i = (1.0G_{\text{屋盖}} + 0.5G_{\text{雪}} + 0.5G_{\text{积灰}}) + 0.75G_{\text{吊车梁}} + 0.5(G_{\text{柱}} + G_{\text{纵墙}}) \tag{3.58}$$

式中，G_{eq} 为结构等效总重力荷载，对单跨和等高多跨厂房，取总重力荷载代表值；多质点应取总重力荷载代表值的 85%；G_i、G_j 分别为集中于第 i、j 屋盖质点处的重力荷载代表值。其余符号意义同式(1.19)和式(1.20)。

式(3.58)等号右边前 3 项符号前的系数为组合值系数(见表 1.2)；后 3 项符号前的系数为各种构件的质量折算到柱顶时的质量折算系数，是按实际悬臂构件的底部弯矩与将其质量折算到柱顶时所产生地震弯矩相等所得；G 指各种荷载的标准值，均取自一个计算单元。

(2)有吊车厂房

对于有吊车厂房，由集中于各屋盖质点的等效重力荷载所产生的总水平地震作用标准值以及各屋盖质点的水平地震作用仍分别按式(3.56)和(3.57)计算。第 i 跨吊车梁顶面处的水平地震作用 F_{cri} 按下式计算：

$$F_{cri} = \alpha_1 G_{cri} \frac{H_{cri}}{H_i} \tag{3.59}$$

式中　G_{cri}——第 i 跨吊车桥架(硬钩吊车时应考虑 30%的吊物重量)作用在一根柱上的重力荷载，其数值等于一台吊车轮压作用在一侧排架柱牛腿上的最大反力；

H_{cri}，H_i——第 i 跨吊车梁顶面和柱顶的计算高度。

3.9.4　横向水平地震作用下排架内力分析及内力组合

1)内力分析

按式(3.57)和式(3.59)求得横向水平地震作用下各质点处的水平地震作用后，可将其视为等效静力荷载施加在实际排架结构的各质点上，如图 3.58(b)所示，采用结构力学方法计算排架内力。

2)内力调整

(1)考虑厂房空间工作和扭转影响的内力调整

采用平面排架计算厂房地震作用，没有考虑厂房的空间工作。当厂房两端有山墙且山墙刚度较大、间距较小时，其空间作用较大；对一端有山墙、一端无山墙的无檩体系结构单元，因厂房平面刚度不对称而会产生扭转。因此，对钢筋混凝土屋盖的单层钢筋混凝土柱厂房，按式(3.52)或式(3.54)确定基本自振周期且按平面排架计算的排架柱(除高低跨度交接处上柱外)地震剪力和弯矩，当符合下列要求时，可乘以表 3.14 的调整系数，以考虑空间工作和扭转影响。

①7 度和 8 度；

②厂房单元屋盖长度与总跨度之比小于 8 或厂房总跨度大于 12 m；

③山墙的厚度不小于 240 mm，开洞所占的水平截面积不超过总面积 50%，并与屋盖系统有良好的连接；

④柱顶高度不大于 15 m。

表 3.14　钢筋混凝土柱(除高低跨交接处上柱外)考虑空间工作和扭转影响的效应调整系数

屋盖	山墙		屋盖长度(m)											
			≤30	36	42	48	54	60	66	72	78	84	90	96
钢筋混凝土无檩屋盖	两端山墙	等高厂房			0.75	0.75	0.75	0.80	0.80	0.80	0.85	0.85	0.85	0.90
		不等高厂房			0.85	0.85	0.85	0.90	0.90	0.90	0.95	0.95	0.95	1.00
	一端山墙		1.05	1.15	1.20	1.25	1.30	1.30	1.30	1.30	1.35	1.35	1.35	1.35
钢筋混凝土有檩屋盖	两端山墙	等高厂房			0.80	0.85	0.90	0.95	0.95	1.00	1.00	1.05	1.05	1.10
		不等高厂房			0.85	0.90	0.95	1.00	1.00	1.05	1.05	1.10	1.10	1.15
	一端山墙		1.00	1.05	1.10	1.10	1.15	1.15	1.15	1.20	1.20	1.20	1.25	1.25

(2)考虑高振型对高低跨交接处柱内力的调整

由于地震时高低跨两个屋盖可能产生相反方向的运动,从而增大了高低跨交接处柱的支承低跨屋盖牛腿以上各截面的内力。因此,对这些截面,按底部剪力法求得的地震剪力和弯矩应乘以增大系数,其值可按下式采用:

$$\eta = \zeta\left(1 + 1.7\frac{n_{\mathrm{h}}}{n_0} \cdot \frac{G_{\mathrm{EL}}}{G_{\mathrm{Eh}}}\right) \tag{3.60}$$

式中　η——地震剪力和弯矩的增大系数;

ζ——不等高厂房低跨交接处的空间工作影响系数,可按表 3.15 采用;

n_{h}——高跨的跨数;

n_0——计算跨数,仅一侧有低跨时应取总跨数,两侧均有低跨时应取总跨数与高跨跨数之和;

G_{EL}——集中于交接处一侧各低跨屋盖标高处的总重力荷载代表值;

G_{Eh}——集中于高跨柱顶标高处的总重力荷载代表值。

表 3.15　高低跨交接处钢筋混凝土上柱空间工作影响系数

屋盖	山墙	屋盖长度(m)										
		≤36	42	48	54	60	66	72	78	84	90	96
钢筋混凝土无檩屋盖	两端山墙	—	0.70	0.76	0.82	0.88	0.94	1.00	1.06	1.06	1.06	1.06
	一端山墙	1.25										
钢筋混凝土有檩屋盖	两端山墙	—	0.90	1.00	1.05	1.10	1.10	1.15	1.15	1.15	1.20	1.20
	一端山墙	1.05										

(3)考虑吊车桥架引起地震作用效应对所在柱内力的调整

由于起重机桥架的质量较大,地震作用亦较大,对所在柱产生的局部动力效应较大,故对钢筋混凝土柱单层厂房的吊车梁顶标高处的上柱截面,由起重机桥架引起的地震剪力和弯矩应乘以增大系数,当按底部剪力法等简化计算方法计算时,其值可按表3.16采用。

表3.16 桥架引起的地震剪力和弯矩增大系数

屋盖类型	山墙	边柱	高低跨柱	其他中柱
钢筋混凝土无檩屋盖	两端山墙	2.0	2.5	3.0
	一端山墙	1.5	2.0	2.5
钢筋混凝土有檩屋盖	两端山墙	1.5	2.0	2.5
	一端山墙	1.5	2.0	2.0

(4)突出屋面天窗架结构横向地震作用计算及内力的调整

对于有斜撑杆的三铰拱式钢筋混凝土和钢天窗架的横向地震作用计算可采用底部剪力法;跨度大于9 m或9度时,混凝土天窗架的地震作用效应应乘以增大系数,其值可采用1.5。其他情况下天窗架的横向水平地震作用可采用振型分解反应谱法。

3)**内力组合**

抗震验算时的内力组合是指地震作用引起的内力与相应的竖向荷载引起的内力,根据可能出现的最不利情况进行组合。对于单层厂房排架结构,一般可不考虑风荷载、屋面活荷载和吊车横向水平制动力的效应参与组合,也不考虑竖向地震作用效应的影响。故其作用效应表达式为

$$S = \gamma_G S_{GE} + \gamma_{Eh} S_{Ehk} \tag{3.61}$$

式中 S——结构构件内力组合的设计值,包括组合的弯矩、轴向力和剪力设计值等;

γ_G——重力荷载分项系数,一般情况应采用1.2,当重力荷载效应对构件承载能力有利时,不应大于1.0;

γ_{Eh}——水平地震作用分项系数,取1.3;

S_{GE}——重力荷载代表值的效应,有吊车时,尚应包括悬吊物重力标准值的效应;

S_{Ehk}——水平地震作用标准值的效应,尚应乘以相应的增大系数或调整系数。

组合时应注意下述问题:

①结构自重重力荷载效应和由此产生的水平地震作用效应,每次均应参与组合。

②吊车桥架水平地震作用效应与吊车重力荷载效应必须对应选取,如选取了AB跨的吊车桥架水平地震作用效应项,则必须同时选取AB跨一台吊车吊重的重力荷载效应项。每次组合最多考虑两台吊车(即每跨各选一台)。

③地震作用是往复的,所以地震作用效应可正可负。组合时,吊车桥架的水平地震作用方向应与结构的水平地震作用方向一致。

3.9.5 横向水平地震作用下结构构件抗震承载力验算

排架柱控制截面的抗震承载力应按式(1.25)验算。

不等高厂房中,支承低跨屋盖的柱牛腿(柱肩)承受较大的竖向压力和水平拉力,故应对其进行抗震承载力验算。计算模型与图 3.48 相似,纵向受拉钢筋截面面积应按下式确定:

$$A_s \geqslant \left(\frac{N_G a}{0.85h_0 f_y} + 1.2\frac{N_E}{f_y}\right)\gamma_{RE} \tag{3.62}$$

式中 A_s —— 纵向水平受拉钢筋的截面面积;

N_G ——柱牛腿面上重力荷载代表值产生的压力设计值;

N_E ——柱牛腿面上地震组合的水平拉力设计值;

a ——重力荷载作用点至下柱近侧边缘的距离,当小于 $0.3h_0$ 时采用 $0.3h_0$;

h_0——牛腿最大竖向截面的有效高度;

γ_{RE} ——承载力抗震调整系数,可采用 1.0。

除了应对构件进行抗震承载力计算外,尚需采取抗震构造措施,保证构件在强震作用下抗倒塌的能力。如对排架柱顶以下一定区段、吊车梁、牛腿、柱间支撑与柱连接处附近以及柱下端一定区段的箍筋进行加密,对柱顶预埋锚板和对承受水平拉力的锚筋采取加强措施等,这些均可见《建筑抗震设计规范》的相关规定。

3.9.6 横向水平地震作用下高大厂房排架结构的抗震变形验算

地震灾害表明,强震作用下高大单层厂房结构钢筋混凝土变阶柱上柱的破坏比下柱严重,故对 8 度Ⅲ、Ⅳ类场地和 9 度时,高大的单层钢筋混凝土柱厂房的横向排架,应进行预估的罕遇地震作用下的弹塑性变形验算。

在预估的罕遇地震作用下,横向水平地震作用标准值 F_{Ek}、F_i,仍按式(3.56)和式(3.57)计算,但水平地震影响系数最大值 α_{max} 应取表 1.4 中“罕遇地震”对应的数值。

将罕遇地震作用下的 F_i 作用于横向排架结构上[图 3.58(b)],先按弹性方法计算相应的弹性侧移 Δu_e,再按式(1.27)计算上柱的弹塑性侧移 Δu_p,并按式(1.28)进行弹塑性侧移验算。

3.10 装配式单层钢筋混凝土柱厂房的纵向抗震计算

3.10.1 纵向抗震计算方法

在纵向水平地震作用下,单层厂房结构的受力比较复杂,纵向平动、平动与扭转的耦联振动,屋盖还产生纵、横向平面内的弯剪变形,纵向围护墙也参与工作。因此,混凝土无檩和有檩屋盖及有较完整支撑系统的轻型屋盖厂房,一般情况下,宜计及屋盖的纵向弹性变形,围护墙与隔墙的有效刚度,不对称时尚宜计及扭转的影响,按多质点体系进行空间结构分析;柱顶标高不大于 15 m 且平均跨度不大于 30 m 的单跨或等高多跨的钢筋混凝土柱厂房,宜采用修正刚度法计算。

修正刚度法假定整个屋盖为一刚性盘体,把所有纵向构件均连接一起,近似按单质点体系进行计算(图 3.59),并引进修正系数对计算结果进行调整,使之符合按多质点空间结构的分析结果。此法可按经验公式确定纵向基本周期;按单质点体系求总纵向水平地震作用,并按修正后的柱列刚度将其分配给各柱列;最后将各柱列的纵向水平地震作用按柱列中各构件的刚度分配给每个构件。

纵墙对称布置的单跨厂房和轻型屋盖的多跨厂房,可按柱列分片独立计算。

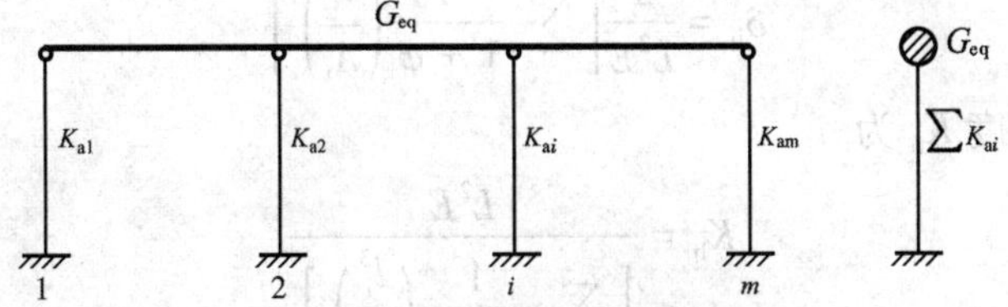

图 3.59 纵向抗震计算简图

本节仅介绍修正刚度法。

3.10.2 纵向基本自振周期

按修正刚度法计算单跨或等高多跨的钢筋混凝土柱厂房纵向地震作用时，在柱顶标高不大于 15 m 且平均跨度不大于 30 m 时，纵向基本周期可按下列公式确定:

砖围护墙厂房，可按下式计算:

$$T_1 = 0.23 + 0.00025\psi_1 l\sqrt{H^3} \tag{3.63}$$

式中 ψ_1——屋盖类型系数，大型屋面板钢筋混凝土屋架可采用 1.0，钢屋架采用 0.85;

l—— 厂房跨度，多跨厂房可取各跨的平均值,m;

H—— 基础顶面至柱顶的高度,m。

敞开、半敞开或墙板与柱子柔性连接的厂房，可按式(3.63)进行计算并乘以下列围护墙影响系数:

$$\psi_2 = 2.6 - 0.002l\sqrt{H^3} \tag{3.64}$$

式中 ψ_2——围护墙影响系数，小于 1.0 时应采用 1.0。

3.10.3 纵向柱列的侧向刚度

纵向柱列的侧向刚度取柱列中各构件侧向刚度之和，i 柱列侧向刚度可表示为

$$K_i = \sum K_c + \sum K_b + \sum K_w \tag{3.65}$$

式中，K_c、K_b、K_w分别表示 i 柱列中的一根柱、一片柱间支撑和一片围护墙的侧向刚度。

1)单阶变截面柱的侧向刚度

由表 3.7 可得一根单阶变截面柱的侧向刚度为

$$K_c = \frac{1}{\delta_c} = \frac{C_0 EI_l}{H^3} \tag{3.66}$$

式中 EI_l ——下柱在纵向排架平面内的截面弯曲刚度；

C_0——单阶变截面柱柱顶位移系数，由表 3.7 的相应公式计算；

H——柱高。

2) 柱间支撑的侧向刚度

对于支撑钢杆件长细比不大于 200 的柱间支撑，其在单位水平力作用下的水平位移，即柔度(图 3.60)为

$$\delta_b = \frac{1}{L^2 E}\left[\sum \frac{1}{1+\varphi_i}\left(\frac{l_i^3}{A_i}\right)\right]$$

则柱间支撑的侧向刚度 K_b 为

$$K_b = \frac{L^2 E}{\left[\sum \frac{1}{1+\varphi_i}\left(\frac{l_i^3}{A_i}\right)\right]} \tag{3.67}$$

式中 L ——支撑水平杆件长度；

E ——支撑斜杆材料弹性模量；

l_i, A_i ——第 i 根斜杆的长度和截面面积；

φ_i —— i 节间斜杆轴心受压稳定系数，按《钢结构设计规范》采用。

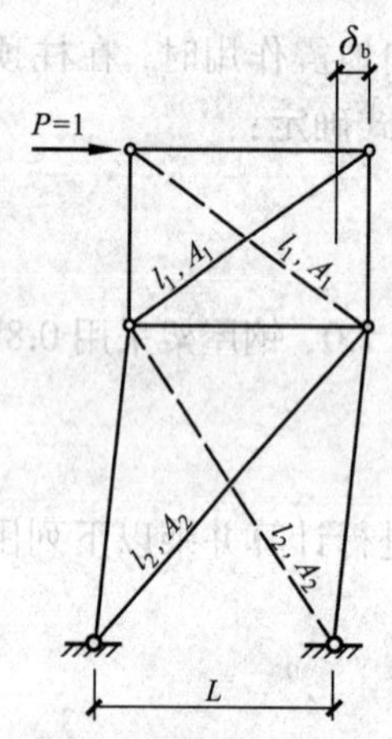

图 3.60 柱间支撑的柔度

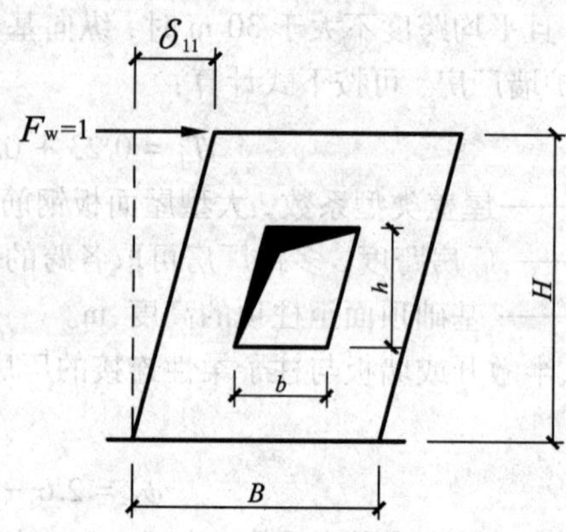

图 3.61 贴砌墙的侧移

3) 贴砌砖围护墙的侧向刚度

柱侧贴砌墙在顶点水平力作用下(图 3.61)，当考虑其弯曲变形和剪切变形时，其顶点处的侧移为

$$\delta_w = \frac{H^3}{3EI_w} + \frac{\mu H}{GA_w} = \frac{4\rho^3 + 3\rho}{Et}$$

式中，$\rho = H/B$，$G = 0.4E$，$A_w = Bt$，$I_w = tB^3/12$，$\mu = 1.2$；E 为砌体弹性模量；t 为墙体厚度；其余符号意义见图 3.61。

当墙面开洞时，应考虑洞口对墙体刚度削弱的影响，可用开洞影响系数 K 予以考虑。地震时砖墙可能开裂，故应对其刚度进行折减。砖墙侧移刚度折减系数 γ_w，7、8、9 度时分别取 0.6、

0.4、0.2,则贴砌砖围护墙的侧向刚度为

$$K_{\mathrm{w}}=\frac{1}{\delta_{\mathrm{w}}}=\frac{1}{\dfrac{K(4\rho^{3}+3\rho)}{\gamma_{\mathrm{w}}Et}} \tag{3.68}$$

式中,K 为开洞影响系数,$K=(1+\alpha)^{2}/(1-\alpha)^{2}$,$\alpha=bh/(BH)$。

3.10.4 柱列纵向水平地震作用及构件地震作用

(1)等高多跨钢筋混凝土屋盖厂房

等高多跨钢筋混凝土屋盖的厂房,各纵向柱列的柱顶标高处的地震作用标准值可按下列公式确定:

$$F_{i}=\alpha_{1}G_{\mathrm{eq}}\frac{K_{\mathrm{ai}}}{\sum K_{\mathrm{ai}}} \tag{3.69}$$

$$K_{\mathrm{ai}}=\psi_{3}\psi_{4}K_{i} \tag{3.70}$$

$$G_{\mathrm{eq}}=(1.0G_{屋盖}+0.5G_{雪}+0.5G_{积灰})+0.7G_{纵墙}+0.5G_{横墙}+0.5G_{柱}$$

式中 F_i —— i 柱列柱顶标高处的纵向地震作用标准值;

α_1——相应于厂房纵向基本自振周期的水平地震影响系数,应按式(1.9)~(1.12)确定;

G_{eq} ——厂房单元柱列总等效重力荷载代表值,应包括屋盖重力荷载代表值、70%纵墙自重、50%横墙与山墙自重及折算的柱自重(有吊车时采用10%柱自重,无吊车时采用50%柱自重);

K_i —— i 柱列柱顶的总侧移刚度,按式(3.65)确定;

K_{ai} —— i 柱列柱顶的调整侧移刚度;

ψ_3——柱列侧移刚度的围护墙影响系数,可按表3.17采用;有纵向砖围护墙的四跨或五跨厂房,由边柱列数起的第三柱列,可按表内相应数值的1.15倍采用;

ψ_4——柱列侧移刚度的柱间支撑影响系数,纵向为砖围护墙时,边柱列可采用1.0,中柱列可按表3.18采用。

表3.17 围护墙影响系数 ψ_3

围护墙类别和烈度		柱列和屋盖类别				
		边柱列	中柱列			
			无檩屋盖		有檩屋盖	
240砖墙	370砖墙		边跨无天窗	边跨有天窗	边跨无天窗	边跨有天窗
	7度	0.85	1.7	1.8	1.8	1.9
7度	8度	0.85	1.5	1.6	1.6	1.7
8度	9度	0.85	1.3	1.4	1.4	1.5
9度		0.85	1.2	1.3	1.3	1.4
无墙、石棉瓦或挂板		0.90	1.1	1.1	1.2	1.2

表 3.18　纵向采用砖围护墙的中柱列柱间支撑影响系数 ψ_4

厂房单元内设置下柱支撑的柱间数	中柱列下柱支撑斜杆的长细比					中柱列无支撑
	≤40	41~80	81~120	121~150	>150	
一柱间	0.9	0.95	1.0	1.1	1.25	1.4
二柱间			0.9	0.95	1.0	

(2)等高多跨钢筋混凝土屋盖厂房

等高多跨钢筋混凝土屋盖厂房,柱列各吊车梁顶标高处的纵向地震作用标准值可按下式确定：

$$F_{ci} = \alpha_1 G_{ci} \frac{H_{ci}}{H_i} \tag{3.71}$$

$$G_{ci} = 1.0(G_{吊车梁} + G_{吊车桥架}) + 0.3G_{吊重} + 0.4G_{柱}$$

式中　F_{ci} —— i 柱列在吊车梁顶标高处的纵向地震作用标准值;

G_{ci} ——集中于 i 柱列吊车梁顶标高处的等效重力荷载代表值，应包括吊车梁与悬吊物(硬钩吊车时取 30%)的重力荷载代表值和 40%柱子自重;

H_{ci} —— i 柱列吊车梁顶高度;

H_i —— i 柱列柱顶高度。

F_i,F_{ci} 的位置见图 3.62。

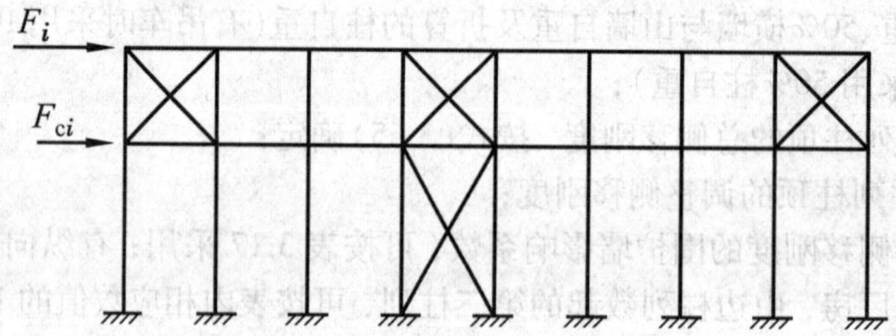

图 3.62　纵向水平地震作用分配

(3)构件的地震作用

对于无吊车厂房,纵向柱列中的柱、支撑和墙的地震作用,可以按各构件的侧移刚度比进行分配。对于有吊车厂房,按图 3.62 所示简图,用结构力学方法确定各构件的地震作用。

(4)天窗架的纵向地震作用

对于柱高不超过 15 m 的单跨和等高多跨混凝土无檩屋盖厂房的天窗架纵向地震作用计算,可采用底部剪力法,但天窗架的地震作用效应应乘以效应增大系数,其值可按下列规定采用:

单跨、边跨屋盖或有纵向内隔墙的中跨屋盖:

$$\eta = 1 + 0.5n \tag{3.72}$$

其他中跨屋盖:

$$\eta = 0.5n \tag{3.73}$$

式中，η 为效应增大系数; n 为厂房跨数,超过 4 跨时取 4 跨。

3.10.5　纵向构件的抗震验算

纵向柱列中的构件包括钢筋混凝土柱、柱间支撑和贴砌砖围护墙。一般情况下，钢筋混凝土排架柱仅需进行横向地震作用下的抗震验算，不必进行纵向地震作用下的抗震验算。因此，纵向地震作用下的抗震验算仅针对柱间支撑和贴砌砖围护墙；当厂房带有突出屋面的天窗架时，尚需对天窗架进行纵向抗震验算。

1）柱间支撑的抗震验算

按图3.62所示简图求得每片柱间支撑所承受的纵向地震剪力 V_{bi}，对长细比不大于200的柱间支撑斜杆截面可仅进行抗拉验算，但应考虑压杆的卸载影响，其拉力可按下式确定：

$$N_t = \frac{l_i}{(1+\psi_c\varphi_i)s_c}V_{bi} \tag{3.74}$$

式中　N_t——i 节间支撑斜杆抗拉验算时的轴向拉力设计值；

l_i——i 节间斜杆的全长；

φ_i——i 节间斜杆轴心受压稳定系数；

ψ_c——压杆卸载系数，压杆长细比为60、100和200时，可分别采用0.7、0.6和0.5；

V_{bi}——i 节间支撑承受的地震剪力设计值；

s_c——支撑所在柱间的净距。

柱间支撑斜杆按下式进行抗震验算：

$$N_t \leqslant A_n f_y/\gamma_{RE} \tag{3.75}$$

式中　A_n——支撑斜杆净截面面积；

f_y——钢材抗拉强度设计值；

γ_{RE}——承载力抗震调整系数，取0.8。

柱间支撑与柱连接节点预埋件的锚件采用锚筋时，其截面抗震承载力宜按下列公式验算：

$$N \leqslant \frac{0.8f_yA_s}{\gamma_{RE}\left(\dfrac{\cos\theta}{0.8\zeta_m\psi}+\dfrac{\sin\theta}{\zeta_r\zeta_v}\right)} \tag{3.76}$$

$$\psi = \frac{1}{1+\dfrac{0.6e_0}{\zeta_r s}} \tag{3.77}$$

$$\zeta_m = 0.6+0.25\,t/d \tag{3.78}$$

$$\zeta_v = (4-0.08d)\sqrt{\frac{f_c}{f_y}} \tag{3.79}$$

式中　A_s——锚筋总截面面积；

γ_{RE}——承载力抗震调整系数，可采用1.0；

N——预埋板的斜向拉力，可采用全截面屈服点强度计算的支撑斜杆轴向力的1.05倍；

e_0——斜向拉力对锚筋合力作用线的偏心距，应小于外排锚筋之间距离的20%，mm；

θ——斜向拉力与其水平投影的夹角；

ψ——偏心影响系数；

s——外排锚筋之间的距离，mm；

ζ_m—— 预埋板弯曲变形影响系数；

t——预埋板厚度，mm；

d——锚筋直径，mm；

ζ_r——验算方向锚筋排数的影响系数，二、三和四排可分别采用1.0、0.9和0.85；

ζ_v——锚筋的受剪影响系数，大于0.7时应采用0.7。

天窗架的纵向支撑也可按上述方法进行抗震验算。

2) **贴砌砖围护墙的抗震验算**

贴砌砖围护墙的抗震验算按下式进行验算：

$$V \leqslant f_{vE}A/\gamma_{RE} \tag{3.80}$$

式中 V——墙体剪力设计值；

f_{vE}——砖砌体沿阶梯形截面破坏的抗震抗剪强度设计值；

A——墙体横截面面积，多孔砖墙取毛截面面积；

γ_{RE}——承载力抗震调整系数，自承重墙采用0.75。

3.11 单层厂房排架结构设计实例

3.11.1 设计资料及要求

(1)工程概况

某金工装配车间为两跨等高厂房，跨度均为24 m，柱距均为6 m，车间总长度为66 m。每跨设有起重量为20/5 t的吊车各2台，吊车工作级别为A5级，轨顶标高不小9.60 m。厂房无天窗，采用卷材防水屋面，围护墙为240 mm厚双面清水砖墙，采用钢门窗，钢窗宽度3.6 m，室内外高差为150 mm，素混凝土地面。建筑平面及剖面分别如图3.63、图3.64所示。

(2)结构设计原始资料

厂房所在地点的基本风压为0.35 kN/m^2，地面粗糙度为B类；基本雪压为0.30 kN/m^2。风荷载组合值系数为0.6，其余可变荷载的组合值系数均为0.7。土壤冻结深度为0.3 m，建筑场地为Ⅰ级非自重湿陷性黄土，地基承载力特征值为165 kN/m^2，地下水位于地面以下7 m。抗震设防烈度8度(0.2g)，场地类别Ⅱ类，设计地震分组第二组(T_g=0.40 s)。

(3)材料

基础混凝土强度等级为C25；排架柱混凝土强度等级为C30。柱纵向受力钢筋采用HRB400级，基础受力筋采用HRB335级，其他钢筋采用HPB300级。

(4)设计要求

①分析厂房排架内力，并进行排架柱和基础的设计；

②绘制排架柱和基础的施工图。

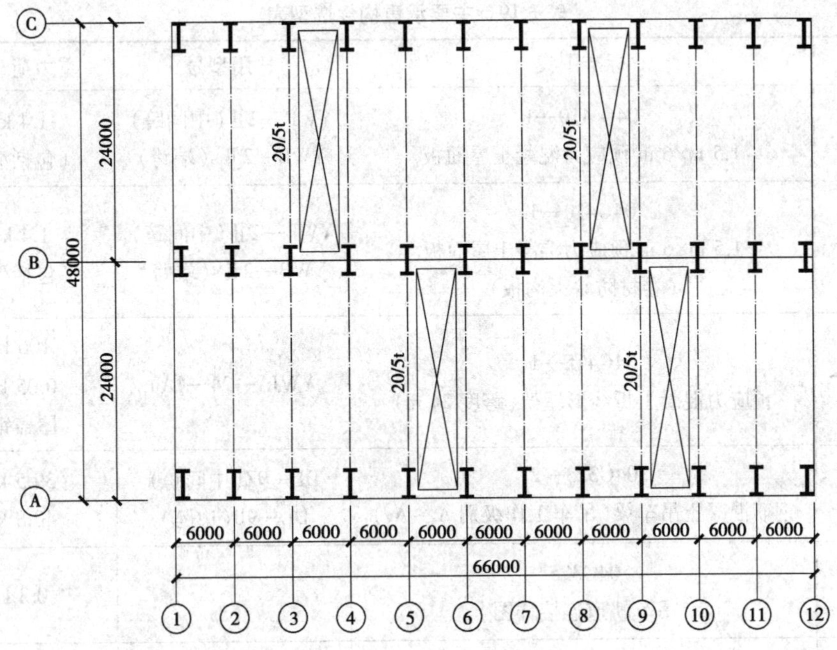

图 3.63 厂房平面图

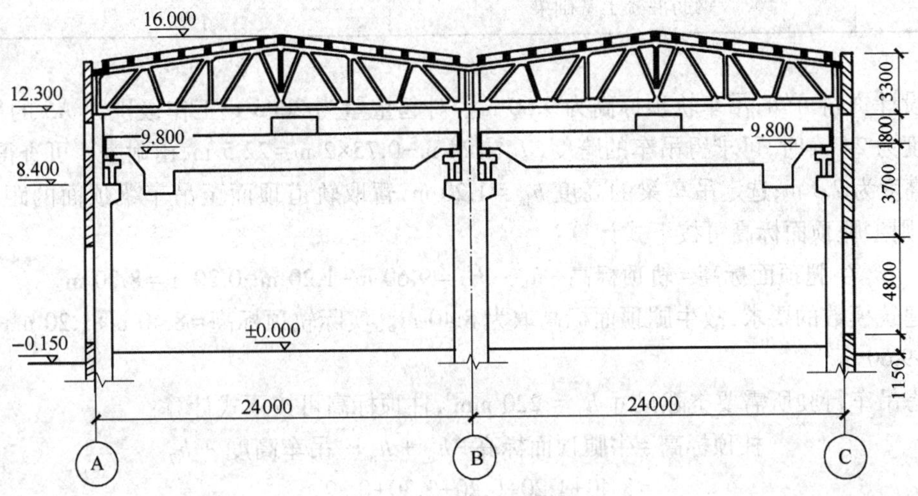

图 3.64 厂房剖面图

3.11.2 构件选型及柱截面尺寸的确定

因该厂房跨度在 15~36 m 之间，且柱顶标高大于 8 m，故采用钢筋混凝土排架结构；为了保证屋盖的整体性和刚度，屋盖采用无檩体系。由于厂房屋面采用卷材防水做法，故选用预应力混凝土折线型屋架及预应力混凝土屋面板。选用钢筋混凝土吊车梁。表 3.19 为主要承重构件选型表。

表 3.19　主要承重构件选型表

构件名称	标准图集	选用型号	重力荷载标准值
屋面板	04G 410—1 1.5 m×6 m 预应力混凝土屋面板	YWB—2Ⅱ(中间跨) YWB—2Ⅱs(端跨)	1.4 kN/m² (包括灌缝重)
天沟板	04G410—1 1.5 m×6 m 预应力混凝土屋面板 (卷材防水天沟板)	YWB—2Ⅱ(中间跨) YWB—2Ⅱs(端跨)	1.4 kN/m² (包括灌缝重)
屋架	04G415—1 预应力混凝土折线形屋架(跨度 24 m)	YWJA—24—1Aa	106 kN/榀 0.05 kN/m² (屋盖钢支撑)
吊车梁	04G323—2 钢筋混凝土吊车梁(吊车工作级别 $A_1 \sim A_5$)	DL—9Z(中间跨) DL—9B(边跨)	39.5 kN/根 40.8 kN/根
轨道连接	04G325 吊车轨道连接详图		0.8 kN/m
基础梁	04G320 钢筋混凝土基础梁	JL—3	16.7 kN/根

由设计资料可知,吊车轨顶标高为 9.60 m。对起重量为 20/5 t、工作级别为 A5 的吊车,当厂房跨度为 24 m 时,可求得吊车的跨度,$L_k = 24\ \text{m} - 0.75 \times 2\ \text{m} = 22.5\ \text{m}$,由附表 4 可查得吊车轨顶以上高度为 2.3 m;选定吊车梁的高度 $h_b = 1.20$ m,暂取轨道顶面至吊车梁顶面的距离 $h_a = 0.20$ m,则牛腿顶面标高可按下式计算:

$$\text{牛腿顶面标高} = \text{轨顶标高} - h_b - h_a = 9.60\ \text{m} - 1.20\ \text{m} - 0.20\ \text{m} = 8.20\ \text{m}$$

由建筑模数的要求,故牛腿顶面标高取为 8.40 m。实际轨顶标高 = 8.40 m+1.20 m+2.0 m = 9.80 m>9.60 m。

考虑吊车行驶所需要空隙尺寸 $h_7 = 220$ mm,柱顶标高可按下式计算:

$$\begin{aligned}\text{柱顶标高} &= \text{牛腿顶面标高} + h_b + h_a + \text{吊车高度} + h_7 \\ &= 8.40+1.20+0.20+2.30+0.22 \\ &= 12.32(\text{m})\end{aligned}$$

故柱顶(或屋架下弦底面)标高取为 12.30 m。

取室内地面至基础顶面的距离为 0.5 m,则计算简图中柱的总高度 H、下柱高度 H_l 和上柱高度 H_u 分别为

$$H = 12.30+0.5 = 12.8(\text{m})$$

$$H_l = 8.4+0.5 = 8.9(\text{m})$$

$$H_u = 12.8-8.9 = 3.9(\text{m})$$

根据柱高度、吊车起重量及工作级别等条件,可由表 3.3 并参考表 3.5 确定柱截面尺寸为

Ⓐ、Ⓒ轴　　上柱　□ $b \times h = 400\ \text{mm} \times 400\ \text{mm}$

　　　　　下柱　I $b_f \times h \times b \times h_f = 400\ \text{mm} \times 900\ \text{mm} \times 100\ \text{mm} \times 150\ \text{mm}$

Ⓑ轴　　上柱　$\square\ b \times h = 400\ \text{mm} \times 600\ \text{mm}$

　　　　下柱　$\text{I}\ b_f \times h \times b \times h_f = 400\ \text{mm} \times 1\ 000\ \text{mm} \times 100\ \text{mm} \times 150\ \text{mm}$

3.11.3 定位轴线

横向定位轴线除端柱外，均通过柱截面几何形心。对起重量为 20/5 t、工作级别为 A5 的吊车，由附表 5 可查得轨道中心至吊车端部距离 $B_1 = 260$ mm，吊车桥架外边缘至上柱内边缘的净空宽度 B_2，一般取值不小于 80 mm。

对中柱，取纵向定位轴线为柱的几何形心，则纵向定位轴线至上柱边缘距离 $B_3 = 300$ mm，故

$$B_2 = e - B_1 - B_3 = 750\ \text{mm} - 260\ \text{mm} - 300\ \text{mm} = 190\ \text{mm} > 80\ \text{mm}$$

符合要求。

对边柱，取封闭式定位轴线，即纵向定位轴线与纵墙内皮重合，则 $B_3 = 400$ mm，故 $B_2 = 90$ mm>80 mm，亦符合要求。

3.11.4 计算简图

由于该金工车间厂房工艺无特殊要求，且结构布置及荷载分布（除吊车荷载外）均匀，故可取一榀横向排架作为计算单元，单元的宽度为两相邻柱间中心线之间的距离，即 $B = 6.0$ m，如图 3.65（a）所示；计算简图如图 3.65（b）所示。

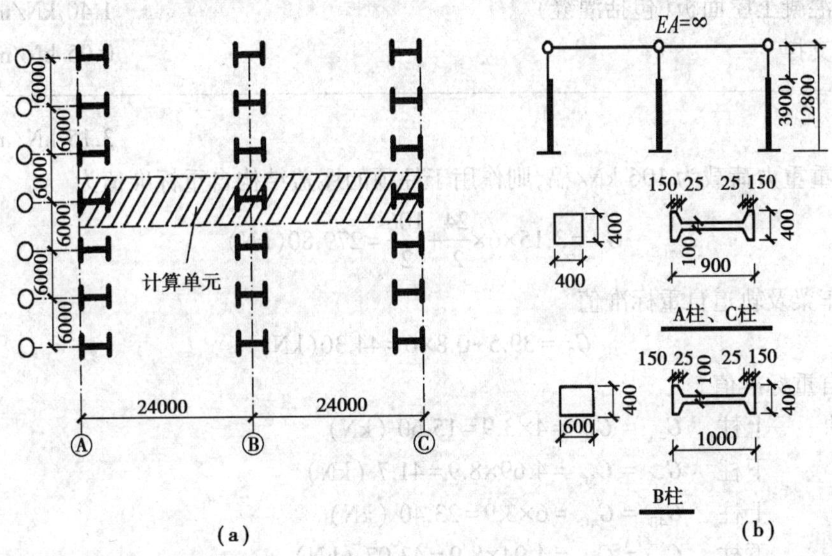

图 3.65　计算单元和计算简图

由柱的截面尺寸，可求得柱的截面几何特征及自重标准值，见表 3.20。

表 3.20　柱的截面几何特征及自重标准值

柱号 \ 计算参数		截面尺寸(mm)	面积(m^2)	惯性矩(mm^4)	自重(kN/m)
A、C	上柱	□ 400×400	1.600×10^5	21.30×10^8	4.00
	下柱	I 400×900×100×150	1.875×10^5	195.38×10^8	4.69
B	上柱	□ 400×600	2.400×10^5	72.00×10^8	6.00
	下柱	I 400×900×100×150	1.975×10^5	256.34×10^8	4.94

3.11.5　荷载计算

1)永久荷载

(1)屋盖自重标准值

为了简化计算,天沟板及相应构造层的自重,取与一般屋面自重相同。

两毡三油防水层	0.35 kN/m²
20 mm 厚水泥砂浆找平层	20×0.02＝0.40(kN/m²)
100 mm 厚水泥蛭石保温层	5×0.1＝0.50(kN/m²)
一毡两油隔气层	0.05 kN/m²
20 mm 厚水泥砂浆找平层	20×0.02＝0.40(kN/m²)
预应力混凝土屋面板(包括灌缝)	1.40 kN/m²
屋盖钢支撑	0.05 kN/m²
	3.15 kN/m²

屋架自重重力荷载为 106 kN/榀,则作用于柱顶的屋盖结构自重标准值为

$$G_1=3.15\times6\times\frac{24}{2}+\frac{106}{2}=279.80(\text{kN})$$

(2)吊车梁及轨道自重标准值

$$G_3=39.5+0.8\times6=44.30(\text{kN})$$

(3)柱自重标准值

Ⓐ、Ⓒ轴　上柱　$G_{4A}=G_{4C}=4\times3.9=15.60\ (\text{kN})$

　　　　下柱　$G_{5A}=G_{5C}=4.69\times8.9=41.7\ (\text{kN})$

Ⓑ轴　　上柱　$G_{4B}=G_{4C}=6\times3.9=23.40\ (\text{kN})$

　　　　下柱　$G_{5B}=G_{4C}=4.94\times8.9=43.97\ (\text{kN})$

各项永久荷载值和作用位置如图 3.66 所示。

2)屋面可变荷载

由《荷载规范》查得,屋面活荷载标准值为 0.5 kN/m²,屋面雪荷载标准值为 0.25 kN/m²,由于后者小于前者,故仅取屋面活荷载计算。作用于柱顶的屋面活荷载标准值为

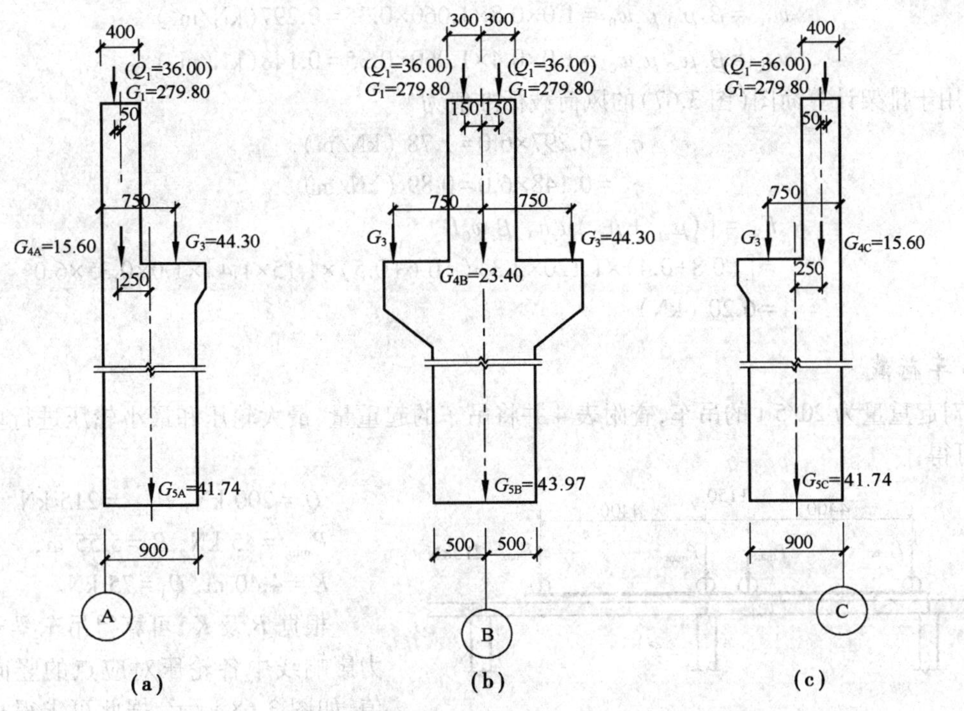

图 3.66 永久荷载及屋面可变荷载的数值和作用位置图(单位:kN)

$$Q_1 = 0.5 \times 6 \times \frac{24}{2} = 36.00 \text{ (kN)}$$

Q_1 的作用位置与 G_1 的作用位置相同,如图 3.66 所示。

3)风荷载

风荷载标准值按式(3.2)计算,其中基本风压 $w_0 = 0.35\ \text{kN/m}^2$,$\beta_z = 1.0$,按 B 类地面粗糙度,根据厂房各部分标高(图 3.64)由附表 3.1 可查得风压高度变化系数 μ_z 为

柱顶(标高 12.30 m)　　$\mu_z = 1.060$

檐口(标高 14.60 m)　　$\mu_z = 1.120$

屋顶(标高 16.00 m)　　$\mu_z = 1.150$

风荷载体型系数 μ_s 如图 3.67(a)所示,则由式(3.2)可求得排架迎风面及背风面的风荷载标准值分别为

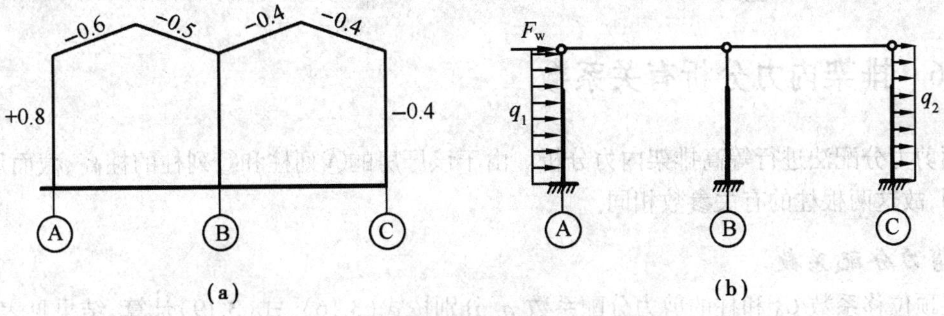

图 3.67 风荷载体型系数及排架计算简图

$$w_{1k} = \beta_z \mu_{s1} \mu_z w_0 = 1.0\times0.8\times1.060\times0.35 = 0.297(\text{kN/m}^2)$$

$$w_{1k} = \beta_z \mu_{s2} \mu_z w_0 = 1.0\times0.4\times1.060\times0.35 = 0.148(\text{kN/m}^2)$$

则作用于排架计算简图(图 3.67)的风荷载标准值为

$$q_1 = 0.297\times6.0 = 1.78\ (\text{kN/m})$$

$$q_2 = 0.148\times6.0 = 0.89\ (\text{kN/m})$$

$$\begin{aligned} F_w &= [(\mu_{s1}+\mu_{s2})\mu_z h_2]\beta_z w_0 B \\ &= [(0.8+0.4)\times1.120\times2.3+(-0.6+0.5)\times1.15\times1.4]\times1.0\times0.35\times6.0 \\ &= 6.20\ (\text{kN}) \end{aligned}$$

4)吊车荷载

对起重量为 20/5 t 的吊车,查附表 4 并将吊车的起重量、最大轮压和最小轮压进行单位换算,可得:

$Q = 200$ kN, $P_{max} = 215$ kN

$P_{min} = 45$ kN, $B = 5.55$ m,

$K = 4.40$ m, $Q_1 = 75$ kN

根据 B 及 K,可算得吊车梁支座反力影响线中各轮压对应点的竖向坐标值,如图 3.68 所示,据此可求得吊车作用于柱上的吊车荷载。

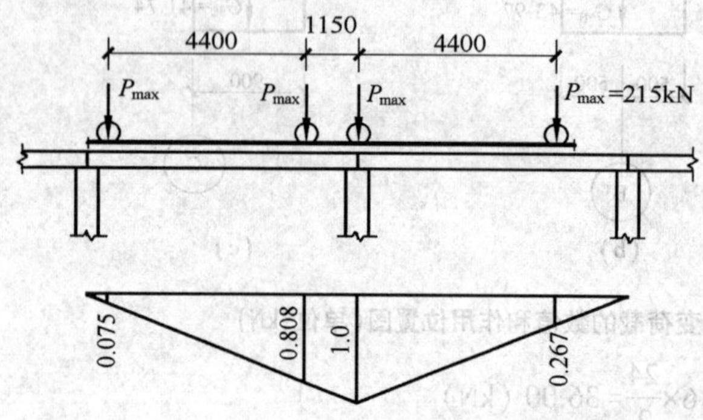

图 3.68 吊车荷载作用下支座反力影响线

(1)吊车竖向荷载

由式(3.5)和式(3.6)可得吊车竖向荷载标准值:

$$D_{max} = P_{max}\sum y_j = 215\times(1+0.808+0.267+0.075) = 462.25\ (\text{kN})$$

$$D_{min} = P_{min}\sum y_j = 45\times(1+0.808+0.267+0.075) = 96.75\ (\text{kN})$$

(2)吊车水平横向荷载

作用于每一个轮子上的吊车横向水平制动力按式(3.8)计算,即

$$T = \frac{1}{4}\alpha(Q+Q_1) = \frac{1}{4}\times0.1\times(200+75) = 6.875\ (\text{kN})$$

同时作用于吊车两端每个排架柱上的吊车水平横向荷载标准值按式(3.9)计算,即

$$T_{max} = T\sum y_j = 6.875\times(1+0.808+0.267+0.075) = 14.78\ (\text{kN})$$

3.11.6 排架内力分析有关系数

用剪力分配法进行等高排架内力分析。由于该厂房的Ⓐ列柱和Ⓒ列柱的柱高、截面尺寸等均相同,故这两根柱的有关参数相同。

1)柱剪力分配系数

柱顶位移系数 C_0 和柱的剪力分配系数 η_i 分别按式(3.16)、式(3.19)计算,结果见表 3.21。由表 3.21 可知,$\eta_A+\eta_B+\eta_C=1.0$。

表 3.21 柱剪力分配系数

柱 号	$n = I_u/I_l$ $\lambda = H_u/H$	$C_0 = 3/[1 + \lambda^3(1/n - 1)]\delta = H^3/C_0EI_l$	$\eta_i = \dfrac{1/\delta_i}{\sum 1/\delta_i}$
Ⓐ、Ⓒ柱	$n = 0.109$ $\lambda = 0.305$	$C_0 = 2.435$ $\delta_A = \delta_C = 0.210 \times 10^{-10} \dfrac{H^3}{E}$	$\eta_A = \eta_C = 0.285$
Ⓑ柱	$n = 0.281$ $\lambda = 0.305$	$C_0 = 2.797$ $\delta_B = 0.139 \times 10^{-10} \dfrac{H^3}{E}$	$\eta_B = 0.430$

2)单阶变截面柱柱顶反力系数

由表 3.7 中给出的公式可分别计算不同荷载作用下单阶变截面柱的柱顶反力系数,计算结果见表 3.22。

表 3.22 单阶变截面柱柱顶反力系数

简 图	柱顶反力系数	Ⓐ柱和Ⓒ柱	Ⓑ柱
M, R	$C_1 = \dfrac{3}{2} \dfrac{1 - \lambda^2\left(1 - \dfrac{1}{n}\right)}{1 + \lambda^3\left(\dfrac{1}{n} - 1\right)}$	2.143	1.731
aH_u, R, M	$C_3 = \dfrac{3}{2} \dfrac{1 - \lambda^2}{1 + \lambda^3\left(\dfrac{1}{n} - 1\right)}$	1.104	1.268
aH_u, R, T	$C_5 = \dfrac{1}{2} \dfrac{2 - 3a\lambda + \lambda^3\left[\dfrac{(2 + a)(1 - a)^2}{n} - (2 - 3a)\right]}{1 + \lambda^3\left(\dfrac{1}{n} - 1\right)}$	0.559	0.650
q, R	$C_{11} = \dfrac{3}{8} \dfrac{1 + \lambda^4\left(\dfrac{1}{n} - 1\right)}{1 + \lambda^3\left(\dfrac{1}{n} - 1\right)}$	0.326	—

3) **内力正负号规定**

本例题中,排架柱的弯矩、剪力和轴力的正负号规定如图 3.69 所示,后面的各弯矩图和柱底剪力均未标出正、负号,弯矩图画在受拉一侧,柱底剪力按实际方向标出。

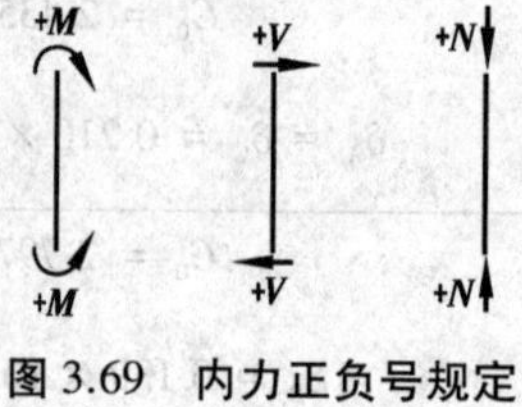

图 3.69 内力正负号规定

3.11.7 排架结构内力分析

1) **永久荷载作用下排架结构内力分析**

永久荷载作用下排架结构计算简图如图 3.70(a)所示。图中的重力荷载及 $\overline{G}$ 及 M 根据图 3.66 确定,即

$$\overline{G}_1 = G_1 = 279.80\ \text{kN}\ ,\ \overline{G}_2 = G_3 + G_{4\text{A}} = 44.30+15.60 = 59.90(\text{kN})$$

$$\overline{G}_3 = G_{5\text{A}} = 41.74\ \text{kN},\ \overline{G}_4 = 2G_1 = 2\times279.80 = 559.60(\text{kN})$$

$$\overline{G}_5 = G_{4\text{B}} + 2G_3 = 23.40+2\times44.30 = 112.00(\text{kN})\ ,\ \overline{G}_6 = G_{5\text{B}} = 43.97\ \text{kN}$$

$$M_1 = \overline{G}_1 e_1 = 279.80\times0.05 = 13.99(\text{kN}\cdot\text{m})$$

$$M_2 = (\overline{G}_1 + G_{4\text{A}})\text{e}_0 - G_3\text{e}_3$$
$$= (279.80+15.60)\times0.25-44.30\times0.3 = 60.56(\text{kN}\cdot\text{m})$$

由于图 3.70(a)所示排架为对称结构且作用对称荷载,排架结构无侧移,故各柱可按柱顶为不动铰支座计算内力。按照表 3.22 所示的柱顶反力系数,柱顶不动铰支座反力 R_i 可根据表 3.7 所列的相应计算公式求得,即

$$R_\text{A} = \frac{M_1}{H}C_1 + \frac{M_2}{H}C_3 = \frac{13.99\times2.143+60.56\times1.104}{12.8} = 7.57(\text{kN})(\rightarrow)$$

$$R_\text{C} = -7.57\ \text{kN}(\leftarrow),\ R_\text{B} = 0$$

求得柱顶反力 R_i 后,由于排架结构和荷载均匀对称,可根据平衡条件求得柱各截面的弯矩和剪力。柱各截面的轴力为该截面以上重力荷载之和。恒载作用下排架结构的弯矩图、柱底剪力和轴力图分别见图 3.70(b)、(c)。

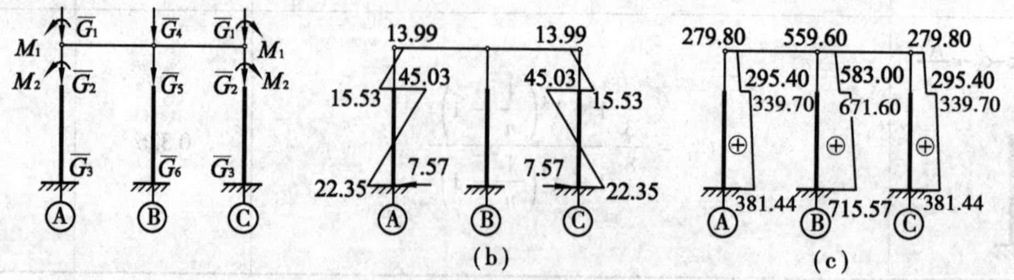

图 3.70 恒载作用下排架结构内力图

2)屋面可变荷载作用下排架结构内力分析

(1)AB 跨作用屋面活荷载

排架计算简图如图 3.71(a)所示。屋架传至柱顶的集中荷载 $Q_1=36.00$ kN,它在柱顶及变阶处引起的力矩分别为

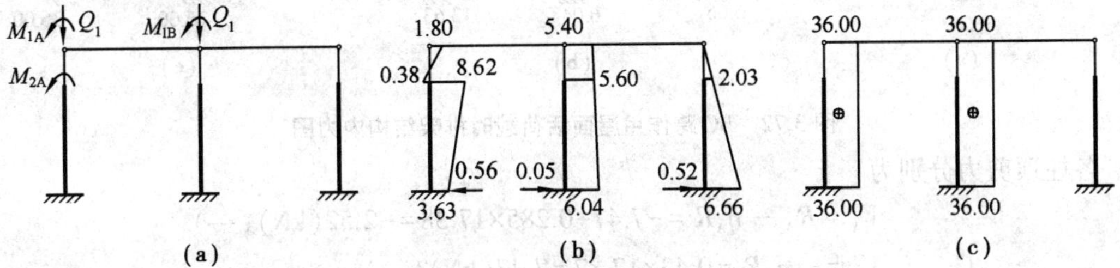

图 3.71 AB 跨作用屋面活荷载时排架结构内力图

$$M_{1A}=36.00\times0.05=1.80(\text{kN}\cdot\text{m})$$
$$M_{2A}=36.00\times0.25=9.00(\text{kN}\cdot\text{m})$$
$$M_{1B}=36.00\times0.15=5.40(\text{kN}\cdot\text{m})$$

按照表 3.22 所示的柱顶反力系数和表 3.7 所列的相应公式可求得柱顶不动铰支座反力 R_i,即

$$R_A=\frac{M_{1A}}{H}C_1+\frac{M_{2A}}{H}C_3=\frac{1.80\times2.143+9.00\times1.104}{12.8}=1.08(\text{kN})(\rightarrow)$$

$$R_B=\frac{M_{1B}}{H}C_1=\frac{5.4\times1.731}{12.8}=0.73(\text{kN})(\rightarrow)$$

则排架柱顶不动铰支座总反力为

$$R=R_A+R_B=1.08+0.73=1.81(\text{kN})(\rightarrow)$$

将 R 反向作用于排架柱顶,用式(3.18)计算相应的柱顶剪力,并与柱顶不动铰支座反力叠加,可得到屋面活荷载作用于 AB 跨时的柱顶剪力,即

$$V_A=R_A-\eta_A R=1.08-0.285\times1.81=0.56(\text{kN})(\rightarrow)$$
$$V_B=R_B-\eta_B R=0.73-0.43\times1.81=-0.05(\text{kN})(\leftarrow)$$
$$V_C=-\eta_C R=-0.285\times1.81=-0.52(\text{kN})(\leftarrow)$$

排架各柱的弯矩图及柱底剪力、轴力图分别如图 3.71(b)、(c)所示。

(2)BC 跨作用屋面活荷载

由于结构对称,且 BC 跨与 AB 跨作用荷载相同,故只需将图 3.71 中各内力图的位置及方向调整一下即可,如图 3.72 所示。

3)风荷载作用下排架结构内力分析

(1)左吹风时

计算简图如图 3.73(a)所示。柱顶不动铰支座反力 R_A、R_C 及总反力 R 分别为

$$R_A=-q_1HC_{11}=-1.78\times12.8\times0.326=-7.47(\text{kN})(\leftarrow)$$
$$R_C=-q_2HC_{11}=-0.89\times12.8\times0.326=-3.71(\text{kN})(\leftarrow)$$
$$R=R_A+R_C+F_w=-7.47-3.71-6.02=-17.38(\text{kN})(\leftarrow)$$

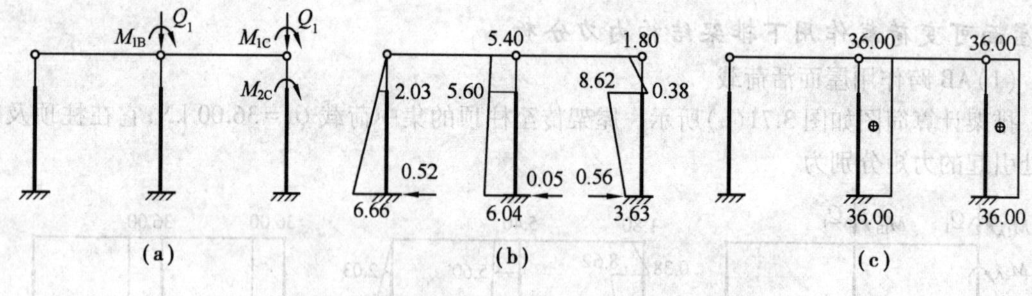

图 3.72　BC 跨作用屋面活荷载时排架结构内力图

各柱顶剪力分别为

$$V_A = R_A - \eta_A R = -7.47+0.285\times17.38 = -2.52(\text{kN})(\leftarrow)$$

$$V_B = -\eta_B R = 0.43\times17.87 = 7.47(\text{kN})(\rightarrow)$$

$$V_C = R_C - \eta_C R = -3.71+0.285\times17.38 = 1.24(\text{kN})(\rightarrow)$$

排架内力图如图 3.73(b)所示。

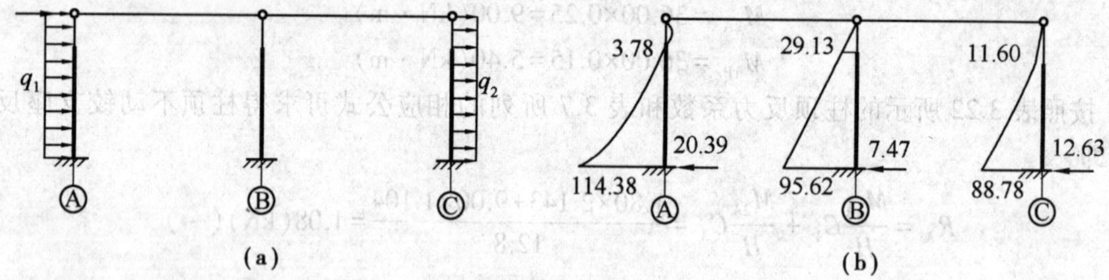

图 3.73　左吹风时排架结构内力图

(2)右吹风时

计算简图如图 3.74(a)所示。将图 3.73(b)所示Ⓐ、Ⓒ柱内力图对换，并改变内力符号，Ⓑ柱内力也改变符号，即得所需结果如图 3.74(b)所示。

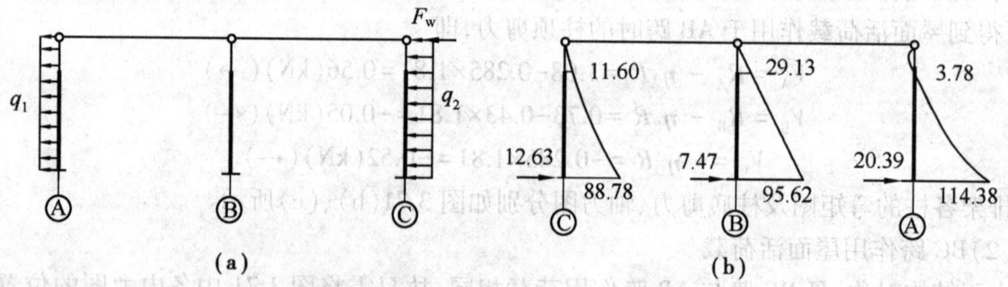

图 3.74　右吹风时排架结构内力图

4) 吊车荷载作用下排架结构内力分析(不考虑厂房整体空间工作)

(1) D_{max} 作用于Ⓐ柱

计算简图如图 3.75(a)所示，其中吊车竖向荷载 D_{max}、D_{min} 在牛腿顶面处引起的力矩分别为

$$M_A = D_{max}e_3 = 462.25\times0.3 = 138.68\ (\text{kN}\cdot\text{m})$$

$$M_B = D_{min}e_3 = 96.75\times0.75 = 72.56\ (\text{kN}\cdot\text{m})$$

由表 3.22 所示的柱顶反力系数和表 3.7 所列的相应公式可求得柱顶不动铰支座反力 R_i 分别为

$$R_A = -\frac{M_A}{H}C_3 = -\frac{138.68}{12.8}\times 1.104 = -11.96(\text{kN})(\leftarrow)$$

$$R_B = \frac{M_B}{H}C_3 = -\frac{72.56}{12.8}\times 1.268 = 7.19(\text{kN})(\rightarrow)$$

$$R = R_A + R_B = -11.96 + 7.19 = -4.77(\text{kN})(\leftarrow)$$

排架各柱顶剪力分别为

$$V_A = R_A - \eta_A R = -11.9 + 0.285\times 4.77 = -10.60(\text{kN})(\leftarrow)$$

$$V_B = R_B - \eta_B R = 7.19 + 0.43\times 4.77 = 9.24(\text{kN})(\rightarrow)$$

$$V_C = -\eta_C R = -0.285\times 4.77 = 1.36(\text{kN})(\rightarrow)$$

排架各柱的弯矩图及柱底剪力值、轴力图分别如图 3.75(b)、(c)所示。

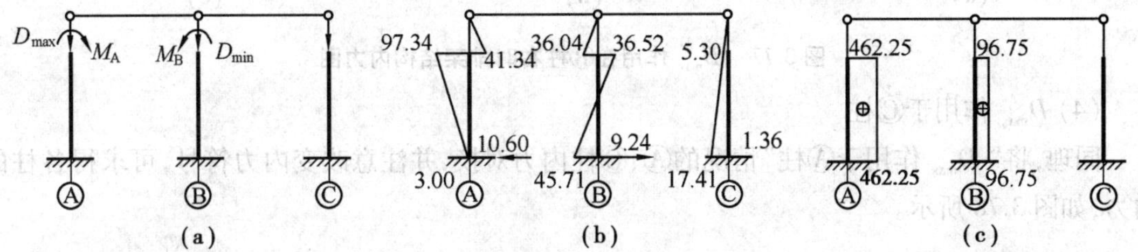

图 3.75 D_{max} 作用在Ⓐ柱时排架内力图

(2) D_{max} 作用于Ⓑ柱左

计算简图如 3.76(a)所示，吊车竖向荷载 D_{min}、D_{max} 在牛腿顶面处引起的力矩分别为

$$M_A = D_{min}e_3 = 96.75\times 0.3 = 29.03\ (\text{kN}\cdot\text{m})$$

$$M_B = D_{max}e_3 = 462.25\times 0.75 = 346.69\ (\text{kN}\cdot\text{m})$$

柱顶不动铰支座反力 R_A、R_B 及总反力 R 分别为

$$R_A = -\frac{M_A}{H}C_3 = -\frac{29.03}{12.8}\times 1.104 = -2.50(\text{kN})(\rightarrow)$$

$$R_B = \frac{M_B}{H}C_3 = \frac{346.69}{12.8}\times 1.268 = 34.34(\text{kN})(\leftarrow)$$

$$R = R_A + R_B = -2.50 + 34.34 = 31.84(\text{kN})(\leftarrow)$$

柱顶剪力分别为

$$V_A = R_A - \eta_A R = -2.50 + 0.285\times 31.84 = -11.57(\text{kN})(\leftarrow)$$

$$V_B = R_B - \eta_B R = 34.34 - 0.43\times 31.84 = 20.65(\text{kN})(\rightarrow)$$

$$V_C = -\eta_C R = -0.285\times 31.84 = -9.07(\text{kN})(\leftarrow)$$

排架各柱的弯矩图及柱底剪力值、轴力图分别如图 3.76(b)、(c)所示。

(3) D_{max} 作用于Ⓑ柱右

根据结构对称性及吊车起重量相等的条件，其内力计算与"D_{max}作用于Ⓑ柱左"的情况相同，只需将Ⓐ、Ⓒ柱内力对换并改变全部弯矩及剪力符号，如图 3.77 所示。

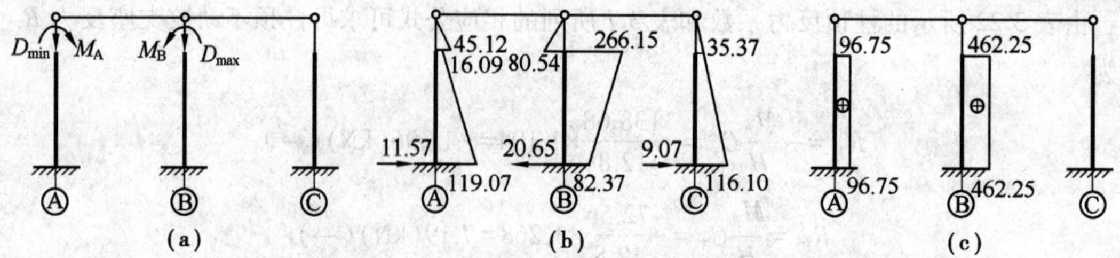

图 3.76　D_{max} 作用在Ⓑ柱左时排架结构内力图

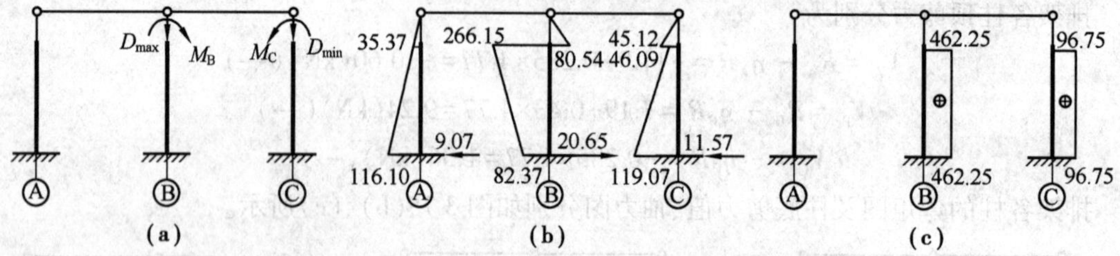

图 3.77　D_{max} 作用在Ⓑ柱右时排架结构内力图

(4) D_{max} 作用于Ⓒ柱

同理，将"D_{max} 作用于Ⓐ柱"情况的Ⓐ、Ⓒ柱内力对换，并注意改变内力符号，可求得各柱的内力，如图 3.78 所示。

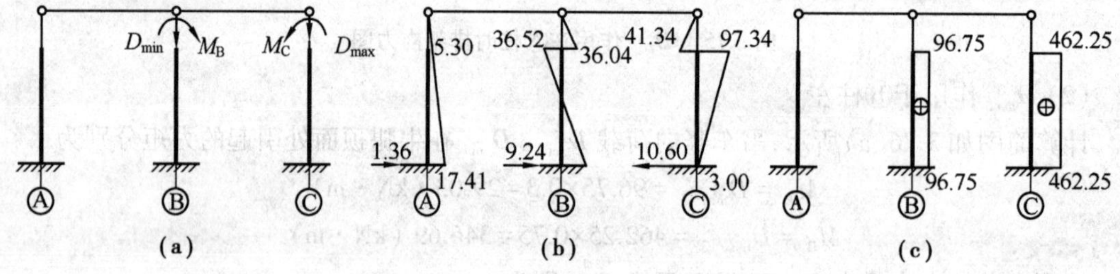

图 3.78　D_{max} 作用在Ⓒ柱时排架内力图

(5) T_{max} 作用于 AB 跨柱

当 AB 跨作用于吊车横向水平荷载时，排架计算简图如图 3.79(a)所示。由表 3.7 得 $a=(3.9-1.2)/3.9=0.692$，则柱顶不动铰支座反力 R_A、R_B 分别为

$$R_A=-T_{max}C_5=-14.78\times0.559=-8.26(\text{kN})(\leftarrow)$$

$$R_B=-T_{max}C_5=-14.78\times0.650=-9.61(\text{kN})(\leftarrow)$$

排架柱顶总反力 R 为

$$R=R_A+R_B=-8.26-9.61=-17.87(\text{kN})(\leftarrow)$$

各柱顶剪力分别为

$$V_A=R_A-\eta_A R=-8.26+0.285\times18.87=-3.17(\text{kN})(\leftarrow)$$

$$V_B=R_B-\eta_B R=-9.61+0.43\times17.87=-1.93(\text{kN})(\leftarrow)$$

$$V_C=-\eta_C R=-0.285\times17.87=5.09(\text{kN})(\rightarrow)$$

排架各柱的弯矩图及柱底剪力值如图 3.79(b)所示。当 T_{max} 方向相反时，弯矩图和剪力只

改变符号,数值不变。

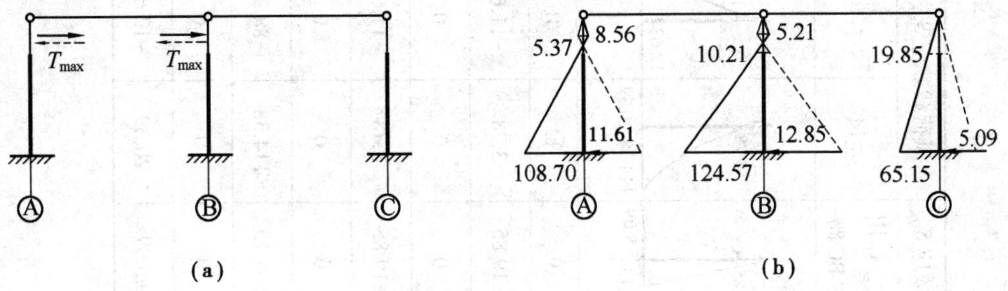

图 3.79 T_{max} 作用于 AB 跨时排架结构内力图

(6) T_{max} 作用于 BC 跨柱

由于结构对称及吊车起重量相等,故排架内力计算与" T_{max} 作用 AB 跨"的情况相同,仅需要将 A 柱与 C 柱的内力交换,如图 3.80 所示。

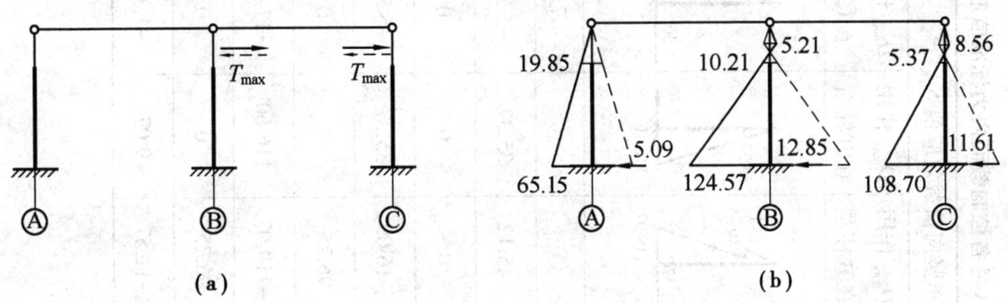

图 3.80 T_{max} 作用于 BC 跨时排架结构内力图

3.11.8 内力组合

以 A 柱内力组合为例。控制截面分别取上柱底部截面Ⅰ-Ⅰ、牛腿顶截面Ⅱ-Ⅱ和下柱底截面Ⅲ-Ⅲ,如图 3.43 所示。表 3.23 为各种荷载作用下Ⓐ柱各控制截面的内力标准值汇总表。表中控制截面及正号内力方向如表 3.23 中的图例所示。

荷载基本组合的效应设计值按式(3.22)和式(3.23)计算。在每种荷载效应组合中,对矩形和Ⅰ形截面柱均应考虑以下 4 种组合,即

① $+M_{max}$ 及相应的 N、V;

② $-M_{max}$ 及相应的 N、V;

③ N_{max} 及相应的 M、V;

④ N_{min} 及相应的 M、V。

表 3.23 各种荷载单独作用下Ⓐ柱各控制截面内力标准值汇总表

控制截面及正向内力	荷载类别		永久荷载效应 S_{GK}	屋面可变荷载效应 S_{QK}		吊车竖向荷载效应值 S_{QK}				吊车水平荷载效应 S_{QK}		风荷载效应 S_{QK}	
				作用在AB跨	作用在BC跨	D_{max} 作用在Ⓐ柱	D_{max} 作用在Ⓑ柱左	D_{max} 作用在Ⓑ柱右	D_{max} 作用在Ⓒ柱	T_{max} 作用在AB跨	T_{max} 作用在BC跨	左风	右风
	弯矩图及柱底截面内力		13.99, 15.53, 45.03, 7.57, 22.35	1.80, 0.38, 8.62, 0.52, 3.63	2.03, 0.52, 6.66	97.34, 41.34, 10.60, 3.00	45.12, 16.09, 11.57, 119.07	35.37, 9.07, 116.10	5.30, 1.36, 17.41	5.37, 8.56, 11.61, 108.70	19.85, 65.15, 5.09	3.78, 114.38, 20.39	11.60, 12.63, 88.78
	序号		①	②	③	④	⑤	⑥	⑦	⑧	⑨	⑩	⑪
I / II, III, M, V, N	I-I	M_k	15.53	0.38	2.03	−41.34	−45.12	35.37	−5.30	±5.37	±19.85	3.78	−11.60
		N_k	295.40	36.00	0	0	0	0	0	0	0	0	0
	II-II	M_k	−45.03	−8.62	2.03	97.34	−16.09	35.37	−5.30	±5.37	±19.85	3.78	−11.60
		N_k	339.70	36.00	0	462.25	96.75	0	0	0	0	0	0
	III-III	M_k	22.35	−3.63	6.66	3.00	−119.07	116.60	−17.41	±108.70	±65.15	114.38	−88.78
		N_k	381.44	36.00	0	462.25	96.75	0	0	0	0	0	0
		V_k	7.57	0.56	0.52	−10.60	−11.57	9.07	−1.36	±11.61	±5.09	20.39	−12.63

注：M（单位为 kN · m），N（单位为 kN），V（单位为 kN）。

表 3.24 Ⓐ柱荷载效应组合表(一)

截面 \ 内力组合		基本组合(可变荷载效应控制):$S_d = \sum_{i\geq1}\gamma_{G_i}S_{G_{ik}} + \gamma_{Q_1}\gamma_{L1}S_{Q_{1k}} + \sum_{j>1}\gamma_{Q_j}\psi_{cj}\gamma_{L_j}S_{Q_{jk}}$ 标准组合:$S_d = \sum_{i\geq1}S_{G_{ik}} + S_{Q_{1k}} + \sum_{j>1}\psi_{cj}S_{Q_{jk}}$							
		$+M_{max}$及相应N、V		$-M_{max}$及相应N、V		N_{max}及相应M、V		N_{min}及相应M、V	
Ⅰ-Ⅰ	M	1.2×①+1.4×0.9×⑥+1.4×[0.7×(②+③)+0.7×0.9×⑨+0.6×⑩]	86.25	①+1.4×0.9×⑤+1.4×[0.7×0.9×⑦+0.7×0.9×⑨+0.6×⑪]	−73.25	1.2×①+1.4×②+1.4×[0.7×③+0.7×0.9×(⑥+⑨)+0.6×⑩]	73.04	①+1.4×0.9×⑥+1.4×[0.7×③+0.7×0.9×⑨+0.6×⑩]	82.77
	N		389.76		295.40		404.88		295.40
Ⅱ-Ⅱ	M	①+1.4×0.9×④+1.4×[0.7×③+0.7×0.9×⑥+0.7×0.9×⑨+0.6×⑩]	131.49	1.2×①+1.4×0.9×⑨+1.4×[0.7×②+0.7×0.8×(⑤+⑦)+0.6×⑪]	−114.01	1.2×①+1.4×0.9×④+1.4×[0.7×(②+③)+0.7×0.9×⑧+0.6×⑩]	70.08	①+1.4×0.9×⑨+1.4×[0.7×0.9×⑦+0.6×⑪]	−84.46
	N		922.14		518.77		1025.36		339.70
Ⅲ-Ⅲ	M	1.2×①+1.4×⑩+1.4×[0.7×③+0.7×0.8×(④+⑥)+0.7×0.9×⑧]	382.72	①+1.4×⑪+1.4×[0.7×②+0.7×0.8×(⑤+⑦)+0.7×0.9×⑧]	−308.37	1.2×①+1.4×0.9×④+1.4×[0.7×(②+③)+0.7×0.9×⑧+0.6×⑩]	225.52	①+1.4×⑩+1.4×[0.7×③+0.7×0.9×(⑥+⑨)]	348.87
	N		820.13		492.57		1075.44		381.44
	V		47.18		−29.94		24.15		49.12
	M_k	①+⑩+[0.7×③+0.7×0.8×(④+⑥)+0.7×0.9×⑧]	276.57	①+⑪+[0.7×②+0.7×0.8×(⑤+⑦)+0.7×0.9×⑧]	−213.88	①+0.9×④+[0.7×(②+③)+0.7×0.9×⑧+0.6×⑩]	164.28	①+⑩+[0.7×③+0.7×0.9×(⑥+⑨)]	255.58
	N_k		640.30		460.82		822.67		381.44
	V_k		34.78		−19.22		18.33		37.25

注:M(单位为 kN·m),N(单位为 kN),V(单位为 kN)。

表 3.25 Ⓐ柱荷载效应组合表(二)

截面	内力组合	基本组合(永久荷载效应控制):$S_d = \sum_{i\geq1}\gamma_{G_i}S_{G_{ik}} + \gamma_L\sum_{j\geq1}\gamma_{Q_j}\psi_{cj}S_{Q_{jk}}$							
		$+M_{max}$及相应 N、V		$-M_{max}$及相应 N、V		N_{max}及相应 M、V		N_{min}及相应 M、V	
Ⅰ-Ⅰ	M	1.35×①+1.4×[0.7×(②+③)+0.7×0.9×(⑥+⑨)+0.6×⑩]	75.21	①+1.4×[0.7×0.8×(⑤+⑦)+0.7×0.9×⑨+0.6×⑪]	−51.25	1.35×①+1.4×[0.7×(②+③)+0.7×0.9×(⑥+⑨)+0.6×⑩]	75.21	①+1.4×[0.7×③+0.7×0.9×(⑥+⑨)+0.6×⑩]	69.40
	N		434.07		295.40		434.07		295.40
Ⅱ-Ⅱ	M	①+1.4×[0.7×③+0.7×0.8×(④+⑥)+0.7×0.9×⑨+0.6×⑩]	81.69	1.35×①+1.4×[0.7×②+0.7×0.8×(⑤+⑦)+0.7×0.9×⑨+0.6×⑪]	−113.26	1.35×①+1.4×[0.7×(②+③)+0.7×0.9×(④+⑧)+0.6×⑩]	26.52	①+1.4×[0.7×0.9×⑦+0.7×0.9×⑨+0.6×⑪]	−76.96
	N		702.10		569.73		901.58		339.70
Ⅲ-Ⅲ	M	1.35×①+1.4×[0.7×③+0.7×0.8×(④+⑥)+0.7×0.9×⑧+0.6×⑩]	322.03	①+1.4×[0.7×②+0.7×0.8×(⑤+⑦)+0.7×0.9×⑧+0.6×⑪]	−258.66	1.35×①+1.4×[0.7×(②+③)+0.7×0.9×(④+⑧)+0.6×⑩]	227.74	①+1.4×[0.7×③+0.7×0.9×(⑥+⑨)+0.6×⑩]	284.82
	N		877.35		492.57		957.93		381.44
	V		36.90		−22.87		29.30		37.70

注:M(单位为 kN·m),N(单位为 kN),V(单位为 kN)。

非抗震设计时，对柱截面一般不需要进行受剪承载力计算，故除下柱底面Ⅲ-Ⅲ外，其他截面的不利内力组合未给出所对应的剪力值。荷载基本组合的效应设计值见表3.24（可变荷载控制的效应设计值）和表3.25（永久荷载控制的效应设计值）。

对柱进行裂缝宽度验算时，需进行荷载效应的准永久组合。如前所述，对于排架柱，按式(3.25)所得的效应设计值一般不起控制作用，故不必进行组合。进行地基承载力验算时，需按式(3.24)确定荷载标准组合的效应设计值，见表3.24和表3.25中的截面Ⅲ-Ⅲ。

3.11.9 柱截面设计

仍以Ⓐ柱为例。混凝土强度等级为C30，$f_c = 14.3\ \text{N/mm}^2$，$f_{tk} = 2.01\ \text{N/mm}^2$；纵向钢筋采用HRB400级，$f_y = f_y' = 360\ \text{N/mm}^2$，$\xi_b = 0.518$。上、下柱均采用对称配筋。

1）选取控制截面最不利内力

对上柱，截面的有效高度取$h_0 = 400\ \text{mm} - 45\ \text{mm} = 355\ \text{mm}$，则大偏心受压与小偏心受压界限破坏时的轴向压力为

$$N_b = \alpha_1 f_c b h_0 \xi_b = 1.0\times14.3\times400\times355\times0.518 = 1051.85(\text{kN})$$

当$N \leqslant N_b = 1051.85\ \text{kN}$，且弯矩较大时，为大偏心受压；由表3.24表3.25可见，上柱Ⅰ-Ⅰ截面共有8组不利组合。经用e_i判别，8组内力均为大偏心受压，对其按照“弯矩相差不多时，轴力越小越不利；轴力相差不大时，弯矩越大越不利”的原则，可确定上柱的最不利内力为

$$M = 82.77\ \text{kN}\cdot\text{m} \qquad N = 295.40\ \text{kN}$$

对下柱，截面的有效高度取$h_0 = 900\ \text{mm} - 45\ \text{mm} = 855\ \text{mm}$，则大偏心受压与小偏心受压界限破坏时的轴向压力为

$$\begin{aligned} N_b &= \alpha_1 f_c[b h_0 \xi_b + (b_f' - b)h_f'] = 1.0\times14.3\times[100\times855\times0.518+(400-100)\times150] \\ &= 1276.83(\text{kN}) \end{aligned}$$

当$N \leqslant N_b = 1276.83\ \text{kN}$，且弯矩较大时，为大偏心受压；由表3.24、表3.25可见，下柱Ⅱ-Ⅱ和Ⅲ-Ⅲ截面共有16组不利内力。经用e_i判别，其中12组内力为大偏心受压，4组内力为小偏心受压且均满足$N \leqslant N_b = 1276.83\ \text{kN}$，故小偏心受压均为构造配筋。对12组大偏心受压内力，均采用与上柱Ⅰ-Ⅰ截面相同的分析方法，可确定下柱的最不利的内力为

$$\begin{cases} M = 382.72\ \text{kN}\cdot\text{m} \\ N = 820.13\ \text{kN} \end{cases} \qquad \begin{cases} M = 348.87\ \text{kN}\cdot\text{m} \\ N = 381.44\ \text{kN} \end{cases}$$

2）上柱配筋计算

上柱的最不利为

$$M_0 = 82.77\ \text{kN}\cdot\text{m} \qquad N = 295.40\ \text{kN}$$

由表3.10查得有吊车厂房排架方向上柱的计算长度为

$$l_0 = 2\times3.9 = 7.8(\text{m})$$

$$e_0 = \frac{M_0}{N} = \frac{82.77\times10^6}{295400} = 280.20\ (\text{mm})$$

由于 $h/30=400\ \text{mm}/30=13.33\ \text{mm}$，取附加偏心距 $e_a=20\ \text{mm}$，由式(3.26)~(3.29)可得

$$e_i=e_0+e_a=280.20+20=300.20\ (\text{mm})$$

$$\zeta_c=\frac{0.5f_cA}{N}=\frac{0.5\times14.3\times400^2}{295400}=3.873>1.0\quad 取\ \zeta_c=1.0$$

$$\eta_s=1+\frac{1}{1500\dfrac{e_i}{h_0}}\left(\frac{l_0}{h}\right)^2\zeta_c=1+\frac{1}{1500\times\dfrac{300.20}{355}}\left(\frac{7800}{400}\right)^2\times1.0=1.300$$

$$M=\eta_sM_0=1.300\times82.77=107.60\ (\text{kN}\cdot\text{m})$$

$$e_i=e_0+e_a=\frac{M}{N}+e_a=\frac{107.60\times10^6}{295.4\times10^3}+20=384.25\ (\text{mm})$$

$$e=e_i+h/2-a_s=384.25+400/2-45=539.25\ (\text{mm})$$

$$\xi=\frac{N}{\alpha_1f_cbh_0}=\frac{295400}{1.0\times14.3\times400\times355}=0.145<2a'/h_0=90/355=0.254$$

故取 $x=2a'_s$ 进行计算。

$$e'=e_i-h/2+a'_s=384.25-400/2+45=229.25\ (\text{mm})$$

$$A_s=A'_s=\frac{Ne'}{f_y(h_0-a'_s)}=\frac{295400\times229.25}{360\times(355-45)}=606.81(\text{mm}^2)$$

选 3⌀18($A_s=763\ \text{mm}^2$)则 $A_s=763\ \text{mm}^2>A_{s,\min}=\rho_{\min}bh=0.2\%\times400\ \text{mm}\times400\ \text{mm}=320\ \text{mm}^2$，满足要求。

由表 3.10 得，垂直于排架方向上柱的计算长度 $l_0=1.25\times3.9\ \text{m}=4.875\ \text{m}$，则 $l_0/b=4875/400=12.19$，$\varphi=0.95$

$$\begin{aligned}N_u&=0.9\varphi(f_cA+f'_yA'_s)=0.9\times0.95\times(14.3\times400\times400+360\times763\times2)\ \text{kN}\\&=2425.94\ \text{kN}>N_{\max}=434.07\ \text{kN}\end{aligned}$$

满足弯矩作用平面外的承载力要求。

3）下柱配筋计算

下柱取下列两组为最不利内力进行配筋计算：

$$\begin{cases}M_0=382.72\ \text{kN}\cdot\text{m}\\N=820.13\ \text{kN}\end{cases}\qquad\begin{cases}M_0=348.87\ \text{kN}\cdot\text{m}\\N=381.44\ \text{kN}\end{cases}$$

（1）按 $M_0=382.72\ \text{kN}\cdot\text{m}$，$N=820.13\ \text{kN}$ 计算

由表 3.10 可查得下柱计算长度取 $l_0=1.0H_l=8.9\ \text{m}$。截面尺 $h=900\ \text{mm}$，$b=100\ \text{mm}$，$b'_f=400\ \text{mm}$，$h'_f=150\ \text{mm}$。

$$e_0=\frac{M_0}{N}=\frac{382.72\times10^6}{820130}=466.66(\text{mm})$$

取附加偏心距 $e_a=900\ \text{mm}/30=30\ \text{mm}>20\ \text{mm}$。

$$e_i=e_0+e_a=466.66+30=496.66(\text{mm})$$

$$\zeta_c=\frac{0.5f_cA}{N}=\frac{0.5\times14.3\times[100\times900+2\times(400-100)\times150]}{820130}=1.57>1.0，取\ \zeta_c=1.0。$$

$$\eta_s = 1 + \frac{1}{1500\frac{e_i}{h_0}}\left(\frac{l_0}{h}\right)^2\zeta_c = 1+\frac{1}{1500\times\frac{496.66}{855}}\left(\frac{8900}{900}\right)^2 = 1.112$$

$$M = \eta_s M_0 = 1.112\times382.72 = 425.59(\text{kN}\cdot\text{m})$$

$$e_i = e_0 + e_a = \frac{M}{N} + e_a = \frac{425.59\times10^6}{820.13\times10^3}+30 = 548.93(\text{mm})$$

$$e = e_i + h/2 - a_s = 548.93+900/2-45 = 953.93(\text{mm})$$

先假定中和轴位于翼缘内,则

$$x = \frac{N}{\alpha_1 f_c b'_f} = \frac{820130}{1.0\times14.3\times400}\text{mm} = 143.38\ \text{mm} < h'_f = 150\ \text{mm}$$

且 $x > 2a'_s = 2\times45\ \text{mm} = 90\ \text{mm}$,大偏心受压构件,受压区在受压翼缘内,则

$$A_s = A'_s = \frac{Ne - \alpha_1 f_c b'_f x\left(h_0 - \frac{x}{2}\right)}{f'_y(h_0 - a'_s)}$$

$$= \frac{820130\times953.93-1.0\times14.3\times400\times143.38\times(855-143.38/2)}{360\times(855-45)}$$

$$= 479.86(\text{mm}^2)$$

(2)按 $M_0 = 348.87\ \text{kN}\cdot\text{m}$, $N = 381.44\ \text{kN}$ 计算

计算方法与上述相同,计算过程从略,计算结果为 $A_s = A'_s = 777.64\ \text{mm}^2$。

综合上述计算结果,下柱截面选用 4 Φ 18($A_s = 1018\ \text{mm}^2$),且满足最小配筋的要求,即 $A_s > A_{s,\min} = \rho_{\min}A = \rho_{\min}[bh + (b_f - b)h_f \times 2] = 0.2\%\times18\ \text{mm}^2\times10^4 = 360\ \text{mm}^2$。

(3)验算垂直于弯矩作用平面的受压承载力

由附表 6 可得截面惯性矩 $I_x = 17.34\times10^8\text{mm}^4$,由表 3.10 查得 $l_0 = 0.8H_l$。

由表 3.20 可知截面面积 $A = 18.75\times10^4\ \text{mm}^2$

$$i_x = \sqrt{\frac{I_x}{A}} = \sqrt{\frac{17.34\times10^8}{18.75\times10^4}} = 96.17\ \text{mm},\ \frac{l_0}{i_x} = \frac{0.8\times8900}{96.17} = 74.03,\ \phi = 0.714$$

$$N_u = 0.9\varphi(f_c A + f'_y A'_s)$$

$$= 0.9\times0.714\times(14.3\times18.75\times10^4+360\times1018\times2)\text{kN}$$

$$= 2193.97\ \text{kN} > N_{\max} = 1075.44\ \text{kN}$$

满足要求。

4)柱的裂缝宽度验算

由于荷载准永久组合的效应设计值较小,故柱不需要进行裂缝宽度验算。

5)柱箍筋配置

非抗震设计的单层厂房柱,其箍筋数量一般由构造要求控制。根据构造要求,上、下柱箍筋均选用 φ8@200。

6)牛腿设计

根据吊车梁支承位置、截面尺寸及构造要求,初步拟定牛腿尺寸如图 3.81 所示。其中牛腿

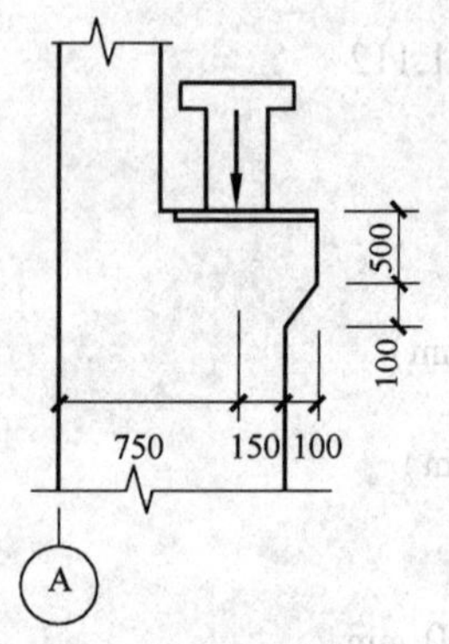

图 3.81　牛腿尺寸简图

截面宽度 $b=400$ mm，牛腿截面高度 $h=600$ mm，$h_0=555$ mm。

(1)牛腿截面高度验算

作用于牛腿顶面按荷载标准组合的竖向力为

$$F_{vk}=D_{max}+G_3=462.25\text{ kN}+44.30\text{ kN}=506.55\text{ kN}$$

牛腿顶面无水平荷载，即 $F_{hk}=0$；对支承吊车梁的牛腿，裂缝控制系数 $\beta=0.65$；$f_{tk}=2.01\text{ N/mm}^2$；

$a=-150+20=-130<0$，取 $a=0$；由式(3.30)得

$$\beta\left(1-0.5\frac{F_{hk}}{F_{vk}}\right)\frac{f_{tk}bh_0}{0.5+\dfrac{a}{h_0}}=0.65\times\frac{2.01\times400\times555}{0.5}\text{ kN}=580.09\text{ kN}>F_{vk}$$

故牛腿截面高度满足要求。

(2)由于 $a=-150+20=-130$ mm<0，因而该牛腿可按构造要求配筋。根据构造要求，$A_s\geqslant\beta_{min}bh=0.002\times400\text{ mm}\times600\text{ mm}=480\text{ mm}^2$，实际选用 4C14($A_s=616\text{ mm}^2$)。水平箍筋选用ϕ8@100。

7)柱的吊装验算

采用翻身起吊，吊点设在牛腿下部，混凝土达到设计强度后起吊。由表 3.11 可得柱插入杯口深度为 $h_1=0.9\times900\text{ mm}=810$ mm，取 $h_1=850$ mm，则柱吊装时总长度为 3.9 m+8.9 m+0.85 m=13.65 m，计算简图如图 3.82 所示。

(1)荷载计算

柱吊装阶段的荷载为柱自重重力荷载，且应考虑动力系数 $\mu=1.5$，即

$$q_1=\mu\gamma_G q_{2k}=1.5\times1.35\times4.0=8.10(\text{kN/m})$$

$$q_2=\mu\gamma_G q_{2k}=1.5\times1.35\times(0.4\times1.0\times25)=20.25(\text{kN/m})$$

$$q_3=\mu\gamma_G q_{3k}=1.5\times1.35\times4.69=9.50(\text{kN/m})$$

(2)内力计算

在上述荷载作用下，柱各控制截面的弯矩为

$$M_1=\frac{1}{2}q_1H_u^2=\frac{1}{2}\times8.10\times3.9^2=61.60(\text{kN}\cdot\text{m})$$

$$M_2=\frac{1}{2}\times8.10\times(3.9+0.6)^2+\frac{1}{2}\times(20.25-8.10)\times0.6^2=84.20(\text{kN}\cdot\text{m})$$

由 $\sum M_B=R_Al_3-\frac{1}{2}q_3l_3^2+M_2=0$ 得

$$R_A=\frac{1}{3}q_3l_3-\frac{M_2}{l_3}=\frac{1}{2}\times9.50\times9.15-\frac{84.20}{9.15}=34.26(\text{kN})$$

$$M_3=R_Ax-\frac{1}{2}q_3x^2$$

令 $\dfrac{dM_3}{dx}=R_A-q_3x=0$，得

$$x = R_A / q_3 = 34.26/9.50 = 3.61(\text{m})$$

则下段最大弯矩：

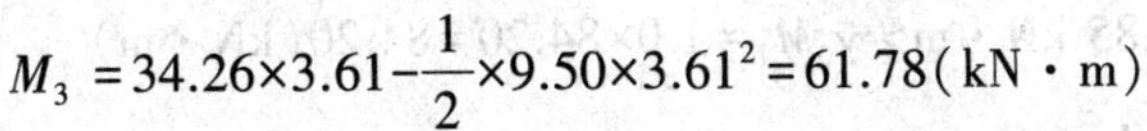

$$M_3 = 34.26 \times 3.61 - \frac{1}{2} \times 9.50 \times 3.61^2 = 61.78(\text{kN} \cdot \text{m})$$

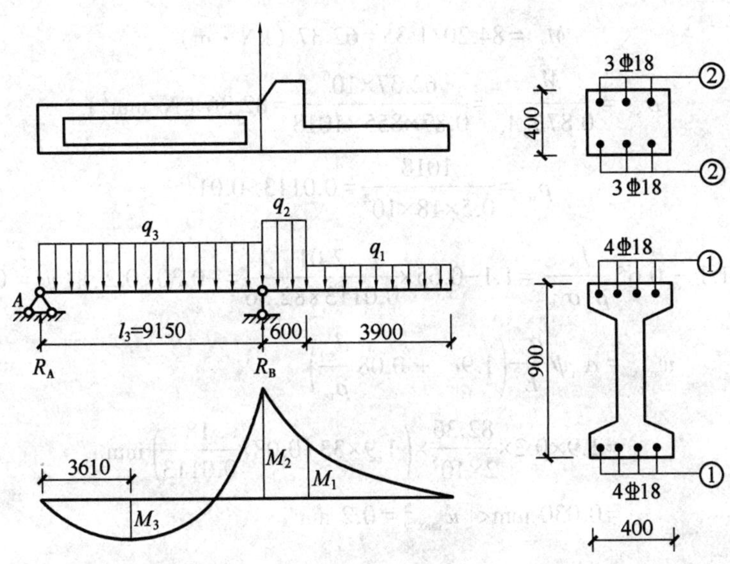

图 3.82　柱吊装计算简图

(3)承载力和裂缝宽度验算

上柱配筋为 $A_s = A'_s = 763\ \text{mm}^2$(3Φ18)，其受弯承载力按下式进行验算：

$$M_u = f'_y A'_s (h_0 - a'_s) = 360 \times 763 \times (355 - 45) = 85.15 \times 10^6 (\text{N} \cdot \text{mm})$$

$$= 85.15\ \text{kN} \cdot \text{m} > \gamma_0 M_1 = 1.0 \times 61.60 = 61.60(\text{kN} \cdot \text{m})$$

裂缝宽度验算如下：

$$M_k = 61.60/1.35 = 45.63\ (\text{kN} \cdot \text{m})$$

$$\sigma_{sk} = \frac{M_k}{0.87 h_0 A_s} = \frac{45.63 \times 10^6}{0.87 \times 355 \times 763} = 193.63(\text{N/mm}^2)$$

$$\rho_{te} = \frac{A_s}{A_{te}} = \frac{763}{0.5 \times 400 \times 400} = 0.00954 < 0.01，取 \rho_{te} = 0.01$$

$$\psi = 1.1 - 0.65 \frac{f_{tk}}{\rho_{te} \sigma_{sk}} = 1.1 - 0.65 \times \frac{2.01}{0.01 \times 193.63} = 0.43$$

$$c_s = 25 + 8 = 33(\text{mm})$$

$$w_{max} = \alpha_{cr} \psi \frac{\sigma_{sk}}{E_s} \left(1.9 c_s + 0.08 \frac{d_{eq}}{\rho_{te}}\right)$$

$$= 1.9 \times 0.43 \times \frac{196.63}{2 \times 10^5} \times \left(1.9 \times 33 + 0.08 \times \frac{18}{0.01}\right) \text{mm}$$

$$= 0.164\ \text{mm} < [w_{max}] = 0.2\ \text{mm}$$

满足要求。

下柱配筋为 $A_s = A'_s = 1018\ \text{mm}^2$(4$\Phi$18),其受弯承载力按下式进行验算:

$$M_u = f'_y A'_s (h_0 - a'_s) = 360\times1018\times(855-45) = 296.85\times10^6 (\text{N}\cdot\text{mm})$$

$$= 296.85\ \text{kN}\cdot\text{m} > \gamma_0 M_1 = 1.0\times84.20 = 84.20(\text{kN}\cdot\text{m})$$

裂缝宽度验算如下:

$$M_k = 84.20/1.35 = 62.37\ (\text{kN}\cdot\text{m})$$

$$\sigma_{sk} = \frac{M_k}{0.87h_0A_s} = \frac{62.37\times10^6}{0.87\times855\times1018} = 82.36\ (\text{N/mm}^2)$$

$$\rho_{te} = \frac{1018}{0.5\times18\times10^4} = 0.0113 > 0.01$$

$$\psi = 1.1 - 0.65\frac{f_{tk}}{\rho_{te}\sigma_{sk}} = 1.1 - 0.65\times\frac{2.01}{0.0113\times82.36} = -0.30 < 0.2\text{,取 }\psi = 0.2$$

$$w_{max} = \alpha_{cr}\psi\frac{\sigma_{sk}}{E_s}\left(1.9c_s + 0.08\frac{d_{eq}}{\rho_{te}}\right)$$

$$= 1.9\times0.2\times\frac{82.36}{2\times10^5}\times\left(1.9\times33 + 0.08\times\frac{18}{0.0113}\right)\text{mm}$$

$$= 0.030\ \text{mm} < [w_{max}] = 0.2\ \text{mm}$$

满足要求。

3.11.10 基础设计

《建筑地基基础设计规范》(GB 50007—2011)规定,对 6 m 柱距单层排架结构多跨厂房,当地基承载力特征值为 160 N/mm^2 $\leq f_{ak} <$ 200 N/mm^2;厂房跨度 $l \leq 30$ m,吊车额定起重量不超过 30 t,以及设计等级为丙级时,设计可不做地基变形验算。本例符合上述条件,故不需要进行地基变形验算。下面以Ⓐ柱为例进行该柱的基础设计。

基础材料:混凝土强度等级取 C25,$f_c = 11.9\ \text{N/mm}^2$,$f_t = 1.27\ \text{N/mm}^2$;钢筋采用 HRB335,$f_y = 300\ \text{N/mm}^2$;基础垫层采用 C10 素混凝土。

1)基础设计时不利内力的选取

作用于基础顶面上的荷载包括柱底(Ⅲ—Ⅲ截面)传给基础的 M、N、V 以及围护墙自重重力荷载两部分。按照《建筑地基基础设计规范》(GB 50007—2011)的规定,基础的地基承载力验算取用荷载标准组合的效应设计值,基础受冲切承载力验算和底板配筋取用荷载基本组合的效应设计值。由于围护墙自重重力荷载大小、方向和作用位置均不变,故基础最不利内力主要取决于柱底(Ⅲ—Ⅲ截面)的不利内力,应选取轴力为最大的不利内力组合以及正负弯矩为最大的不利内力组合。经对表 3.24、表 3.25 中柱底截面不利内力进行分析可知,基础设计时的不利内力如表 3.26 所示。

表 3.26 基础设计时的不利内力

组 别	荷载标准组合的效应设计值			荷载基本组合的效应设计值		
	M_k(kN·m)	N_k(kN)	V_k(kN)	M(kN·m)	N(kN)	V(kN)
第 1 组	276.57	640.30	34.78	382.72	820.13	47.18
第 2 组	−213.88	460.82	−19.22	−308.37	492.57	−29.94
第 3 组	164.28	822.67	18.33	225.52	1075.44	24.15

2)围护墙自重重力荷载计算

如图 3.83 所示,每个基础承受的围护墙总宽度为 6.0 m,总高度为 14.65 m,墙体为 240 mm 厚烧结普通黏土砖砌筑,重度为 19 kN/m^3;钢框玻璃窗自重按 0.45 kN/m^2 计算,每根基础梁自重为 16.7 kN,基础梁截面高度为 450 mm。则每个基础承受的由墙体传来的重力荷载标准值为

基础梁自重　　16.70 kN

墙体自重　　$19\times0.24\times[6\times14.65-(4.8+1.8)\times3.6]=292.48(\text{kN})$

钢窗自重　　$0.45\times3.6\times(4.8+1.8)=10.69(\text{kN})$

$N_{wk}=319.87$ kN

围护墙对基础产生的偏心距为

$$e_w=120+450=570(\text{mm})$$

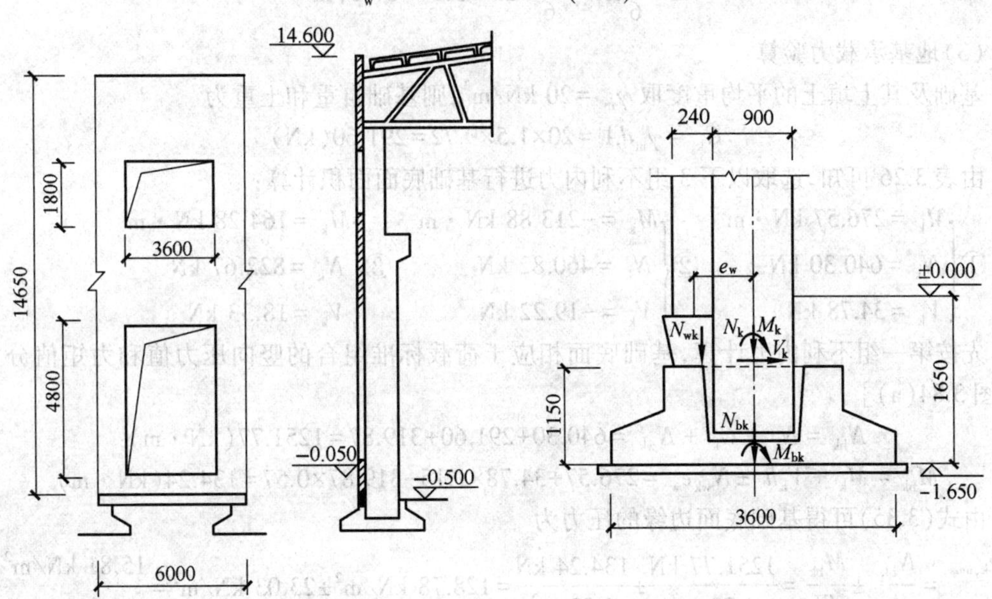

图 3.83 围护墙体自重计算

3)基础底面尺寸及地基承载力验算

(1)基础高度和埋置深度确定

由构造要求可知,基础高度为 $h=h_1+a_1+50$ mm,其中 h_1 为插入杯口深度,由表 3.11 可知,

$h_1 = 0.9h = 0.9 \times 900$ mm = 810 mm > 800 mm，取 $h_1 = 850$ mm；a_1 为杯底厚度，由表 3.12 可知，$a_1 \geq 200$ mm，取 $a_1 = 250$ mm；故基础高度为

$$h = 850+250+50 = 1150(\text{mm})$$

因基础顶面标高为 -0.500 m，室内外高差为 150 mm，则基础埋置深度为

$$d = 1150+500-150 = 1500(\text{mm})$$

(2)基础底面尺寸拟定

基础底面面积按地基承载力计算确定，并取用荷载标准组合的效应设计值。由《建筑地基基础设计规范》(GB 50007—2011)可查得 $\eta_d = 1.0$，$\eta_b = 0$(黏性土)，取基础底面以上土及基础的平均重度为 $\gamma_m = 20\ \text{kN/m}^3$，则深度修正后的地基承载力特征值 f_a 按下式计算：

$$f_a = f_{ak} + \eta_d \gamma_m (d-0.5) = 165+1.0\times 20\times(1.5-0.5) = 185\ (\text{kN/m}^2)$$

由式(3.34)按轴心受压估算基础底面尺寸，取

$$N_k = N_{k,\max} + N_{wk} = 822.67+319.87 = 1142.54(\text{kN})$$

则

$$A = \frac{N_k}{f_a - \gamma_m d} = \frac{1142.54}{185-20\times 1.5} = 7.37(\text{m}^2)$$

考虑到偏心的影响，将基础的底面尺寸再增加 30%，取

$$A = l \times b = 2.7\times 3.6 = 9.72(\text{m}^2)$$

基础底面的弹性抵抗弯矩为

$$W = \frac{1}{6}lb^2 = \frac{1}{6}\times 2.7\times 3.6^2 = 5.83(\text{m}^2)$$

(3)地基承载力验算

基础及其上填土的平均重度取 $\gamma_m = 20\ \text{kN/m}^3$，则基础自重和土重为

$$G_k = \gamma_m dA = 20\times 1.5\times 9.72 = 291.60(\text{kN})$$

由表 3.26 可知，选取以下 3 组不利内力进行基础底面面积计算：

$$①\begin{cases} M_k = 276.57\ \text{kN}\cdot\text{m} \\ N_k = 640.30\ \text{kN} \\ V_k = 34.78\ \text{kN} \end{cases} \quad ②\begin{cases} M_k = -213.88\ \text{kN}\cdot\text{m} \\ N_k = 460.82\ \text{kN} \\ V_k = -19.22\ \text{kN} \end{cases} \quad ③\begin{cases} M_k = 164.28\ \text{kN}\cdot\text{m} \\ N_k = 822.67\ \text{kN} \\ V_k = 18.33\ \text{kN} \end{cases}$$

先按第一组不利内力计算，基础底面相应于荷载标准组合的竖向压力值和力矩值分别为[见图 3.84(a)]

$$N_{bk} = N_k + G_k + N_{wk} = 640.30+291.60+319.87 = 1251.77(\text{kN}\cdot\text{m})$$

$$M_{bk} = M_k + V_k h \pm N_{wk}e_w = 276.57+34.78\times 1.15-319.87\times 0.57 = 134.24(\text{kN}\cdot\text{m})$$

由式(3.35)可得基础底面边缘的压力为

$$\left.\begin{matrix} p_{k,\max} \\ p_{k,\min} \end{matrix}\right\} = \frac{N_{bk}}{A} \pm \frac{M_{bk}}{W} = \frac{1251.77\ \text{kN}}{9.72\ \text{m}^2} \pm \frac{134.24\ \text{kN}}{5.83\ \text{m}^2} = 128.78\ \text{kN/m}^2 \pm 23.03\ \text{kN/m}^2 = \left\{\begin{matrix} 15.81\ \text{kN/m}^2 \\ 105.75\ \text{kN/m}^2 \end{matrix}\right.$$

由式(3.40)、式(3.41)进行地基承载力验算，即

$$p = \frac{p_{k,\max} + p_{k,\min}}{2} = \frac{151.81\ \text{kN/m}^2 + 105.75\ \text{kN/m}^2}{2} = 128.78\ \text{kN/m}^2 < 185\ \text{kN/m}^2$$

$$p_{k,\max} = 151.81\ \text{kN/m}^2 < 1.2 f_a = 1.2\times 185\ \text{kN/m}^2 = 222\ \text{kN/m}^2$$

满足要求。

取第二不利内力组合计算，基础底面相应于荷载标准组合的竖向压力值和力矩值分别为［见图 3.84(b)］

$$N_{bk}=N_k+G_k+N_{wk}=460.82+291.60+319.87=1072.29(\text{kN})$$

$$M_{bk}=M_k+V_kh\pm N_{wk}e_w=(-213.88-19.22\times1.15-319.87\times0.57-418.31)\text{kN}\cdot\text{m}$$
$$=-418.31\ \text{kN}\cdot\text{m}$$

由式(3.35)可得基础底面边缘的压力为

$$\frac{p_{k,\max}}{p_{k,\min}}=\frac{N_{bk}}{A}\pm\frac{M_{bk}}{W}=\frac{1072.29\ \text{kN}}{9.72\ \text{m}^2}\pm\frac{418.31\ \text{kN}}{5.83\ \text{m}^2}=1110.32\ \text{kN/m}^2\pm71.75\ \text{kN/m}^2=\frac{182.07\ \text{kN/m}^2}{38.57\ \text{kN/m}^2}$$

由式(3.40)、式(3.41)进行地基承载力验算，即

$$p=\frac{p_{k,\max}+p_{k,\min}}{2}=\frac{182.07\ \text{kN/m}^2+38.57\ \text{kN/m}^2}{2}=110.32\ \text{kN/m}^2<f_a=185\ \text{kN/m}^2$$

$$p_{k,\max}=182.07\ \text{kN/m}^2<1.2f_a=1.2\times185\ \text{kN/m}^2=222\ \text{kN/m}^2$$

满足要求。

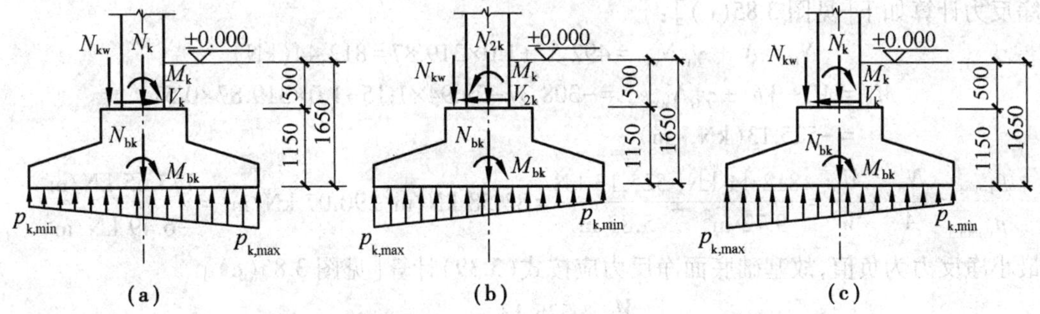

图 3.84　基础底面的压应力分布

取第三组不利内力组合计算，基础底面相应于荷载标准组合的竖向压力值和力矩值分别为［见图 3.84(c)］

$$N_{bk}=N_k+G_k+N_{wk}=822.67+291.60+319.87=1434.14(\text{kN})$$

$$M_{bk}=M_k+V_kh\pm N_{wk}e_w=164.28+18.33\times1.15-319.87\times0.57=3.03(\text{kN}\cdot\text{m})$$

由式(3.35)可得基础底面边缘的压力为

$$\frac{p_{k,\max}}{p_{k,\min}}=\frac{N_{bk}}{A}\pm\frac{M_{bk}}{W}=\frac{1434.14\ \text{kN}}{9.72\ \text{m}^2}\pm\frac{3.03\ \text{kN}}{5.83\ \text{m}^2}=147.57\ \text{kN/m}^2\pm0.52\ \text{kN/m}^2=\frac{148.07\ \text{kN/m}^2}{147.03\ \text{kN/m}^2}$$

由式(3.40)、式(3.41)进行地基承载力验算，即

$$p=\frac{p_{k,\max}+p_{k,\min}}{2}=\frac{148.07\ \text{kN/m}^2+147.03\ \text{kN/m}^2}{2}=147.55\ \text{kN/m}^2<f_a=185\ \text{kN/m}^2$$

$$p_{k,\max}=148.07\ \text{kN/m}^2<1.2f_a=1.2\times185\ \text{kN/m}^2=222\ \text{kN/m}^2$$

满足要求。

4) 基础受冲切承载力验算

取基础混凝土保护层厚度为 45 mm，则基础截面有效高度 $h_0=1150\ \text{mm}-45\ \text{mm}=1105\ \text{mm}$，柱宽度加 2 倍基础有效高度为 400 mm+2×1105 mm＝2610 mm< l ＝2700 mm，故本例只需进行基础的受冲切承载力验算。

基础受冲切承载力验算时采用荷载基本组合的效应设计值,并采用基底净反力。由表 3.24 及表 3.25 可知,选取下列 3 组不利内力:

$$①\begin{cases}M=382.72\ \text{kN}\cdot\text{m}\\N=820.13\ \text{kN}\\V=47.18\ \text{kN}\end{cases}\quad ②\begin{cases}M=-308.37\ \text{kN}\cdot\text{m}\\N=492.57\ \text{kN}\\V=-29.94\ \text{kN}\end{cases}\quad ③\begin{cases}M=225.52\ \text{kN}\cdot\text{m}\\N=1075.44\ \text{kN}\\V=24.15\ \text{kN}\end{cases}$$

对于第一组不利内力,取 $\gamma_G=1.2$,不考虑基础自重及其上土重,相应于荷载基本组合的地基净反力计算如下[见图 3.85(b)]:

$$N_b=N+\gamma_G N_{wk}=820.13+1.2\times319.87=1203.97(\text{kN})$$

$$M_b=M+Vh\pm\gamma_G N_{wk}e_w=382.72+47.18\times1.15-1.2\times319.87\times0.57=218.19(\text{kN}\cdot\text{m})$$

$$\left.\begin{matrix}p_{j,max}\\p_{j,min}\end{matrix}\right.=\frac{N_b}{A}\pm\frac{M_b}{W}=\frac{1203.97\ \text{kN}}{9.72\ \text{m}^2}\pm\frac{218.19\ \text{kN}}{5.83\ \text{m}^2}=123.87\ \text{kN/m}^2\pm34.74\ \text{kN/m}^2=\begin{matrix}161.30\ \text{kN/m}^2\\86.44\ \text{kN/m}^2\end{matrix}$$

对于第二组不利内力,取 $\gamma_G=1.0$,不考虑基础自重及其上土重,相应于荷载基本组合的地基净反力计算如下[见图 3.85(c)]:

$$N_b=N+\gamma_G N_{wk}=492.57+1.0\times319.87=812.44(\text{kN})$$

$$M_b=M+Vh\pm\gamma_G N_{wk}e_w=-308.37-29.94\times1.15-1.0\times319.87\times0.57=-525.13(\text{kN}\cdot\text{m})$$

$$\left.\begin{matrix}p_{j,max}\\p_{j,min}\end{matrix}\right.=\frac{N_b}{A}\pm\frac{M_b}{W}=\frac{812.44\ \text{kN}}{9.72\ \text{m}^2}\pm\frac{525.13\ \text{kN}}{5.83\ \text{m}^2}=83.58\ \text{kN/m}^2\pm90.07\ \text{kN/m}^2=\begin{matrix}173.65\ \text{kN/m}^2\\-6.49\ \text{kN/m}^2\end{matrix}$$

因最小净反力为负值,故基础底面净反力应按式(3.39)计算[见图 3.85(c)]

$$e_0=\frac{M_b}{N_b}=\frac{525.13}{812.44}=0.646(\text{m})$$

$$k=\frac{1}{2}b-e_0=\frac{1}{2}\times3.6-0.646=1.154(\text{m})$$

$$p_{j,max}=\frac{2N_b}{3kl}=\frac{2\times812.44}{3\times1.154\times2.7}=173.83(\text{kN/m}^2)$$

对于按第三组不利内力,取 $\gamma_G=1.2$,不考虑基础自重及其上土重,相应于荷载基本组合的地基净反力计算如下[见图 3.85(d)]:

$$N_b=N+\gamma_G N_{wk}=1075.44+1.2\times319.87=1459.28(\text{kN})$$

$$M_b=M+Vh\pm\gamma_G N_{wk}e_w=225.52+24.15\times1.15-1.2\times319.87\times0.57=34.50(\text{kN}\cdot\text{m})$$

$$\left.\begin{matrix}p_{j,max}\\p_{j,min}\end{matrix}\right.=\frac{N_b}{A}\pm\frac{M_b}{W}=\frac{1459.28\ \text{kN}}{9.72\ \text{m}^2}\pm\frac{34.50\ \text{kN}}{5.83\ \text{m}^2}=150.13\ \text{kN/m}^2\pm5.92\ \text{kN/m}^2=\begin{matrix}156.05\ \text{kN/m}^2\\144.21\ \text{kN/m}^2\end{matrix}$$

基础各细部尺寸如图 3.85(a)、(e)所示。其中基础顶面突出柱边的宽度主要取决于杯壁厚度 t,由表 3.12 查得 $t\geqslant300$ mm,取 $t=325$ mm,则基础顶面突出柱边的宽度为 $t+75$ mm= 325 mm+75 mm=400 mm。杯壁高度取为 $h_2=500$ mm。根据所确定的尺寸可知,变阶处的冲切破坏锥面比较危险,故只须对变阶处进行受冲切承载力验算。冲切破坏锥面如图 3.85 中的虚线所示。

$$a_t=b_c+800=400+800=1200(\text{mm})$$

取保护层厚度为 45 mm,则基础变阶处截面的有效高度为

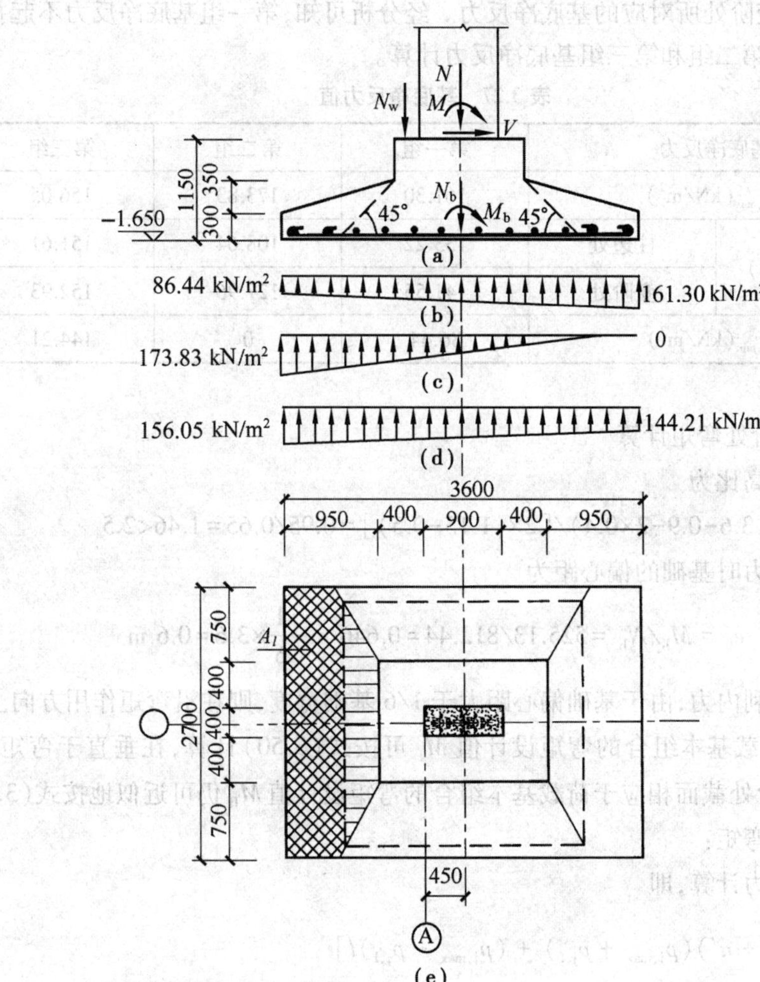

图 3.85 冲切破坏锥面

$$h_0 = 650-45 = 605(\text{mm})$$

$$a_b = a_t + 2h_0 = 1200+2\times605 = 2410(\text{mm})$$

由式(3.43)可得

$$a_m = (a_t + a_b)/2 = (1200+2410)/2 = 1805(\text{mm})$$

$$A_l = \left(\frac{3.6}{2}-\frac{1.7}{2}-0.605\right)\times2.7-\left(\frac{2.7}{2}-\frac{1.2}{2}-0.605\right)^2 = 0.91(\text{m}^2)$$

因为变阶处的截面高度 $h = 650$ mm<800 mm,故 $\beta_{hp} = 1.0$。由式(3.42)和式(3.44)可得

$$F_l = p_j A_l = p_{j,max} A_l = 173.83\times0.91 = 158.19(\text{kN})$$

$$0.7\beta_{hp} f_t a_m h_0 = 0.7\times1.0\times1.10\times1805\times605\ \text{kN} = 840.86\ \text{kN} > F_l = 158.19\ \text{kN}$$

受冲切承载力满足要求。

5)基础底板配筋计算

(1)柱边及变阶处基地净反力计算

由表 3.26 中三组不利内力设计值所产生的基底净反力值见表 3.27,如图 3.85 所示,表中

$p_{j,I}$ 为基础柱边或变阶处所对应的基底净反力。经分析可知,第一组基底净反力不起控制作用。基础底板配筋可按第二组和第三组基底净反力计算。

表 3.27　基底净反力值

基底净反力		第一组	第二组	第三组
$P_{j,max}$(kN/m²)		161.30	173.83	156.05
$P_{j,I}$(kN/m²)	柱边处	133.22	108.64	151.61
	变阶处	141.55	127.96	152.93
$P_{j,min}$(kN/m²)		86.44	0	144.21

(2)柱边及变阶处弯矩计算

基础台阶的宽高比为

$$(3.6-0.9-2\times0.4)/[2\times(1.15-0.5)]=0.95/0.65=1.46<2.5$$

第二组不利内力时基础的偏心距为

$$e_0 = M_b/N_b = 525.13/812.44 = 0.646\ \text{m} > \frac{1}{6}\times3.6 = 0.6\ \text{m}$$

对于第二组不利内力,由于基础偏心距大于 1/6 基础宽度,则在沿弯矩作用方向上,任意截面Ⅰ-Ⅰ处相应于荷载基本组合的弯矩设计值 M_I 可按式(3.50)计算,在垂直于弯矩作用方向上,柱边截面或变阶处截面相应于荷载基本组合的弯矩设计值 M_II 仍可近似地按式(3.51)计算。

柱边处截面的弯矩:

先按第二组内力计算,即

$$M_\text{I} = \frac{1}{12}a_1^2[(2l+a')(p_{j,max}+p_{j,I})+(p_{j,max}-p_{j,I})l]$$

$$=\frac{1}{12}\times1.35^2\times[(2\times2.7+0.4)\times(173.83+108.64)+(173.83-108.64)\times2.7]$$

$$=275.55(\text{kN}\cdot\text{m})$$

$$M_\text{II} = \frac{1}{48}(l-a')^2(2b+b')(p_{j,max}+p_{j,min})$$

$$=\frac{1}{48}\times(2.7-0.4)^2\times(2\times3.6+0.90)\times(173.83+0)=155.20(\text{kN}\cdot\text{m})$$

再按第三组内力计算,即

$$M_\text{I} = \frac{1}{12}a_1^2[(2l+a')(p_{j,max}+p_{j,I})+(p_{j,max}-p_{j,I})l]$$

$$=\frac{1}{12}\times1.35^2\times[(2\times2.7+0.4)\times(156.05+151.61+(156.05-151.61)\times2.7]$$

$$=272.83\ \text{kN}\cdot\text{m}$$

$$M_\text{II} = \frac{1}{48}(l-a')^2(2b+b')(p_{j,max}+p_{j,min})$$

$$=\frac{1}{48}\times(2.7-0.4)^2\times(2\times3.6+0.90)\times(156.05+144.21)=268.04(\text{kN}\cdot\text{m})$$

变阶处截面的弯矩：

先按第二组内力计算，即

$$M_{\text{I}}=\frac{1}{12}a_1^2[(2l+a')(p_{\text{j,max}}+p_{\text{j,I}})+(p_{\text{j,max}}-p_{\text{j,I}})l]$$

$$=\frac{1}{12}\times0.95^2\times[(2\times2.7+1.2)\times(173.83+127.96)+(173.83-127.96)\times2.7]$$

$$=159.12(\text{kN}\cdot\text{m})$$

$$M_{\text{II}}=\frac{1}{48}(l-a')^2(2b+b')(p_{\text{j,max}}+p_{\text{j,min}})$$

$$=\frac{1}{48}\times(2.7-1.2)^2\times(2\times3.6+1.7)\times(173.83+0)=72.52(\text{kN}\cdot\text{m})$$

再按第三组内力计算，即

$$M_{\text{I}}=\frac{1}{12}a_1^2[(2l+a')(p_{\text{j,max}}+p_{\text{j,I}})+(p_{\text{j,max}}-p_{\text{j,I}})l]$$

$$=\frac{1}{12}\times0.95^2\times[(2\times2.7+1.2)\times(156.05+152.93)+(156.05-152.93)\times2.7]$$

$$=154.00(\text{kN}\cdot\text{m})$$

$$M_{\text{II}}=\frac{1}{48}(l-a')^2(2b+b')(p_{\text{j,max}}+p_{\text{j,min}})$$

$$=\frac{1}{48}\times(2.7-1.2)^2\times(2\times3.6+1.7)\times(156.05+144.21)=125.26(\text{kN}\cdot\text{m})$$

(3)配筋计算

基础底板受力钢筋采用 HRB335 级($f_y=300\ \text{N/mm}^2$)，则基础底板沿长边 b 方向的受力钢筋截面面积可由式(3.48)计算：

$$A_{\text{sI}}=\frac{M_{\text{I}}}{0.9h_0f_y}=\frac{275.55\times10^6}{0.9\times(1150-45)\times300}=923.58(\text{mm}^2)$$

$$A_{\text{sI}}=\frac{M_{\text{I}}}{0.9h_0f_y}=\frac{159.12\times10^6}{0.9\times(650-45)\times300}=974.10(\text{mm}^2)$$

选用 13 ⌀ 10@200($A_s=1020.50\ \text{mm}^2$)

基础底板沿短边 l 方向的受力钢筋截面面积可由式(3.49)计算：

$$A_{\text{sII}}=\frac{M_{\text{II}}}{0.9h_0f_y}=\frac{268.04\times10^6}{0.9\times(1150-45-10)\times300}=906.61(\text{mm}^2)$$

$$A_{\text{sII}}=\frac{M_{\text{II}}}{0.9h_0f_y}=\frac{125.26\times10^6}{0.9\times(650-45-10)\times300}=779.77(\text{mm}^2)$$

选用 19 ⌀ 8@180($A_s=954.56\ \text{mm}^2$)

基础配筋图如图 3.86 所示。

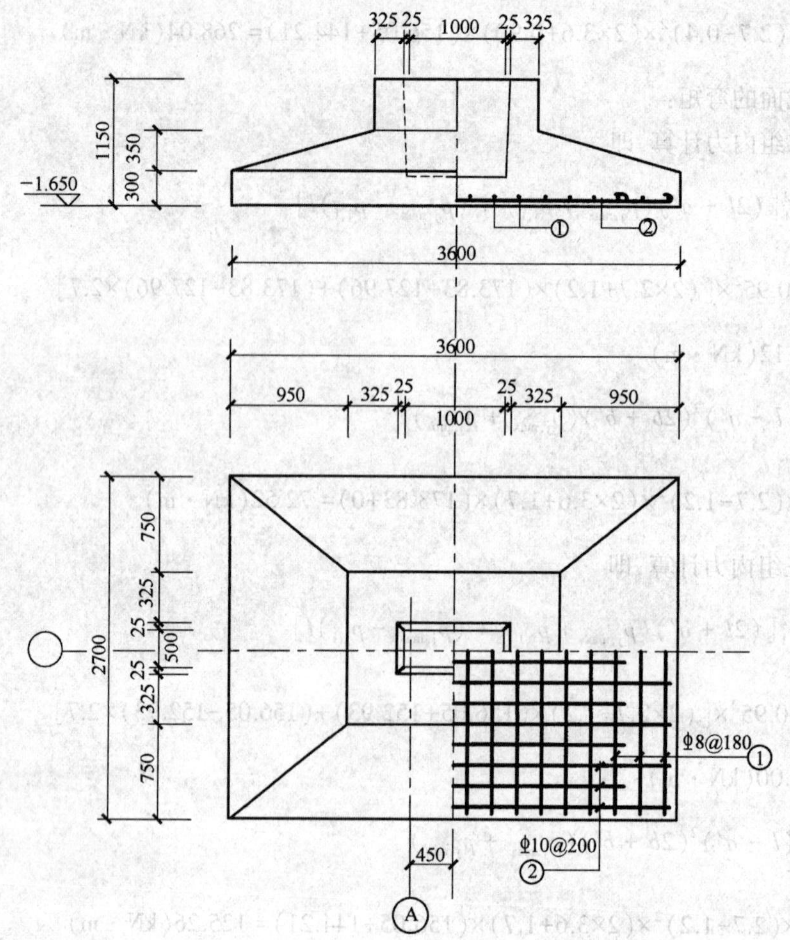

图 3.86　基础配筋图

3.11.11　厂房横向抗震设计

1）厂房抗震设计基本资料

两跨等高钢筋混凝土厂房，其尺寸如图 3.63 及图 3.64 所示。柱总高度 $H=12.8$ m，下柱高度 $H_2=8.9$ m，上柱高度 $H_1=3.9$ m，A、C 柱上柱惯性矩 $I_1=2.13\times10^9\text{mm}^4$，下柱惯性矩 $I_2=19.54\times10^9\text{mm}^4$；B 柱上柱惯性矩 $I_3=7.20\times10^9\text{mm}^4$，下柱惯性矩 $I_4=25.63\times10^9\text{mm}^4$。混凝土弹性模量 $E=3.0\times10^4\text{N/mm}^2$。柱距为 6 m，两端有山墙（墙厚 240 mm），山墙间距为 66 m，屋盖为钢筋混凝土无檩屋盖。每跨均设有两台 20/5 t 吊车，吊车工作级别为 A5。每台吊车总重为320 kN，吊车轮距为 4.4 m。各项荷载如下：

屋盖自重：3.15 kN/m²

雪荷载：0.3 kN/m²

Ⓐ和Ⓒ轴纵墙，柱顶标高以下每 6 m 柱距墙重计算如下：

$$19\times0.24\times[6\times12.35-(4.8+1.8)\times3.6]=229.55(\text{kN})$$

Ⓐ和Ⓒ轴上柱:15.6 kN/根;下柱:41.74 kN/根;

Ⓑ轴上柱:23.4 kN/根;下柱:43.97 kN/根;

吊车梁:44.30 kN/根。

设防烈度为 8 度,设计地震分组为第二组,Ⅱ类场地,对该厂房在横向地震水平地震作用下进行验算。

2)柱顶质点处重力荷载计算

质点等效重力荷载取厂房的标准单元进行计算,两跨等高厂房为单质点体系,计算简图如图 3.87 所示。

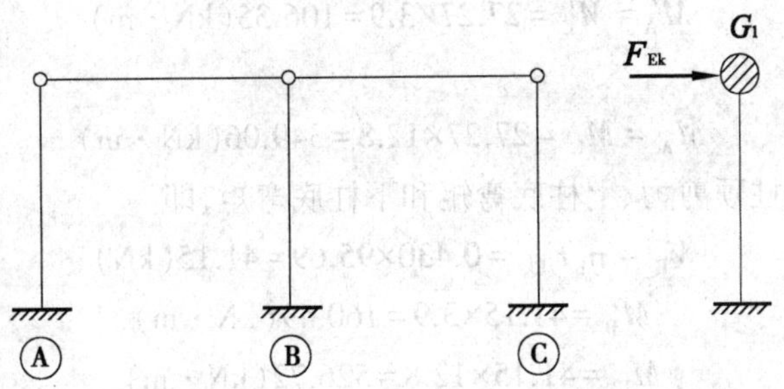

图 3.87 厂房抗震分析计算简图

计算厂房横向自振周期时,集中于屋盖标高处质点等效重力荷载标准值按式(3.53)计算,其中

$$G_{屋盖}=3.15\times6\times48+106\times2=1119.20(\text{kN}),\ G_{雪}=0.3\times6\times48=86.40(\text{kN}),\ G_{积灰}=0$$

$$G_{吊车梁}=44.30\times4=177.20(\text{kN}),\ G_{柱}=2\times(15.60+41.74)+(23.40+43.97)=182.05(\text{kN})$$

$$G_{纵墙}^{柱顶以下}=2\times229.55=459.10(\text{kN}),\ G_{纵墙}^{柱顶以上}=2\times(19\times0.24\times2.3\times6)=62.93(\text{kN})$$

将上述数据代入式(3.53),则得

$$\begin{aligned}G&=(1.0G_{屋盖}+0.5G_{雪}+0.5G_{积灰}+G_{纵墙}^{柱顶以上})+0.5G_{吊车梁}+0.25(G_{柱}+G_{纵墙}^{柱顶以下})\\&=(1.0\times1119.20+0.5\times86.40+62.93)+0.5\times177.20+0.25\times(182.05+459.10)\\&=1474.22(\text{kN})\end{aligned}$$

计算厂房横向地震作用时,集中于屋盖标高处质点等效重力荷载代表值按式(3.58)计算,即

$$\begin{aligned}G_1&=(1.0G_{屋盖}+0.5G_{雪}+0.5G_{积灰}+G_{纵墙}^{柱顶以上})+0.75G_{吊车梁}+0.5(G_{柱}+G_{纵墙}^{柱顶以下})\\&=(1.0\times1119.20+0.5\times86.40+62.93)+0.75\times177.20+0.5\times(182.05+459.10)\\&=1678.81(\text{kN})\end{aligned}$$

3)横向自振周期的计算

两跨等高厂房的横向自振周期按式(3.52)计算,其中排架横向柔度系数(参见表 3.21)为

$$\delta_{11}=\frac{1}{1/\delta_A+1/\delta_B+1/\delta_C}=\frac{10^{-10}}{2/0.210+1/0.139}\times\frac{12800^3}{3.0\times10^4}=4.181\times10^{-4}(\text{m/kN})$$

由式(3.52)可得厂房横向自振周期为

$$T_1=2k\sqrt{\delta_{11}G}=2\times0.8\sqrt{4.181\times10^{-4}\times1474.22}=1.26(\text{s})$$

4）屋盖质点处的水平地震作用及其效应

屋盖质点处的水平地震作用标准值为

$$\alpha_1=\left(\frac{T_g}{T_1}\right)^{0.9}\alpha_{\max}=\left(\frac{0.4}{1.26}\right)^{0.9}\times0.16=0.0570$$

$$F_{\mathrm{Ek}}=\alpha_1 G_1=0.0570\times1678.81=95.69(\mathrm{kN})$$

用剪力分配法计算一榀排架每根柱子的柱底剪力值。对于两根边柱，得

$$V_{\mathrm{A}}=V_{\mathrm{C}}=\eta_{\mathrm{A}}F_{\mathrm{Ek}}=0.285\times95.69=27.27(\mathrm{kN})$$

则上柱底弯矩为

$$M'_{\mathrm{A}}=M'_{\mathrm{C}}=27.27\times3.9=106.35(\mathrm{kN\cdot m})$$

下柱底弯矩为

$$M_{\mathrm{A}}=M_{\mathrm{C}}=27.27\times12.8=349.06(\mathrm{kN\cdot m})$$

同理，可得中柱的柱顶剪力、上柱底弯矩和下柱底弯矩，即

$$V_{\mathrm{B}}=\eta_{\mathrm{B}}F_{\mathrm{Ek}}=0.430\times95.69=41.15(\mathrm{kN})$$

$$M'_{\mathrm{B}}=41.15\times3.9=160.49(\mathrm{kN\cdot m})$$

$$M_{\mathrm{B}}=41.15\times12.8=526.72(\mathrm{kN\cdot m})$$

屋盖质点水平地震作用产生的排架内力图，如图 3.88 所示。

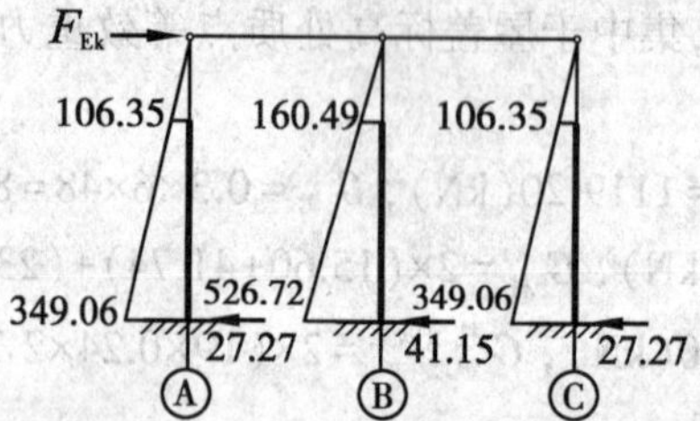

图 3.88　屋盖质点处水平地震作用产生的排架柱内力图

5）吊车桥架自重引起的水平地震作用

一台吊车对一根排架柱产生的最大重力荷载为

$$G_{\mathrm{cr}}=\frac{320}{4}\times(1+0.267)=101.36(\mathrm{kN\cdot m})$$

一台吊车对一根柱产生的水平地震作用按式(3.59)计算，即

$$F_{\mathrm{cr}}=\alpha_1 G_{\mathrm{cr}}\frac{h_{\mathrm{cr}}}{H}=0.0570\times101.36\times\frac{12.8-3.9+1.2}{12.8}=4.56(\mathrm{kN})$$

由于一台吊车所产生的水平地震作用 F_{cr} 与吊车水平荷载 $T_{\max}$ 的作用位置相同，且也需考虑每跨分别作用的情况，仅二者数值不同，故其内力图相似，如图 3.89 所示。

6）与地震作用相应的重力荷载作用下的排架内力计算

(1)恒载(包括屋盖恒载、吊车梁自重、柱自重和悬墙自重)作用下排架内力计算

此时的排架受力情况与图 3.70(a)相同，内力图也相同，见图 3.70。

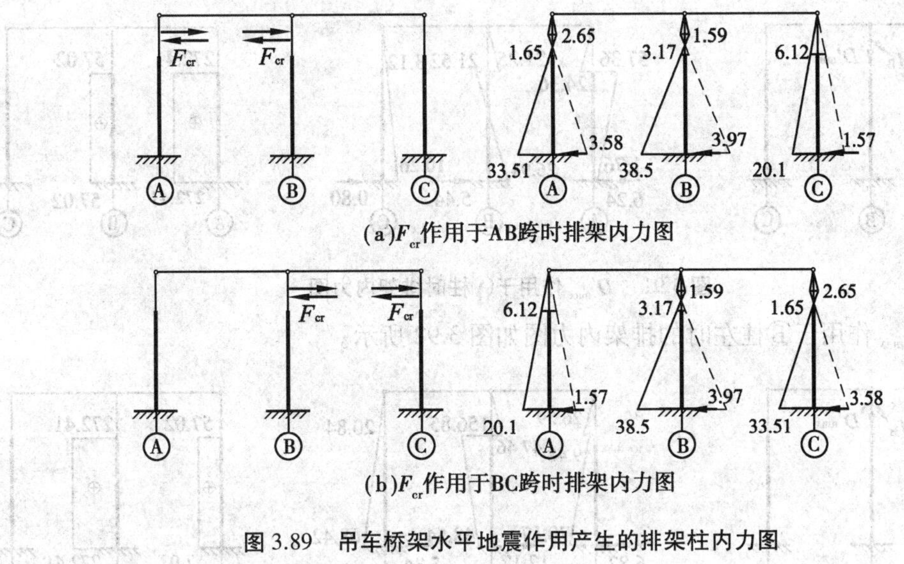

图 3.89 吊车桥架水平地震作用产生的排架柱内力图

(2) $0.5G_{雪}$作用下排架内力计算

50%雪荷载标准值传至柱顶的集中荷载为

$$Q_1 = 0.5\times0.3\times6\times\frac{24}{2} = 10.8(\text{kN})$$

它在边柱柱顶及变阶处引起的力矩分别为

$$M_1 = 10.8\times0.05 = 0.54(\text{kN}\cdot\text{m})$$

$$M_2 = 10.8\times0.25 = 2.70(\text{kN}\cdot\text{m})$$

此时的排架受力情况与恒载作用下排架内力图类似,如图 3.90 所示。

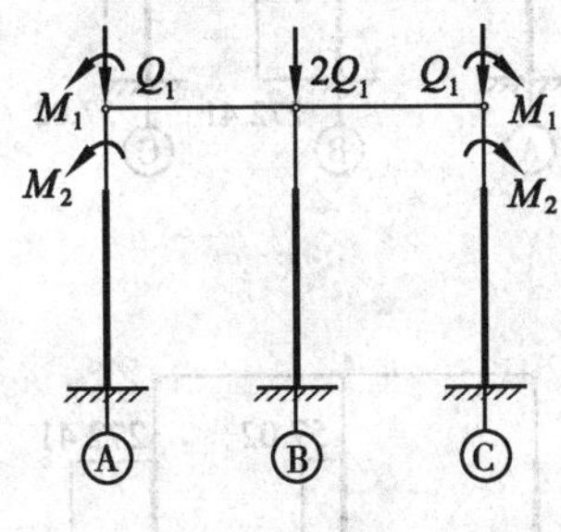

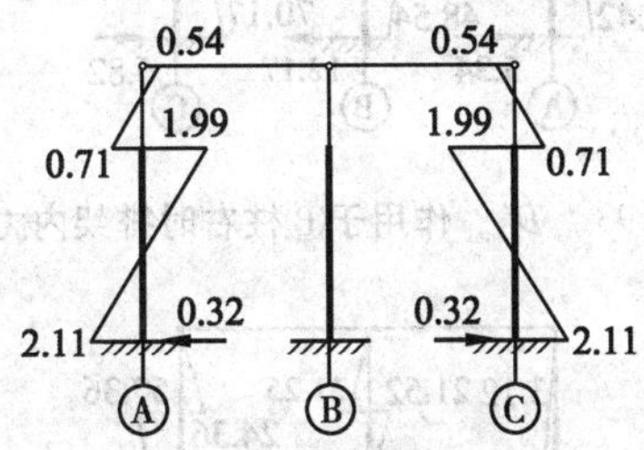

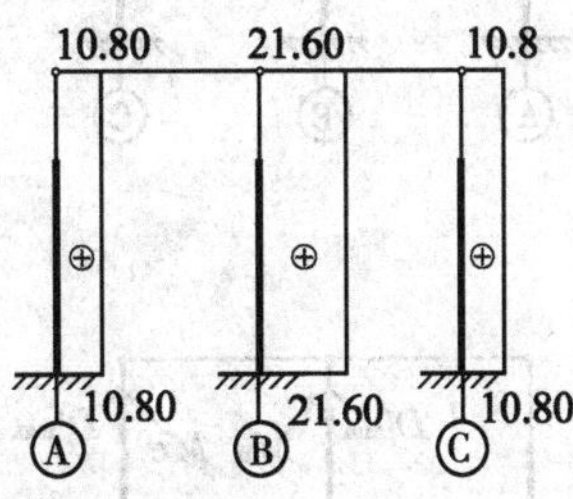

图 3.90 $0.5G_{雪}$作用下的排架内力图

(3) AB 跨一台吊车吊重时排架内力计算

由式(3.5)和式(3.6)可得吊车竖向荷载标准值:

$$D'_{\max} = P_{\max}\sum y_i = 215\times(1+0.267) = 272.41(\text{kN})$$

$$D'_{\min} = P_{\min}\sum y_i = 45\times(1+0.267) = 57.02(\text{kN})$$

$D'_{\max}$作用于Ⓐ柱时,吊车竖向荷载$D'_{\max}$、$D'_{\min}$在牛腿顶面处引起的力矩分别为

$$M_A = D'_{\max}e_3 = 272.41\times0.3 = 81.72(\text{kN}\cdot\text{m})$$

$$M_B = D'_{\min}e_3 = 57.02\times0.75 = 42.77(\text{kN}\cdot\text{m})$$

其内力图如图 3.91 所示。

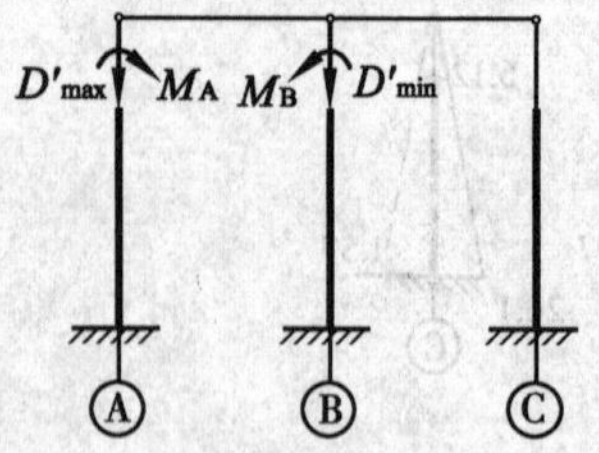

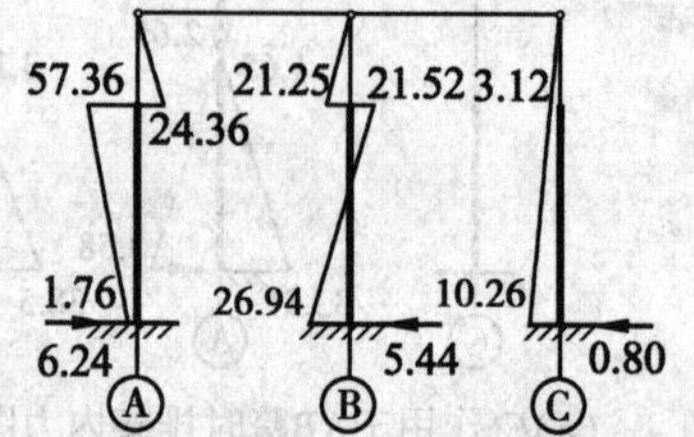

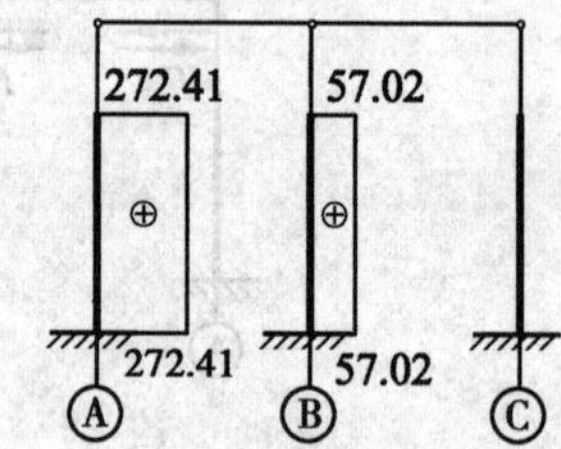

图 3.91　D'_{max} 作用于Ⓐ柱时排架内力图

同理，D'_{max} 作用于Ⓑ柱左时的排架内力图如图 3.92 所示。

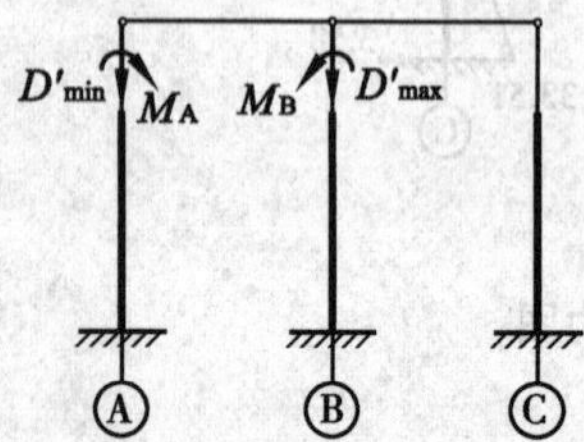

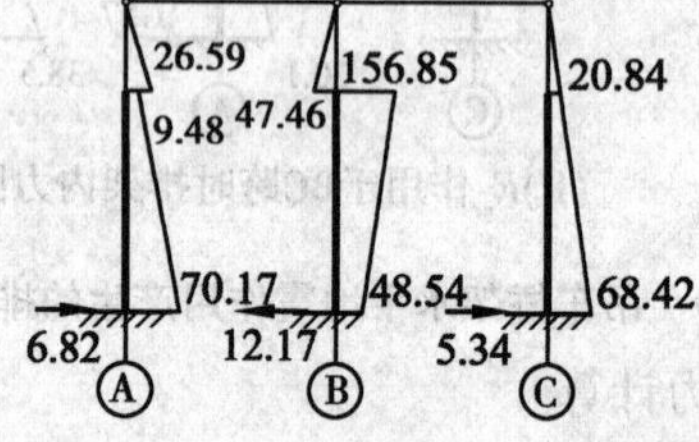

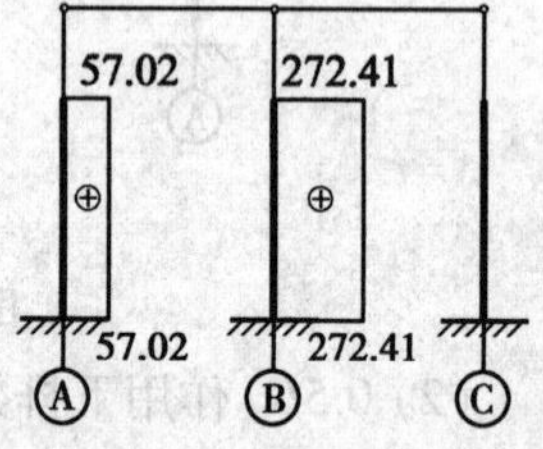

图 3.92　D'_{max} 作用于Ⓑ柱左时排架内力图

(4) BC 跨一台吊车吊重时排架内力计算

与上述计算相似，BC 跨一台吊车吊重时排架内力图分别如图 3.93 和图 3.94 所示。

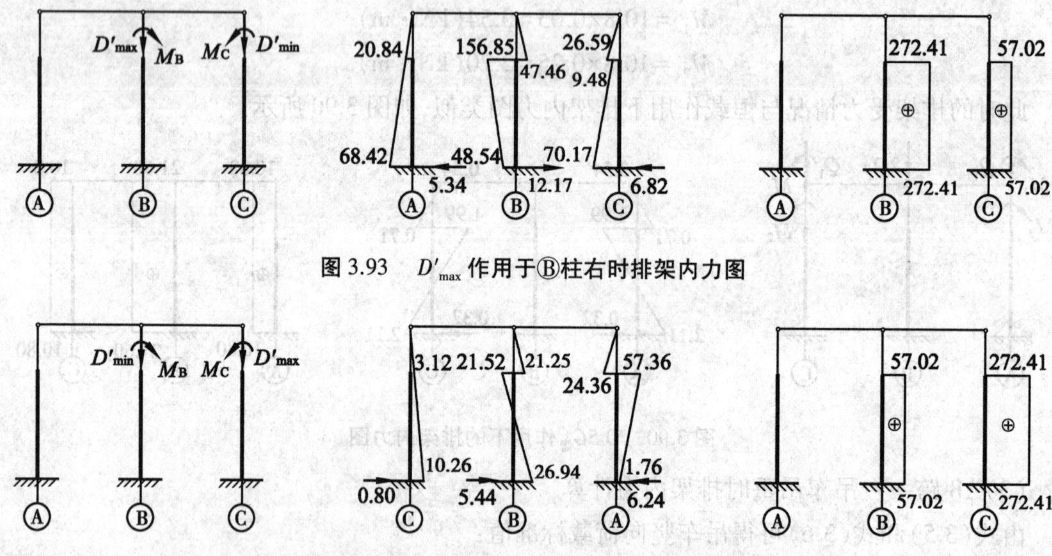

图 3.93　D'_{max} 作用于Ⓑ柱右时排架内力图

图 3.94　D'_{max} 作用于Ⓒ柱时排架内力图

7) 考虑地震作用的内力组合

结构自重、50%雪荷载和吊车自重与吊车吊重时等各项重力荷载代表值作用下排架内力分析结果见表 3.28。

表 3.28 Ⓐ柱内力表

截面	内力	水平地震作用效应			重力荷载效应	
		屋盖	AB 跨吊车桥架	BC 跨吊车桥架	结构自重	50%雪载
		1	2	3	4	5
Ⅰ-Ⅰ	M(kN·m)	±106.35	±1.65	±6.12	15.53	0.71
	N(kN)	0	0	0	259.04	10.80
Ⅱ-Ⅱ	M(kN·m)	±106.35	±1.65	±6.12	−45.03	−1.99
	N(kN)	0	0	0	339.70	10.80
Ⅲ-Ⅲ	M(kN·m)	±349.06	±33.51	±20.1	22.35	2.11
	N(kN)	0	0	0	381.44	10.80
	V(kN)	±27.27	±3.58	±1.57	7.57	0.32

截面	内力	重力荷载效应			
		AB 跨一台吊车吊重时		BC 跨一台吊车吊重时	
		D'_{max} 作用于Ⓐ柱	D'_{max} 作用于Ⓑ柱	D'_{max} 作用于Ⓑ柱	D'_{max} 作用于Ⓒ柱
		6	7	8	9
Ⅰ-Ⅰ	M(kN·m)	−24.36	−26.59	20.84	−3.12
	N(kN)	0	0	0	0
Ⅱ-Ⅱ	M(kN·m)	57.36	−9.48	20.84	−3.12
	N(kN)	272.41	57.02	0	0
Ⅲ-Ⅲ	M(kN·m)	1.76	−70.17	68.42	−10.26
	N(kN)	272.41	57.02	0	0
	V(kN)	−6.24	−6.82	5.34	−0.80

对Ⓐ柱进行内力组合,结果见表 3.29。内力组合时,尚需考虑 3.9.4 节所述的内力调整。由表 3.14 可知,按平面排架计算的排架柱(除高低跨度交接处上柱外)地震剪力和弯矩,可乘以调整系数 0.8。

表 3.29 Ⓐ柱内力组合表

截面	Ⅰ-Ⅰ		Ⅱ-Ⅱ		Ⅲ-Ⅲ		
内力	M (kN·m)	N (kN)	M (kN·m)	N (kN)	M (kN·m)	N (kN)	V (kN)
M_{max}和相应的N、V	1.3×0.8×(1+3)+1.2×(4+5+8)		1.3×0.8×(1+2+3)+1.2×(4+5+6+8)		1.3×0.8×(1+2+3)+1.2×(4+5+6+8)		
	161.46	323.81	156.1	747.5	532.34	797.6	42.10

续表

截　面	Ⅰ-Ⅰ		Ⅱ-Ⅱ		Ⅲ-Ⅲ		
$-M_{max}$ 和相应的 N、V	1.3×0.8×(1+2+3)+1.2×(4+5+7+9)		1.3×0.8×(1+2+3)+1.2×(4+5+7+9)		1.3×0.8×(1+2+3)+1.2×(4+5+7+9)		
	−134.85	323.81	−190.22	489.02	−485.94	539.11	34.04
N_{max} 和相应的 M、V	1.3×0.8×(1+3)+1.2×(4+5+8)		1.3×0.8×(1+2+3)+1.2×(4+5+6+8)		1.3×0.8×(1+2+3)+1.2×(4+5+6+8)		
	161.46	323.81	156.1	747.5	532.34	797.6	42.10
N_{min} 和相应的 M、V	1.3×0.8×(1+3)+1.2×(4+5+8)		1.3×0.8×(1+2+3)+1.2×(4+5+7+9)		1.3×0.8×(1+2+3)+1.2×(4+5+7+9)		
	161.46	323.81	−190.22	489.02	−485.94	539.11	34.04

8）**柱控制截面抗震承载力计算**

由表3.29可知，地震作用下厂房上柱截面最不利内力组合值为 $M=161.46\ \text{kN}\cdot\text{m}$，$N=323.81\ \text{kN}$；下柱截面不利内力组合值为 $M=532.34\ \text{kN}\cdot\text{m}$，$N=797.6\ \text{kN}$ 或 $M_0=485.94\ \text{kN}\cdot\text{m}$，$N=539.11\ \text{kN}$。

（1）上柱截面抗震承载力计算

取 $M_0=161.46\ \text{kN}\cdot\text{m}$，$N=323.81\ \text{kN}$。由表3.10查得有吊车厂房排架方向上柱的计算长度为

$$l_0=2\times3.9=7.8\ (\text{m})$$

$$e_0=\frac{M_0}{N}=\frac{161.46\times10^6}{323810}=499(\text{mm})$$

由于 $h/30=400\ \text{mm}/30=13.33\ \text{mm}$，取附加偏心距 $e_a=20\ \text{mm}$，由式(3.26)～(3.29)可得

$$e_i=e_0+e_a=499+20=519(\text{mm})$$

$$\zeta_c=\frac{0.5f_cA}{N}=\frac{0.5\times14.3\times400^2}{323810}=3.533>1.0\quad 取\ \zeta_c=1.0$$

$$\eta_s=1+\frac{1}{1500\dfrac{e_i}{h_0}}\left(\frac{l_0}{h}\right)^2\zeta_c=1+\frac{1}{1500\times\dfrac{519}{355}}\left(\frac{7800}{400}\right)^2\times1.0=1.173$$

$$M=\eta_sM_0=1.173\times161.46=189.39(\text{kN}\cdot\text{m})$$

重新计算 e_i 如下：

$$e_i=e_0+e_a=\frac{M}{N}+e_a=\frac{189.39\times10^6}{323.81\times10^3}+20=605(\text{mm})$$

$$e=e_i+h/2-a_s=605+400/2-45=760(\text{mm})$$

$$\xi=\frac{\gamma_{RE}N}{\alpha_1f_cbh_0}=\frac{0.8\times323810}{1.0\times14.3\times400\times355}=0.128<2a'/h_0=90/355=0.254$$

故取 $x=2a'_s$ 进行计算。

$$e'=e_i-h/2+a'_s=605-400/2+45=450(\text{mm})$$

$$A_s=A'_s=\frac{\gamma_{RE}Ne'}{f_y(h_0-a'_s)}=\frac{0.8\times323810\times450}{360\times(355-45)}=1045(\text{mm}^2)$$

选 4 Φ20($A_s = 1256\ mm^2$)。

(2)下柱截面抗震承载力计算

①按 $M_0 = 532.34\ kN \cdot m$, $N = 797.6\ kN$ 计算。由表 3.10 可查得下柱计算长度取 $l_0 = 1.0H_l = 8.9\ m$;截面尺寸 $b = 100\ mm$, $b'_f = 400\ mm$, $h'_f = 150\ mm$。

$$e_0 = \frac{M_0}{N} = \frac{532.34 \times 10^6}{797600} = 667(\text{mm})$$

取附加偏心距 $e_a = 900\ mm/30 = 30\ mm > 20\ mm$。

$$e_i = e_0 + e_a = 667 + 30 = 697(\text{mm})$$

$$\zeta_c = \frac{0.5 f_c A}{N} = \frac{0.5 \times 14.3 \times [100 \times 900 + 2 \times (400 - 100) \times 150]}{797600} = 1.61 > 1.0, \text{取 } \zeta_c = 1.0$$

$$\eta_s = 1 + \frac{1}{1500 \frac{e_i}{h_0}} \left(\frac{l_0}{h} \right)^2 \zeta_c = 1 + \frac{1}{1500 \times \frac{697}{855}} \left(\frac{8900}{900} \right)^2 \times 1.0 = 1.08$$

$$M = \eta_s M_0 = 1.08 \times 532.34 = 574.93(\text{kN} \cdot \text{m})$$

重新计算 e_i 如下:

$$e_i = e_0 + e_a = \frac{M}{N} + e_a = \frac{574.93 \times 10^6}{797.6 \times 10^3} + 30 = 751(\text{mm})$$

$$e = e_i + h/2 - a_s = 751 + 900/2 - 45 = 1156(\text{mm})$$

先假定中和轴位于翼缘内,则

$$x = \frac{\gamma_{RE} N}{\alpha_1 f_c b'_f} = \frac{0.8 \times 797600}{1.0 \times 14.3 \times 400} = 112\ \text{mm} < h'_f = 150\ \text{mm}$$

且 $x > 2a'_s = 2 \times 45\ mm = 90\ mm$,为大偏心受压构件,受压区在受压翼缘内,则得

$$A_s = A'_s = \frac{\gamma_{RE} Ne - \alpha_1 f_c b'_f x \left(h_0 - \frac{x}{2} \right)}{f'_y (h_0 - a'_s)}$$

$$= \frac{0.8 \times 797600 \times 1156 - 1.0 \times 14.3 \times 400 \times 112 \times (855 - 112/2)}{360 \times (855 - 45)} = 774(\text{mm}^2)$$

②按 $M_0 = 485.94\ kN \cdot m$, $N = 539.11\ kN$ 计算。由表 3.10 可查得下柱计算长度取 $l_0 = 1.0$, $H_l = 8.9\ m$;截面尺寸 $b = 100\ mm$, $b'_f = 400\ mm$, $h'_f = 150\ mm$。

$$e_0 = \frac{M_0}{N} = \frac{485.94 \times 10^6}{539110} = 901(\text{mm})$$

取附加偏心距 $e_a = 900\ mm/30 = 30\ mm > 20\ mm$。

$$e_i = e_0 + e_a = 901 + 30 = 931(\text{mm})$$

$$\zeta_c = \frac{0.5 f_c A}{N} = \frac{0.5 \times 14.3 \times [100 \times 900 + 2 \times (400 - 100) \times 150]}{797600} = 1.61 > 1.0, \text{取 } \zeta_c = 1.0$$

$$\eta_s = 1 + \frac{1}{1500 \frac{e_i}{h_0}} \left(\frac{l_0}{h} \right)^2 \zeta_c = 1 + \frac{1}{1500 \times \frac{901}{855}} \left(\frac{8900}{900} \right)^2 \times 1.0 = 1.062$$

$$M = \eta_s M_0 = 1.062 \times 532.34 = 565.35(\text{kN} \cdot \text{m})$$

重新计算 e_i 如下:

$$e_i = e_0 + e_a = \frac{M}{N} + e_a = \frac{565.35 \times 10^6}{539.11 \times 10^3} + 30 = 1079(\text{mm})$$

$$e = e_i + h/2 - a_s = 1079 + 900/2 - 45 = 1484(\text{mm})$$

先假定中和轴位于翼缘内,则

$$x = \frac{\gamma_{RE} N}{\alpha_1 f_c b'_f} = \frac{0.8 \times 539110}{1.0 \times 14.3 \times 400} = 75.4\ \text{mm} < h'_f = 150\ \text{mm}$$

且 $x < 2a'_s = 2 \times 45\ \text{mm} = 90\ \text{mm}$,故取 $x = 2a'_s$ 进行计算。

$$e' = e_i - h/2 + a'_s = 1079 - 900/2 + 45 = 674(\text{mm})$$

$$A_s = A'_s = \frac{\gamma_{RE} N e'}{f_y (h_0 - a'_s)} = \frac{0.8 \times 539110 \times 674}{360 \times (855 - 45)} = 997(\text{mm}^2)$$

选 4 Φ 20($A_s = 1256\ \text{mm}^2$)。

考虑地震作用效应的Ⓐ柱的模板和配筋详图如图 3.95 所示。

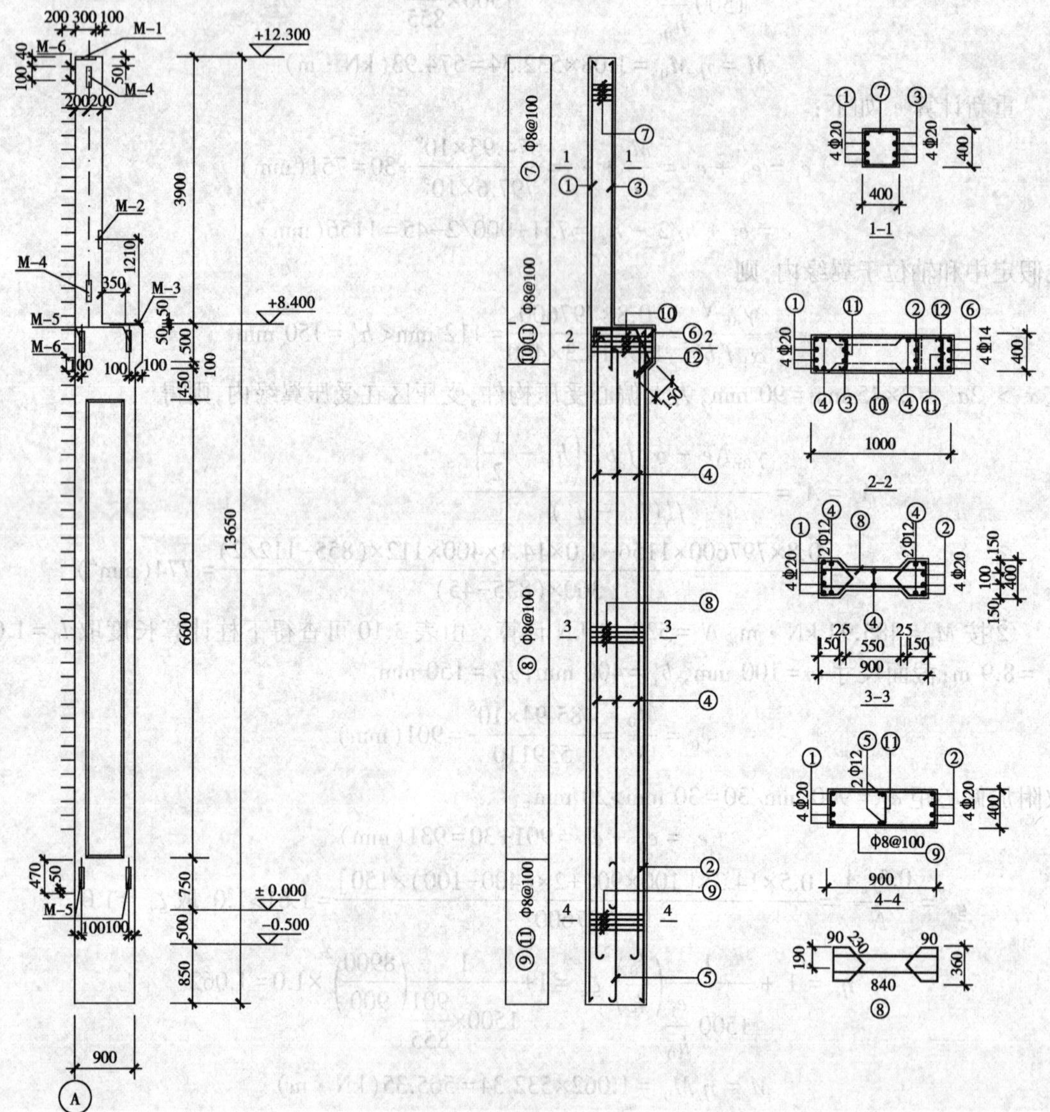

图 3.95　Ⓐ柱模板及配筋图

本章小结

1.单层厂房结构设计可分为结构方案设计、结构分析、构件截面配筋计算和构造措施等。其中结构方案设计包括确定结构类型和结构体系、构件选型、结构布置(包括支撑布置)和构件截面尺寸估算等。结构方案设计合理与否,将直接影响房屋结构的可靠性、经济性和技术合理性,设计时需要慎重对待。

2.排架结构是单层厂房中应用最广泛的一种结构形式,它是由屋面板、屋架、支撑、吊车梁、柱和基础等组成的空间结构体系。结构分析时一般近似地将其简化为横向平面排架和纵向平面排架分别进行计算。横向平面排架主要由横梁(屋架或屋面梁)和横向柱列(包括基础)组成,承受全部竖向荷载和横向水平荷载;纵向平面排架由连系梁、吊车梁、纵向柱列(包括基础)和柱间支撑等组成,它不仅承受厂房的纵向水平荷载,而且保证厂房结构的纵向刚度和稳定性。

3.单层厂房结构布置包括柱网布置、设置变形缝、支撑系统和围护结构布置等。对装配式钢筋混凝土排架结构,支撑系统(包括屋盖支撑和柱间支撑)虽非主要受力构件,但却是联系主要受力构件以保证厂房整体刚度和稳定性的重要组成部分,并能有效地传递水平荷载。

4.单层厂房构件的选型是单层厂房结构设计中的一个重要内容。对屋面板、檩条、屋面梁或屋架、天窗架、托架、吊车梁、连系梁和基础梁等构件,均有标准图可供设计时选用。柱形式(单肢柱和双肢柱)的选取由柱截面高度控制,取决于厂房高度、吊车起重量及承载力和刚度要求等条件。柱下独立基础是单层厂房结构中较为常用的一种基础形式。

5.排架结构分析包括纵、横向平面排架结构分析。横向平面排架结构分析的主要内容是:确定排架结构计算简图、计算作用在排架上的各种荷载、排架结构内力分析和柱控制截面最不利内力组合等,据此进行排架柱和基础设计。纵向平面排架结构分析主要是计算纵向柱列中各构件的内力,据此进行柱间支撑设计,非抗震设计时一般根据工程经验确定,不必进行计算。

6.横向平面排架结构一般采用力法进行结构内力分析。对于等高排架,亦可采用剪力分配法计算内力,该法将作用于柱顶的水平集中力按各柱的抗剪刚度进行分配。对承受任意荷载的等高排架,先在排架柱顶部附加不动铰支座并求出相应的支座反力,然后用剪力分配法进行计算。

7.单层厂房是空间结构体系,当各榀抗侧力结构(排架或山墙)的刚度或承受的外荷载不同时,排架与排架、排架与山墙之间存在相互制约作用,将其称为厂房的整体空间作用。厂房空间作用的大小主要取决于屋盖刚度、山墙刚度、山墙间距、荷载类型等。一般来说,无檩屋盖比有檩屋盖、局部荷载比均布荷载、有山墙比无山墙,厂房的空间作用大。吊车荷载作用下可考虑厂房整体空间作用。

8.作用于排架上的各单项荷载同时出现的可能性较大,但各单项荷载都同时达到最大值的可能性却较小。通常将各单项荷载作用下排架的内力分别计算出来,再按一定的组合原则确定柱控制截面的最不利内力,即内力组合。内力组合是结构设计中一项技术性和实践性很强的基本内容,应通过课程设计熟练掌握。

9.对于预制钢筋混凝土排架柱,除按偏心受压构件计算以保证使用阶段的承载力要求和裂缝宽度限值外,还需按受弯构件进行验算,以保证施工阶段(吊装、运输)的承载力要求和裂缝宽度限值。抗风柱主要承受风荷载,可按变截面受弯构件进行设计。

10.牛腿为一变截面悬臂深梁,其截面高度一般以不出现斜裂缝作为控制条件来确定,其纵向受力钢筋一般由计算确定,非抗震设计时水平箍筋和弯起钢筋按构造要求设置。

11.柱下独立基础也称为扩展基础,根据受力可分为轴心受压基础和偏心受压基础,根据基础的形状可分为阶形基础和锥形基础。柱下独立基础的底面尺寸可按地基承载力要求确定,基础高度由构造要求和受冲切承载力或受剪承载力要求确定,底板配筋按固定在柱边的倒置悬臂板计算。

12.单层厂房排架的抗震计算,应对纵、横向两个方向分别计算。混凝土无檩和有檩屋盖厂房的横向抗震计算,一般情况下宜计及屋盖的横向变形,按多质点空间结构分析;当符合一定条件时,也可按平面排架结构计算。对轻型屋盖厂房,由于屋盖刚度小,厂房空间作用小,故柱距相等时,可按平面排架计算,且计算结果无须修正。

13.在纵向水平地震作用下,单层厂房结构的受力比较复杂,纵向平动、平动与扭转的耦联振动,屋盖还产生纵、横向平面内的弯剪变形,纵向围护墙也参与工作。因此,混凝土无檩和有檩屋盖及有较完整支撑系统的轻型屋盖厂房,一般情况下,宜计及屋盖的纵向弹性变形和围护墙与隔墙的有效刚度,不对称时尚宜计及扭转的影响,按多质点体系进行空间结构分析;柱顶标高不大于15 m且平均跨度不大于30 m的单跨或等高多跨的钢筋混凝土柱厂房,可采用修正刚度法计算。

思考题

3.1 简述单层厂房结构设计的主要内容以及结构方案设计的主要内容和其设计原则。

3.2 装配式钢筋混凝土单层厂房排架结构由哪几部分组成?各部分的作用是什么?

3.3 说明有檩与无檩屋盖体系的区别及各自的应用范围。

3.4 试分析横向平面排架承受的竖向荷载和水平荷载的传力途径,以及纵向平面排架承受的水平荷载的传力途径。

3.5 装配式钢筋混凝土排架结构单层厂房中一般应设置哪些支撑?简述这些支撑的作用和设置原则。

3.6 抗风柱与屋架的连接应满足哪些要求?连系梁、圈梁、基础梁的作用各是什么?它们与柱是如何连接的?

3.7 装配式钢筋混凝土排架结构单层厂房中主要有哪些构件?如何进行构件选型?

3.8 确定单层厂房排架结构的计算简图时作了哪些假定?试分析这些假定的合理性及其适用条件。

3.9 作用于横向平面排架上的荷载有哪些?这些荷载的作用位置如何确定?画出各单项荷载作用下排架结构的计算简图。

3.10 作用于排架柱上的吊车竖向荷载D_{max}(D_{min})和吊车水平荷载T_{max}如何计算?

3.11 什么是等高排架?如何用剪力分配法计算等高排架的内力?试述在任意荷载作用

下等高排架内力计算步骤。

3.12 什么是单层厂房的空间作用？影响单层厂房整体空间作用的因素有哪些？考虑整体空间作用对柱内力有何影响？

3.13 以单层排架柱为例说明如何选择控制截面？简述内力组合原则、组合项目及注意事项。

3.14 如何从对称配筋柱同一截面的各组内力中选取最不利内力？排架柱的计算长度如何确定？为什么须对柱进行吊装阶段的验算？如何验算？

3.15 简述柱牛腿的几种主要破坏形态？牛腿设计有哪些内容？设计中如何考虑？

3.16 对柱下独立基础,基础底面尺寸和基础高度如何确定？基础底板配筋如何计算？

3.17 单层厂房横向抗震计算有几种方法？简述其适用范围。

3.18 单层厂房纵向抗震计算有几种方法？简述其适用范围。

习　题

3.1 求图示排架柱在屋盖结构自重作用下的内力,并作内力图。已知:$I_1=2.1\times10^9\text{mm}^4$,$I_2=1.4\times10^{10}\text{mm}^4$,$G_1=400$ kN, $e_1=0.05$ m, $e_2=0.2$ m。

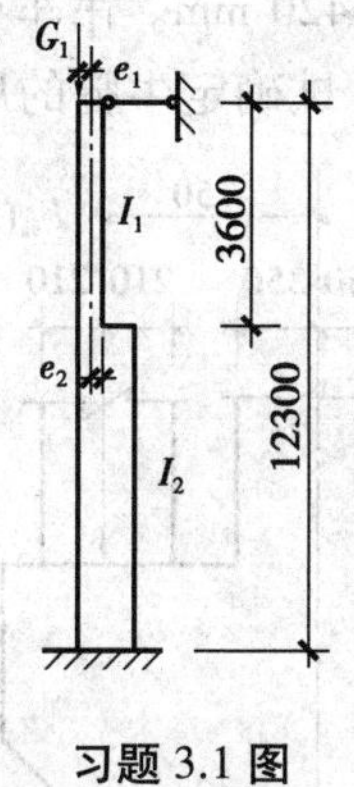

习题 3.1 图

3.2 求图示排架柱在吊车竖向荷载作用下的内力。已知: $I_1=4.2\times10^9\text{mm}^4$, $I_2=1.5\times10^{10}\text{mm}^4$, $D_{max}=530.5$ kN, $D_{min}=121.5$ kN, $e=0.5$ m。

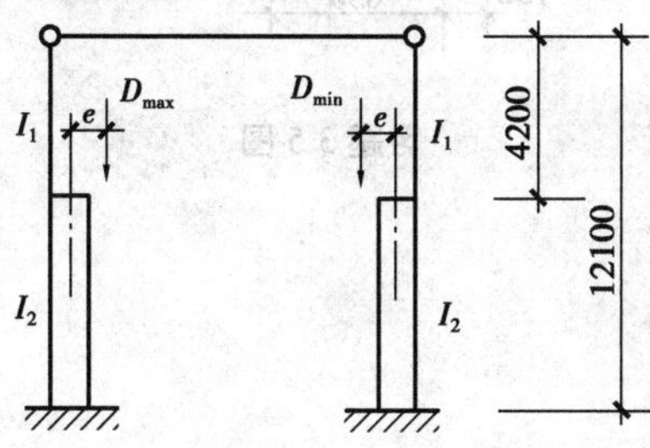

习题 3.2 图

3.3 求图示两跨排架在吊车水平荷载作用下的内力。已知: $I_1=5.2\times10^9\text{mm}^4$, $I_2=3.6\times10^{10}\text{mm}^4$, $I_3=9.0\times10^9\text{mm}^4$, $I_4=5.3\times10^{10}\text{mm}^4$, $T_{max}=20.6$ kN。

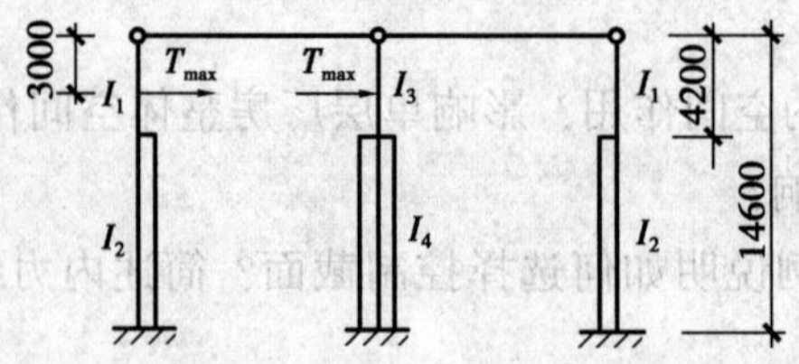

习题 3.3 图

3.4　求图示排架柱在风荷载作用下的内力。已知：$I_1=2.2\times10^9\text{mm}^4$，$I_2=1.5\times10^{10}\text{mm}^4$，$q_1=1.8\text{ kN/m}$，$q_2=1.1\text{ kN/m}$，$F_w=21.5\text{ kN}$。

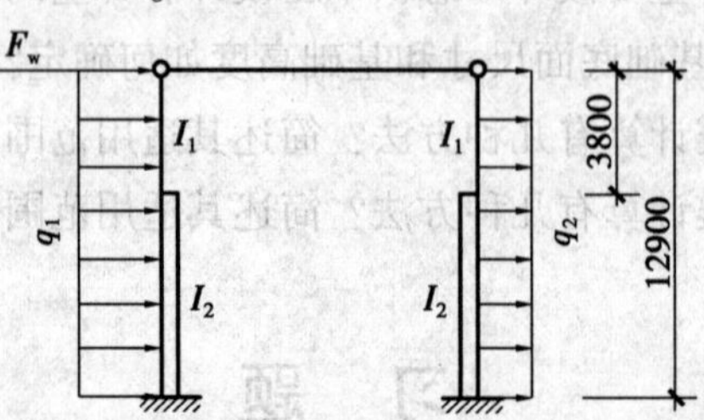

习题 3.4 图

3.5　某厂房柱如图所示，上柱截面为 400 mm×500 mm，下柱截面为 400 mm×800 mm，混凝土强度等级为 C30。吊车梁腹板宽度为 420 mm。吊车梁传至柱牛腿顶部的竖向力标准值和设计值分别为 $F_{vk}=580\text{ kN}$，$F_v=800\text{ kN}$。试确定牛腿的尺寸及配筋。

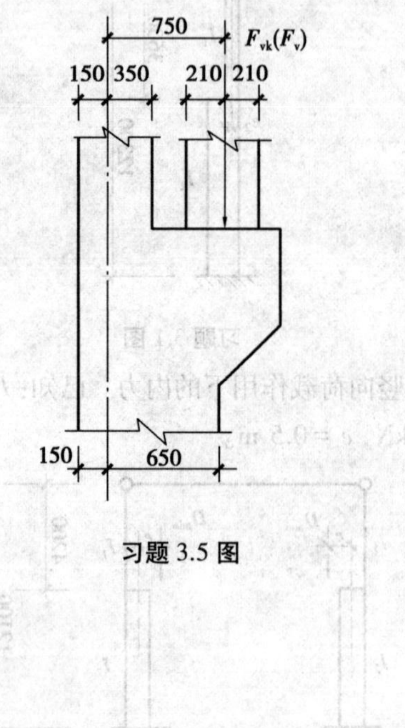

习题 3.5 图

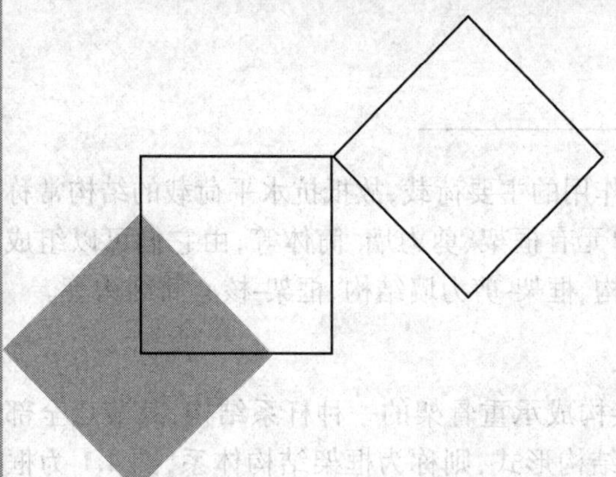

4 混凝土框架结构

本章导读：

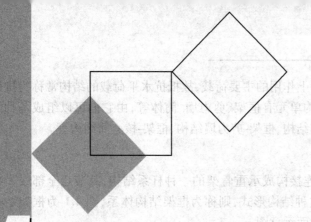

• **基本要求** 熟悉多、高层混凝土结构房屋的结构选型与结构布置原则；掌握混凝土框架结构计算简图的确定方法、竖向荷载和水平荷载作用下的内力分析方法以及水平荷载作用下侧移计算方法；掌握框架结构的抗震概念设计和抗震计算设计方法；熟悉抗震构造要求。

• **重点** 框架结构的结构选型与结构布置原则；框架结构的荷载与内力计算方法；框架结构房屋的抗震计算方法。

• **难点** 框架结构的简化分析方法；框架结构的抗震计算方法。

4.1 多、高层建筑混凝土结构概述

多、高层建筑在我国房屋建筑中占有很大的比例。我国《高层建筑混凝土结构技术规程》(JGJ 3—2010)(以下简称《高层规程》)规定，10 层及 10 层以上或房屋高度大于 28 m 的住宅建筑和房屋高度大于 24 m 的其他高层民用建筑为高层建筑。上述范围以外的为多层建筑。结构设计时，房屋高度是指自室外地面至房屋主要屋面的高度，不包括突出屋面的电梯机房、水箱、构架等高度。

4.1.1 结构类型与结构体系

目前，常见的多、高层建筑结构类型有钢筋混凝土结构、型钢混凝土结构、钢管混凝土结构、混合结构以及钢结构、砌体结构等。其中，混凝土结构具有承载力和刚度大、耐久性和耐火性好、造价低和施工方便等优点，是目前我国多、高层建筑结构的主要类型。

在多、高层建筑中,水平荷载是结构上作用的主要荷载,故抵抗水平荷载的结构常称为抗侧力结构。多、高层建筑的基本抗侧力结构单元有框架、剪力墙、筒体等,由它们可以组成各种结构体系。如框架结构、剪力墙结构、筒体结构、框架-剪力墙结构、框架-核心筒结构等。

1)框架结构体系

框架结构是由梁、柱构件通过节点连接构成承重骨架的一种杆系结构,其节点全部或大部分为刚性连接。如果整栋房屋均采用这种结构形式,则称为框架结构体系,图 4.1 为框架结构房屋几种典型的结构平面布置和一个剖面示意图。

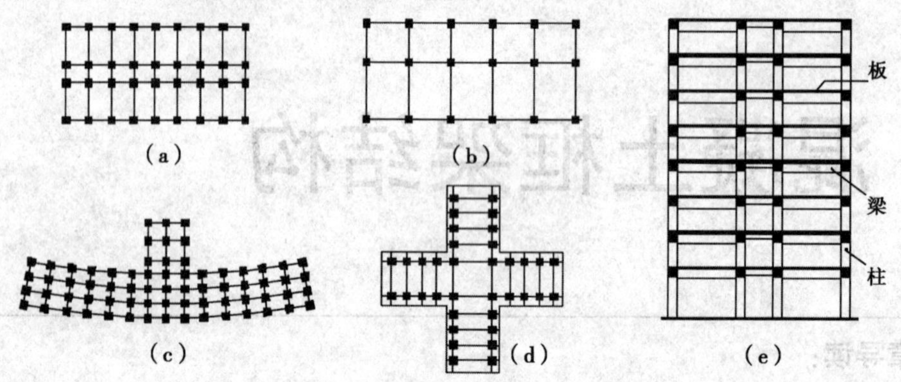

图 4.1　框架结构平面及剖面示意图

按施工方法不同,框架结构可分为现浇式、装配式和装配整体式 3 种。在地震区,多采用梁、柱、板全现浇或梁柱现浇、板预制的方案;在非地震区,有时可采用梁、柱、板均预制的方案。

框架结构是最常见的竖向承重结构,主要具有以下优点:

①建筑平面布置灵活,可获得较大的空间,也可根据需要隔成小房间。

②外墙为非承重构件,立面设计灵活多变。

③若采用轻质墙体,可减轻房屋自重,节省造价。

④工业化程度较高,设计和施工方便。

因此,框架结构特别适合于在办公楼、教学楼、图书馆、商场、餐厅、轻工业厂房等建筑中采用。但是,由于框架结构的侧向刚度较小,随着建筑物高度的增加,在水平荷载作用下的侧移迅速增大,有时会影响正常使用。如果框架结构房屋的高宽比较大,则水平荷载作用下的侧移也较大,而且引起的倾覆作用和二阶效应也较大。因此,设计时应控制房屋的高度和高宽比。为了不使构件截面尺寸过大和配筋过多,框架结构一般只用于层数不超过 20 层的建筑物。《高层规程》规定,非抗震设计时,现浇钢筋混凝土框架结构房屋的最大适用高度为 70 m;抗震设防烈度为 6 度、7 度、8 度(0.2 g)和 8 度(0.3 g)时,最大适用高度分别为 60 m、50 m、40 m 和 35 m;其适用的最大高宽比,非抗震设计时为 5,抗震设防烈度为 6 度、7 度、8 度时,分别为 4、4、3;9 度时不宜采用框架结构体系。

2)剪力墙结构体系

采用钢筋混凝土墙体作为竖向承重构件,承担竖向荷载和水平荷载的结构称为剪力墙结构,墙体同时起到围护和房间分隔的作用。若钢筋混凝土墙体主要用于承受水平荷载,将使墙体受剪和受弯,故称为剪力墙。如整栋房屋的竖向承重结构全部由剪力墙组成,则称为剪力墙结构。图 4.2 为剪力墙结构的几种平面布置示意图。

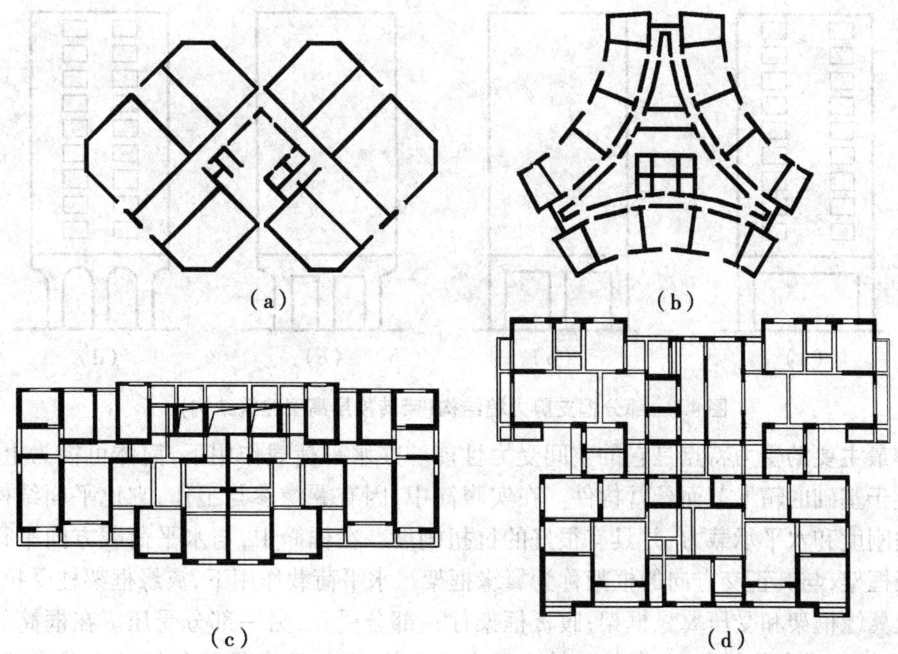

图 4.2　剪力墙结构房屋平面布置示意图

剪力墙的高度一般与整个房屋高度相同,高达几十米甚至几百米;宽度由几米至十几米或更大;厚度很薄,一般为 200~400 mm。竖向荷载作用下,剪力墙为受压薄壁柱;水平荷载作用下,剪力墙为下端固定、上端自由的竖向悬臂柱。对于高宽比较大的剪力墙,其侧移曲线呈整体弯曲型。

受楼板跨度限制,剪力墙结构的开间一般为 3~8 m,适用于住宅、宾馆等建筑。剪力墙结构的水平承载力和侧向刚度都很大,侧向变形较小,适合建造较高的建筑;但其缺点是结构自重较大,建筑平面布置局限性大,不易获得较大的建筑空间。为了扩大剪力墙结构的应用范围,在城镇临街建筑中,可将剪力墙结构房屋的底层或底部几层做成部分框架,形成框支剪力墙,如图 4.3所示。框支层空间大,可用作商店、餐厅等商业用房,上部剪力墙结构可作为住宅、宾馆等使用。由于框支层与上部剪力墙的结构形式及结构布置不同,在两者连接处需设置转换层,这种结构也称为带转换层高层建筑结构。由于框支层与上部结构的刚度相差较大,在地震作用下框支柱将产生很大的侧移,容易发生破坏甚至引起整栋房屋倒塌。为改善这种结构的抗震性能,在底层或底部几层须采用部分框支剪力墙、部分落地剪力墙,形成底部大空间剪力墙结构,以减小由于结构竖向刚度和承载力突变对结构抗震性能的不利影响。在底部大空间剪力墙结构中,一般应把落地剪力墙在两端或中部对称布置,并将纵、横向墙体围成筒体,以提高结构抗扭刚度;另外,还应采取增大墙体厚度、适当提高混凝土强度等措施,以增大落地剪力墙的侧向刚度,使整个结构的上、下部侧向刚度差异减小。

3)筒体结构体系

筒体的基本形式有 3 种:实腹筒、框筒和桁架筒,如图 4.4 所示。采用钢筋混凝土剪力墙围成的筒体称为实腹筒,通常布置在房屋内部楼、电梯间处,也称为核心筒;布置在房屋四周,由密排柱和高跨比很大的窗裙梁形成的密柱深梁框架围成的筒体称为框筒;如果筒体的四壁由桁架组成,称为桁架筒。筒体结构是由一个或多个筒体单元组成的结构体系,可由实腹筒作内筒,框筒或桁架筒作外筒,共同抵抗水平荷载。

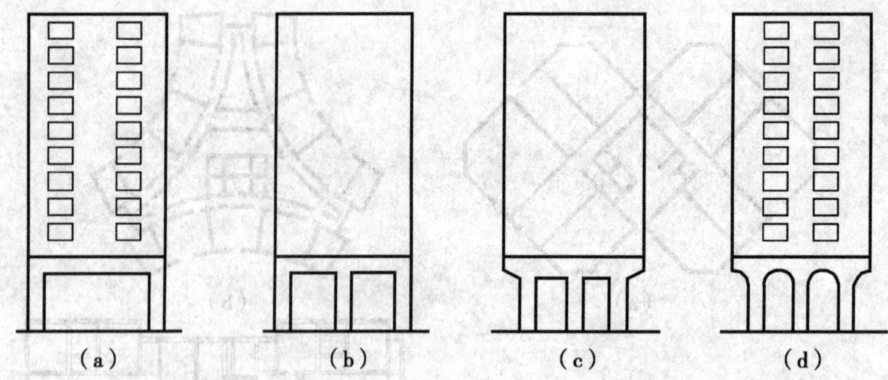

图 4.3　部分框支剪力墙结构(带转换层高层建筑结构)

筒体最主要的受力特点是它的空间受力性能。在水平荷载作用下,筒体可视为上端自由、下端固定于基础的箱形截面悬臂构件。在实腹筒中,因有翼缘参与工作,它比平面结构具有更大的侧向刚度和水平承载力,并具有很好的抗扭刚度。在框筒中,与水平荷载方向平行的框架称为腹板框架,与其正交方向的框架称为翼缘框架。水平荷载作用下,翼缘框架柱受拉或受压,形成受拉翼缘框架和受压翼缘框架;腹板框架柱一部分受拉,另一部分受压。在框筒的翼缘框架中,各柱轴力呈抛物线分布,角柱的轴力远大于平均值,远离角柱的各柱轴力越来越小;在框筒的腹板框架中,远离角柱的各柱轴力的递减速度比按直线规律递减更快,如图 4.5 所示。其原因是由于框筒中各柱之间存在剪力,剪力使联系柱的窗裙梁产生剪切变形,从而使柱之间的轴力传递减弱。这种现象称为剪力滞后。框筒剪力滞后越严重,参与受力的翼缘框架柱越少,空间受力性能越弱。设计中应设法减少剪力滞后现象,使各柱尽量受力均匀,这样可大大增加框筒的侧向刚度和水平承载力。

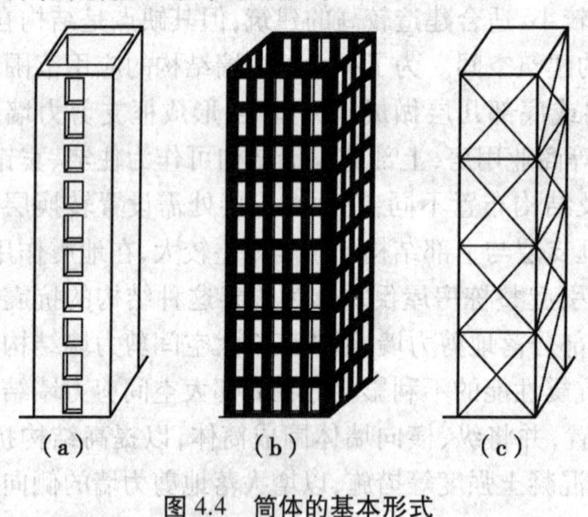

图 4.4　筒体的基本形式

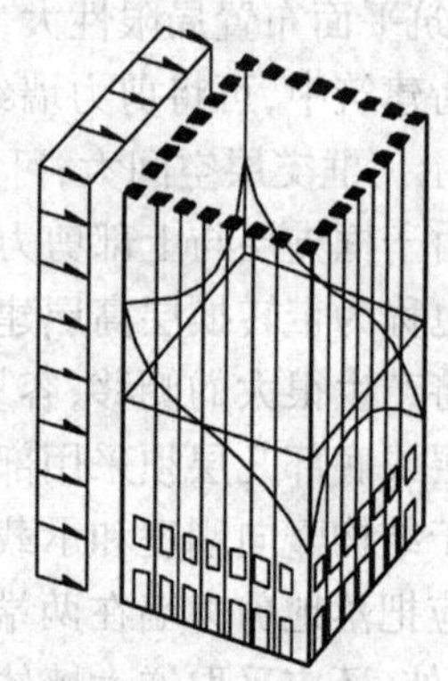

图 4.5　框筒的受力特点

4.1.2　结构总体布置

在多、高层建筑结构初步设计阶段,除了应根据房屋高度以及使用功能选择合理的结构体系外,尚应对结构平面和竖向进行合理的总体布置,并综合考虑房屋的使用、建筑美观、结构合理以及便于施工等方面的要求。

多、高层建筑的结构平面布置,应符合以下要求:a.有利于抵抗水平荷载和竖向荷载,受力明确,传力直接,力求均匀对称,减少扭转的影响;b.抗震设计的多、高层建筑,应尽量避免结构扭转和局部应力集中,平面形状简单、规则、对称,刚心与质心重合。

从结构受力合理及对抗震有利的角度而言,多、高层建筑结构承载力和刚度沿房屋高度的变化宜均匀、连续,不应突变。但在实际工程中,由于建筑设计或使用要求,结构的竖向刚度会发生较大变化,使结构抗震性能降低。因此,多、高层建筑结构竖向布置的基本原则是:要求结构侧向刚度和承载力宜自下而上逐渐减小,变化均匀、连续,不突变,避免出现柔软层或薄弱层。

4.1.3 结构设计要求

建筑结构应满足承载力、刚度和延性要求,高层建筑结构尚应满足舒适度、整体稳定和抗倾覆要求。

1)承载力要求

为满足承载力要求,应根据多、高层建筑结构在各种荷载作用下组合的内力设计值,对所有构件进行截面承载力计算,使其能承受使用期间可能出现的各种作用。

2)刚度要求

在风荷载或多遇水平地震作用下,为保证主体结构基本处于弹性状态,避免非结构构件产生明显损伤,并保证建筑使用功能连续,应进行结构弹性变形验算。对于高度超过 150 m 的高层建筑结构,还应验算结构顶点的风振加速度,以满足风振舒适度要求。上述验算实际上是对构件截面尺寸和结构侧向刚度的控制。

3)延性要求

抗震设计时,除了要求结构具有足够的承载力和适当的刚度以外,还要求结构具有良好的延性。相对于多层建筑而言,高层建筑在地震作用下的反应更大,故其延性要求更高。一般结构的延性要求主要通过抗震构造措施来保证,对高层建筑结构,还需进行罕遇地震作用下的弹塑性变形验算,以检验结构的延性;对于复杂结构、不规则结构或有特殊要求的结构,还可采用结构抗震性能设计方法进行补充分析和论证。

4)整体稳定和抗倾覆要求

为了控制高层建筑结构在风荷载或水平地震作用下重力荷载产生的二阶效应不致过大,避免引起结构失稳倒塌,应进行结构整体稳定性验算。当结构高宽比较大、水平地震作用或风荷载较大、地基刚度较小时,还可能出现整体倾覆,设计时可通过控制高层建筑的高宽比以及基础底面零应力区的面积来避免。对于安全等级为一级的高层建筑结构,还应满足抗连续倒塌设计的要求。

本章主要讨论混凝土框架结构的分析方法和设计要求。

4.2 框架结构的结构方案设计

框架结构的结构方案设计主要包括结构布置和主要构件截面尺寸估算等内容。

结构布置包括结构平面布置和竖向布置,一般在建筑平、立、剖面和结构形式确定以后进行。对于建筑剖面不复杂的结构,只需进行结构平面布置;对于建筑剖面复杂的结构,还需进行结构竖向布置。框架结构平面布置主要是根据建筑平面及使用要求,确定柱网布置和选择结构承重方案,并使结构受力合理、施工简单。

结构布置在结构设计中起着至关重要的作用,需经过方案比较、反复推敲,选择比较合理的结构布置方案。结构平面布置时,常常出现与建筑及水、暖、电等专业相互矛盾的情况。因此,各专业之间需要协调一致。

4.2.1 柱网和层高

工业建筑柱网和层高通常根据生产工艺要求确定,民用建筑柱网和层高根据建筑使用功能确定。常用的柱网有内廊式和等跨式两种。内廊式[图 4.6(a)]的边跨跨度一般为 6~8 m,中间跨跨度为 2~4 m。等跨式的跨度一般为 6~12 m。柱距通常为 3~6 m,层高为 3.6~5.4 m。

住宅、宾馆和办公楼柱网可划分为小柱网和大柱网两类。小柱网指一个开间为一个柱距[图 4.6(a)、(b)],柱距一般为 3.3 m、3.6 m、3.9 m 等;大柱网指两个开间为一个柱距[图 4.6(c)],柱距通常为 6.0 m、6.6 m、7.2 m、7.5 m等。常用的跨度(进深)为 4.8 m、5.4 m、6.0 m、6.6 m、7.2 m、7.5 m 等;内廊式建筑走廊的跨度一般为 2.4 m、2.7 m、3.0 m。

宾馆建筑多采用三跨框架的布置方案。有两种跨度布置方法:一种是边跨大、中跨小,可将卧室和卫生间一并设在边跨,中间跨仅作走道用;另一种则是边跨小、中跨大,将两边客房的卫生间与走道合并设于中跨内,边跨仅作卧室,如北京长城饭店[图 4.6(b)]和广州东方宾馆[图 4.6(c)]。办公楼常采用三跨内廊式或两跨不等跨框架,如图 4.1(a)、(b)所示。采用不等跨时,大跨内宜布置一道纵梁,以承托走道纵墙的重量。

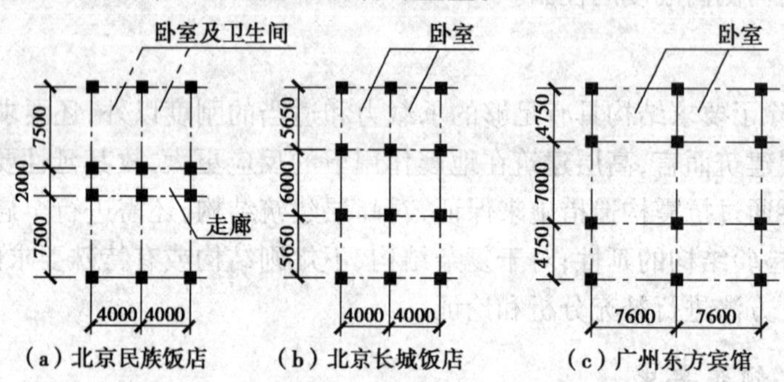

图 4.6 框架柱网布置

4.2.2 框架结构的承重方案

将框架结构视为竖向承重结构,其承重方案主要有以下 3 种常用的布置方法:

1) 横向框架承重

主梁沿房屋横向布置,预制板和连系梁沿房屋纵向布置[图 4.7(a)]。一般房屋的横向尺寸较短,纵向尺寸较长,横向刚度比纵向刚度弱。采用横向框架承重时,竖向荷载主要由横向框架承受,横梁截面高度较大,因而有利于增加房屋的横向刚度;且因连系梁的截面高度一般比主梁小,开窗面积受限制小,室内采光、通风较好。这种承重方案在实际结构中应用较多。

2)纵向框架承重

主梁沿房屋纵向布置,预制板和连系梁沿房屋横向布置[图 4.7(b)]。这种方案对于地基较差的狭长房屋较为有利,且因横向连系梁的高度较小,室内净空较大,便于管线沿纵向穿行。其缺点是房屋横向刚度较差,实际结构中应用较少。

3)纵、横向框架承重

房屋的纵、横向都布置承重框架[图 4.7(c)],楼盖常采用现浇双向板或井字梁楼盖。这种方案结构的整体性和受力性能都很好,当柱网平面接近正方形、楼面荷载较大或对结构整体性要求较高时,多采用这种承重方案。

当楼盖为现浇钢筋混凝土楼板时,可根据单向板或双向板确定框架结构的承重方案。

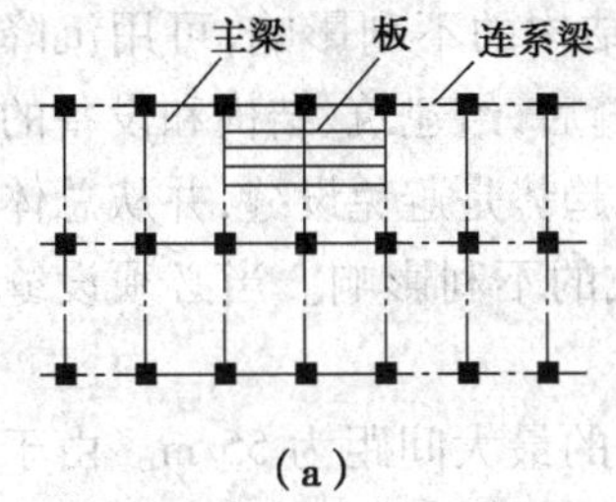

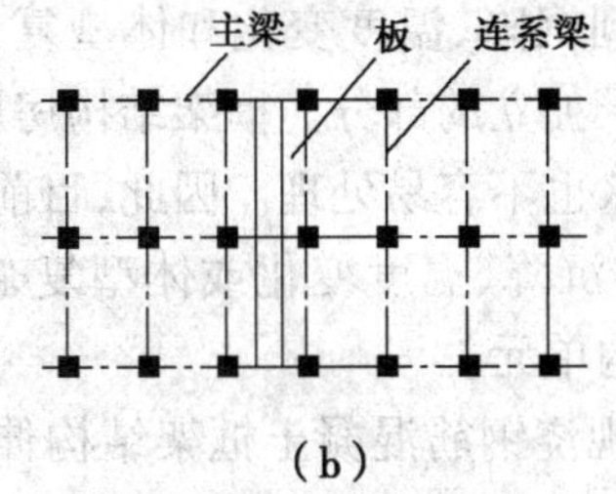

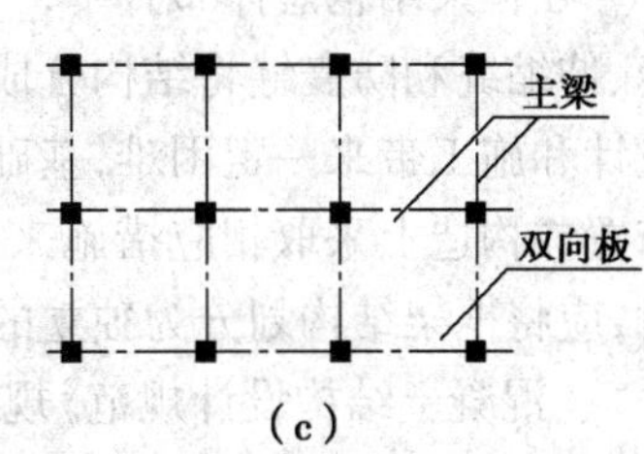

图 4.7 框架结构承重方案

框架结构不仅是竖向承重结构,同时也是抗侧力结构,它可能承受纵、横两个方向的水平荷载(如风荷载和水平地震作用),这就要求纵、横两个方向的框架均应具有一定的侧向刚度和水平承载力。因此,《高层规程》规定,框架结构应设计成双向梁柱抗侧力体系,主体结构除个别部位外,不应采用铰接。

4.2.3 梁、柱轴线偏心限制

在框架结构布置中,梁、柱轴线宜重合,如梁须偏心放置时,梁、柱中心线之间的偏心距不宜大于柱截面在该方面宽度的 1/4。如偏心距大于该方向柱宽的 1/4 时,可增设梁的水平加腋(图 4.8)。试验表明,此法能明显改善梁柱节点承受反复荷载的性能。

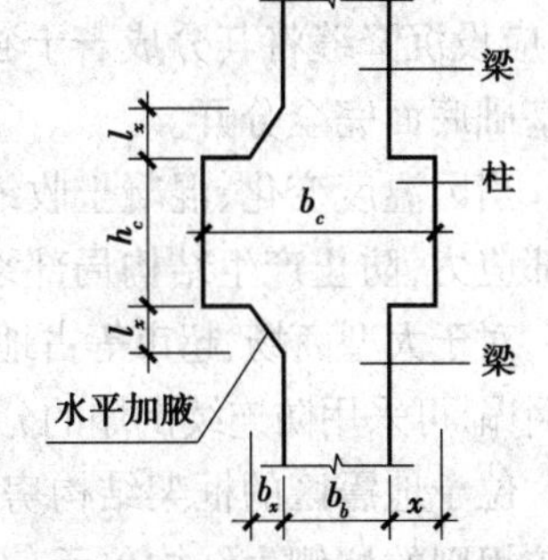

图 4.8 梁端水平加腋处平面图

梁水平加腋厚度可取梁截面高度,其水平尺寸宜满足下列要求:

$$b_x/l_x \leqslant 1/2,\quad b_x/b_b \leqslant 2/3,\quad b_b+b_x+x \geqslant b_c/2$$

式中符号意义见图 4.8。

梁水平加腋后,改善了梁柱节点的受力性能,故节点有效宽度 b_j 宜按下列规定取值:

当 $x=0$ 时,b_j 按下式计算:

$$b_j \leqslant b_b+b_x \tag{4.1}$$

当 $x\neq 0$ 时,b_j 取下列二式计算的较大值:

$$b_j \leqslant b_b+b_x+x \tag{4.2}$$

$$b_j \leqslant b_b+2x \tag{4.3}$$

且应满足 $b_j \leq b_b+0.5h_c$，其中 h_c 为柱截面高度。

由于建筑设计的要求，实际工程中节点处梁、柱轴线常出现不重合，无论梁端是否设置水平加腋，在框架内力分析时都须考虑梁、柱偏心的不利影响。

4.2.4 结构缝的设置

结构缝包括伸缩缝、沉降缝、防震缝、构造缝、防连续倒塌的分割缝等。结构设计时，通过设置结构缝将结构分割为若干个相对独立的结构单元，以消除各种不利因素的影响。除永久性的结构缝以外，还应考虑设置施工接槎、后浇带、控制缝等临时性缝以消除某些暂时性的不利影响。

在框架结构总体布置中，考虑到沉降、温度变化和体型复杂对结构的不利影响，可用沉降缝、伸缩缝和防震缝将结构分成若干独立的部分。框架结构房屋设缝后，给建筑、结构和设备的设计和施工带来一定困难，基础防水也不容易处理。因此，目前的总趋势是避免设缝，并从总体布置或构造上采取相应措施来减小沉降、温度变化或体型复杂造成的不利影响。当必须设缝时，应将框架结构划分为独立的结构单元。

《混凝土结构设计规范》规定，现浇钢筋混凝土框架结构伸缩缝的最大间距为 55 m。由于温度变化对建筑物造成的危害在其底部数层和顶部数层较为明显，基础部分基本不受温度变化的影响，因此，当房屋长度超过规定的限值时，宜用伸缩缝将上部结构从顶到基础顶面断开，分成独立的温度区段。

当上部结构不同部位的竖向荷载差异较大，或同一建筑物不同部位的地基承载力差异较大时，应设沉降缝将其分成若干独立的结构单元，使各部分自由沉降。沉降缝应将建筑物从顶部到基础底面完全分开。

当因温度变化、混凝土收缩等引起结构局部应力集中时，可在结构局部设置构造缝，以释放局部应力，防止产生结构局部裂缝。

对于大型商场、超市等占地面积较大的重要混凝土框架结构，为防止因局部破坏引起结构连续倒塌，可采用防连续倒塌的分割缝，将结构分为几个区域，以控制可能发生连续倒塌的范围。

位于地震区的框架结构房屋，体型复杂、平面不规则时，宜在适当部位设置防震缝，形成多个较规则的抗侧力结构单元。防震缝应根据抗震设防烈度、结构单元的高度和高差以及可能的地震扭转效应情况，留有足够宽度，且两侧的上部结构应完全分开。

框架结构房屋的防震缝宽度，当高度不超过 15 m 时不应小于 100 m；高度超过 15 m 时，6 度、7 度、8 度和 9 度分别每增加高度 5 m、4 m、3 m 和 2 m，宜加宽 20 mm。8、9 度框架结构房屋防震缝两侧结构层高相差较大时，防震缝两侧框架柱的箍筋应沿房屋全高加密，并可根据需要在缝两侧沿房屋全高各设置不少于两道垂直于防震缝的抗撞墙。抗撞墙的布置宜避免加大扭转效应，其长度可不大于 1/2 层高。

4.2.5 梁、柱截面尺寸

框架结构属于高次超静定结构，框架的内力和变形除取决于荷载的形式与大小之外，还与构件的刚度有关，而构件的刚度又取决于构件的截面尺寸。因此，只能先估算构件的截面尺寸进行初步设计，等求得构件的内力和结构变形以后，如有必要再作适当调整。

框架梁、柱截面尺寸应根据承载力、刚度及延性等要求确定。初步设计时，通常由经验或估算先选定截面尺寸，以后进行承载力、变形等验算，检查所选尺寸是否合适。

1）梁截面尺寸

框架结构中框架梁的截面高度 h_b 可根据梁的计算跨度 l_b、活荷载大小等，按 $h_b=(1/18\sim1/10)l_b$ 确定。为了防止梁发生剪切脆性破坏，h_b 不宜大于 1/4 梁净跨。主梁截面宽度可取 $b_b=(1/3\sim1/2)h_b$，且不宜小于 200 mm。为了保证梁的侧向稳定性，梁截面的高宽比（h_b/b_b）不宜大于 4。

为了降低楼层高度，可将梁设计成宽度较大而高度较小的扁梁，扁梁的截面高度可按 $(1/18\sim1/15)l_b$ 估算。扁梁的截面宽度 b（肋宽）与其高度 h 的比值 b/h 不宜超过 3。

设计中，如果梁上作用的荷载较大，可选择较大的高跨比 h_b/l_b。当梁高较小或采用扁梁时，除应验算其承载力和受剪截面要求外，尚应验算竖向荷载作用下梁的挠度和裂缝宽度，以保证其正常使用要求。在挠度计算时，对现浇梁板结构，宜考虑梁受压翼缘的有利影响，并可将梁的合理起拱值从其计算所得挠度中扣除。

当梁跨度较大时，为了节省材料和有利于建筑空间，可将梁设计成加腋形式（图 4.9）。

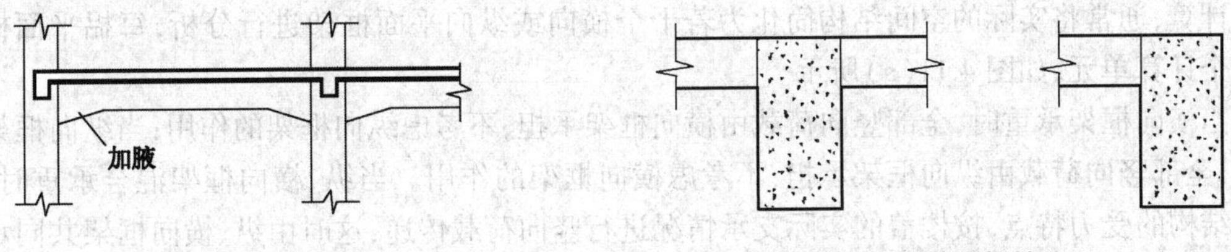

图 4.9　加腋梁　　　　图 4.10　梁截面惯性矩 I_0

2）梁截面惯性矩

对现浇楼盖和装配整体式楼盖，在结构内力与位移计算中，宜考虑楼板作为翼缘对梁截面刚度和承载力的影响。梁受压区有效翼缘计算宽度 b'_f 可按《混凝土结构设计规范》（GB 50010—2010）表 5.2.4 所列情况的最小值取用。无现浇面层的装配式楼面，楼板的作用不予考虑。

设计中，为简化计算，也可按下式近似确定梁截面惯性矩 I：

$$I=\beta I_0 \tag{4.4}$$

式中，I_0 为按矩形截面（图 4.10 中阴影部分）计算的梁截面惯性矩；β 为楼面梁刚度增大系数，应根据梁翼缘尺寸与梁截面尺寸的比例确定。当框架梁截面较小、楼板较厚时，宜取较大值，而梁截面较大、楼板较薄时，宜取较小值。对一般现浇楼盖，框架梁两边有楼板时，β 取 2.0；一边有楼板时，β 取 1.5；对装配整体式楼盖，楼面梁两边有楼板时，β 取 1.5；一边有楼板时，β 取 1.2；对装配式楼盖，不考虑楼板的作用时，β 取 1.0。

3）柱截面尺寸

柱截面尺寸可直接凭经验确定，也可先根据其所受轴力按轴心受压构件估算，再乘以适当的放大系数以考虑弯矩的影响，即

$$A_c \geqslant (1.1\sim1.2)N/f_c \tag{4.5}$$

$$N=1.25N_v \tag{4.6}$$

式中，A_c 为柱截面面积；N 为柱所承受的轴向压力设计值；N_v 为根据柱的负荷面积计算由重力荷载产生的轴向压力值；f_c 为混凝土轴心抗压强度设计值；1.25 为重力荷载的荷载分项系数平均值；重力荷载标准值可根据实际荷载取值，也可近似按 12~14 kN/m^2 计算。

框架柱的截面宽度和高度均不宜小于 250 mm，圆柱截面直径不宜小于 350 mm，柱截面高宽比不宜大于 3。为避免柱产生剪切破坏，柱净高与截面长边之比宜大于 4，或柱的剪跨比宜大于 2。

4.3　框架结构的计算简图及荷载计算

4.3.1　框架结构的计算简图

1）计算单元

框架结构是由梁、柱、楼板、基础等构件组成的空间结构体系，其承重骨架为杆系结构，一般应按三维空间结构进行分析。但对于平面和立面布置较规则的框架结构房屋（图 4.11），为了简化计算，通常将实际的空间结构简化为若干个横向或纵向平面框架进行分析，每榀平面框架为一个计算单元，如图 4.11(a)所示。

当横向框架承重时，全部竖向荷载由横向框架承担，不考虑纵向框架的作用；当纵向框架承重时，全部竖向荷载由纵向框架承担，不考虑横向框架的作用。当纵、横向框架混合承重时，应根据结构的受力特点，按楼盖的实际支承情况进行竖向荷载传递，这时由纵、横向框架共同承担竖向荷载，分别取纵、横向平面框架及其所承受的竖向荷载进行计算。

在某一方向的水平荷载（风荷载或水平地震力）作用下，整个框架结构体系可视为若干个平面框架，共同抵抗与平面框架平行的水平荷载，与该方向正交的结构不参与受力。当计算水平地震作用时，一般采用刚性楼盖假定，故每榀框架所抵抗的水平荷载，为按各平面框架的侧向刚度比例分配到的水平地震力；当计算风荷载时，为简化计算可近似取框架计算单元范围内的风荷载[图 4.11(a)]。

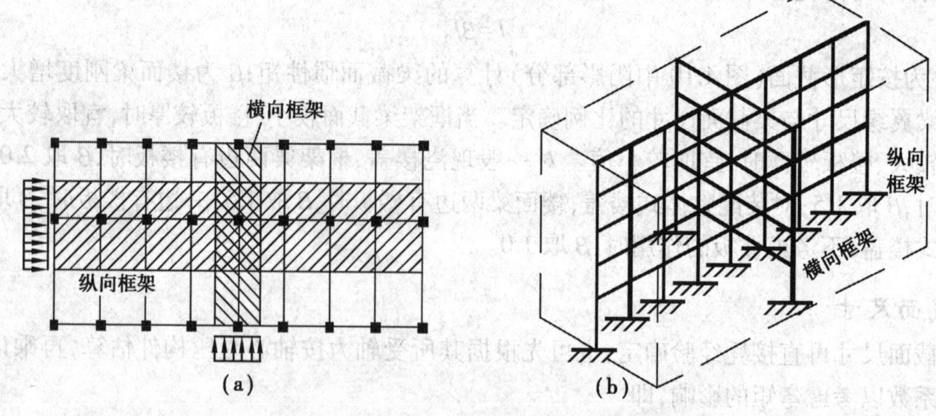

图 4.11　平面框架的计算单元及计算模型

2)计算简图

按上述方法,将复杂的空间框架结构简化为平面框架之后,应进一步将实际的平面框架转化为力学模型[图 4.11(b)],在该力学模型上作用荷载,就成为框架结构的计算简图。

在框架结构的计算简图中,梁、柱构件用其轴线表示,梁与柱之间的连接用节点表示,梁或柱的长度用节点间的距离表示,如图 4.12 所示。由图可见,框架梁的跨度为框架柱轴线之间的距离;框架柱的高度为各横梁形心轴线间的距离。当各层梁截面尺寸相同时,除底层外,柱的计算高度即为各层层高。对于梁、柱、板均为现浇的情况,框架梁实际为 T 形截面,梁截面的形心线可近似取在板底。对于底层柱的下部嵌固端,一般取至基础顶面,底层柱计算高度取值如图 4.13 所示;当设有整体刚度很大的地下室,且地下室结构的楼层侧向刚度不小于相邻上部结构楼层侧向刚度的 2 倍时,柱嵌固端可取至地下室结构的顶板处。

当出现框架梁两端不等高,且倾斜度不超过 1/8 时,计算简图中仍可近似按水平梁考虑。

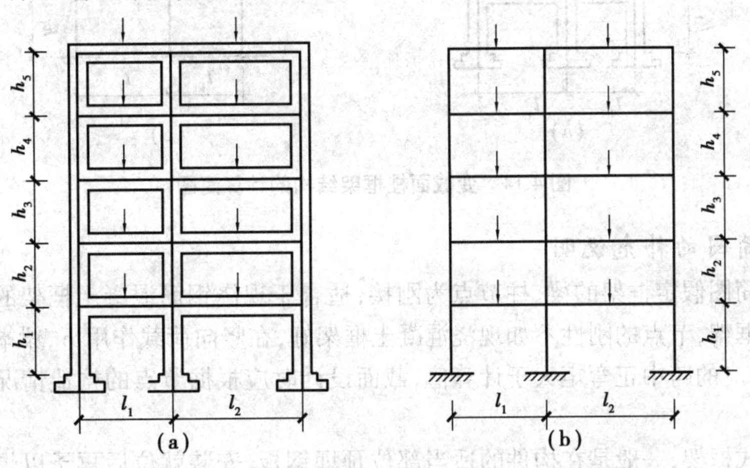

图 4.12　框架结构计算简图

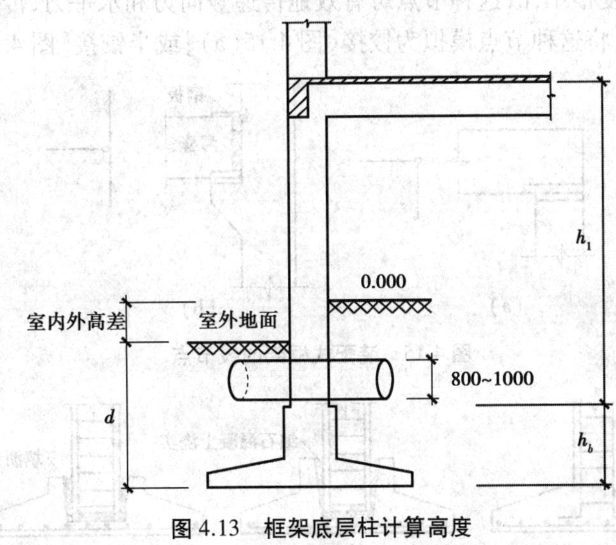

图 4.13　框架底层柱计算高度

在实际工程中,框架柱的截面尺寸通常沿房屋高度变化。当上、下层柱截面尺寸不同时,为满足建筑上的要求,外侧柱形心轴一般也不重合,为便于计算,可采取近似方法,即将顶层柱的形心线作为整个柱子的轴线，如图 4.14 所示。但是必须注意，在框架结构的内力和变形分析中，各层梁的跨度及线刚度仍应按实际长度取值；另外，尚应考虑上、下层柱轴线不重合，由上层柱传来的轴力在变截面处所产生的力矩[图 4.14(b)]。此力矩应视为节点外荷载，与其他竖向荷载一起进行框架内力分析。

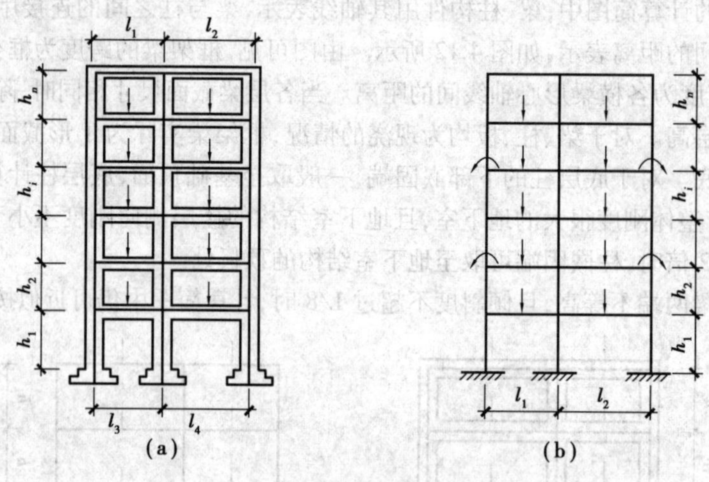

图 4.14　变截面柱框架结构的计算简图

3)框架计算简图的补充说明

上述计算简图假定框架的梁、柱节点为刚接，适合于现浇钢筋混凝土框架的梁柱节点。对于装配整体式框架，节点的刚性不如现浇混凝土框架好，在竖向荷载作用下，梁端实际负弯矩小于计算值，而相应的跨中正弯矩大于计算值，截面设计时应根据节点的构造情况进行弯矩设计值调整。

对于装配式框架，一般是在构件的适当部位预埋钢板，安装就位后再予以焊接。由于钢板在其自身平面外的刚度很小，故这种节点可有效地传递竖向力和水平力，传递弯矩的能力有限。通常视具体构造情况，将这种节点模拟为铰接[图 4.15(a)]或半铰接[图 4.15(b)]。

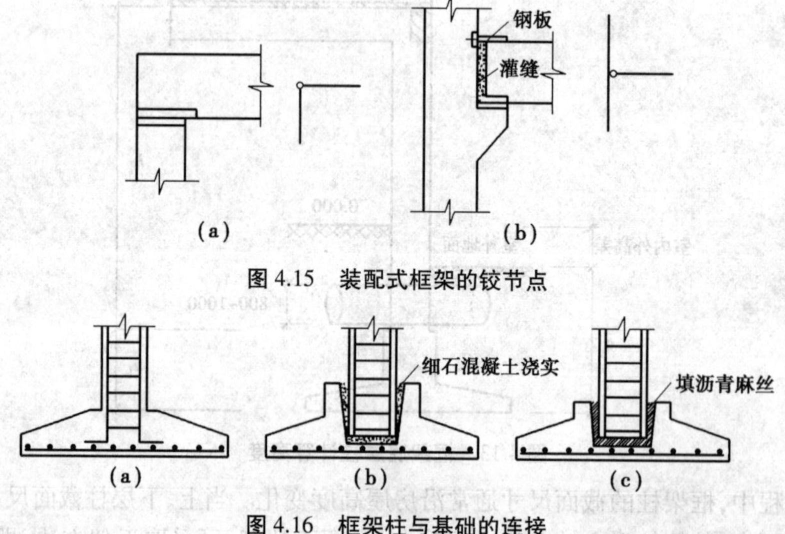

图 4.15　装配式框架的铰节点

图 4.16　框架柱与基础的连接

框架柱与基础的连接方式也有刚接和铰接两种。当框架柱与基础现浇为整体[图4.16(a)]且基础具有足够的转动约束作用时,柱与基础的连接应视为刚接,相应的支座为固定支座。对于装配式框架,如果柱插入基础杯口有一定的深度,并用细石混凝土与基础浇捣成整体,则柱与基础的连接可视为刚接[图4.16(b)];如用沥青麻丝填实,则预制柱与基础的连接可视为铰接[图4.16(c)]。

4.3.2　框架结构的荷载计算

作用在多、高层建筑结构上的荷载有竖向荷载和水平荷载。竖向荷载包括永久荷载和楼(屋)面活荷载,水平荷载包括风荷载和水平地震作用。除水平地震作用外,上述荷载在《混凝土结构基本原理》和本书第2、3章中均有阐述。现结合多、高层框架结构房屋的特点,作一些补充说明。

1)楼面活荷载

作用在框架结构上的楼面活荷载,可根据房屋及房间的不同用途按《建筑结构荷载规范》取用。必须指出,《建筑结构荷载规范》规定的楼面活荷载值,是根据大量调查资料所得到的等效均布活荷载标准值,且是以楼板的等效均布活荷载作为楼面活荷载。因此,在设计楼板时可以直接取用;而在计算梁、墙、柱及基础时,应将其乘以折减系数,以考虑所给楼面活荷载在楼面上满布的程度。对于楼面梁来说,主要考虑梁的负荷面积(从属面积),负荷面积越大,荷载满布的可能性越小。对于多、高层房屋的墙、柱和基础,应考虑计算截面以上各楼层活荷载的满布程度,楼层数越多,满布的可能性越小。

各种房屋或房间的楼面活荷载折减系数可由《建筑结构荷载规范》查得。下面仅以住宅、宿舍、旅馆、办公楼、医院病房、托儿所、幼儿园的楼面活荷载为例,给出折减系数。

设计楼面梁时,当楼面梁的从属面积(按梁两侧各延伸1/2梁间距的范围内的实际面积确定)超过25 m^2 时,折减系数取0.9。设计墙、柱和基础时,活荷载按楼层的折减系数按表4.1取值。

表4.1　活荷载按楼层的折减系数

墙、柱、基础计算截面以上的层数	1	2~3	4~5	6~8	9~20	>20
计算截面以上各楼层活荷载总和的折减系数	1.00(0.90)	0.85	0.70	0.65	0.60	0.55

注:当楼面梁的从属面积超过25 m^2 时,应采用括号内的系数。

2)风荷载

对框架结构进行计算时,垂直于建筑物表面的风荷载标准值按式(1.1)计算,对于多、高层框架结构房屋,式中的计算参数应按下列规定采用:

①基本风压 w_0 应按《建筑结构荷载规范》的规定采用。对于风荷载比较敏感的高层建筑(一般为高度大于60 m),承载力设计时应按基本风压1.1倍采用。

②计算主体结构的风荷载效应时,风荷载体型系数 μ_s 可按下列规定采用:

a.圆形平面建筑取0.8;

b.高宽比 H/B 不大于4的矩形、方形、十字形平面建筑取1.3;

c.V 形、Y 形、弧形、双十字形、井字形平面建筑，L 形、槽形和高宽比 H/B 大于 4 的十字形平面建筑，以及高宽比大于 4、长宽比 L/B 不大于 1.5 的矩形、鼓形平面建筑，均取 1.4；

d.正多边形及截角三角形平面建筑，由下式计算：

$$\mu_s = 0.8 + 1.2/\sqrt{n} \tag{4.7}$$

式中，n 为多边形的边数。

注意，上述风载体型系数值，均指迎风面与背风面风荷载体型系数之和（绝对值）。

e.在需要更细致进行风荷载计算的场合，风荷载体型系数可按附表 3.2 采用，或用风洞试验确定。

③当多栋或群集的高层建筑相互间距较近时，由于旋涡的相互干扰，房屋某些部位的局部风压会显著增大，这时宜考虑风力相互干扰的群体效应。一般可将单栋建筑的体型系数 μ_s 乘以相互干扰增大系数，该系数可参考类似条件的试验资料确定；必要时宜通过风洞试验确定。

④对于高度大于 30 m 且高宽比大于 1.5 的房屋，应考虑风压脉动对结构产生顺风向风振的影响。对高层框架结构，可采用风振系数考虑风压脉动对结构产生顺风向风振的影响。风振系数的计算公式见式（1.2）。

⑤当计算围护结构时，垂直于围护结构表面上的风荷载标准值，应按式（1.8）计算，相关规定详见第 1 章。

4.4 竖向荷载作用下框架结构内力的近似计算

在竖向荷载作用下，多、高层框架结构的内力可用力法、位移法等结构力学方法计算。工程设计中，如采用手算，可采用迭代法、分层法、弯矩二次分配法等近似方法计算。本节仅介绍分层法和弯矩二次分配法的基本概念和计算要点。

4.4.1 竖向荷载作用下框架结构的受力特点及简化计算假定

图 4.17 为两层两跨不对称框架结构在竖向荷载作用下的弯矩图，其中 i 表示各杆件的相对线刚度。图中不带括号的杆端弯矩值为精确值（考虑框架侧移影响），带括号的弯矩值是近似值（不考虑框架侧移影响）。比较图中的相应弯矩值可知，在梁线刚度大于柱线刚度的情况下，只要结构和荷载不是非常不对称，则竖向荷载作用下框架结构的侧移较小，对杆端弯矩的影响也较小。

另外，由影响线理论及精确计算结果可知，框架各层横梁上的竖向荷载只对本层横梁及与之相连的上、下层柱的弯矩影响较大，对其他各层梁、柱的弯矩影响较小。也可从弯矩分配法的过程来理解，受荷载作用杆件的弯矩值通过弯矩的多次分配与传递，逐渐向左右上下衰减，在梁线刚度大于柱线刚度的情况下，柱中弯矩衰减得更快，因而对其他各层的杆端弯矩影响较小。

根据上述分析，计算竖向荷载作用下框架结构内力时，可采用以下两个简化假定：

①不考虑框架结构的侧移对其内力的影响。

②每层梁上的荷载仅对本层梁及其上、下柱的内力产生影响，对其他各层梁、柱内力的影响可忽略不计。

应当指出，上述假定中所指的内力不包括柱轴力，因为某层梁上的荷载对下部各层柱的轴力均有较大影响,不能忽略。

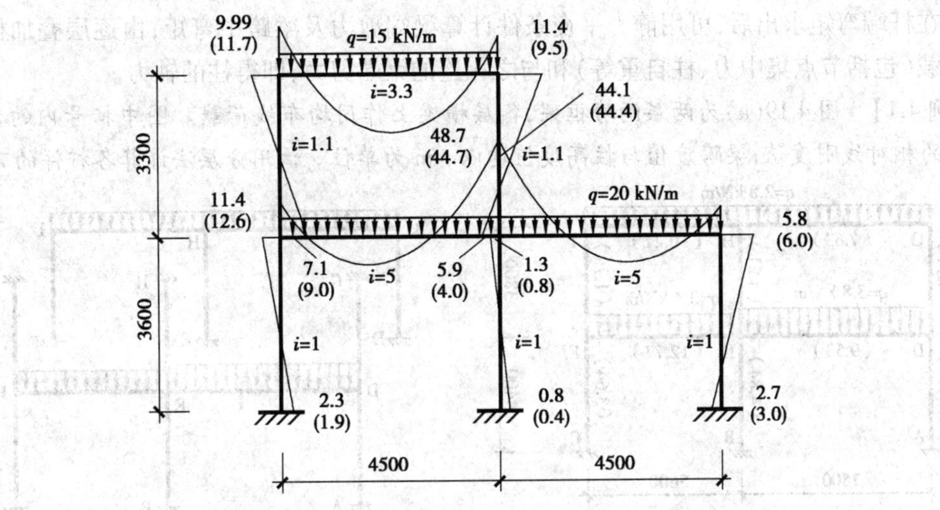

图 4.17 竖向荷载作用下框架弯矩图(单位:kN · m)

4.4.2 分层法

根据上述的两个简化假定,竖向荷载作用下框架结构的内力可采用分层法进行近似计算,具体步骤如下:

①将多层框架沿高度分成若干无侧移的敞口框架,每个敞口框架包括本层梁和与之相连的上、下层柱。梁上作用的荷载、各层柱高及梁跨度均与原结构相同,如图 4.18 所示。

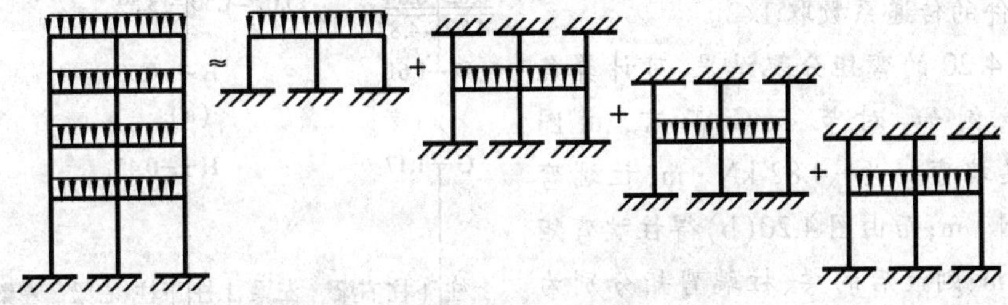

图 4.18 竖向荷载作用下框架分层示意图

②除底层柱的下端外,其他各柱的柱端应为弹性约束。为便于计算,均将其处理为固定端(图 4.18)。这样将使柱的弯曲变形有所减小,为消除这种影响,可把除底层柱以外的其他各层柱的线刚度乘以修正系数 0.9。

③用无侧移框架的计算方法(如弯矩分配法)计算各敞口框架的杆端弯矩,由此所得的梁端弯矩即为其最后的弯矩值;因每一柱属于上、下两层,所以每一柱端的最终弯矩值需将上、下层计算所得的弯矩值相加。在上、下层柱端弯矩值相加后,将引起新的节点不平衡弯矩,如欲进一步修正,可对这些不平衡弯矩再作一次弯矩分配。

如用弯矩分配法计算各敞口框架的杆端弯矩,在计算每个节点周围各杆件的弯矩分配系数时,应采用修正后的柱线刚度计算;并且底层柱和各层梁的传递系数均取 1/2,其他各层柱的传递系数改用1/3。

④在杆端弯矩求出后，可用静力平衡条件计算梁端剪力及梁跨中弯矩；由逐层叠加柱上的竖向荷载（包括节点集中力、柱自重等）和与之相连的梁端剪力，即得柱的轴力。

【例4.1】　图4.19(a)为两层两跨框架，各层横梁上作用均布线荷载。图中括号内的数值表示杆件的相对线刚度值；梁跨度值与柱高度值均以mm为单位。试用分层法计算各杆件的弯矩。

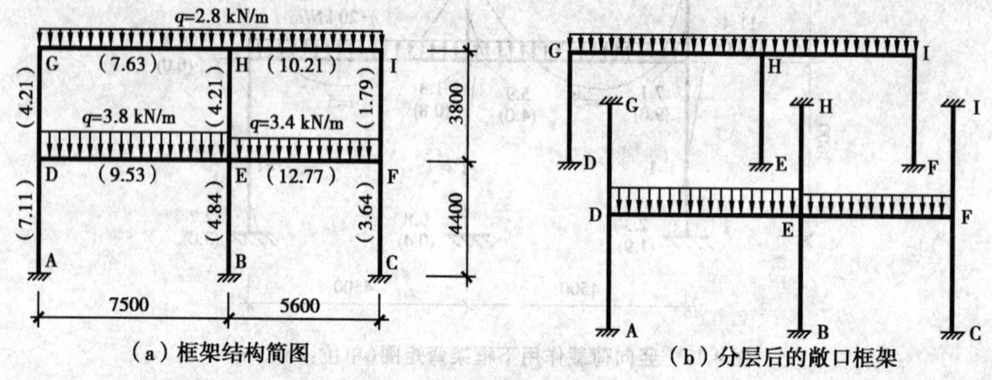

（a）框架结构简图　　（b）分层后的敞口框架

图4.19　例题4.1图

【解】　首先将原框架分解为两个敞口框架，如图4.19(b)所示。然后用弯矩分配法计算这两个敞口框架的杆端弯矩，计算过程见图4.20，其中梁的固端弯矩按$M=ql^2/12$计算。在计算弯矩分配系数时，DG、EH和FI柱的线刚度已乘系数0.9，这3根柱的传递系数均取1/3，其他杆件的传递系数取1/2。

根据图4.20的弯矩分配结果，可计算各杆端弯矩。例如，对节点G而言，由图4.20(a)得梁端弯矩为−4.82 kN · m，柱端弯矩为4.82 kN · m；而由图4.20(b)得柱端弯矩为1.17 kN · m；则最后的梁、柱端弯矩分别为−4.82 kN · m和4.82 kN · m+1.17 kN · m=5.99 kN · m。显然，节点出现的不平衡弯矩值为1.17 kN · m。现对此不平衡弯矩再作一次分配，则得梁端弯矩为−4.82 kN · m+(−1.17)kN · m×0.67=−5.60 kN · m，柱端弯矩为5.99 kN · m+(−1.17)kN · m×0.33=5.60 kN · m。对其余节点均如此计算，可得用分层法计算所得的杆端弯矩，如图4.21所示。图中还给出了梁跨中弯矩值，它是根据梁上作用的荷载及梁端弯矩值由静力平衡条

下柱	右梁	左梁	下柱	右梁	左梁	下柱
0.33	0.67	0.35	0.18	0.47	0.86	0.14
	−13.13	13.13		−7.32	7.32	
	−1.02	−2.03	−1.05	−2.73	−1.37	
4.67	9.48	4.74		−2.56	−5.12	−0.83
	−0.38	−0.76	−0.39	−1.02	−0.51	
0.13	0.25	0.13		0.22	0.44	0.07
	−0.06	−0.12	−0.06	−0.16	−0.08	
0.02	0.04	15.09	−1.50	−13.59	0.07	0.01
4.82	−4.82				0.75	−0.75
D −1.61			E −0.50			F −0.25

（a）

G 1.17				H −0.45					I −0.20
上柱	下柱	右梁	左梁	上柱	下柱	右梁	左梁	上柱	下柱
0.18	0.35	0.47	0.31	0.12	0.16	0.41	0.71	0.09	0.20
D		−17.81	17.81		E	−8.89	8.89		F
		−1.38	−2.77	−1.07	−1.43	−3.66	1.83		
3.45	6.72	9.02	4.51			−2.51	5.01	−0.64	−1.41
		−0.31	0.62	−0.24	−0.32	−0.82	−0.41		
0.06	0.11	0.12	0.06			0.15	0.29	0.04	0.08
		−0.04	−0.07	−0.03	−0.03	−0.09	−0.05		
0.01	0.01	0.02	18.92	−1.34	−1.78	−15.80	0.04	0.00	0.01
3.52	6.84	−10.36					1.92	−0.60	−1.32
A −3.42				B −0.50					C −0.66

（b）

图4.20　弯矩分配

件所得。

为了对分层法计算误差的大小有所了解,图 4.21 中尚给出了考虑框架侧移时的杆端弯矩(括号内的数值,可视为精确值)。由此可见,用分层法计算所得的梁端弯矩误差较小,柱端弯矩误差较大。

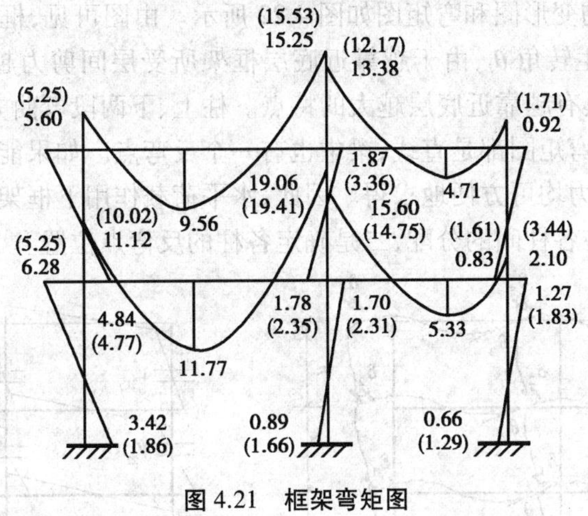

图 4.21 框架弯矩图

4.4.3 弯矩二次分配法计算要点及步骤

计算竖向荷载作用下多层多跨框架结构的杆端弯矩时,如采用无侧移框架的弯矩分配法,由于该法需要考虑任一节点的不平衡弯矩对框架结构所有杆件的影响,因而计算相当繁复。由4.4.1节的分析可知,多层框架中某节点的不平衡弯矩对与其相邻的节点影响较大,对其他节点的影响较小,因而可假定某一节点的不平衡弯矩只对与该节点相交的各杆件的远端有影响,这样可将弯矩分配法的循环次数简化到弯矩二次分配和一次弯矩传递,此即弯矩二次分配法。下面说明这种方法的具体计算步骤。

①根据各杆件的线刚度计算各节点的杆端弯矩分配系数,并计算竖向荷载作用下各跨梁的固端弯矩。

②计算框架各节点的不平衡弯矩,并对所有节点的不平衡弯矩反向后进行第一次分配。

③将所有杆端的分配弯矩分别向其远端传递(对于刚接框架,传递系数均取 1/2)。

④将各节点因传递弯矩而产生的新的不平衡弯矩反向后进行第二次分配,使各节点处于平衡状态。

⑤将各杆端的固端弯矩、分配弯矩和传递弯矩叠加,即得各杆端弯矩。

弯矩二次分配法的计算实例将在 4.10 节中给出。

4.5 水平荷载作用下框架结构内力和侧移的近似计算

水平荷载作用下框架结构的内力和侧移可用结构力学方法计算,手算时可采用近似方法计算。常用的近似算法有迭代法、反弯点法和 D 值法等。本节主要介绍反弯点法和 D 值法的基本原理和计算要点。

4.5.1 水平荷载作用下框架结构的受力及变形特点

框架结构在水平荷载(如风荷载、水平地震作用等)作用下,一般都可归结为受节点水平力的作用,这时梁柱杆件的变形图和弯矩图如图 4.22 所示。由图可见,框架的每个节点除产生相对水平位移 δ_i 外,还产生转角 θ_i,由于越靠近底层框架所受层间剪力越大,故各节点的相对水平位移 δ_i 和转角 θ_i 都具有越靠近底层越大的特点。柱上、下两段弯曲方向相反,柱中一般都有一个反弯点。梁和柱的弯矩图都是直线,梁中也有一个反弯点。如果能够求出各柱的剪力及其反弯点位置,则梁、柱内力均可方便地求得。因此,水平荷载作用下框架结构内力近似计算的关键:一是确定层间剪力在各柱间的分配,二是确定各柱的反弯点位置。

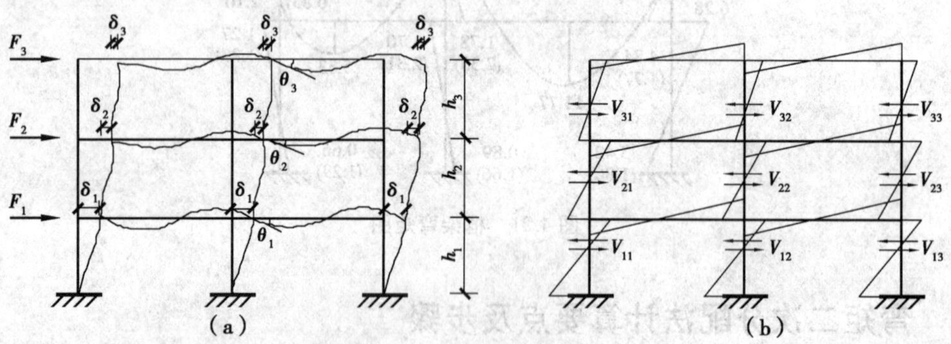

图 4.22 水平荷载作用下框架结构的变形图及弯矩图

4.5.2 反弯点法

当梁的线刚度比柱的线刚度大很多时(例如 $i_b/i_c>3$),梁柱节点的转角很小。如果忽略此转角的影响,则水平荷载作用下框架结构内力的计算方法可以简化,这种忽略梁柱节点转角影响的计算方法称为反弯点法。

1)反弯点法的基本假定

用反弯点法确定层间剪力在各柱之间分配以及反弯点位置时,需作下列假定:

①在确定各柱间的剪力分配比时,假定各柱上、下两端都不发生角位移,即认为梁的线刚度与柱的线刚度之比为无穷大。

②在确定各柱的反弯点位置时,假定除底层以外的各柱,受力后的上、下端将产生相同的转角。

③梁端弯矩可由节点平衡求出。

2)框架柱的侧向刚度

由上述假定①可知,用反弯点法确定层间剪力在各柱间的分配比时,柱的侧向刚度(柱上、下端产生单位相对位移所需要的剪力)可按图 4.23(c)所示计算简图确定,并用 D_0 表示,即

$$D_0=\frac{12i_c}{h^2} \tag{4.8}$$

式中,$i_c=EI/h$ 为柱的线刚度;h 为层高。

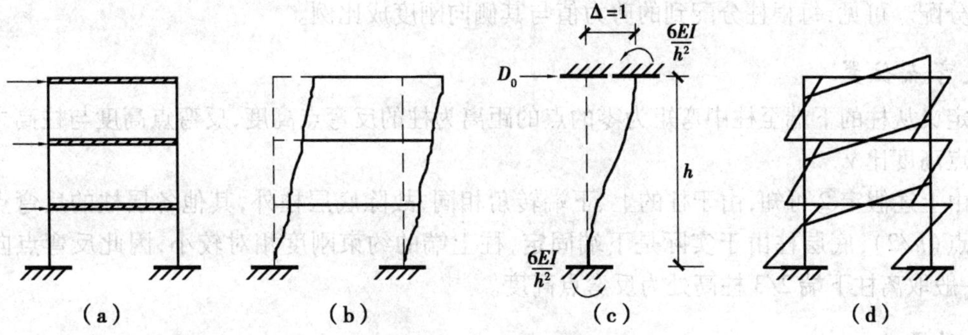

图 4.23　反弯点法柱的侧向刚度计算简图

3)层间剪力在各柱间的分配

从图 4.22(a)所示框架的第 2 层柱反弯点处截取脱离体(图 4.24),由水平方向力的平衡条件,可得该框架第 2 层的层间剪力 $V_2=F_2+F_3$。一般地,框架结构第 i 层的层间剪力 V_i 可表示为

$$V_i = \sum_{k=i}^{m} F_k \tag{4.9}$$

式中,F_k 为作用于第 k 层楼面处的水平荷载;m 为框架结构的总层数。

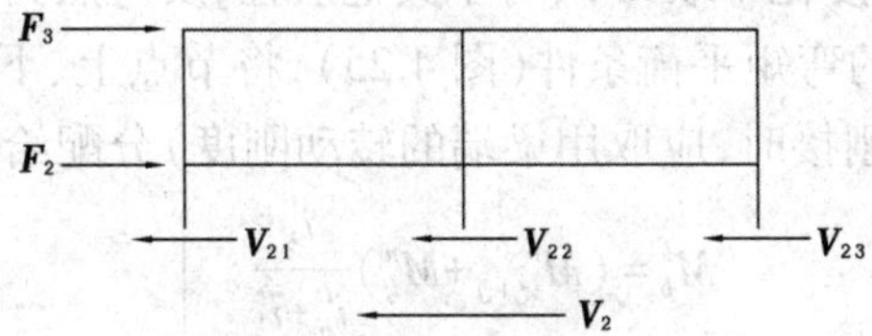

图 4.24　框架第 2 层脱离体图

令 V_{ij}表示第 i 层第 j 柱分配到的剪力,如该层共有 s 根柱,则由平衡条件可得

$$\sum_{j=1}^{s} V_{ij} = V_i \tag{a}$$

框架横梁的轴向变形一般很小,可以忽略不计,则同层各柱的相对侧移 δ_j 相等(变形协调条件),即

$$\delta_1=\delta_2=\cdots=\delta_j=\cdots=\delta \tag{b}$$

用 D_{0ij}表示框架结构第 i 层第 j 柱的侧向刚度,它是框架柱两端产生单位相对侧移所需的水平剪力,故亦称为框架柱的抗剪刚度,则由物理条件得

$$V_{ij}=D_{0ij}\cdot\delta_j \tag{c}$$

将式(c)代入式(a),并考虑式(b)的变形条件,则得

$$\delta_j=\delta=\frac{1}{\sum_{j=1}^{s} D_{0ij}}V_i \tag{d}$$

将式(d)代入式(c),得

$$V_{ij}=\frac{D_{0ij}}{\sum_{j=1}^{s} D_{0ij}}V_i \tag{4.10}$$

式(4.10)即为层间剪力 V_i 在各柱间的分配公式,它适用于整个框架结构同层各柱之间的

剪力分配。可见，每根柱分配到的剪力值与其侧向刚度成比例。

4）反弯点位置

定义从柱的下端至柱中弯矩为零的点的距离为柱的反弯点高度，反弯点高度与柱高之比为反弯点高度比 y。

由上述假定②可知，由于柱的上、下端转角相同，故除底层柱外，其他各层柱的反弯点均在柱中点（$h/2$）；底层柱由于实际是下端固定，柱上端的约束刚度相对较小，因此反弯点向上移动，一般取离柱下端 2/3 柱高处为反弯点高度。

5）计算要点

①由式（4.9）确定框架结构各层的层间剪力。

②由式（4.8）求柱的侧向刚度，代入式（4.10）计算第 i 层第 j 根柱的承担的剪力 V_{ij}。

③确定反弯点高度，求柱端弯矩。根据各层柱的反弯点高度比 y，可按下式计算第 i 层第 j 根柱的下端弯矩 M_{ij}^b 和上端弯矩 M_{ij}^u：

$$\left.\begin{aligned} M_{ij}^b &= V_{ij} \cdot yh \\ M_{ij}^u &= V_{ij} \cdot (1-y)h \end{aligned}\right\} \tag{4.11}$$

式中，对于底层柱，反弯点高度比 y 取 2/3；对于其他层柱，反弯点高度比 y 取 1/2。

④根据假定③，即节点的弯矩平衡条件（图 4.25），将节点上、下柱端弯矩之和按左、右梁的线刚度（当各梁远端不都是刚接时，应取用梁端的转动刚度）分配给梁端，即

$$\left.\begin{aligned} M_b^l &= (M_{i+1,j}^b + M_{ij}^u)\frac{i_b^l}{i_b^l + i_b^r} \\ M_b^r &= (M_{i+1,j}^b + M_{ij}^u)\frac{i_b^r}{i_b^l + i_b^r} \end{aligned}\right\} \tag{4.12}$$

式中，i_b^l，i_b^r 分别表示节点左、右梁的线刚度。

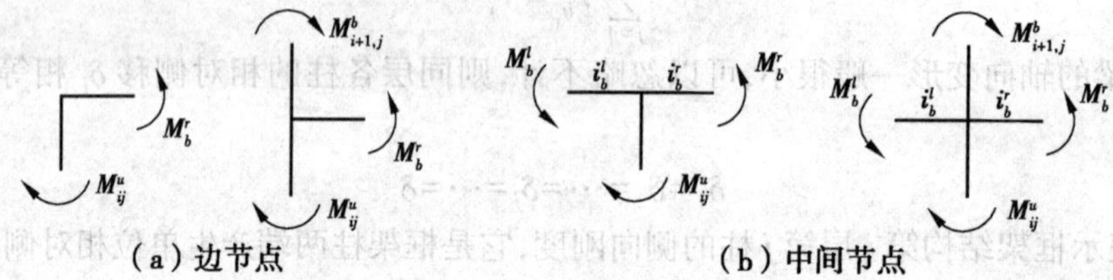

图 4.25　梁端弯矩计算

⑤根据梁端弯矩计算梁端剪力，再由梁端剪力计算柱轴力，这些均可由静力平衡条件计算。

由上述分析可见，反弯点法未考虑柱两端节点转动对其侧向刚度和反弯点位置的影响，是一种简化的近似计算方法，适用于梁柱线刚度比大于 3 的情况，一般用于初步设计中估算梁和柱在水平荷载作用下的弯矩值。

4.5.3　*D* 值法

1）框架柱的侧向刚度——*D* 值

首先讨论规则框架中除底层外的一般层柱。所谓规则框架是指各层层高、各跨跨度和各层

柱线刚度分别相等的框架,如图 4.26(a)所示。现从规则框架中取柱 AB 及与其相连的梁柱为脱离体[图 4.26(b)],框架侧移后,柱 AB 达到新的位置 A′B′。柱 AB 的相对侧移为 δ,弦转角为 $\varphi=\delta/h$,上、下端均产生转角 θ。

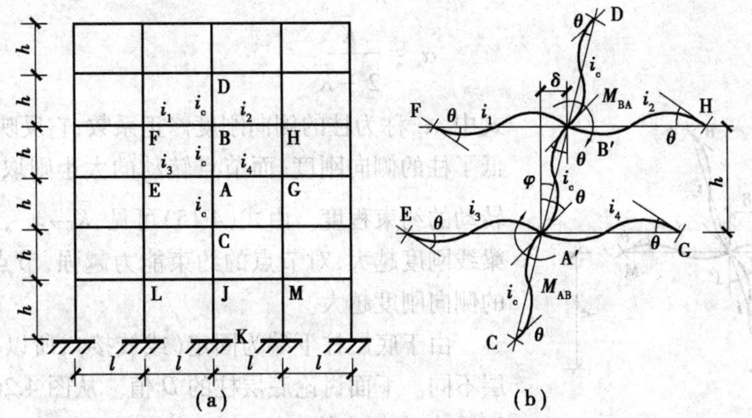

图 4.26 框架柱侧向刚度计算图式

图 4.26(b)所示的框架单元,有 8 个节点转角 θ 和 3 个弦转角 φ 共 11 个未知数,而只有节点 A、B 两个力矩平衡条件,无法求解。为此,作如下假定:

①柱 AB 两端及与之相邻各杆远端的转角 θ 均相等。

②柱 AB 及与之相邻的上、下层柱的弦转角 φ 均相等。

③柱 AB 及与之相邻的上、下层柱的线刚度 i_c 均相等。

由前两个假定,整个框架单元[图 4.26(b)]只剩下 θ 和 φ 两个未知数,用两个节点力矩平衡条件可以求解。

由转角位移方程及上述假定可得

$$M_{AB}=M_{BA}=M_{AC}=M_{BD}=4i_c\theta+2i_c\theta-6i_c\varphi=6i_c(\theta-\varphi)$$

$$M_{AE}=6i_3\theta,\quad M_{AG}=6i_4\theta,\quad M_{BF}=6i_1\theta,\quad M_{BH}=6i_2\theta$$

由节点 A 和节点 B 的力矩平衡条件分别得

$$6(i_3+i_4+2i_c)\theta-12i_c\varphi=0$$

$$6(i_1+i_2+2i_c)\theta-12i_c\varphi=0$$

将以上两式相加,经整理后得

$$\frac{\theta}{\varphi}=\frac{2}{2+\overline{K}} \tag{4.13}$$

式中,$\overline{K}=\sum i/2i_c=[(i_1+i_3)/2+(i_2+i_4)/2]/i_c$,表示节点两侧梁平均线刚度与柱线刚度的比值,简称梁柱线刚度比。

柱 AB 所受到的剪力为

$$V=-\frac{M_{AB}+M_{BA}}{h}=\frac{12i_c}{h}\left(1-\frac{\theta}{\varphi}\right)\varphi$$

将式(4.13)代入上式得

$$V=\frac{\overline{K}}{2+\overline{K}}\cdot\frac{12i_c}{h}\varphi=\frac{\overline{K}}{2+\overline{K}}\cdot\frac{12i_c}{h^2}\cdot\delta$$

由此可得柱的侧向刚度 D 为

$$D=\frac{V}{\delta}=\frac{\overline{K}}{2+\overline{K}}\cdot\frac{12i_c}{h^2}=\alpha_c\frac{12i_c}{h^2} \tag{4.14a}$$

$$\alpha_c=\frac{\overline{K}}{2+\overline{K}} \tag{4.15a}$$

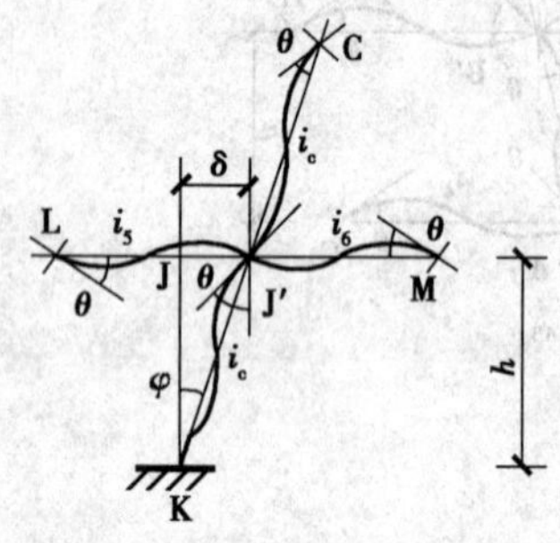

图 4.27 底层柱 D 值计算图式

式中，α_c 称为柱的侧向刚度修正系数，它反映了节点转动降低了柱的侧向刚度，而节点转动的大小则取决于梁对节点转动的约束程度。由式(4.15)可见，$\overline{K}\to\infty$，$\alpha_c\to 1$，这表明梁线刚度越大，对节点的约束能力越强，节点转动越小，柱的侧向刚度越大。

由于底层柱下端为固定(或铰接)，所以其 D 值与一般层不同。下面讨论底层柱的 D 值。从图 4.26(a)中取出柱 JK 和与之相连的上柱和左、右梁，如图 4.27 所示。

底层柱下端截面无转角，由转角位移方程得

$$M_{JK}=4i_c\theta-6i_c\varphi,\quad M_{KJ}=2i_c\theta-6i_c\varphi$$
$$M_{JL}=6i_5\theta,\quad M_{JM}=6i_6\theta$$

柱 JK 所受的剪力为

$$V_{JK}=-\frac{M_{JK}+M_{KJ}}{h}=-\frac{6i_c\theta-12i_c\varphi}{h}=\frac{12i_c}{h^2}\left(1-\frac{1}{2}\frac{\theta}{\varphi}\right)\delta$$

则柱 JK 的侧向刚度为

$$D=\frac{V_{Jk}}{\delta}=\left(1-\frac{1}{2}\frac{\theta}{\varphi}\right)\frac{12i_c}{h^2}=\alpha_c\frac{12i_c}{h^2} \tag{4.14b}$$

式中，$\alpha_c=1-\frac{1}{2}\frac{\theta}{\varphi}$。

设
$$\beta=\frac{M_{JK}}{M_{JL}+M_{JM}}=\frac{4i_c\theta-6i_c\varphi}{6(i_5+i_6)\theta}=\frac{2\theta-3\varphi}{3\overline{K}\theta}$$

则
$$\frac{\theta}{\varphi}=\frac{3}{2-3\beta\overline{K}}$$

故
$$\alpha_c=1-\frac{1}{2}\frac{\theta}{\varphi}=\frac{0.5-3\beta\overline{K}}{2-3\beta\overline{K}}$$

式中，$\overline{K}=(i_5+i_6)/i_c$，$\beta$ 表示柱所承受的弯矩与其两侧梁弯矩之和的比值，因梁、柱弯矩反向，故 β 为负值。实际工程中，$\overline{K}$ 值通常在 0.3~5.0 内变化，β 在−0.14~−0.50 变化，相应的 α_c 值为 0.30~0.84。为简化计算且在保证精度的条件下，可取 $\beta=-1/3$，则 α_c 可简化为

$$\alpha_c=\frac{0.5+\overline{K}}{2+\overline{K}} \tag{4.15b}$$

同理，当底层柱的下端为铰接时，可得

$$M_{JK}=3i_c\theta-3i_c\varphi,\ M_{KJ}=0$$

$$V_{JK}=-\frac{3i_c\theta-3i_c\varphi}{h}=\left(1-\frac{\theta}{\varphi}\right)\frac{3i_c}{h^2}\delta$$

$$D=\frac{V_{JK}}{\delta}=\frac{1}{4}\left(1-\frac{\theta}{\varphi}\right)\frac{12i_c}{h^2}=\alpha_c\frac{12i_c}{h^2} \tag{4.14c}$$

式中 $\alpha_c=\dfrac{1}{4}\left(1-\dfrac{\theta}{\varphi}\right)$

令 $\beta=\dfrac{M_{JK}}{M_{JL}+M_{JM}}=\dfrac{\theta-\varphi}{2\overline{K}\theta}$

则 $\dfrac{\theta}{\varphi}=\dfrac{1}{1-2\beta\overline{K}}$

当 $\overline{K}$ 取不同值时，β 通常在 $-1\sim-0.67$ 内变化，为简化计算且在保证精度的条件下，可取 $\beta=-1$，则得 $\theta/\varphi=1/(1+2\overline{K})$，故

$$\alpha_c=\frac{0.5\overline{K}}{1+2\overline{K}} \tag{4.15c}$$

综上所述，各种情况下柱的侧向刚度 D 值均可按式(4.14)计算，其中系数 α_c 及梁柱线刚度比 $\overline{K}$ 按表 4.2 所列公式计算。

表 4.2 柱侧向刚度修正系数 α_c

<table>
<tr><th colspan="2" rowspan="2">位 置</th><th colspan="2">边 柱</th><th colspan="2">中 柱</th><th rowspan="2">α_c</th></tr>
<tr><th>简 图</th><th>$\overline{K}$</th><th>简 图</th><th>$\overline{K}$</th></tr>
<tr><td colspan="2">一般层</td><td>i_c i_2 i_4</td><td>$\overline{K}=\dfrac{i_2+i_4}{2i_c}$</td><td>$i_1$ i_2 i_c i_3 i_4</td><td>$\overline{K}=\dfrac{i_1+i_2+i_3+i_4}{2i_c}$</td><td>$\alpha_c=\dfrac{\overline{K}}{2+\overline{K}}$</td></tr>
<tr><td rowspan="2">底层</td><td>固接</td><td>i_c i_2</td><td>$\overline{K}=\dfrac{i_2}{i_c}$</td><td>$i_1$ i_2 i_c</td><td>$\overline{K}=\dfrac{i_1+i_2}{i_c}$</td><td>$\alpha_c=\dfrac{0.5+\overline{K}}{2+\overline{K}}$</td></tr>
<tr><td>铰接</td><td>i_c i_2</td><td>$\overline{K}=\dfrac{i_2}{i_c}$</td><td>$i_1$ i_2 i_c</td><td>$\overline{K}=\dfrac{i_1+i_2}{i_c}$</td><td>$\alpha_c=\dfrac{0.5\overline{K}}{1+2\overline{K}}$</td></tr>
</table>

2) 柱的反弯点高度 yh

柱的反弯点高度 yh 是指柱中反弯点至柱下端的距离，如图 4.28 所示，其中 y 称为反弯点高度比。对图 4.28 所示的单层框架，由几何关系得反弯点高度比 y 为

$$y=\frac{3\overline{K}+1}{6\overline{K}+1} \tag{4.16}$$

式中，$\overline{K}=i_b/i_c$，表示梁柱线刚度比。

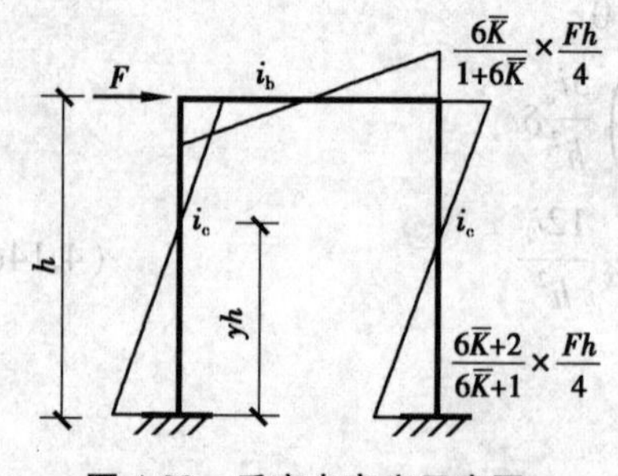

图 4.28　反弯点高度示意图

由式(4.16)可见，在单层框架中，反弯点高度比 y 主要与梁柱线刚度比 $\bar{K}$ 有关。当横梁线刚度很弱（$\bar{K}\approx 0$）时，$y=1.0$，反弯点移至柱顶，横梁相当于铰支连杆；当横梁线刚度很强（$\bar{K}\to\infty$）时，$y=0.5$，反弯点在柱子中点，柱上端可视为有侧移但无转角的约束。

根据上述分析，对于多、高层框架结构，可以认为柱的反弯点位置主要与柱两端的约束刚度有关。而影响柱端约束刚度的主要因素，除了梁柱线刚度比外，还有结构总层数及该柱所在的楼层位置、上层与下层梁线刚度比、上下层层高变化以及作用于框架上的荷载形式等。因此，框架各柱的反弯点高度比 y 可用下式表示：

$$y=y_n+y_1+y_2+y_3 \tag{4.17}$$

式中，y_n 表示标准反弯点高度比；y_1 表示上、下层横梁线刚度变化时反弯点高度比的修正值；y_2、y_3 表示上、下层层高变化时反弯点高度比的修正值。

(1)标准反弯点高度比 y_n

y_n 表示规则框架[图 4.26(a)]的反弯点高度比。对于承受均布水平荷载、倒三角形分布水平荷载和顶点集中水平荷载作用的规则框架，其第 n 层框架柱的标准反弯点高度比 y_n 主要与梁柱线刚度比 $\bar{K}$、结构总层数 m 以及该柱所在的楼层位置 n 有关。为了便于应用，对上述 3 种荷载作用下的标准反弯点高度比 y_n 已制成数字表格，见附表 7.1~7.3，计算时可直接查用。应当注意，按附表 7.1~7.3 查取 y_n 时，梁柱线刚度比 $\bar{K}$ 应按表 4.2 所列公式计算。

(2)上、下横梁线刚度变化时反弯点高度比的修正值 y_1

若与某层柱相连的上、下横梁线刚度不同，则其反弯点位置不同于标准反弯点位置 y_nh，其修正值为 y_1h，如图 4.29 所示。y_1 可由附表 7.4 查取。

由附表 7.4 查 y_1 时，梁柱线刚度比 $\bar{K}$ 仍按表 4.2 所列公式确定。当 $i_1+i_2<i_3+i_4$ 时，取 $\alpha_1=(i_1+i_2)/(i_3+i_4)$，则由 α_1 和 $\bar{K}$ 从附表 7.4 查出 y_1，这时反弯点应向上移动，y_1 取正值[图 4.29(a)]；当 $i_3+i_4<i_1+i_2$ 时，取 $\alpha_1=(i_3+i_4)/(i_1+i_2)$，由 α_1 和 $\bar{K}$ 从附表 7.4 查出 y_1，这时反弯点应向下移动，故 y_1 取负值[图 4.29(b)]。

对底层框架柱，不考虑修正值 y_1。

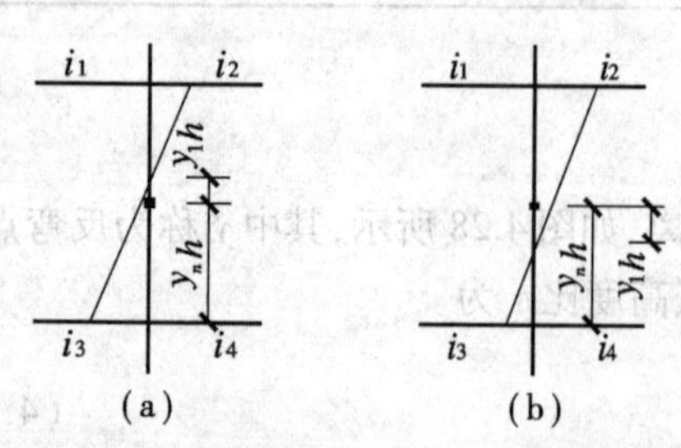

图 4.29　梁刚度变化时对反弯点位置的修正

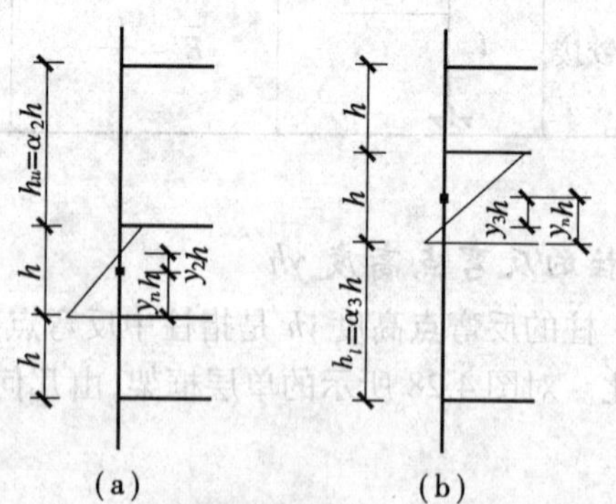

图 4.30　层高变化时对反弯点位置的修正

(3)上、下层层高变化时反弯点高度比的修正值 y_2 和 y_3

当与某柱相邻的上层或下层层高改变时,柱上端或下端的约束刚度发生变化,引起反弯点移动,其修正值为 y_2h 或 y_3h。y_2 和 y_3 可由附表 7.5 查取。

如与某柱相邻的上层层高较大[图 4.30(a)]时,其上端的约束刚度相对较小,所以反弯点向上移动,移动值为 y_2h。令 $\alpha_2 = h_u/h > 1.0$,则按 α_2 和 $\overline{K}$ 可由附表 7.5 查出 y_2,y_2 为正值;当 $\alpha_2 < 1.0$ 时,y_2 为负值,反弯点向下移动。

当与某柱相邻的下层层高变化[图 4.30(b)]时,令 $\alpha_3 = h_l/h$,若 $\alpha_3>1.0$ 时,则 y_3 为负值,反弯点向下移动;若 $\alpha_3<1.0$,则 y_3 为正值,反弯点向上移动。

对顶层柱不考虑修正值 y_2,对底层柱不考虑修正值 y_3。

3)D 值法计算要点

①按式(4.9)计算框架结构各层层间剪力 V_i。

②按式(4.14)计算各柱的侧向刚度 D_{ij},然后按下式求出柱的剪力 V_{ij}:

$$V_{ij} = \frac{D_{ij}}{\sum_{j=1}^{s} D_{ij}} V_i \tag{4.18}$$

③按式(4.17)及相应的表格(附表 7.1~7.5)确定各柱的反弯点高度比 y,并按式(4.11)计算柱端弯矩。

④根据节点的弯矩平衡条件(图 4.24),由式(4.12)计算梁端弯矩。

⑤根据梁端弯矩计算梁端剪力,再由梁端剪力计算柱轴力。

由上述分析可见,与反弯点法相比,D 值法考虑了柱两端节点转动对其侧向刚度和反弯点位置的影响,因此,此法是一种合理且计算精度较高的近似计算方法,适用于一般多、高层框架结构在水平荷载作用下的内力和侧移计算。

【例 4.2】 图 4.31(a)所示为两层两跨框架,图中括号内的数字表示杆件的相对线刚度值($i/10^8$)。试用 D 值法计算该框架结构的内力。

【解】 (1)按式(4.9)计算层间剪力

$$V_2 = 110\ \text{kN};\quad V_1 = 110+85 = 195(\text{kN})$$

(2)按式(4.14)计算各柱的侧向刚度,其中 α_c 和 $\overline{K}$ 按表 4.2 所列的相应公式计算。计算过程及结果见表 4.3。

表 4.3 柱侧向刚度计算表

层次	柱别	$\overline{K}$	α_c	D_{ij}(N/mm)	$\sum D_{ij}$(N/mm)
2	A	$\frac{7.5+7.5}{2\times5.9}=1.271$	$\frac{1.271}{2+1.271}=0.389$	$0.389\times\frac{12\times5.9\times10^8}{3600^2}=212.291$	748.158
	B	$\frac{2\times(7.5+8.2)}{2\times5.9}=2.661$	$\frac{2.661}{2+2.661}=0.571$	$0.571\times\frac{12\times5.9\times10^8}{3600^2}=311.886$	
	C	$\frac{8.2+8.2}{2\times5.9}=1.390$	$\frac{1.390}{2+1.390}=0.410$	$0.410\times\frac{12\times5.9\times10^8}{3600^2}=223.981$	

续表

层次	柱别	$\overline{K}$	α_c	D_{ij}(N/mm)	$\sum D_{ij}$(N/mm)
1	A	$\frac{7.5}{4.4}=1.705$	$\frac{0.5+1.705}{2+1.705}=0.595$	$0.595\times\frac{12\times4.4\times10^8}{4800^2}=136.375$	444.003
	B	$\frac{7.5+8.2}{4.4}=3.568$	$\frac{0.5+3.568}{2+3.568}=0.731$	$0.731\times\frac{12\times4.4\times10^8}{4800^2}=167.432$	
	C	$\frac{8.2}{4.4}=1.864$	$\frac{0.5+1.864}{2+1.864}=0.612$	$0.612\times\frac{12\times4.4\times10^8}{4800^2}=140.196$	

(3)根据表4.3所列的D_{ij}及$\sum D_{ij}$值,按式(4.18)计算各柱的剪力值V_{ij}。计算过程及结果见表4.4。

(4)按式(4.17)确定各柱的反弯点高度比,然后按式(4.11)计算各柱上、下端的弯矩值。计算过程及结果见表4.4。

根据图4.31(a)所示的水平力分布,确定y_n时可近似地按均布荷载考虑;本例中$y_1=0$;对第1层柱,因$\alpha_2=3.6/4.8=0.75$,所以y_2为负值,但由α_2及表4.3中的相应$\overline{K}$值,查附表7.5得$y_2=0$;对第2层柱,因$\alpha_3=4.8/3.6=1.33>1.0$,所以$y_3$为负值,但由$\alpha_3$及表4.3中的相应$\overline{K}$值,查附表7.5得$y_3=0$。由此可知,附表中根据数值大小及其影响,已作了一定简化。

(5)按式(4.12)计算梁端弯矩,再由梁端弯矩计算梁端剪力,最后由梁端剪力计算柱轴力。计算过程及结果见表4.5。

表4.4 柱的剪力及柱端弯矩计算表

层次	柱别	$V_{ij}=\frac{D_{ij}}{\sum D_{ij}}V_i$	y	$M_{ij}^b=V_{ij}\cdot yh$	$M_{ij}^u=V_{ij}(1-y)h$
2	A	$\frac{212.291}{748.158}\times110=31.213$	0.41	31.213×0.41×3.6=46.469	31.213×0.59×3.6=65.897
	B	$\frac{311.886}{748.158}\times110=45.856$	0.45	45.856×0.45×3.6=74.286	45.856×0.55×3.6=90.795
	C	$\frac{223.981}{748.158}\times110=32.931$	0.42	32.931×0.42×3.6=49.733	32.931×0.58×3.6=68.820
1	A	$\frac{136.375}{444.003}\times195=59.894$	0.57	59.894×0.57×4.8=162.347	59.894×0.43×4.8=125.145
	B	$\frac{167.432}{444.003}\times195=73.534$	0.55	73.534×0.55×4.8=194.129	73.534×0.45×4.8=158.833
	C	$\frac{140.196}{444.003}\times195=61.572$	0.56	61.572×0.56×4.8=164.560	61.572×0.44×4.8=130.986

注:表中剪力的量纲为kN;弯矩的量纲为kN·m。

表 4.5 梁端弯矩、剪力及柱轴力计算表

层次	梁别	M_b^l (kN·m)	M_b^r (kN·m)	V_b(kN)	N_A(kN)	N_B(kN)	N_C(kN)
2	AB	65.897	$\frac{7.5}{7.5+8.2}\times 90.795$ $=43.373$	$-\frac{(65.897+43.373)}{7.2}$ $=-15.176$	−15.176	−(17.612−15.176) = −2.436	17.612
	BC	$\frac{8.2}{7.5+8.2}\times 90.795$ $=47.421$	68.820	$-\frac{47.421+68.820}{6.6}$ $=-17.612$			
1	AB	46.469+125.145 =171.614	$\frac{7.5}{7.5+8.2}\times$ (74.286+158.833) = 111.363	$-\frac{171.614+111.363}{7.2}$ $=-39.302$	−(15.176+39.302) = −54.479	−[(45.830−39.302)+2.436] = −8.963	17.612+45.830= 63.442
	BC	$\frac{8.2}{7.5+8.2}\times$ (74.286+158.833) = 121.757	49.733+130.986 = 180.719	$-\frac{121.757+180.719}{6.6}$ $=-45.830$			

注：1.表中梁端弯矩、剪力均以绕梁端截面顺时针方向旋转为正；柱轴力为以受压为正。

2.本表中的 M_b^l 及 M_b^r 系分别表示同一梁的左端弯矩及右端弯矩。

框架弯矩图如图 4.31(b)所示。

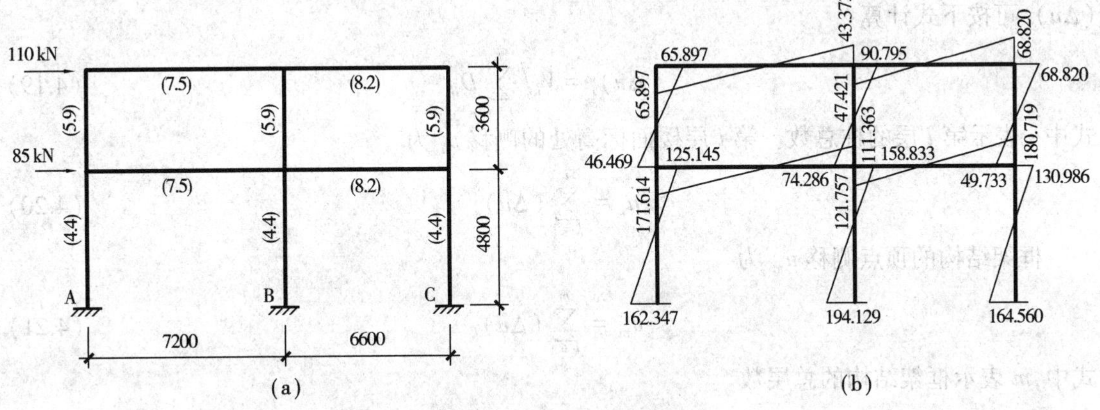

图 4.31 框架及其弯矩图

4.5.4 框架结构侧移的近似计算

1)框架结构的变形特点

水平荷载作用下，框架结构的侧移一般由两部分组成(图 4.32)：一是由水平荷载引起的楼层剪力，使梁、柱构件产生弯曲变形，形成框架结构的整体剪切变形 u_s[图 4.32(b)]；二是由水平荷载引起的倾覆力矩，使框架柱产生轴向变形(一侧柱拉伸，另一侧柱压缩)，形成框架结构的整体弯曲变形 u_b[图 4.32(c)]。当框架结构房屋的层数不多时，其侧移主要表现为整体剪切变形,整体弯曲变形的影响很小。以下分别讨论梁、柱弯曲变形和柱轴向变形引起框架结构的侧移。

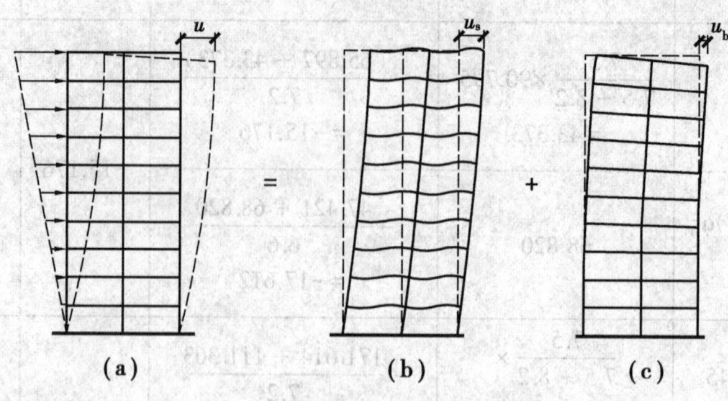

图 4.32　框架结构的侧移

2)梁、柱弯曲变形引起的侧移

水平荷载作用下,层间剪力使框架层间的梁、柱产生弯曲变形并引起侧移,其侧移曲线与等截面剪切悬臂柱的剪切变形曲线相似,曲线凹向结构的竖轴,层间相对侧移是下大上小,故这种变形称为框架结构的总体剪切变形(图 4.33)。由于剪切变形主要表现为层间构件的错动,楼盖仅产生平移,所以可用下述近似方法计算其侧移。

设 V_i 为第 i 层的层间剪力,$\sum_{j=1}^{s} D_{ij}$ 为该层的总侧向刚度,则框架第 i 层的层间相对侧移 $(\Delta u)_i$ 可按下式计算:

$$(\Delta u)_i = V_i \Big/ \sum_{j=1}^{s} D_{ij} \tag{4.19}$$

式中 s 表示第 i 层的柱总数。第 i 层楼面标高处的侧移 u_i 为

$$u_i = \sum_{k=1}^{i} (\Delta u)_k \tag{4.20}$$

框架结构的顶点侧移 u_m 为

$$u_m = \sum_{k=1}^{m} (\Delta u)_k \tag{4.21}$$

式中,m 表示框架结构的总层数。

3)柱轴向变形引起的侧移

水平荷载引起的倾覆力矩,使框架结构一侧的柱产生轴向拉力并伸长,另一侧的柱产生轴向压力并缩短,从而引起侧移[图 4.34(a)]。这种侧移曲线凸向结构竖轴,其层间相对侧移下小上大,与等截面悬臂柱的弯曲变形曲线相似,故称为框架结构的总体弯曲变形[图 4.34(b)]。

柱轴向变形引起的框架侧移,可借助计算机用矩阵位移法求得精确值,也可用近似方法得到近似值。采用连续积分法计算柱轴向变形引起的侧移时,假定水平荷载只在边柱中产生轴力及轴向变形。在任意分布的水平荷载作用下[图 4.34(a)],边柱的轴力可近似地按下式计算:

$$N = \pm M(z)/B = \pm \frac{1}{B}\int_{z}^{H} q(\tau)(\tau - z)\,\mathrm{d}\tau \tag{4.22}$$

式中,$M(z)$ 表示水平荷载在 z 高度处产生的倾覆力矩;B 表示外柱轴线间的距离;H 表示结构总

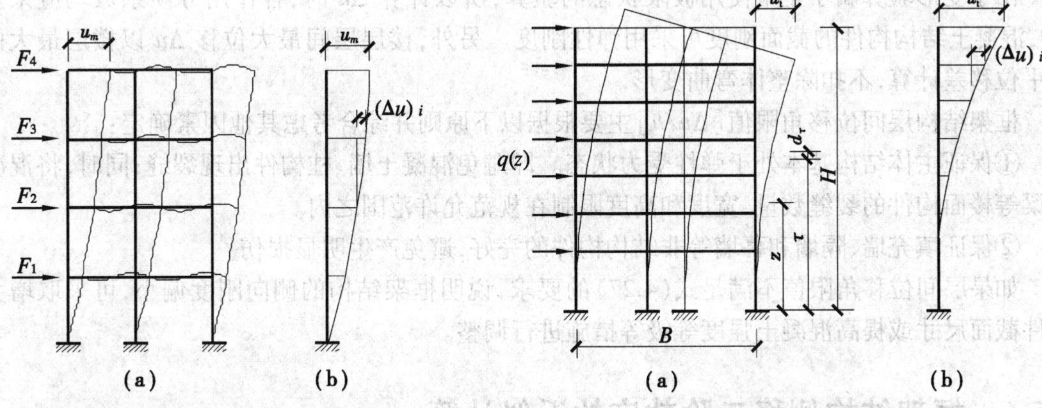

图 4.33 框架结构的剪切变形 图 4.34 框架结构的弯曲变形

高度。

假定柱轴向刚度由结构底部的$(EA)_b$线性地变化到顶部的$(EA)_t$，并采用图 4.34(a)所示坐标系，则由几何关系可得 z 高度处的轴向刚度 EA 为

$$EA=(EA)_b\left(1-\frac{b}{H}z\right) \tag{4.23}$$

$$b=1-(EA)_t/(EA)_b \tag{4.24}$$

采用单位荷载法可求得结构顶点侧移 u_t 为

$$u_t=2\int_0^H\frac{\overline{N}N}{EA}\mathrm{d}z \tag{4.25}$$

式中，$\overline{N}$ 表示在框架结构顶点作用单位水平力时，在 z 高度处产生的柱轴力。

对于不同形式的水平荷载，经积分运算后，可将结构顶点位移 u_t 写成统一公式：

$$u_t=\frac{V_0H^3}{B^2(EA)_b}F(b) \tag{4.26}$$

式中，V_0 为结构底部总剪力；$F(b)$表示与 b 有关的函数。

由式(4.26)可见，房屋高度越大（H 越大），宽度越小（B 越小），则柱轴向变形引起的侧移越大。因此，当房屋高度较大或高宽比（H/B）较大时，宜考虑柱轴向变形对框架结构侧移的影响。

4.5.5 框架结构的水平位移控制

水平荷载作用下框架结构的侧向刚度与梁、柱截面尺寸等有关。框架结构的侧向刚度过小，水平位移过大，将影响结构正常使用；侧向刚度过大，水平位移过小，虽满足使用要求，但不满足经济性要求。因此，框架结构的侧向刚度宜合适，一般以使结构满足层间位移限值为宜。

我国《高层规程》规定，按弹性方法计算的楼层层间最大位移与层高之比 $\Delta u/h$ 宜小于其限值$[\Delta u/h]$，即

$$\Delta u/h\leqslant[\Delta u/h] \tag{4.27}$$

式中，$[\Delta u/h]$表示层间位移角限值，对框架结构取 1/550；h 为层高。

由于变形验算属于正常使用极限状态的验算,所以计算 Δu 时,各作用分项系数均应采用1.0,混凝土结构构件的截面刚度可采用弹性刚度。另外,楼层层间最大位移 Δu 以楼层最大的水平位移差计算,不扣除整体弯曲变形。

框架结构层间位移角限值[$\Delta u/h$]主要根据以下原则并综合考虑其他因素确定:

①保证主体结构基本处于弹性受力状态。即避免混凝土墙、柱构件出现裂缝;同时,将混凝土梁等楼面构件的裂缝数量、宽度和高度限制在规范允许范围之内。

②保证填充墙、隔墙和幕墙等非结构构件的完好,避免产生明显损伤。

如果层间位移角限值不满足式(4.27)的要求,说明框架结构的侧向刚度偏小,可采取增大构件截面尺寸或提高混凝土强度等级等措施进行调整。

4.5.6 框架结构侧移二阶效应的近似计算

二阶效应是指在产生了挠曲变形或层间位移的结构构件中,由轴向压力引起的附加内力。对于有侧移框架,二阶效应主要是指竖向荷载在产生了侧移的框架中引起的附加内力,也称侧移二阶效应或重力二阶效应(P-Δ 效应)。

我国《高层规程》规定,在水平荷载作用下,当框架结构满足下式规定时,可不考虑重力二阶效应的不利影响。

$$D_i \geqslant 20\sum_{j=i}^{n}\frac{G_j}{h_i} \quad (i=1,2,\cdots,n) \tag{4.28}$$

式中 D_i ——第 i 楼层的弹性等效侧向刚度,可取该层剪力与层间位移的比值;

h_i ——第 i 楼层层高;

G_j ——第 j 楼层重力荷载设计值,取1.2倍的永久荷载标准值与1.4倍的可变荷载标准值的组合值;

n ——结构计算总层数。

框架结构的侧向刚度不满足以上规定时,结构弹性计算时应考虑侧移二阶效应对水平力作用下结构内力和位移的不利影响。当采用增大系数法近似计算侧移二阶效应时,应对未考虑 P-Δ 效应的一阶弹性分析所得的柱端和梁端弯矩以及层间位移分别按下式乘以增大系数 η_s:

$$M \geqslant M_{ns} + \eta_s M_s \tag{4.29}$$

$$\Delta = \eta_s \Delta_1 \tag{4.30}$$

式中 M_s——引起结构侧移的荷载所产生的一阶弹性分析构件端弯矩设计值;

M_{ns}——不引起结构侧移的荷载所产生的一阶弹性分析构件端弯矩设计值;

Δ_1——一阶弹性分析的层间位移;

η_s——P-Δ 效应增大系数,其中梁端 η_s 取为相应节点处上、下柱端或上、下墙肢端 η_s 的平均值。

框架结构中,所计算楼层各柱的 η_s 可按下列公式计算:

$$\eta_s = \frac{1}{1-\dfrac{\sum N_j}{DH_0}} \tag{4.31}$$

式中 D ——所计算楼层的侧向刚度,考虑到构件开裂及屈服以后截面刚度降低,计算框架结构构件弯矩增大系数时，对梁、柱的截面弹性抗弯刚度 E_cI 应分别乘以折减系数 0.4、0.6；计算结构位移的增大系数 η_s 时，不对刚度进行折减；

N_j ——计算楼层第 j 列柱轴力设计值；

H_0——所计算楼层的层高。

4.6 荷载组合的效应设计值及构件设计

4.6.1 荷载效应组合

框架结构在各种荷载作用下的荷载效应（内力、位移等）确定之后，必须进行荷载效应组合，才能求得框架梁、柱各控制截面的最不利内力。

一般来说，对于构件某个截面的某种内力，并不一定是所有荷载同时作用时其内力最为不利（即最大），而可能是在一些荷载作用下产生最不利内力。因此，必须对构件的控制截面进行最不利内力组合。

1）控制截面及最不利内力

构件内力一般沿其长度变化。为了便于施工，构件配筋通常不完全与内力一样变化，而是分段配筋。设计时可根据内力图的变化特点，选取内力较大或截面尺寸改变处的截面作为控制截面，并按控制截面内力进行配筋计算。

框架梁的控制截面通常是梁两端支座和跨中 3 个截面。竖向荷载作用下，梁支座截面会出现最大负弯矩和最大剪力作用，水平荷载作用下还可能出现正弯矩。因此，梁支座截面需要考虑 3 种最不利内力：最大负弯矩（$-M_{max}$）、最大正弯矩（$+M_{max}$）和最大剪力（V_{max}）；跨中截面的最不利内力一般是最大正弯矩（$+M_{max}$），有时也可能出现最大负弯矩（$-M_{max}$）。

与框架梁相比，框架柱的最不利内力更复杂一些。框架柱的弯矩在柱的两端最大，剪力和轴力在同一层柱内通常无变化。因此，柱的控制截面为柱上、下端截面。柱属于偏心受力构件，随着截面上所作用的弯矩和轴力的不同组合，构件可能发生不同形态的破坏，故不利内力组合有若干组。此外，同一柱端截面在不同内力组合时可能出现正弯矩或负弯矩，但框架柱一般采用对称配筋，所以只需选择绝对值最大的弯矩即可。柱的正截面承载力计算与弯矩 M 和轴力 N 的大小有关，还与偏心距（M 与 N 的比值）有关，根据对称配筋偏心受压柱截面内力与配筋之间的关系，框架柱控制截面最不利内力组合一般有以下 4 种：

①$|M|_{max}$ 及相应的 N、V。

②N_{max} 及相应的 M、V。

③N_{min} 及相应的 M、V。

④$|V|_{max}$ 及相应的 N。

这 4 组内力组合的前 3 组用来计算柱正截面受压承载力，以确定纵向受力钢筋数量；第 4 组用以计算斜截面受剪承载力，以确定箍筋数量。

应当指出，结构弹性分析所得的内力是构件轴线处的内力值，而梁支座截面的最不利位置是柱边缘处，如图 4.35 所示。此外，不同荷载作用下构件内力的变化规律也不同。因此，内力组合前应先由各种荷载作用下柱轴线处梁的弯矩值计算出柱边缘处梁的弯矩值（图 4.35），然

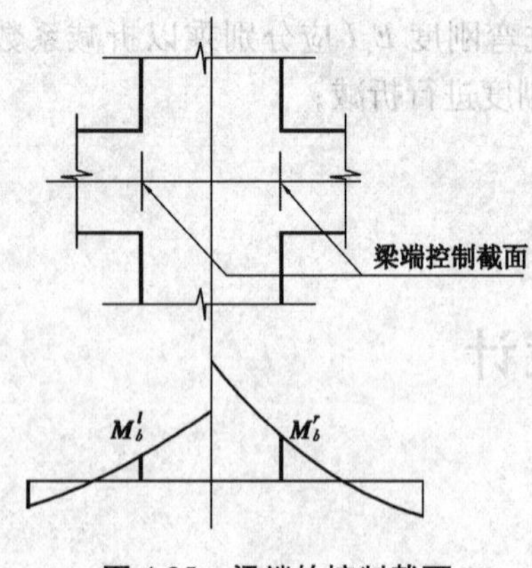

图 4.35　梁端的控制截面

后进行内力组合。

2)活荷载的不利布置

作用于框架结构的竖向荷载有恒荷载与活荷载。恒荷载的作用位置和大小均固定不变,按实际情况作用结构上,计算其作用效应。

楼面活荷载的大小和位置随时间而变化,由于其作用位置不同,结构构件的内力将发生较大改变。对于多、高层框架结构,活荷载不利布置方式比多跨连续梁更为复杂。一般来说,构件的不同截面或同一截面的不同种类的最不利内力,有不同的活荷载最不利布置。因此,活荷载的最不利布置需要根据截面位置及最不利内力种类分别确定。设计中,可采用分层分跨组合法确定框架结构楼面活荷载所产生的最不利内力。

分层分跨组合法是将楼面活荷载逐层逐跨单独作用在框架结构上,分别计算出结构的内力。然后对结构上的各个控制截面上的不同内力,按照不利与可能的原则进行挑选与叠加,得到控制截面的最不利内力。这种方法的计算工作量很大,适用于计算机求解。

工程经验表明,国内混凝土框架结构由恒载和楼面活荷载引起的单位面积重力荷载为 11~14 kN/m^2,其中活荷载部分为 2~3 kN/m^2,只占全部重力荷载的 15%~20%,活荷载不利分布的影响较小。因此,一般情况下,可以不考虑楼面活荷载不利布置的影响,而按活荷载满布各层各跨梁的一种情况计算内力。为了安全起见,实用上可将这样求得的梁跨中截面弯矩及支座截面弯矩乘以 1.1~1.2 的系数予以增大。但是,当楼面活荷载大于 4 kN/m^2 时,应考虑楼面活荷载不利布置引起的梁弯矩的增大。

风荷载和水平地震作用应考虑正、反两个方向的作用。如果结构对称,这两种作用的效应均为反对称,只需要作一次内力计算,内力改变符号即可。

3)荷载组合的效应设计值

由于框架结构的侧移主要是由水平荷载引起的,通常不考虑竖向荷载对侧移的影响,所以荷载效应组合实际上是指内力组合。这是将各种荷载单独作用时所产生的内力,按照不利与可能的原则进行挑选与叠加,得到控制截面的最不利内力。内力组合时,既要分别考虑各种荷载单独作用时的不利分布情况,又要综合考虑它们同时作用的可能性。

持久设计状况和短暂设计状况下,当荷载与荷载效应按线性关系考虑时,荷载基本组合的效应设计值应按下式确定:

$$S = \gamma_G S_{Gk} + \gamma_L \psi_Q \gamma_Q S_{Qk} + \psi_w \gamma_w S_{wk} \tag{4.32}$$

式中　S——荷载组合的效应设计值;

γ_G——永久荷载的分项系数,当其效应对结构不利时,对由可变荷载效应控制的组合应取 1.2,对由永久荷载效应控制的组合应取 1.35;当其效应对结构有利时,应取 1.0;

γ_Q——楼面活荷载的分项系数,一般情况下应取 1.4;

γ_W——风荷载分项系数,应取 1.4;

γ_L——考虑结构设计使用年限的荷载调整系数,设计使用年限为 50 年取 1.0,设计使用年限为 100 年时取 1.1；

S_{Gk}——永久荷载效应标准值；

S_{Qk}——楼面活荷载效应标准值；

S_{wk}——风荷载效应标准值；

ψ_Q,ψ_w——分别为楼面活荷载组合值系数和风荷载组合值系数，当永久荷载效应起控制作用时应分别取 0.7 和 0.0；当可变荷载效应起控制作用时应分别取 1.0 和0.6 或 0.7 和 1.0。

由式(4.32)一般可以作出以下几种组合：

①当永久荷载效应起控制作用（γ_G 取 1.35）时，仅考虑楼面活荷载效应参与组合，ψ_Q 一般取 0.7，风荷载效应不参与组合（ψ_w 取 0.0），即

$$S = 1.35S_{Gk} + \gamma_L \times 0.7 \times 1.4S_{Qk} \tag{4.33}$$

②当可变荷载效应起控制作用（γ_G 取 1.2 或 1.0），而风荷载作为主要可变荷载、楼面活荷载作为次要可变荷载时，ψ_W 取 1.0，ψ_Q 取 0.7，即

$$S = 1.2S_{Gk} \pm 1.0 \times 1.4S_{wk} + \gamma_L \times 0.7 \times 1.4S_{Qk} \tag{4.34}$$

$$S = 1.0S_{Gk} \pm 1.0 \times 1.4S_{wk} + \gamma_L \times 0.7 \times 1.4S_{Qk} \tag{4.35}$$

③当可变荷载效应起控制作用（γ_G 取 1.2 或 1.0），而楼面活荷载作为主要可变荷载、风荷载作为次要可变荷载时，ψ_Q 取 1.0，ψ_w 取 0.6，即

$$S = 1.2S_{Gk} + \gamma_L \times 1.0 \times 1.4S_{Qk} \pm 0.6 \times 1.4S_{wk} \tag{4.36}$$

$$S = 1.0S_{Gk} + \gamma_L \times 1.0 \times 1.4S_{Qk} \pm 0.6 \times 1.4S_{wk} \tag{4.37}$$

应当注意，式(4.33)～(4.37)中，对书库、档案库、储藏室、通风机房和电梯机房等楼面活荷载较大且相对固定的情况，其楼面活荷载组合值系数应由 0.7 改为 0.9。

4.6.2 构件设计

框架梁、柱的纵向受力钢筋应采用 HRB400、HRBF400、HRB500 和 HRBF500 级钢筋。

1）框架梁

框架梁属受弯构件，应按受弯构件正截面受弯承载力计算所需要的纵筋数量，按斜截面受剪承载力计算所需要的箍筋数量，并采取相应的构造措施。

为了避免梁支座处抵抗负弯矩的钢筋过分拥挤，以及在抗震结构中形成梁铰破坏机构增加结构的延性，可以考虑框架梁端塑性变形内力重分布，对竖向荷载作用下梁端负弯矩进行适当调整。调整后的梁端负弯矩可按下列取值：

①现浇框架梁，调整后的梁端负弯矩可取 0.8～0.9 梁端弹性负弯矩；

②装配整体式框架梁，其节点的整体性不如现浇框架，故调整后的梁端负弯矩可取 0.7～0.8 梁端弹性负弯矩。

框架梁端截面负弯矩调整后，梁跨中截面弯矩应按平衡条件相应增大。截面设计时，框架梁跨中截面正弯矩设计值不应小于竖向荷载作用下按简支梁计算的跨中截面弯矩设计值的 50%。

应当注意，应先对竖向荷载作用下的框架梁端负弯矩进行调整，再与水平荷载产生的框架梁端负弯矩进行组合，最后再按平衡条件计算梁跨中截面的弯矩。对现浇钢筋混凝土框架，截面设计时还应当考虑楼板作为有效翼缘对梁承载力的贡献，梁截面受正弯矩时（下部受拉）应

按T形截面设计,梁截面受负弯矩时(上部受拉)按矩形截面设计。

2)**框架柱**

框架结构受到的水平荷载可能来自正反两个方向,故柱的纵向钢筋通常采用对称配筋。柱中纵筋数量应按偏心受压构件的正截面受压承载力计算确定;箍筋数量应按偏心受压构件的斜截面受剪承载力计算确定。以上内容可参见《混凝土结构基本原理》教材。下面对框架柱截面设计中的两个问题作补充说明。

(1)柱截面最不利内力的选取

内力组合后,每根柱组合的内力设计值通常有6~8组,应从中挑选出一组最不利内力进行截面配筋计算。但是,由于M与N的相互影响,很难找出哪一组为最不利内力。此时可根据偏心受压构件的判别条件,将这几组内力分为大偏心受压组和小偏心受压组。对于大偏心受压组,按照"弯矩相差不多时,轴力越小越不利;轴力相差不多时,弯矩越大越不利"的原则进行比较,选出最不利内力。对于小偏心受压组,按照"弯矩相差不多时,轴力越大越不利;轴力相差不多时,弯矩越大越不利"的原则进行比较,选出最不利内力。

(2)框架柱的计算长度l_0

框架柱除按偏心受压构件计算弯矩作用平面内承载力以外,还要按轴心受压构件验算弯矩作用平面外的承载力。在偏心受压柱的承载力计算中,考虑构件自身挠曲二阶效应的影响时,构件的计算长度取其支撑长度。对一般多层房屋中梁、柱为刚接的框架结构,当计算柱轴心受压稳定系数,以及计算偏心受压构件裂缝宽度的偏心距增大系数时,各层柱的计算长度l_0可按表4.6取用。

表4.6 框架结构各层柱的计算长度

楼盖类型	柱的类别	l_0
现浇楼盖	底 层 柱	$1.0H$
	其余各层柱	$1.25H$
装配式楼盖	底 层 柱	$1.25H$
	其余各层柱	$1.5H$

表4.6中H对底层柱为从基础顶面到一层楼盖顶面的高度;对其余各层柱为上、下两层楼盖顶面之间的高度。

4.7 框架结构的构造要求

4.7.1 框架梁

1)**梁纵向钢筋的构造要求**

①纵向受拉钢筋的最小配筋百分率$\rho_{\min}$(%)不应小于0.2和$45f_t/f_y$二者的较大值。同时为防止超筋梁,当不考虑受压钢筋时,纵向受拉钢筋的最大配筋率不应超过$\rho_{\max}(=\xi_b\alpha_1 f_c/f_y)$。

②沿梁全长顶面和底面应至少各配置两根纵向钢筋,钢筋直径不应小于12 mm。框架梁的

纵向钢筋不应与箍筋、拉筋及预埋件等焊接。

2)梁箍筋的构造要求

框架梁应沿全长设置箍筋。梁内纵向受力钢筋采用搭接时,搭接长度范围内箍筋直径不应小于搭接钢筋最大直径的 1/4;箍筋间距不应大于搭接钢筋较小直径的 5 倍,且不应大于 100 mm;在纵向受压钢筋搭接长度范围内的箍筋间距不应大于搭接钢筋直径的 10 倍,且不应大于 200 mm。

框架梁箍筋的直径、间距及配筋率等要求与一般的梁相同,可参见《混凝土结构基本原理》中的有关内容。

4.7.2　框架柱

1)柱纵向钢筋的构造要求

框架柱通常采用对称配筋。柱纵向钢筋的配置应符合下列规定:

①柱全部纵向钢筋的配筋率:对 500 MPa 级钢筋,不应小于 0.5%,对 400 MPa 级钢筋不应小于 0.55%,对 300 MPa、335 MPa 级钢筋不应小于 0.6%,且柱截面每一侧纵向钢筋配筋率不应小于 0.2%;当混凝土强度等级大于 C60 时,上述数值应分别增加 0.1%。

②柱全部纵向钢筋的配筋率不宜大于 5%,纵向受力钢筋直径不宜小于 12 mm。

③为保证混凝土对钢筋提供的握裹力,纵向钢筋的净间距不应小于 50 mm,且不宜大于 300 mm。

2)柱箍筋的构造要求

柱内箍筋形式常用的有普通箍筋和复合箍筋两种[图 4.36(a)、(b)],当柱每边纵筋多于 3 根时,应设置复合箍筋。复合箍筋的周边箍筋应为封闭式,内部箍筋可为矩形封闭箍筋或拉筋。当柱为圆形截面或柱承受的轴向压力较大而其截面尺寸受到限制时,可采用螺旋箍、复合螺旋箍或连续复合螺旋箍,如图 4.36(c)、(d)、(e)所示。

框架柱中的箍筋应符合下列规定:

①柱箍筋间距不应大于 400 mm,且不应大于构件截面的短边尺寸和纵向受力钢筋最小直径的 15 倍。

②箍筋直径不应小于纵向钢筋最大直径的 1/4,且不应小于 6 mm。

③当柱中全部纵向受力钢筋的配筋率超过 3%时,箍筋直径不应小于 8 mm,间距不应大于纵向受力钢筋最小直径的 10 倍,且不应大于 200 mm。箍筋末端应做成 135 °弯钩,且弯钩末端平直段长度不应小于 10 倍箍筋直径。

④柱内纵向钢筋采用搭接时,搭接长度范围内箍筋直径不应小于搭接钢筋较大直径的1/4;在纵向受拉钢筋搭接长度范围内的箍筋间距不应大于搭接钢筋较小直径的 5 倍,且不应大于 100 mm;在纵向受压钢筋搭接长度范围内的箍筋间距不应大于搭接钢筋直径的 10 倍,且不应大于 200 mm。当受压钢筋直径大于 25 mm 时,尚应在搭接接头端面外 100 mm 的范围内各设两道箍筋。

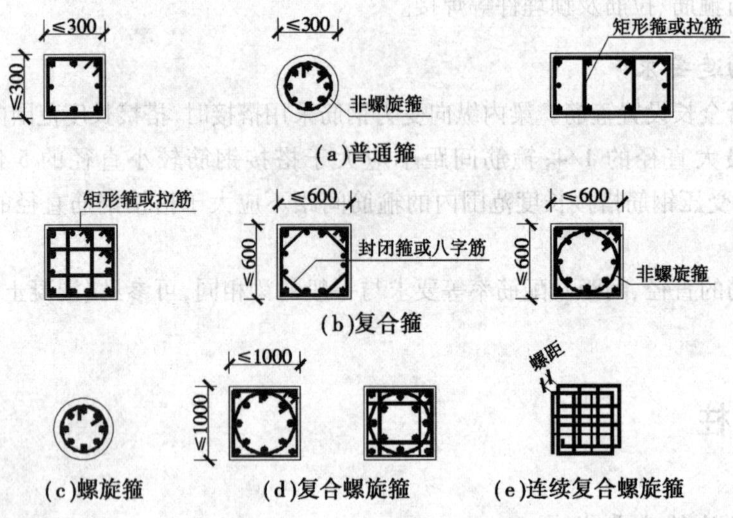

图 4.36　柱箍筋形式示例图

4.7.3　梁柱节点

梁柱节点是框架结构的受力关键部位,梁柱节点处于剪压复合受力状态,为保证节点具有足够的受剪承载力,防止节点产生剪切脆性破坏,必须在节点内配置足够数量的水平箍筋。节点内的箍筋除应符合上述框架柱箍筋的构造要求外,其箍筋间距不宜大于 250 mm;对四边有梁与之相连的节点,可仅沿节点周边设置矩形箍筋。

4.7.4　钢筋连接和锚固

框架梁上部纵向钢筋应贯穿节点或支座,梁下部纵向钢筋宜贯穿节点或伸入支座锚固。柱纵向钢筋应贯穿中间层节点,接头应设在节点区以外。关于纵向受力钢筋锚固和连接的基本问题,已在《混凝土结构基本原理》课程中讲述过。本节仅对框架梁、柱的纵向钢筋在框架节点区的锚固和搭接问题作简要说明。

框架梁、柱的纵向钢筋在框架节点区的锚固和搭接,应符合下列要求(图 4.37):

①顶层中节点柱纵向钢筋和边节点柱内侧纵向钢筋应伸至柱顶;当从梁底边计算的直线锚固长度不小于 l_a 时,可不必水平弯折,否则应向柱内或梁、板内水平弯折,当充分利用柱纵向钢筋的抗拉强度时,其锚固段弯折前的竖向投影长度不应小于 $0.5l_{ab}$,弯折后的水平投影长度不应小于 12 倍的柱纵向钢筋直径。此处,l_{ab} 为受拉钢筋基本锚固长度。

②顶层端节点处,在梁宽范围以内的柱外侧纵向钢筋可与梁上部纵向钢筋搭接,搭接长度不应小于 $1.5l_a$;在梁宽范围以外的柱外侧纵向钢筋可伸入现浇板内,其伸入长度与伸入梁内的相同。当柱外侧纵向钢筋的配筋率大于 1.2%时,伸入梁内的柱纵向钢筋宜分批截断,其截断点之间的距离不宜小于 20 倍的柱纵间钢筋直径。

③梁上部纵向钢筋伸入端节点的锚固长度,直线锚固时不应小于 l_a,且伸过柱中心线的长

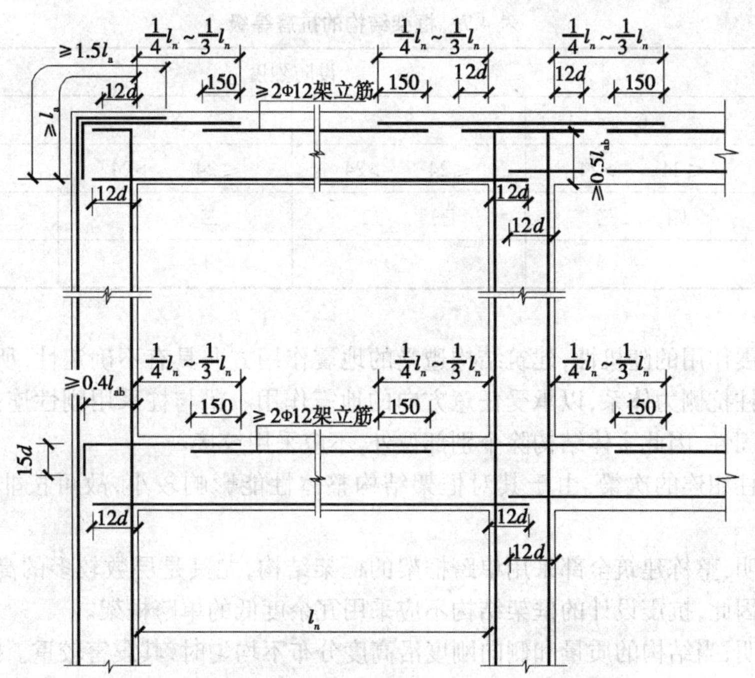

图 4.37　框架梁、柱纵向钢筋在节点区的锚固要求

度不宜小于 5 倍的梁纵向钢筋直径；当柱截面尺寸不足时，梁上部纵向钢筋应伸至节点对边并向下弯折，锚固段弯折前的水平投影长度不应小于 $0.4l_{ab}$，弯折后的竖直投影长度应取 15 倍的梁纵向钢筋直径。

④当计算中不利用梁下部纵向钢筋的强度时，其伸入节点内的锚固长度应取不小于 12 倍的梁纵向钢筋直径。当计算中充分利用梁下部钢筋的抗拉强度时，梁下部纵向钢筋可采用直线方式或向上 90°弯折方式锚固于节点内，直线锚固时的锚固长度不应小于 l_a；弯折锚固时，锚固段的水平投影长度不应小于 $0.4l_{ab}$，竖直投影长度应取 15 倍的梁纵向钢筋直径。

另外，梁支座截面上部纵向受拉钢筋应向跨中延伸至(1/4~1/3)l_n(l_n 为梁的净跨)处，并与跨中的架立筋(不少于 2ϕ12)搭接，搭接长度可取 150 mm，如图 4.37 所示。

4.8　框架结构的抗震设计

4.8.1　框架结构抗震设计基本规定

抗震设计的框架结构，除应满足 4.1~4.2 节的有关规定外，尚应满足下列要求：

①在抗震设计中，结构的延性具有与抗震承载力同等甚至更大的重要性。结构对延性和耗能要求的严格程度可分为四级：很严格(一级)、严格(二级)、较严格(三级)和一般(四级)，这称之为结构的抗震等级。设计时应根据不同的抗震等级采用相应的计算和构造措施。钢筋混凝土框架结构房屋应根据结构类型、设防烈度和房屋高度，按表 4.7 确定其抗震等级。

表 4.7　框架结构的抗震等级

类　别	设防烈度						
	6		7		8		9
高度/m	≤24	>24	≤24	>24	≤24	>24	<24
普通框架	四	三	三	二	二	一	一
大跨度框架	三		二		一		一

②由于地震作用的随机性，建筑结构遭受的地震作用方向具有不确定性，所以框架结构应设计成双向梁柱抗侧力体系，以承受任意方向的地震作用。梁与柱采用刚性连接，有利于提高结构的整体稳固性，因此主体结构除个别部位外，不应采用铰接。

不与框架柱相连的次梁，由于其对框架结构整体性能影响较小，故可按非抗震要求进行设计。

③震害表明，整栋建筑全部采用单跨框架的框架结构，尤其是层数较多的高层单跨框架结构震害较重。因此，抗震设计的框架结构不应采用冗余度低的单跨框架。

④震害表明，当结构的质量和侧向刚度沿高度分布不均匀时，其震害较重。因此，抗震设计时，对框架结构，楼层与上部相邻楼层的侧向刚度比不宜小于 0.7，与上部相邻三层侧向刚度比的平均值不宜小于 0.8（图 4.38）；楼层层间抗侧力结构的受剪承载力（指在所考虑的水平地震作用方向上该层全部柱的受剪承载力之和）不宜小于其相邻上一层受剪承载力的 80%，不应小于其相邻上一层受剪承载力的 65%；楼层质量不宜大于相邻下部楼层质量的 1.5 倍。

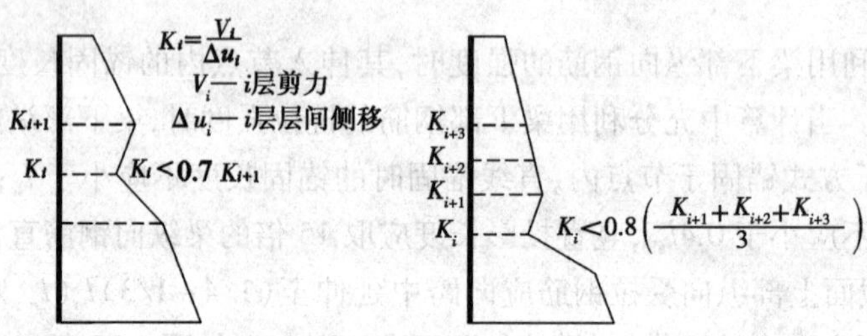

图 4.38　沿竖向侧向刚度不规则

⑤汶川地震震害表明，框架结构中的楼梯及周边构件破坏严重，故应加强对框架结构楼梯间的抗震设防。

a.在框架结构中，钢筋混凝土楼梯自身的刚度对结构地震作用和地震反应有较大的影响。若其位置布置不当会造成结构平面不规则，因此抗震设计时楼梯间的布置应尽量减小其造成的结构平面不规则。

b.抗震设计时，楼梯间为主要疏散通道，楼梯结构应有足够的抗倒塌能力，宜采用现浇钢筋混凝土楼梯。

c.当钢筋混凝土楼梯与主体结构整体连接时，应考虑楼梯对主体结构地震作用及其效应的影响，并应对楼梯构件进行抗震承载力验算。楼梯构件组合的内力设计值应包括与地震作用效应的组合，楼梯梁、柱的抗震等级可与所在的框架结构相同。

d.当楼梯间的布置可能造成结构平面不规则时，宜采取构造措施减小楼梯对主体结构的不利影响。

⑥混凝土框架结构与砌体结构的侧向刚度、承载力、变形能力等相差较大,这两种结构在同一建筑物中混合使用,对建筑物的抗震性能将产生不利影响,甚至造成严重破坏。因此,框架结构按抗震设计时,不应采用部分由砌体墙承重的混合形式;框架结构中的楼、电梯间及局部出屋顶的电梯机房、楼梯间、水箱间等,应采用框架承重,不应采用砌体墙承重。

⑦汶川地震中,框架结构中的砌体填充墙破坏严重。因此,抗震设计时,砌体填充墙及隔墙应具有自身稳定性。砌体填充墙的块材和砂浆的强度等级、填充墙与梁、柱的连接、构造柱的设置等要求,应符合抗震规范的规定。

框架结构填充墙的数量较多时,对结构侧向刚度有较大影响。框架结构的填充墙宜选用轻质墙体,并且与框架结构有可靠拉结。此外,填充墙布置宜符合下列要求:a.避免引起结构上、下层刚度变化较大;b.避免形成短柱;c.减少因抗侧刚度偏心造成结构扭转。

4.8.2 框架结构抗震计算

1)水平地震作用

框架结构房屋的水平地震作用可采用振型分解反应谱法或底部剪力法计算,这两种方法的具体算法见 1.3.5 和 1.3.6 节。

2)基本自振周期

当采用底部剪力法计算水平地震作用时,需要计算结构基本自振周期。对于质量和刚度沿高度分布比较均匀的框架结构、框架-剪力墙结构和剪力墙结构,其基本自振周期 $T_1(s)$ 可按下式计算:

$$T_1 = 1.7\psi_T\sqrt{u_T} \tag{4.38}$$

式中 u_T——计算结构基本自振周期用的结构顶点假想位移(m),即假想把集中在各层楼面处的重力荷载代表值 G_i 作为水平荷载而算得的结构顶点位移;

ψ_T——结构基本自振周期考虑非承重砖墙影响的折减系数,框架结构取 0.6~0.7;框架-剪力墙结构取 0.7~0.8;剪力墙结构取 0.8~1.0。

3)水平地震作用效应

水平地震作用下框架结构的内力和侧移计算,可采用力法、位移法或矩阵位移法等精细方法计算,也可采用 4.5 节所述的 D 值法计算。

4)作用组合的效应设计值

在地震设计状态下,当作用与作用效应按线性关系考虑时,对于一般框架结构,荷载与地震作用基本组合的效应设计值可按下式确定:

$$S = \gamma_G S_{GE} + \gamma_{Eh} S_{Ehk} \tag{4.39}$$

式中 S——荷载和地震作用组合的效应设计值;

S_{GE}——重力荷载代表值的效应;

S_{Ehk}——水平地震作用标准值的效应;

γ_G, γ_{Eh}——重力荷载、水平地震作用的分项系数;承载能力计算时,当重力荷载效应对结构承载力不利时，$\gamma_G = 1.2$，有利时，γ_G 不应大于 1.0；$\gamma_{Eh} = 1.3$；位移计算时，各分项系数均取 1.0。

5) 地震作用效应设计值的调整

抗震结构与非抗震结构的主要区别，在于非抗震结构在外荷载作用下结构基本处于弹性状态，构件设计主要应满足承载力要求；而抗震结构在设防烈度地震作用下，部分构件已进入塑性变形状态，故其除应满足抗震承载力要求外，还必须具有足够的变形能力或延性，即抗震结构一般应设计为延性结构。

震害现象、理论分析和试验研究均表明，延性框架结构应满足强柱弱梁、强剪弱弯以及强节点等要求，故应按上述要求对相应的组合内力设计值进行调整。

(1)强柱弱梁调整

按多遇烈度地震参数设计的延性结构，在设防烈度地震作用下就会出现塑性铰，故应控制塑性铰的出现部位，使结构具有良好的通过塑性铰耗散地震能量的能力。研究表明，梁端截面首先屈服，框架结构具有较大的内力重分布和耗散能量的能力，故应控制塑性铰位置，使之在梁端出现，尽量避免或减少柱端出现塑性铰，形成梁铰破坏机构[图 4.39(a)]，或强柱弱梁框架，这种框架不仅塑性铰数量多，且不至于形成机构。而在同一层柱上、下端出现塑性铰，形成柱铰破坏机构[图 4.39(b)]，该层将不稳定而倒塌。另外，柱是压弯构件，轴力大，其延性不如梁；柱是框架结构的关键承重构件，破损后不易修复，容易导致结构倒塌。因此，延性框架应设计成强柱弱梁结构。

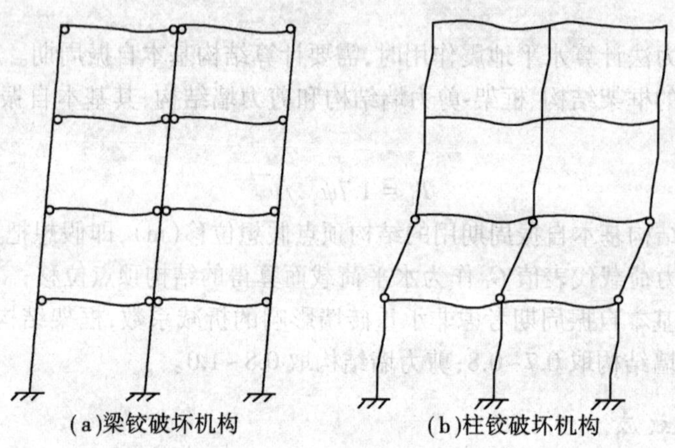

(a)梁铰破坏机构　　(b)柱铰破坏机构

图 4.39　框架结构的破坏机构

①为了实现强柱弱梁的破坏机构，一、二、三、四级框架的梁柱节点处，除框架顶层和柱轴压比小于 0.15 者及框支梁与框支柱的节点外，柱端组合的弯矩设计值应符合下式要求：

$$\sum M_c = \eta_c \sum M_b \tag{4.40}$$

一级框架结构及 9 度时的框架尚应符合

$$\sum M_c = 1.2 \sum M_{bua} \tag{4.41}$$

式中　$\sum M_c$ ——考虑地震组合的节点上、下柱端的弯矩设计值之和；柱端弯矩设计值的确定，在一般情况下，可将式(4.40)和式(4.41)计算的弯矩之和，按上、下柱端弹性分析所得的考虑地震组合的弯矩比进行分配。

$\sum M_{bua}$ ——同一节点左、右梁端按顺时针或逆时针方向采用实配钢筋和材料强度标准值,且考虑承载力抗震调整系数计算的正截面受弯承载力所对应的弯矩值之和的较大值。当有现浇板时,梁端的实配钢筋应包含现浇板有效宽度范围内的纵向钢筋。

$\sum M_b$ ——同一节点左、右梁端,按顺时针或逆时针方向计算的两端考虑地震组合的弯矩设计值之和的较大值;一级抗震等级,当两端弯矩均为负弯矩时,绝对值较小的弯矩值应取零。

η_c——框架柱端弯矩增大系数;对框架结构,一、二、三、四级可分别取 1.7、1.5、1.3、1.2;其他结构类型中的框架,(框架-剪力墙、框架-筒体结构中的框架)一级可取 1.4,二级可取 1.2,三、四级可取 1.1。

当反弯点不在柱的层高范围内时,柱端截面组合的弯矩设计值可乘以上述柱端弯矩增大系数。

②框架结构底层柱下端过早出现塑性铰,会影响整个框架结构塑性机制的发展,这就要求适当加强底层柱的抗震承载力。因此,一、二、三、四级框架结构的底层,柱下端截面组合的弯矩设计值,应分别乘以增大系数 1.7、1.5、1.3 和 1.2。底层柱纵向钢筋宜按上、下端的不利情况配置。

(2)强剪弱弯调整

为了避免框架梁、柱构件在延性的弯曲破坏之前发生脆性的剪切破坏,应使构件的抗震受剪承载力大于其弯曲屈服时对应的剪力值,即构件的剪力设计值应按下列规定进行调整:

①一、二、三级的框架梁,其梁端截面组合的剪力设计值应按下式调整:

$$V=\eta_{vb}\frac{M_b^l+M_b^r}{l_n}+V_{Gb} \tag{4.42}$$

一级框架结构及 9 度时的框架尚应符合

$$V=1.1\,\frac{M_{bua}^l+M_{bua}^r}{l_n}+V_{Gb} \tag{4.43}$$

式中 V——梁端截面组合的剪力设计值;

l_n——梁的净跨;

V_{Gb}——梁在重力荷载代表值(9 度时高层建筑还应包括竖向地震作用标准值)作用下,按简支梁分析的梁端截面剪力设计值;

M_b^l, M_b^r——分别为梁左、右端逆时针或顺时针方向组合的弯矩设计值,一级框架梁两端弯矩均为负弯矩时,绝对值较小的弯矩应取零;

M_{bua}^l, M_{bua}^r——分别为梁左、右端逆时针或顺时针方向实配的正截面抗震受弯承载力所对应的弯矩值,根据实配钢筋面积(计入受压筋和相关楼板钢筋)和材料强度标准值确定;

η_{vb}——梁端剪力增大系数,一级取 1.3,二级取 1.2,三级取 1.1。

②一、二、三、四级的框架柱和框支柱组合的剪力设计值应按下式调整:

$$V=\eta_{vc}\,\frac{M_c^b+M_c^t}{H_n} \tag{4.44}$$

一级框架结构及9度时的框架尚应符合

$$V = 1.2\frac{M_{cua}^{b} + M_{cua}^{t}}{H_n} \tag{4.45}$$

式中 V——柱端截面组合的剪力设计值；

H_n——柱的净高；

M_c^t, M_c^b——分别为柱的上、下端顺时针或逆时针方向截面组合的弯矩设计值，应符合上述强柱弱梁的规定；

M_{cua}^t, M_{cua}^b——分别为偏心受压柱的上、下端顺时针或逆时针方向实配的正截面抗震受弯承载力所对应的弯矩值，根据实配钢筋面积、材料强度标准值和轴压力等确定；

η_{vc}——柱剪力增大系数；对框架结构，一、二、三、四级可分别取1.5、1.3、1.2、1.1；对其他结构类型的框架，一级取1.4，二级取1.2，三、四级取1.1。

③在地震作用下框架的角柱可能会因结构整体扭转而产生附加内力，受力十分不利。因此，一、二、三、四级框架的角柱，经上述强柱弱梁、强剪弱弯调整后的组合弯矩设计值、剪力设计值尚应乘以不小于1.10的增大系数。

(3)强节点调整

为了保证梁柱节点破坏不发生在梁、柱构件破坏之前，以便充分发挥梁、柱构件塑性铰区的变形能力和耗能能力，应按下述方法对节点核心区的剪力设计值进行调整：

一级、二级、三级框架梁柱节点核心区组合的剪力设计值，应按下列公式确定：

$$V_j = \frac{\eta_{jb}\sum M_b}{h_{b0} - a_s'}\left(1 - \frac{h_{b0} - a_s'}{H_c - h_b}\right) \tag{4.46}$$

一级框架结构和9度时的框架尚应符合

$$V_j = \frac{1.15\sum M_{bua}}{h_{b0} - a_s'}\left(1 - \frac{h_{b0} - a_s'}{H_c - h_b}\right) \tag{4.47}$$

式中 V_j——梁柱节点核心区组合的剪力设计值；

h_{b0}——梁截面的有效高度，节点两侧梁截面高度不等时可采用平均值；

a_s'——梁截面受压钢筋合力点至截面受压边缘的距离；

H_c——柱的计算高度，可采用节点上、下柱反弯点之间的距离；

h_b——梁的截面高度，节点两侧梁截面高度不等时可采用平均值；

η_{jb}——节点剪力增大系数，对于框架结构，一级取1.50，二级取1.35，三级取1.20；对于其他结构中的框架，一级取1.35，二级取1.20，三级取1.10；

$\sum M_b$——节点左、右梁端逆时针或顺时针方向组合弯矩设计值之和，一级框架节点左、右梁端均为负弯矩时，绝对值较小的弯矩应取零；

$\sum M_{bua}$——节点左、右梁端逆时针或顺时针方向实配的正截面抗震受弯承载力所对应的弯矩值之和，可根据实配钢筋面积（计入受压筋）和材料强度标准值确定。

6)构件及节点抗震承载力计算

(1)梁、柱构件正截面抗震承载力计算

试验结果表明,在低周反复荷载作用下,钢筋混凝土梁、柱构件的正截面承载力与一次加载时的正截面承载力没有太多差别。因此,梁、柱构件的正截面承载力计算应采用式(1.25),式中的构件承载力设计值 R 与非抗震设计时相同,承载力抗震调整系数 γ_{RE} 按表 1.8 采用。

(2)梁、柱构件斜截面抗震受剪承载力计算

试验结果表明,在低周反复荷载作用下,构件上出现交叉斜裂缝,直接承受剪力作用的混凝土受压区因有斜裂缝通过,其受剪承载力比一次加载时的受剪承载力低。因此,梁、柱构件斜截面抗震受剪承载力应按下述方法计算:

①框架梁截面尺寸限制条件和抗震受剪承载力计算。考虑地震组合的矩形、T 形和 I 形截面框架梁,当跨高比大于 2.5 时,其受剪截面应符合下列条件:

$$V_b \leqslant \frac{1}{\gamma_{RE}}(0.20\beta_c f_c bh_0) \tag{4.48}$$

当跨高比不大于 2.5 时,其受剪截面应符合下列条件:

$$V_b \leqslant \frac{1}{\gamma_{RE}}(0.15\beta_c f_c bh_0) \tag{4.49}$$

式中 V_b——按式(4.42)或(4.43)调整后的梁端截面组合的剪力设计值;

β_c——混凝土强度影响系数:当混凝土强度等级不超过 C50 时,取 $\beta_c = 1.0$;当混凝土强度等级为 C80 时,取 $\beta_c = 0.8$;其间按线性内插法确定;

b——矩形截面的宽度,T 形截面或 I 形截面的腹板宽度;

f_c——混凝土轴心抗压强度设计值。

考虑地震组合的矩形、T 形和 I 形截面的框架梁,其斜截面受剪承载力应符合下列规定:

$$V_b \leqslant \frac{1}{\gamma_{RE}}\left[0.6\alpha_{cv} f_t bh_0 + f_{yv}\frac{A_{sv}}{s}h_0\right] \tag{4.50}$$

式中,α_{cv} 为截面混凝土受剪承载力系数,对于一般受弯构件取 0.7;对集中荷载作用下(包括作用有多种荷载,其中集中荷载对支座截面或节点边缘所产生的剪力值占总剪力的 75%以上的情况)的独立梁,α_{cv} 取 $\dfrac{1.75}{\lambda+1}$,λ 为计算截面的剪跨比,可取 λ 等于 a/h_0,当 λ 小于 1.5 时取 1.5,当 λ 大于 3 时取 3,a 取集中荷载作用点至支座截面或节点边缘的距离。

②框架柱截面尺寸限制条件和抗震受剪承载力计算。考虑地震组合的矩形截面框架柱和框支柱,其受剪截面应符合下列条件:

剪跨比 λ 大于 2 的框架柱

$$V_c \leqslant \frac{1}{\gamma_{RE}}(0.2\beta_c f_c bh_0) \tag{4.51}$$

框支柱和剪跨比 λ 不大于 2 的框架柱

$$V_c \leqslant \frac{1}{\gamma_{RE}}(0.15\beta_c f_c bh_0) \tag{4.52}$$

式中 V_c——按式(4.44)或(4.45)调整后的柱端截面组合的剪力设计值;

λ——框架柱、框支柱的计算剪跨比,取 $M/(Vh_0)$;此处,M 宜取柱上、下端考虑地震组合的弯矩设计值的较大值,V 取与 M 对应的剪力设计值,h_0 为柱截面有效高度;当框

架结构中的框架柱的反弯点在柱层高范围内时，可取 λ 等于 $H_n/(2h_0)$，此处 H_n 为柱净高。

考虑地震组合的矩形截面框架柱和框支柱，其斜截面受剪承载力应符合下列规定：

$$V_c \leqslant \frac{1}{\gamma_{RE}}\left[\frac{1.05}{\lambda+1}f_t bh_0+f_{yv}\frac{A_{sv}}{s}h_0+0.056N\right] \tag{4.53}$$

式中　λ——框架柱、框支柱的计算剪跨比。当 λ 小于 1.0 时，取 1.0；当 λ 大于 3.0 时，取 3.0。

N——考虑地震组合的框架柱、框支柱轴向压力设计值，当 N 大于 $0.3f_cA$ 时，取 $0.3f_cA$。

考虑地震组合的矩形截面框架柱和框支柱，当出现拉力时，其斜截面抗震受剪承载力应符合下列规定：

$$V_c \leqslant \frac{1}{\gamma_{RE}}\left(\frac{1.05}{\lambda+1}f_t bh_0+f_{yv}\frac{A_{sv}}{s}h_0-0.2N\right) \tag{4.54}$$

当上式右边括号内的计算值小于 $f_{yv}\frac{A_{sv}}{s}h_0$ 时，取等于 $f_{yv}\frac{A_{sv}}{s}h_0$，且 $f_{yv}\frac{A_{sv}}{s}h_0$ 值不应小于 $0.36f_tbh_0$。式中，N 为考虑地震组合的框架柱轴向拉力设计值。

(3)梁柱节点核心区抗震受剪承载力计算

①框架梁柱节点核心区的受剪水平截面应符合下列条件：

$$V_j \leqslant \frac{1}{\gamma_{RE}}(0.3\eta_j\beta_c f_c b_j h_j) \tag{4.55}$$

式中　V_j——按式(4.46)或(4.47)调整后的节点核心区组合的剪力设计值。

h_j——框架节点核心区的截面高度，可取验算方向的柱截面高度 h_c。

b_j——框架节点核心区的截面有效验算宽度，当 b_b 不小于 $b_c/2$ 时，可取 b_c；当 b_b 小于 $b_c/2$ 时，可取$(b_b+0.5h_c)$和 b_c 中的较小值；当梁与柱的中线不重合且偏心距 e_0 不大于 $b_c/4$ 时，可取$(b_b+0.5h_c)$、$(0.5b_b+0.5b_c+0.25h_c-e_0)$和 b_c 三者中的最小值。此处，b_b 为验算方向梁截面宽度，b_c 为该侧柱截面宽度。

η_j——正交梁对节点的约束影响系数：当楼板为现浇、梁柱中线重合、四侧各梁截面宽度不小于该侧柱截面宽度 1/2，且正交方向梁高度不小于较高框架梁高度的 3/4 时，可取 $\eta_j=1.50$，对 9 度设防烈度宜取 $\eta_j=1.25$；当不满足上述约束条件时，应取 $\eta_j=1.00$。

②框架梁柱节点的抗震受剪承载力应符合下列规定：

9 度设防烈度的一级抗震等级框架：

$$V_j \leqslant \frac{1}{\gamma_{RE}}\left[0.9\eta_j f_t b_j h_j+f_{yv}A_{svj}\frac{h_{b0}-a'_s}{s}\right] \tag{4.56}$$

其他情况

$$V_j \leqslant \frac{1}{\gamma_{RE}}\left[1.1\eta_j f_t b_j h_j+0.05\eta_j N\frac{b_j}{b_c}+f_{yv}A_{svj}\frac{h_{b0}-a'_s}{s}\right] \tag{4.57}$$

式中　N——对应于考虑地震组合剪力设计值的节点上柱底部的轴向力设计值；当 N 为压力时，取轴向压力设计值的较小值，且当 N 大于 $0.5f_cb_ch_c$ 时，取 $0.5f_cb_ch_c$；当 N 为拉力时，取为 0；

A_{svj}——核心区有效验算宽度范围内同一截面验算方向箍筋各肢的全部截面面积；

h_{b0}——框架梁截面有效高度，节点两侧梁截面高度不等时取平均值。

4.8.3 框架结构的抗震构造设计

1)框架梁的抗震构造要求

(1)框架梁的截面尺寸

截面宽度较小的框架梁,梁端截面出现塑性铰后,其截面受压区高度相对较大,塑性铰的转动能力相对较小,不利于耗散地震能量和内力重分布,故梁截面宽度不宜小于200 mm。截面高度与宽度的比值大于4的梁,其稳定性较差,不利于其承载力的充分发挥,故该比值不宜大于4。净跨与截面高度的比值小于4的梁,其剪切变形的影响不可忽略,发生脆性剪切破坏的可能性大,所以梁净跨与截面高度的比值不宜小于4。

(2)梁纵向钢筋的抗震构造要求

为保证梁有足够的受弯承载力,以耗散地震能量,防止脆断,抗震设计时纵向受拉钢筋的配筋率不应小于表4.8规定的数值;同时梁端纵向受拉钢筋的配筋率不宜大于2.5%。

表4.8 框架梁纵向受拉钢筋的最小配筋百分率(%)

抗震等级	梁中位置	
	支 座	跨 中
一级	0.40和$80f_t/f_y$中的较大值	0.30和$65f_t/f_y$中的较大值
二级	0.30和$65f_t/f_y$中的较大值	0.25和$55f_t/f_y$中的较大值
三、四级	0.25和$55f_t/f_y$中的较大值	0.20和$45f_t/f_y$中的较大值

为了使框架梁梁端具有足够的塑性变形能力,应将梁端截面设计成混凝土受压区相对高度较小的适筋截面。梁截面受压区配置受压钢筋,可减小截面受压区高度,所以框架梁梁端截面的底部和顶部纵向受力钢筋截面面积的比值,除按计算确定外,一级抗震等级不应小于0.5;二、三级抗震等级不应小于0.3。梁端计入受压钢筋的梁端混凝土受压区高度和有效高度之比,一级不应大于0.25,二、三级不应大于0.35。

在地震作用效应与竖向荷载效应组合下,框架梁的弯矩分布和反弯点位置可能发生较大变化,故需配置一定数量贯通全长的纵向钢筋。沿梁全长顶面和底面至少应各配置两根通长的纵向钢筋,对一、二级抗震等级,钢筋直径不应小于14 mm,且分别不应少于梁两端顶面和底面纵向受力钢筋中较大截面面积的1/4;对三、四级抗震等级,钢筋直径不应小于12 mm。

(3)梁箍筋的抗震构造要求

为了使框架梁梁端塑性铰区具有足够的塑性转动能力,除应按上述规定控制纵向钢筋的配筋率外,还应通过设置约束箍筋提高截面受压区混凝土的极限压应变。震害和试验研究均表明,在反复荷载作用下,梁端的破坏主要集中于(1.5~2.0)倍梁高范围内,当箍筋间距小于$6d$~$8d$(d为纵向钢筋直径)时,混凝土压溃前受压钢筋一般不致压屈,延性较好。因此,梁端箍筋的加密区长度、箍筋最大间距和箍筋最小直径,应按表4.9采用;当梁端纵向受拉钢筋配筋率大于2%时,表中箍筋最小直径应增大2 mm。梁箍筋加密区长度内的箍筋肢距:一级抗震等级,不宜大于200 mm和20倍箍筋直径的较大值;二、三级抗震等级,不宜大于250 mm和20倍箍筋直径的较大值;各抗震等级下,均不宜大于300 mm。梁端设置的第一个箍筋距框架节点边缘不应大于50 mm。

梁端塑性铰区以外,即非加密区的箍筋间距不宜大于加密区箍筋间距的2倍。沿梁全长

箍筋的配筋率 ρ_{sv} 应符合表 4.9 最后一列的规定。

表 4.9 框架梁梁端箍筋加密区的构造要求

抗震等级	梁端箍筋加密区			非加密区
	加密区长度/mm（取较大值）	箍筋最大间距/mm（取最小值）	最小直径/mm	最小面积配箍率 ρ_{sv}
一	$2h_b$,500	$h_b/4,6d,100$	10	$0.30f_t/f_{yv}$
二	$1.5h_b$,500	$h_b/4,8d,100$	8	$0.28f_t/f_{yv}$
三	$1.5h_b$,500	$h_b/4,8d,150$	8	$0.26f_t/f_{yv}$
四	$1.5h_b$,500	$h_b/4,8d,150$	6	$0.26f_t/f_{yv}$

注：1. d 为纵向钢筋直径，h_b 为梁截面高度，小于 400 mm 时按 400 mm 计算；

2. 梁高不小于 1 m 时，梁端箍筋加密区箍筋的最大间距应允许为 $h_b/6$，但不应大于 200 mm；

3. 箍筋直径大于 12 mm、数量不少于 4 肢且肢距小于 150 mm 时，一、二级的最大间距应允许适当放宽，但不得大于 150 mm。

2）框架柱的抗震构造要求

（1）框架柱的截面尺寸

柱截面尺寸宜满足剪跨比及轴压比的要求。柱的剪跨比宜大于 2，同时柱端截面组合的剪力设计值应满足式（4.51）或式（4.52）的要求，以防止柱发生脆性剪切破坏。柱的轴压比是指柱组合的轴压力设计值与柱的全截面面积和混凝土轴心抗压强度设计值乘积之比值。轴压比较小时，在水平地震作用下，柱将发生大偏心受压的弯曲型破坏，柱具有较好的位移延性；轴压比较大时，柱将发生小偏心受压的压溃型破坏，柱几乎没有位移延性。因此，必须合理确定柱的截面尺寸，使框架柱处于大偏心受压状态，保证柱具有一定的延性。一、二、三、四级抗震等级的各类结构的框架柱、框支柱，其轴压比不宜大于表 4.10 规定的限值。对Ⅳ类场地上较高的高层建筑，柱轴压比限值应适当减小。

表 4.10 柱轴压比限值

结构体系	抗震等级			
	一级	二级	三级	四级
框架结构	0.65	0.75	0.85	0.90
框架-剪力墙结构、筒体结构	0.75	0.85	0.90	0.95
部分框支剪力墙结构	0.60	0.70	—	

注：1. 当混凝土强度等级为 C65 ~ C70 时，轴压比限值宜按表中数值减小 0.05；混凝土强度等级为 C75 ~ C80 时，轴压比限值宜按表中数值减小 0.10。

2. 表内限值适用于剪跨比大于 2、混凝土强度等级不高于 C60 的柱；剪跨比不大于 2 的柱轴压比限值应降低 0.05；剪跨比小于 1.5 的柱，轴压比限值应专门研究并采取特殊构造措施。

3. 沿柱全高采用井字复合箍，且箍筋间距不大于 100 mm、肢距不大于 200 mm、直径不小于 12 mm，或沿柱全高采用复合螺旋箍，且螺距不大于 100 mm、肢距不大于 200 mm、直径不小于 12 mm，或沿柱全高采用连续复合矩形螺旋箍，且螺旋净距不大于 80 mm、肢距不大于 200 mm、直径不小于 10 mm 时，轴压比限值均可按表中数值增加 0.10。

4. 当柱截面中部设置由附加纵向钢筋形成的芯柱，且附加纵向钢筋的总截面面积不少于柱截面面积的 0.8% 时，轴压比限值可按表中数值增加 0.05。此项措施与注 3 的措施同时采用时，轴压比限值可按表中数值增加 0.15，但箍筋的配箍特征值 λ_v 仍可按轴压比增加 0.10 的要求确定。

5. 调整后的柱轴压比限值不应大于 1.05。

矩形截面柱，抗震等级为四级或层数不超过 2 层时，其最小截面尺寸不宜小于 300 mm，一、二、三级抗震等级且层数超过 2 层时不宜小于 400 mm；圆柱的截面直径，抗震等级为四级或层数不超过2层时不宜小于350 mm,一、二、三级抗震等级且层数超过2层时不宜小于450 mm。柱截面长边与短边的边长比不宜大于3。

(2)柱纵向受力钢筋的抗震构造要求

为了改善框架柱的延性,使柱的屈服弯矩大于其开裂弯矩,保证框架在柱屈服时具有较大的变形能力,框架柱和框支柱中全部纵向受力钢筋的配筋百分率不应小于表4.11规定的数值,同时,柱截面每一侧的配筋百分率不应小于0.2;对Ⅳ类场地上较高的高层建筑,最小配筋百分率应增加0.1。框架柱、框支柱中全部纵向受力钢筋配筋率不应大于5%。柱的纵向钢筋宜对称配置。截面尺寸大于400 mm的柱,纵向钢筋的间距不宜大于200 mm。当按一级抗震等级设计,且柱的剪跨比不大于2时,柱每侧纵向钢筋的配筋率不宜大于1.2%。

框架边柱、角柱在地震组合下小偏心受拉时,柱内纵向受力钢筋总截面面积应比计算值增加25%。

表4.11 柱全部纵向受力钢筋最小配筋百分率(%)

柱类型	抗震等级			
	一级	二级	三级	四级
框架中柱、边柱	0.9 (1.0)	0.7 (0.8)	0.6 (0.7)	0.5 (0.6)
框架角柱、框支柱	1.1	0.9	0.8	0.7

注:1.采用335 MPa级、400 MPa级纵向受力钢筋时,应分别按表中数值增加0.1和0.05采用;

2.当混凝土强度等级为C60及以上时,应按表中数值加0.1采用;

3.表中括号内数值用于框架结构的柱。

(3)柱箍筋的抗震构造要求

框架柱上、下端弯矩、剪力、轴力均较大,是潜在的塑性变形区域,而配置约束箍筋可约束混凝土的横向变形,提高混凝土的极限压应变,改善框架结构的延性。因此,抗震设计时框架柱和框支柱上、下两端箍筋应加密。箍筋加密区长度,应取柱截面长边尺寸(或圆形截面直径)、柱净高的1/6和500 mm中的最大值;一、二级抗震等级的角柱应沿柱全高加密箍筋。底层柱根箍筋加密区长度应取不小于该层柱净高的1/3;当有刚性地面时,除柱端箍筋加密区外尚应在刚性地面上、下各500 mm的高度范围内加密箍筋。加密区的箍筋最大间距和箍筋最小直径应符合表4.12的规定。

表4.12 柱端箍筋加密区的构造要求

抗震等级	箍筋最大间距(mm)	箍筋最小直径(mm)
一级	$6d$,100	10
二级	$8d$,100	8
三级	$8d$,150(柱根100)	8
四级	$8d$,150(柱根100)	6(柱根8)

注:1.柱根系指底层柱下端的箍筋加密区范围;

2.d为柱纵筋最小直径;

3.箍筋的强度不小于400 MPa时,一级的箍筋直径允许采用8 mm。

柱内箍筋形式常用的有普通箍筋和复合箍筋两种,如图4.36所示。柱箍筋加密区内的箍筋肢距：一级抗震等级不宜大于 200 mm；二、三级抗震等级不宜大于 250 mm 和 20 倍箍筋直径中的较大值；四级抗震等级不宜大于 300 mm。每隔一根纵向钢筋宜在两个方向有箍筋或拉筋约束；当采用拉筋且箍筋与纵向钢筋有绑扎时，拉筋宜紧靠纵向钢筋并勾住箍筋。

柱箍筋的体积配箍率 ρ_v 可按下列公式计算：

$$\rho_v = \frac{\sum A_{svi} l_i}{s A_{cor}} \tag{4.58}$$

式中 A_{svi}，l_i——第 i 肢箍筋的截面面积和长度；

A_{cor}——箍筋包裹范围内混凝土核心面积，从最外箍筋的边缘算起；

s——箍筋的间距。

计算复合箍（指由矩形与菱形、多边形、圆形或拉筋组成的箍筋）的体积配箍率时，可不扣除重叠部分的箍筋体积；计算复合螺旋箍筋的体积配箍率时，其螺旋箍筋的体积应乘以换算系数 0.8。

柱箍筋加密区箍筋的最小体积配筋率，应符合下列要求：

$$\rho_v \geqslant \lambda_v f_c / f_{yv} \tag{4.59}$$

式中 ρ_v——柱箍筋加密区的体积配箍率，按式(4.58)计算；

f_c——混凝土轴心抗压强度设计值，当柱混凝土强度等级低于 C35 时，应按 C35 计算；

f_{yv}——柱箍筋或拉筋的抗拉强度设计值；

λ_v——最小配箍特征值，按表 4.13 采用。

表 4.13 柱箍筋加密区的箍筋最小配箍特征值 λ_v

抗震等级	箍筋形式	轴压比								
		≤0.3	0.4	0.5	0.6	0.7	0.8	0.9	1.0	1.05
一级	普通箍、复合箍	0.10	0.11	0.13	0.15	0.17	0.20	0.23	—	—
	螺旋箍、复合或连续复合矩形螺旋箍	0.08	0.09	0.11	0.13	0.15	0.18	0.21	—	—
二级	普通箍、复合箍	0.08	0.09	0.11	0.13	0.15	0.17	0.19	0.22	0.24
	螺旋箍、复合或连续复合矩形螺旋箍	0.06	0.07	0.09	0.11	0.13	0.15	0.17	0.20	0.22
三、四级	普通箍、复合箍	0.06	0.07	0.09	0.11	0.13	0.15	0.17	0.20	0.22
	螺旋箍、复合或连续复合矩形螺旋箍	0.05	0.06	0.07	0.09	0.11	0.13	0.15	0.18	0.20

注：1.普通箍指单个矩形箍筋或单个圆形箍筋；螺旋箍指单个螺旋箍筋；复合箍指由矩形、多边形、圆形箍筋或拉筋组成的箍筋；复合螺旋箍指由螺旋箍与矩形、多边形、圆形箍筋或拉筋组成的箍筋；连续复合矩形螺旋箍指全部螺旋箍为同一根钢筋加工成的箍筋；

2.在计算复合螺旋箍的体积配筋率时，其中非螺旋箍筋的体积应乘以系数 0.8；

3.混凝土强度等级高于 C60 时，箍筋宜采用复合箍、复合螺旋箍或连续复合矩形螺旋箍，当轴压比不大于 0.6 时，其加密区的最小配箍特征值宜按表中数值增加 0.02；当轴压比大于 0.6 时，宜按表中数值增加 0.03。

对一、二、三、四级抗震等级的柱，其箍筋加密区的箍筋体积配筋率分别不应小于 0.8%、0.6%、0.4%和 0.4%；框支柱宜采用复合螺旋箍或井字复合箍，其最小配箍特征值应按表 4.14 中的数值增加 0.02 采用，且体积配筋率不应小于 1.5%；当剪跨比 $\lambda \leqslant 2$ 时，宜采用复合螺旋箍或井字复合箍，其箍筋体积配筋率不应小于 1.2%；9 度设防烈度时，不应小于 1.5%。

在箍筋加密区外，箍筋的体积配筋率不宜小于加密区配筋率的一半；对一、二级抗震等级，箍筋间距不应大于 $10d$；对三、四级抗震等级，箍筋间距不应大于 $15d$。此处，d 为纵向钢筋直径。

3) 梁柱纵向钢筋在节点区的锚固和搭接要求

在地震作用的多次反复作用下，钢筋与混凝土之间的粘结力容易退化；梁、柱端又都是塑性铰可能出现的部位，塑性铰区裂缝较多，如果纵向受力钢筋锚固不好，会使裂缝加大，混凝土更容易碎裂。因此，抗震设计时的锚固与搭接要求比非抗震设计时要严一些。

抗震设计时，框架梁、柱的纵向钢筋在框架节点区的锚固和搭接，应符合下列要求（图 4.40）：

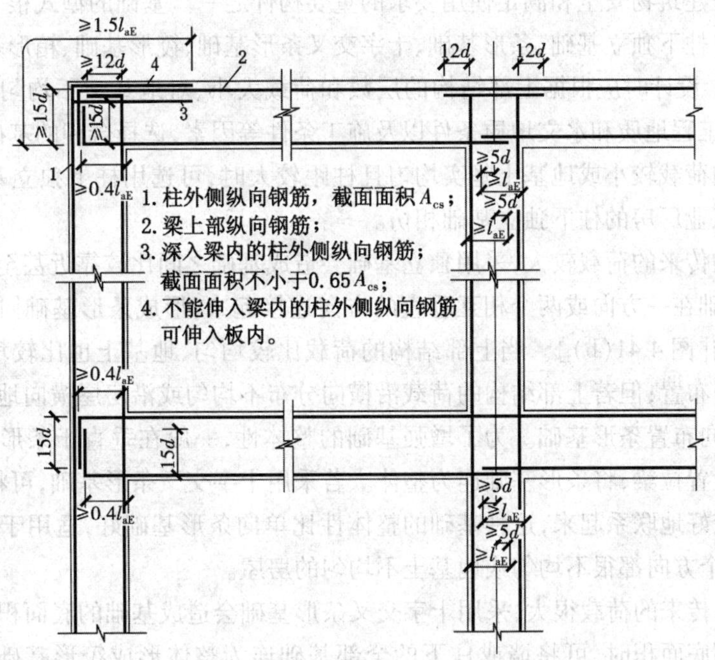

图 4.40 抗震设计时框架梁、柱纵向钢筋在节点区的锚固要求

①顶层中节点柱纵向钢筋和边节点柱内侧纵向钢筋应伸至柱顶。当从梁底边计算的直线锚固长度不小于 l_{aE} 时，可不必水平弯折，否则应向柱内或梁内、板内水平弯折，锚固段弯折前的竖直投影长度不应小于 $0.5l_{abE}$，弯折后的水平投影长度不宜小于 12 倍的柱纵向钢筋直径。此处，l_{abE} 为抗震时钢筋的基本锚固长度，一、二级取 $1.15l_{ab}$，三、四级分别取 $1.05l_{ab}$ 和 $1.00l_{ab}$。

②顶层端节点处，柱外侧纵向钢筋可与梁上部纵向钢筋搭接，搭接长度不应小于 $1.5l_{aE}$，且伸入梁内的柱外侧纵向钢筋截面面积不宜小于柱外侧全部纵向钢筋截面面积的 65%；在梁宽范围以外的柱外侧纵向钢筋可伸入现浇板内，其伸入长度与伸入梁内的相同。当柱外侧纵向钢筋的配筋率大于 1.2% 时，伸入梁内的柱纵向钢筋宜分两批截断，其截断点之间的距离不宜小于 20 倍的柱纵向钢筋直径。

③梁上部纵向钢筋伸入端节点的锚固长度，直线锚固时不应小于 l_{aE}，且伸过柱中心线的长度不应小于 5 倍的梁纵向钢筋直径；当柱截面尺寸不足时，梁上部纵向钢筋应伸至节点对边并向下弯折，锚固段弯折前的水平投影长度不应小于 $0.4l_{abE}$，弯折后的竖直投影长度应取 15 倍的梁纵向钢筋直径。

④梁下部纵向钢筋的锚固与梁上部纵向钢筋相同,但采用90°弯折方式锚固时,竖直段应向上弯入节点内。

4.9 框架结构的基础

4.9.1 基础类型及其选择

基础是保证建筑物安全和满足使用要求的重要构件之一。基础的型式很多,房屋建筑中常用的基础类型有柱下独立基础、条形基础、十字交叉条形基础、筏形基础、箱形基础和桩基础等,如图4.41所示。设计时应根据上部结构的层数和荷载大小、对地基土不均匀沉降和倾斜的敏感程度、现场的工程地质和水文地质条件以及施工条件等因素,选择合理的基础型式。

当上部结构荷载较小或地基土坚实均匀且柱距较大时,可选用柱下独立基础,其计算与构造要求和单层工业厂房的柱下独立基础相仿。

当上部结构传来的荷载较大,采用独立基础会造成基础之间比较靠近甚至基础底面积互相重叠时,可将基础在一方向或两个相互垂直的方向连接起来,形成条形基础[图4.41(a)]或十字交叉条形基础[图4.41(b)]。当上部结构的荷载比较均匀、地基土也比较均匀时,条形基础一般沿房屋纵向布置;但若上部结构的荷载沿横向分布不均匀或沿房屋横向地基土性质差别较大时,也可沿横向布置条形基础。为了增强基础的整体性,一般在垂直于条形基础的另一方向每隔一定距离设置拉梁,将条形基础连为整体。若采用十字交叉条形基础,可将上部结构在纵、横两个方向都较好地联系起来,这种基础的整体性比单向条形基础好,适用于上部结构的荷载分布在纵、横两个方向都很不均匀或地基土不均匀的房屋。

当上部结构传来的荷载很大,采用十字交叉条形基础会造成基础的底面积几乎覆盖甚至超过建筑物的全部底面积时,可将墙或柱下的全部基础连为整体形成筏形基础,如图4.41(c)、(d)所示。筏形基础可以做成平板式或肋梁式。平板式筏形基础[图4.41(c)]是一块等厚度的钢筋混凝土平板,厚度通常在1~3 m,混凝土用量较大,但施工方便快捷。肋梁式筏形基础[图4.41(d)]的底板较薄,但在底板上沿纵、横柱列布置有肋梁,以增强底板的刚度,改善底板的受力性能。优点是可节约混凝土用量,但施工较复杂。

当上部结构传来的荷载很大且不均匀,需进一步增大基础刚度以减小不均匀沉降时,可采用箱形基础[图4.41(e)]。这种基础由钢筋混凝土底板、顶板和纵横交错的隔墙组成,其整体刚度很大,可使建筑物的不均匀沉降大大减小。另外,箱形基础还可以作为人防、设备层以及贮藏室使用。由于这种基础不需回填土,所以相应地提高了地基的有效承载力。

当上部结构的荷载较大且对地基不均匀沉降很敏感,或地基土质太差时,可采用桩基础。桩基础属于深基础的一种,能把所承受的荷载相对集中地传递到地基较深的坚硬土层。桩基础由桩、土和承台共同组成[图4.41(f)]。承台作为上部结构与桩基之间的连接部件,其作用与基础类似。桩基础的承载力高、稳定性好,能有效控制沉降量,但造价较高。

对多层框架结构,一般采用条形基础或十字交叉条形基础,本节仅介绍这两种基础的设计计算方法。

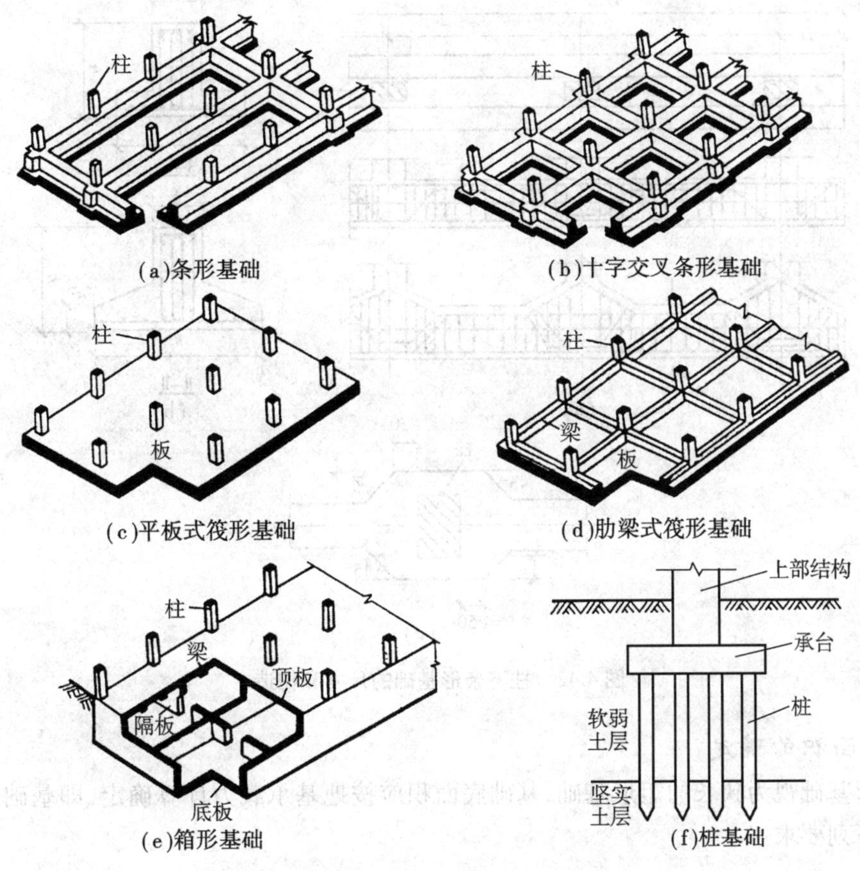

图 4.41 基础类型

4.9.2 柱下条形基础设计

1)构造要求

柱下条形基础一般采用倒 T 形截面,由肋梁和翼板组成,如图 4.42 所示。其构造要求如下:

①为了使条形基础具有较大的抗弯刚度以便调整不均匀沉降,条形基础的肋梁高度 h 不宜太小,宜取柱距的 1/8~1/4,并应满足受剪承载力的要求;当柱荷载较大时,可将柱两侧的梁肋局部增高(加腋),如图 4.42(a)所示。翼板宽度 b_f 应按地基承载力计算确定。

②翼板厚度 h_f 不应小于 200 mm。当 h_f = 200~250 mm 时,宜用等厚度翼板;当 h_f>250 mm 时,宜用变厚度翼板,其坡度宜小于或等于 1∶3。

③为调整基底形心位置,平衡基础梁端部的弯矩,使基底压力分布较为均匀,条形基础的端部应沿纵向由两端边柱向外伸出,其长度宜为边跨跨距的 1/4 左右。当荷载不对称时,两端伸出长度可不相等。

④肋梁每侧宽度比柱至少大 50 mm。当柱的截面边长大于 400 mm 时,可仅在柱位处将肋部加宽,其平面尺寸不应小于图 4.42(c)的规定。

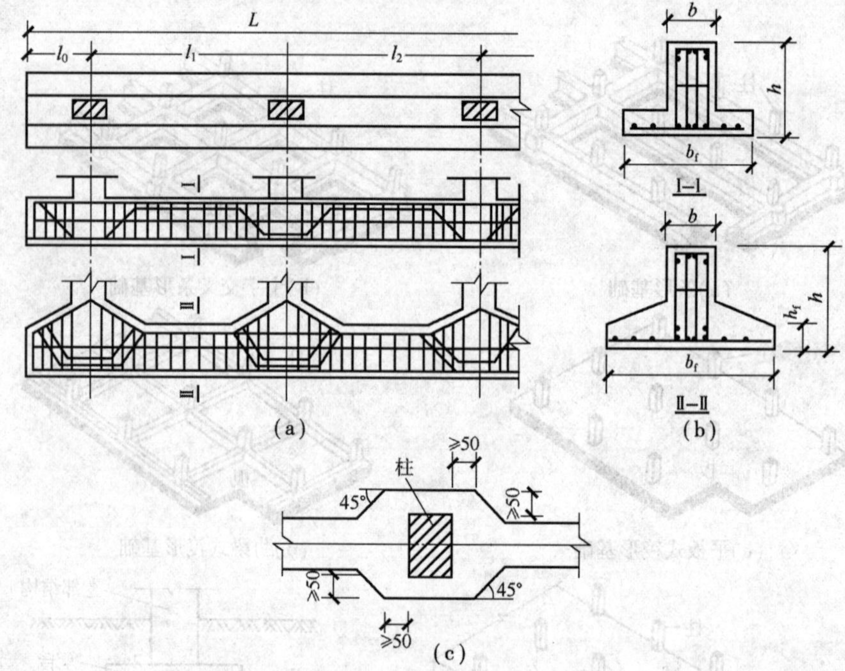

图 4.42　柱下条形基础的尺寸和构造

2）基础底面积的确定

将条形基础视为狭长的矩形基础，基础底面积应按地基承载力计算确定，即基础底面的压力应符合下列要求：

$$p_k \leqslant f_a \tag{4.60a}$$

$$p_{k,max} \leqslant 1.2f_a \tag{4.60b}$$

式中　p_k——相应于作用的标准组合时，基础底面处的平均压力值；

$p_{k,max}$——相应于作用的标准组合时，基础底面边缘的最大压力值；

f_a——修正后的地基承载力特征值，按《建筑地基基础设计规范》确定。

按上式验算地基承载力时，须计算基底压力 p_k 和 $p_{k,max}$。为此，应先确定基底压力的分布。基底压力的分布，除与地基因素有关外，实际上还受基础刚度及上部结构刚度的制约。《建筑地基基础设计规范》规定：在比较均匀的地基上，上部结构刚度较好，荷载分布较均匀，且条形基础梁的高度不小于 1/6 柱距时，基底反力可按直线分布，条形基础梁的内力可按连续梁计算。当不满足上述要求时，宜按弹性地基梁计算。下面仅说明基底压力为直线分布时，p_k 和 $p_{k,max}$ 的确定方法。

将条形基础看作长度为 L，底面宽度为 b_f 的刚性基础。计算时先确定基础底面处荷载合力（其中包括力矩的影响）的位置，如果荷载合力与基础底面形心重合，则基底压力为均匀分布［图 4.43(a)］，并按下式计算：

$$p_k = \frac{\sum F_k + G_k}{b_f L} \tag{4.61}$$

式中　$\sum F_k$——相应于荷载效应标准组合时，上部结构传至基础顶面的竖向力值总和；

G_k——基础自重和基础上的土重。

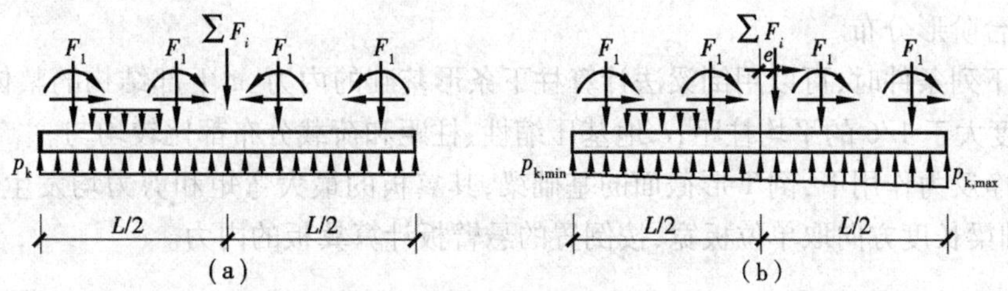

图 4.43 条形基础基底压力分布

如果荷载合力不与基底形心重合,则基底压力为梯形分布[图 4.43(b)],并按下式计算:

$$\left.\begin{matrix}p_{k,max}\\p_{k,min}\end{matrix}\right\} = \frac{\sum F_k + G_k}{b_f L}\left(1 \pm \frac{6e}{L}\right) \tag{4.62}$$

式中 e——荷载合力在基础长度方向的偏心距。

当基底压力为均匀分布时,在基础长度 L 确定之后,由式[4.60(a)]和式(4.61)可直接确定翼板宽度 b_f,即

$$b_f \geqslant \frac{\sum F_k}{(f_a - \gamma_m d)L} \tag{4.63}$$

式中 γ_m——基础及填土的平均重度,一般取 20 kN/m^3;

d——基础埋置深度,取自室内地坪至基础底面。

当基底压力为梯形分布时,可先按式(4.63)求出 b_f,将 b_f 乘以 1.2~1.4;然后将如此求出的 b_f 及其他参数代入式(4.62)计算基底压力,并须满足式(4.60),其中 $p_k=(p_{k,max}+p_{k,min})/2$。如不满足要求,则可调整 b_f,直至满足为止。

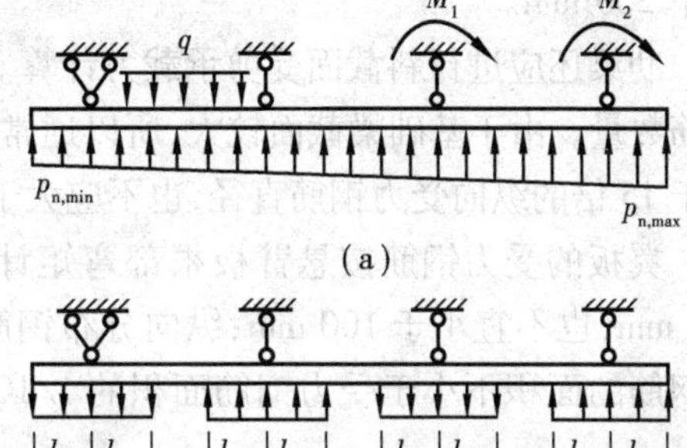

图 4.44 倒梁法计算简图

3)基础内力分析

在实际工程中,柱下条形基础梁内力常采用静力平衡法或倒梁法等简化方法计算。下面简要介绍倒梁法的计算要点。

倒梁法假定上部结构是刚性的,各柱之间没有沉降差异,又因基础刚度颇大可将柱脚视为条形基础的不动铰支座,将基础梁按倒置的普通连续梁计算。如假定基底压力为直线分布,在基底净反力 $p_n b_f$ 以及除去柱的竖向集中力所余下的各种作用(包括局部荷载、柱传来的力矩等)下,条形基础犹如一倒置的连续梁,其计算简图如图 4.44(a)所示。

考虑到按倒梁法计算时,基础及上部结构的刚度都较好,由于上部结构、基础与地基共同工作所引起的架越作用,基础梁两端边跨的基底反力会有所增大。因此,按倒梁法所求得的条形基础梁边跨跨中弯矩及第一支座弯矩值宜乘以 1.2 的系数。

另外,用倒梁法计算所得的支座反力一般不等于最初用以计算基底净反力的柱竖向荷载。若二者相差超过工程容许范围,可作必要的调整。即将支座压力与竖向柱荷载的差值(支座处的不平衡力),均匀分布在相应支座两侧各 1/3 跨度范围内[图 4.44(b)],进行基础梁内力计

算,并与第一次的计算结果叠加。可进行多次调整,直至支座反力接近柱荷载为止。调整后的基底反力呈台阶形分布。

当满足下列条件时,可以用倒梁法计算柱下条形基础的内力:a.上部结构的整体刚度较好;b.基础梁高度大于 1/6 的平均柱距;c.地基压缩性、柱距和荷载分布都比较均匀。

在基底净反力作用下,倒 T 形截面的基础梁,其翼板的最大弯矩和剪力均发生在肋梁边缘处,可沿基础梁长度方向取单位板宽,按倒置的悬臂板计算翼板的内力。

4)配筋计算与构造

柱下条形基础配筋包括肋梁和翼板两部分。肋梁中的纵向受力钢筋应采用 HRB500、HRBF500、HRB400、HRBF400 级钢筋;翼板中的受力钢筋宜采用 HRB500、HRBF500、HRB400、HRBF400、HRB335、HPB300 级钢筋。箍筋可采用 HRB500、HRB400、HRB335、HPB300 级钢筋。混凝土强度等级不应低于 C25。

肋梁应进行正截面受弯承载力计算。取跨中截面弯矩按 T 形截面计算基础梁顶部的纵向受力钢筋,将计算配筋全部贯通,或部分纵筋弯下以负担支座截面的负弯矩;取支座截面弯矩按双筋矩形截面计算梁底部的纵向受力钢筋,并将不少于 1/3 底部受力钢筋总截面面积的钢筋通长布置,其余钢筋可在适当部位切断。纵向受力钢筋的直径不应小于 12 mm,配筋率不应小于 0.2%和 $0.45f_t/f_y$ 中的较大值。当梁的腹板高度 h_w($h_w=h_0-h_f$,h_f 为翼板厚度,h_0 为梁截面有效高度)≥450 mm 时,在梁的两个侧面应沿高度配置纵向构造钢筋,每侧纵向构造钢筋(不包括梁上、下部受力钢筋及架立钢筋)的截面面积不应小于腹板截面面积 bh_w 的 0.1%,其间距不宜大于 200 mm。

肋梁还应进行斜截面受剪承载力计算。根据支座截面处的剪力设计值计算所需要的箍筋和弯筋数量。由于基础梁截面较大,所以通常须采用四肢箍筋,箍筋直径不宜小于 8 mm,间距不应大于 15 倍的纵向受力钢筋直径,也不应大于 300 mm。在梁跨度的中部,箍筋间距可适当放大。

翼板的受力钢筋按悬臂板根部弯矩计算。受力钢筋直径不宜小于 10 mm,间距不宜大于 200 mm,也不宜小于 100 mm;纵向分布钢筋的直径不小于 8 mm,间距不大于 300 mm,每延米分布钢筋的面积不小于受力钢筋面积的 1/10。

4.9.3 柱下十字交叉条形基础设计

柱下十字交叉条形基础是由纵、横两个方向的柱下条形基础组成的空间结构,各柱位于两个方向基础梁的交叉节点处。交叉条形基础既可以扩大基础底面积,又可利用其较大的空间刚度调整两个方向的不均匀沉降。这种基础内力的精确计算比较复杂,目前工程设计中多采用简化方法,对于力矩不予分配,由力矩所在平面的单向条形基础负担;对于竖向荷载则按一定原则分配到纵、横两个方向的条形基础上,然后分别按单向条形基础进行内力计算和配筋。

1)节点荷载的分配

节点荷载按下列原则进行分配:a.满足静力平衡条件,即各节点分配到纵、横基础梁上的荷载之和应等于作用在该节点上的总荷载;b.满足变形协调条件,即纵、横基础梁在交叉节点处的位移相等。

根据上述原则,对图 4.45 所示的各种节点,可按下列方法进行节点荷载分配。

(1)内柱节点[图 4.45(a)]

$$\left.\begin{aligned}F_{xi}&=\frac{b_xS_x}{b_xS_x+b_yS_y}F_i\\F_{yi}&=\frac{b_yS_y}{b_xS_x+b_yS_y}F_i\end{aligned}\right\}\tag{4.64}$$

$$S_x=\frac{1}{\lambda_x}=\sqrt[4]{\frac{4EI_x}{kb_x}},\quad S_y=\frac{1}{\lambda_y}=\sqrt[4]{\frac{4EI_y}{kb_y}}\tag{4.65}$$

式中 F_i——作用在节点 i 由上部结构传来的竖向集中力;

F_{xi},F_{yi}——节点 i 上 x、y 方向条形基础所承担的荷载;

b_x,b_y——x、y 方向基础梁的底面宽度;

S_x,S_y——x、y 方向基础梁的特征长度;

I_x,I_y——x、y 方向基础梁的截面惯性矩;

λ_x,λ_y——x、y 方向基础梁的柔度特征值;

k——地基的基床系数;

E——基础材料的弹性模量。

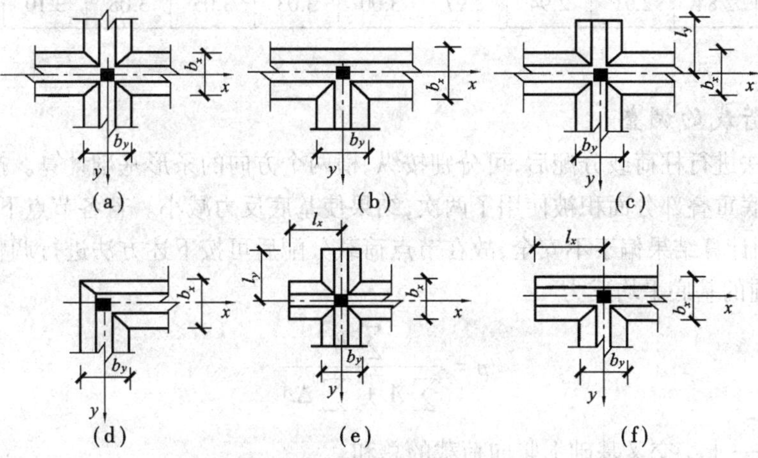

图 4.45 十字交叉条形基础节点类型

(2)边柱节点[图 4.45(b)]

$$\left.\begin{aligned}F_{xi}&=\frac{4b_xS_x}{4b_xS_x+b_yS_y}F_i\\F_{yi}&=\frac{b_yS_y}{4b_xS_x+b_yS_y}F_i\end{aligned}\right\}\tag{4.66}$$

当边柱有伸出悬臂长度时[图 4.45(c)],则荷载分配为

$$\left.\begin{aligned}F_{xi}&=\frac{\alpha b_xS_x}{\alpha b_xS_x+b_yS_y}F_i\\F_{yi}&=\frac{b_yS_y}{\alpha b_xS_x+b_yS_y}F_i\end{aligned}\right\}\tag{4.67}$$

当悬臂长度 $l_y=(0.6\sim0.75)S_y$ 时,系数 α 可由表 4.14 查得。

(3)角柱节点

对图 4.45(d)所示的角柱节点,节点荷载可按式(4.64)分配。为了减缓角柱节点处基底反力过于集中,纵、横两个方向的条形基础常有伸出悬臂[图 4.45(e)],当 $l_x=(0.6\sim0.75)S_x$,$l_y=(0.6\sim0.75)S_y$ 时,节点荷载的分配公式亦同式(4.64)。

当角柱节点仅有一个方向伸出悬臂时[图 4.45(f)],则荷载分配为

$$\left.\begin{aligned}F_{xi}&=\frac{\beta b_x S_x}{\beta b_x S_x+b_y S_y}F_i\\F_{yi}&=\frac{b_y S_y}{\beta b_x S_x+b_y S_y}F_i\end{aligned}\right\}\tag{4.68}$$

当悬臂长度 $l_x=(0.6\sim0.75)S_x$ 时,系数 β 可查表 4.14。表中 l 表示 l_x 或 l_y,S 相应地为 S_x 或 S_y。

表 4.14 α 和 β 值表

l/S	0.60	0.62	0.64	0.65	0.66	0.67	0.68	0.69	0.70	0.71	0.73	0.75
α	1.43	1.41	1.38	1.36	1.35	1.34	1.32	1.31	1.30	1.29	1.26	1.24
β	2.80	2.84	2.91	2.94	2.97	3.00	3.03	3.05	3.08	3.10	3.18	3.23

2)节点分配荷载的调整

按以上方法进行柱荷载分配后,可分别按纵、横两个方向的条形基础计算。按以上计算时,交叉点处的基底重叠部分面积被使用了两次,结果使基底反力减小。若各节点下重叠面积所占的比例较大,则计算结果偏于不安全,故在节点荷载分配后可按下述方法进行调整。

(1)调整前的基底平均反力

$$p=\frac{\sum F}{\sum A+\sum \Delta A}\tag{4.69}$$

式中 $\sum F$——十字交叉基础上竖向荷载的总和;

$\sum A$——十字交叉基础的基底总面积;

$\sum \Delta A$——十字交叉基础节点处重叠面积之和。

(2)基底反力增量

$$\Delta p=\frac{\sum \Delta A}{\sum A}p\tag{4.70}$$

(3)节点 i 在 x、y 方向的分配荷载增量

$$\left.\begin{aligned}\Delta F_{xi}&=\frac{F_{xi}}{F_i}\Delta A_i\cdot\Delta p\\\Delta F_{yi}&=\frac{F_{yi}}{F_i}\Delta A_i\cdot\Delta p\end{aligned}\right\}\tag{4.71}$$

(4)调整后节点 i 在 x、y 方向的分配荷载

$$\left.\begin{aligned} F'_{xi} &= F_x + \Delta F_{xi} \\ F'_{yi} &= F_y + \Delta F_{yi} \end{aligned}\right\} \tag{4.72}$$

3)适用范围

在推导式(4.64)至式(4.68)时,忽略了相邻柱荷载的影响,这只有在相邻柱距大于 πS_x 或 πS_y 时才是合理的。因此,当相邻柱距(或相邻节点之间的距离)大于 πS_x 或 πS_y 时,才可用上述公式进行节点荷载的分配。

4.10　设计实例

4.10.1　工程概况

某科研办公楼采用5层现浇钢筋混凝土框架结构,结构平面布置见图4.46,各层层高均为3.6 m。拟建房屋所在地的基本雪压 $s_0 = 0.25\ \mathrm{kN/m^2}$,基本风压 $w_0 = 0.35\ \mathrm{kN/m^2}$,地面粗糙度为B类,抗震设防烈度为8度,设计基本地震加速度为0.2 g,场地类别为Ⅱ类,设计地震分组为第一组,框架抗震等级为二级。地区年降雨量为650 mm,常年地下水位于地表下6 m,水质对混凝土无侵蚀性。地基承载力特征值 $f_{ak} = 160\ \mathrm{kN/m^2}$。

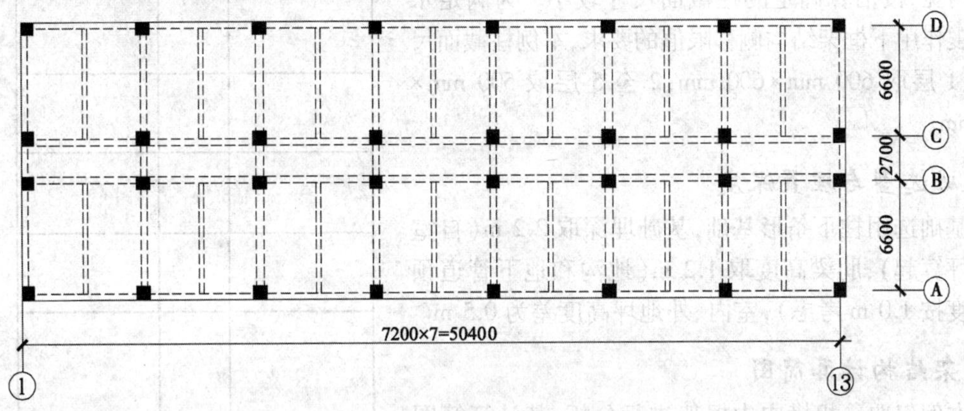

图4.46　框架结构平面布置图

办公楼内墙和外墙均采用250 mm厚水泥空心砖(9.6 $\mathrm{kN/m^3}$)砌筑,外墙面贴瓷砖(0.5 $\mathrm{kN/m^2}$),内墙面抹20 mm厚混合砂浆。窗尺寸为1.5 m×1.8 m,门尺寸为0.9 m×2.7 m,门、窗单位面积重量为0.4 $\mathrm{kN/m^2}$。屋面采用卷材防水和有组织排水,采用结构找坡,按上人屋面考虑。女儿墙高度为1.2 m,采用黏土实心砖砌筑(19 $\mathrm{kN/m^3}$)。

4.10.2　梁、柱截面尺寸及计算简图

1)梁、柱截面尺寸的确定

本工程楼盖及屋盖均采用现浇混凝土结构,楼板厚度取100 mm。梁截面高度按梁跨度的1/18~1/10估算,由此估算的梁截面尺寸见表4.15,表中还给出了各层梁、柱和板的混凝土强度

等级。其强度设计值为：C40（$f_c = 19.1\ kN/m^2$，$f_t = 1.71\ kN/m^2$）；C35（$f_c = 16.7\ kN/m^2$，$f_t = 1.57\ kN/m^2$）。

表 4.15　梁截面尺寸(mm)及各层混凝土强度等级

楼　层	混凝土强度等级	横梁($b \times h$)		次梁($b \times h$)	纵梁($b \times h$)
		AB 跨，CD 跨	BC 跨		
1,2	C40	300×650	300×400	250×500	300×600
3~5	C35	300×600	300×400	250×500	300×600

柱截面尺寸可根据式(4.5)估算。各层的重力荷载可近似取 $g_E = 12\ kN/m^2$，由图 4.46 可知边柱及中柱的负载面积分别 $F = 7.2 \times 3.3\ m^2$ 和 $F = 7.2 \times (3.3+1.35)\ m^2$。由式(4.5)和式(4.6)可得第 1 层柱截面面积为

$$\text{边柱}\quad A_c \geqslant \frac{1.2N}{f_c} = \frac{1.2 \times 1.25 N_v}{f_c} = \frac{1.2 \times 1.25 \times (7.2 \times 3.3 \times 12 \times 10^3 \times 5)}{19.1} = 111958(\text{mm}^2)$$

$$\text{中柱}\quad A_c \geqslant \frac{1.2N}{f_c} = \frac{1.2 \times 1.25 N_v}{f_c} = \frac{1.2 \times 1.25 \times (7.2 \times 4.65 \times 12 \times 10^3 \times 5)}{19.1} = 157759(\text{mm}^2)$$

如取柱截面为正方形，则边柱和中柱截面尺寸分别为 335 mm 和 397 mm。

可见，按估算确定的柱截面尺寸较小。为满足水平地震作用下框架结构侧移限值的要求，本例柱截面尺寸为：1 层取 600 mm×600 mm；2 至 5 层取 500 mm×500 mm。

2）*基础选型与埋置深度*

基础选用柱下条形基础，基础埋深取 2.2 m（自室外地坪算起），肋梁高度取 1.2 m（地沟和地下管道预留高度按 1.0 m 考虑），室内、外地坪高度差为 0.5 m。

3）*框架结构计算简图*

本例仅取一榀横向中框架进行分析，其计算简图如图 4.47 所示。为了使 1~5 层框架边柱外侧对齐，1 层边柱变截面处轴线不重合，其余各层柱轴线重合，取顶层柱的形心线作为框架柱的轴线；梁轴线取在板底处，2~5 层柱计算高度即为层高，取 3.6 m；底层柱计算高度从基础梁顶面取至一层板底，即 $h_1 = 3.6\ m + 0.5\ m + 2.2\ m - 1.2\ m - 0.1\ m = 5.0\ m$。

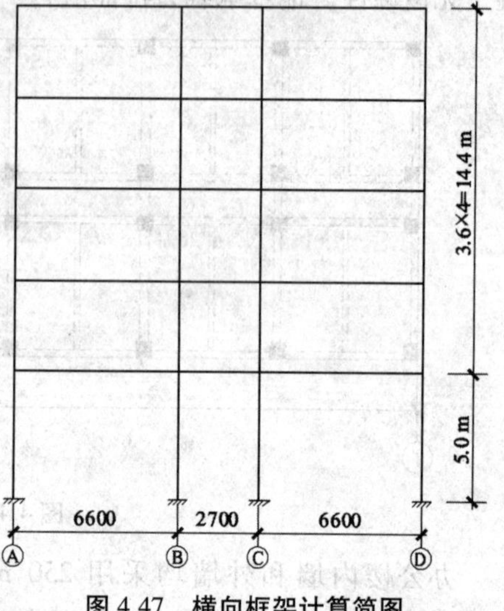

图 4.47　横向框架计算简图

4.10.3　框架结构侧向刚度计算

1）*框架梁、柱线刚度计算*

框架梁线刚度 $i_b = EI_b / l_b$。考虑楼板的作用，对中框架梁，$i_b = 2E_c I_0 / l_b$，对边框架梁，$i_b = 1.5E_c I_0 / l_b$，其中 I_0 为按 $b \times h$ 的矩形截面梁计算所得的梁截面惯性矩，计算结果见表 4.16。柱线

刚度 $i_c=E_cI_c/h_i$，计算结果见表4.17。横向中框架梁、柱线刚度及梁柱线刚度比 $\overline{K}$ 的计算结果如图4.48所示。

表4.16 梁线刚度（N·mm）

楼层	梁 跨	E_c (N/mm^2)	$b\times h$(mm)	计算跨度 l_b(mm)	截面惯性矩 I_0(mm^4)	$i_b=\frac{2E_cI_0}{l_b}$	$i_b=\frac{1.5E_cI_0}{l_b}$
3~5	AB, CD	3.15×10^4	300×600	6600	5.400×10^9	5.155×10^{10}	3.866×10^{10}
	BC	3.15×10^4	300×400	2700	1.600×10^9	3.733×10^{10}	2.800×10^{10}
1~2	AB, CD	3.25×10^4	300×650	6600	6.870×10^9	6.762×10^{10}	5.072×10^{10}
	BC	3.25×10^4	300×400	2700	1.600×10^9	3.852×10^{10}	2.800×10^{10}

表4.17 柱线刚度（N·mm）

楼 层	层高 h_i(mm)	E_c(N/mm^2)	$b\times h$ (mm)	I_c(mm^4)	$i_c=\frac{E_cI_c}{h_il}$
3~5	3600	3.15×104	500×500	5.208×10^9	4.557×10^{10}
2	3600	3.25×104	500×500	5.208×10^9	4.702×10^{10}
1	5000	3.25×104	600×600	1.080×10^{10}	7.020×10^{10}

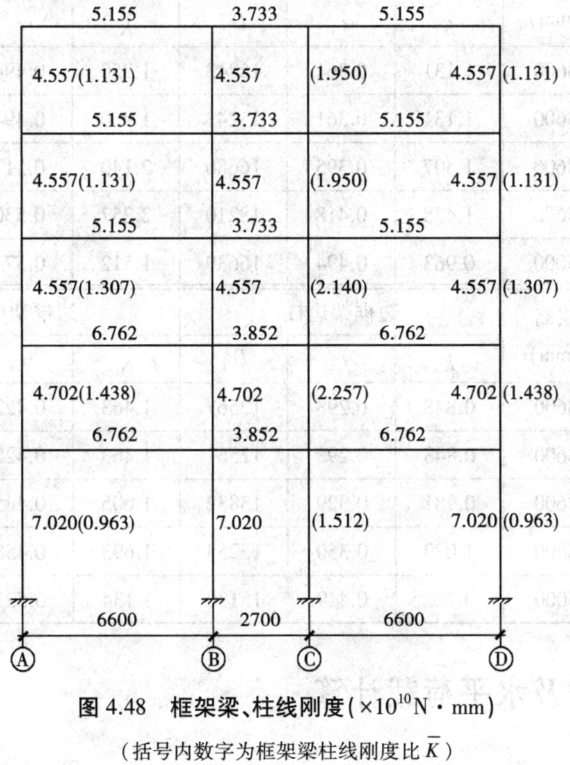

Ⓐ	Ⓑ	Ⓒ	Ⓓ
5.155	3.733	5.155	
4.557(1.131)	4.557	(1.950)	4.557(1.131)
5.155	3.733	5.155	
4.557(1.131)	4.557	(1.950)	4.557(1.131)
5.155	3.733	5.155	
4.557(1.307)	4.557	(2.140)	4.557(1.307)
6.762	3.852	6.762	
4.702(1.438)	4.702	(2.257)	4.702(1.438)
6.762	3.852	6.762	
7.020(0.963)	7.020	(1.512)	7.020(0.963)
6600	2700	6600	

图4.48 框架梁、柱线刚度（$\times10^{10}$N·mm）

（括号内数字为框架梁柱线刚度比 $\overline{K}$）

2）框架柱侧向刚度计算

柱侧向刚度按式（4.14）计算，其中 α_c 按表4.2所列公式计算。例如，第1层边柱和中柱的侧向刚度计算如下：

第1层边柱：

$$\overline{K}=\frac{\sum i_b}{i_c}=\frac{6.762}{7.020}=0.963,\quad \alpha_c=\frac{0.5+\overline{K}}{2+\overline{K}}=\frac{0.5+0.963}{2+0.963}=0.494$$

$$D_{11}=\alpha_c\frac{12i_c}{h^2}=0.494\times\frac{12\times7.020\times10^{10}}{5000^2}=16639(\text{N/mm})$$

第1层中柱：

$$\overline{K}=\frac{\sum i_b}{i_c}=\frac{6.762+3.852}{7.020}=1.512,\quad \alpha_c=\frac{0.5+\overline{K}}{2+\overline{K}}=\frac{0.5+1.512}{2+1.512}=0.573$$

$$D_{12}=\alpha_c\frac{12i_c}{h^2}=0.573\times\frac{12\times7.020\times10^{10}}{5000^2}=19304(\text{N/mm})$$

第1层一榀横向中框架的总侧向刚度为

$$D_1=(16639+19304)\times2=71885(\text{N/mm})$$

其余各层柱侧向刚度计算过程从略，计算结果见表4.18。

表4.18 各层柱侧向刚度 D 值(N/mm)

楼层	i_c	层高(mm)	中框架边柱			中框架中柱			$\sum D$
			$\overline{K}$	α_c	D_{i1}	$\overline{K}$	α_c	D_{i2}	
5	4.557	3600	1.131	0.361	15243	1.950	0.494	20832	72150
4	4.557	3600	1.131	0.361	15243	1.950	0.494	20832	72150
3	4.557	3600	1.307	0.395	16680	2.140	0.517	21809	76978
2	4.702	3600	1.438	0.418	18210	2.257	0.530	23084	82588
1	7.020	5000	0.963	0.494	16639	1.512	0.573	19304	71885
楼层	i_c	层高(mm)	边框架边柱			边框架中柱			$\sum D$
			$\overline{K}$	α_c	D_{i1}	$\overline{K}$	α_c	D_{i2}	
5	4.557	3600	0.848	0.298	12567	1.463	0.422	17825	60784
4	4.557	3600	0.848	0.298	12567	1.463	0.422	17825	60784
3	4.557	3600	0.981	0.329	13882	1.605	0.445	18785	65333
2	4.702	3600	1.079	0.350	15253	1.693	0.458	19958	70422
1	7.020	5000	0.722	0.449	15130	1.134	0.521	17568	65396

4.10.4 重力荷载及水平荷载计算

1)重力荷载计算

(1)屋面及楼面的永久荷载标准值

屋面(上人)：

30 mm厚细石混凝土保护层　　　$24\times0.03=0.72(\text{kN/m}^2)$

三毡四油防水层　　　0.40 kN/m²

20 mm 厚水泥砂浆找平层	20×0.02＝0.40(kN/m^2)
150 mm 水泥蛭石保温层	5×0.15＝0.75(kN/m^2)
100 mm 厚钢筋混凝土板	25×0.10＝2.50(kN/m^2)
V 型轻钢龙骨吊顶	0.20 kN/m^2
	4.97 kN/m^2

1~4 层楼面：

瓷砖地面(包括水泥粗砂打底)	0.55 kN/m^2
100 mm 厚钢筋混凝土板	25×0.10＝2.50(kN/m^2)
V 型轻钢龙骨吊顶	0.20 kN/m^2
	3.25 kN/m^2

(2)屋面及楼面的可变荷载标准值

上人屋面均布活荷载标准值　2.0 kN/m^2

楼面活荷载标准值(房间)　2.0 kN/m^2

楼面活荷载标准值(走廊)　2.5 kN/m^2

屋面雪荷载标准值　$s_k = \mu_r \cdot s_0 = 1.0 \times 0.25 = 0.25$(kN/m^2)

式中　μ_r 为屋面积雪分布系数，取 $\mu_r = 1.0$。

(3)梁、柱、墙、门、窗等重力荷载计算

梁、柱可根据截面尺寸、材料容重等计算出单位长度的重力荷载，因计算楼、屋面的永久荷载时，已考虑了板的自重，故在计算梁的自重时，应从梁截面高度中减去板的厚度，且只考虑梁两侧抹灰的重量。

第 1 层梁、柱单位长度的重力荷载计算如下：

边横梁：　0.3×0.55×25+0.55×0.02×17×2＝4.500(kN/m)

走道梁：　0.3×0.3×25+0.3×0.02×17×2＝2.454(kN/m)

次　梁：　0.25×0.4×25+0.4×0.02×17×2＝2.772(kN/m)

纵　梁：　0.3×0.5×25+0.5×0.02×17×2＝4.090(kN/m)

柱：　0.6×0.6×25+0.6×4×0.02×17＝9.816(kN/m)

第 1、2 层外侧柱轴线偏心为 50 mm，故第 1 层梁、柱净长度计算如下：

边横梁：　$l_n = 6.6-0.6-0.05 = 5.95$(m)

走道梁：　$l_n = 2.7-0.6 = 2.1$(m)

次　梁：　$l_n = 6.6+0.5+0.05-0.3\times2 = 6.55$(m)

纵　梁：　$l_n = 7.2-0.6 = 6.6$(m)

柱：　$l_n = 5.0$(m)

同理，可求得第 2~5 层框架梁、柱的重力荷载及构件净长度。1~5 层框架梁、柱重力荷载标准值计算结果见表 4.19。

表 4.19　框架梁、柱重力荷载标准值(单个构件的重量)

楼　层	构　件	b(m)	h_n(m)	γ(kN/m^3)	g_l(kN/m)	l_n(m)	g_0(kN)
1	边横梁	0.30	0.55	25	4.499	5.95	26.769
	走道梁	0.30	0.30	25	2.454	2.10	5.153

续表

楼层	构件	b(m)	h_n(m)	γ(kN/m³)	g_l(kN/m)	l_n(m)	g_0(kN)
1	次梁	0.25	0.40	25	2.772	6.55	18.157
	纵梁	0.30	0.50	25	4.090	6.60	26.994
	柱	0.60	0.60	25	9.816	5.00	49.080
2	边横梁	0.30	0.55	25	4.499	6.10	27.444
	走道梁	0.30	0.30	25	2.454	2.20	5.399
	次梁	0.25	0.40	25	2.772	6.50	18.018
	纵梁	0.30	0.50	25	4.090	6.70	27.403
	柱	0.50	0.50	25	6.930	3.50	24.255
3~5	边横梁	0.3	0.50	25	4.090	6.10	24.949
	走道梁	0.3	0.30	25	2.454	2.20	5.399
	次梁	0.25	0.40	25	2.772	6.50	18.018
	纵梁	0.3	0.5	25	4.09	6.70	27.403
	柱	0.5	0.5	25	6.93	3.50	24.255

注：g_l 表示单位长度构件重力荷载；g_0 表示每一根梁、柱的重力荷载标准值；h_n 为构件的净高，梁的截面高度已扣除板厚；l_n 为构件的净长，梁的长度取净跨，柱的高度已扣除板厚。

内墙为250 mm厚水泥空心砖(9.6 kN/m³)，两侧均为20 mm厚抹灰(17 kN/m³)，则墙面单位面积重力荷载为

$$9.6\times0.25+17\times0.02\times2=3.08(\text{kN/m}^2)$$

外墙亦为250 mm厚水泥空心砖，外墙面贴瓷砖(0.5 kN/m²)，内墙面为20 mm厚抹灰(0.34 kN/m²)，则外墙墙面单位面积重力荷载为

$$9.6\times0.25+0.5+0.34=3.24(\text{kN/m}^2)$$

外墙窗尺寸为1.5 m×1.8 m，单位面积重量为0.4 kN/m²。

女儿墙为240 mm厚的黏土实心砖，外墙面贴瓷砖，内墙面为20 mm厚抹灰，单位面积重力荷载为

$$19\times0.24+0.5+0.34=5.4(\text{kN/m}^2)$$

2)重力荷载代表值

集中在各楼层标高处的重力荷载代表值包括：楼面或屋面自重的标准值，楼面活荷载或屋面雪荷载的50%(不计屋面活荷载)，以及上、下各半层墙重的标准值之和。各层重力荷载代表值计算结果见表4.20。

表4.20 各层重力荷载代表值

楼层	楼板	边横梁	走道梁	次梁	纵梁	柱	活载	墙体	重力荷载代表值
5	4148.76	399.18	43.19	252.25	767.28	776.16	200.34	2043.11	8142.03
4	2712.97	399.18	43.19	252.25	767.28	776.16	1670.76	2341.81	8128.23

续表

楼层	楼 板	边横梁	走道梁	次 梁	纵 梁	柱	活 载	墙 体	重力荷载代表值
3	2712.97	399.18	43.19	252.25	767.28	776.16	1670.76	2341.81	8128.23
2	2712.97	439.10	43.19	252.25	767.28	776.16	1670.76	2341.81	8168.14
1	2712.97	428.30	41.23	254.19	755.83	1570.56	1670.76	2285.41	8514.87

注:表中各项荷载的单位为 kN;重力荷载代表值的单位为 kN。

3)水平地震作用计算

(1)顶点位移计算

将集中在各层楼面处的重力荷载代表值 G_i 作为水平荷载作用于框架结构,计算框架结构的层间位移,可求得结构的顶点假想位移。

下面以第 5 层为例说明层间位移的计算过程。

$$\sum D_5 = 6\text{ 榀中框架}+2\text{ 榀边框架} = 6\times72150+2\times60784 = 554469(\text{N/mm})$$

$$V_5 = \sum G_i = G_5 = 8142.03(\text{kN})$$

$$\Delta u_5 = \frac{V_5}{\sum D_5} = \frac{8142.03}{554469} = 0.01468(\text{m})$$

其余各层计算过程及结果见表 4.21。

表 4.21 结构顶点位移计算过程

楼层	G_i(kN)	$V_i = \sum_{k=i}^{n} G_k$ (kN)	$\sum D$ (N/mm)	$\Delta u_i = \frac{V_i}{\sum D_i}$ (m)	u_i(m)
5	8142.03	8142.03	554469	0.0147	0.2095
4	8128.23	16270.26	554469	0.0293	0.1948
3	8128.23	24398.49	592534	0.0412	0.1654
2	8168.14	32566.63	636372	0.0512	0.1243
1	8514.87	41081.50	562101	0.0731	0.0731

(2)自振周期

由表 4.21 得 $u_T = 0.2095$ m,再由式(4.38)得

$$T_1 = 1.7\psi_T\sqrt{u_T} = 1.7\times0.6\times\sqrt{0.2095} = 0.47(\text{s})$$

(3)水平地震作用

总重力荷载代表值为

$$\sum G_i = G_1 + G_2 + G_3 + G_4 + G_5 = 8514.87+8168.14+8128.23\times2+8142.03 = 41081.50(\text{kN})$$

由表 1.3 查得场地特征周期 $T_g = 0.35$ s;由表 1.4 查得水平地震影响系数最大值 $\alpha_{\max} = 0.16$。由于 $T_1 < 1.4T_g = 0.49$ s,故由表 1.5 可知 $\delta_n = 0$(不考虑顶点附加地震作用)。

$$F_{\text{EK}} = \alpha_1 G_{\text{eq}} = \left(\frac{T_g}{T_1}\right)^{0.9} \alpha_{\max} \cdot 0.85\sum_{i=1}^{5} G_i = \left(\frac{0.35}{0.47}\right)^{0.9} \times 0.16 \times 0.85 \times 41081.50$$

$=4311.27(\text{kN})$

由式(1.20)可得各层楼盖标高处的水平地震作用 F_i；由式(1.21)可得各层层间剪力 V_i。具体计算过程及结果见表 4.22；水平地震作用下框架结构的计算简图如图 4.49 所示。

表 4.22　框架各层横向地震作用及楼层地震剪力

楼　层	H_i(m)	G_i(m)	H_iG_i(m)	$\frac{H_iG_i}{\sum H_iG_i}$	F_i(kN)	V_i(kN)
5	19.4	8142.03	157955.34	0.317	1366.442	1366.442
4	15.8	8128.23	128425.96	0.258	1110.989	2477.431
3	12.2	8128.23	99164.35	0.199	857.852	3335.283
2	8.6	8168.14	70246.04	0.141	607.685	3942.968
1	5.0	8514.87	42574.36	0.085	368.303	4311.271

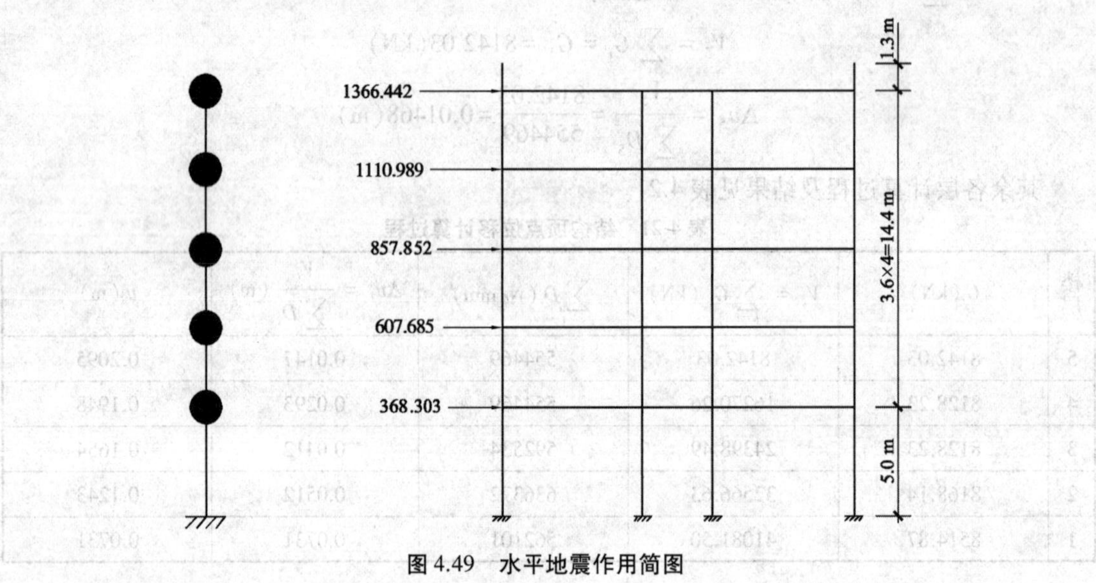

图 4.49　水平地震作用简图

4)风荷载计算

风荷载标准值按式(1.1)计算。基本风压 $w_0=0.35\ \text{kN/m}^2$，风载体型系数 $\mu_s=0.8$(迎风面)和 $\mu_s=-0.5$(背风面)。因 $H=19.4\ \text{m}<30\ \text{m}$ 且 $H/B=19.4/15.9=1.22<1.5$，所以不考虑风振系数，直接取 $\beta_z=1.0$。

在图 4.46 中，取其中一榀横向中框架计算，则沿房屋高度的分布风荷载标准值为

$$q(z)=7.2\times0.35\mu_s\mu_z\beta_z$$

$q(z)$的计算结果见表 4.23，沿框架结构高度的分布如图 4.50(a)所示。内力及侧移计算时，可按静力等效原理将分布风荷载转换为节点集中荷载，如图 4.50(b)所示。各层的集中荷载 F_i 计算如下：

表 4.23　沿房屋高度风荷载标准值(kN/m)

楼　层	z(m)	z/H_i	μ_z	$q_1(z)$	$q_2(z)$
女儿墙	20.7	1.000	1.241	2.502	1.564
5	19.4	0.937	1.218	2.455	1.535
4	15.8	0.763	1.146	2.310	1.444
3	12.2	0.589	1.057	2.131	1.332
2	8.6	0.415	1.000	2.016	1.260
1	5	0.242	1.000	2.016	1.260

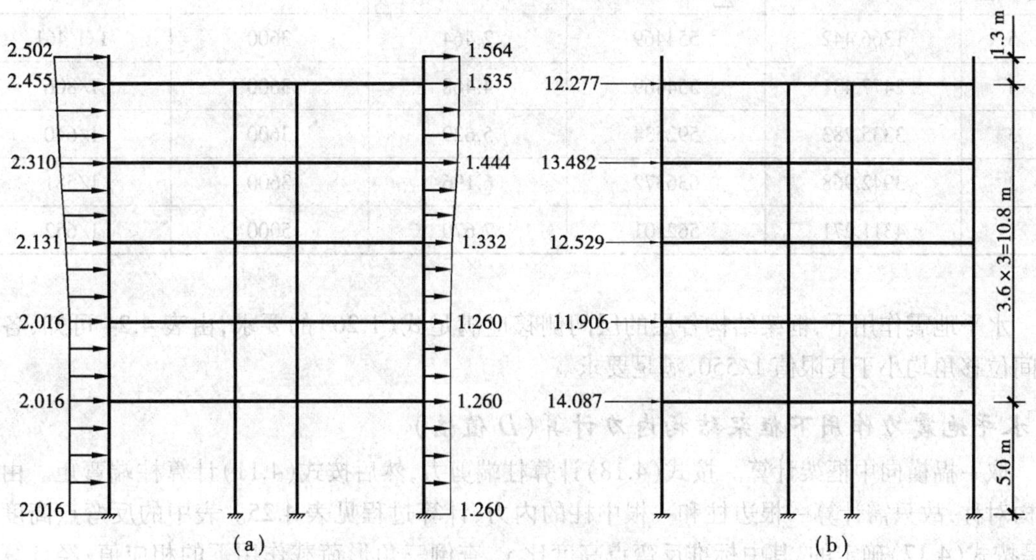

图 4.50　框架结构上的风荷载

$$F_5=[(2.502+1.564)+(2.455+1.535)]\times1.3\times\frac{1}{2}+(2.310+1.444)\times3.6\times\frac{1}{2}+$$

$$[(2.455-2.310)+(1.535-1.444)]\times3.6\times\frac{1}{2}\times\frac{2}{3}=12.277(\text{kN})$$

$$F_4=[(2.310+1.444)+(2.131+1.332)]\times3.6\times\frac{1}{2}+[(2.455-2.310)+(1.535-1.444)]\times$$

$$3.6\times\frac{1}{2}\times\frac{1}{3}+[(2.310-2.131)+(1.444-1.332)]\times3.6\times\frac{1}{2}\times\frac{2}{3}=13.482(\text{kN})$$

$$F_3=[(2.131+1.332)+(2.016+1.260)]\times3.6\times\frac{1}{2}+[(2.310-2.131)+(1.444-1.332)]\times$$

$$3.6\times\frac{1}{2}\times\frac{1}{3}+[(2.131-2.016)+(1.332-1.260)]\times3.6\times\frac{1}{2}\times\frac{2}{3}=12.529(\text{kN})$$

$$F_2=(2.016+1.260)\times3.6+[(2.131-2.016)+(1.332-1.260)]\times3.6\times\frac{1}{2}\times\frac{1}{3}=11.906\text{kN}$$

$$F_1=(2.016+1.260)\times(3.6+5.0)\times\frac{1}{2}=14.087(\text{kN})$$

4.10.5 水平荷载作用下框架结构内力分析

1)水平地震作用下框架结构侧移验算

根据图 4.49 所示水平地震作用,按式(1.21)计算层间剪力 V_i,再按式(4.19)计算框架结构的层间位移 Δu_i,计算过程及结果见表 4.24。

表 4.24 水平地震作用下的位移验算

楼 层	V_i (kN)	$\sum D_i$ (N/mm)	Δu_i (mm)	h_i (mm)	$\theta_e = \Delta u_i/h_i$
5	1366.442	554469	2.464	3600	1/1 461
4	2477.431	554469	4.468	3600	1/806
3	3335.283	592534	5.629	3600	1/640
2	3942.968	636372	6.196	3600	1/581
1	4311.271	562101	7.670	5000	1/652

水平地震作用下,框架结构各层的层间侧移应满足式(1.26)的要求,由表 4.24 可知,各层层间位移角均小于其限值 1/550,满足要求。

2)水平地震力作用下框架结构内力计算(D 值法)

取一榀横向中框架计算。按式(4.18)计算柱端剪力,然后按式(4.11)计算柱端弯矩。由于结构对称,故只需计算一根边柱和一根中柱的内力,计算过程见表 4.25。表中的反弯点高度比 y 是按式(4.17)确定的,其中标准反弯点高度比 y_n 查倒三角形荷载作用下的相应值;经计算,1 层边柱修正值 y_2 为-0.02,3 层边柱修正值 y_1 为 0.02,1 至 5 层中柱的修正值 y_1、y_2、y_3 均为零,柱反弯点高度均无修正。

表 4.25 水平地震作用下框架柱端弯矩计算

楼层	层高 (m)	V_i (kN)	D_i (N/mm)	边 柱						中 柱					
				D_{i1}	V_{i1}	$\overline{K}$	y	M_{i1}^b	M_{i1}^u	D_{i2}	V_{i2}	$\overline{K}$	y	M_{i2}^b	M_{i2}^u
5	3.6	177.81	72150	15243	37.56	1.131	0.356	48.14	87.09	20832	51.34	1.950	0.398	73.56	111.26
4	3.6	322.38	72150	15243	68.11	1.131	0.450	110.33	134.85	20832	93.08	1.950	0.450	150.79	184.30
3	3.6	433.30	76978	16680	93.89	1.307	0.485	163.93	174.07	21809	122.76	2.140	0.500	220.97	220.97
2	3.6	511.72	82588	18210	112.83	1.438	0.500	203.10	203.10	23084	143.03	2.257	0.500	257.45	257.45
1	4.9	551.35	71885	16639	127.62	0.963	0.630	402.00	236.09	19304	148.06	1.512	0.650	481.19	259.10

注:表中剪力 V 的单位为 kN;弯矩 M 的单位为 kN·m。

梁端弯矩按式(4.12)计算,然后由平衡条件求出梁端剪力,再由梁端剪力逐层计算柱轴力,计算过程见表 4.26。

表 4.26 水平地震作用下框架梁端弯矩、剪力及柱轴力计算

楼层	边梁				走道梁				柱轴力	
	M_b^l (kN·m)	M_b^r (kN·m)	l (m)	V_b (kN)	M_b^l (kN·m)	M_b^r (kN·m)	l (m)	V_b (kN)	边柱 (kN)	中柱 (kN)
5	87.09	64.53	6.6	−22.97	46.74	46.74	2.7	−34.62	−22.97	−11.65
4	182.99	149.55	6.6	−50.38	108.31	108.31	2.7	−80.23	−73.36	−41.49
3	284.40	215.60	6.6	−75.76	156.16	156.16	2.7	−115.67	−149.12	−81.41
2	367.02	304.79	6.6	−101.79	173.63	173.63	2.7	−128.61	−250.91	−108.23
1	439.19	329.08	6.6	−116.40	187.47	187.47	2.7	−138.86	−367.31	−130.69

注:1.表中剪力和轴力的单位为 kN;弯矩的单位为 kN·m;梁跨度 l 的单位为 m。

2.梁端弯矩和梁端剪力均以绕杆件顺时针方向为正,轴力方向以受压为正,受拉为负。

在图 4.49 所示的水平地震作用下,框架左侧的边柱和中柱轴力均为拉力,右侧的两根柱轴力均为压力,总拉力与总压力的绝对值相等,符号相反。水平地震作用下,一榀中框架的弯矩图、剪力图和轴力图如图 4.51 所示。

3)风荷载作用下框架结构侧移验算

根据图 4.50(b)所示的水平荷载,按式(4.9)计算层间剪力 V_i,然后依据表 4.18 所列中框架的层间侧向刚度,按式(4.19)计算各层的相对侧移,计算过程见表 4.27。由于该房屋的高宽比($H/B = 19.4/15.9 = 1.22$)较小,故可以不考虑柱轴向变形产生的侧移。

按式(4.27)进行侧移验算,验算结果亦见表 4.27。可见,各层的层间侧移角均小于1/550,且远小于水平地震作用下的层间位移角。

表 4.27 层间剪力及侧移计算

楼 层	F_i(kN)	V_i(kN)	$\sum D$ (N/mm)	$(\Delta u)_i$(mm)	$(\Delta u)_i/h_i$
5	12.277	12.277	72150	0.170	1/21157
4	13.482	25.759	72150	0.357	1/10083
3	12.529	38.288	76978	0.497	1/7238
2	11.906	50.193	82588	0.608	1/5923
1	14.087	64.280	71885	0.894	1/5592

4)风荷载作用下框架结构内力计算

取一榀横向中框架计算,按式(4.18)计算各柱的分配剪力,然后按式(4.11)计算柱端弯矩,计算过程见表 4.28。表中的反弯点高度比 y 按式(4.17)确定,其中标准反弯点高度比 y_n 查均布荷载作用下的相应值;经计算,1 至 5 层中柱和边柱的修正值 y_1、y_2、y_3 均为零,柱反弯点高度均无修正。

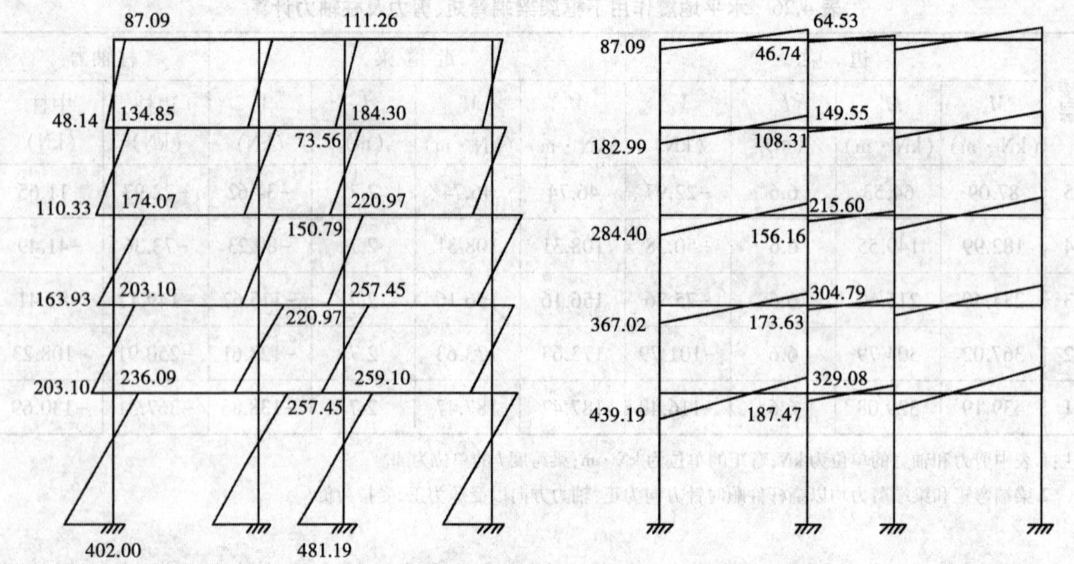

（a）框架柱和梁弯矩图（单位：kN · m）

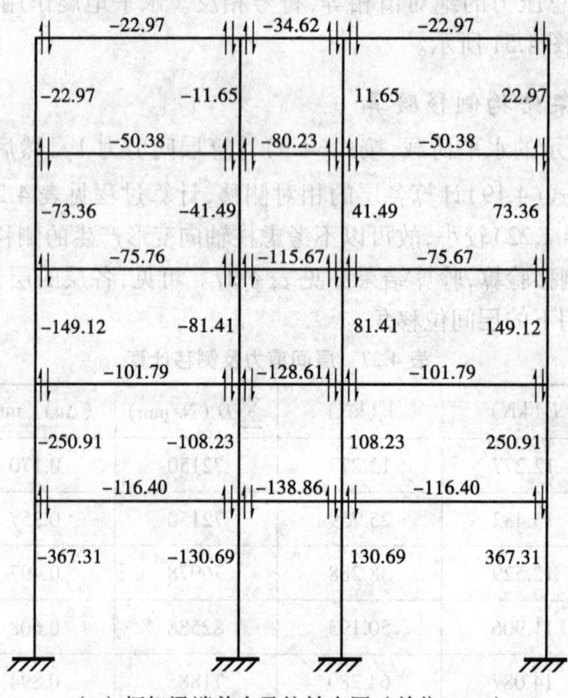

（b）框架梁端剪力及柱轴力图（单位：kN）

图 4.51　水平地震作用下框架内力图

表 4.28　风荷载作用下框架柱端弯矩计算

楼层	层高（m）	V_i（kN）	D_i（N/mm）	边柱						中柱					
				D_{i1}	V_{i1}	$\overline{K}$	y	M_{i1}^{b}	M_{i1}^{u}	D_{i2}	V_{i2}	$\overline{K}$	y	M_{i2}^{b}	M_{i2}^{u}
5	3.6	12.277	72150	15243	2.59	1.131	0.356	3.32	6.01	20832	3.54	1.950	0.397	5.07	7.70

续表

楼层	层高（m）	V_i（kN）	D_i（N/mm）	边柱						中柱					
				D_{i1}	V_{i1}	$\overline{K}$	y	M_{i1}^b	M_{i1}^u	D_{i2}	V_{i2}	$\overline{K}$	y	M_{i2}^b	M_{i2}^u
4	3.6	25.759	72150	15243	5.44	1.131	0.406	7.95	11.64	20832	7.44	1.950	0.447	11.97	14.81
3	3.6	38.288	76978	16680	8.30	1.307	0.485	14.49	15.38	21809	10.85	2.140	0.500	19.53	19.53
2	3.6	50.193	82588	18210	11.07	1.438	0.500	19.92	19.92	23084	14.03	2.257	0.500	25.25	25.25
1	5.0	64.280	71885	16639	14.88	0.963	0.630	46.87	27.53	19304	17.26	1.512	0.599	51.70	34.61

注：表中剪力 V 的单位为 kN；弯矩 M 的单位为 kN · m。

梁端弯矩按式(4.12)计算，然后由平衡条件求出梁端剪力及柱轴力，计算过程见表 4.29。在图 4.50(b)所示的风荷载作用下，框架左侧的边柱和中柱轴力均为拉力，右侧的两根柱轴力均为压力，总拉力与总压力数值相等，符号相反。

在图 4.50(b)所示的风荷载作用下，框架弯矩图如图 4.52 所示，框架梁端剪力和柱轴力图如图 4.53 所示。

表 4.29 风荷载作用下框架梁端弯矩、剪力及柱轴力计算

楼层	边梁				走道梁				柱轴力	
	M_b^l	M_b^r	l	V_b	M_b^l	M_b^r	l	V_b	边柱	中柱
5	6.01	4.46	6.6	−1.59	3.23	3.23	2.7	−2.39	−1.59	−0.81
4	14.96	11.53	6.6	−4.01	8.35	8.35	2.7	−6.18	−5.60	−2.98
3	23.34	18.27	6.6	−6.30	13.23	13.23	2.7	−9.80	−11.90	−6.47
2	34.41	28.53	6.6	−9.54	16.25	16.25	2.7	−12.04	−21.44	−8.98
1	47.45	38.14	6.6	−12.97	21.73	21.73	2.7	−16.09	−34.41	−12.10

注：1.表中剪力和轴力的单位为 kN；弯矩的单位为 kN · m；梁跨度 l 的单位为 m。

2.梁端弯矩和梁端剪力均以绕杆件顺时针方向为正，轴力方向以受压为正，受拉为负。

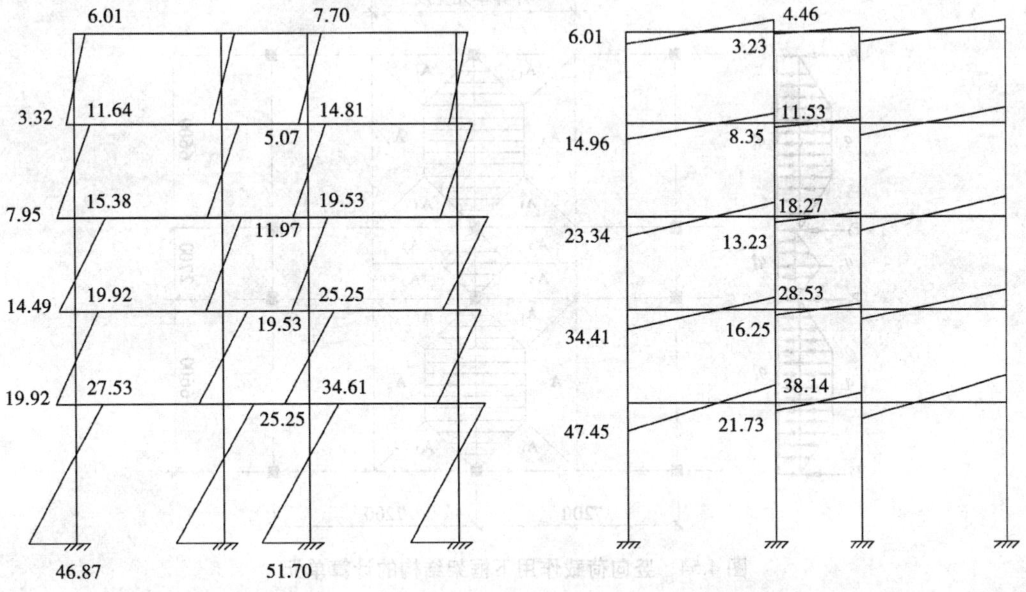

图 4.52 风荷载作用下框架弯矩图(单位:kN · m)

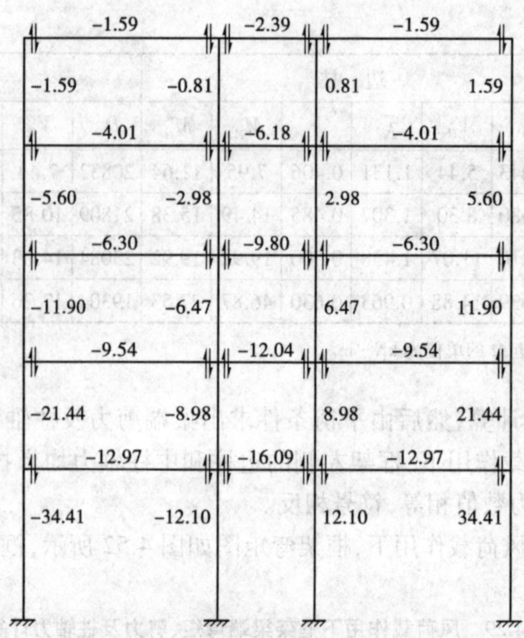

图 4.53　风荷载作用下框架梁端剪力及柱轴力图(单位:kN)

4.10.6　竖向荷载作用下框架结构内力分析

1)计算单元及计算简图

仍取中间框架进行计算。由于楼面荷载均匀分布,所以可取两轴线中线之间的长度为计算单元宽度,如图 4.54 所示。

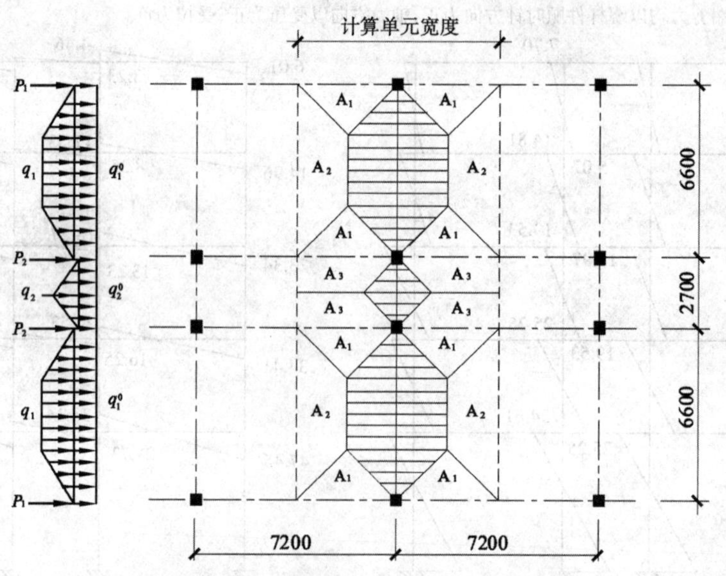

图 4.54　竖向荷载作用下框架结构的计算单元

因梁板为整体现浇,且各区格按双向板考虑,故直接传给横梁的楼面荷载为梯形分布荷载

(边梁)或三角形分布荷载(走道梁),计算单元范围内的其余荷载通过纵梁以集中荷载的形式传给框架柱,如图 4.54 所示。另外,本例中纵梁轴线与柱轴线不重合,以及悬臂构件在柱轴线上产生力矩等,所以作用在框架上的荷载还有集中力矩,如图 4.55 所示。框架横梁自重以及直接作用在横梁上的填充墙体自重则按均布荷载考虑。竖向荷载作用下框架结构计算简图如图 4.55 所示。

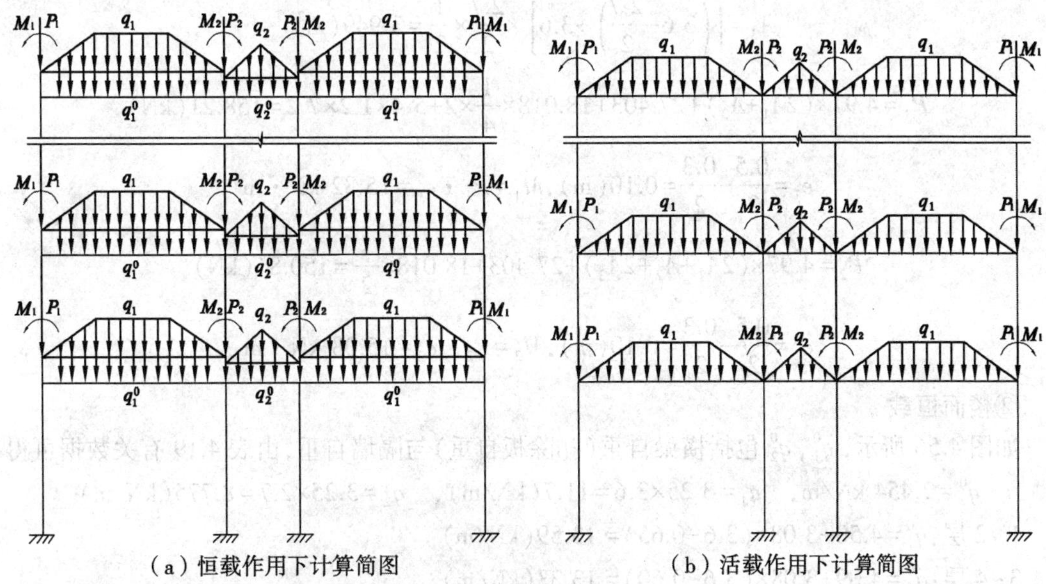

(a)恒载作用下计算简图
(b)活载作用下计算简图

图 4.55　竖向荷载作用下框架结构计算简图

2)竖向荷载计算

(1)恒载计算

①屋面恒载

如图 4.56 所示,q_1^0、q_2^0 为横梁自重(扣除板自重),由表 4.19 有关数据可得

$$q_1^0 = 4.09 \text{ kN/m} \qquad q_2^0 = 2.454 \text{ kN/m}$$

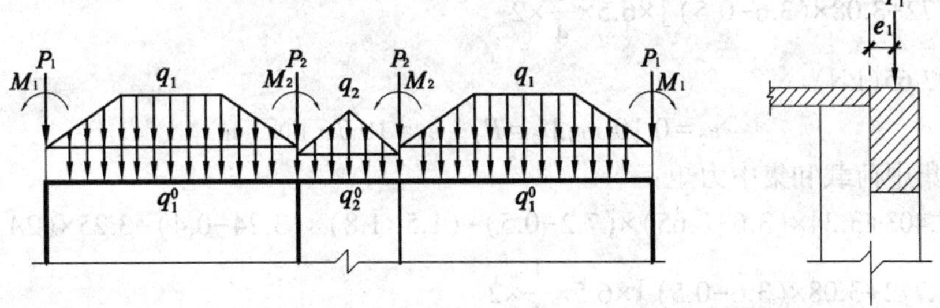

图 4.56　恒载计算简图

q_1、q_2 为板自重传给横梁的梯形和三角形分布荷载峰值,由图 4.54 所示的计算单元可得

$$q_1 = 4.97 \times 3.6 = 17.89(\text{kN/m}), \qquad q_2 = 4.97 \times 2.7 = 13.42(\text{kN/m})$$

P_1、M_1、P_2、M_2 是通过纵梁传给柱的板自重、纵梁自重、次梁自重、女儿墙(纵墙)自重、挑檐(外挑阳台)等自重所产生的集中荷载和集中力矩。本工程框架结构的外纵梁外侧与柱外侧齐

平，内纵梁走道一侧与柱的走道一侧齐平，无挑檐和外挑阳台，故不考虑挑檐和外挑阳台自重产生的集中荷载和集中力矩。

由图 4.54 所示的计算单元，可得

$$A_1=3.6\times1.8\times\frac{1}{2}=3.24(\text{m}^2),A_2=[(6.6-3.6)+6.6]\times1.8\times\frac{1}{2}=8.64(\text{m}^2)$$

$$A_3=\left[\left(3.6-\frac{2.7}{2}\right)+3.6\right]\times\frac{2.7}{2}\times\frac{1}{2}=3.949(\text{m}^2)$$

$$P_1=4.97\times(2A_1+A_2)+27.403+18.018\times\frac{1}{4}\times2+5.4\times1.2\times7.2=158.21(\text{kN})$$

$$e_1=\frac{0.5}{2}-\frac{0.3}{2}=0.10(\text{m}),M_1=P_1\cdot e_1=15.82\ \text{kN}\cdot\text{m}$$

$$P_2=4.97\times(2A_1+A_2+2A_3)+27.403+18.018\times\frac{1}{2}=150.81(\text{kN})$$

$$e_2=\frac{0.5}{2}-\frac{0.3}{2}=0.10(\text{m}),M_2=P_2\cdot e_2=15.08\ \text{kN}\cdot\text{m}$$

②楼面恒载

如图 4.56 所示，q_1^0、q_2^0 包括横梁自重（扣除板自重）与隔墙自重，由表 4.19 有关数据可得

$$q_2^0=2.454\ \text{kN/m},\quad q_1=3.25\times3.6=11.7(\text{kN/m}),\quad q_2=3.25\times2.7=8.775(\text{kN/m})$$

1~2 层：$q_1^0=4.50+3.08\times(3.6-0.65)=13.59(\text{kN/m})$

3~4 层：$q_1^0=4.09+3.08\times(3.6-0.60)=13.33(\text{kN/m})$

3~4 层集中荷载和集中力矩：

$$P_1=27.403+3.24\times(3.6-0.6)\times(7.2-0.5)-(1.5\times1.8)\times(3.24-0.4)+3.25\times(2A_1+A_2)+[2.772+3.08\times(3.6-0.5)]\times6.5\times\frac{1}{4}\times2=174.04(\text{kN})$$

$$e_1=0.10\ \text{m},M_1=P_1\cdot e_1=17.40\ \text{kN}\cdot\text{m}$$

$$P_2=27.403+3.08\times(3.6-0.6)\times(7.2-0.5)-(0.9\times2.7)\times(3.08-0.4)+3.25\times(2A_1+A_2+2A_3)+[2.772+3.08\times(3.6-0.5)]\times6.5\times\frac{1}{4}\times2=197.65(\text{kN})$$

$$e_2=0.10\ \text{m},M_2=P_2\cdot e_2=19.76\ \text{kN}\cdot\text{m}$$

第 2 层集中荷载和集中力矩：

$$P_1=27.403+3.24\times(3.6-0.65)\times(7.2-0.5)-(1.5\times1.8)\times(3.24-0.4)+3.25\times(2A_1+A_2)+[2.772+3.08\times(3.6-0.5)]\times6.5\times\frac{1}{4}\times2=172.95(\text{kN})$$

$$e_1=0.10\ \text{m},M_1=P_1\cdot e_1=17.30\ \text{kN}\cdot\text{m}$$

$$P_2=27.403+3.08\times(3.6-0.65)\times(7.2-0.5)-(0.9\times2.7)\times(3.08-0.4)+3.25\times(2A_1+A_2+2A_3)+[2.772+3.08\times(3.6-0.5)]\times6.5\times\frac{1}{4}\times2$$

$=196.21(\text{kN})$

$$e_2=0.10\ \text{m}, M_2=P_2\cdot e_2=19.62\ \text{kN}\cdot\text{m}$$

第 1 层集中荷载和集中力矩：

$$P_1=26.994+3.24\times(3.6-0.65)\times(7.2-0.6)-(1.5\times1.8)\times(3.24-0.4)+3.25\times(2A_1+A_2)+[2.772+3.08\times(3.6-0.5)]\times6.55\times\frac{1}{4}\times2$$

$$=171.90(\text{kN})$$

$$e_1=\frac{0.6}{2}-\frac{0.3}{2}=0.15(\text{m}), M_1=P_1\cdot e_1=25.78\ \text{kN}\cdot\text{m}$$

$$P_2=26.994+3.08\times(3.6-0.65)\times(7.2-0.6)-(0.9\times2.7)\times(3.08-0.4)+3.25\times(2A_1+A_2+2A_3)+[2.772+3.08\times(3.6-0.5)]\times6.55\times\frac{1}{4}\times2$$

$$=195.61(\text{kN})$$

$$e_2=\frac{0.6}{2}-\frac{0.3}{2}=0.15(\text{m}), M_2=P_2\cdot e_2=29.34\ \text{kN}\cdot\text{m}$$

注意，P_1、P_2、M_1、M_2 中包括纵梁传给柱的板自重、次梁（含梁上隔墙）自重、纵梁自重、纵墙（含门、窗）等自重所产生的集中荷载和集中力矩。

(2)活载计算

如图 4.57 所示，q_1、q_2 为板面传给横梁的梯形和三角形分布荷载峰值，由图 4.54 所示的计算单元可得。

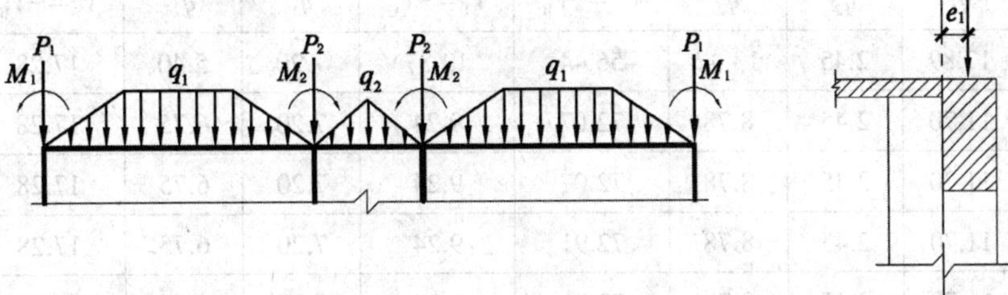

图 4.57 活载计算简图

①屋面活载：

$$q_1=2.0\times3.6=7.2(\text{kN/m}),\quad q_2=2.0\times2.7=5.4(\text{kN/m})$$

$$P_1=2.0\times(2A_1+A_2)=30.24\ \text{kN},\quad P_2=2.0\times(2A_1+A_2+2A_3)=46.036\ \text{kN}$$

$$M_1=P_1\cdot e_1=3.02\ \text{kN}\cdot\text{m},\quad M_2=P_2\cdot e_2=4.60\ \text{kN}\cdot\text{m}$$

②楼面活载：

$$q_1=2.0\times3.6=7.2(\text{kN/m}),\quad q_2=2.5\times2.7=6.75(\text{kN/m})$$

$$P_1=2.0\times(2A_1+A_2)=30.24\ \text{kN},\quad P_2=2.0\times(2A_1+A_2)+2.5\times2A_3=49.985\ \text{kN}$$

2~4 层：$e_1=e_2=0.10\ \text{m}$，$M_1=P_1\cdot e_1=3.02\ \text{kN}\cdot\text{m}$，$M_2=P_2\cdot e_2=5.00\ \text{kN}\cdot\text{m}$

第 1 层：$e_1=e_2=0.15\ \text{m}$，$M_1=P_1\cdot e_1=4.54\ \text{kN}\cdot\text{m}$，$M_2=P_2\cdot e_2=7.50\ \text{kN}\cdot\text{m}$

根据以上计算结果，各层框架梁上的竖向荷载标准值见表 4.30。

表 4.30　各层梁上的竖向荷载标准值

楼层	恒载								活载					
	q_1^0	q_2^0	q_1	q_2	P_1	P_2	M_1	M_2	q_1	q_2	P_1	P_2	M_1	M_2
5	4.09	2.45	17.89	13.42	158.21	150.81	15.82	15.08	7.20 (0.90)	5.40 (0.68)	30.24 (3.78)	46.036 (5.75)	3.02 (0.38)	4.60 (0.58)
4	13.33	2.45	11.70	8.78	174.04	197.65	17.40	19.76	7.20	6.75	30.24	49.985	3.02	5.00
3	13.33	2.45	11.70	8.78	174.04	197.65	17.40	19.76	7.20	6.75	30.24	49.985	3.02	5.00
2	13.59	2.45	11.70	8.78	172.95	196.21	17.30	19.62	7.20	6.75	30.24	49.985	3.02	5.00
1	13.59	2.45	11.70	8.78	171.90	195.61	25.78	29.34	7.20	6.75	30.24	49.985	4.54	7.50

注:表中 q_1^0、q_2^0、q_1、q_2 的单位为 kN/m,P_1、P_2 的单位为 kN,M_1、M_2 的单位为 kN · m;括号内数值为屋面按雪荷载计算的内力。

(3)柱变截面处的附加弯矩

本例中 1、2 层边柱变截面处轴线不重合,竖向荷载作用下,2 层柱底传来的轴力将对 1 层柱顶产生附加弯矩。因此,应当计算竖向荷载作用下 1 层 A 柱变截面处的附加弯矩。

竖向荷载作用下,2 层 A 柱的轴力由 2~5 层柱自重、横梁上荷载引起的剪力和集中荷载 P_1 三部分组成。框架横梁上荷载引起的剪力计算过程见表 4.31。

表 4.31　框架梁上荷载引起的剪力

楼层	恒载						活载			
	AB 跨		BC 跨		AB 跨	BC 跨	AB 跨	BC 跨	AB 跨	BC 跨
	q_1^0	q_1	q_2^0	q_2	$V_A=-V_B$	$V_B=-V_C$	q_1	q_2	$V_A=-V_B$	$V_B=-V_C$
5	4.09	17.89	2.45	13.42	56.44	12.37	7.20	5.40	17.28	3.65
4	13.33	11.70	2.45	8.78	72.07	9.24	7.20	6.75	17.28	4.56
3	13.33	11.70	2.45	8.78	72.07	9.24	7.20	6.75	17.28	4.56
2	13.59	11.70	2.45	8.78	72.91	9.24	7.20	6.75	17.28	4.56
1	13.59	11.70	2.45	8.78	72.91	9.24	7.20	6.75	17.28	4.56

注:梁端弯矩和梁端剪力均以绕杆件顺时针方向旋转为正;表中剪力的单位为 kN。

下面计算恒载和活载作用 1 层 A 柱变截面处的附加弯矩和节点外力矩:

①恒载作用下

$N_{A2}^{底}=24.255\times4+(56.44+72.07\times2+72.91)+(158.21+174.04\times2+172.95)$

$=1049.75(\text{kN})$

$\Delta M_{A1}=1049.75\times(0.6/2-0.5/2)=52.49(\text{kN}\cdot\text{m})$(逆时针)

第 1 层 A 节点外力矩为:$M_{A1}=25.78+52.49=78.27(\text{kN}\cdot\text{m})$(逆时针)

②活载作用下

$N_{A2}^{底}=17.28\times4+30.24\times4=190.08(\text{kN})$,$\Delta M_A=190.08\times(0.6/2-0.5/2)=9.50(\text{kN}\cdot\text{m})$(逆时针)

第 1 层 A 节点外力矩为:$M_{A1}=4.54+9.50=14.040(\text{kN}\cdot\text{m})$(逆时针)

3)内力计算

本例中,因结构和荷载均对称,故取对称轴一侧的框架为计算对象,且中间跨梁取为竖向滑动支座，如图 4.58 所示。下面采用弯矩二次分配法计算杆端弯矩。对弯矩、剪力和轴力的符号规定为：杆端弯矩以绕杆件顺时针方向旋转为正，节点力矩以绕节点逆时针方向旋转为正；杆端剪力以绕杆件顺时针方向旋转为正；柱轴力以受压为正。

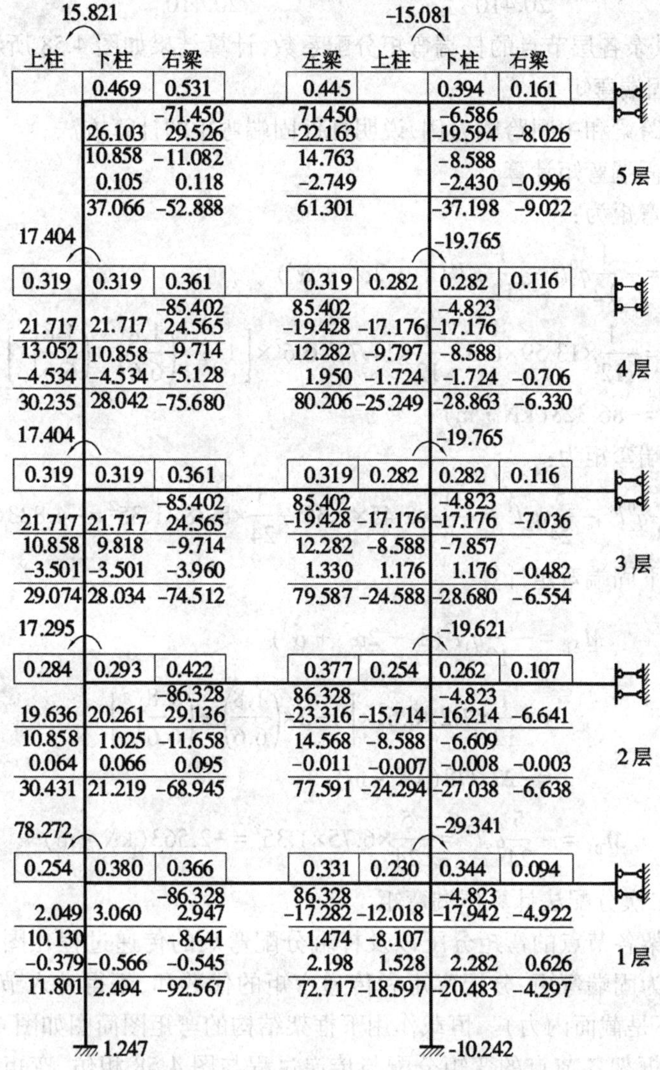

图 4.58 恒载作用下框架弯矩二次分配

(1)计算杆端弯矩分配系数

图 4.58 所示计算简图的中间跨梁跨长为原梁跨长的一半，故其线刚度应取图 4.48 中梁线刚度值的 2 倍。下面以第 1 层边节点和中节点为例，说明杆端弯矩分配系数的计算方法，其中 S_A、S_B 分别表示边节点和中节点各杆端的转动刚度之和。

第 1 层：

$$S_A = 4\times(4.702+6.762+7.020)\times10^{10} = 4\times18.484\times10^{10}(\text{N}\cdot\text{mm/rad})$$

$$S_B = 4\times(4.702+6.762+7.020)\times10^{10}+3.852\times2\times10^{10} = 4\times20.410\times10^{10}(\text{N}\cdot\text{mm/rad})$$

$$\mu^{A}_{上柱} = \frac{4.702}{18.484} = 0.254,\quad \mu^{A}_{下柱} = \frac{7.020}{18.484} = 0.380,\quad \mu^{A}_{右梁} = \frac{6.762}{18.484} = 0.366$$

$$\mu_{上柱}^{B}=\frac{4.702}{20.410}=0.230,\quad \mu_{下柱}^{B}=\frac{7.020}{20.410}=0.334$$

$$\mu_{左梁}^{B}=\frac{6.762}{20.410}=0.331,\quad \mu_{右梁}^{B}=\frac{3.852\times2\times1/4}{20.410}=0.094$$

同理,可求得其余各层节点的杆端弯矩分配系数,计算结果如图 4.58 所示。

(2)计算杆件固端弯矩

以第 1 层的边跨梁和中间跨梁为例,说明杆件固端弯矩的计算方法。

①恒载作用下固端弯矩计算

边跨梁的固端弯矩为:

$$\begin{aligned}M_{A1}&=-\frac{1}{12}q_1^0l^2-\frac{1}{12}q_1l^2(1-2\alpha^2+\alpha^3)\\&=-\frac{1}{12}\times13.59\times6.6^2-\frac{1}{12}\times11.70\times6.6^2\times\left[1-2\times\left(\frac{1.8}{6.6}\right)^2+\left(\frac{1.8}{6.6}\right)^3\right]\\&=-86.328(\text{kN}\cdot\text{m})\end{aligned}$$

中间跨梁的固端弯矩为:

$$M_{B1}=-\frac{1}{3}q_2^0l^2-\frac{5}{24}q_2l^2=-\frac{1}{3}\times2.45\times1.35^2-\frac{5}{24}\times8.78\times1.35^2=-4.823(\text{kN}\cdot\text{m})$$

②活荷载作用下固端弯矩计算

$$\begin{aligned}M_{A1}&=-\frac{1}{12}q_1l^2(1-2\alpha^2+\alpha^3)\\&=-\frac{1}{12}\times7.2\times6.6^2\times\left[1-2\times\left(\frac{1.8}{6.6}\right)^2+\left(\frac{1.8}{6.6}\right)^3\right]\\&=-22.778(\text{kN}\cdot\text{m})\end{aligned}$$

$$M_{B1}=-\frac{5}{24}q_2l^2=-\frac{5}{24}\times6.75\times1.35^2=-2.563(\text{kN}\cdot\text{m})$$

(3)采用弯矩二次分配法计算杆端弯矩

恒载作用下框架各节点的弯矩分配以及杆端分配弯矩的传递过程在图 4.58 中进行,最后所得的杆端弯矩应为固端弯矩、分配弯矩和传递弯矩的代数和,不得计入节点力矩(因为节点力矩是外部作用,不是截面内力)。恒载作用下框架结构的弯矩图简图如图 4.59(a)所示。

活荷载作用下框架各节点的弯矩分配与传递过程与图 4.58 相仿,弯矩图如图 4.59(b)所示。梁跨间最大弯矩根据梁两端的杆端弯矩及作用于梁上的荷载,用平衡条件求得,详细计算过程见内力组合相关内容。

(4)梁端剪力及柱轴力计算

根据作用于梁上的荷载及梁端弯矩,用平衡条件可求得梁端剪力。将柱两侧的梁端剪力、节点集中力及柱轴力叠加,即得柱轴力。下面以第 5 层框架梁、柱为例说明梁端剪力及柱轴力的计算过程。

①梁端剪力计算

a.恒载作用下,梁端弯矩引起的剪力为:

AB 跨:$V_A=V_B=-(-52.888+61.301)/6.6=-1.275(\text{kN})$

BC 跨:$V_B=V_C=-(-9.022+9.022)/2.7=0$

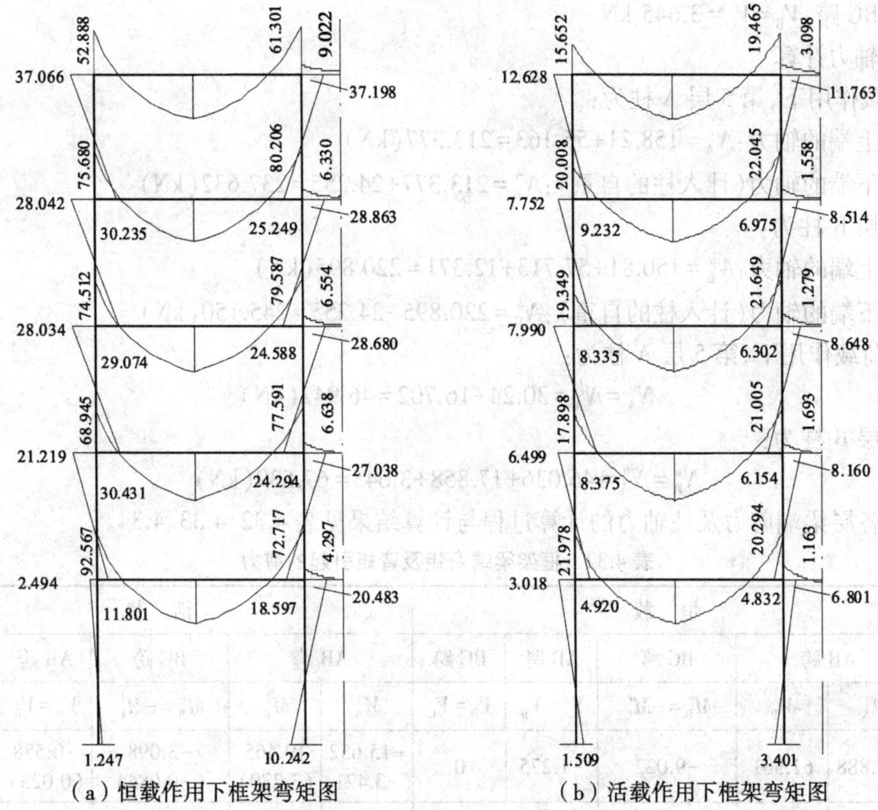

图 4.59　竖向荷载作用下框架弯矩图(单位:kN·m)

梁上荷载引起的剪力为:

$$\text{AB 跨}: V_A = -V_B = \frac{1}{2}\times 4.09\times 6.6 + \frac{1}{2}\times\left[17.89\times 3.0 + \frac{1}{2}\times 17.89\times(6.6-3.0)\right] = 56.438(\text{kN})$$

$$\text{BC 跨}: V_B = -V_C = \frac{1}{2}\times 2.45\times 2.7 + \frac{1}{2}\times\frac{1}{2}\times 13.42\times 2.7 = 12.371(\text{kN})$$

总剪力为:

AB 跨:$V_A = 56.438-1.275 = 55.163(\text{kN})$,　$V_B = -56.438-1.275 = -57.713(\text{kN})$

BC 跨:$V_B = -V_C = 17.156\ \text{kN}$

b.活荷载作用下,梁端弯矩引起的剪力为:

AB 跨:$V_A = V_B = -(-15.652+19.465)/6.6 = -0.578(\text{kN})$

BC 跨:$V_B = V_C = -(-3.098+3.098)/2.7 = 0$

梁上荷载引起的剪力为:

$$\text{AB 跨}: V_A = -V_B = \frac{1}{2}\times\left[7.2\times 3.0 + \frac{1}{2}\times 7.2\times(6.6-3.0)\right] = 17.280(\text{kN})$$

$$\text{BC 跨}: V_B = -V_C = \frac{1}{2}\times\frac{1}{2}\times 5.4\times 2.7 = 3.645(\text{kN})$$

总剪力为:

AB 跨:$V_A = 17.280-0.578 = 16.702(\text{kN})$,　$V_B = -17.280-0.578 = -17.858(\text{kN})$

BC 跨：$V_B = V_C = 3.645$ kN

②柱轴力计算

a.恒载作用下，第 5 层 A 柱为：

上端的轴力：$N_A^u = 158.21+55.163 = 213.377$(kN)

下端的轴力(计入柱的自重)：$N_B^b = 213.377+24.255 = 237.632$(kN)

第 5 层 B 柱为：

上端的轴力：$N_B^u = 150.81+57.713+12.371 = 220.895$(kN)

下端的轴力(计入柱的自重)：$N_B^b = 220.895+24.255 = 245.150$(kN)

b.活荷载作用下，第 5 层 A 柱为：

$$N_A^u = N_A^b = 30.24+16.702 = 46.942(\text{kN})$$

第 5 层 B 柱为：

$$N_A^u = N_A^b = 46.036+17.858+3.645 = 67.539(\text{kN})$$

其余各层梁端剪力及柱轴力的计算过程与计算结果见表 4.32、4.33、4.34。

表 4.32　框架梁端弯矩及弯矩引起的剪力

楼层	恒载					活载				
	AB 跨		BC 跨	AB 跨	BC 跨	AB 跨		BC 跨	AB 跨	BC 跨
	M_A	M_B^l	$M_B^r=-M_C^l$	$V_A=V_B$	$V_B=V_C$	M_A	M_B^l	$M_B^r=-M_C^l$	$V_A=V_B$	$V_B=V_C$
5	−52.888	61.301	−9.022	−1.275	0	−15.652 (−3.421)	19.465 (3.270)	−3.098 (−0.084)	−0.578 (0.023)	0 (0)
4	−75.680	80.206	−6.330	−0.686	0	−20.008	22.045	−1.558	−0.309	0
3	−74.512	79.587	−6.554	−0.769	0	−19.349	21.649	−1.279	−0.348	0
2	−68.945	77.591	−6.638	−1.310	0	−17.898	21.005	−1.693	−0.471	0
1	−92.567	72.717	−4.297	3.008	0	−21.978	20.294	−1.163	0.255	0

注：梁端弯矩和梁端剪力均以绕杆件顺时针方向旋转为正；表中弯矩的单位为 kN · m，剪力的单位为 kN；括号内数值为屋面按雪荷载计算的内力。

表 4.33　恒载作用下梁端剪力及柱轴力

楼层	荷载引起的剪力		弯矩引起的剪力		总剪力			柱轴力			
	AB 跨	BC 跨	AB 跨	BC 跨	AB 跨		BC 跨	A 柱轴力		B 柱轴力	
	$V_A=-V_B$	$V_B=-V_C$	$V_A=V_B$	$V_B=V_C$	V_A	V_B	$V_B=-V_C$	$N_{顶}$	$N_{底}$	$N_{顶}$	$N_{底}$
5	56.438	12.371	−1.275	0	55.163	−57.713	12.371	213.377	237.632	220.895	245.150
4	72.069	9.236	−0.686	0	71.383	−72.755	9.236	483.055	507.310	524.788	549.043
3	72.069	9.236	−0.769	0	71.300	−72.838	9.236	752.649	776.904	828.764	853.019
2	72.911	9.236	−1.310	0	71.601	−74.220	9.236	1021.458	1045.713	1132.683	1156.938
1	72.911	9.236	3.008	0	75.918	−69.903	9.236	1293.528	1342.608	1431.683	1480.763

注：梁端弯矩和梁端剪力均以绕杆件顺时针方向旋转为正；表中剪力和轴力的单位为 kN。

表 4.34 活载作用下梁端剪力及柱轴力

<table>
<tr><td rowspan="3">楼层</td><td>荷载引起的剪力</td><td></td><td>弯矩引起的剪力</td><td></td><td colspan="3">总剪力</td><td colspan="2">柱轴力</td></tr>
<tr><td>AB 跨</td><td>BC 跨</td><td>AB 跨</td><td>BC 跨</td><td colspan="2">AB 跨</td><td>BC 跨</td><td>A 柱轴力</td><td>B 柱轴力</td></tr>
<tr><td>$V_A=-V_B$</td><td>$V_B=-V_C$</td><td>$V_A=V_B$</td><td>$V_B=V_C$</td><td>V_A</td><td>V_B</td><td>$V_B=V_C$</td><td>$N_{顶}=N_{底}$</td><td>$N_{顶}=N_{底}$</td></tr>
<tr><td>5</td><td>17.280
(2.970)</td><td>3.645
(0.456)</td><td>−0.578
(0.023)</td><td>0
(0)</td><td>16.702
(2.993)</td><td>−17.858
(−2.947)</td><td>3.645
(0.456)</td><td>46.942
(6.773)</td><td>67.539
(9.157)</td></tr>
<tr><td>4</td><td>17.280</td><td>4.556</td><td>−0.309</td><td>0</td><td>16.971</td><td>−17.589</td><td>4.556</td><td>94.154</td><td>139.669</td></tr>
<tr><td>3</td><td>17.280</td><td>4.556</td><td>−0.348</td><td>0</td><td>16.932</td><td>−17.628</td><td>4.556</td><td>141.325</td><td>211.838</td></tr>
<tr><td>2</td><td>17.280</td><td>4.556</td><td>−0.471</td><td>0</td><td>16.809</td><td>−17.751</td><td>4.556</td><td>188.374</td><td>284.130</td></tr>
<tr><td>1</td><td>17.280</td><td>4.556</td><td>0.255</td><td>0</td><td>17.535</td><td>−17.025</td><td>4.556</td><td>236.150</td><td>355.696</td></tr>
</table>

注:梁端弯矩和梁端剪力均以绕杆件顺时针方向旋转为正;表中剪力和轴力的单位为 kN;括号内数值为屋面按雪荷载计算的内力。

(5)侧移二阶效应的考虑

按式(4.28)验算是否需要考虑侧移二阶效应的影响,式中的 $\sum_{j=i}^{n} G_j$ 可根据表 4.33 和表 4.34 中各层柱下端截面的轴力计算,且应转换为设计值,计算结果见表 4.35。

表 4.35 各楼层重力荷载设计值计算及二阶效应验算

<table>
<tr><td rowspan="2">楼 层</td><td rowspan="2">层 高</td><td colspan="2">恒载轴力标准值</td><td colspan="2">活载轴力标准值</td><td rowspan="2">G_i</td><td rowspan="2">G_i/h_i</td><td rowspan="2">$20G_i/h_i$</td><td rowspan="2">$\sum D_i$</td></tr>
<tr><td>A 柱</td><td>B 柱</td><td>A 柱</td><td>B 柱</td></tr>
<tr><td>5</td><td>3.60</td><td>237.63</td><td>245.15</td><td>46.94</td><td>67.54</td><td>739.61</td><td>205.45</td><td>4 108.96</td><td>72 150</td></tr>
<tr><td>4</td><td>3.60</td><td>507.31</td><td>549.04</td><td>94.15</td><td>139.67</td><td>1594.97</td><td>443.05</td><td>8860.97</td><td>72150</td></tr>
<tr><td>3</td><td>3.60</td><td>776.90</td><td>853.02</td><td>141.33</td><td>211.84</td><td>2450.34</td><td>680.65</td><td>13612.98</td><td>76978</td></tr>
<tr><td>2</td><td>3.60</td><td>1045.71</td><td>1156.94</td><td>188.37</td><td>284.13</td><td>3304.69</td><td>917.97</td><td>18359.37</td><td>82588</td></tr>
<tr><td>1</td><td>5.00</td><td>1342.61</td><td>1480.76</td><td>236.15</td><td>355.70</td><td>4216.63</td><td>843.33</td><td>16866.52</td><td>71885</td></tr>
</table>

可见,各层均满足式(4.28)的要求,即本例的框架结构不需要考虑侧移二阶效应的影响。

4.10.7 内力组合

本例仅以第 1 层的梁、柱内力组合为例,说明其组合方法。

1)梁控制截面内力标准值

表 4.36 是第 1 层梁在恒载、活载、地震作用和风荷载标准值作用下,支座中心处及支座边缘处(控制截面)的梁端弯矩值和剪力值,其中支座中心处的弯矩值和剪力值取自表 4.26、表 4.29、表 4.33、表 4.34 和图 4.59;支座边缘处的弯矩值 M_b 和剪力值 V_b 按下述方法计算。

在均布荷载 q 作用下: $M_b=M-V\cdot b/2$,

$V_b=V-q\cdot b/2$

在三角形荷载 q' 作用下: $M_b=M-V\cdot b/2$,

$V_b=V-q'/2\cdot b/2$

在风荷载和地震作用下: $M_b=M-V\cdot b/2$,

$V_b=V$

上述各式中的 M、V 均为支座中心处的弯矩和剪力值,b 为柱截面高度。

由于本工程 1、2 层边柱轴线不重合，计算框架梁支座边缘处的内力时，应当考虑 1、2 层柱截面尺寸的改变和轴线不重合引起的截面位置调整。由 4.10.2 节所述的框架柱截面尺寸可知，第 1 层边柱轴线至梁支座边缘的距离为 0.5 m/2+0.1 m=0.35 m，第 1 层中柱轴线至梁支座边缘的距离为 0.6 m/2=0.3 m。

下面仅以在恒载作用下支座边缘处的弯矩和剪力值计算为例，说明计算方法。

第 1 层 AB 跨梁 A 支座边缘处的内力为：

$$M_b=M-V\times b/2=-92.567+75.918\times0.35=-65.996(\text{kN}\cdot\text{m})$$

$$V_b=V-q_1^0\times b/2-\frac{q'}{2}\times b/2=75.918-13.33\times0.35-1/2\times11.7\times0.35/1.8\times0.35=70.765(\text{kN})$$

第 1 层 AB 跨梁 B 支座边缘处的内力为：

$$M_b=M-V\times b/2=72.717-69.903\times0.3=51.746(\text{kN}\cdot\text{m})$$

$$V_b=V-q_1^0\times b/2-\frac{q'}{2}\times b/2=-69.903+13.59\times0.3+1/2\times11.7\times0.3/1.8\times0.3=-65.535(\text{kN})$$

第 1 层 BC 跨梁 B 支座边缘处的内力为：

$$M_b=M-V\times b/2=-4.297+9.236\times0.3=-1.526(\text{kN}\cdot\text{m})$$

$$V_b=V-q_1^0\times b/2-\frac{q'}{2}\times b/2=9.236-2.45\times0.3-1/2\times8.78\times0.3/1.35\times0.3=8.207(\text{kN})$$

表 4.36 第 1 层框架梁端控制截面内力标准值

截面	恒载内力				活载内力				风载内力			地震内力		
	支座中心线		支座边缘		支座中心线		支座边缘		支座中心线	支座边缘	剪力	支座中心线	支座边缘	剪力
	M	V	M	V	M	V	M	V	M	M	V	M	M	V
A	-92.567	75.918	-65.996	70.765	-21.978	17.535	-15.841	17.290	47.447	42.908	-12.967	439.188	398.447	-116.405
B_l	72.717	-69.903	51.746	-65.535	20.294	-17.025	15.187	-16.845	38.137	34.247	-12.967	329.083	294.162	-116.405
B_r	-4.297	9.236	-1.526	8.207	-1.163	4.556	0.204	4.331	21.725	16.897	-16.093	187.468	145.808	-138.865

注：表中弯矩 M 的单位为 kN·m；剪力 V 的单位为 kN；梁端弯矩和梁端剪力均以绕杆件顺时针方向为正；风荷载和地震作用下梁端控制截面和支座中心处剪力值相同；括号内数值为屋面按雪荷载计算的内力。

2）梁控制截面的内力组合

框架梁应按 4.6.1 节所述方法进行非抗震内力组合，按 4.8.2 节所述方法进行地震内力组合。框架梁端控制截面内力组合值见表 4.37，相应截面的内力标准值取自表 4.36。应当注意，内力组合时，竖向荷载作用下的梁支座截面负弯矩乘了调整系数 0.8，跨中截面弯矩相应增大（由平衡条件确定）。非抗震组合时，当风荷载作用下支座截面为正弯矩且与永久荷载效应组合时，永久荷载分项系数取 1.0，因此，有风荷载参与组合时，永久荷载分项系数应分别取 1.0 和 1.2 进行组合以确定最不利内力。地震组合时，当水平地震作用下支座截面为正弯矩且与永久荷载效应组合时，永久荷载分项系数取 1.0，因此，在水平地震力参与组合时，永久荷载分项系数也应分别取 1.0 和 1.2 进行组合以确定最不利内力。

下面以第 1 层框架梁为例，说明非抗震组合中在 $1.2S_{\text{Gk}}\pm1.4S_{\text{Wk}}+1.4\times0.7S_{\text{Qk}}$ 组合项中各控制截面内力组合值的计算方法。

左来风（→）作用时，由表 4.36 的有关数据，可得各控制截面的弯矩和剪力组合值：

$M_{A} = 1.2 \times 0.8M_{Gk} + 1.4M_{Wk} + 1.4 \times 0.7 \times 0.8M_{Qk}$

$=1.2\times0.8\times(-66.00)+1.4\times42.91+1.4\times0.7\times0.8\times(-15.84)=-15.70$ (kN·m)(上部受拉)

$M_{Bl} = 1.2 \times 0.8M_{Gk} + 1.4M_{Wk} + 1.4 \times 0.7 \times 0.8M_{Qk}$

$=1.2\times0.8\times51.75+1.4\times34.25+1.4\times0.7\times0.8\times15.19=109.53$ (kN·m)(上部受拉)

$M_{Br} = 1.2 \times 0.8M_{Gk} + 1.4M_{Wk} + 1.4 \times 0.7 \times 0.8M_{Qk}$

$=1.2\times0.8\times(-1.53)+1.4\times16.90+1.4\times0.7\times0.8\times0.20=22.35$ (kN·m)(下部受拉)

$V_{A} = 1.2V_{Gk} + 1.4V_{Wk} + 1.4 \times 0.7V_{Qk}$

$=1.2\times70.77+1.4\times(-12.97)+1.4\times0.7\times17.29=83.71$ (kN)

$V_{Bl} = 1.2V_{Gk} + 1.4V_{Wk} + 1.4 \times 0.7V_{Qk}$

$=1.2\times(-65.53)+1.4\times(-12.97)+1.4\times0.7\times(-16.84)=-113.30$ (kN)

$V_{Br} = 1.2V_{Gk} + 1.4V_{Wk} + 1.4 \times 0.7V_{Qk}$

$=1.2\times8.21+1.4\times(-16.09)+1.4\times0.7\times4.33=-8.44$ (kN)

同理,右来风(←)作用时可得各控制截面的弯矩和剪力组合值。

下面仍以第1层框架梁为例,说明地震组合中在$1.2S_{GE}\pm1.3S_{Ek}$组合项中各控制截面内力组合值的计算方法。

左震(→)作用时,由表4.36的有关数据,可得各控制截面的弯矩和剪力组合值:

$M_{A} = 1.2 \times (0.8M_{Gk} + 0.5 \times 0.8M_{Qk}) + 1.3M_{Ek}$

$=1.2\times[0.8\times(-66.00)+0.5\times0.8\times(-15.84)]+1.3\times398.45=447.02$(kN·m)(下部受拉)

$M_{Bl} = 1.2 \times (0.8M_{Gk} + 0.5 \times 0.8M_{Qk}) + 1.3M_{Ek}$

$=1.2\times(0.8\times51.75+0.5\times0.8\times15.19)+1.3\times294.16=439.48$(kN·m)(上部受拉)

$M_{Br} = 1.2 \times (0.8M_{Gk} + 0.5 \times 0.8M_{Qk}) + 1.3M_{Ek}$

$=1.2\times[0.8\times(-1.53)+0.5\times0.8\times0.204]+1.3\times145.81=188.18$ (kN·m)(下部受拉)

$V_{A} = 1.2(V_{Gk} + 0.5V_{Qk}) + 1.3V_{Ek} = 1.2(70.77 + 0.5 \times 17.29) + 1.3 \times (-116.40) = -56.03$ (kN)

$V_{Bl} = 1.2(V_{Gk} + 0.5V_{Qk}) + 1.3V_{Ek} = 1.2[-65.53 + 0.5 \times (-16.84)] + 1.3 \times (-116.40)$

$=-240.08$ (kN)

$V_{Br} = 1.2(V_{Gk} + 0.5V_{Qk}) + 1.3V_{Ek} = 1.2(8.21 + 0.5 \times 4.33) + 1.3 \times (-138.86) = -168.08$ (kN)

同理,可得右震(←)作用时各控制截面的弯矩和剪力组合值。

地震组合时,需要对梁端组合的剪力设计值按式(4.42)进行调整。

由表4.19可得第1层边横梁$l_n=5.95$ mm。在表4.38地震组合中选取一组较大的值:

$$M_b^l=M_A=-588.94\ \text{kN·m} \qquad M_b^r=M_{Bl}=-325.44\ \text{kN·m}$$

梁上荷载设计值:

恒载:$q_0^1=13.59$ kN/m, $q_1=11.70$ kN/m; 活载:$q_1=7.20$ kN/m

$$V_{Gb}=\frac{1}{2}\times\left\{13.59\times5.95+\left[\left(\frac{0.35}{1.80}+1\right)\times1.45+3\right]\times11.70+0.5\times7.20\times\left[\left(\frac{0.35}{1.80}+1\right)\times1.45+3\right]\right\}\times1.2$$

$$=91.94(\text{kN})$$

$$\gamma_{RE}V=\gamma_{RE}\left(\eta_{vb}\frac{M_b^l+M_b^r}{l_n}+V_{Gb}\right)=0.85\times\left(-1.2\times\frac{-588.94-325.44}{5.95}+91.94\right)=0.85\times276.35=234.90(\text{kN})$$

对于构件受剪承载力验算γ_{RE}取0.85,对于构件受弯承载力验算γ_{RE}取0.75。

第1层框架梁控制截面非地震组合内力值见表4.37。第1层框架梁控制截面地震内力组合值见表4.38。

表 4.37　第 1 层框架梁端控制截面非地震内力组合值

截　面	恒载内力		活载内力		风载内力		$1.2S_{Gk}+1.4\times S_{Wk}+1.4\times0.7S_{Qk}$		$1.2S_{Gk}-1.4\times S_{Wk}+1.4\times0.7S_{Qk}$		$1.0S_{Gk}+1.4\times S_{Wk}+1.4\times0.7S_{Qk}$	
	0.8*M*	*V*	0.8*M*	*V*	*M*	*V*	*M*	*V*	*M*	*V*	*M*	*V*
A	−52.80	70.77	−12.67	17.29	42.91	−12.97	−15.70	83.71	−135.85	120.02	−5.14	69.56
B_l	41.40	−65.53	12.15	−16.84	34.25	−12.97	109.53	−113.30	13.64	−77.00	101.25	−100.20
B_r	−1.22	8.21	0.16	4.33	16.90	−16.09	22.35	−8.44	−24.96	36.62	22.60	−10.08

注：表中弯矩 *M* 的单位为 kN · m；剪力 *V* 的单位为 kN；梁端弯矩和梁端剪力均以绕杆件顺时针方向为正。

表 4.37　第 1 层框架梁端控制截面非地震内力组合值(续表)

截　面	$1.0S_{Gk}-1.4\times S_{Wk}+1.4\times0.7S_{Qk}$		$1.2S_{Gk}+1.4\times S_{Qk}+1.4\times0.6S_{Wk}$		$1.2S_{Gk}+1.4\times S_{Qk}-1.4\times0.6S_{Wk}$		$1.0S_{Gk}+1.4\times S_{Qk}+1.4\times0.6S_{Wk}$		$1.0S_{Gk}+1.4\times S_{Qk}-1.4\times0.6S_{Wk}$		$1.35S_{Gk}+1.4\times0.7S_{Qk}$	
	M	*V*	*M*	*V*	*M*	*V*	*M*	*V*	*M*	*V*	*M*	*V*
A	−125.29	105.86	−45.05	98.23	−117.14	120.02	−34.50	84.08	−106.58	105.86	−83.69	112.48
B_l	5.36	−63.89	95.45	−113.12	37.92	−91.33	87.17	−100.01	29.64	−78.23	67.79	−104.98
B_r	−24.72	34.98	12.96	2.39	−15.43	29.43	13.20	0.75	−15.19	27.79	−1.49	15.32

注：表中弯矩 *M* 的单位为 kN · m；剪力 *V* 的单位为 kN；梁端弯矩和梁端剪力均以绕杆件顺时针方向为正。

表 4.38　第 1 层框架梁端控制截面地震内力组合值

截面	恒载内力		活载内力		地震内力		$1.2S_{GE}+1.3S_{Ek}$		$1.2S_{GE}-1.3S_{Ek}$		$1.0S_{GE}+1.3S_{Ek}$		$1.0S_{GE}-1.3S_{Ek}$	
	0.8*M*	*V*	0.8*M*	*V*	*M*	*V*	*M*	*V*	*M*	*V*	*M*	*V*	*M*	*V*
A	−52.80	70.77	−12.67	17.29	398.45	−116.40	447.02	−56.03	−588.94	246.62	458.85	−71.92	−577.11	230.74
B_l	41.40	−65.53	12.15	−16.84	294.16	−116.40	439.38	−240.08	−325.44	62.58	429.88	−225.28	−334.94	77.37
B_r	−1.22	8.21	0.16	4.33	145.81	−138.86	188.18	−168.08	−190.92	192.97	188.41	−170.15	−190.69	190.90

注：表中弯矩 *M* 的单位为 kN · m；剪力 *V* 的单位为 kN；表中梁端剪力设计值尚未作强剪弱弯调整；表中括号内数值为屋面取雪荷载计算的内力。

求框架梁跨间最大正弯矩时，应根据梁端截面弯矩组合值及梁上荷载设计值，由平衡条件确定。为了与图 4.55 所示梁上荷载计算简图保持一致，求框架梁跨间最大正弯矩时，梁端弯矩和剪力组合值均应当采用支座中心线处的内力，第 1 层梁支座中心线处的内力可由表 4.39 和表 4.40 取值。

AB 跨梁跨间最大弯矩值可近似根据梁端截面弯矩组合值及作用在梁上的荷载设计值由平衡条件确定，如图 4.60 所示。下面按左震和右震作用两种情况分别求第 1 层 AB 梁跨间最大正弯矩：

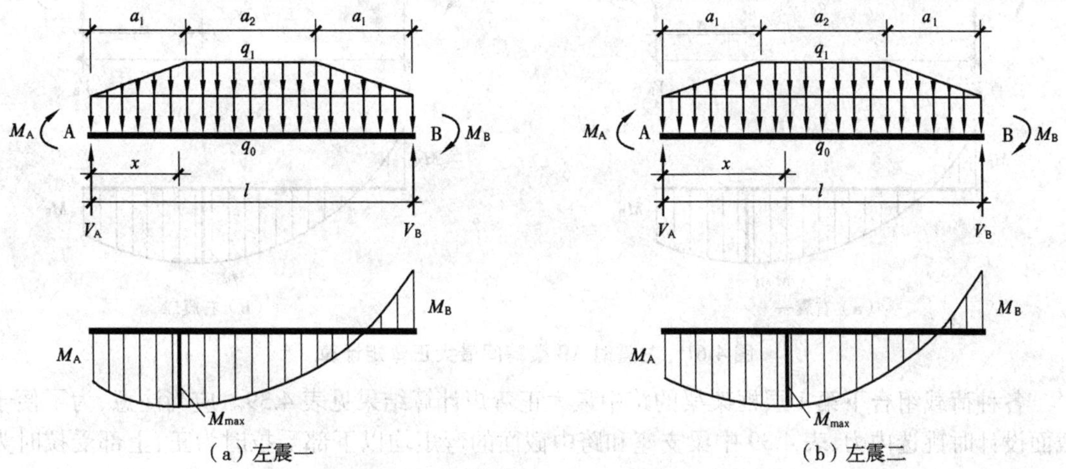

图 4.60　左震时梁跨内最大正弯矩计算

①左震(→)作用，按 $1.2S_{GE}+1.3S_{Ek}$ 进行组合。

梁上的荷载设计值为：

$q_0=1.2\times13.59=16.302(\text{kN/m})$，　$q_1=1.2\times(11.70+0.5\times7.2)=18.360(\text{kN/m})$

梁端弯矩取支座中心线处的弯矩值，故计算跨度为 $l=6.6$ m，$a_1=1.8$ m。查表 4.26 和图 4.58、4.59，可求得 $1.2S_{GE}+1.3S_{Ek}$ 组合项对应的内力为：

$M_A=1.2S_{GE}+1.3S_{Ek}=1.2\times(-74.05-0.5\times17.58)+1.3\times439.19=471.53(\text{kN}\cdot\text{m})$，

$M_B=1.2S_{GE}+1.3S_{Ek}=1.2\times(58.17+0.5\times16.24)+1.3\times329.08=507.36(\text{kN}\cdot\text{m})$

$$V_A=-\frac{M_A+M_B}{l}+\frac{1}{2}q_0l+\frac{l-a_1}{2}q_1=-50.46\ \text{kN}<0$$

故 x 不出现在 AB 跨间，梁跨间最大弯矩为：

$$M_{max}=M_A=447.021\ \text{kN}\cdot\text{m}(\text{取梁支座边缘处的弯矩值})$$

②右震(←)作用，按 $1.2S_{GE}-1.3S_{Ek}$ 进行组合。

梁上的荷载设计值为：

$q_0=1.2\times13.59=16.302(\text{kN/m})$，$q_1=1.2\times(11.70+0.5\times7.2)=18.360(\text{kN/m})$

梁端弯矩取支座中心线处的弯矩值，故计算跨度为 $l=6.6$ m，$a_1=1.8$ m。查表 4.26 和图 4.58、图 4.59，可求得 $1.2S_{GE}-1.3S_{Ek}$ 组合项对应的内力为：

$M_A=1.2S_{GE}-1.3S_{Ek}=1.2\times(-74.05-0.5\times17.58)-1.3\times439.19=-670.36(\text{kN}\cdot\text{m})$

$M_B=1.2S_{GE}-1.3S_{Ek}=1.2\times(58.17+0.5\times16.24)-1.3\times329.08=-348.26(\text{kN}\cdot\text{m})$

$$V_A = -\frac{M_A + M_B}{l} - \frac{1}{2} q_0 l - \frac{l - a_1}{2} q_1 = 56.47 \text{ kN} > 0$$

故 x 不出现在 AB 跨间，梁跨间最大弯矩为：

$$M_{max} = M_B = 325.444 \text{ kN} \cdot \text{m}（取梁支座边缘处的弯矩值）$$

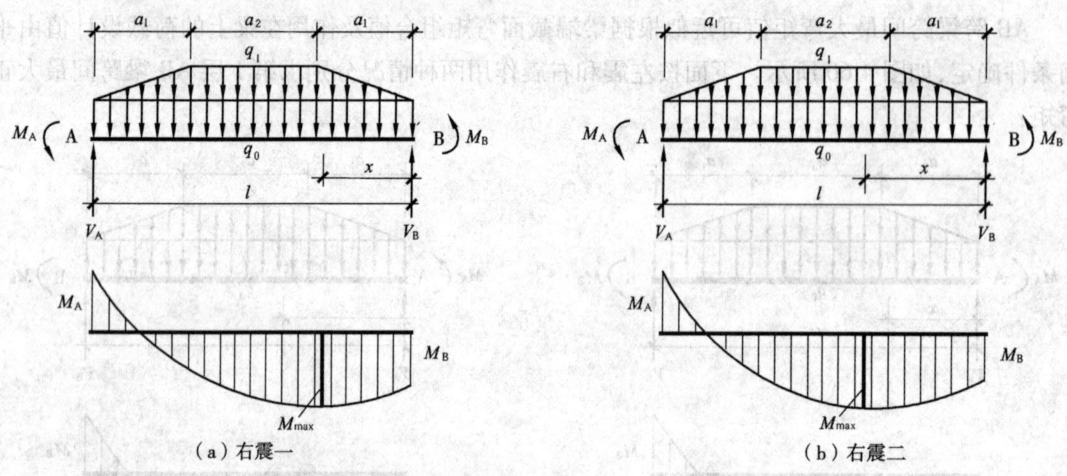

（a）右震一　（b）右震二

图 4.61　右震时 AB 梁跨间最大正弯矩计算

各种荷载组合下第 1 层框架梁的跨中最大正弯矩计算结果见表 4.39。应当注意，为了便于截面设计时挑选内力，表 4.39 中梁支座和跨中截面的弯矩均以下部受拉时为正，上部受拉时为负，因此，表中 B_1 支座的弯矩符号与前面的弯矩符号规定（顺时针方向为正）恰好相反。

表 4.39　第 1 层框架梁控制截面内力组合值

截面		$1.2S_{GE} \pm 1.3S_{Ek}$ 或 $1.0S_{GE} \pm 1.3S_{Ek}$				$1.2S_{Gk} \pm 1.4S_{Wk} + 1.4 \times 0.7S_{Qk}$ 或 $1.0S_{Gk} \pm 1.4S_{Wk} + 1.4 \times 0.7S_{Qk}$				$1.2S_{Gk} + 1.4S_{Qk} \pm 1.4 \times 0.6S_{Wk}$ 或 $1.0S_{Gk} + 1.4S_{Qk} \pm 1.4 \times 0.6S_{Wk}$				$1.35S_{Gk} + 0.7 \times 1.4S_{Qk}$	
		→		←		→		←		→		←			
		$\gamma_{RE}M$	$\gamma_{RE}V$	$\gamma_{RE}M$	$\gamma_{RE}V$	M	V	M	V	M	V	M	V	M	V
支座	A	344.14	-87.23	-441.71	234.90	-15.70	83.71	-135.85	120.02	-45.05	98.23	-117.14	120.02	-83.69	112.48
	B_1	-329.53	-230.10	251.20	91.22	-109.53	-113.30	-13.64	-77.00	-95.45	-113.12	-37.92	-91.33	-67.79	-104.98
	B_r	141.31	-175.33	-143.19	194.72	22.60	-8.44	-24.96	36.62	13.20	2.39	-15.43	29.43	-1.49	15.32
跨中	AB	344.14	—	251.20	—	105.88	—	95.85	—	108.71	—	102.60	—	106.2	—
	BC	141.31	—	141.31	—	22.60	—	22.60	—	14.14	—	14.14	—	8.68	—

注：弯矩 M 的单位为 kN · m；剪力 V 的单位为 kN；梁支座和跨中截面的弯矩均以下部受拉时为正（M），上部受拉时为负（$-M$）；梁端剪力以绕杆件顺时针方向旋转为正。

3）柱控制截面内力组合

（1）非地震内力组合

框架柱的控制截面为其上、下端截面，为简化计算，可偏于安全地取上、下层梁轴线处。第 1 层 A 柱非地震内力组合值见表 4.40。表中的柱端弯矩和柱端剪力均以绕柱端截面顺时针方向旋转为正；柱轴力以受压为正。图 4.62 是第 1 层柱在恒载、活荷载、左风（左震）及右风（右震）作用下的弯矩图以及相应的轴力和剪力的实际方向，内力组合时应根据此图确定内力值的正负号。

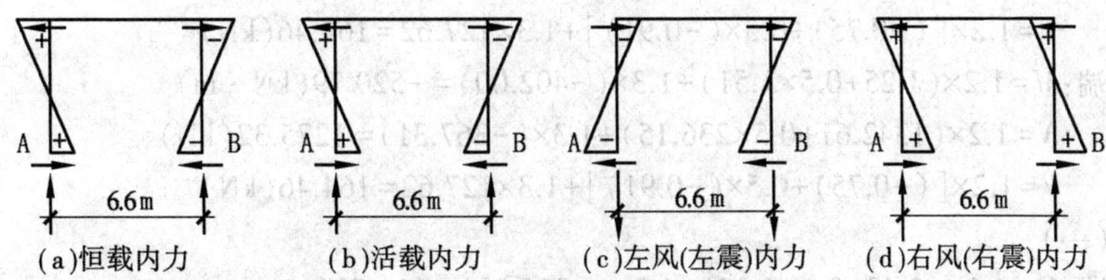

(a)恒载内力　(b)活载内力　(c)左风(左震)内力　(d)右风(右震)内力

图 4.62　第 1 层 AB 跨柱内力示意图

下面以第 1 层 A 柱在“$1.2S_{Gk}\pm1.4S_{Wk}+1.4\times0.7S_{Qk}$”组合项的内力组合为例，说明组合方法。

左来风(→)

柱上端：$M=1.2\times2.08+1.4\times(-27.53)+1.4\times0.7\times3.02=-32.59(\text{kN}\cdot\text{m})$

$N=1.2\times1293.53+1.4\times(-34.41)+1.4\times0.7\times236.15=1735.49(\text{kN})$

$V=1.2\times(-0.75)+1.4\times14.88+1.4\times0.7\times(-0.91)=19.04(\text{kN})$

柱下端：$M=1.2\times1.25+1.4\times(-46.87)+1.4\times0.7\times1.51=-62.64(\text{kN}\cdot\text{m})$

$N=1.2\times1342.61+1.4\times(-34.41)+1.4\times0.7\times236.15=1794.39(\text{kN})$

$V=1.2\times(-0.75)+1.4\times14.88+1.4\times0.7\times(-0.91)=19.04(\text{kN})$

右来风(→)

柱上端：$M=1.2\times2.08-1.4\times(-27.53)+1.4\times0.7\times3.02=44.49(\text{kN}\cdot\text{m})$

$N=1.2\times1293.53-1.4\times(-34.41)+1.4\times0.7\times236.15=1831.83(\text{kN})$

$V=1.2\times(-0.75)-1.4\times14.88+1.4\times0.7\times(-0.91)=-22.61(\text{kN})$

柱下端：$M=1.2\times1.25-1.4\times(-46.87)+1.4\times0.7\times1.51=68.59(\text{kN}\cdot\text{m})$

$N=1.2\times1342.61-1.4\times(-34.41)+1.4\times0.7\times236.15=1890.72(\text{kN})$

$V=1.2\times(-0.75)-1.4\times14.88+1.4\times0.7\times(-0.91)=-22.61(\text{kN})$

表 4.40　第 1 层 A 柱非抗震内力组合值表

截面		S_{Gk}	S_{Qk}	S_{Wk} (→)	$1.35S_{Gk}+0.7\times1.4S_{Qk}$	$1.2S_{Gk}\pm1.4S_{Wk}+1.4\times0.7S_{Qk}$		$1.0S_{Gk}\pm1.4S_{Wk}+1.4\times0.7S_{Qk}$		$1.2S_{Gk}+1.4S_{Qk}\pm1.4\times0.6S_{Wk}$		$1.0S_{Gk}+1.4S_{Qk}\pm1.4\times0.6S_{Wk}$	
						→	←	→	←	→	←	→	←
上端	M	2.49	3.02	−27.53	6.32	−32.59	44.49	−33.08	43.99	15.90	30.34	−16.40	29.84
	N	1293.53	236.15	−34.41	1977.69	1735.49	1831.83	1476.79	1573.12	1853.94	1911.74	1595.24	1653.04
	V	−0.75	−0.91	14.88	−1.90	19.04	−22.61	19.19	−22.47	10.33	−14.66	10.48	−14.51
下端	M	1.25	1.51	−46.87	3.16	−62.64	68.59	−62.89	68.34	−35.76	42.98	−36.01	42.73
	N	1342.61	236.15	−34.41	2043.95	1794.39	1890.72	1525.87	1622.20	1912.84	1970.64	1644.32	1702.12
	V	−0.75	−0.91	14.88	−1.90	19.04	−22.61	19.19	−22.47	10.33	−14.66	10.48	−14.51

注：表中 M 的单位为 kN·m；N、V 的单位为 kN；弯矩和剪力均以绕柱端截面顺时针方向旋转为正；轴力以受压为正。

(2)地震组合内力

下面以第 1 层 A 柱在“$1.2S_{GE}\pm1.3S_{Ek}$”组合项的内力组合为例，说明组合方法。

左震(→)

柱上端：$M=1.2\times(2.49+0.5\times3.02)+1.3\times(-236.09)=-302.12(\text{kN}\cdot\text{m})$

$N=1.2\times(1293.53+0.5\times236.15)+1.3\times(-367.31)=1216.42(\text{kN})$

$V=1.2\times[(-0.75)+0.5\times(-0.91)]+1.3\times127.62=164.46(\text{kN})$

柱下端：$M=1.2\times(1.25+0.5\times1.51)+1.3\times(-402.00)=-520.19(\text{kN}\cdot\text{m})$

$N=1.2\times(1342.61+0.5\times236.15)+1.3\times(-367.31)=1275.32(\text{kN})$

$V=1.2\times[(-0.75)+0.5\times(-0.91)]+1.3\times127.62=164.46(\text{kN})$

右震(→)

柱上端：$M=1.2\times(2.49+0.5\times3.02)-1.3\times(-236.09)=311.72(\text{kN}\cdot\text{m})$

$N=1.2\times(1293.53+0.5\times236.15)-1.3\times(-367.31)=2171.43(\text{kN})$

$V=1.2\times[(-0.75)+0.5\times(-0.91)]-1.3\times127.62=-167.34(\text{kN})$

柱下端：$M=1.2\times(1.25+0.5\times1.51)-1.3\times(-402.00)=525.00(\text{kN}\cdot\text{m})$

$N=1.2\times(1342.61+0.5\times236.15)-1.3\times(-367.31)=2230.32(\text{kN})$

$V=1.2\times[(-0.75)+0.5\times(-0.91)]-1.3\times127.62=-167.34(\text{kN})$

(3)剪跨比和轴压比验算

第 1 层 A 柱剪跨比和轴压比计算过程见表 4.41，其中剪跨比 λ 也可以取 $H_n/(2h_0)$。表中 M^c 和 N 都不考虑承载力抗震调整系数，可由表 4.42 得到。经计算第 1 层 A 柱的轴压比和剪压比均符合规范要求。

表 4.41　第 1 层 A 柱剪跨比和轴压比验算

b (mm)	h_0 (mm)	f_c (N/mm²)	M^c (kN·m)	V^c (kN)	N (kN)	$\dfrac{M^c}{V^c h_0}$	$\dfrac{N}{f_c bh}$
600	550	19.10	525.00	167.34	2230.32	5.70>2	0.324<0.75

表 4.42　第 1 层 A 柱控制截面内力调整表

截　面	内　力	$1.2S_{GE}\pm1.3S_{Ek}$		γ_{RE}	梁端弯矩		$\sum M_c=\eta_c\sum M_b$	
		左震	右震		左震	右震	左震	右震
柱顶	M	−302.12	311.72	0.80	458.85	−588.94	−378.74	464.49
	N	1216.42	2171.43					
柱底	M	−520.19	525.00				−780.29	787.49
	N	1275.32	2230.32					

表 4.42　第 1 层 A 柱控制截面内力调整表(续表)

截　面	内　力	$\gamma_{RE}(\sum M_c=\eta_c\sum M_b)$		$\lvert M_{max}\rvert$	N_{min}	N_{max}	$\gamma_{RE}V=\gamma_{RE}\eta_{vc}\times\dfrac{M_c^b+M_c^t}{H_n}$
		左震	右震	N	M	M	
柱顶	M	−302.99	371.59	371.59	−302.99	6.32	318.03
	N	973.14	1737.14	1737.14	973.14	1977.69	
柱底	M	−624.23	629.99	629.99	−624.23	3.16	
	N	1020.25	1784.26	1784.26	1020.25	2043.95	

注：表中 M 的单位为 kN·m；N、V 的单位为 kN；弯矩和剪力均以绕柱端截面顺时针方向旋转为正；轴力以受压为正；地震组合时屋面取雪荷载作用的内力。

下面说明表中 V^c 的计算过程。查图 4.58、图 4.59 和表 4.25 可得：

恒载作用下：柱顶 $M=2.494$ kN · m，柱底 $M=1.247$ kN · m

$$\text{剪力 } V=-\frac{2.494+1.247}{5}=-0.75(\text{kN})$$

同理，活载作用下 $V=-0.91$ kN，水平地震作用下 $V=127.62$ kN

$V^c=-(1.2S_{GE}-1.3S_{Ek})=1.2\times(0.75+0.5\times0.91)+1.3\times127.62=167.34(\text{kN})$

(4)柱截面地震作用效应设计值调整

①柱端组合弯矩设计值调整

柱控制截面地震组合的内力设计值为：

$$\begin{cases}M=1.2M_{GE}+1.3M_{Ek}\\N=1.2N_{GE}+1.3N_{Ek}\end{cases}$$

为实现强柱弱梁的破坏机构，对二级框架，柱端组合弯矩设计值应按式(4.40)进行调整，取 η_c 为 1.5。为了避免柱脚过早屈服，二级框架底层柱下端截面组合的弯矩设计值，应乘以增大系数 1.5。

②柱端组合剪力设计值调整

抗震设计时，二级框架柱端组合的剪力设计值应按式(4.44)进行调整，取 η_{vc} 为 1.3。设计中应先调整柱端弯矩，再根据调整后的 M_c^t、M_c^b 计算剪力设计值 V。另外，抗震设计的承载力抗震调整系数 γ_{RE}，抗剪取 0.85，偏压构件当轴压比小于 0.15 时取 0.75，不小于 0.15 取 0.80。

下面以第 1 层 A 柱为例说明抗震设计时柱端组合弯矩和组合剪力设计值的调整过程。

由图 4.59 和图 4.51 可得，恒载作用下的柱端弯矩为：

1 层柱顶 $M=2.494$ kN · m，　柱底 $M=1.247$ kN · m；

2 层柱顶 $M=21.219$ kN · m，　柱底 $M=11.801$ kN · m

活载作用下柱端控制截面的弯矩：

1 层柱底 $M=1.509$ kN · m，　1 层柱顶 $M=3.018$ kN · m，　2 层柱底 $M=4.920$ kN · m

水平地震作用下柱端控制截面的弯矩：

1 层柱底 $M=402.00$ kN · m，　1 层柱顶 $M=-236.09$ kN · m，　2 层柱底 $M=-203.10$ kN · m

地震组合下：

左震时：

1 层柱底 $M=1.2S_{GE}+1.3S_{Ek}=1.2\times(1.247+0.5\times1.509)-1.3\times402.00=-520.19(\text{kN}\cdot\text{m})$

1 层柱顶 $M=1.2S_{GE}+1.3S_{Ek}=1.2\times(2.494+0.5\times3.018)-1.3\times236.09=-302.12(\text{kN}\cdot\text{m})$

2 层柱底 $M=1.2S_{GE}+1.3S_{Ek}=1.2\times(11.80+0.5\times4.920)-1.3\times203.10=-246.91(\text{kN}\cdot\text{m})$

$$\sum M_c=-302.12-246.91=-549.03(\text{kN}\cdot\text{m})$$

查表 4.39 得，$\sum M_b=344.14/0.75=458.85(\text{kN}\cdot\text{m})$，由于 $\sum M_c<1.5\sum M_b$，则柱端弯矩调整为：

$$2\text{ 层柱底 } M=1.5\times(-458.85)\times246.91/549.03=-309.53(\text{kN}\cdot\text{m})$$

$$1\text{ 层柱顶 } M=1.5\times(-458.85)\times302.12/549.03=-378.74(\text{kN}\cdot\text{m})$$

查表 4.41 得柱轴压比大于 0.15，所以 $\gamma_{RE}=0.80$，则左震时柱端组合弯矩设计值为：

2 层柱底 $\gamma_{RE}M=0.8\times(-309.53)=-247.63$（kN・m）

1 层柱顶 $\gamma_{RE}M=0.8\times(-378.74)=-302.99$（kN・m）

1 层柱底直接将弯矩设计值乘以系数 1.5，即 $M=1.5\times520.19=780.29$（kN・m）

右震时：

1 层柱底 $M=1.2S_{GE}-1.3S_{Ek}=1.2\times(1.247+0.5\times1.509)+1.3\times402.00=525.00$（kN・m）

1 层柱顶 $M=1.2S_{GE}-1.3S_{Ek}=1.2\times(2.494+0.5\times3.018)+1.3\times236.09=311.72$（kN・m）

2 层柱底 $M=1.2S_{GE}-1.3S_{Ek}=1.2\times(11.80+0.5\times4.920)+1.3\times203.10=281.14$（kN・m）

$$\sum M_c=311.72+281.14=592.86\ (\text{kN}\cdot\text{m})$$

查表 4.39 得 $\sum M_b=-441.71\ \text{kN}\cdot\text{m}/0.75=-588.94\ \text{kN}\cdot\text{m}$，由于 $\sum M_c<1.5\sum M_b$，则柱端弯矩调整为：

$$2\text{ 层柱底 } M=1.5\times588.94\times281.14/592.86=418.92\ (\text{kN}\cdot\text{m})$$

$$1\text{ 层柱顶 } M=1.5\times588.94\times311.72/592.86=464.49\ (\text{kN}\cdot\text{m})$$

查表 4.41 得柱轴压比大于 0.15，所以 $\gamma_{RE}=0.80$，则右震时柱端组合弯矩设计值为：

$$2\text{ 层柱底 } \gamma_{RE}M=0.8\times418.92=335.13\ (\text{kN}\cdot\text{m})$$

$$1\text{ 层柱顶 } \gamma_{RE}M=0.8\times464.49=371.59\ (\text{kN}\cdot\text{m})$$

1 层柱底直接将弯矩设计值乘以系数 1.5，即 $M=1.5\times525.00=787.49$（kN・m）

框架第 1 层 A 柱内力设计值调整的计算结果见表 4.42。应当注意，进行柱端组合剪力设计值调整时，应选择未乘以承载力抗震调整系数的柱端弯矩之和最大值计算柱的剪力，再进行调整。

如第 1 层：
$$\gamma_{RE}V=0.85\times1.3\times\frac{464.49+787.49}{4.35}=318.03(\text{kN})$$

（5）最不利内力组合挑选

按对称配筋的偏压构件计算，考虑以下 3 种最不利内力组合：

$|M|_{max}$ 及相应的 N；N_{max} 及相应的 M；N_{min} 及相应的 M。

4.10.8 梁、柱截面设计

下面以第 1 层框架为例说明梁、柱截面设计的计算过程。

1）梁截面设计

材料强度：C40（$f_c=19.1\ \text{N/mm}^2$，$f_t=1.71\ \text{N/mm}^2$）；HRB400 级钢筋（$f_y=360\ \text{N/mm}^2$）；HPB300 级钢筋（$f_y=270\ \text{N/mm}^2$）。

从表 4.39 中，挑出第 1 层 AB 跨梁跨中及支座截面的最不利内力，即

AB 跨：

跨中截面：$M=344.14\ \text{kN}\cdot\text{m}$

支座截面：$M_A=-441.71\ \text{kN}\cdot\text{m}$；　$M_{Bl}=-329.53\ \text{kN}\cdot\text{m}$

$V_A = 221.87$ kN；　　　　$V_{Bl} = 217.08$ kN

BC 跨：

跨中截面：$M = 141.31$ kN·m

支座截面：$M = -143.19$ kN·m

$V = 192.96$ kN

(1)梁正截面受弯承载力计算

AB 跨梁：先计算跨中截面。跨中截面的计算弯矩，应取该跨的跨中最大正弯矩或支座正弯矩与 1/2 简支梁弯矩中的较大者，相应的恒载为 $q_1^0 = 4.09$ kN/m，$q_1 = 17.89$ kN/m。

支座　$V = \frac{1}{2}\times(4.09\times6.6 + 17.89\times\frac{6.6+6.6-1.8\times2}{2}) = 56.43(\text{kN})$

弯矩　$M = 56.43\times3.3 - \frac{1}{2}\times4.09\times3.3^2 - \frac{1}{2}\times17.89\times1.8\times(1.5+1.8/3) - \frac{1}{2}\times17.89\times1.5^2$

$= 110.03(\text{kN}\cdot\text{m})$

活载　$q_1 = 7.2$ kN/m

支座　$V = \frac{1}{2}\times7.2\times\frac{6.6+6.6-1.8\times2}{2} = 17.28(\text{kN})$

弯矩　$M = 56.43\times3.3 - \frac{1}{2}\times7.2\times1.8\times(1.5+1.8/3) - \frac{1}{2}\times7.2\times1.5^2$

$= 35.32(\text{kN}\cdot\text{m})$

在 1.2 恒载+1.4 活载作用下，梁跨中简支梁的弯矩为：

$$M_0/2 = \frac{1}{2}\times(1.2\times110.03 + 1.4\times35.32)\,\text{kN}\cdot\text{m} = 90.74\ \text{kN}\cdot\text{m} < M = 344.14\ \text{kN}\cdot\text{m}$$

故取第 1 层 AB 跨梁跨中截面的计算弯矩为 344.14 kN·m。

因为梁板现浇，故对正弯矩按 T 形截面计算。$a_s = 45$ mm，$h_f' = 100$ mm，$h_0 = 605$ mm，$h_f'/h_0 = 100/605 = 0.165 > 0.1$，$b_f'$ 不受此限制；$b + s_n = 3600$ mm；$l_0/3 = 2200$ mm，故取最小值 $b_f' = 2200$ mm。

$\alpha_1 f_c b_f' h_f'(h_0 - h_f'/2) = 1.0\times19.1\times2200\times100\times(605-100/2)\,\text{kN}\cdot\text{m} = 2332.11\text{kN}\cdot\text{m} > 344.14$ kN·m，故属于第一类 T 形截面。

$$\alpha_s = \frac{M}{\alpha_1 f_c b_f' h_0^2} = \frac{344.14\times10^6}{1.0\times19.1\times2200\times605^2} = 0.0224$$

$$\xi = 1-\sqrt{1-2\alpha_s} = 1-\sqrt{1-2\times0.0224} = 0.0227$$

$$A_s = \alpha_1 f_c b_f' h_0 \xi / f_y = 1.0\times19.1\times2200\times605\times0.0227/360 = 1598(\text{mm}^2)$$

因 $0.55 f_t/f_y = 0.55\times1.71/360 = 0.0026 > 0.0025$，$0.0026bh = 0.0026\times300\ \text{mm}\times650\ \text{mm} = 507\ \text{mm}^2 < A_s$，故满足要求，实配钢筋 5 Φ 20（$A_s = 1570\ \text{mm}^2$）。

将跨中截面的 5 Φ 20 全部伸入支座，作为支座负弯矩作用下的受压钢筋（$A_s' = 1570\ \text{mm}^2$），据此计算支座上部纵向受拉钢筋的数量。

支座 A：$M = -441.71$ kN·m，　$A_s' = 1570\ \text{mm}^2$

$$\alpha_s = \frac{M - f_y' A_s'(h_0 - a_s')}{\alpha_1 f_c b h_0^2} = \frac{441.71\times10^6 - 360\times1570\times(605-45)}{1.0\times19.1\times300\times605^2} = 0.0597$$

$$\xi = 1-\sqrt{1-2\alpha_s} = 1-\sqrt{1-2\times0.0597} = 0.0616<\xi_b = 0.518,\xi<\frac{2a'_s}{h_0} = 0.1488$$

$$A_s = \frac{M}{f_y(h_0-a'_s)} = \frac{441.71\times10^6}{360\times(605-45)} = 2191(\text{mm}^2)$$

又 $\xi<0.35$,满足要求。实配钢筋 6 ⌀22($A_s = 2281\ \text{mm}^2$)。

支座 B_l:$M = -329.53\ \text{kN}\cdot\text{m}$,$A'_s = 1570\ \text{mm}^2$

$$A_s = \frac{M}{f_y(h_0-a'_s)} = \frac{329.53\times10^6}{360\times(605-45)} = 1635(\text{mm}^2)$$

实配钢筋 6 ⌀22($A_s = 2281\ \text{mm}^2$)。

BC 跨梁:计算方法与上述相同,计算结果为:跨中截面 $A_s = 1141\ \text{mm}^2$,实际配筋 3 ⌀22(1140 mm^2);支座截面 $A_s = 1283\ \text{mm}^2$,实际配筋 6 ⌀22(2281 mm^2);且 BC 跨梁支座截面上部钢筋不截断,全部拉通布置。

(2)梁斜截面受剪承载力计算

AB 跨梁两端支座截面剪力值相差较小,所以两端支座截面均按 $V = 221.87$ kN 确定箍筋数量。因 $h_w/b = 605/300 = 2.02<4$,故

$$0.20\beta_c f_c bh_0 = 0.20\times1.0\times19.1\times300\times605 = 693.33(\text{kN})>V$$

截面尺寸满足要求。

$$\frac{A_s}{s} = \frac{\gamma_{RE}V-0.42\beta_c f_t bh_0}{f_{yv}h_0} = \frac{221.87\times1000-0.42\times1.0\times1.71\times300\times605}{270\times605} = 0.56$$

所以,此梁加密区选择双肢 ϕ8@100($\frac{A_s}{s} = 1.01$),非加密区选择双肢 ϕ8@150。其中非加密区配箍率 $\rho_{sv} = \frac{50.3\times2}{300\times150} = 0.224\%>0.28\times\frac{1.71}{270} = 0.177\%$,满足要求。

2)柱截面设计

(1)柱正截面受压承载力计算

下面以第 1 层 A 轴柱为例说明计算方法。

纵筋选用 HRB400 级钢筋($f_y = f'_y = 360\ \text{N/mm}^2$),箍筋选用 HPB300 级钢筋($f_y = 270\ \text{N/mm}^2$);第 1 层混凝土为 C40($f_c = 19.1\ \text{N/mm}^2$,$f_t = 1.71\ \text{N/mm}^2$);取 $h_0 = 550$ mm。

从 A 轴柱的内力组合表 4.42 中选取下列两组内力进行截面配筋计算:第一组为最大弯矩及其对应轴力,第二组为最大轴力及其对应弯矩。

$$①\begin{cases}M_1 = 371.59\ \text{kN}\cdot\text{m}\\M_2 = 629.99\ \text{kN}\cdot\text{m}\\N = 1784.26\ \text{kN}\end{cases}\qquad ②\begin{cases}M_1 = 3.16\ \text{kN}\cdot\text{m}\\M_2 = 5.28\ \text{kN}\cdot\text{m}\\N = 2043.95\ \text{kN}\end{cases}$$

柱的计算长度 $l_c = 5.0$ m

①第一组内力

判断构件是否需要考虑附加弯矩:

杆端弯矩比 $\frac{M_1}{M_2} = -\frac{371.59}{629.99} = -0.590<0.9$

截面回转半径 $i=\frac{h}{2\sqrt{3}}=\frac{600}{2\sqrt{3}}=173.205(\text{mm})$

长细比 $\frac{l_c}{i}=\frac{5000}{173.205}=28.868<34+12\frac{M_1}{M_2}=41.078$

轴压比 $\frac{N}{f_cA}=\frac{1784.26\times10^3}{19.1\times600\times600}=0.259<0.9$

因此,不需要考虑杆件自身挠曲变形的影响,取 $M=M_2=629.995\ \text{kN}\cdot\text{m}$。

判别偏压类型:

取 $a_s=50\ \text{mm}$,$h_0=h-a_s=600\ \text{m}-50\ \text{m}=550\ \text{mm}$

$$\frac{h}{30}=\frac{600}{30}\text{mm}=20\ \text{mm},取\ e_a=20\ \text{mm}$$

$$e_0=\frac{M}{N}=\frac{629.99\times10^6}{1784.26\times10^3}=353.085(\text{mm})$$

$$e_i=e_0+e_a=353.085\ \text{mm}+20\ \text{mm}=373.085\ \text{mm}>0.3h_0=0.3\times550\ \text{mm}=165\ \text{mm}$$

$$x=\frac{N}{\alpha_1 f_c b}=\frac{1784.26\times10^3}{1.0\times19.1\times600}\text{mm}=155.694\ \text{mm}<\xi_b h_0=0.518\times550\ \text{mm}=284.9\ \text{mm}$$

属于大偏心受压。

计算钢筋面积:

$$e=e_i+h/2-a_s=373.085+600/2-50=623.085(\text{mm})$$

$$A_s=A'_s=\frac{Ne-\alpha_1 f_c bx(h_0-0.5x)}{f'_y(h_0-a'_s)}$$

$$=\frac{1784.26\times10^3\times623.085-1.0\times19.1\times600\times155.694\times(550-0.5\times155.694)}{360\times(550-50)}=1496.124(\text{mm}^2)$$

$$A_{s,\min}=0.004bh=0.004\times600\ \text{mm}\times600\ \text{mm}=1440\ \text{mm}^2<A_s$$

②第二组内力

判断构件是否需要考虑附加弯矩:

杆端弯矩比 $\frac{M_1}{M_2}=-\frac{3.16}{5.28}=-0.599<0.9$

截面回转半径 $i=\frac{h}{2\sqrt{3}}=\frac{600}{2\sqrt{3}}=173.205(\text{mm})$

长细比 $\frac{l_c}{i}=\frac{5000}{173.205}=28.868<34+12\frac{M_1}{M_2}=41.186$

轴压比 $\frac{N}{f_cA}=\frac{2043.95\times10^3}{19.1\times600\times600}=0.297<0.9$

因此,不需要考虑杆件自身挠曲变形的影响,$M=M_2=5.28\ \text{kN}\cdot\text{m}$。

判别偏压类型:

$$e_0=\frac{M}{N}=\frac{5.28\times10^6}{2043.95\times10^3}=2.584(\text{mm})$$

$$e_i=e_0+e_a=2.584\ \text{mm}+20\ \text{mm}=22.584\ \text{mm}<0.3h_0=0.3\times550\ \text{mm}=165\ \text{mm}$$

$$x = \frac{N}{\alpha_1 f_c b} = \frac{2043.95 \times 10^3}{1.0 \times 19.1 \times 600} \text{mm} = 178.355 \text{ mm} < \xi_b h_0 = 0.518 \times 550 \text{ mm} = 284.9 \text{ mm}$$

该组内力下构件截面并未达到承载力极限状态，其配筋由最小配筋率控制。纵向受力钢筋选 4 Φ 22($A_s = 1520 \text{ mm}^2$)。验算截面的总配筋率：

$$\rho = \frac{A_s + A_s'}{bh} = \frac{1520 \times 3}{600^2} = 0.013 > \rho_{min} = 0.008$$

验算垂直于弯矩作用平面的承载力：

$l_0 = l_c = 5.0 \text{ m}$，$\frac{l_0}{b} = \frac{5000}{600} = 8.333$，查表按线性内插法得 $\varphi = 0.997$。

$$N_u = 0.9\varphi(f_c A + f_y' A_s') = 0.9 \times 0.997 \times (19.1 \times 600^2 + 360 \times 1520 \times 3)$$
$$= 7151.84 \text{ kN} > N = 2043.95 \text{ kN}$$

满足承载力要求。

(2)柱斜截面受剪承载力计算

由表 4.42 可见，1 层 A 轴柱的最大剪力 $\gamma_{RE}V = 318.03$ kN，相应的轴力取 $N = 2230.32$ kN。

偏心受压柱，按下式计算斜截面受剪承载力：

$$\gamma_{RE} V \leqslant V_u = \frac{1.05}{\lambda + 1} f_t b h_0 + f_{yv} \frac{A_{sv}}{s} h_0 + 0.056N$$

$$\lambda = \frac{H_n}{2h_0} = \frac{5000 - 550/2}{2 \times 550} = 4.05 > 3 \text{，取 } \lambda = 3$$

$N = 2230.32 \text{ kN} > 0.3 f_c A = 0.3 \times 19.1 \text{ N/mm}^2 \times 600 \text{ mm} \times 600 \text{ mm} = 2062.8 \text{ kN}$(取 $N = 2062.8$ kN)

$$\frac{A_{sv}}{s} = \frac{\gamma_{RE} V - \frac{1.05}{\lambda + 1} f_t b h_0 - 0.056N}{h_0 f_{yv}}$$

$$= \frac{318.03 \times 10^3 - \frac{1.05}{3 + 1} \times 1.91 \times 600 \times 550 - 0.056 \times 2062.8 \times 10^3}{550 \times 270} = 0.25$$

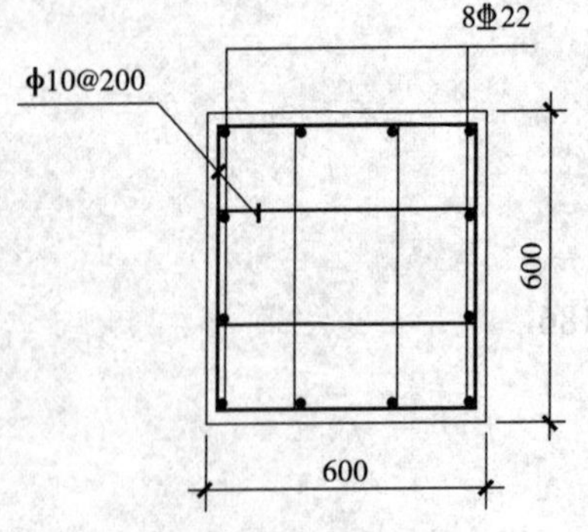

图 4.63　柱截面配筋图

采用井字复合箍配置箍筋，加密区为 4φ10@ 100，非加密区为 4φ10@ 200。柱截面配筋示意图如图 4.63 所示。

$\frac{A_{sv}}{s} = \frac{4 \times 78.5}{100} = 3.14 > 0.25$，满足要求。

$$\rho_{sv} = \frac{8 \times 78.5 \times 530}{530^2 \times 100} = 1.18\%$$

加密区最小体积配箍率：$\rho_{sv,min} = \lambda_v f_c / f_{yv} = 0.09 \times 19.1 / 270 = 0.64\%$，满足要求。

本章小结

1.多、高层建筑结构类型主要有钢筋混凝土结构、型钢混凝土结构、钢管混凝土结构、混合结构以及钢结构等。其中混凝土结构是目前多、高层建筑的主要结构形式。

2.多、高层建筑结构的基本抗侧力单元有框架、剪力墙、筒体等,由它们可以组成各种结构体系,如框架结构、剪力墙结构、筒体结构、框架-剪力墙结构、框架-核心筒结构等。

3.建筑结构应满足承载力、刚度和延性要求,对高层建筑结构尚应满足舒适度、整体稳定和抗倾覆要求。对于安全等级为一级的高层建筑结构,还应满足抗连续倒塌设计的要求。

4.框架结构是多、高层建筑的一种主要结构形式。结构设计时,需首先进行结构布置和梁、柱截面尺寸估算,以确定结构计算简图,然后进行荷载计算、结构分析、内力组合和截面设计,并绘制结构施工图。

5.设计框架结构房屋的梁、柱和基础时,应乘以楼面活荷载按楼层的折减系数,以考虑各层楼面活荷载的满布程度。计算作用在框架结构房屋上的风荷载时,对主要承重结构和围护结构应分别计算。对高度大于 30 m 且高宽比大于 1.5 的框架结构房屋,采用风振系数考虑脉动风压对主要承重结构的不利影响;而计算围护结构的风荷载时,采用阵风系数近似考虑脉动风瞬间的增大因素;另外,两种情况下的风荷载体型系数取值也不完全相同。

6.竖向荷载作用下框架结构的内力可采用分层法和弯矩二次分配法等近似方法计算。分层法计算时,将上、下柱远端的弹性支承改为固定端,同时将除底层外的其他各层柱的线刚度乘以系数 0.9,柱的弯矩传递系数由 1/2 改为 1/3。弯矩二次分配法先对各节点的不平衡弯矩同时进行分配(其间不传递),然后对各杆件的远端进行传递。弯矩二次分配法的计算精度较高,可用于工程设计。

7.水平荷载作用下框架结构内力可用反弯点法、D 值法等近似方法计算。其中 D 值法的计算精度较高,可用于工程设计;当梁、柱线刚度比大于 3 时,反弯点法也有较好的计算精度,可用于初步设计时结构内力的近似计算。

8.D 值是框架柱层间产生单位相对侧移所需施加的水平剪力,可用于框架结构的侧移计算和各柱间的剪力分配。D 值是在考虑框架梁为有限刚度、梁柱节点有转动的前提下得到的,故比较接近实际情况。D 值法中影响柱反弯点高度的主要因素是柱上、下端的约束条件。柱两端的约束刚度不同,相应的柱端转角也不相等,反弯点向转角较大的一端移动,即向约束刚度较小的一端移动。

9.在水平荷载作用下,框架结构产生层间剪力和整体倾覆力矩。层间剪力使梁、柱产生弯曲变形,引起框架结构的整体剪切型变形;倾覆力矩使框架柱(尤其是边柱)产生轴向拉、压变形,引起框架结构的整体弯曲型变形。当框架结构房屋较高或其高宽比较大时,宜考虑柱轴向变形对框架结构侧移的影响。

10.抗震设计时,框架结构除应满足抗震承载力要求外,还必须具有足够的变形能力或延性。因此,框架结构应满足强柱弱梁、强剪弱弯以及强节点等要求。为满足上述要求,应对相应的组合内力设计值进行调整。此外,为保证框架结构的延性,框架梁的截面尺寸、纵向钢筋、箍筋应满足相应的构造要求,框架柱的轴压比、纵向钢筋和加密区箍筋体积配箍率也应满足相应的构造要求。

11.框架结构房屋的基础类型有柱下独立基础、条形基础、十字交叉条形基础、筏形基础等。设计时,应综合考虑上部结构的层数、荷载大小和分布、使用要求、地基土的物理力学性质、地下水位以及施工条件等因素,选择合理的基础形式。

12.采用简化方法计算柱下条形基础和十字交叉条形基础的内力时,假定基底反力为线性分布,按倒梁法计算基础梁内力。其适用条件为:地基比较均匀;上部结构刚度较大,荷载分布较均匀;条形基础梁的截面高度不小于1/6柱距。

思考题

4.1 多、高层建筑结构有哪些结构类型和抗侧力结构体系?

4.2 多、高层建筑结构设计时,应当满足哪些要求?

4.3 框架结构的承重方案有几种?各自有何特点和适用范围?

4.4 框架结构的梁、柱截面尺寸如何确定?应考虑哪些因素的影响?

4.5 怎样确定框架结构的计算简图?当各层柱截面尺寸不同且轴线不重合时应如何考虑?框架底层柱的计算高度如何确定?

4.6 框架结构设计中应考虑哪些荷载或作用?风荷载如何计算?

4.7 竖向荷载作用下框架结构的内力分析方法有哪些?简述分层法和弯矩二次分配法的计算要点及计算步骤。

4.8 水平荷载作用下框架结构的分析方法有哪些?其中哪些为简化分析方法?

4.9 D值的物理意义是什么?影响因素有哪些?边柱和中柱的D值计算有何不同?底层柱和一般层柱的D值计算有何不同?

4.10 水平荷载作用下框架柱的反弯点位置与哪些因素有关?试分析反弯点位置的变化规律与这些因素的关系。在梁、柱截面尺寸不变的情况下,如果与某层柱相邻的上层柱的层高降低了,该层柱的反弯点位置如何变化?此时如何利用现有表格对标准反弯点位置进行修正?

4.11 水平荷载作用下框架结构的侧移由哪两部分组成?各有何特点?为什么要进行侧移验算?如何验算框架结构的弹性层间侧移?

4.12 如何确定框架结构梁、柱截面组合的内力设计值?

4.13 为保证框架结构的延性,框架梁、柱及节点设计应采取哪些抗震措施和构造要求?框架柱的轴压比和柱端加密区箍筋的体积配箍率各应满足哪些要求?

4.14 适用于框架结构的基础类型有哪些?如何选择基础类型?

4.15 试述柱下条形基础和十字交叉条形基础设计的主要步骤。如何用倒梁法进行基础梁的内力分析?

习 题

4.1 如习题4.1图所示框架结构,各跨梁跨中均作用竖向集中荷载$P=100$ kN。各层柱截面均为400 mm×400 mm;各层梁截面相同:左跨梁300 mm×700 mm,右跨梁300 mm×500 mm。各层梁、柱混凝土强度等级均为C35。试用弯矩二次分配法计算该框架梁、柱的弯矩,并与矩阵位移法的计算结果进行比较。矩阵位移法的计算结果标注在该图中各杆上,图中弯矩均标注在各截面受拉纤维一侧。

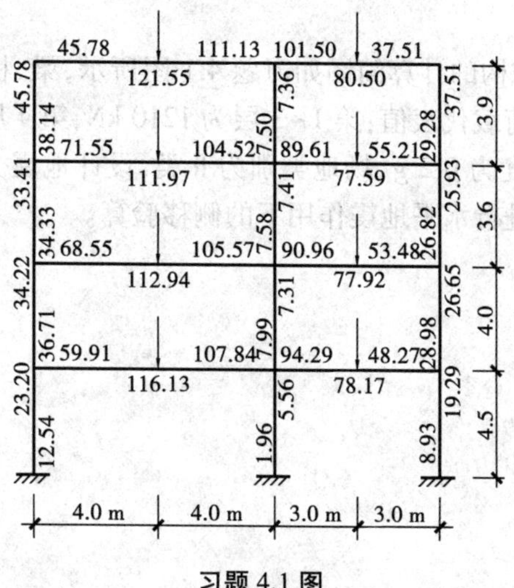

习题 4.1 图

4.2 已知条件同习题 4.1，试用 D 值法计算该框架在习题 4.2 图所示水平荷载作用下的内力及侧移，并与矩阵位移法的计算结果进行比较。矩阵位移法的计算结果标注在截面受拉纤维一侧，柱左、右侧的弯矩值分别表示该层柱下、上端的弯矩值。

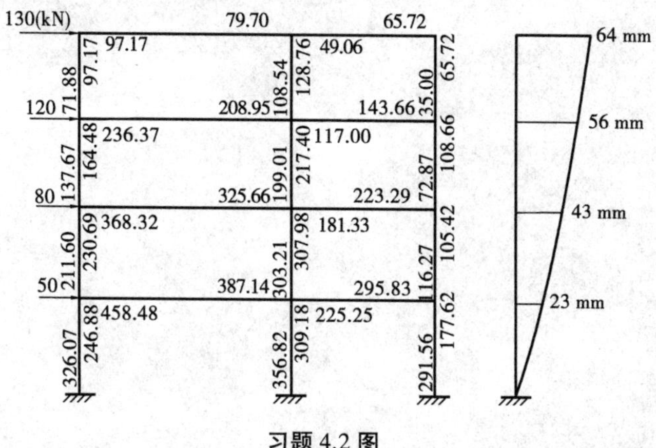

习题 4.2 图

4.3 如习题 4.3 图所示钢筋混凝土柱下条形基础，所受外荷载值及位置已知。地基为均匀黏性土，修正后的地基承载力特征值 $f_{ak}=170$ kPa，土的重度 19 kN/m^3，基础埋深 2.5 m（由室内地坪算起）。要求确定基础梁高度、基础底面尺寸、翼缘板的厚度及配筋。采用倒梁法计算基

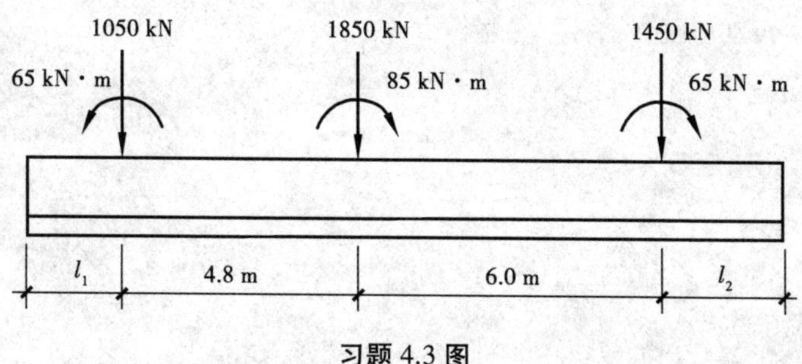

习题 4.3 图

础梁的内力，并计算其受弯和受剪承载力（提示：混凝土强度等级、钢筋种类以及图中的 l_1、l_2 由读者自定）。

4.4 某 4 层 2 跨框架结构的计算简图如习题 4.1 图所示，梁、柱截面尺寸及混凝土强度等级同习题 4.1。各层的重力荷载代表值：第 1~3 层为 1210 kN，第 4 层为 970 kN。抗震设防烈度为 8 度，设计基本地震加速度为 0.2 g，场地类别为Ⅱ类，设计地震分组为第一组。试用底部剪力法计算水平地震作用，并进行水平地震作用下的侧移验算。

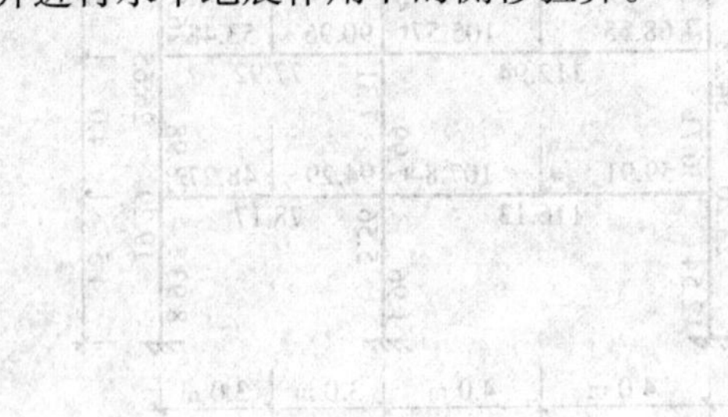

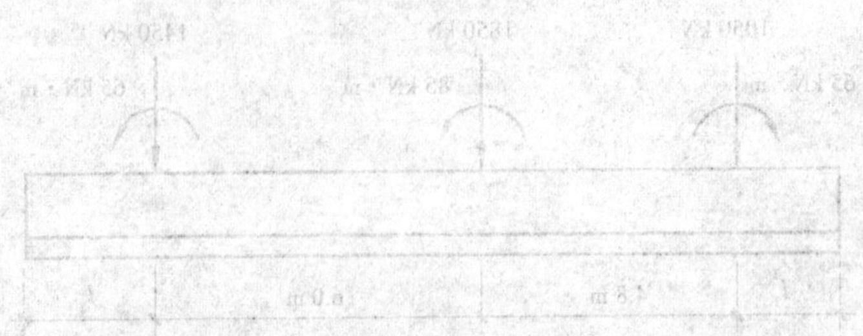

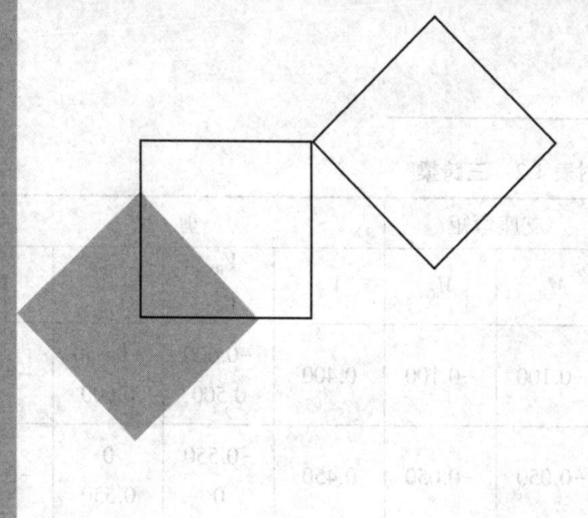

附 录

附表 1
等截面等跨连续梁在常用荷载作用下的内力系数表

1.在均布及三角形荷载作用下

M = 表中系数× ql^2　　　V = 表中系数× ql

2.在集中荷载作用下

M = 表中系数× Pl　　　V = 表中系数× P

3.内力正负号规定

M——使截面上部受压、下部受拉为正；

V——对邻近截面所产生的力矩沿顺时针方向者为正。

附表 1.1　两跨梁

荷载图	跨内最大弯矩		支座弯矩	剪力		
	M_1	M_2	M_B	V_A	$V_{B左}$ $V_{B右}$	V_C
	0.070	0.070	−0.125	0.375	−0.625 0.625	−0.375
	0.096	—	−0.063	0.437	−0.563 0.063	0.063
	0.156	0.156	−0.188	0.312	−0.688 0.688	−0.312
	0.203	—	−0.094	0.406	−0.594 0.094	0.094
	0.222	0.222	−0.333	0.667	−1.333 1.333	−0.667
	0.278	—	−0.167	0.833	−1.167 0.167	0.167

附表 1.2　三跨梁

荷载图	跨内最大弯矩		支座弯矩		剪　力			
	M_1	M_2	M_B	M_C	V_A	$V_{B左}$ $V_{B右}$	$V_{C左}$ $V_{C右}$	V_D
q (l l l)	0.080	0.025	-0.100	-0.100	0.400	-0.600 0.500	-0.050 0.600	-0.400
q q	0.101	—	-0.050	-0.050	0.450	-0.550 0	0 0.550	-0.450
q	—	0.075	-0.050	-0.050	-0.050	-0.050 0.500	-0.500 0.050	0.050
q	0.073	0.054	-0.117	-0.033	0.383	-0.617 0.583	-0.417 0.033	0.033
q	0.094	—	-0.067	0.017	0.433	-0.567 0.083	-0.083 -0.017	-0.017
p	0.175	0.100	-0.150	-0.150	0.350	-0.650 0.500	-0.500 0.650	-0.350
p	0.213	—	-0.075	-0.075	0.425	-0.575 0	0 0.575	-0.425
p	—	0.175	-0.075	-0.075	-0.075	-0.075 0.500	-0.500 0.075	0.075
p	0.162	0.137	-0.175	-0.050	0.325	-0.675 0.625	-0.375 0.050	0.050
p	0.200	—	-0.100	0.025	0.400	-0.600 0.125	0.125 -0.125	-0.025
p	0.244	0.067	-0.267	-0.267	0.733	-1.267 1.000	-1.000 1.267	-0.733
p	0.289	—	-0.133	-0.133	0.866	-1.134 0	0 1.134	-0.866
p	—	0.200	-0.133	-0.133	-0.133	-0.133 1.000	-1.000 0.133	0.133
p	0.229	0.170	-0.311	-0.089	0.689	-1.311 1.222	-0.778 0.089	0.089
p	0.274	—	-0.178	0.044	0.822	-1.178 0.222	0.222 -0.044	-0.044

附表 1.3 四跨梁

荷载图	跨内最大弯矩				支座弯矩			剪 力				
	M_1	M_2	M_3	M_4	M_B	M_C	M_D	V_A	$V_{B左}$ $V_{B右}$	$V_{C左}$ $V_{C右}$	$V_{D左}$ $V_{D右}$	V_E
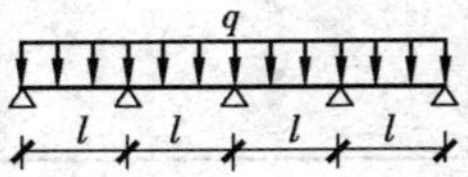	0.077	0.036	0.036	0.077	−0.107	−0.071	−0.107	0.393	−0.607 0.536	−0.464 0.464	−0.536 0.607	−0.393
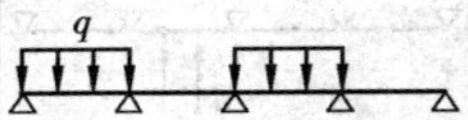	0.100	—	0.081	—	−0.054	−0.036	−0.054	0.446	−0.554 0.018	0.018 0.482	−0.518 0.054	0.054
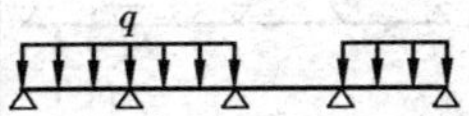	0.072	0.061	—	0.098	−0.121	−0.018	−0.058	0.380	−0.620 0.603	−0.397 0.040	−0.040 0.558	−0.442
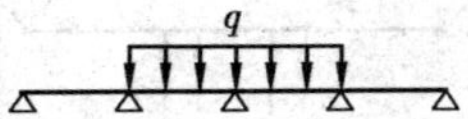	—	0.056	0.056	—	−0.036	−0.107	−0.036	−0.036	−0.036 0.429	−0.571 0.571	−0.429 0.036	0.036
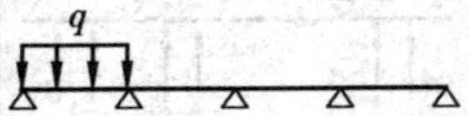	0.094	—	—	—	−0.067	0.018	−0.004	0.433	−0.567 0.085	0.085 −0.022	−0.022 0.004	0.004
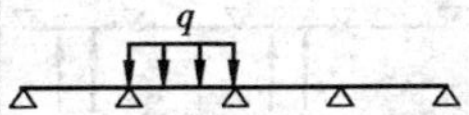	—	0.074	—	—	−0.049	−0.054	0.013	−0.049	−0.049 0.496	−0.504 0.067	0.067 −0.013	−0.013
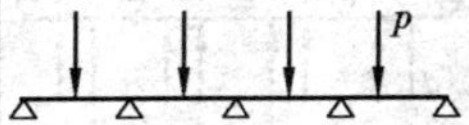	0.169	0.116	0.116	0.169	−0.161	−0.107	−0.161	0.339	−0.661 0.554	−0.446 0.446	−0.554 0.661	−0.339
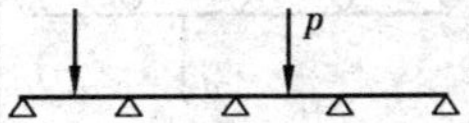	0.210	—	0.183	—	−0.080	−0.054	−0.080	0.420	−0.580 0.027	0.027 0.473	−0.527 0.080	0.080
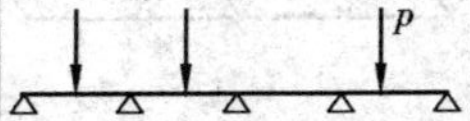	0.159	0.146	—	0.206	−0.181	−0.027	−0.087	0.319	−0.681 0.654	−0.346 −0.060	−0.060 0.587	−0.413
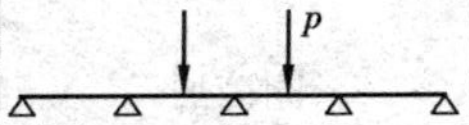	—	0.142	0.142	—	−0.054	−0.161	−0.054	−0.054	−0.054 0.393	−0.607 −0.607	−0.393 0.054	0.054

续表

荷载图	跨内最大弯矩				支座弯矩			剪力				
	M_1	M_2	M_3	M_4	M_B	M_C	M_D	V_A	$V_{B左}$ $V_{B右}$	$V_{C左}$ $V_{C右}$	$V_{D左}$ $V_{D右}$	V_E
P	0.200	—	—	—	−0.100	0.027	−0.007	0.400	−0.600 0.127	0.127 −0.033	−0.033 0.007	0.007
P	—	0.173	—	—	−0.074	−0.080	0.020	−0.074	−0.074 0.493	−0.507 0.100	0.100 −0.020	−0.020
P	0.238	0.111	0.111	0.238	−0.286	−0.191	−0.286	0.714	−1.286 1.095	−0.905 0.905	−1.095 1.286	−0.714
P	0.286	—	0.222	—	−0.143	−0.095	−0.143	0.857	−1.143 0.048	0.048 0.952	−1.048 0.143	0.143
P	0.226	0.194	—	0.282	−0.321	−0.048	−0.155	0.679	−1.321 1.274	−0.726 −0.107	−0.107 1.155	−0.845
P	—	0.175	0.175	—	−0.095	−0.286	−0.095	−0.095	−0.095 0.810	−1.190 1.190	−0.810 0.095	0.095
P	0.274	—	—	—	−0.178	0.048	−0.012	0.822	−1.178 0.226	0.226 −0.060	−0.060 0.012	0.012
P	—	0.198	—	—	−0.131	−0.143	0.036	−0.131	−0.131 0.988	−1.012 0.178	0.178 −0.036	−0.036

附表 1.4　五跨梁

荷载图	跨内最大弯矩			支座弯矩				剪力					
	M_1	M_2	M_3	M_B	M_C	M_D	M_E	V_A	$V_{B左}$ $V_{B右}$	$V_{C左}$ $V_{C右}$	$V_{D左}$ $V_{D右}$	$V_{E左}$ $V_{E右}$	V_F
q; l l l l l	0.078	0.033	0.046	−0.105	−0.079	−0.079	−0.105	0.394	−0.606 0.526	−0.474 0.500	−0.500 0.474	−0.526 0.606	−0.394
q	0.100	—	0.085	−0.053	−0.040	−0.040	−0.053	0.447	−0.553 0.013	0.013 0.500	−0.500 −0.013	−0.013 0.553	−0.447
q	—	0.079	—	−0.053	−0.040	−0.040	−0.053	−0.053	−0.053 0.513	−0.487 0	0 0.487	−0.513 0.053	0.053
q	0.073	②0.059 0.078	—	−0.119	−0.022	−0.044	−0.051	0.380	−0.620 0.598	−0.402 −0.023	−0.023 0.493	−0.507 0.052	0.052
q	① −0.098	0.055	0.064	−0.035	−0.111	−0.020	−0.057	−0.035	−0.035 0.424	−0.576 0.591	−0.409 −0.037	−0.037 0.557	−0.443
q	0.094	—	—	−0.067	0.018	−0.005	0.001	0.433	−0.567 0.085	0.085 −0.023	−0.023 0.006	0.006 −0.001	−0.001
q	—	0.074	—	−0.049	−0.054	0.014	−0.004	−0.049	−0.049 0.495	−0.505 0.068	0.068 −0.018	−0.018 0.004	0.004
q	—	—	0.072	0.013	−0.053	−0.053	0.013	0.013	0.013 −0.066	−0.066 0.500	−0.500 0.066	0.066 −0.013	−0.013

续表

荷载图	跨内最大弯矩			支座弯矩				剪力					
	M_1	M_2	M_3	M_B	M_C	M_D	M_E	V_A	$V_{B左}$ $V_{B右}$	$V_{C左}$ $V_{C右}$	$V_{D左}$ $V_{D右}$	$V_{E左}$ $V_{E右}$	V_F
	0.171	0.112	0.132	−0.158	−0.118	−0.118	−0.158	0.342	−0.658 0.540	−0.460 0.500	−0.500 0.460	−0.540 0.658	−0.342
	0.211	—	0.191	−0.079	−0.059	−0.059	−0.079	0.421	−0.579 0.020	0.020 0.500	−0.500 −0.020	−0.020 0.579	−0.421
	—	0.181	—	−0.079	−0.059	−0.059	−0.079	−0.079	−0.079 0.520	−0.480 0	0 0.480	−0.520 0.079	0.079
	0.160	②0.144 0.178	—	−0.179	−0.032	−0.066	−0.077	0.321	−0.679 0.647	−0.353 −0.034	−0.034 0.489	−0.511 0.077	0.077
	① −0.207	0.140	0.151	−0.052	−0.167	−0.031	−0.086	−0.052	−0.052 0.385	−0.615 0.637	−0.363 −0.056	−0.056 0.586	−0.414
	0.200	—	—	−0.100	0.027	−0.007	0.002	0.400	−0.600 0.127	0.127 −0.034	−0.034 0.009	0.009 −0.002	−0.002
	—	0.173	—	−0.073	−0.081	0.022	−0.005	−0.073	−0.073 0.493	−0.507 0.102	0.102 −0.027	−0.027 0.005	0.005
	—	—	0.171	0.020	−0.079	−0.079	0.020	0.020	0.020 −0.099	−0.099 0.500	−0.500 0.099	0.099 −0.020	−0.020

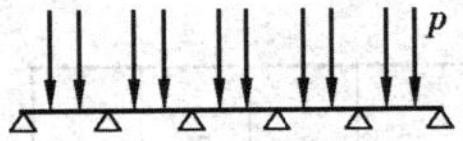	0.240	0.100	0.122	−0.281	−0.211	−0.211	−0.281	0.719	−1.281 1.070	−0.930 1.000	−1.000 0.930	−1.070 1.281	−0.719
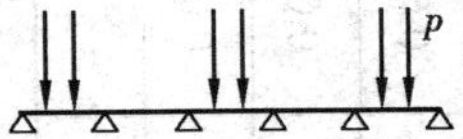	0.287	—	0.228	−0.140	−0.105	−0.105	−0.140	0.860	−1.140 0.035	0.035 1.000	−1.000 −0.035	−0.035 1.140	−0.860
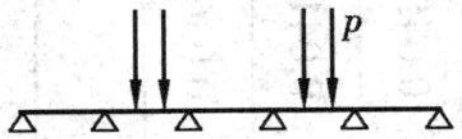	—	0.216	—	−0.140	−0.105	−0.105	−0.140	−0.140	−0.140 1.035	−0.965 0	0.000 0.965	−1.035 0.140	0.140
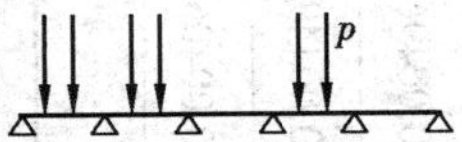	0.227	②0.189/0.209	—	−0.319	−0.057	−0.118	−0.137	0.681	−1.319 1.262	−0.738 −0.061	−0.061 0.981	−1.019 0.137	0.137
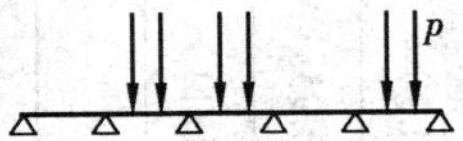	①/−0.282	0.172	0.198	−0.093	−0.297	−0.054	−0.153	−0.093	−0.093 0.796	−1.204 1.243	−0.757 −0.099	−0.099 1.153	−0.847
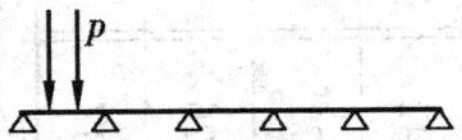	0.274	—	—	−0.179	0.048	−0.013	0.003	0.821	−1.179 0.227	0.227 −0.061	−0.061 0.016	0.016 −0.003	−0.003
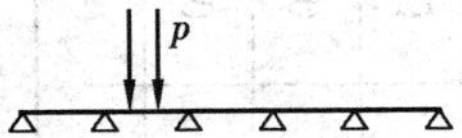	—	0.198	—	−0.131	−0.144	0.038	−0.010	−0.131	−0.131 0.987	−1.013 0.182	0.182 −0.048	−0.048 0.010	0.010
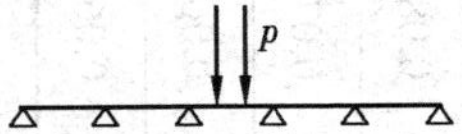	—	—	0.193	0.035	−0.140	−0.140	0.035	0.035	0.035 −0.175	−0.175 1.000	−1.000 0.175	0.175 −0.035	−0.035

注：①分子及分母分别为 M_1 及 M_5 的弯矩系数；②分子及分母分别为 M_2 及 M_4 的弯矩系数。

附表 2　双向板计算系数表

符号说明：

B_c——板的抗弯刚度，$B_c=\dfrac{Eh^3}{12(1-\nu_c^2)}$；

E——混凝土弹性模量；

h——板厚；

ν_c——混凝土泊桑比；

f,f_{max}——板中心点的挠度和最大挠度；

$m_x,m_{x,max}$——平行于 l_x 方向板中心点单位板宽内的弯矩和板跨内最大弯矩；

m'_x——固定边中点沿 l_x 方向单位板宽内的弯矩；

m'_y——固定边中点沿 l_y 方向单位板宽内的弯矩；

-------- 代表简支边；ᗝᗝᗝᗝ 代表固定边。

正负号的规定：

弯矩——使板的受荷面受压者为正；

挠度——变位与荷载方向相同者为正。

附表 2.1

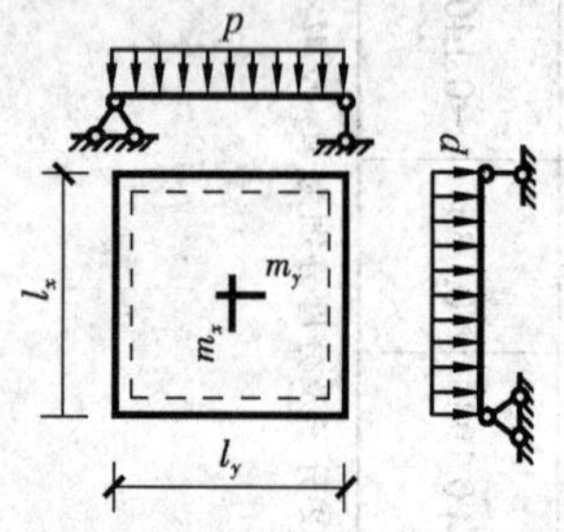

挠度 = 表中系数 × $\dfrac{pl^4}{B_c}$

$\nu_c=0$，弯矩 = 表中系数 × pl^2；

式中 l 取用 l_x 和 l_y 中之较小者。

l_x/l_y	f	m_x	m_y	l_x/l_y	f	m_x	m_y
0.50	0.01013	0.0965	0.0174	0.80	0.00603	0.0561	0.0334
0.55	0.00940	0.0892	0.0210	0.85	0.00547	0.0506	0.0348
0.60	0.00867	0.0820	0.0242	0.90	0.00496	0.0456	0.0353
0.65	0.00796	0.0750	0.0271	0.95	0.00449	0.0410	0.0364
0.70	0.00727	0.0683	0.0296	1.00	0.00406	0.0368	0.0368
0.75	0.00663	0.0620	0.0317				

附表 2.2

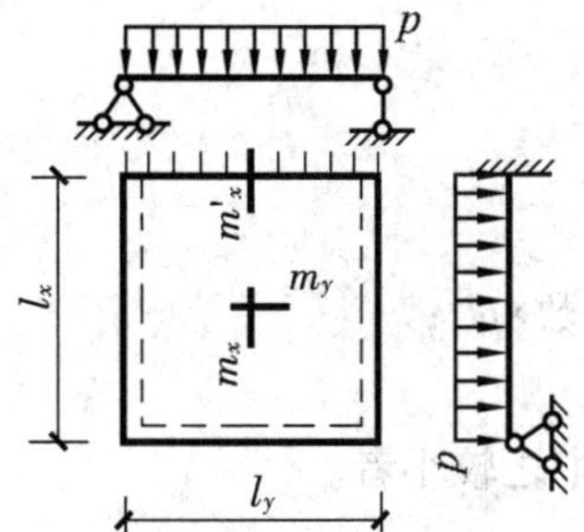

挠度 = 表中系数 × $\frac{pl^4}{B_c}$

$\nu_c = 0$，弯矩 = 表中系数 × pl^2；

式中 l 取用 l_x 和 l_y 中之较小者。

l_x/l_y	l_y/l_x	f	f_{max}	m_x	$m_{x,max}$	m_y	$m_{y,max}$	m'_x
0.50		0.00488	0.00504	0.0583	0.0646	0.0060	0.0063	−0.1212
0.55		0.00471	0.00492	0.0563	0.0618	0.0081	0.0087	−0.1187
0.60		0.00453	0.00472	0.0539	0.0589	0.0104	0.0111	−0.1158
0.65		0.00432	0.00448	0.0513	0.0559	0.0126	0.0133	−0.1124
0.70		0.00410	0.00422	0.0485	0.0529	0.0148	0.0154	−0.1087
0.75		0.00388	0.00399	0.0457	0.0496	0.0168	0.0174	−0.1048
0.80		0.00365	0.00376	0.0428	0.0463	0.0187	0.0193	−0.1007
0.85		0.00343	0.00352	0.0400	0.0431	0.0204	0.0211	−0.0965
0.90		0.00321	0.00329	0.0372	0.0400	0.0219	0.0226	−0.0922
0.95		0.00299	0.00306	0.0345	0.0369	0.0232	0.0239	−0.0880
1.00	1.00	0.00279	0.00285	0.0319	0.0340	0.0243	0.0249	−0.0839
	0.95	0.00316	0.00324	0.0324	0.0345	0.0280	0.0287	−0.0882
	0.90	0.00360	0.00368	0.0328	0.0347	0.0322	0.0330	−0.0926
	0.85	0.00409	0.00417	0.0329	0.0347	0.0370	0.0378	−0.0970
	0.80	0.00464	0.00473	0.0326	0.0343	0.0424	0.0433	−0.1014
	0.75	0.00526	0.00536	0.0319	0.0335	0.0485	0.0494	−0.1056
	0.70	0.00595	0.00605	0.0308	0.0323	0.0553	0.0562	−0.1096
	0.65	0.00670	0.00680	0.0291	0.0306	0.0627	0.0637	−0.1133
	0.60	0.00752	0.00762	0.0268	0.0289	0.0707	0.0717	−0.1166
	0.55	0.00838	0.00848	0.0239	0.0271	0.0792	0.0801	−0.1193
	0.50	0.00927	0.00935	0.0205	0.0249	0.0880	0.0888	−0.1215

附表 2.3

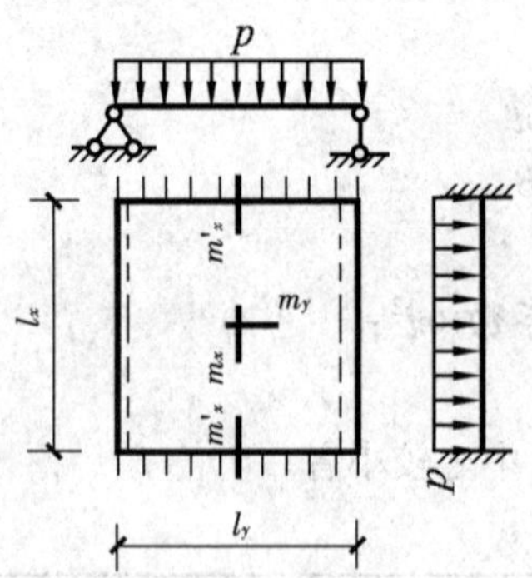

挠度=表中系数×$\frac{pl^4}{B_c}$

$\nu_c=0$，弯矩=表中系数×pl^2；

式中 l 取用 l_x 和 l_y 中之较小者。

l_x/l_y	l_y/l_x	f	m_x	m_y	m'_x
0.50		0.00261	0.0416	0.0017	−0.0843
0.55		0.00259	0.0410	0.0028	−0.0840
0.60		0.00255	0.0402	0.0042	−0.0834
0.65		0.00250	0.0392	0.0057	−0.0826
0.70		0.00243	0.0379	0.0072	−0.0814
0.75		0.00236	0.0366	0.0088	−0.0799
0.80		0.00228	0.0351	0.0103	−0.0782
0.85		0.00220	0.0335	0.0118	−0.0763
0.90		0.00211	0.0319	0.0133	−0.0743
0.95		0.00201	0.0302	0.0146	−0.0721
1.00	1.00	0.00192	0.0285	0.0158	−0.0698
	0.95	0.00223	0.0296	0.0189	−0.0746
	0.90	0.00260	0.0306	0.0224	−0.0797
	0.85	0.00303	0.0314	0.0266	−0.0850
	0.80	0.00354	0.0319	0.0316	−0.0904
	0.75	0.00413	0.0321	0.0374	−0.0959
	0.70	0.00482	0.0318	0.0441	−0.1013
	0.65	0.00560	0.0308	0.0518	−0.1066
	0.60	0.00647	0.0292	0.0604	−0.1114
	0.55	0.00743	0.0267	0.0698	−0.1156
	0.50	0.00844	0.0234	0.0798	−0.1191

附表 2.4

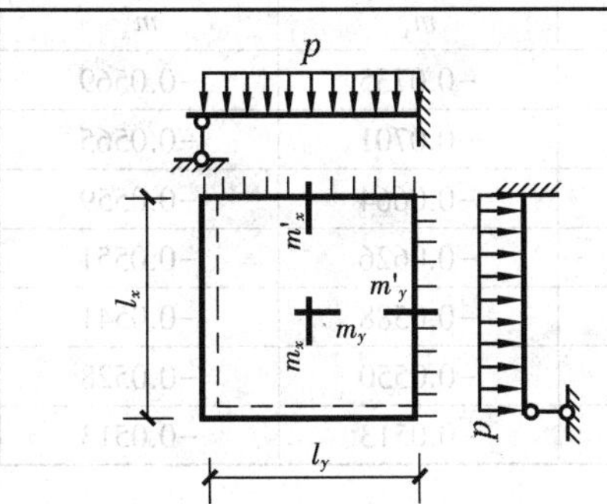

挠度=表中系数×$\frac{pl^4}{B_c}$

$\nu_c=0$，弯矩=表中系数×pl^2；

式中 l 取用 l_x 和 l_y 中之较小者。

l_x/l_y	f	f_{max}	m_x	$m_{x,max}$	m_y	$m_{y,max}$	m'_x	m'_y
0.50	0.00468	0.00471	0.0559	0.0562	0.0079	0.0135	−0.1179	−0.0786
0.55	0.00445	0.00454	0.0529	0.0530	0.0104	0.0153	−0.1140	−0.0785
0.60	0.00419	0.00429	0.0496	0.0498	0.0129	0.0169	−0.1095	−0.0782
0.65	0.00391	0.00399	0.0461	0.0465	0.0151	0.0183	−0.1045	−0.0777
0.70	0.00363	0.00368	0.0426	0.0432	0.0172	0.0195	−0.0992	−0.0770
0.75	0.00335	0.00340	0.0390	0.0396	0.0189	0.0206	−0.0938	−0.0760
0.80	0.00308	0.00313	0.0356	0.0361	0.0204	0.0218	−0.0883	−0.0748
0.85	0.00281	0.00286	0.0322	0.0328	0.0215	0.0229	−0.0829	−0.0733
0.90	0.00256	0.00261	0.0291	0.0297	0.0224	0.0238	−0.0776	−0.0716
0.95	0.00232	0.00237	0.0261	0.0267	0.0230	0.0244	−0.0726	−0.0698
1.00	0.00210	0.00215	0.0234	0.0240	0.0234	0.0249	−0.0667	−0.0677

附表 2.5

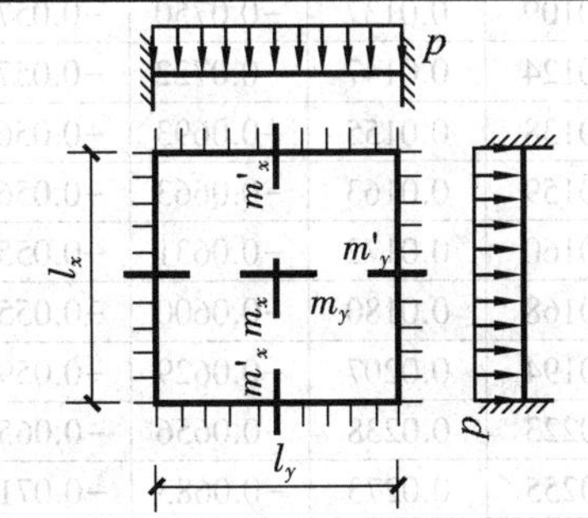

挠度=表中系数×$\frac{pl^4}{B_c}$

$\nu_c=0$，弯矩=表中系数×pl^2；

式中 l 取用 l_x 和 l_y 中之较小者。

l_x/l_y	f	m_x	m_y	m'_x	m'_y
0.50	0.00253	0.0400	0.0038	−0.0829	−0.0570
0.55	0.00246	0.0385	0.0056	−0.0814	−0.0571
0.60	0.00236	0.0367	0.0076	−0.0793	−0.0571
0.65	0.00224	0.0345	0.0095	−0.0766	−0.0571

续表

l_x/l_y	f	m_x	m_y	m_y	m'_x
0.70	0.00211	0.0321	0.0113	−0.0735	−0.0569
0.75	0.00197	0.0296	0.0130	−0.0701	−0.0565
0.80	0.00182	0.0271	0.0144	−0.0664	−0.0559
0.85	0.00168	0.0246	0.0156	−0.0626	−0.0551
0.90	0.00153	0.0221	0.0165	−0.0588	−0.0541
0.95	0.00140	0.0198	0.0172	−0.0550	−0.0528
1.00	0.00127	0.0176	0.0176	−0.0513	−0.0513

附表 2.6

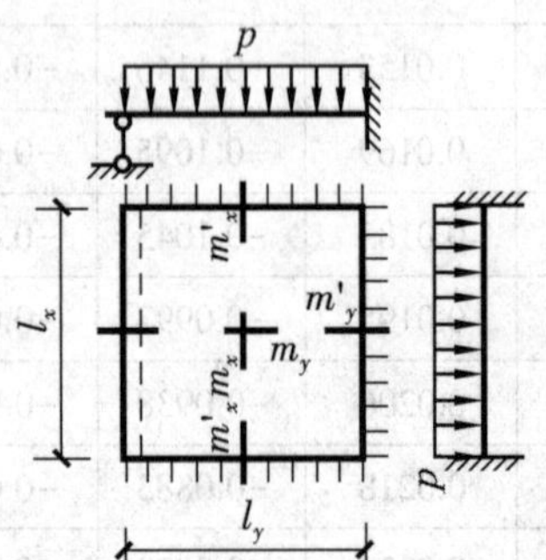

挠度 = 表中系数 $\times \frac{pl^4}{B_c}$

$\nu_c=0$，弯矩 = 表中系数 $\times pl^2$；

式中 l 取用 l_x 和 l_y 中之较小者。

l_x/l_y	l_y/l_x	f	f_{max}	m_x	$m_{x,max}$	m_y	$m_{y,max}$	m'_x	m'_y
0.50		0.00257	0.00258	0.0408	0.0409	0.0028	0.0089	−0.0836	−0.0569
0.55		0.00252	0.00255	0.0398	0.0399	0.0042	0.0093	−0.0827	−0.0570
0.60		0.00245	0.00249	0.0384	0.0386	0.0059	0.0105	−0.0814	−0.0571
0.65		0.00237	0.00240	0.0368	0.0371	0.0076	0.0116	−0.0796	−0.0572
0.70		0.00227	0.00229	0.0350	0.0354	0.0093	0.0127	−0.0774	−0.0572
0.75		0.00216	0.00219	0.0331	0.0335	0.0109	0.0137	−0.0750	−0.0572
0.80		0.00205	0.00208	0.0310	0.0314	0.0124	0.0147	−0.0722	−0.0570
0.85		0.00193	0.00196	0.0289	0.0293	0.0138	0.0155	−0.0693	−0.0567
0.90		0.00181	0.00184	0.0268	0.0273	0.0159	0.0163	−0.0663	−0.0563
0.95		0.00169	0.00172	0.0247	0.0252	0.0160	0.0172	−0.0631	−0.0558
1.00	1.00	0.00157	0.00160	0.0227	0.0231	0.0168	0.0180	−0.0600	−0.0550
	0.95	0.00178	0.00182	0.0229	0.0234	0.0194	0.0207	−0.0629	−0.0599
	0.90	0.00201	0.00206	0.0228	0.0234	0.0223	0.0238	−0.0656	−0.0653
	0.85	0.00227	0.00233	0.0225	0.0231	0.0255	0.0273	−0.0683	−0.0711
	0.80	0.00256	0.00262	0.0219	0.0224	0.0290	0.0311	−0.0707	−0.0772
	0.75	0.00286	0.00294	0.0208	0.0214	0.0329	0.0354	−0.0729	−0.0837
	0.70	0.00319	0.00327	0.0194	0.0200	0.0370	0.0400	−0.0748	−0.0903
	0.65	0.00352	0.00365	0.0175	0.0182	0.0412	0.0446	−0.0762	−0.0970
	0.60	0.00386	0.00403	0.0153	0.0160	0.0454	0.0493	−0.0773	−0.1033
	0.55	0.00419	0.00437	0.0127	0.0133	0.0496	0.0541	−0.0780	−0.1093
	0.50	0.00449	0.00463	0.0099	0.0103	0.0534	0.0588	−0.0784	−0.1146

附表3 风荷载特征值

对于平坦或稍有起伏的地形,风压高度变化系数应根据地面粗糙度类别按附表3.1确定。地面粗糙度可分为A、B、C、D四类:A类指近海海面和海岛、海岸、湖岸及沙漠地区;B类指田野、乡村、丛林、丘陵以及房屋比较稀疏的乡镇;C类指有密集建筑群的城市市区;D类指有密集建筑群且房屋较高的城市市区。

附表3.1 风压高度变化系数μ_z

离地面或海平面高度(m)	地面粗糙度类别			
	A	B	C	D
5	1.09	1.00	0.65	0.51
10	1.28	1.00	0.65	0.51
15	1.42	1.13	0.65	0.51
20	1.52	1.23	0.74	0.51
30	1.67	1.39	0.88	0.51
40	1.79	1.52	1.00	0.60
50	1.89	1.62	1.10	0.69
60	1.97	1.71	1.20	0.77
70	2.05	1.79	1.28	0.84
80	2.12	1.87	1.36	0.91
90	2.18	1.93	1.43	0.98
100	2.23	2.00	1.50	1.04
150	2.46	2.25	1.79	1.33
200	2.64	2.46	2.03	1.58
250	2.78	2.63	2.24	1.81
300	2.91	2.77	2.43	2.02
350	2.91	2.91	2.60	2.22
400	2.91	2.91	2.76	2.40
450	2.91	2.91	2.91	2.58
500	2.91	2.91	2.91	2.74
≥550	2.91	2.91	2.91	2.91

附表 3.2　部分建筑的风荷载体型系数

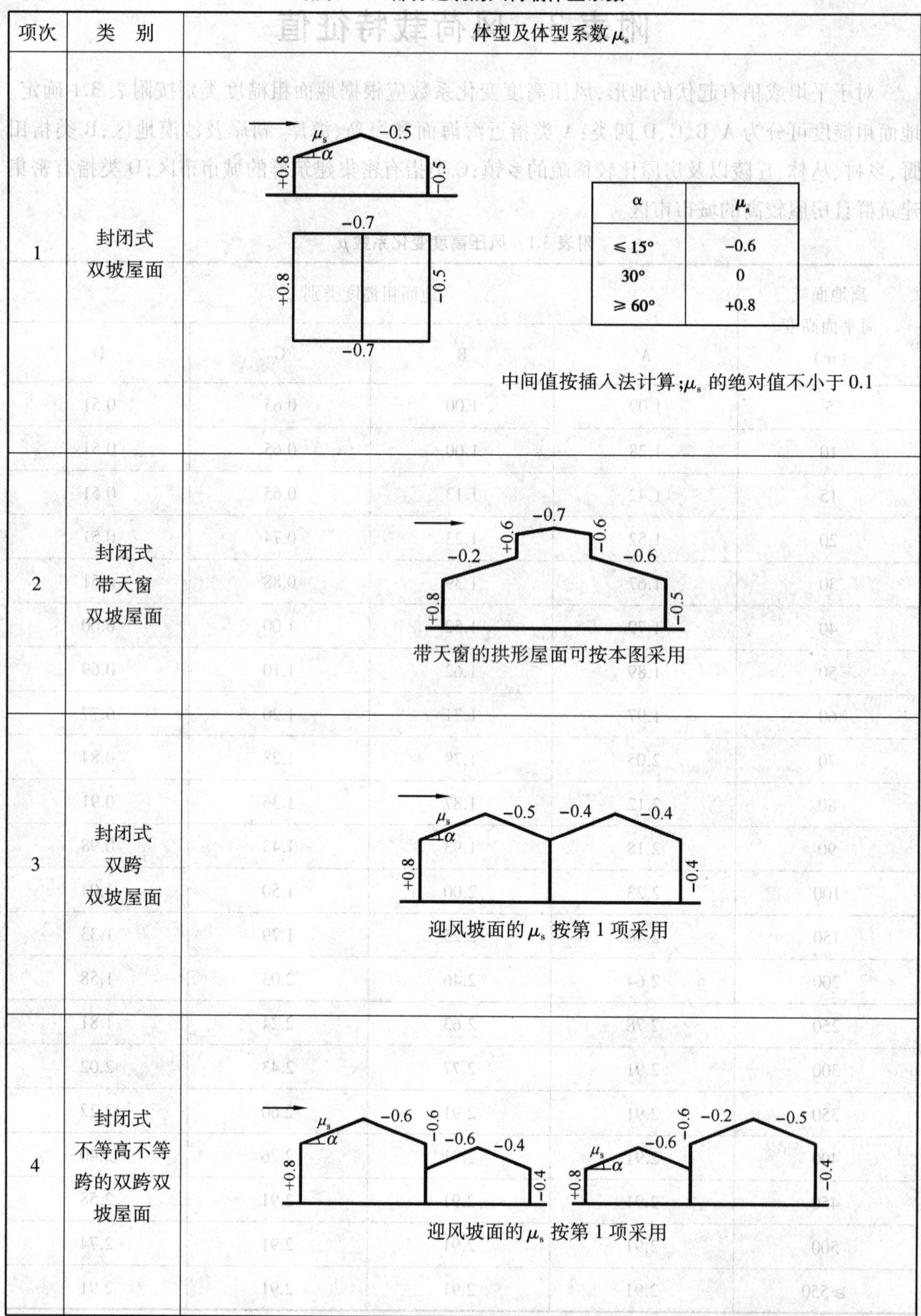

项次	类　别	体型及体型系数 μ_s
1	封闭式双坡屋面	中间值按插入法计算；μ_s 的绝对值不小于 0.1
2	封闭式带天窗双坡屋面	带天窗的拱形屋面可按本图采用
3	封闭式双跨双坡屋面	迎风坡面的 μ_s 按第 1 项采用
4	封闭式不等高不等跨的双跨双坡屋面	迎风坡面的 μ_s 按第 1 项采用

α	μ_s
≤ 15°	−0.6
30°	0
≥ 60°	+0.8

续表

项次	类 别	体型及体型系数 μ_s
5	封闭式房屋和构筑物	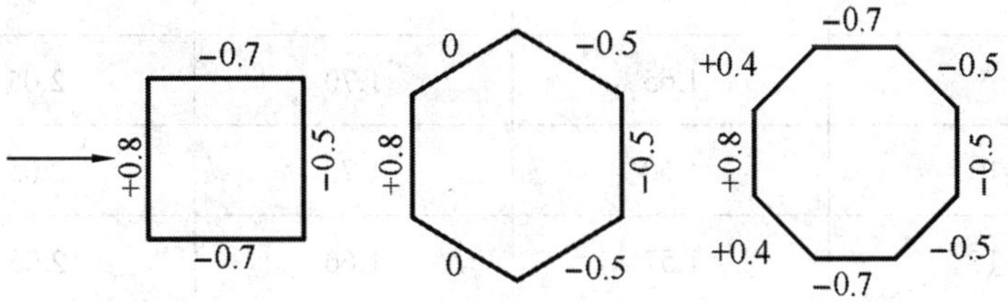 (a)正多边形(包括矩形)平面 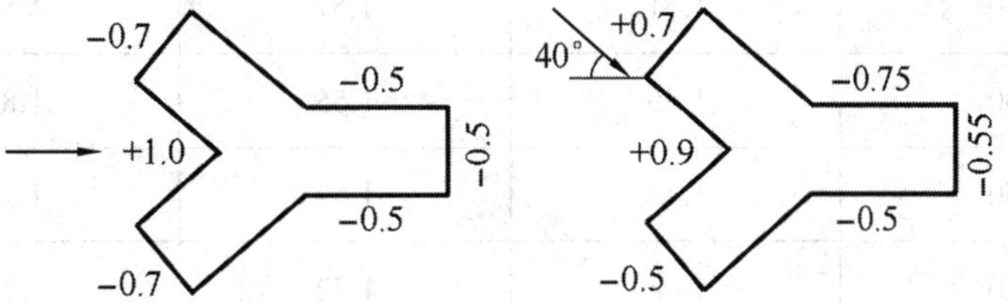 (b)Y形平面 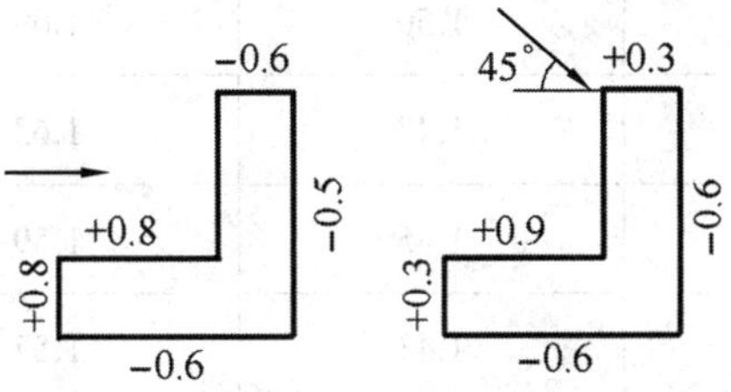 (c)L形平面 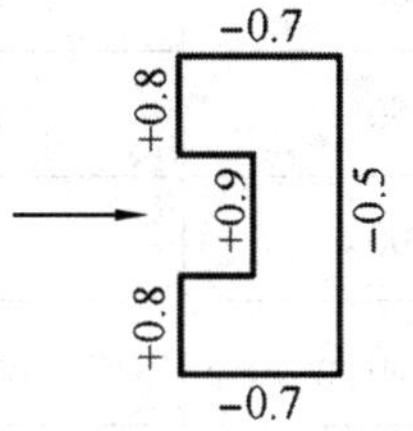 (d)冂形平面 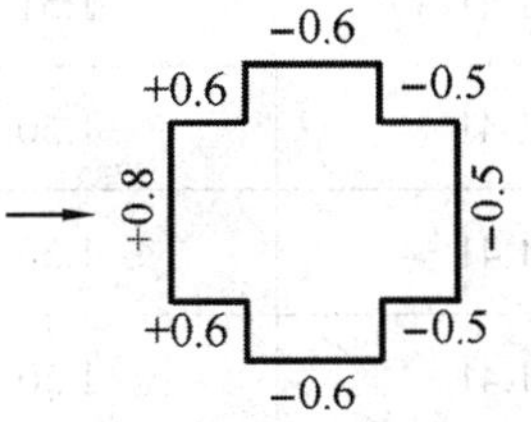 (e)十字形平面 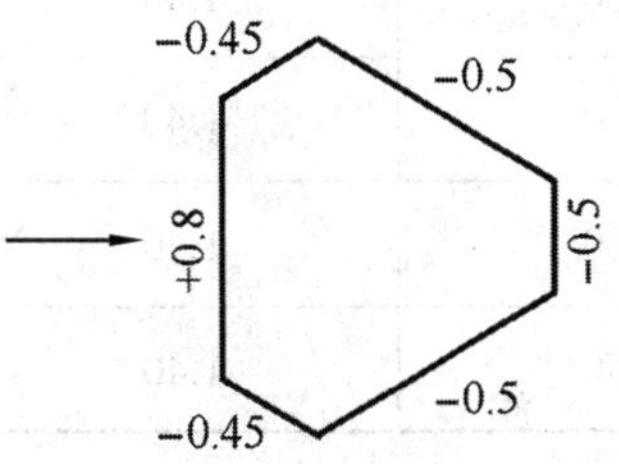 (f)截角三角形平面

附表 3.3　阵风系数 β_{gz}

离地面高度(m)	地面粗糙度类别			
	A	B	C	D
5	1.65	1.70	2.05	2.40
10	1.60	1.70	2.05	2.40
15	1.57	1.66	2.05	2.40
20	1.55	1.63	1.99	2.40
30	1.53	1.59	1.90	2.40
40	1.51	1.57	1.85	2.29
50	1.49	1.55	1.81	2.20
60	1.48	1.54	1.78	2.14
70	1.48	1.52	1.75	2.09
80	1.47	1.51	1.73	2.04
90	1.46	1.50	1.71	2.01
100	1.46	1.50	1.69	1.98
150	1.43	1.47	1.63	1.87
200	1.42	1.45	1.59	1.79
250	1.41	1.43	1.57	1.74
300	1.40	1.42	1.54	1.70
350	1.40	1.41	1.53	1.67
400	1.40	1.41	1.51	1.64
450	1.40	1.41	1.50	1.62
500	1.40	1.41	1.50	1.60
550	1.40	1.41	1.50	1.59

附表4 5~50/5 t一般用途电动桥式起重机基本参数和尺寸系列(ZQ1—62)

起重量 Q	跨度 L_k	尺 寸				A$_4$~A$_5$			
		宽度 B	轮距 K	轨顶以上高度 H	轨道中心至端部距离B_1	最大轮压 P_{max}	最小轮压 P_{min}	起重机总重G	小车总重 Q_1
t	m	mm	mm	mm	mm	t	t	t	t
5	16.5	4650	3500	1870	230	7.6	3.1	16.4	2.0(单闸) 2.1(双闸)
	19.5	5150	4000			8.5	3.5	19.0	
	22.5					9.0	4.2	21.4	
	25.5	6400	5250			10.0	4.7	24.4	
	28.5					10.5	6.3	28.5	
10	16.5	5550	4400	2140	230	11.5	2.5	18.0	3.8(单闸) 3.9(双闸)
	19.5	5550	4400			12.0	3.2	20.3	
	22.5					12.5	4.7	22.4	
	25.5	6400	5250	2190		13.5	5.0	27.0	
	28.5					14.0	6.6	31.5	
15	16.5	5650	4400	2050	230	16.5	3.4	24.1	5.3(单闸) 5.5(双闸)
	19.5	5550		2140	260	17.0	4.8	25.5	
	22.5					18.5	5.8	31.6	
	25.5	6400	5250			19.5	6.0	38.0	
	28.5					21.0	6.8	40.0	
15/3	16.5	5650	4400	2050	230	16.5	3.5	25.0	6.9(单闸) 7.4(双闸)
	19.5	5550		2150	260	17.5	4.3	28.5	
	22.5					18.5	5.0	32.1	
	25.5	6400	5250			19.5	6.0	36.0	
	28.5					21.0	6.8	40.5	
20/5	16.5	5650	4400	2200	230	19.5	3.0	25.0	7.5(单闸) 7.8(双闸)
	19.5	5550		2300	260	20.5	3.5	28.0	
	22.5					21.5	4.5	32.0	
	25.5	6400	5250			23.0	5.3	30.5	
	28.5					24.0	6.5	41.0	
30/5	16.5	6050	4600	2600	260	27.0	5.0	34.0	11.7(单闸) 11.8(双闸)
	19.5	6150	4800		300	28.0	6.5	36.5	
	22.5					29.0	7.0	42.0	
	25.5	6650	5250			31.0	7.8	47.5	
	28.5					32.0	8.8	51.5	

续表

起重量 Q	跨度 L_k	尺寸				$A_4 \sim A_5$			
		宽度 B	轮距 K	轨顶以上高度 H	轨道中心至端部距离 B_1	最大轮压 P_{max}	最小轮压 P_{min}	起重机总重 G	小车总重 Q_1
50/5	16.5	6350	4800	2700	300	39.5	7.5	44.0	14.0(单闸) 14.5(双闸)
	19.5			2750		41.5	7.5	48.0	
	22.5					42.5	8.5	52.0	
	25.5	6800	5250			44.5	8.5	56.0	
	28.5					46.0	9.5	61.0	

注：1.表列尺寸和质量均为该标准制造的最大限值；

2.起重机总质量根据带双闸小车和封闭式操纵室质量求得；

3.本表未包括重级工作制吊车；需要时可查(ZQ1—62)系列；

4.本表质量单位为吨(t)，使用时要折算成法定重力计量单位千牛顿(kN)。理应将表中值乘以9.81；为简化，近似以表中值乘以10.0。

附表5　钢筋混凝土结构伸缩缝最大间距(m)

结构类别		室内或土中	露　天
排架结构	装配式	100	70
框架结构	装配式	75	50
	现浇式	55	35
剪力墙结构	装配式	65	40
	现浇式	45	30
挡土墙、地下室墙壁等类结构	装配式	40	30
	现浇式	30	20

注：1.装配整体式结构的伸缩缝间距，可根据结构的具体情况取表中装配式结构与现浇式结构之间的数值；

2.框架-剪力墙结构或框架-核心筒结构房屋的伸缩缝间距，可根据结构的具体布置情况取表中框架结构与剪力墙结构之间的数值；

3.当屋面无保温或隔热措施时，框架结构、剪力墙结构的伸缩缝间距宜按表中露天栏的数值取用；

4.现浇挑檐、雨罩等外露结构的伸缩缝间距不宜大于12 m。

附表6　I形截面柱的力学特性

I形截面柱的力学特性

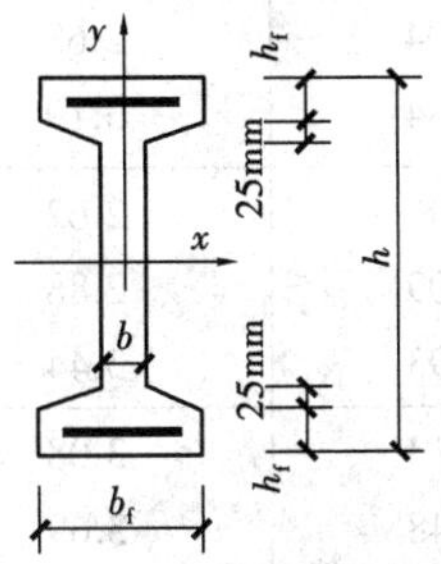

A——截面面积(mm^2)；
I_x——对 x 轴的惯性矩(mm^4)；
I_y——对 y 轴的惯性矩(mm^4)；
g——每米长的自重(kN/m)。

截面尺寸	A ($\times10^2 mm^2$)	I_x ($\times10^8 mm^4$)	I_y ($\times10^8 mm^4$)	g (kN/m)
I 300×400×60×60	588	12.68	3.31	1.47
I 300×400×60×80	684	14.01	4.20	1.71
I 300×500×60×60	648	22.30	3.33	1.62
I 300×500×60×80	744	25.00	4.22	1.86
I 300×600×60×60	708	35.16	3.35	1.77
I 300×600×60×80	804	39.71	4.24	2.01
I 300×600×80×80	887	40.90	4.34	2.22
I 350×400×60×60	660	14.66	5.23	1.65
I 350×400×60×80	776	16.27	6.65	1.94
I 350×400×80×80	819	16.43	6.70	2.05
I 350×500×60×60	720	25.64	5.25	1.80
I 350×500×60×80	836	28.91	6.67	2.09
I 350×500×80×80	899	29.43	6.74	2.25
I 350×600×60×60	780	40.24	5.26	1.95
I 350×600×60×80	896	45.73	6.69	2.24
I 350×600×80×80	979	46.92	6.79	2.45
I 350×700×80×80	1059	69.31	6.83	2.65
I 350×800×80×80	1139	97.00	6.87	2.85
I 400×400×60×60	733	16.64	7.79	1.83
I 400×400×60×80	869	18.52	9.91	2.17
I 400×400×80×80	912	18.68	9.96	2.28
I 400×400×100×100	1075	19.99	12.15	2.69
I 400×500×60×60	793	28.99	7.80	1.98
I 400×500×60×80	929	32.81	9.92	2.32
I 400×500×80×80	992	33.33	10.00	2.48
I 400×500×100×100	1175	36.47	12.23	2.94

续表

截面尺寸	A ($\times10^2\mathrm{mm}^2$)	I_x ($\times10^8\mathrm{mm}^4$)	I_y ($\times10^8\mathrm{mm}^4$)	g (kN/m)
I 400×600×60×60	853	45.31	7.82	2.13
I 400×600×60×80	989	51.75	9.94	2.47
I 400×600×80×80	1072	52.94	10.04	2.68
I 400×600×100×100	1275	58.76	11.84	3.19
I 400×700×60×80	1049	77.11	9.38	2.62
I 400×700×80×80	1152	77.91	10.09	2.88
I 400×700×100×100	1375	87.47	11.93	3.44
I 400×800×80×80	1232	108.64	10.13	3.08
I 400×800×100×100	1475	123.14	12.48	3.69
I 400×800×100×150	1775	143.80	17.26	4.44
I 400×900×100×150	1875	195.38	17.34	4.69
I 400×1100×100×150	1975	256.34	17.43	4.94
I 400×1100×120×150	2230	334.94	18.03	5.58
I 500×400×120×100	1335	24.97	23.69	3.34
I 500×500×120×100	1455	45.50	23.83	3.64
I 500×600×120×100	1575	73.30	23.98	3.94
I 500×1000×120×200	2815	356.37	44.17	7.04
I 500×1200×120×200	3055	572.45	44.45	7.64
I 500×1300×120×200	3175	703.10	44.60	7.94
I 500×1400×120×200	3295	849.64	44.74	8.24
I 500×1500×120×200	3415	1012.65	44.89	8.54
I 500×1600×120×200	3535	1192.73	45.03	8.84
I 600×1800×150×250	5063	2127.91	96.50	12.66
I 600×2000×150×250	5363	2785.72	97.07	13.41

注：I 为工形截面 $b_f \times h \times b \times h_f$（$h_f$ 为翼缘高度）。

附表 7 框架柱反弯点高度比

附表 7.1 均布水平荷载下各层柱标准反弯点高度比 y_n

m	n \ $\overline{K}$	0.1	0.2	0.3	0.4	0.5	0.6	0.7	0.8	0.9	1.0	2.0	3.0	4.0	5.0
1	1	0.80	0.75	0.70	0.65	0.65	0.60	0.60	0.60	0.60	0.55	0.55	0.55	0.55	0.55
2	2	0.45	0.40	0.35	0.35	0.35	0.35	0.40	0.40	0.40	0.40	0.45	0.45	0.45	0.45
	1	0.95	0.80	0.75	0.70	0.65	0.65	0.65	0.60	0.60	0.60	0.55	0.55	0.55	0.50

续表

m	n \ $\overline{K}$	0.1	0.2	0.3	0.4	0.5	0.6	0.7	0.8	0.9	1.0	2.0	3.0	4.0	5.0
3	3	0.15	0.20	0.20	0.25	0.30	0.30	0.30	0.35	0.35	0.35	0.40	0.45	0.45	0.45
	2	0.55	0.50	0.45	0.45	0.45	0.45	0.45	0.45	0.45	0.45	0.45	0.50	0.50	0.50
	1	1.00	0.85	0.80	0.75	0.70	0.70	0.65	0.65	0.65	0.60	0.55	0.55	0.55	0.55
4	4	−0.05	0.05	0.15	0.20	0.25	0.30	0.30	0.35	0.35	0.35	0.40	0.45	0.45	0.45
	3	0.25	0.30	0.30	0.35	0.35	0.40	0.40	0.40	0.40	0.45	0.45	0.50	0.50	0.50
	2	0.65	0.55	0.50	0.50	0.45	0.45	0.45	0.45	0.45	0.45	0.50	0.50	0.50	0.50
	1	1.10	0.90	0.80	0.75	0.70	0.70	0.65	0.65	0.65	0.60	0.55	0.55	0.55	0.55
5	5	−0.20	0.00	0.15	0.20	0.25	0.30	0.30	0.30	0.35	0.35	0.40	0.45	0.45	0.45
	4	0.10	0.20	0.25	0.30	0.35	0.35	0.40	0.40	0.40	0.40	0.45	0.45	0.50	0.50
	3	0.40	0.40	0.40	0.40	0.40	0.45	0.45	0.45	0.45	0.45	0.50	0.50	0.50	0.50
	2	0.65	0.55	0.50	0.50	0.50	0.50	0.50	0.50	0.50	0.50	0.50	0.50	0.50	0.50
	1	1.20	0.95	0.80	0.75	0.75	0.70	0.70	0.65	0.65	0.65	0.55	0.55	0.55	0.55
6	6	−0.30	0.00	0.10	0.20	0.25	0.25	0.30	0.30	0.35	0.35	0.40	0.45	0.45	0.45
	5	0.00	0.20	0.25	0.30	0.35	0.35	0.40	0.40	0.40	0.40	0.45	0.45	0.50	0.50
	4	0.20	0.30	0.35	0.35	0.40	0.40	0.40	0.45	0.45	0.45	0.45	0.50	0.50	0.50
	3	0.40	0.40	0.40	0.45	0.45	0.45	0.45	0.45	0.45	0.45	0.50	0.50	0.50	0.50
	2	0.70	0.60	0.55	0.50	0.50	0.50	0.50	0.50	0.50	0.50	0.50	0.50	0.50	0.50
	1	1.20	0.95	0.85	0.80	0.75	0.70	0.70	0.65	0.65	0.65	0.55	0.55	0.55	0.55
7	7	−0.35	−0.05	0.10	0.20	0.20	0.25	0.30	0.30	0.35	0.35	0.40	0.45	0.45	0.45
	6	−0.10	0.15	0.25	0.30	0.35	0.35	0.35	0.40	0.40	0.40	0.45	0.45	0.50	0.50
	5	0.10	0.25	0.30	0.35	0.40	0.40	0.40	0.45	0.45	0.45	0.50	0.50	0.50	0.50
	4	0.30	0.35	0.40	0.40	0.40	0.45	0.45	0.45	0.45	0.45	0.50	0.50	0.50	0.50
	3	0.50	0.45	0.45	0.45	0.45	0.45	0.45	0.45	0.45	0.45	0.50	0.50	0.50	0.50
	2	0.75	0.60	0.55	0.50	0.50	0.50	0.50	0.50	0.50	0.50	0.50	0.50	0.50	0.50
	1	1.20	0.95	0.85	0.80	0.75	0.70	0.70	0.65	0.65	0.65	0.55	0.55	0.55	0.55
8	8	−0.35	−0.15	0.10	0.10	0.25	0.25	0.30	0.30	0.35	0.35	0.40	0.45	0.45	0.45
	7	−0.10	0.15	0.25	0.30	0.35	0.35	0.40	0.40	0.40	0.40	0.45	0.50	0.50	0.50
	6	0.05	0.25	0.30	0.35	0.40	0.40	0.40	0.45	0.45	0.45	0.45	0.50	0.50	0.50
	5	0.20	0.30	0.35	0.40	0.40	0.45	0.45	0.45	0.45	0.45	0.50	0.50	0.50	0.50
	4	0.35	0.40	0.40	0.45	0.45	0.45	0.45	0.45	0.45	0.45	0.50	0.50	0.50	0.50
	3	0.50	0.45	0.45	0.45	0.45	0.45	0.45	0.45	0.50	0.50	0.50	0.50	0.50	0.50
	2	0.75	0.60	0.55	0.55	0.50	0.50	0.50	0.50	0.50	0.50	0.50	0.50	0.50	0.50
	1	1.20	1.00	0.85	0.80	0.75	0.70	0.70	0.65	0.65	0.65	0.55	0.55	0.55	0.55
9	9	−0.40	−0.05	0.10	0.20	0.25	0.25	0.30	0.30	0.35	0.35	0.45	0.45	0.45	0.45
	8	−0.15	0.15	0.25	0.30	0.35	0.35	0.35	0.40	0.40	0.40	0.45	0.45	0.50	0.50
	7	0.05	0.25	0.30	0.35	0.40	0.40	0.40	0.45	0.45	0.45	0.45	0.50	0.50	0.50
	6	0.15	0.30	0.35	0.40	0.40	0.45	0.45	0.45	0.45	0.45	0.50	0.50	0.50	0.50
	5	0.25	0.35	0.40	0.40	0.45	0.45	0.45	0.45	0.45	0.45	0.50	0.50	0.50	0.50
	4	0.40	0.40	0.40	0.45	0.45	0.45	0.45	0.45	0.45	0.45	0.50	0.50	0.50	0.50
	3	0.55	0.45	0.45	0.45	0.45	0.45	0.45	0.45	0.50	0.50	0.50	0.50	0.50	0.50
	2	0.80	0.65	0.55	0.55	0.50	0.50	0.50	0.50	0.50	0.50	0.50	0.50	0.50	0.50
	1	1.20	1.00	0.85	0.80	0.75	0.70	0.70	0.65	0.65	0.65	0.55	0.55	0.55	0.55

续表

m	n \ $\overline{K}$	0.1	0.2	0.3	0.4	0.5	0.6	0.7	0.8	0.9	1.0	2.0	3.0	4.0	5.0
10	10	−0.40	−0.05	0.10	0.20	0.25	0.30	0.30	0.30	0.30	0.35	0.40	0.45	0.45	0.45
	9	−0.15	0.15	0.25	0.30	0.35	0.35	0.40	0.40	0.40	0.40	0.45	0.45	0.50	0.50
	8	−0.00	0.25	0.30	0.35	0.40	0.40	0.40	0.45	0.45	0.45	0.45	0.50	0.50	0.50
	7	−0.10	0.30	0.35	0.40	0.40	0.40	0.45	0.45	0.45	0.45	0.50	0.50	0.50	0.50
	6	0.20	0.35	0.40	0.40	0.45	0.45	0.45	0.45	0.45	0.45	0.50	0.50	0.50	0.50
	5	0.30	0.40	0.40	0.45	0.45	0.45	0.45	0.45	0.45	0.50	0.50	0.50	0.50	0.50
	4	0.40	0.40	0.45	0.45	0.45	0.45	0.45	0.45	0.45	0.50	0.50	0.50	0.50	0.50
	3	0.55	0.50	0.45	0.45	0.45	0.50	0.50	0.50	0.50	0.50	0.50	0.50	0.50	0.50
	2	0.80	0.65	0.55	0.55	0.55	0.50	0.50	0.50	0.50	0.50	0.50	0.50	0.50	0.50
	1	1.30	1.00	0.85	0.80	0.75	0.70	0.70	0.65	0.65	0.65	0.60	0.55	0.55	0.55
11	11	−0.40	0.05	0.10	0.20	0.25	0.30	0.30	0.30	0.35	0.35	0.40	0.45	0.45	0.45
	10	−0.15	0.15	0.25	0.30	0.35	0.35	0.40	0.40	0.40	0.40	0.45	0.45	0.50	0.50
	9	0.00	0.25	0.30	0.35	0.40	0.40	0.40	0.45	0.45	0.45	0.45	0.50	0.50	0.50
	8	0.10	0.30	0.35	0.40	0.40	0.45	0.45	0.45	0.45	0.45	0.50	0.50	0.50	0.50
	7	0.20	0.35	0.40	0.45	0.45	0.45	0.45	0.45	0.45	0.45	0.50	0.50	0.50	0.50
	6	0.25	0.35	0.40	0.45	0.45	0.45	0.45	0.45	0.45	0.45	0.50	0.50	0.50	0.50
	5	0.35	0.40	0.40	0.45	0.45	0.45	0.45	0.45	0.45	0.50	0.50	0.50	0.50	0.50
	4	0.40	0.45	0.45	0.45	0.45	0.45	0.45	0.50	0.50	0.50	0.50	0.50	0.50	0.50
	3	0.55	0.50	0.50	0.50	0.50	0.50	0.50	0.50	0.50	0.50	0.50	0.50	0.50	0.50
	2	0.80	0.65	0.60	0.55	0.55	0.50	0.50	0.50	0.50	0.50	0.50	0.50	0.50	0.50
	1	1.30	1.00	0.85	0.80	0.75	0.70	0.70	0.65	0.65	0.65	0.60	0.55	0.55	0.55
12 以上	自上 1	−0.40	−0.05	0.10	0.20	0.25	0.30	0.30	0.30	0.35	0.35	0.40	0.45	0.45	0.45
	2	−0.15	0.15	0.25	0.30	0.35	0.35	0.40	0.40	0.40	0.40	0.45	0.45	0.50	0.50
	3	0.00	0.25	0.30	0.35	0.40	0.40	0.40	0.45	0.45	0.45	0.50	0.50	0.50	0.50
	4	0.10	0.30	0.35	0.40	0.40	0.45	0.45	0.45	0.45	0.45	0.50	0.50	0.50	0.50
	5	0.20	0.35	0.40	0.40	0.45	0.45	0.45	0.45	0.45	0.45	0.50	0.50	0.50	0.50
	6	0.25	0.35	0.40	0.45	0.45	0.45	0.45	0.45	0.45	0.45	0.50	0.50	0.50	0.50
	7	0.30	0.40	0.40	0.45	0.45	0.45	0.45	0.45	0.50	0.50	0.50	0.50	0.50	0.50
	8	0.35	0.40	0.45	0.45	0.45	0.45	0.45	0.50	0.50	0.50	0.50	0.50	0.50	0.50
	中间	0.40	0.40	0.45	0.45	0.45	0.45	0.50	0.50	0.50	0.50	0.50	0.50	0.50	0.50
	4	0.45	0.45	0.45	0.45	0.50	0.50	0.50	0.50	0.50	0.50	0.50	0.50	0.50	0.50
	3	0.60	0.50	0.50	0.50	0.50	0.50	0.50	0.50	0.50	0.50	0.50	0.50	0.50	0.50
	2	0.80	0.65	0.60	0.55	0.55	0.50	0.50	0.50	0.50	0.50	0.50	0.50	0.50	0.50
	自下 1	1.30	1.00	0.85	0.80	0.75	0.70	0.70	0.65	0.65	0.55	0.55	0.55	0.55	0.55

附表 7.2　倒三角形分布水平荷载下各层柱标准反弯点高度比 y_n

m	n \ $\overline{K}$	0.1	0.2	0.3	0.4	0.5	0.6	0.7	0.8	0.9	1.0	2.0	3.0	4.0	5.0
1	1	0.80	0.75	0.70	0.65	0.65	0.60	0.60	0.60	0.60	0.55	0.55	0.55	0.55	0.55
2	2	0.50	0.45	0.40	0.40	0.40	0.40	0.40	0.40	0.40	0.45	0.45	0.45	0.45	0.50
	1	1.00	0.85	0.75	0.70	0.70	0.65	0.65	0.65	0.60	0.60	0.55	0.55	0.55	0.55
3	3	0.25	0.25	0.25	0.30	0.30	0.35	0.35	0.35	0.40	0.40	0.45	0.45	0.45	0.50
	2	0.60	0.50	0.50	0.50	0.50	0.45	0.45	0.45	0.45	0.45	0.50	0.50	0.50	0.50
	1	1.15	0.90	0.80	0.75	0.75	0.70	0.70	0.65	0.65	0.65	0.60	0.55	0.55	0.55
4	4	0.10	0.15	0.20	0.25	0.30	0.30	0.35	0.35	0.35	0.40	0.45	0.45	0.45	0.45
	3	0.35	0.35	0.35	0.40	0.40	0.40	0.40	0.45	0.45	0.45	0.45	0.50	0.50	0.50
	2	0.70	0.60	0.55	0.50	0.50	0.50	0.50	0.50	0.50	0.50	0.50	0.50	0.50	0.50
	1	1.20	0.95	0.85	0.80	0.75	0.70	0.70	0.70	0.65	0.65	0.55	0.55	0.55	0.50
5	5	−0.05	0.10	0.20	0.25	0.30	0.30	0.35	0.35	0.35	0.35	0.40	0.45	0.45	0.45
	4	0.20	0.25	0.35	0.35	0.40	0.40	0.40	0.40	0.40	0.45	0.45	0.50	0.50	0.50
	3	0.45	0.40	0.45	0.45	0.45	0.45	0.45	0.45	0.45	0.45	0.50	0.50	0.50	0.50
	2	0.75	0.60	0.55	0.55	0.50	0.50	0.50	0.60	0.50	0.50	0.50	0.50	0.50	0.50
	1	1.30	1.00	0.85	0.80	0.75	0.70	0.70	0.65	0.65	0.65	0.65	0.55	0.55	0.55
6	6	−0.15	0.05	0.15	0.20	0.25	0.30	0.30	0.35	0.35	0.35	0.40	0.45	0.45	0.45
	5	0.10	0.25	0.30	0.35	0.35	0.40	0.40	0.40	0.45	0.45	0.45	0.50	0.50	0.50
	4	0.30	0.35	0.40	0.40	0.45	0.45	0.45	0.45	0.45	0.45	0.50	0.50	0.50	0.50
	3	0.50	0.45	0.45	0.45	0.45	0.45	0.45	0.45	0.45	0.50	0.50	0.50	0.50	0.50
	2	0.80	0.65	0.55	0.55	0.55	0.55	0.50	0.50	0.50	0.50	0.50	0.50	0.50	0.50
	1	1.30	1.00	0.85	0.80	0.75	0.70	0.70	0.65	0.65	0.65	0.60	0.55	0.55	0.55
7	7	−0.20	0.05	0.15	0.20	0.25	0.30	0.30	0.35	0.35	0.35	0.45	0.45	0.45	0.45
	6	0.05	0.20	0.30	0.35	0.35	0.40	0.40	0.40	0.40	0.45	0.45	0.50	0.50	0.50
	5	0.20	0.30	0.35	0.40	0.40	0.45	0.45	0.45	0.45	0.45	0.50	0.50	0.50	0.50
	4	0.35	0.40	0.40	0.45	0.45	0.45	0.45	0.45	0.45	0.45	0.50	0.50	0.50	0.50
	3	0.55	0.50	0.50	0.50	0.50	0.50	0.50	0.50	0.50	0.50	0.50	0.50	0.50	0.50
	2	0.80	0.65	0.60	0.55	0.55	0.55	0.50	0.50	0.50	0.50	0.50	0.50	0.50	0.50
	1	1.30	1.00	0.90	0.80	0.75	0.70	0.70	0.70	0.65	0.65	0.60	0.55	0.55	0.55

续表

m	n \ $\overline{K}$	0.1	0.2	0.3	0.4	0.5	0.6	0.7	0.8	0.9	1.0	2.0	3.0	4.0	5.0
8	8	−0.20	0.05	0.15	0.20	0.25	0.30	0.30	0.35	0.35	0.35	0.45	0.45	0.45	0.45
	7	0.00	0.20	0.30	0.35	0.35	0.40	0.40	0.40	0.40	0.45	0.45	0.50	0.50	0.50
	6	0.15	0.30	0.35	0.40	0.40	0.45	0.45	0.45	0.45	0.45	0.50	0.50	0.50	0.50
	5	0.30	0.45	0.40	0.45	0.45	0.45	0.45	0.45	0.45	0.45	0.50	0.50	0.50	0.50
	4	0.40	0.45	0.45	0.45	0.45	0.45	0.45	0.50	0.50	0.50	0.50	0.50	0.50	0.50
	3	0.60	0.50	0.50	0.50	0.50	0.50	0.50	0.50	0.50	0.50	0.50	0.50	0.50	0.50
	2	0.85	0.65	0.60	0.55	0.55	0.55	0.50	0.50	0.50	0.50	0.50	0.50	0.50	0.50
	1	1.30	1.00	0.90	0.80	0.75	0.70	0.70	0.70	0.65	0.65	0.60	0.55	0.55	0.55
9	9	−0.25	0.00	0.15	0.20	0.25	0.30	0.30	0.35	0.35	0.40	0.45	0.45	0.45	0.45
	8	0.00	0.20	0.30	0.35	0.35	0.40	0.40	0.40	0.40	0.45	0.45	0.50	0.50	0.50
	7	0.15	0.30	0.35	0.40	0.40	0.45	0.45	0.45	0.45	0.45	0.50	0.50	0.50	0.50
	6	0.25	0.35	0.40	0.40	0.45	0.45	0.45	0.45	0.45	0.50	0.50	0.50	0.50	0.50
	5	0.35	0.40	0.45	0.45	0.45	0.45	0.45	0.45	0.50	0.50	0.50	0.50	0.50	0.50
	4	0.45	0.45	0.45	0.45	0.45	0.50	0.50	0.50	0.50	0.50	0.50	0.50	0.50	0.50
	3	0.65	0.50	0.50	0.50	0.50	0.50	0.50	0.50	0.50	0.50	0.50	0.50	0.50	0.50
	2	0.80	0.65	0.65	0.55	0.55	0.55	0.55	0.50	0.50	0.50	0.50	0.50	0.50	0.50
	1	1.35	1.00	1.00	0.80	0.75	0.75	0.70	0.70	0.65	0.65	0.60	0.55	0.55	0.55
10	10	−0.25	0.00	0.15	0.20	0.25	0.30	0.30	0.35	0.35	0.40	0.45	0.45	0.45	0.45
	9	−0.05	0.20	0.30	0.35	0.35	0.40	0.40	0.40	0.40	0.45	0.45	0.50	0.50	0.50
	8	0.10	0.30	0.35	0.40	0.40	0.40	0.45	0.45	0.45	0.45	0.50	0.50	0.50	0.50
	7	0.20	0.35	0.40	0.40	0.45	0.45	0.45	0.45	0.45	0.50	0.50	0.50	0.50	0.50
	6	0.30	0.40	0.40	0.45	0.45	0.45	0.45	0.45	0.45	0.50	0.50	0.50	0.50	0.50
	5	0.40	0.45	0.45	0.45	0.45	0.45	0.45	0.50	0.50	0.50	0.50	0.50	0.50	0.50
	4	0.50	0.45	0.45	0.45	0.50	0.50	0.50	0.50	0.50	0.50	0.50	0.50	0.50	0.50
	3	0.60	0.55	0.50	0.50	0.50	0.50	0.50	0.50	0.50	0.50	0.50	0.50	0.50	0.50
	2	0.85	0.65	0.60	0.55	0.55	0.55	0.55	0.50	0.50	0.50	0.50	0.50	0.50	0.50
	1	1.35	1.00	0.90	0.80	0.75	0.75	0.70	0.70	0.65	0.65	0.60	0.55	0.55	0.55

续表

m	n \ $\overline{K}$	0.1	0.2	0.3	0.4	0.5	0.6	0.7	0.8	0.9	1.0	2.0	3.0	4.0	5.0
11	11	−0.25	0.00	0.15	0.20	0.25	0.30	0.30	0.30	0.35	0.35	0.45	0.45	0.45	0.45
	10	−0.05	0.20	0.25	0.30	0.35	0.40	0.40	0.40	0.40	0.45	0.45	0.50	0.50	0.50
	9	0.10	0.30	0.35	0.40	0.40	0.40	0.45	0.45	0.45	0.45	0.50	0.50	0.50	0.50
	8	0.20	0.35	0.40	0.40	0.45	0.45	0.45	0.45	0.45	0.45	0.50	0.50	0.50	0.50
	7	0.25	0.40	0.40	0.45	0.45	0.45	0.45	0.45	0.45	0.50	0.50	0.50	0.50	0.50
	6	0.35	0.40	0.45	0.45	0.45	0.45	0.45	0.50	0.50	0.50	0.50	0.50	0.50	0.50
	5	0.40	0.44	0.45	0.45	0.45	0.50	0.50	0.50	0.50	0.50	0.50	0.50	0.50	0.50
	4	0.50	0.50	0.50	0.50	0.50	0.50	0.50	0.50	0.50	0.50	0.50	0.50	0.50	0.50
	3	0.65	0.55	0.50	0.50	0.50	0.50	0.50	0.50	0.50	0.50	0.50	0.50	0.50	0.50
	2	0.85	0.65	0.60	0.55	0.55	0.55	0.55	0.50	0.50	0.50	0.50	0.50	0.50	0.50
	1	1.35	1.00	0.90	0.80	0.75	0.75	0.70	0.70	0.65	0.65	0.60	0.55	0.55	0.55
12 以上	自上 1	−0.30	0.00	0.15	0.20	0.25	0.30	0.30	0.30	0.35	0.35	0.40	0.45	0.45	0.45
	2	−0.10	0.20	0.25	0.30	0.35	0.40	0.40	0.40	0.40	0.40	0.45	0.45	0.45	0.50
	3	0.05	0.25	0.35	0.40	0.40	0.40	0.45	0.45	0.45	0.45	0.45	0.50	0.50	0.50
	4	0.15	0.30	0.40	0.40	0.45	0.45	0.45	0.45	0.45	0.45	0.45	0.50	0.50	0.50
	5	0.25	0.30	0.40	0.45	0.45	0.45	0.45	0.45	0.45	0.45	0.50	0.50	0.50	0.50
	6	0.30	0.40	0.40	0.45	0.45	0.45	0.45	0.50	0.50	0.50	0.50	0.50	0.50	0.50
	7	0.35	0.40	0.40	0.45	0.45	0.45	0.50	0.50	0.50	0.50	0.50	0.50	0.50	0.50
	8	0.35	0.45	0.45	0.45	0.50	0.50	0.50	0.50	0.50	0.50	0.50	0.50	0.50	0.50
	中间	0.45	0.45	0.45	0.50	0.50	0.50	0.50	0.50	0.50	0.50	0.50	0.50	0.50	0.50
	4	0.55	0.50	0.50	0.50	0.50	0.50	0.50	0.50	0.50	0.50	0.50	0.50	0.50	0.50
	3	0.65	0.55	0.50	0.50	0.50	0.50	0.50	0.50	0.50	0.50	0.50	0.50	0.50	0.50
	2	0.70	0.70	0.60	0.55	0.55	0.55	0.55	0.50	0.50	0.50	0.50	0.50	0.50	0.50
	自下 1	1.35	1.05	0.90	0.80	0.75	0.70	0.70	0.70	0.65	0.65	0.60	0.55	0.55	0.55

附表 7.3 顶点集中水平荷载作用下各层柱标准反弯点高度比 y_n

m	n \ $\overline{K}$	0.1	0.2	0.3	0.4	0.5	0.6	0.7	0.8	0.9	1.0	2.0	3.0	4.0	5.0
1	1	0.80	0.75	0.70	0.65	0.65	0.60	0.60	0.60	0.60	0.55	0.55	0.55	0.55	0.55
2	2	0.55	0.50	0.45	0.45	0.45	0.45	0.45	0.45	0.45	0.45	0.45	0.50	0.50	0.50
	1	1.15	0.95	0.85	0.80	0.75	0.70	0.70	0.65	0.65	0.65	0.60	0.55	0.55	0.55
3	3	0.40	0.40	0.40	0.40	0.40	0.40	0.40	0.45	0.45	0.45	0.45	0.50	0.50	0.50
	2	0.75	0.60	0.55	0.55	0.55	0.50	0.50	0.50	0.50	0.50	0.50	0.50	0.50	0.50
	1	1.30	1.00	0.90	0.80	0.75	0.70	0.70	0.70	0.65	0.65	0.60	0.55	0.55	0.55
4	4	0.35	0.35	0.35	0.40	0.40	0.40	0.40	0.45	0.45	0.45	0.45	0.50	0.50	0.50
	3	0.60	0.50	0.50	0.50	0.50	0.50	0.50	0.50	0.50	0.50	0.50	0.50	0.50	0.50
	2	0.85	0.65	0.60	0.55	0.55	0.55	0.55	0.55	0.50	0.50	0.50	0.50	0.50	0.50
	1	1.35	1.05	0.90	0.80	0.75	0.75	0.70	0.70	0.65	0.65	0.60	0.55	0.55	0.55
5	5	0.30	0.35	0.35	0.40	0.40	0.40	0.40	0.45	0.45	0.45	0.45	0.50	0.50	0.50
	4	0.50	0.45	0.45	0.50	0.50	0.50	0.50	0.50	0.50	0.50	0.50	0.50	0.50	0.50
	3	0.65	0.55	0.50	0.50	0.50	0.50	0.50	0.50	0.50	0.50	0.50	0.50	0.50	0.50
	2	0.90	0.70	0.60	0.55	0.55	0.55	0.55	0.55	0.50	0.50	0.50	0.50	0.50	0.50
	1	1.40	1.05	0.90	0.80	0.75	0.75	0.70	0.70	0.65	0.65	0.60	0.55	0.55	0.55
6	6	0.30	0.35	0.35	0.40	0.40	0.40	0.40	0.45	0.45	0.45	0.45	0.50	0.50	0.50
	5	0.45	0.45	0.45	0.45	0.50	0.50	0.50	0.50	0.50	0.50	0.50	0.50	0.50	0.50
	4	0.55	0.50	0.50	0.50	0.50	0.50	0.50	0.50	0.50	0.50	0.50	0.50	0.50	0.50
	3	0.65	0.55	0.55	0.50	0.50	0.50	0.50	0.50	0.50	0.50	0.50	0.50	0.50	0.50
	2	0.90	0.70	0.60	0.60	0.55	0.55	0.55	0.55	0.50	0.50	0.50	0.50	0.50	0.50
	1	1.40	1.05	0.90	0.80	0.75	0.75	0.70	0.70	0.65	0.65	0.60	0.55	0.55	0.55
7	7	0.30	0.35	0.35	0.40	0.40	0.40	0.40	0.45	0.45	0.45	0.45	0.50	0.50	0.50
	6	0.40	0.45	0.45	0.45	0.50	0.50	0.50	0.50	0.50	0.50	0.50	0.50	0.50	0.50
	5	0.50	0.50	0.50	0.50	0.50	0.50	0.50	0.50	0.50	0.50	0.50	0.50	0.50	0.50
	4	0.55	0.50	0.50	0.50	0.50	0.50	0.50	0.50	0.50	0.50	0.50	0.50	0.50	0.50
	3	0.70	0.55	0.55	0.50	0.50	0.50	0.50	0.50	0.50	0.50	0.50	0.50	0.50	0.50
	2	0.90	0.70	0.60	0.60	0.55	0.55	0.55	0.55	0.50	0.50	0.50	0.50	0.50	0.50
	1	1.40	1.05	0.90	0.80	0.75	0.75	0.70	0.70	0.65	0.65	0.60	0.55	0.55	0.55

续表

m	n \ $\overline{K}$	0.1	0.2	0.3	0.4	0.5	0.6	0.7	0.8	0.9	1.0	2.0	3.0	4.0	5.0
8	8	0.30	0.35	0.35	0.40	0.40	0.40	0.40	0.45	0.45	0.45	0.45	0.50	0.50	0.50
	7	0.40	0.40	0.45	0.45	0.50	0.50	0.50	0.50	0.50	0.50	0.50	0.50	0.50	0.50
	6	0.45	0.50	0.50	0.50	0.50	0.50	0.50	0.50	0.50	0.50	0.50	0.50	0.50	0.50
	5	0.50	0.50	0.50	0.50	0.50	0.50	0.50	0.50	0.50	0.50	0.50	0.50	0.50	0.50
	4	0.60	0.50	0.50	0.50	0.50	0.50	0.50	0.50	0.50	0.50	0.50	0.50	0.50	0.50
	3	0.70	0.55	0.55	0.50	0.50	0.50	0.50	0.50	0.50	0.50	0.50	0.50	0.50	0.50
	2	0.90	0.70	0.60	0.60	0.55	0.55	0.55	0.55	0.50	0.50	0.50	0.50	0.50	0.50
	1	1.40	1.05	0.90	0.80	0.75	0.75	0.70	0.70	0.65	0.65	0.60	0.55	0.55	0.55
9	9	0.25	0.35	0.35	0.40	0.40	0.40	0.40	0.45	0.45	0.45	0.45	0.50	0.50	0.50
	8	0.40	0.45	0.45	0.45	0.50	0.50	0.50	0.50	0.50	0.50	0.50	0.50	0.50	0.50
	7	0.45	0.50	0.50	0.50	0.50	0.50	0.50	0.50	0.50	0.50	0.50	0.50	0.50	0.50
	6	0.50	0.50	0.50	0.50	0.50	0.50	0.50	0.50	0.50	0.50	0.50	0.50	0.50	0.50
	5	0.55	0.50	0.50	0.50	0.50	0.50	0.50	0.50	0.50	0.50	0.50	0.50	0.50	0.50
	4	0.60	0.50	0.50	0.50	0.50	0.50	0.50	0.50	0.50	0.50	0.50	0.50	0.50	0.50
	3	0.70	0.55	0.50	0.50	0.50	0.50	0.50	0.50	0.50	0.50	0.50	0.50	0.50	0.50
	2	0.90	0.70	0.60	0.60	0.50	0.50	0.50	0.50	0.50	0.50	0.50	0.50	0.50	0.50
	1	1.40	1.05	0.90	0.80	0.75	0.75	0.70	0.70	0.65	0.60	0.60	0.55	0.55	0.55
10	10	0.25	0.35	0.35	0.40	0.40	0.40	0.40	0.45	0.45	0.45	0.45	0.50	0.50	0.50
	9	0.40	0.45	0.45	0.45	0.50	0.50	0.50	0.50	0.50	0.50	0.50	0.50	0.50	0.50
	8	0.45	0.50	0.50	0.50	0.50	0.50	0.50	0.50	0.50	0.50	0.50	0.50	0.50	0.50
	7	0.50	0.50	0.50	0.50	0.50	0.50	0.50	0.50	0.50	0.50	0.50	0.50	0.50	0.50
	6	0.50	0.50	0.50	0.50	0.50	0.50	0.50	0.50	0.50	0.50	0.50	0.50	0.50	0.50
	5	0.55	0.50	0.50	0.50	0.50	0.50	0.50	0.50	0.50	0.50	0.50	0.50	0.50	0.50
	4	0.60	0.50	0.50	0.50	0.50	0.50	0.50	0.50	0.50	0.50	0.50	0.50	0.50	0.50
	3	0.70	0.55	0.55	0.50	0.50	0.50	0.50	0.50	0.50	0.50	0.50	0.50	0.50	0.50
	2	0.90	0.70	0.60	0.60	0.55	0.55	0.55	0.55	0.50	0.50	0.50	0.50	0.50	0.50
	1	1.40	1.05	0.90	0.80	0.75	0.75	0.70	0.70	0.65	0.65	0.60	0.55	0.55	0.50

续表

m	n \ $\overline{K}$	0.1	0.2	0.3	0.4	0.5	0.6	0.7	0.8	0.9	1.0	2.0	3.0	4.0	5.0
11	11	0.25	0.35	0.35	0.40	0.40	0.40	0.40	0.45	0.45	0.45	0.45	0.50	0.50	0.50
	10	0.40	0.45	0.45	0.45	0.50	0.50	0.50	0.50	0.50	0.50	0.50	0.50	0.50	0.50
	9	0.45	0.50	0.50	0.50	0.50	0.50	0.50	0.50	0.50	0.50	0.50	0.50	0.50	0.50
	8	0.50	0.50	0.50	0.50	0.50	0.50	0.50	0.50	0.50	0.50	0.50	0.50	0.50	0.50
	7	0.50	0.50	0.50	0.50	0.50	0.50	0.50	0.50	0.50	0.50	0.50	0.50	0.50	0.50
	6	0.50	0.50	0.50	0.50	0.50	0.50	0.50	0.50	0.50	0.50	0.50	0.50	0.50	0.50
	5	0.55	0.50	0.50	0.50	0.50	0.50	0.50	0.50	0.50	0.50	0.50	0.50	0.50	0.50
	4	0.60	0.50	0.50	0.50	0.50	0.50	0.50	0.50	0.50	0.50	0.50	0.50	0.50	0.50
	3	0.70	0.55	0.55	0.50	0.50	0.50	0.50	0.50	0.50	0.50	0.50	0.50	0.50	0.50
	2	0.90	0.70	0.60	0.60	0.55	0.55	0.55	0.55	0.50	0.50	0.50	0.50	0.50	0.50
	1	1.40	1.05	0.90	0.80	0.75	0.75	0.70	0.70	0.65	0.65	0.60	0.55	0.55	0.55
12	12	0.25	0.35	0.35	0.40	0.40	0.40	0.40	0.45	0.45	0.45	0.45	0.50	0.50	0.50
	11	0.40	0.45	0.45	0.45	0.50	0.50	0.50	0.50	0.50	0.50	0.50	0.50	0.50	0.50
	10	0.45	0.50	0.50	0.50	0.50	0.50	0.50	0.50	0.50	0.50	0.50	0.50	0.50	0.50
	9	0.50	0.50	0.50	0.50	0.50	0.50	0.50	0.50	0.50	0.50	0.50	0.50	0.50	0.50
	8	0.50	0.50	0.50	0.50	0.50	0.50	0.50	0.50	0.50	0.50	0.50	0.50	0.50	0.50
	7	0.50	0.50	0.50	0.50	0.50	0.50	0.50	0.50	0.50	0.50	0.50	0.50	0.50	0.50
	6	0.50	0.50	0.50	0.50	0.50	0.50	0.50	0.50	0.50	0.50	0.50	0.50	0.50	0.50
	5	0.55	0.50	0.50	0.50	0.50	0.50	0.50	0.50	0.50	0.50	0.50	0.50	0.50	0.50
	4	0.60	0.50	0.50	0.50	0.50	0.50	0.50	0.50	0.50	0.50	0.50	0.50	0.50	0.50
	3	0.70	0.55	0.50	0.50	0.50	0.50	0.50	0.50	0.50	0.50	0.50	0.50	0.50	0.50
	2	0.90	0.70	0.60	0.60	0.55	0.55	0.50	0.50	0.50	0.50	0.50	0.50	0.50	0.50
	1	1.40	1.05	0.90	0.80	0.75	0.75	0.70	0.65	0.65	0.65	0.60	0.55	0.55	0.55

附表 7.4　上、下层梁相对线刚度变化的修正值 y_1

α_1 \ $\overline{K}$	0.1	0.2	0.3	0.4	0.5	0.6	0.7	0.8	0.9	1.0	2.0	3.0	4.0	5.0
0.4	0.55	0.40	0.30	0.25	0.20	0.20	0.20	0.15	0.15	0.15	0.05	0.05	0.05	0.05
0.5	0.45	0.30	0.20	0.20	0.20	0.15	0.15	0.10	0.10	0.10	0.05	0.05	0.05	0.05
0.6	0.30	0.20	0.15	0.15	0.10	0.10	0.10	0.10	0.05	0.05	0.05	0.05	0.00	0.00
0.7	0.20	0.15	0.10	0.10	0.10	0.05	0.05	0.05	0.05	0.05	0.05	0.00	0.00	0.00

续表

α_1 \ $\overline{K}$	0.1	0.2	0.3	0.4	0.5	0.6	0.7	0.8	0.9	1.0	2.0	3.0	4.0	5.0
0.8	0.15	0.10	0.05	0.05	0.05	0.05	0.05	0.05	0.05	0.00	0.00	0.00	0.00	0.00
0.9	0.05	0.05	0.05	0.05	0.00	0.00	0.00	0.00	0.00	0.00	0.00	0.00	0.00	0.00

注:对底层柱不考虑 α_1 值,不作此项修正。

附表 7.5 上、下层层高不同的修正值 y_2 和 y_3

α_2	α_3 \ $\overline{K}$	0.1	0.2	0.3	0.4	0.5	0.6	0.7	0.8	0.9	1.0	2.0	3.0	4.0	5.0
2.0		0.25	0.15	0.15	0.10	0.10	0.10	0.10	0.10	0.05	0.05	0.05	0.05	0.0	0.0
1.8		0.20	0.15	0.10	0.10	0.10	0.05	0.05	0.05	0.05	0.05	0.05	0.0	0.0	0.0
1.6	0.4	0.15	0.10	0.10	0.05	0.05	0.05	0.05	0.05	0.05	0.05	0.0	0.0	0.0	0.0
1.4	0.6	0.10	0.05	0.05	0.05	0.05	0.05	0.05	0.05	0.05	0.0	0.0	0.0	0.0	0.0
1.2	0.8	0.05	0.05	0.05	0.0	0.0	0.0	0.0	0.0	0.0	0.0	0.0	0.0	0.0	0.0
1.0	1.0	0.0	0.0	0.0	0.0	0.0	0.0	0.0	0.0	0.0	0.0	0.0	0.0	0.0	0.0
0.8	1.2	-0.05	-0.05	-0.05	0.0	0.0	0.0	0.0	0.0	0.0	0.0	0.0	0.0	0.0	0.0
0.6	1.4	-0.10	-0.05	-0.05	-0.05	-0.05	-0.05	-0.05	-0.05	-0.05	0.0	0.0	0.0	0.0	0.0
0.4	1.6	-0.15	-0.10	-0.10	-0.05	-0.05	-0.05	-0.05	-0.05	-0.05	-0.05	0.0	0.0	0.0	0.0
	1.8	-0.20	-0.15	-0.10	-0.10	-0.10	-0.05	-0.05	-0.05	-0.05	-0.05	-0.05	0.0	0.0	0.0
	2.0	-0.25	-0.15	-0.15	-0.10	-0.10	-0.10	-0.10	-0.10	-0.05	-0.05	-0.05	-0.05	0.0	0.0

注:y_2——上层层高变化的修正值,按照 α_2 求得,上层较高时为正值,但对于最上层 y_2 可不考虑;

y_3——下层层高变化的修正值,按照 α_3 求得,对于最下层 y_3 可不考虑。

参考文献

[1] 中华人民共和国住房和城乡建设部.GB 50010—2010 混凝土结构设计规范[S].北京:中国建筑工业出版社,2011.

[2] 中华人民共和国住房和城乡建设部.GB 50153—2008 工程结构可靠性设计统一标准[S].北京:中国建筑工业出版社,2008.

[3] 中华人民共和国住房和城乡建设部.GB 50009—2012 建筑结构荷载规范[S].北京:中国建筑工业出版社,2012.

[4] 中华人民共和国住房和城乡建设部.GB 50011—2010 建筑抗震设计规范[S].北京:中国建筑工业出版社,2010.

[5] 中华人民共和国住房和城乡建设部.GB 50007—2011 建筑地基基础设计规范[S].北京:中国建筑工业出版社,2011.

[6] 中华人民共和国行业标准.JGJ 3—2010 高层建筑混凝土结构技术规程[S].北京:中国建筑工业出版社,2011.

[7] 中国工程建设标准化协会标准.钢筋混凝土连续梁和框架考虑内力重分布设计规程(CECS 51:93).北京:中国建筑工业出版社,1991.

[8] 梁兴文,史庆轩.混凝土结构设计[M].北京:中国建筑工业出版社,2011.

[9] R.Park, T.Pauley. Reinforced Concrete Structures[M].New York:John Wiley & Son, 1975.

[10] Kenneth Leet.Reinforced Concrete Design[M].New York:McGraw-Hill Book Company,1982.

[11] Stuart S.J.Moy.Plastic Methods for Steel and Concrete Structures[M].The Macmillan Press LTD,1981.

[12] B.Stafford Smith, A.Coull. Tall Building Structures Analysis and Design[M].New York:Wiley, 1991.

[13] Building Code Requirements for Structural Concrete and Commentary (ACI 318M—11)[S]. Detroit: American Concrete Institute, 2008.

[14] H. Nilson. Design of Concrete structures[M]. New York:The McGraw-Hill Companies, Inc, 1997.